中国工程院战略咨询项目
《科研试验结果可靠性评价的发展战略研究》成果
国家科技基础条件平台建设项目
《全国分析检测人员能力培训与考核体系》成果

CSTM/NTC专业试验与通用基础技术能力系列培训教材

ATQ 005
残余应力检测技术

中关村材料试验技术联盟合格评定试验人员能力专业委员会
全国分析检测人员能力培训委员会
组编

范弘 主编

化学工业出版社
·北京·

内容简介

本书系中关村材料试验技术联盟（CSTM）合格评定试验人员能力专业委员会与全国分析检测人员能力培训委员会（NTC）联合组编的“CSTM/NTC 专业试验与通用基础技术能力系列培训教材”之一。

本书依据 CSTM 合格评定试验人员能力专业委员会与 NTC 的《ATQ_005 残余应力检测技术考核与培训大纲》编写，包括残余应力检测的相关基础知识、残余应力的有损检测和残余应力的无损检测三部分内容，介绍了钻孔应变法、全释放应变法、逐层剥离法、轮廓法、裂纹柔度法、深孔法、压痕应变法、X 射线衍射法、中子衍射法、超声法、磁测法等 11 种常用残余应力检测技术。

本书涵盖了从事残余应力检测工作的试验人员需要掌握的理论、仪器和应用的通用基础与专业试验知识，并附有思考题，可作为培训残余应力检测人员的教材，也可作为高校和科研院所的相关科研、教学人员及分析检测机构技术人员的参考用书。

图书在版编目（CIP）数据

ATQ 005 残余应力检测技术 / 中关村材料试验技术联盟合格评定试验人员能力专业委员会，全国分析检测人员能力培训委员会组编 ; 范弘主编. -- 北京 : 化学工业出版社，2024. 9

CSTM/NTC 专业试验与通用基础技术能力系列培训教材

ISBN 978-7-122-45739-4

Ⅰ. ①A… Ⅱ. ①中… ②全… ③范… Ⅲ. ①残余应力－检验－技术培训－教材 Ⅳ. ①TG115. 28

中国国家版本馆 CIP 数据核字(2024)第 107631 号

责任编辑：傅聪智　　文字编辑：郑云海

责任校对：宋　玮　　装帧设计：刘丽华

出版发行：化学工业出版社

（北京市东城区青年湖南街 13 号　邮政编码 100011）

印　　装：涿州市般润文化传播有限公司

787mm×1092mm　1/16　印张 23¾　字数 541 千字

2024 年 10 月北京第 1 版第 1 次印刷

购书咨询：010-64518888　　售后服务：010-64518899

网　　址：http://www.cip.com.cn

凡购买本书，如有缺损质量问题，本社销售中心负责调换。

定　　价：128.00 元

CSTM/NTC 专业试验与通用基础技术能力系列培训教材

编审委员会

CSTM/NTC专业试验与通用基础技术能力系列培训教材

序

科技基础条件平台在科技进步和经济发展中发挥着举足轻重的作用，而分析测试体系对于科技基础条件平台具有重要的支撑作用。分析测试技术作为科技创新的技术基础、国民经济发展和国际贸易的技术支撑、环境保护和人类健康的技术保障正受到越来越多的关注。

从1999年以来科技部先后组织建设并形成了分析测试方法体系、全国检测资源共享平台，大型仪器共享平台，标准物质体系以及应急分析测试体系等分析测试相关的基础条件平台。2005年在科技基础条件平台建设中，又启动了《机制与人才队伍建设——全国分析测试人员分析测试技术能力考核确认与培训系统的建立与实施》项目，从而形成了由“人员、方法、仪器、标准物质、资源”组成的完整系统的分析测试平台体系。为加强分析检测人员的队伍建设，确保分析检测人员技术能力的培训与考核工作的科学性、规范性、系统性和持续性，完成国家科技基础条件平台建设的相关任务，中华人民共和国科学技术部、国家认证认可监督管理委员会等部门共同推动成立了“全国分析检测人员能力培训委员会”（简称“NTC”），负责对分析检测人员通用技术能力的培训与考核工作。

从2013年起，中国工程院组织了一系列关于标准化与评价的战略咨询研究，并于2017年指导成立了面向全国的中关村材料试验技术联盟（简称“CSTM”），组建了CSTM标准化委员会以及CSTM合格评定委员会，推进中国的材料与试验标准体系与评价体系的建设。依托中国工程院《科研试验结果可靠性评价的发展战略研究报告》的成果，催生、组建了CSTM/FC98科学试验标准化领域委员会及CSTM合格评定试验人员能力专业委员会，以标准化和专业试验技术能力评价保障科学试验结果和数据的有效性，并开展专业试验技术能力的培训和考核工作，以期提高分析检测与试验表征人员的专业技术能力，支撑科学研究和产业的高质量发展。

自2020年开始，CSTM合格评定试验人员能力专业委员会与全国分析检测人员能力培训委员会（NTC）联合组编“CSTM/NTC专业试验与通用基础技术能力系列培训教材”，将NTC通用理化性能分析检测技术与CSTM专业试验表征技术有机地结合起来进行培训和考核，以期提高我国分析检测与试验表征人员的整体能力和水平，促进分析检测与试验表征结果的准确性和可靠性，为国家科技进步、公共安全、经济社会又好又快发展提供服务。

CSTM/NTC依据国家相关法律法规，按照分析检测与试验表征技术及相关标准、规范等开展培训工作，遵循客观公正、科学规范的工作原则开展考核工作。

CSTM/NTC分析检测与试验表征技术的分类系以通用分析检测技术为基点，兼顾专业试验表征技术，根据相关分析检测与试验表征技术设备原理进行划分，经委员会广泛征询意见，初步形成了包括化学分析、物理性能、机械及力学性能、质量控制四大类66项CSTM/NTC分析检测与试验表征技术，并将随着科学试验技术的发展适时调整。

每项技术由四个部分组成，即分析检测与试验表征技术基础、仪器与操作技术、标准方法与应用、数据处理。

通过相关技术四个部分考核的技术人员将由CSTM合格评定试验人员能力专业委员会与全国分析检测人员能力培训委员会（NTC）联合颁发技术能力证书。该证书是对分析检测与试验表征人员具备相关分析检测与试验表征技术能力的承认，取得证书的技术人员可以胜任相关技术岗位的分析检测与试验表征工作；可作为实验室资质认定、实验室认可、相关认证认可以及大型仪器共用共享时技术能力的证明。

为规范各项技术考核基本要求，CSTM/NTC正式发布了各项技术的考核培训大纲。为便于培训教师、分析检测与试验表征人员进一步理解大纲的要求，在CSTM/NTC统一领导下，由CSTM合格评定试验人员能力专业委员会与全国分析检测人员能力培训委员会（NTC）联合组织成立了CSTM/NTC教材编审委员会，系统规划教材的设置方案，设计了教材的总体架构，与考核相结合规定了每项技术各部分内容的设置，并分别组织了各技术分册的编委会，具体负责各项技术培训教材的编写，由CSTM/NTC编审委员会负责编审。CSTM/NTC共同拥有“CSTM/NTC专业试验与通用基础技术能力系列培训教材”的著作权，并指定该套教材为由CSTM/NTC组织的分析检测与试验表征人员技术能力培训的唯一教材，以服务于全国分析检测与试验表征人员的技术培训与考核工作。

CSTM合格评定试验人员能力专业委员会

全国分析检测人员能力培训委员会

CSTM/NTC通用基础技术能力分类

1 ATC——化学分析类技术

ATC 001 电感耦合等离子体原子发射光谱分析技术
ATC 002 火花源/电弧原子发射光谱分析技术
ATC 003 X射线荧光光谱分析技术
ATC 004 辉光放电发射光谱分析技术
ATC 005 原子荧光光谱分析技术
ATC 006 原子吸收光谱分析技术
ATC 007 紫外-可见吸收光谱分析技术
ATC 008 分子荧光光谱分析技术
ATC 009 红外光谱分析技术
ATC 010 气相色谱分析技术
ATC 011 液相色谱分析技术
ATC 012 毛细管电泳分析技术
ATC 013 固体无机材料中碳硫分析技术
ATC 014 固体无机材料中气体成分（O、N、H）分析技术
ATC 015 核磁共振分析技术
ATC 016 质谱分析技术
ATC 017 电感耦合等离子体质谱分析技术
ATC 018 电化学分析技术
ATC 019 物相分离分析技术
ATC 020 重量分析法
ATC 021 滴定分析法
ATC 022 有机物中元素（C、S、O、N、H）分析技术
ATC 023 酶标分析技术

2 ATP——物理性能类技术

ATP 001 金相低倍检验技术
ATP 002 金相高倍检验技术
ATP 003 扫描电镜和电子探针分析技术
ATP 004 透射电镜分析技术
ATP 005 多晶X射线衍射分析技术
ATP 006 俄歇电子能谱分析技术
ATP 007 X射线光电子能谱分析技术
ATP 008 扫描探针显微分析技术
ATP 009 密度测量技术

ATP 010 热分析技术
ATP 011 导热系数测量技术
ATP 012 热辐射特性参数测量技术
ATP 013 热膨胀系数测量技术
ATP 014 热电效应特征参数测量技术
ATP 015 电阻性能参数测量技术
ATP 016 磁性参数测量技术
ATP 017 弹性系数测量技术
ATP 018 声学性能特征参数测量技术
ATP 019 内耗阻尼性能参数测量技术
ATP 020 粒度分析技术
ATP 021 比表面分析技术
ATP 022 热模拟试验技术

3 ATM——机械及力学性能类技术

ATM 001 拉伸试验技术
ATM 002 弯曲试验技术
ATM 003 扭转试验技术
ATM 004 延性试验技术
ATM 005 硬度试验技术
ATM 006 断裂韧度试验技术
ATM 007 冲击试验技术
ATM 008 疲劳试验技术
ATM 009 磨损试验技术
ATM 010 剪切试验技术
ATM 011 压缩试验技术
ATM 012 撕裂试验技术

4 ATQ——质量控制类试验表征技术

ATQ 001 煤焦试验技术
ATQ 002 失效分析技术
ATQ 003 几何量测量技术
ATQ 004 腐蚀试验技术
ATQ 005 残余应力检测技术
ATQ 006 材料服役条件下性能测试技术
ATQ 007 无损检测技术
ATQ 008 微生物检测技术
ATQ 009 产品特性综合试验方法

《ATQ 005 残余应力检测技术》

编　委　会

主　编　范　弘

编　委（按姓氏笔画排序）

马艳玲　牛关梅　孙　杰　李荣锋　吴桂毅　汪选国

宋文涛　沈　克　张瑞尧　陈　静　周长安　饶德林

莫家豪　高建波　路来骁

前　言

近二三十年以来，随着工程和材料科学应用需求的快速增长、微电子与计算机技术的进步和普及，残余应力检测技术取得了突破性的进展，新的检测方法不断出现，测试仪器水平持续提升，实验程序步骤愈加规范，测量数据精度大大提高，发展至今已形成二十多种较为完善的分析检测方法。目前，残余应力检测已成为工程结构设计、工艺效果改善、产品质量检验和设备安全分析中不可缺少的重要手段。残余应力检测也从隶属于物理测试的一个学科分支，发展成为一个专门的检测技术领域。伴随着应用日益广泛，从事残余应力分析检测的人员也越来越多。使分析检测从业人员（特别是新人）全面、系统地了解检测原理和检测特点，熟练、规范地掌握检测方法和检测设备，完整、准确地运用检测标准和检测规则，已是残余应力检测工作中面临的一项重要任务内容。

本书是在中关村材料试验技术联盟（CSTM）合格评定试验人员能力专业委员会和全国分析检测人员能力培训委员会（NTC）统一规划下，按照《ATQ 005 残余应力检测技术考核与培训大纲》的要求，面向残余应力分析检测人员编写的一部专用培训教材，同时也可供其他相关领域的分析检测人员以及大专院校相关专业的学生参考。

本教材共分三大部分 14 章。第一部分是公共基础知识部分，含 3 章内容，分别介绍了金属材料有关理论以及应力和残余应力基本概念，残余应力检测方法、分类、特点和结果不确定度评定，以及残余应力调控方法，旨在使读者对残余应力检测技术获得概貌了解。第二部分和第三部分按残余应力的有损检测和无损检测分成两类，分别介绍了 11 种常用残余应力检测技术，共 11 章，每章都按照以检测原理和应用特点为内容的“基础知识”、以检测工艺和主要工具为对象的“方法和设备”、以应力计算和结果分析为主线的“数据处理”、以规范检测和掌控实操为目标的“标准和应用”四个模块方式介绍一种残余应力检测技术。

本教材由来自 CSTM、东莞材料基因高等理工研究院、中国科学院金属物理所、山东大学、石家庄铁道大学、山东建筑大学、山东农业大学、中铝材料应用研究院、武汉理工大学的16位专家学者组成编委会，共同合作撰写完成，各位编著者分别承担的工作如下：全书由范弘统稿主编；第1章中1.1由饶德林、1.2由马艳玲、1.3由李荣锋编写；第2章中2.1由沈克、2.2由牛关梅和李荣锋、2.3由范弘、2.4由沈克、2.5由饶德林和陈静、2.6由马艳玲编写；第3章由马艳玲编写；第4章由李荣锋编写；第5章、第9章和第10章由陈静编写；第6章由吴桂毅编写；第7章由张瑞尧编写；第8章由路来骁、周长安和孙杰编写；第11章由莫家豪、张瑞尧和汪选国编写；第12章由高建波编写；第13章由宋文涛编写；第14章由范弘编写。

在本教材编写中，参考了大量国内外公开发表的与残余应力检测有关的资料，包括著作、文章、论文、标准和手册等，在此谨向参考文献的原作者表示感谢。在编写过程中，编委会根据各行业残余应力分析检测人员培训的特点，兼顾各类知识层次人员的需求，力求通俗、实用，并尽量与国际、国内残余应力检测标准要求相一致。在系统地介绍残余应力检测必要知识的同时，尽可能多地反映近年来科研和仪器制造方面的新成果。但由于应力检测技术涉及的应用领域越来越广，测试仪器的类型、功能和性能不断发展变化，以及受编著者学识和能力所限，书中难免有疏漏和不足之处，敬请读者批评指正。

在本教材编写过程中，王海舟院士给予了悉心、具体的指导，NTC秘书处佟艳春主任精心、周密组织，还有许多同志为本书付出了辛勤的劳动，在此一并致以深深的谢意。

《ATQ 005 残余应力检测技术》编委会

2024年3月

目　录

第一部分　残余应力检测相关知识

第1章　残余应力相关基础知识 …… 2

1.1　金属材料的晶体结构 …… 2

1.1.1　典型金属晶体结构 …… 2

1.1.2　金属的实际晶体结构 …… 7

1.1.3　位错及位错运动*[❶] …… 10

1.2　金属材料的力学性能及弹性力学理论 …… 12

1.2.1　基本概念 …… 13

1.2.2　应力状态表征 …… 16

1.2.3　应力应变关系 …… 18

1.2.4　应力变换 …… 20

1.2.5　应变变换 …… 21

1.2.6　弹性力学基本方程* …… 25

1.3　残余应力的基本概念 …… 28

1.3.1　残余应力的定义 …… 28

1.3.2　残余应力的产生 …… 28

1.3.3　残余应力的种类 …… 31

1.3.4　残余应力的影响 …… 40

思考题 …… 46

参考文献 …… 47

第2章　残余应力检测技术概述 …… 48

2.1　残余应力检测的基本概念 …… 48

2.2　残余应力检测的主要方法和分类 …… 49

2.2.1　残余应力主要检测方法 …… 49

2.2.2　残余应力检测方法的分类 …… 51

2.3　残余应力检测的特点与局限性 …… 53

2.3.1　残余应力检测的特点 …… 53

2.3.2　残余应力检测的局限性 …… 54

2.4　残余应力检测方法的选择 …… 55

❶ 标*号的内容为选读内容，全书同。

2.4.1 概述 …… 55
2.4.2 适用对象的比较 …… 55
2.4.3 检测范围的比较 …… 56
2.4.4 检测精度的比较 …… 57
2.4.5 检测特点的比较 …… 57
2.5 残余应力应变检测法的主要设备 …… 58
2.5.1 应变计 …… 59
2.5.2 应变测量仪 …… 62
2.6 残余应力检测结果不确定度的评定方法 …… 65
2.6.1 评定检测结果不确定度的意义 …… 65
2.6.2 评定检测结果不确定度的基本概念 …… 65
2.6.3 评定检测结果不确定度的通用步骤 …… 66
2.6.4 残余应力检测结果不确定度评定实例 …… 67
思考题 …… 69
参考文献 …… 70

第 3 章 残余应力调控技术概述 …… 71

3.1 残余应力调控的基本概念 …… 71
3.2 内膛挤压法 …… 72
3.2.1 内膛挤压法的原理 …… 72
3.2.2 内膛挤压法的处理工艺 …… 72
3.2.3 内膛挤压法的种类 …… 73
3.2.4 内膛挤压法的处理效果 …… 74
3.3 振动时效法 …… 74
3.3.1 振动时效法原理和设备 …… 74
3.3.2 振动时效参数选择 …… 75
3.3.3 振动时效操作程序 …… 76
3.3.4 振动时效效果评定 …… 76
3.3.5 振动时效法的特点 …… 77
3.3.6 振动时效法的应用 …… 77
3.4 抛喷丸法 …… 79
3.4.1 抛喷丸法的原理 …… 79
3.4.2 抛喷丸法的种类及特点 …… 79
3.4.3 抛喷丸法的工艺参数 …… 79
3.4.4 抛喷丸法的处理效果 …… 80
3.5 热处理法 …… 80
3.5.1 热处理基础知识 …… 80
3.5.2 热应力与组织应力的概念 …… 81

3.5.3 消除残余应力的热处理方法 …… 82
3.5.4 引入残余压应力的热处理方法 …… 83
3.6 爆炸法 …… 83
3.6.1 爆炸法的原理 …… 83
3.6.2 爆炸法的工艺 …… 84
3.6.3 爆炸处理效果的评价 …… 85
3.6.4 爆炸法的特点 …… 85
3.6.5 爆炸法对材料性能的影响 …… 85
3.7 设计与工艺补偿法* …… 86
3.7.1 设计与工艺补偿法概述 …… 86
3.7.2 设计与工艺补偿法的应用 …… 86
3.7.3 设计与工艺补偿法的特点 …… 91
思考题 …… 91
参考文献 …… 92

第二部分 残余应力有损检测技术

第 4 章 残余应力的钻孔应变法检测技术 …… 94
4.1 钻孔应变法基础知识 …… 94
4.1.1 钻孔应变法的发展简史 …… 94
4.1.2 钻孔应变法的基本原理 …… 95
4.1.3 钻孔应变法的特点 …… 98
4.2 钻孔应变法的检测方法和检测设备 …… 99
4.2.1 钻孔应变法的检测方法 …… 99
4.2.2 钻孔应变法的检测设备 …… 103
4.3 钻孔应变法的数据处理 …… 104
4.3.1 残余应力的计算 …… 104
4.3.2 检测结果的主要影响因素 …… 109
4.3.3 检测结果的不确定度分析* …… 110
4.4 钻孔应变法的标准与应用 …… 112
4.4.1 钻孔应变法的检测标准 …… 112
4.4.2 钻孔应变法的典型应用 …… 115
思考题 …… 120
参考文献 …… 120

第 5 章 残余应力的全释放应变法检测技术 …… 122
5.1 全释放应变法基础知识 …… 122

5.1.1 全释放应变法的发展简史 …… 122
5.1.2 全释放应变法的基本原理 …… 122
5.1.3 全释放应变法的特点 …… 125
5.2 全释放应变法的检测方法和主要设备 …… 126
5.2.1 全释放应变法的检测工艺 …… 126
5.2.2 全释放应变法的切割设备 …… 129
5.3 全释放应变法的数据处理 …… 130
5.3.1 残余应力的计算 …… 130
5.3.2 检测结果的主要影响因素 …… 131
5.3.3 检测结果的不确定度评定* …… 131
5.4 全释放应变法的标准与应用 …… 135
5.4.1 全释放应变法的检测标准 …… 135
5.4.2 全释放应变法的典型应用 …… 138
思考题 …… 143
参考文献 …… 143

第6章 残余应力的逐层剥离法检测技术 …… 144

6.1 逐层剥离法基础知识 …… 144
6.1.1 逐层剥离法的发展简史 …… 144
6.1.2 逐层剥离法的基本原理 …… 145
6.1.3 逐层剥离法的特点 …… 148
6.2 逐层剥离法的检测方法和检测设备 …… 149
6.2.1 逐层剥离法的检测方法 …… 149
6.2.2 逐层剥离法的检测设备 …… 151
6.3 逐层剥离法的数据处理 …… 152
6.3.1 残余应力的计算 …… 152
6.3.2 检测结果的主要影响因素 …… 153
6.4 逐层剥离法的应用案例 …… 154
思考题 …… 159
参考文献 …… 159

第7章 残余应力的轮廓法检测技术 …… 160

7.1 轮廓法基础知识 …… 160
7.1.1 轮廓法的发展简史 …… 160
7.1.2 轮廓法的基本原理 …… 161
7.1.3 轮廓法的前提假设 …… 161
7.1.4 轮廓法的特点 …… 162

7.2 轮廓法的检测方法和检测设备 …… 162
7.2.1 轮廓法的检测方法 …… 162
7.2.2 轮廓法的检测设备 …… 164
7.3 轮廓法的数据处理 …… 166
7.3.1 数据对齐和数据平均 …… 166
7.3.2 数据清洗和平滑处理 …… 166
7.3.3 有限元建模及残余应力的计算 …… 167
7.3.4 测量结果的主要影响因素 …… 167
7.3.5 误差分析 …… 168
7.4 轮廓法的标准与应用 …… 169
7.4.1 轮廓法的检测标准 …… 169
7.4.2 轮廓法的典型应用 …… 172
练习题 …… 174
参考文献 …… 175

第 8 章 残余应力的裂纹柔度法检测技术 …… 177

8.1 裂纹柔度法基础知识 …… 177
8.1.1 裂纹柔度法的发展简史 …… 177
8.1.2 裂纹柔度法的检测原理和基本假设 …… 177
8.1.3 裂纹柔度法的特点 …… 179
8.2 裂纹柔度法的检测方法和检测设备 …… 180
8.2.1 裂纹柔度法的检测方法 …… 180
8.2.2 裂纹柔度法的检测设备 …… 183
8.3 裂纹柔度法的数据处理 …… 184
8.3.1 柔度函数的计算 …… 184
8.3.2 检测结果的主要影响因素 …… 185
8.3.3 检测结果的不确定度评定* …… 186
8.4 裂纹柔度法的典型应用 …… 187
练习题 …… 191
参考文献 …… 192

第 9 章 残余应力的深孔法检测技术 …… 193

9.1 深孔法基础知识 …… 193
9.1.1 深孔法的发展简史 …… 193
9.1.2 深孔法的基本原理 …… 194
9.1.3 深孔法的特点 …… 197
9.2 深孔法的检测方法与检测设备 …… 197

9.2.1　深孔法的检测工艺 …… 197
9.2.2　深孔法的主要设备 …… 201
9.3　深孔法的数据处理和应力计算 …… 203
9.3.1　参考孔内径测量数据的处理 …… 203
9.3.2　残余应力的计算 …… 204
9.3.3　检测结果的主要影响因素 …… 205
9.4　深孔法的典型应用 …… 208
思考题 …… 212
参考文献 …… 212

第10章　残余应力的压痕应变法检测技术 …… 214

10.1　压痕应变法基础知识 …… 214
10.1.1　压痕应变法的发展简史 …… 214
10.1.2　压痕应变法的基本原理 …… 215
10.1.3　压痕应变法的特点 …… 217
10.2　压痕应变法的检测方法和检测设备 …… 218
10.2.1　压痕应变法的标定试验 …… 218
10.2.2　压痕应变法的检测方法 …… 220
10.2.3　压痕应变法的检测设备 …… 221
10.3　压痕应变法的数据处理 …… 224
10.3.1　残余应力的计算 …… 224
10.3.2　检测结果的主要影响因素 …… 225
10.3.3　检测结果的不确定度评定* …… 227
10.4　压痕应变法的标准与应用 …… 231
10.4.1　压痕应变法的检测标准 …… 231
10.4.2　压痕应变法的典型应用 …… 233
思考题 …… 237
参考文献 …… 237

第三部分　残余应力无损检测技术

第11章　残余应力的X射线衍射法检测技术 …… 240

11.1　X射线衍射法基础知识 …… 240
11.1.1　X射线衍射法的发展简史 …… 240
11.1.2　布拉格定律与X射线检测原理 …… 241
11.1.3　X射线衍射法的特点 …… 244

11.2 X射线衍射法的检测方法和检测设备 …… 245
11.2.1 X射线衍射法的主要检测方法 …… 245
11.2.2 试样的选择和制备 …… 250
11.2.3 X射线衍射法的检测工艺步骤 …… 251
11.2.4 X射线衍射应力测量仪 …… 254
11.3 X射线衍射法的数据处理 …… 256
11.3.1 数据处理与应力计算 …… 256
11.3.2 检测结果的主要影响因素 …… 258
11.3.3 检测结果的不确定度分析与计算* …… 259
11.4 X射线衍射法的标准与应用 …… 261
11.4.1 X射线衍射法的检测标准 …… 261
11.4.2 X射线衍射法的典型应用 …… 267
练习题 …… 268
参考文献 …… 269

第12章 残余应力的中子衍射法检测技术 …… 271

12.1 中子衍射法基础知识 …… 271
12.1.1 中子衍射法的发展简史 …… 271
12.1.2 中子衍射法的基本原理 …… 272
12.1.3 中子衍射法的特点 …… 273
12.2 中子衍射法的检测方法和检测设备 …… 274
12.2.1 中子衍射法的检测方法 …… 274
12.2.2 中子衍射法的检测设备 …… 279
12.3 中子衍射法的数据处理 …… 281
12.3.1 衍射数据分析 …… 281
12.3.2 应力计算 …… 283
12.3.3 检测结果的主要影响因素 …… 284
12.3.4 检测结果的不确定度评定* …… 285
12.3.5 报告结果 …… 287
12.4 中子衍射法的标准与应用 …… 288
12.4.1 中子衍射法的检测标准 …… 288
12.4.2 中子衍射法的典型应用 …… 290
思考题 …… 293
参考文献 …… 294

第13章 残余应力的超声法检测技术 …… 295

13.1 超声法基础知识 …… 295

13.1.1　超声法的发展简史 …… 295
13.1.2　超声法的检测原理 …… 296
13.1.3　超声法的种类 …… 301
13.1.4　超声法的应用特点 …… 302
13.2　超声法的检测方法和检测设备 …… 303
13.2.1　超声法的标定试验 …… 303
13.2.2　超声法的检测工艺 …… 306
13.2.3　超声法的检测设备 …… 308
13.3　超声法的数据处理 …… 312
13.3.1　残余应力的计算 …… 312
13.3.2　检测结果的主要影响因素 …… 313
13.3.3　检测结果的不确定度分析* …… 314
13.4　超声法的标准与应用 …… 315
13.4.1　超声法的检测标准 …… 315
13.4.2　超声法的典型应用 …… 316
练习题 …… 319
参考文献 …… 320

第 14 章　残余应力的磁测法检测技术 …… 321

14.1　磁测法基础知识 …… 321
14.1.1　磁测法的种类和发展简史 …… 321
14.1.2　磁测法的检测原理 …… 323
14.1.3　磁测法的应用特点 …… 329
14.2　磁测法的检测方法和检测设备 …… 330
14.2.1　磁测法的标定试验 …… 330
14.2.2　磁测法的检测工艺 …… 333
14.2.3　磁测法的检测设备 …… 334
14.3　磁测法的数据处理 …… 335
14.3.1　残余应力的计算 …… 335
14.3.2　检测结果的主要影响因素 …… 336
14.4　磁测法的标准与应用 …… 337
14.4.1　磁测法的检测标准 …… 337
14.4.2　磁测法的典型应用 …… 340
练习题 …… 343
参考文献 …… 344

思考题和练习题参考答案 …… 346

第一部分
残余应力检测相关知识

第1章　残余应力相关基础知识
第2章　残余应力检测技术概述
第3章　残余应力调控技术概述

第1章 Chapter One

残余应力相关基础知识

金属在自然界中广泛存在，在生活中应用极为普遍，在现代工业中是非常重要和应用最多的一类物质。虽然一些非金属材料（如塑料、玻璃等）也可能存在残余应力问题，但金属结构或构件的残余应力是残余应力研究的主要对象，相关的残余应力表征技术也将金属材料作为重点研究对象。

1.1 金属材料的晶体结构

1.1.1 典型金属晶体结构

金属材料种类繁多，不同类别的金属材料其性能各有差异，即使是同种金属材料，在不同的加工工艺条件下，其力学性能也可能有较大差异。这种性能差异是由金属的微观结构决定的。因此，了解金属的内部微观结构及其对金属性能的影响，将对选择材料及其加工工艺，具有非常重要的意义。

（1）金属的晶体结构与空间点阵

固体物质按原子聚集状态不同分为晶体与非晶体两大类。所谓晶体，是指其内部原子（分子或离子）在三维空间内有规则地周期性重复排列的物体。晶体中原子（分子或离子）在空间的具体排列方式称为晶体结构。材料的许多特性都与晶体中原子（分子或离子）的排列方式有关，因此分析材料的晶体结构是研究材料的一个重要方面。绝大多数金属的内部原子是按一定几何形状有规则排列的，所以属于晶体，而玻璃、沥青、松香等材料的内部原子是无规则堆积在一起的，所以属于非晶体。

由于晶体和非晶体的内部结构不同，两者的性能也不同。非晶体沿任何方向测定其性能，所得结果都是一致的，不因方向而异，称为各向同性或等向性；而晶体沿着不同方向所测得的性能（如导电性、导热性、热膨胀性、弹性、强度等）并不相同，表现出或大或小的差异，称为各向异性或异向性。金属晶体的各向异性是因其原子的规则排列而造成的。

为了便于研究和描述金属晶体内原子的排列规律，通常把金属原子视为刚性小球，并把不停地热振动的原子看成在其平衡位置上静止不动，且处在振动中心，如图 1-1(a)所示。把金属原子抽象为规则排列于空间的几何点，即可得到一个由无数几何点在三维空间排列而成的规整的阵列，这种阵列称为空间点阵［如图 1-1(b)所示］，这些几何点称为阵点或结点。这些阵点可以是原子的中心，也可以是彼此等同的原子群或分子群的中心，但各阵点的周围环境都必须相同。用一系列平行直线将阵点连接起来，形成一个三维的空间格架，称为晶格或空间格子，如图 1-1(b)所示。

由图 1-1(b)可见，晶体中原子排列具有周期性的特点，因此，为了方便，可以从晶格中选取一个能够完全反映晶格特征的最小几何单元来研究晶体结构，这个最小的几何单元称为单位晶胞，如图 1-1(c)所示。为了描述单位晶胞的大小和形状，以单位晶胞角上的某一阵点为原点，以该单位晶胞上过原点的三个棱边为三个坐标轴 x、y、z（称为晶轴），则单位晶胞的大小和形状就由这三条棱边的长度 a、b、c（称为晶格常数或点阵常数）及棱边夹角 α、β、γ（称为轴间夹角）一共六个参数完全表达出来。习惯上，x、y、z 轴分别以原点的前、右、上方为轴的正方向，反之为负方向。通常 α、β、γ 分别表示 x-y 轴、y-z 轴、z-x 轴之间的夹角。

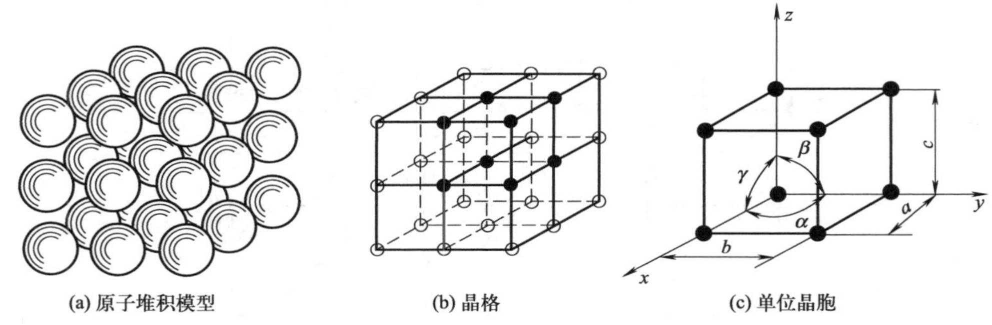

(a) 原子堆积模型　(b) 晶格　(c) 单位晶胞

图 1-1　金属晶体中的原子排列示意图

（2）三种典型的金属晶体结构

自然界中的晶体有成千上万种，它们的晶体结构各不相同。根据单位晶胞中的六个参数（a、b、c、α、β、γ）对晶体进行分类，如果分类时只考虑 a、b、c 是否相等，α、β、γ 是否相等以及它们是否呈直角，而不涉及单位晶胞内原子的具体排列情况，这样就将晶体划分成七种类型即七个晶系，所有的晶体均可归纳在这七个晶系中。1948 年数学家布拉菲根据“每个阵点具有相同的周围环境”的要求，用数学分析方法证明晶体中的阵点排列方式只有 14 种，这 14 种空间点阵就叫作布拉菲点阵，如图 1-2 所示。

在金属晶体中，金属键使原子的排列趋于尽可能的紧密，构成高度对称性的简单晶体结构。最常见的金属晶体结构有三种类型，即面心立方结构、体心立方结构和密排六方（简单六方中的一种）结构，前两种属于立方晶系，后一种属于六方晶系。除了少数例外，绝大多数金属属于这三种结构。

① 面心立方结构　面心立方结构的单位晶胞如图 1-3 所示，除单位晶胞的八个角上各有一个原子外，在各个面的中心还有一个原子。具有面心立方晶格的金属有 γ-Fe、Al、Cu、Ni、Au、Ag、β-Co、Pb 等。

② 体心立方结构　体心立方结构的单位晶胞如图 1-4 所示，除单位晶胞的八个角上各有一个原子外，在中心还有一个原子。具有体心立方晶格的金属有 α-Fe、Cr、W、V、β-Ti、Mo 等。

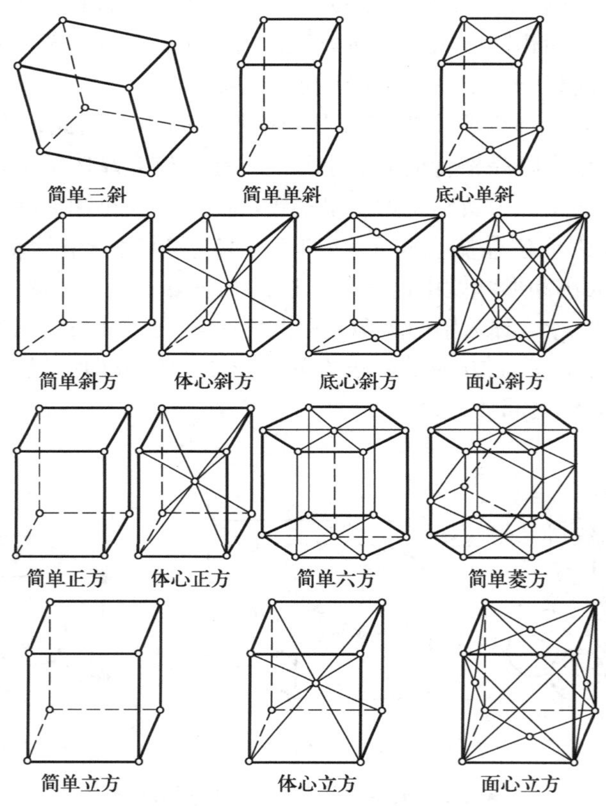

图 1-2　14 种布拉菲晶体点阵示意图

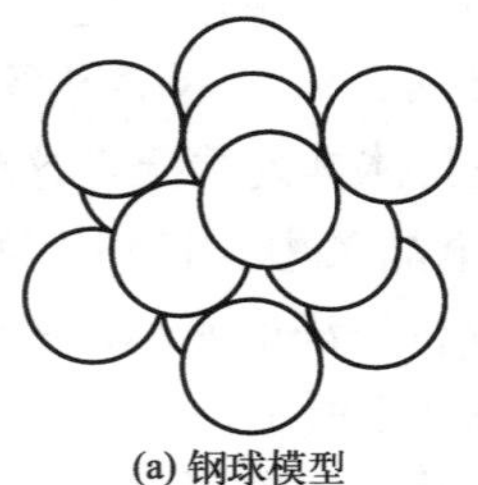
(a) 钢球模型

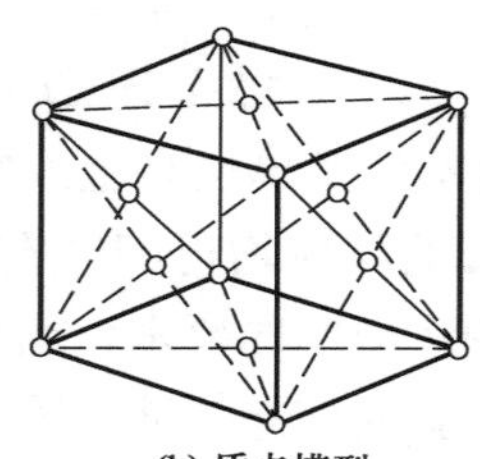
(b) 质点模型

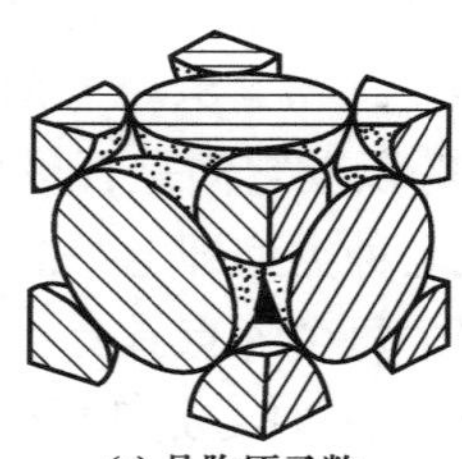
(c) 晶胞原子数

图 1-3　面心立方结构的单位晶胞

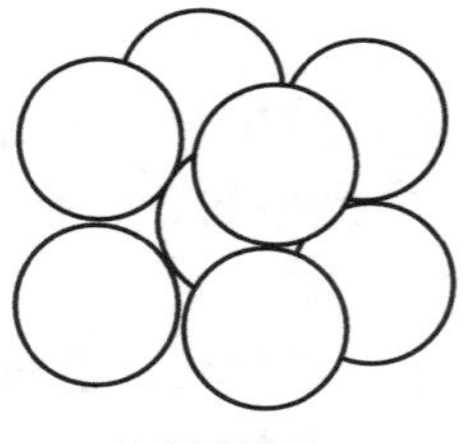
(a) 钢球模型

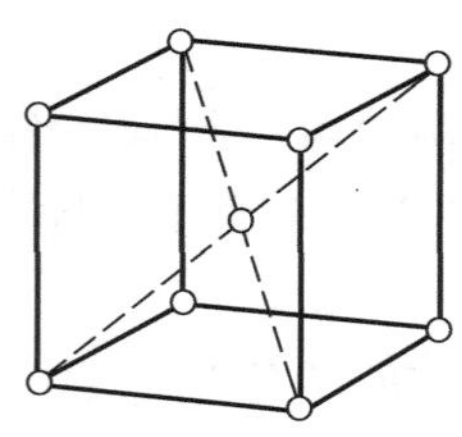
(b) 质点模型

(c) 晶胞原子数

图 1-4　体心立方结构的单位晶胞

③ 密排六方结构　密排六方结构的单位晶胞如图 1-5 所示，在六方单位晶胞的十二个角上以及上下底面的中心各有一个原子，单位晶胞内部还有三个原子。具有密排六方晶格的金属有 α-Ti、α-Co、Mg、Zn、Be、Cd 等。

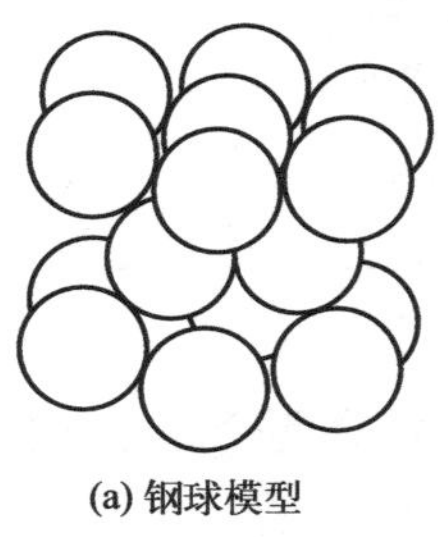

(a) 钢球模型

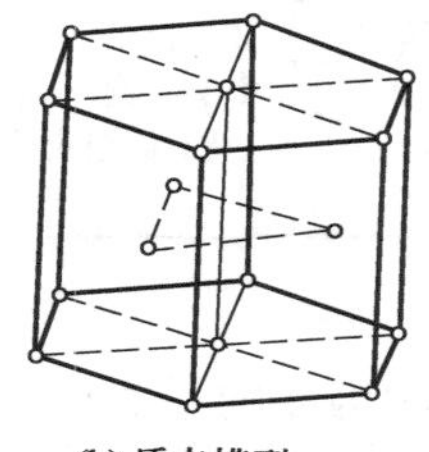

(b) 质点模型

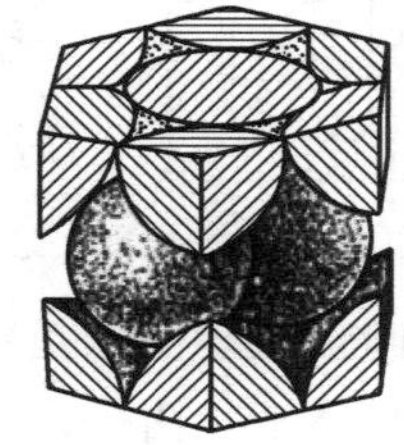

(c) 晶胞原子数

图 1-5　密排六方结构的单位晶胞

下面进一步分析这三种晶体结构的特征。单位晶胞中的原子数是指一个单位晶胞内所包含的原子数目。由图 1-3(c)、图 1-4(c)、图 1-5(c)可知，单位晶胞顶角处的原子为几个单位晶胞所共有，而位于单位晶胞面上的原子则为两个相邻的单位晶胞所共有，只有位于单位晶胞内部的原子才为一个单位晶胞所独有。这样，金属中常见的三种晶体结构中每个单位晶胞所占有的原子数 n 分别为：面心立方结构 $n=4$，体心立方结构 $n=2$，密排六方结构 $n=6$。

晶体中原子排列的紧密程度与晶体结构类型有关。为了定量地表示原子排列的紧密程度，采用配位数和致密度两个参数。配位数是指晶体结构中，与任一原子最近邻并且等距的原子数。配位数越大，则原子排列的紧密程度越高。由图 1-3、图 1-4 和图 1-5 可见，体心立方晶格的配位数为 8，面心立方晶格和密排六方晶格的配位数都是 12。

若把金属晶体中的原子视为直径相等的钢球，原子排列的紧密程度可以用钢球所占空间的体积分数来表示，称为致密度。如以一个单位晶胞来计算，致密度 K 就等于单位晶胞中原子所占体积与单位晶胞体积之比，由图 1-3、图 1-4 和图 1-5 可计算得到金属中常见的三种晶体结构的致密度分别为：面心立方晶格 $K=0.74$，体心立方晶格 $K=0.68$，密排六方晶格 $K=0.74$。可见，密排六方晶格的配位数与致密度均与面心立方晶格相同，这说明两者单位晶胞中的原子具有相同的紧密排列程度。常见三种金属晶体结构及相关参数见表 1-1 所示。

表 1-1　常见金属晶体结构

名称	示意图	原子排列描述	晶胞原子数	致密度	常见金属
体心立方晶格		晶胞是一个立方体，在立方体的 8 个顶角和立方体的中心各有一个原子	2	0.68	Cr W Mo V α-Fe
面心立方晶格		晶胞是一个立方体，在立方体的 8 个顶角和立方体的 6 个面的中心各有一个原子	4	0.74	Al Cu Ni Au Ag γ-Fe

续表

名称	示意图	原子排列描述	晶胞原子数	致密度	常见金属
密排六方晶格		晶胞是一个六方柱体，六方柱体的各个角和上下底面中心各有一个原子，在顶面和底面之间还有 3 个原子	6	0.74	Mg Zn Be

（3）晶向指数和晶面指数

在金属晶体中，由一系列原子所构成的平面称为晶面，任意两个原子之间连线所指的方向称为晶向。为了便于研究和表述不同晶面和晶向的原子排列情况及其在空间的位向，需要确定一种统一的表示方法，称为晶面指数和晶向指数。

1）晶向指数

确定晶向指数的步骤是：第一步，以单位晶胞的某一阵点为原点，过原点的晶轴为坐标轴，以单位晶胞的边长作为坐标轴的长度单位；第二步，如图 1-6 所示，过原点 O 作一直线 OP，使其平行于待定晶向 AB；第三步，在直线 OP 上选取距原点 O 最近的一个阵点 P，确定 P 点的三个坐标值；第四步，将这三个坐标值化为最小整数 u、v、w，加上方括号，$[uvw]$ 即为待定晶向的晶向指数。如果 u、v、w 中某一数为负值，则将负号记于该数的上方，如 $[110]$、$[1\bar{2}1]$ 等。

显然，晶向指数表示着所有相互平行、方向一致的晶向。若晶体中两晶向相互平行但方向相反，则晶向指数中的数字相同，符号相反，例如 $[111]$ 与 $[\bar{1}\bar{1}\bar{1}]$。由于晶体的对称性，有些晶向上原子排列情况相同，因而性质也相同。晶体中原子排列情况相同的一组晶向称为晶向族，用 $\langle uvw \rangle$ 表示。例如立方晶系中 $[111]$、$[1\bar{1}1]$、$[11\bar{1}]$ 等，它们的原子排列完全相同，属于同一晶向族，用 $\langle 111 \rangle$ 表示。

2）晶面指数

确定晶面指数的步骤是：第一步，以单位晶胞的某一阵点为原点，过原点的晶轴为坐标轴，以单位晶胞的边长作为坐标轴的长度单位，注意不能将坐标原点选在待定晶面上，如图 1-7 所示；第二步，求出待定晶面在坐标轴上的截距，如果该晶面与某坐标轴平行，则截距为∞；第三步，取三个截距的倒数；第四步，将这三个倒数化为最小整数 h、k、l，加上圆括号，(hkl) 即为待定晶面的晶面指数。如果 h、k、l 中某一数为负值，则将负号记于该数的上方，如 $(1\bar{2}1)$ 等。

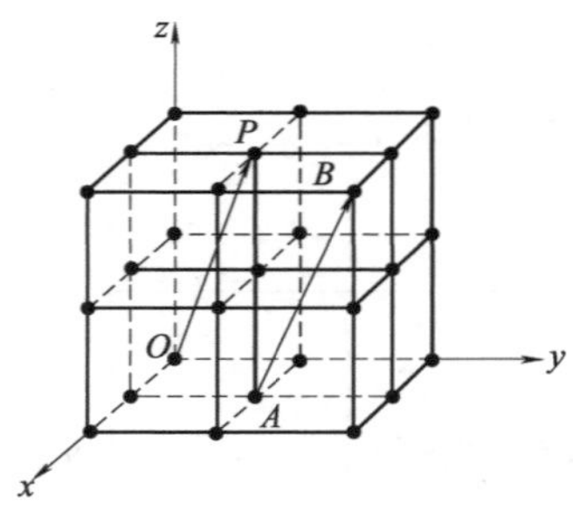

图 1-6　晶向指数的确定

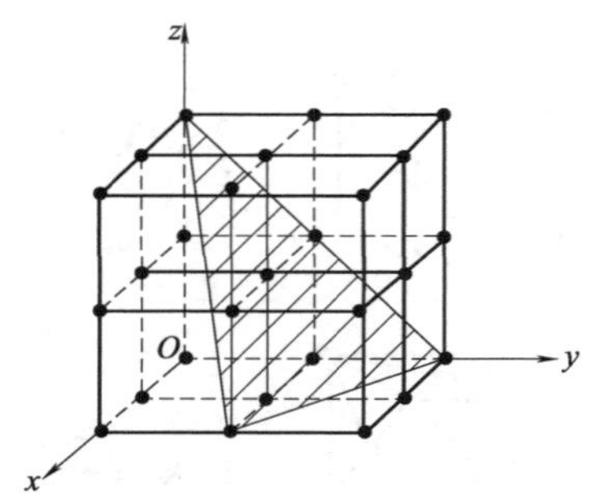

图 1-7　晶面指数的确定

所有相互平行的晶面，其晶面指数相同，或数字相同而正负号相反，例如（111）与（$1\bar{1}\bar{1}$）代表平行的两组晶面。在晶体中，有些晶面的原子排列情况相同，晶面间距完全相等，其性质完全相同，只是空间位向不同。这样的一组晶面称为晶面族，用｛hkl｝表示。例如在立方晶系中，

$$\{100\}=(100),\ (010),\ (001),\ (\bar{1}00),\ (0\bar{1}0),\ (00\bar{1})$$

$$\{110\}=(110),\ (101),\ (011),\ (\bar{1}10),\ (\bar{1}01),\ (0\bar{1}1)$$

如果不是立方晶系，改变晶面指数的顺序所表示的晶面可能不是等同的，例如对于正交晶系，（100）、（010）、（001）这三个晶面上的原子排列情况不同，晶面间距不等，因而不能归属于同一晶面族。

此外，在立方晶系中，具有相同指数的晶向和晶面必定相互垂直，即［hkl］⊥（uvw）。但是此关系不适用于其他晶系。

六方晶系的晶面指数和晶向指数同样可以应用上述方法确定，限于篇幅这里不再展开介绍。

由于在同一晶格的不同晶面和晶向上原子排列的疏密程度不同，因此原子结合力也就不同，从而在不同的晶面和晶向上显示出不同的性能，这就是单个的晶体具有各向异性的原因。

不同的｛hkl｝晶面，其面间距（即相邻的两个平行晶面之间的距离）各不相同。总的来说，低指数的晶面其面间距较大，而高指数面的面间距小。以图 1-8 所示的简单立方点阵为例，可看到其｛100｝面的晶面间距最大，｛120｝面的间距较小，而｛320｝面的间距就更小。但是，如果分析一下体心立方或面心立方点阵，则它们的最大晶面间距的面分别为｛110｝或｛111｝而不是｛100｝，说明此面还与点阵类型有关。此外还可证明，晶面间距最大的面总是阵点（或原子）最密排的晶面，晶面间距越小则晶面上的阵点排列就越稀疏。

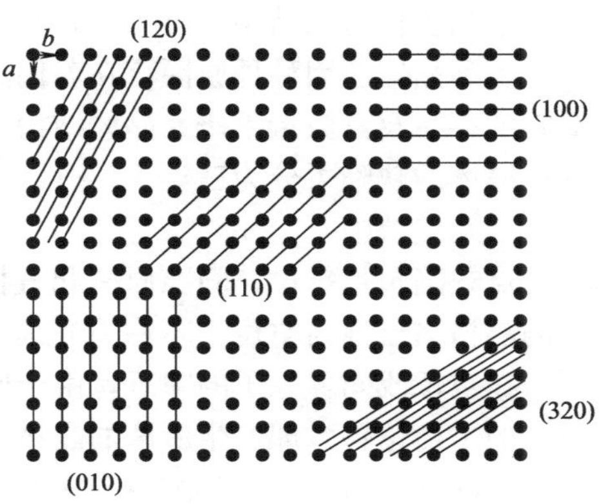

图 1-8 晶格中不同晶面的晶面间距

正是由于不同晶面的间距不同，我们可以用特定波长的中子或 X 射线照射金属，使其发生衍射，在某些角度产生衍射峰，通过衍射峰位置的变化确定该金属晶面间距的大小，这是射线衍射法测量金属残余应力的理论基础。

1.1.2 金属的实际晶体结构

整块晶体由一颗晶粒组成，或是能用一个空间点阵图形贯穿整个晶体的称为单晶体。金属单晶体样品中所有金属原子在三维空间中呈规则、周期排列，见图 1-9（a）。单晶体具有各向异性的特征，即在晶体的各个晶向上具有不同的物理、化学和力学性能。

实际使用的工业金属材料，即使体积很小，其内部的晶格位向也不是完全一致的，而是包含着许许多多彼此间位向不同的、称为晶粒的颗粒状小晶体。而晶粒之间的界面称为晶界。这种实际上由许多晶粒组成的晶体结构称为多晶体结构。一般金属材料都是多晶

体，见图 1-9（b）所示。虽然每个晶粒和单晶体一样具有各向异性，但一块金属包含有大量彼此位向不同的晶粒，不同方向的金属性能都是许多晶粒性能的平均值，故多晶体显示出各向同性。

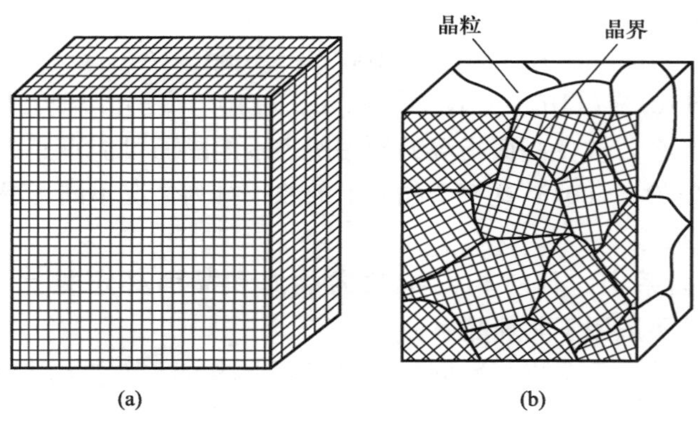

图 1-9 单晶体与多晶体结构

实践证明，即使在一个晶粒内部，其晶格位向也并不是像理想晶体那样完全一致，而是存在着许多尺寸更小，位向差也很小的小晶块。它们相互镶嵌成一颗晶粒，见图 1-10。这些小晶块称为亚结构。可见，只有在亚结构内部，晶格的位向才是一致的。

实际晶体还因种种原因存在着偏离理想完整点阵的部位或结构，称为晶体缺陷。晶体缺陷的存在及其数量是研究晶体结构、金属塑性变形的关键问题。根据晶体缺陷的几何特性，晶体的缺陷可分为三类。

（1）点缺陷

点缺陷包括空位、间隙原子和置换原子三种，如图 1-11 所示。实际晶体未被原子占有的晶格结点称为空位，不占有正常晶格位置而处于晶格空隙之间的原子则称为间隙原子。在空位或间隙原子的附近，由于原子间作用力的平衡被破坏，使其周围的原子离开了原来的平衡位置，即产生所谓的晶格畸变。间隙原子是一种热平衡缺陷，在一定温度下有一平衡浓度，对于异类间隙原子来说，常将这一平衡浓度称为固溶度或溶解度。占据在原来基体原子平衡位置上的异类原子称为置换原子。由于原子大小的区别也会造成晶格畸变，置换原子在一定温度下也有一个平衡浓度值，一般称之为固溶度或溶解度，通常它比间隙原子的固溶度要大得多。

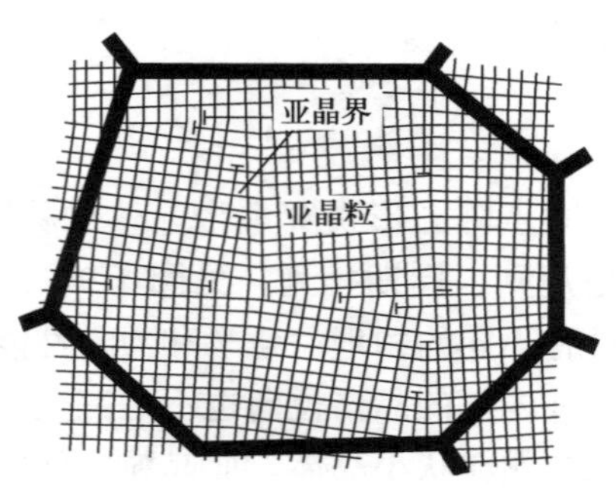

图 1-10 晶粒内部的亚结构

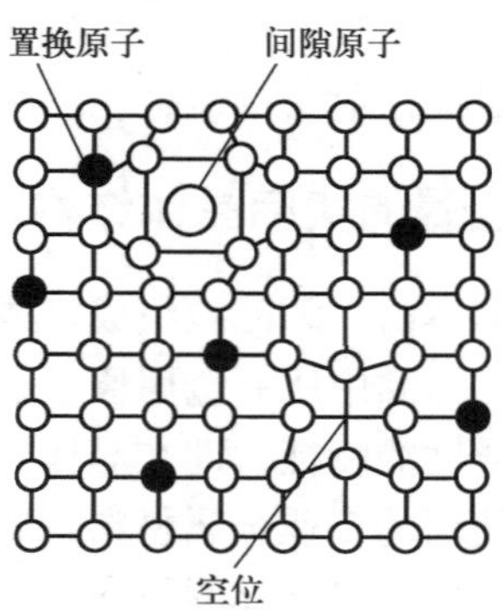

图 1-11 点缺陷示意

(2) 线缺陷

线缺陷的表现形式主要是位错。晶体中某处有一列或若干列原子发生有规律的错排现象称为位错。线缺陷有刃型和螺型两种位错。

刃型位错如图 1-12 所示。垂直方向的原子面 *EFGH* 中断于水平晶面 *ABCD* 上的 *EF* 处，就像刀刃一样切入晶体，使得晶体中位于 *ABCD* 面的上、下两部分出现错排现象。*EF* 线称为刃型位错线。在位错线附近区域，晶格发生畸变，导致 *ABCD* 晶面上、下方位错线附近的区域内，晶体分别受到压应力和拉应力。符号“⊥”和“T”分别表示多出的原子面在晶体的上半部和下半部，分别称为正、负刃型位错，见图 1-13。

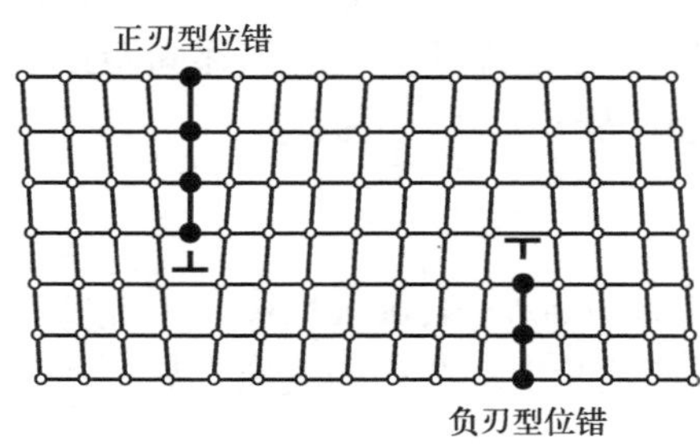

图 1-12 刃型位错示意图

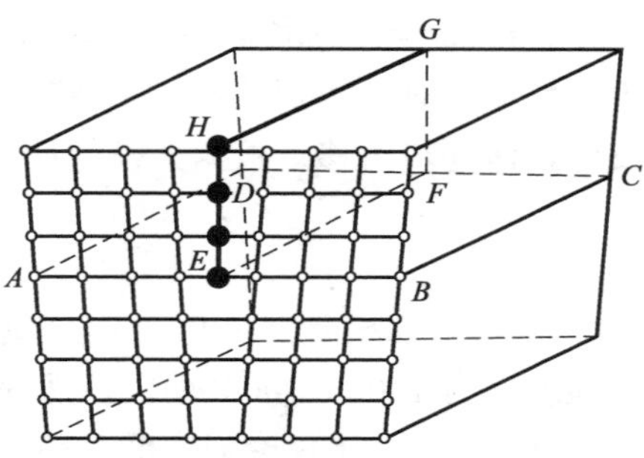

图 1-13 正负刃型位错示意图

螺型位错如图 1-14 所示。设立方晶体右侧受到切应力 τ 的作用，其右侧上下两部分晶体沿滑移面 *ABCD* 发生了错动如图 1-14(a)所示，这时已滑移区和未滑移区的边界线 bb'平行于滑移方向。图 1-14(b)是 bb'附近原子排列的俯视图，图中圆点“•”表示滑移面 *ABCD* 下方的原子，圆圈“◦”表示滑移面 *ABCD* 上方的原子。可以看出，在 aa'右边的晶体上下层原子相对错动了一个原子间距，而在 bb'和 aa'之间出现一个约有几个原子间距宽的、上下层原子位置不吻合的过渡区，原子的正常排列遭到破坏。如果以 bb'为轴线，从 *a* 开始，按顺时针方向依次连接此过渡区的各原子，则其走向与一个右螺旋线的前进方向一样，见图 1-14(c)。这就是说，位错线附近的原子是按螺旋形排列的，所以把这种位错称为螺型位错。

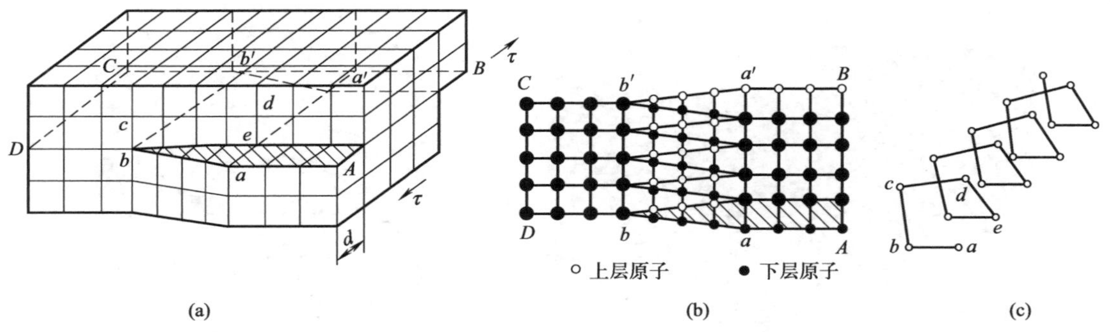

图 1-14 螺型位错示意图

(3) 面缺陷

面缺陷主要是晶界和亚晶界。晶界实际上是不同位向晶粒之间原子排列无规则的过渡层，如图 1-15 所示。晶界处晶格处于畸变状态，导致其能量高于晶粒内部能量，常温下显示较高的强度和硬度，容易被腐蚀，熔点较低，原子扩散较快。

亚晶界则是由一系列刃型位错所形成的小角度晶界，如图 1-12 所示。亚晶界处晶格畸变对金属性能的影响与晶界相似。在晶粒大小一定时，亚结构越细，金属的屈服强度就越高。

1.1.3 位错及位错运动*❶

(1) 位错理论及其观察

在 20 世纪 30 年代以前，材料塑性力学行为的微观机理一直是严重困扰材料科学家的重大难题。1926 年，苏联物理学家雅科夫·弗仑克尔从理想完整晶体模型出发，假定材料发生塑性切变时，微观上对应着切变面两侧的两个最密排晶面（即相邻间距最大的晶面）发生整体同步滑移。根据该模型计算出的理论临界切应力 τ_m 为：

$$\tau_m = \frac{G}{2\pi}$$

其中 G 为剪切模量。一般常用金属的 G 值约为 10000～100000MPa，由此算得的理论切变强度应为 1000～10000MPa。然而在塑性变形试验中，测得的这些金属的屈服强度仅为 0.5～10MPa，比理论强度低了整整 3 个数量级。

1934 年，埃贡·欧罗万、迈克尔·波拉尼和 G. I. 泰勒三位科学家几乎同时提出了塑性变形的位错机制理论，解决了上述理论预测与实际测试结果不一致的问题。位错理论认为，晶体的切变在微观上并非一侧相对于另一侧的整体刚性滑移，而是通过位错的运动来实现的。一个位错从材料内部运动到了材料表面，就相当于其位错线滑移了一个单位距离（相邻两晶面间的距离）。这样，随着位错不断地从材料内部发生并运动到表面，就可以提供连续塑性形变所需的晶面间滑移了。与整体滑移所需的打断一个晶面上所有原子与相邻晶面原子的键合相比，位错滑移仅需打断位错线附近少数原子的键合，因此所需的外加切应力将大大降低。透射电镜的发明使得位错的观察成为可能，也证实了位错理论。图 1-16 是透射电镜观察到的钨晶体中的位错。

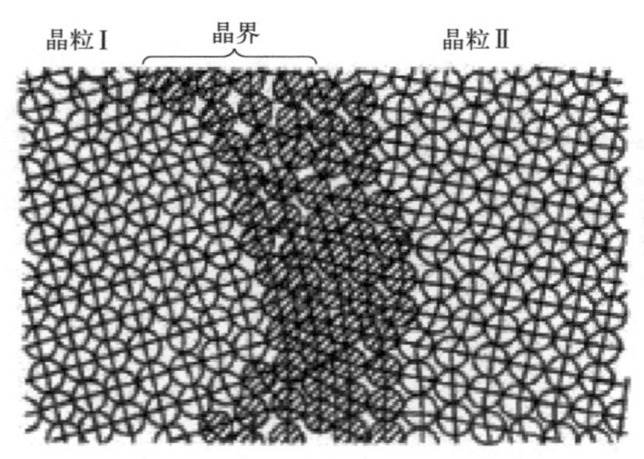

图 1-15　晶界的过渡结构示意图

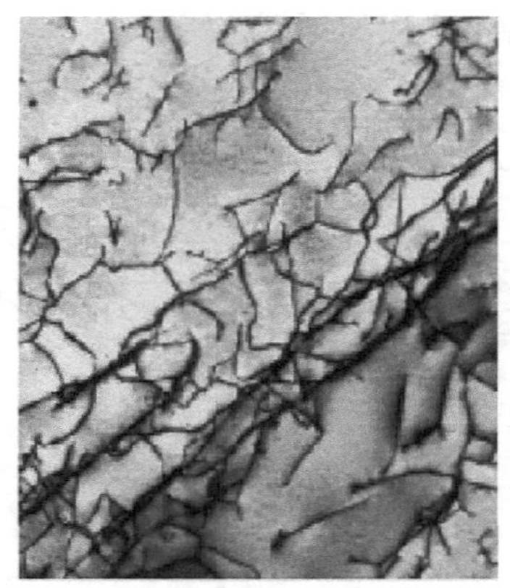

图 1-16　透射电镜下钨晶体中的位错

---

❶ 标*号的内容均为选读内容，全书同。

(2) 位错的运动

位错是晶体中缺陷的主要形式之一，对晶体性能和性质有非常大的影响。位错的最重要的特点之一是它可以在晶体中运动，这可以理解为缺陷在晶体内的转移和扩展。而晶体宏观的塑性变形本质上就是通过位错的运动来实现的。

晶体的力学性能如强度、塑性和断裂等均与位错的运动有关。因此，了解位错运动的有关规律，对于理解晶体的特性，以及改善和控制晶体力学性能是有益的。晶体中的位错总是力图从高能位置转移到低能位置，在适当条件下（包括外力作用），位错会发生运动。位错的运动方式有两种最基本形式，即滑移和攀移。

在切应力作用下，位错在晶体内沿某个晶面（滑移面）的运动称为位错滑移。同一晶体内可以有多个不同的滑移晶面和滑移方向，它们共同构成晶体内部的滑移系。图 1-17 展示了一个刃型位错的产生和滑移过程。

图 1-17(a)显示的是一个完整的晶体，在受到切应力 τ 的作用下，上下面产生错位，形成一个刃型位错［图 1-17(b)所示］，在剪切力的作用下，这个位错向晶体内部滑移［图 1-17(c)所示］，从一个边滑移到另一个边［图 1-17(d)所示］，直到滑移出晶体表面，产生滑移台阶［图 1-17(e)所示］。这种滑移方式比上下面所有原子直接移位，即直接从图 1-17(a)到图 1-17(e)所需要的剪切力小得多。

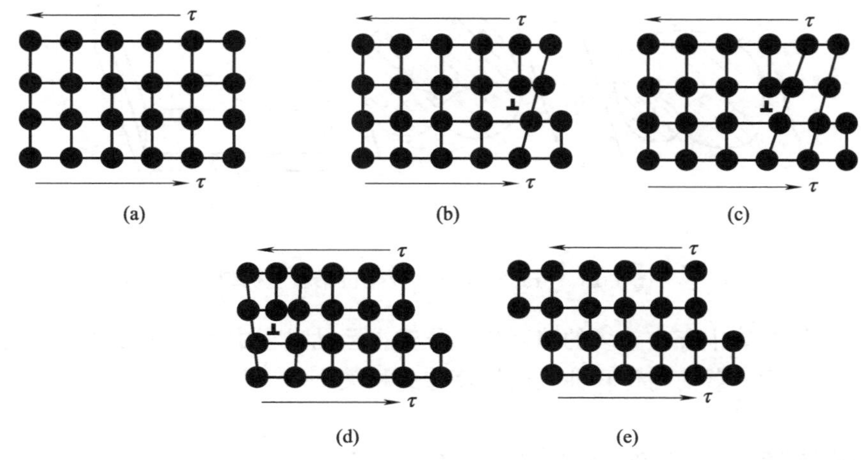

图 1-17　刃型位错的滑移示意图

位错运动的实质是原子的运动。当位错移动一定的原子结点距离时，位错附近原子的移动距离增大，而离位错核部较远的原子不受位错的影响或影响较小，因此使位错发生移动所需要的切应力要比沿着某一晶面整体滑移所需要的切应力小得多。

当位错在一个滑移面上滑移时，如果遇到了障碍物（如晶界、杂质等），位错就会被“堵”住而形成位错塞积。位错塞积可以导致单位体积的位错长度（位错密度）增加，使晶体强度提高，这是应变硬化的一种重要机制。

在晶体变形过程中，位错以一定形式运动，自身不断产生新的位错环或大幅度增加位错线长度，这一过程被称为位错增殖，位错增殖导致位错密度不断增加。同时，晶内的滑移也需要上千个位错的运动才能完成。这些都意味着变形时晶体中的位错在以某种机制增殖。目前，对于位错增殖机制的解释中最常用的是 Frank-Read 的双轴位错增殖机制，图

1-18 即为该机制示意图。设在滑移面 π 上位错线 AB 的两端被钉住，在外部切应力作用下位错段发生弓弯，由于位错线的曲率、线张力与产生的单位长度位错的向心恢复力的互相作用，一般在曲率半径 $R=\frac{1}{2}L$（位错线长度 $L=AB$）时达到平衡，位错停止弓弯[图 1-18(b)所示]。不过在外力继续作用下，可以打破这种平衡而使位错继续运动，最后形成位错环［图 1-18(c)所示］。一方面位错环不断扩大，使晶体的滑移部分增大，当位错线扫过整个滑移面，滑移面 π 上下两部分的晶体将产生位移［图 1-18(f)所示］。另一方面原位错线引出线还可以重新增殖［图 1-18(d)和(e)所示］。由于从位错线 AB 处可以不断地产生位错，所以称之为位错源，即 Frank-Read 源。

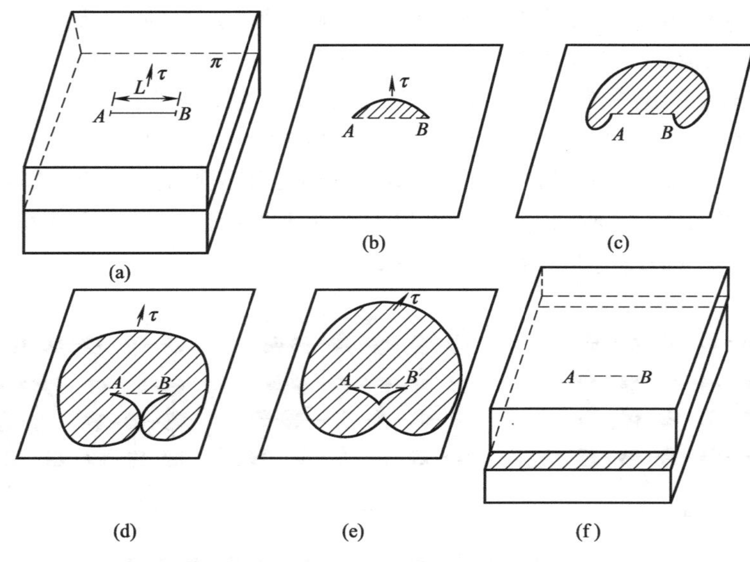

图 1-18　Frank-Read 的双轴位错增殖机制

实际的金属晶体中存在较多的障碍物，位错在运动过程中不停地被钉扎和脱钉，金属在拉伸变形过程中，载荷与位移曲线的振荡与此相关。

1.2　金属材料的力学性能及弹性力学理论

绝大多数金属的原子按一定规律排列而成多晶体材料。在外力作用下，多晶体金属所表现出来的力与变形或应力与应变之间的关系，就是金属材料的力学性能。

在外力或温度作用下，金属材料会产生两种变形，一种是弹性变形，另一种是塑性变形。当外力或温度荷载去除后，能够完全恢复的变形，称为弹性变形，相应的金属材料称为弹性材料或弹性体；当外力或温度荷载去除后，不能恢复的残留的变形，称为塑性变形。弹性力学理论是研究弹性体由于所受外力、温度和边界条件的改变而产生的应力、应变和位移之间的关系的。

为了解决弹性力学问题中的已知量求出未知量，规避分析过程的复杂性和不可求解性，需要对材料进行以下五个方面的基本假设：

① 材料连续性　物体的整个体积都被组成物体的成分完全填满而不留任何间隙，使

得物体内的应力和应变等物理量是连续的，从而可以用坐标连续函数来表示它们的变化规律。

② 材料完全弹性　由作用在物体上的外力等所产生的变形，当外力等去除后能完全恢复物体原始状态，而不留任何剩余变形，即服从胡克定律（参见 1.2.3 节）。

③ 材料均匀性　组成整个物体的材料成分和组织是均匀一致的，其弹性常数在物体内任意一点都是一样的，以致对于任意微小部分的分析结果与方法，可以应用于整个物体。

④ 材料各向同性　材料的弹性和弹性常数，在物体内任意一点的任意方向都是一样的，即不随方向而变。

⑤ 位移和应变微小性　物体受外力作用后，整个物体内各点的位移远远小于物体固有的尺寸，即应变和转角远小于 1，使得在建立物体变形以后的方程时，仍然可以用物体变形以前的尺寸，从而简化解析计算并不致明显误差。

满足以上①～④条基本假设的材料，称为理想弹性体。上述①～⑤的基本假设再加上弹性力学基本方程*，就构成了弹性力学的理论基础。

1.2.1 基本概念

（1）内力、应力、应变和位移

由物理学可知，即使不受外力作用，材料内部各质点之间也存在着相互作用力。当受外力作用时，材料各部分间的相对位置发生变化，从而引起质点相互作用力的改变，其改变量称为内力。可见，内力是材料各部分之间相互作用力因外力而引起的附加值。

为了显示出内力，用截面 mn 假想地把材料分成 A、B 两部分，任意地取出部分 A 作为分离体，如图 1-19 所示。对部分 A，除外力外在截面 mn 上必然还有来自部分 B 的作用力，这就是内力。部分 A 是在上述外力和内力共同作用下保持平衡的。类似地，如取出部分 B，则它是在外力和 mn 截面上的内力共同作用下保持平衡。至于部分 B 的截面 mn 上的内力，则是来自部分 A 的反作用力。根据作用和反作用定律，A、B 两部分在截面 mn 上相互作用的内力，必然大小相等、方向相反。

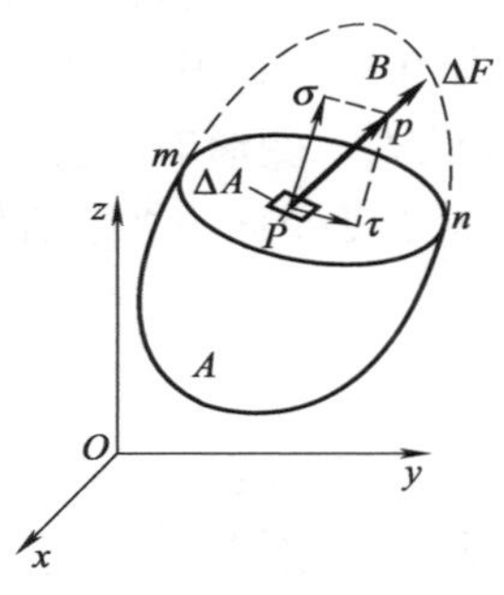

图 1-19　内力与应力

为了描述内力在截面上一点处的强弱程度，引进应力的概念。在截面 mn 上围绕一点 P 取微小面积 ΔA，设作用在 ΔA 上的内力为 ΔF，ΔF 的大小和方向与 P 点的位置和 ΔA 的面积有关。比值 $\Delta F/\Delta A$ 称为 ΔA 上的平均应力。随着 ΔA 的逐渐缩小，平均应力的大小和方向都将逐渐改变。当 ΔA 缩小至趋于 P 点时，平均应力 $\Delta F/\Delta A$ 趋于极限值 p，即

$$p=\lim_{\Delta A\to 0}\frac{\Delta F}{\Delta A} \tag{1-1}$$

p 称为 P 点的应力，它反映材料内 mn 截面上内力分布在 P 点的强弱情况。p 是一个矢量，一般来说既不与截面垂直也不与截面相切。通常把应力 p 分解成垂直于截面的分量 σ 和相切于截面的分量 τ，σ 称为正应力，τ 称为切应力。p 还可以沿坐标轴投影，分解为 p_x、p_y、p_z。应力的量纲是［力］［长度$^{-2}$］，在我国法定计量单位中为帕（Pa）

或兆帕（MPa）。

当材料发生变形时，材料中的 M 点因变形位移到 M'，矢量 $\boldsymbol{MM}'$ 即为 M 点的位移，如图 1-20 所示。设 N 为 M 的邻近点，MN 的长度为 Δs，变形后 N 点的位移为 NN'。这样，变形前的线段 MN 变形后变为 $M'N'$，其长度由 Δs 变为 $\Delta s+\Delta u$。这里 Δu 代表变形前后线段 MN 的长度变化。比值 $\Delta u/\Delta s$ 称为平均线应变，它表示线段 MN 每单位长度的平均伸长或缩短。逐渐缩小 M 点和 N 点的距离，当 N 无限趋近于 M 时，平均线应变 $\Delta u/\Delta s$ 趋于极限值 ε，即

$$\varepsilon=\lim_{\Delta s\to 0}\frac{\Delta u}{\Delta s} \tag{1-2}$$

ε 称为 M 点沿 MN 方向的线应变或正应变，简称应变。它表示材料变形时 M 点沿 MN 方向长度变化的程度。

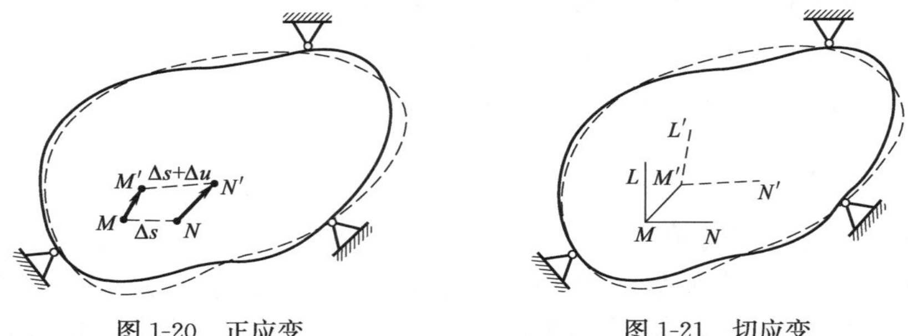

图 1-20　正应变　　图 1-21　切应变

材料的变形不但表现为线段长度的改变，而且正交线段的夹角有时也将发生变化。例如在图 1-21 中，变形前线段 MN 和 ML 相互垂直，变形后 $M'N'$ 和 $M'L'$ 的夹角变为 $\angle L'M'N'$。变形前、后角度的变化是（$\pi/2-\angle L'M'N'$）。当 L 和 N 都无限趋近于 M 时，上述角度变化的极限值称为 M 点在平面 LMN 内的切应变或角应变。

$$\gamma=\lim_{\substack{MN\to 0\\ ML\to 0}}\left(\frac{\pi}{2}-\angle L'M'N'\right) \tag{1-3}$$

正应变 ε 和切应变 γ 是度量一点处变形程度的两个基本量，从式（1-2）和式（1-3）看出，它们都是无量纲的量。

实际金属材料的变形、应变以及由变形引起的位移，一般是极其微小的。弹性力学研究的问题限于小变形的情况，认为无论是变形或由变形引起的位移，其大小都远小于金属工件的最小尺寸。因为位移是非常微小的量，所以当工件受力变形引起质点位移时，仍可沿用变形前的形状和尺寸，这种方法称为原始尺寸原理。原始尺寸原理使弹性力学问题的计算得到很大简化，这也正是前述基本假设⑤的内容。

（2）金属材料的基本力学性能

在解决弹性力学问题时，除求出应力、应变外，还需要了解材料的力学性能。力学性能是指在外力作用下材料在变形方面表现出的特性。材料的力学性能由试验来测定。在室温下，以缓慢平稳的加载方式进行试验，是测定材料力学性能的基本方法。试验前，把金属材料加工成试样，如图 1-22 所示。在试样上取长度为 l 的一段作为试验段，l 称为标距。

常用金属材料的种类很多，现以低碳钢为代表，介绍材料拉伸时的主要力学性能。低碳钢是指含碳量在0.3%以下的碳素钢，它在拉伸试验中表现出的力学性能最为典型。使试样在试验机上承受缓慢增加的拉力，对应着拉力 F 的每一个值，可以测定标距 l 的相应伸长 Δl。以横截面的原始面积 A 除拉力 F，得正应力 $\sigma=F/A$；以标距的原始长度 l 除 Δl，得相应的应变 $\varepsilon=\Delta l/l$。这里需要指出，按照（1）中的定义，$\Delta l/l$ 是标距 l 内的平均应变。但在标距 l 内各点应变是均匀的，因此任意点的应变都与平均应变相等。若以 σ 为纵坐标，ε 为横坐标，则对应着拉力 F 的每一个值，就可在 σ-ε 坐标系中确定一点。随着 F 的缓慢增加，将得到一系列的点，连接这些点便得到表示 σ 与 ε 关系的图线（图1-23），称为应力-应变曲线或 σ-ε 曲线。从曲线可以得到低碳钢的下列特性：

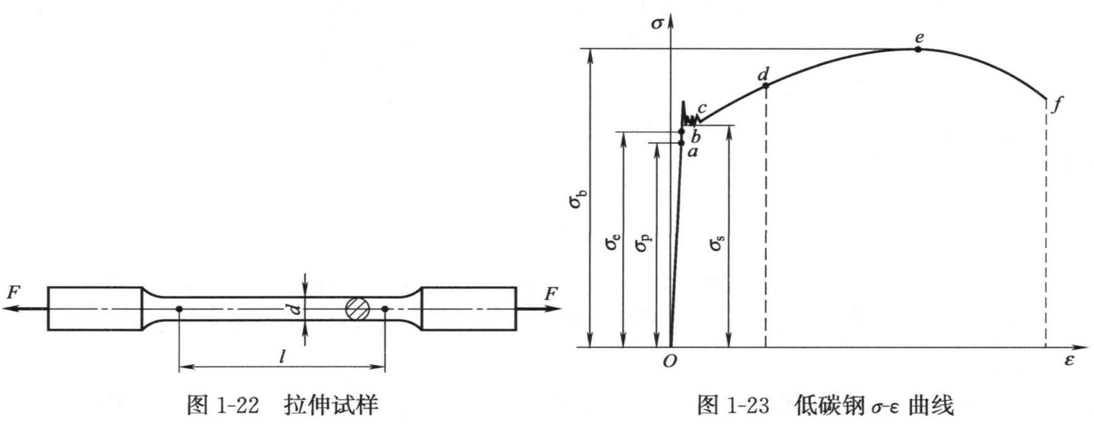

图1-22 拉伸试样

图1-23 低碳钢 σ-ε 曲线

在拉伸的初始阶段，σ 与 ε 的关系为直线 Oa，表明应力与应变成正比。即

$$\sigma=E\varepsilon \tag{1-4}$$

式中，常量 E 称为弹性模量。由上式表示的线性关系称为胡克定律。直线部分 Oa 的最高点 a 所对应的应力 σ_p 称为比例极限。显然，只有应力低于比例极限时，应力才与应变成正比，胡克定律才是正确的。这时称材料是线弹性的。

超过比例极限后，从 a 点到 b 点，σ 与 ε 之间的关系不再是直线，但解除拉力后变形仍可完全消失，这种变形称为弹性变形。b 点对应的应力 σ_e 是保证材料只出现弹性变形的最高应力，称为弹性极限。在低碳钢的 σ-ε 曲线上，a、b 两点非常接近，一般对比例极限和弹性极限并不严格区分。但对某些材料两者还是有差别的。

应力大于弹性极限后，如将拉力解除，则试样变形的一部分随之消失，这就是前面所说的弹性变形；但还遗留下一部分不能消失的变形，这种变形就是残余变形或塑性变形。

应力超过弹性极限增加到某一数值后会突然下降，而后基本不变只作微小的波动，但应变却有明显的增大，这在 σ-ε 图上形成接近水平线的小锯齿形线段。这种应力基本保持不变而应变明显增大的现象，称为屈服。屈服阶段内，波动应力中比较稳定的最低值，称为屈服点或屈服极限，用 σ_s 来表示。到达屈服极限后材料将出现显著的塑性变形。对于某些机械零件，塑性变形将影响其正常工作，所以 σ_s 是衡量材料性能的重要指标。

屈服阶段过后，如果继续增加拉力，材料会进入塑性强化变形阶段（图1-23中 c 到 e 线段），直至出现强度极限 σ_b、局部变形（图中 f 点）试样被拉断等，但这已超出弹性力学范畴，所以不再一一介绍。

大部分金属材料和低碳钢一样有明显的弹性阶段、屈服阶段。但也有些材料只有弹性阶段，没有屈服阶段。对没有明显屈服阶段的塑性材料，可以把产生 0.2%塑性应变时的应力作为屈服指标，称为名义屈服极限，并用 $\sigma_{0.2}$ 来表示。

（3）金属材料的弹性常数

金属材料在单向受拉或受压时，如果应力低于材料的弹性极限，则应力与轴向应变成正比，遵守式（1-4）描述的胡克定律，其比例系数

$$E=\frac{\sigma}{\varepsilon} \tag{1-5}$$

就是弹性模量。由于 ε 无量纲，所以 E 与 σ 量纲相同。

弹性模量 E 是一个只与材料的化学成分有关的常数，与材料所受应力和应变大小无关。弹性模量表征材料轴向弹性变形难易程度，是材料重要的弹性常数之一。

材料在单向受拉（或受压）产生伸长（或缩短）变形的同时，在垂直方向会产生缩短（或伸长）变形。如果应力低于材料的弹性极限，横向正应变 ε' 与轴向正应变 ε 之比的绝对值也是一个常数，即

$$\nu=\left|\frac{\varepsilon'}{\varepsilon}\right| \tag{1-6}$$

式中，ν 称为横向变形因数或泊松比。显然，泊松比的单位是 1，即没有量纲。

与弹性模量类似，ν 也是一个只与材料有关的常数，是表征材料横向弹性变形难易程度的弹性常数。

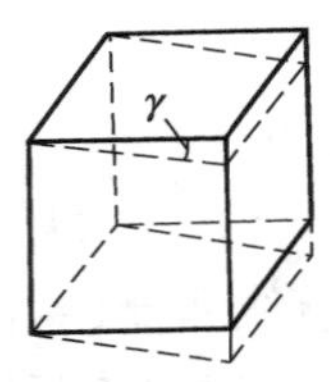

图 1-24　纯剪切

如果在材料的各个侧面上只有切应力并无正应力，这种情况称为纯剪切。纯剪切时材料的相对两个侧面将发生微小的相对错动（如图 1-24 所示），使原来互相垂直的两个棱边的夹角改变了一个微小量 γ，这正是由式（1-3）定义的切应变。实验表明，当切应力不超过材料的剪切弹性极限时，切应变 γ 与切应力 τ 成正比。这就是剪切胡克定律，它可写成

$$\tau=G\gamma \tag{1-7}$$

式中，G 为比例常数，称为材料的剪切模量。因为 γ 是无量纲的量，所以 G 与 τ 量纲相同。

至此，已经引入了弹性模量 E、泊松比 ν 和剪切模量 G 三个弹性常数。弹性常数是表征材料弹性的物理量。对各向同性材料，可以证明三个弹性常数之间存在下述关系：

$$G=\frac{E}{2(1+\nu)} \tag{1-8}$$

可见，在各向同性材料的三个弹性常数 E、G、ν 中，只有两个是独立的。在残余应力检测中使用较多的弹性常数是弹性模量 E 和泊松比 ν。

1.2.2　应力状态表征

为了表征金属材料内一点的应力状态，取一个过 P 点的微小正矩形六面体（以下简称单元体，如图 1-25 所示），令单元体的棱边分别平行于 x、y、z 坐标轴，将单元体每一个面上的应力分解为一个正应力和两个切应力。

以 PAC 面上的 σ_y、τ_{yx}、τ_{yz} 为例，其中，σ_y 中的 σ 代表垂直于作用面的正应力，

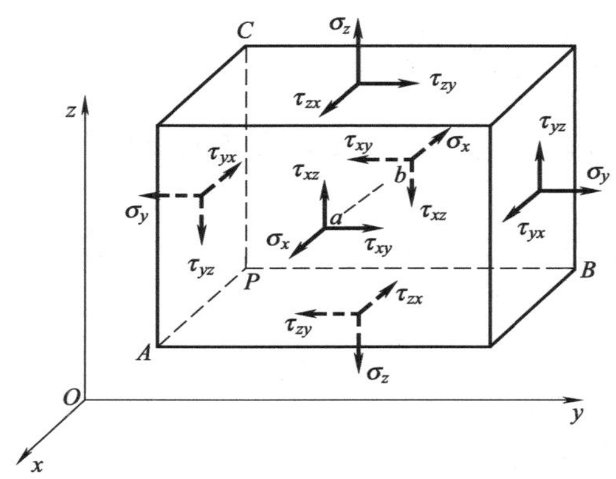

图 1-25　材料内单元体上的应力状态

下角标 y 代表作用力方向平行于 y 轴；τ_{yx} 中的 τ 代表平行于作用面的切应力，第一个下角标 y 代表切应力作用面的法线方向沿 y 轴，第二个下角标 x 代表切应力的方向平行于 x 轴；类似地，τ_{yz} 中的第一个下角标 y 代表切应力作用面的法线方向沿 y 轴，第二个下角标 z 代表切应力的方向平行于 z 轴。其余五个面上的应力标注方法依此类推。这样，单元体 6 个面包含了 6 个正应力和 12 个切应力，共 18 个应力分量。

弹性力学对应力分量正负号的规定是：若某一截面的外法线沿着坐标轴正方向，则该截面称为正坐标面，该面上的应力分量以沿坐标轴正方向为正，沿负方向为负。反之，若某一截面的外法线沿着坐标轴负方向，则该截面称为负坐标面，该面上的应力分量以沿坐标轴负方向为正，沿正方向为负。因此，图 1-25 中的所有应力分量都是正的。

由于应力是对内力的度量，而内力之间存在着作用力与反作用力的关系，是成对出现的，所以作用在单元体上的力相互平衡，即 $\sum F_i=0$（$i=x$、y、z）。这样，处于单元体对面上的、角标相同的应力分量数值相等，从而使图 1-25 中的 18 个应力分量简化为 9 个独立分量，包括 3 个正应力分量和 6 个切应力分量。

另外，由于单元体处于平衡状态没有转动，故还应满足力矩平衡条件，即 $\sum M_i=0$（$i=x$、y、z）。以图 1-25 中连接单元体前后面的中心线 ab 为力矩轴为例，有

$$(\tau_{yz}\Delta z\Delta x)\frac{\Delta y}{2}=(\tau_{zy}\Delta y\Delta x)\frac{\Delta z}{2}$$

可得

$$\tau_{yz}=\tau_{zy} \tag{1-9}$$

同理可以得到 $\tau_{zx}=\tau_{xz}$ 和 $\tau_{xy}=\tau_{yx}$。这表明，在单元体两个互相垂直的相邻平面上，切应力成对存在并大小相等，且都垂直于两个平面的交线，方向则共同指向或共同背离这一交线。这就是切应力互等定理。由于切应力互等，切应力两个角标符号的位置可以对调，所以材料内任意一点的独立应力分量，进一步减少到了 3 个正应力和 3 个切应力。

在材料中围绕一点截取的单元体在三个方向上的尺寸均为无穷小，以致可以认为在它的每个面上应力都是均匀的。而且，在单元体内相互平行的截面上的应力也都是相同的，且与通过该点的平行面上的应力相同。所以，这样的单元体的应力状态可以代表一点的应力状态。

利用材料内任意一点已知的 6 个应力分量 σ_x、σ_y、σ_z、τ_{xy}、τ_{yz}、τ_{zx}，可以推导出过该点任一截面上的正应力 σ_N 和切应力 τ_N，如图 1-26 所示的 ABC 平面，有：

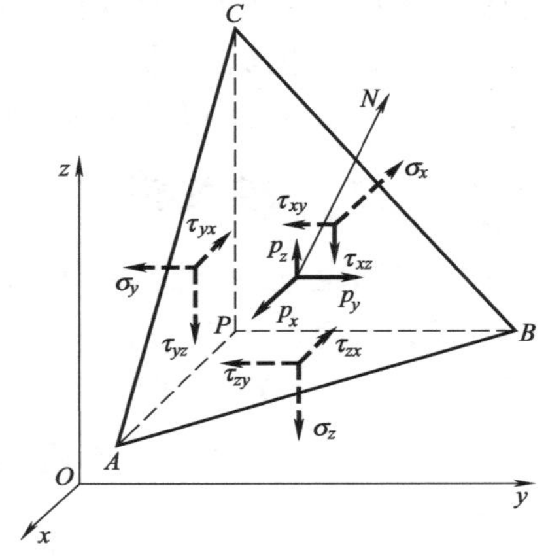

图 1-26　空间中一点的应力状态

$$\left.\begin{aligned}\sigma_N &= lp_x + mp_y + np_z \\ \tau_N &= \sqrt{p_x^2 + p_y^2 + p_z^2 - \sigma_N^2}\end{aligned}\right\} \tag{1-10}$$

式（1-10）中，l、m、n 分别为平面 ABC 的法线方向 N 与 x、y、z 轴夹角的余弦：

$$\left.\begin{aligned}l &= \cos(N,x) \\ m &= \cos(N,y) \\ n &= \cos(N,z)\end{aligned}\right\} \tag{1-11}$$

而式（1-10）中的内应力分量 p_x、p_y、p_z 为：

$$\left.\begin{aligned}p_x &= l\sigma_x + m\tau_{yx} + n\tau_{zx} \\ p_y &= m\sigma_y + n\tau_{zy} + l\tau_{xy} \\ p_z &= n\sigma_z + l\tau_{xz} + m\tau_{yz}\end{aligned}\right\} \tag{1-12}$$

由上可见，材料内任意一点的应力状态不仅可以用 6 个应力分量表示，还可以根据这 6 个分量计算任一参考平面的应力。因此可以说，在材料的三维空间下，应力状态的自由度是 6。在弹性力学中，有时采用张量矩阵的形式表述应力状态，如式（1-13）所示。应力张量矩阵中包含 9 个数值，但实际独立的应力分量个数是 6，与应力状态的自由度保持一致。

$$\sigma = \begin{bmatrix}\sigma_x & \tau_{xy} & \tau_{xz} \\ \tau_{yx} & \sigma_y & \tau_{yz} \\ \tau_{zx} & \tau_{zy} & \sigma_z\end{bmatrix} \tag{1-13}$$

从式（1-10）可以看出，当通过 P 点的 6 个应力分量一定时，如果选择过 P 点的参考平面的方向不同（即 l、m、n 不同），则得到的正应力 σ_N 和切应力 τ_N 是不同的。由此可见，应力除了具有大小和方向的矢量特性外，还对参考平面具有依赖性，由于过空间一点可以做出无数平面，而以每个平面为参考平面获得的应力一般是不一致的，因此一点处的应力状态可以是无数个互不相同的矢量值。因此，对于材料中应力的描述需要具有四个要素，即大小、方向、作用点和参考平面。

如果单元体的三个相互垂直的面上都无切应力，这种切应力等于零的面称为主平面。主平面上的正应力称为主应力。一般来说，通过受力构件的任意点都可以找到三个相互垂直的主平面，因而每一点都有三个主应力。对单向拉伸或压缩，三个主应力中只有一个不等于零，称为单向应力状态；若三个主应力中有两个不等于零，称为二向或平面应力状态；若三个主应力都不等于零，则称为三向或空间应力状态。

1.2.3 应力应变关系

在单向拉伸或压缩的情况下，曾得到描述线弹性范围内应力与应变关系的胡克定律［式(1-4)］。我们知道，轴向变形还会引起横向应变 ε'，按照式（1-6）它可表示为：

$$\varepsilon' = \nu\varepsilon = -\nu\frac{\sigma}{E}$$

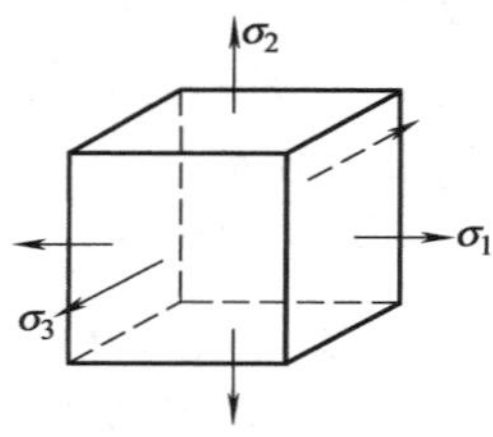

图 1-27　三向应力状态

三向应力状态（如图 1-27 所示）有 σ_1、σ_2、σ_3 三个主应力，可以把它看作是三组单向应力的组合。对各向同性材料，在线弹性范围内可以求出每一组单向应力引起的应变，然后叠加。例如，由于σ_1单独作用，在σ_1方向引起的应变为σ_1/E。由于σ_2和σ_3分别单独作用，在σ_1方向引起的应变分别是$-\nu\sigma_2/E$和$-\nu\sigma_3/E$。叠加上述结果，得σ_1方向的应变为：

$$\varepsilon_1=\frac{\sigma_1}{E}-\nu\frac{\sigma_2}{E}-\nu\frac{\sigma_3}{E}=\frac{1}{E}[\sigma_1-\nu(\sigma_2+\sigma_3)]$$

同样的方法，可以求出σ_2和σ_3方向的应变ε_2和ε_3。最终结果是：

$$\left.\begin{aligned}\varepsilon_1&=\frac{1}{E}[\sigma_1-\nu(\sigma_2+\sigma_3)]\\\varepsilon_2&=\frac{1}{E}[\sigma_2-\nu(\sigma_3+\sigma_1)]\\\varepsilon_3&=\frac{1}{E}[\sigma_3-\nu(\sigma_1+\sigma_2)]\end{aligned}\right\}\tag{1-14}$$

这就是广义胡克定律。ε_1、ε_2、ε_3分别对应着σ_1、σ_2、σ_3，故称为主应变。导出上式时，假设主应力σ_1、σ_2、σ_3皆为拉应力，若某一主应力为压应力，则应以负值代入。

有时单元体参考平面上的正应力并非主应力，与参考平面相邻的四个面上不但有正应力而且还有切应力。这时，沿x方向的线应变ε_x只与正应力σ_x、σ_y、σ_z有关，与切应力无关。于是，仍按上述叠加法可得：

$$\left.\begin{aligned}\varepsilon_x&=\frac{1}{E}[\sigma_x-\nu(\sigma_y+\sigma_z)]\\\varepsilon_y&=\frac{1}{E}[\sigma_y-\nu(\sigma_z+\sigma_x)]\\\varepsilon_z&=\frac{1}{E}[\sigma_z-\nu(\sigma_x+\sigma_y)]\end{aligned}\right\}\tag{1-15}$$

如果将广义胡克定律［式（1-14）］的三等式相加，得：

$$\varepsilon_1+\varepsilon_2+\varepsilon_3=\frac{3(1-2\nu)}{E}\times\frac{\sigma_1+\sigma_2+\sigma_3}{3}$$

可将上式简写为：

$$\varepsilon_{\mathrm{v}}=\frac{\sigma_{\mathrm{m}}}{K}\tag{1-16}$$

式（1-16）中，$\varepsilon_{\mathrm{v}}=\varepsilon_1+\varepsilon_2+\varepsilon_3$称为体应变，$\sigma_{\mathrm{m}}=\dfrac{\sigma_1+\sigma_2+\sigma_3}{3}$是三个主应力的平均值，比例系数$K=\dfrac{E}{3(1-2\nu)}$称为体积弹性模量。公式（1-16）就是体积胡克定律，它反映了材料体积变化与应力之间的关系。式（1-16）还表明，体应变ε_{v}只与三个主应力之和有关，所以无论是作用三个不相等的主应力，或用它们的平均应力来代替，体应变仍然是相同的。

在平面应力问题中，$\sigma_z=0$，代入式（1-15）得：

$$\left.\begin{aligned}\varepsilon_x&=\frac{1}{E}(\sigma_x-\nu\sigma_y)\\\varepsilon_y&=\frac{1}{E}(\sigma_y-\nu\sigma_x)\end{aligned}\right\}\tag{1-17}$$

式（1-17）即是解决平面应力问题中的方程式。将 $\sigma_z=0$ 代入式（1-15）还可以得到：

$$\varepsilon_z=-\frac{\nu}{E}(\sigma_x+\sigma_y) \tag{1-18}$$

式（1-18）表明，在平面应力问题中，虽然应力 $\sigma_z=0$，但应变 $\varepsilon_z\neq0$。因为 ε_z 可由 σ_x、σ_y 计算得到，所以 ε_z 不必作为未知函数。

在平面应变问题中，由于沿 z 方向的位移 $w=0$，因此应变 $\varepsilon_z=0$，代入式（1-15）可得应力：

$$\left.\begin{aligned}\varepsilon_x&=\frac{1-\nu^2}{E}\left(\sigma_x-\frac{\nu}{1-\nu}\sigma_y\right)\\\varepsilon_y&=\frac{1-\nu^2}{E}\left(\sigma_y-\frac{\nu}{1-\nu}\sigma_x\right)\\\sigma_z&=\nu(\sigma_x+\sigma_y)\end{aligned}\right\} \tag{1-19}$$

式（1-19）就是解决平面应变问题的方程式。

1.2.4 应力变换

以下讨论在二向应力状态下，已知通过一点的某些截面上的应力后，如何求出通过这一点的主应力和主平面。

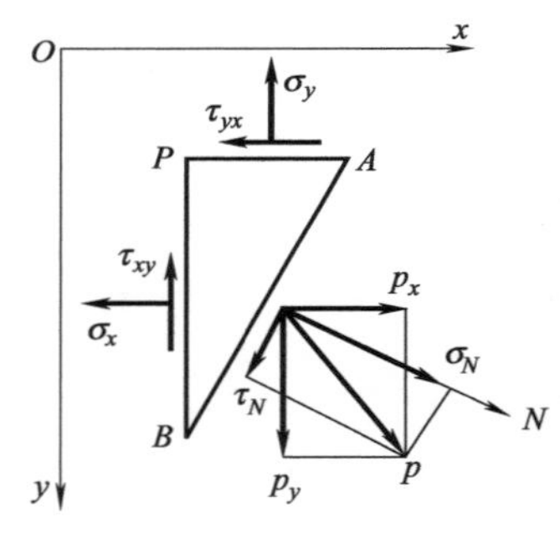

图 1-28　过 P 点的二维应力状态

如图 1-28 所示，已知材料内一点 P 的应力分量 σ_x、σ_y、τ_{xy}、τ_{yx}。其中，σ_x 和 τ_{xy} 是法线平行于 x 轴的面上的正应力和切应力，σ_y 和 τ_{yx} 是法线平行于 y 轴的面上的正应力和切应力。为了求出过 P 点的主应力和主应力角度，围绕 P 点取微小的三角形单元体 PAB，三角形斜面 AB 的外法线方向为 N。如前所述，当斜面 AB 无限趋于 P 点时，该面上的应力可以利用 P 点已知的应力分量获得。具体地，根据式（1-10）、式（1-11）和式（1-12），同时注意到在二向应力时 σ_z、τ_{xz}、τ_{zx}、τ_{yz}、τ_{zy} 皆为零，以及 $\tau_{xy}=\tau_{yx}$，则斜面上的正应力和切应力为：

$$\left.\begin{aligned}\sigma_N&=lp_x+mp_y\\\tau_N&=\sqrt{p_x^2+p_y^2-\sigma_N^2}\end{aligned}\right\} \tag{1-20}$$

其中

$$\left.\begin{aligned}p_x&=l\sigma_x+m\tau_{xy}\\p_y&=m\sigma_y+l\tau_{xy}\end{aligned}\right\} \tag{1-21}$$

根据主应力的定义，若斜面上的切应力为零（即 $\tau_N=0$），则该斜面上的正应力就是 P 点的主应力，该斜面称为主应力平面（简称主平面），主平面的法线方向就是主应力方向。

这样，如果在式（1-20）中令 $\tau_N=0$、$\sigma_N=\sigma$（σ 表示主应力），则可得到：

$$\left.\begin{aligned}p_x&=l\sigma\\p_y&=m\sigma\end{aligned}\right\} \tag{1-22}$$

将式（1-22）代入式（1-21），得

$$l\sigma = l\sigma_x + m\tau_{xy}$$
$$m\sigma = m\sigma_y + l\tau_{xy}$$

上面两式经过变形，为

$$\frac{m}{l} = \frac{\sigma - \sigma_x}{\tau_{xy}}$$
$$\frac{m}{l} = \frac{\tau_{xy}}{\sigma - \sigma_y}$$

令两式相等，得到关于 σ 的二次方程：

$$\sigma^2 - (\sigma_x + \sigma_y)\sigma + (\sigma_x\sigma_y - \tau_{xy}^2) = 0$$

求解 σ 的二次方程，从而得两个主应力为：

$$\sigma_1, \sigma_2 = \frac{\sigma_x + \sigma_y}{2} \pm \sqrt{\left(\frac{\sigma_x - \sigma_y}{2}\right)^2 + \tau_{xy}^2} \tag{1-23}$$

从式（1-23），还很容易得到如下关系：

$$\sigma_1 + \sigma_2 = \sigma_x + \sigma_y \tag{1-24}$$

再求主平面的方位角。设主应力 σ_1 与 x 轴的夹角为 α，则

$$\tan\alpha = \frac{\sin\alpha}{\cos\alpha} = \frac{\cos(90° - \alpha)}{\cos\alpha} = \frac{\cos(N, y)}{\cos(N, x)} = \frac{m}{l} = \frac{\sigma_1 - \sigma_x}{\tau_{xy}}$$

在上述计算中，用到了 l、m 的定义（1-11）式以及过程计算公式 $\frac{m}{l} = \frac{\sigma_1 - \sigma_x}{\tau_{xy}}$。这样，主应力 σ_1 与 x 轴的夹角（即主平面的方位角）满足：

$$\tan\alpha = \frac{\sigma_1 - \sigma_x}{\tau_{xy}} \tag{1-25}$$

式（1-23）和式（1-25）就是在平面应力状态下，通过一点任意截面上的已知应力，求取该点主应力及其方向角的计算公式。

按照推导式（1-25）的同样方法，可得主应力 σ_2 与 y 轴的夹角 β（β 为 α 的余角）满足 $\tan\beta = \frac{\tau_{xy}}{\sigma_2 - \sigma_y}$，再结合式（1-24），可以得到：

$$\tan\alpha\tan\beta = -1$$

说明 σ_1 与 σ_2 是互相垂直的，它证实了 1.2.2 中关于材料内任意点的主应力（或主平面）互相垂直的结论。

如果令 σ_1、σ_2 分别与 x 轴、y 轴重合，则很容易求出最大和最小主应力：利用式（1-20）和式（1-21），并使 $\sigma_x = \sigma_1$、$\sigma_y = \sigma_2$、$\tau_{xy} = 0$，可推导出：

$$\sigma_N = l^2(\sigma_1 - \sigma_2) + \sigma_2$$

因为 l^2 的最大值为 1，最小值为零，所以 σ_N 的最大值是 σ_1，最小值是 σ_2。换句话说，最大主应力和最小主应力就是 σ_1 和 σ_2。

1.2.5 应变变换

如 1.2.1 中（3）所述，应变分为正应变和切应变。正应变 ε 指材料内单位线段的伸

缩量，且线段伸长时为正，缩短时为负；切应变 γ 指材料内两个垂直线段之间夹角的改变量，且夹角变小时为正，变大时为负。

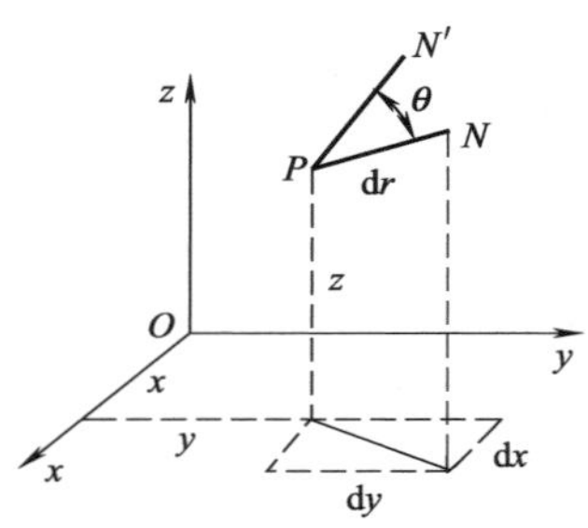

图 1-29　任意单元线段的正应变和切应变

与应力问题类似，如果已知材料内任意一点的 6 个应变分量 ε_x、ε_y、ε_z、γ_{yz}、γ_{zx}、γ_{xy}，利用几何方程* 可以求出过该点任一线段的正应变和任两线段之间夹角的切应变。如图 1-29 所示，过 P 点任一斜面（即斜面法向的单元线段 PN）上的正应变 ε_N 为：

$$\varepsilon_N = l^2\varepsilon_x + m^2\varepsilon_y + n^2\varepsilon_z + mn\gamma_{yz} + nl\gamma_{zx} + lm\gamma_{xy} \tag{1-26}$$

式中，l、m、n 为线段 PN 的方向余弦。

如果单元线段 PN 和 PN' 在变形之前的夹角为 θ，在变形之后为 θ_1，则

$$\cos\theta_1 = (1-\varepsilon_N-\varepsilon_{N'})\cos\theta + 2(ll'\varepsilon_x + mm'\varepsilon_y + nn'\varepsilon_z) + (mn'+m'n)\gamma_{yz} + (nl'+n'l)\gamma_{zx} + (lm'+l'm)\gamma_{xy} \tag{1-27}$$

式中，l'、m'、n' 为线段 PN' 变形前的方向余弦，$\varepsilon_{N'}$ 为线段 PN' 的正应变。由式（1-27）求出的 θ_1 及已知的 θ，可以得到线段 PN 和 PN' 之间夹角的改变量 $\theta_1-\theta$（即切应变）。

值得注意一点，求材料内任一斜面上的正应变公式（1-26）与求任一斜面上的正应力公式（1-10）很相似，如果用 ε_x、ε_y、ε_z 取代 σ_x、σ_y、σ_z，用 $\frac{1}{2}\gamma_{xy}$、$\frac{1}{2}\gamma_{yz}$、$\frac{1}{2}\gamma_{zx}$ 取代 τ_{xy}、τ_{yz}、τ_{zx}，式（1-10）就变为式（1-26）。

我们知道，切应力为零的面称为主平面，主平面上的正应力称为主应力。同理，主平面上的正应变称为主应变。可以证明，在材料内任意一点，一定存在三个互相垂直的主应变，它们在变形前后均保持直角；三个主应变包含了该点的最大和最小正应变。这个结论也与应力情况相类似。

以下讨论在平面应变问题中，已知通过一点的某些截面上的应变后，如何求出通过这一点的主应变及其方位角。

在如图 1-30 所示的直角坐标系下，如果令 z 轴方向的 $\varepsilon_z=0$、$\gamma_{yz}=0$、$\gamma_{xz}=0$，就只有三个独立的应变 ε_x、ε_y、γ_{xy}。在共享原点但与 x 坐标轴夹角为 θ 的坐标系 $x'o'y'$ 下，

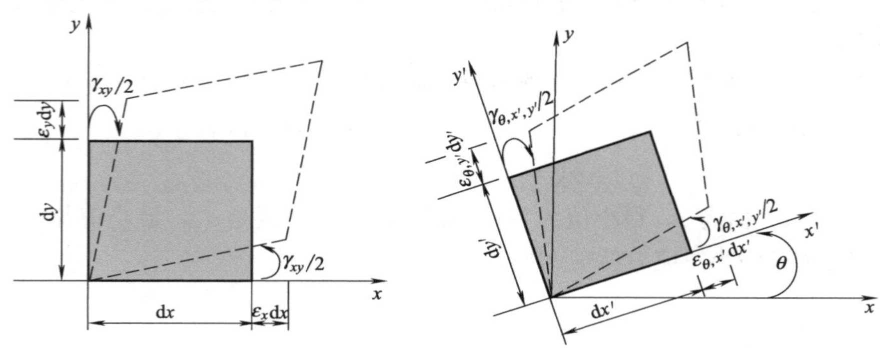

图 1-30　平面应变问题的正应变和切应变

根据式（1-26）和式（1-27），沿 x'轴和 y'轴的正应变和切应变分别为：

$$\left.\begin{aligned}\varepsilon_{\theta,x'}&=\varepsilon_x\cos^2\theta+\varepsilon_y\sin^2\theta+\gamma_{xy}\sin\theta\cos\theta\\ \varepsilon_{\theta,y'}&=\varepsilon_x\sin^2\theta+\varepsilon_y\cos^2\theta-\gamma_{xy}\sin\theta\cos\theta\\ \gamma_{\theta,x'y'}&=-2(\varepsilon_x-\varepsilon_y)\cos\theta\sin\theta+\gamma_{xy}(\cos^2\theta-\sin\theta)\end{aligned}\right\}\tag{1-28}$$

利用三角函数关系 $\sin2\theta=2\sin\theta\cos\theta$、$\sin^2\theta=(1-\cos2\theta)/2$ 和 $\cos^2\theta=(1+\cos2\theta)/2$，上述公式变为：

$$\left.\begin{aligned}\varepsilon_{\theta,x'}&=\frac{\varepsilon_x+\varepsilon_y}{2}+\frac{\varepsilon_x-\varepsilon_y}{2}\cos2\theta+\frac{\gamma_{xy}}{2}\sin2\theta\\ \varepsilon_{\theta,y'}&=\frac{\varepsilon_x+\varepsilon_y}{2}-\frac{\varepsilon_x-\varepsilon_y}{2}\cos2\theta-\frac{\gamma_{xy}}{2}\sin2\theta\\ \frac{\gamma_{\theta,x'y'}}{2}&=-\frac{\varepsilon_x-\varepsilon_y}{2}\sin2\theta+\frac{\gamma_{xy}}{2}\cos2\theta\end{aligned}\right\}\tag{1-29}$$

令正应变的微分 $\frac{d\varepsilon_{\theta,\ x'}}{d\theta}=\frac{d\varepsilon_{\theta,\ y'}}{d\theta}=\gamma_{\theta,\ x'y'}=0$，即当切应变 $\gamma_{\theta,x'y'}=0$ 时，正应变 $\varepsilon_{\theta,x'}$、$\varepsilon_{\theta,y'}$分别达到最大值或最小值，即最大主应变或最小主应变。此时，最大和最小主应变 ε_1、ε_2 以及 x'轴与 x 轴的夹角 θ_p 可由式（1-30）求出：

$$\left.\begin{aligned}\varepsilon_1,\varepsilon_2&=\frac{\varepsilon_x+\varepsilon_y}{2}\pm\sqrt{\left(\frac{\varepsilon_x-\varepsilon_y}{2}\right)^2+\left(\frac{\gamma_{xy}}{2}\right)^2}\\ \tan2\theta_p&=\frac{\gamma_{xy}}{\varepsilon_x-\varepsilon_y}\end{aligned}\right\}\tag{1-30}$$

令切应变的微分 $\frac{d\gamma_{\theta,\ x'y'}}{d\theta}=0$，则切应变达到最大应变值。最大切应变 γ_{max} 以及 x'轴与 x 轴的夹角 θ_s 由式（1-31）计算：

$$\left.\begin{aligned}\frac{\gamma_{max}}{2}&=\sqrt{\left(\frac{\varepsilon_x-\varepsilon_y}{2}\right)^2+\left(\frac{\gamma_{xy}}{2}\right)^2}\\ \tan2\theta_s&=-\frac{\varepsilon_x-\varepsilon_y}{\gamma_{xy}}\end{aligned}\right\}\tag{1-31}$$

在工程实践中，经常利用应变计（又称应变片）来测量材料表面在外力或温度作用下所产生的应变值。采用上述应变变换理论，可以计算出应变片测量应变时的主应变。当材料中的主应变方向未知时，使用三个应变片 a、b、c 按不同方位排列，如它们与人为设定的 x 轴形成不同的夹角 θ_a、θ_b、θ_c，假设由三个应变片实际测量得到的应变值分别为 ε_a、ε_b、ε_c，则根据式（1-28）可以获得实测应变值与应变 ε_x、ε_y、γ_{xy} 满足的关系式：

$$\left.\begin{aligned}\varepsilon_a&=\varepsilon_x\cos^2\theta_a+\varepsilon_y\sin^2\theta_a+\gamma_{xy}\sin\theta_a\cos\theta_a\\ \varepsilon_b&=\varepsilon_x\cos^2\theta_b+\varepsilon_y\sin^2\theta_b+\gamma_{xy}\sin\theta_b\cos\theta_b\\ \varepsilon_c&=\varepsilon_x\cos^2\theta_c+\varepsilon_y\sin^2\theta_c+\gamma_{xy}\sin\theta_c\cos\theta_c\end{aligned}\right\}\tag{1-32}$$

求解式（1-32）方程组，得到 ε_x、ε_y、γ_{xy} 后，再利用式（1-30）就可以计算出材料的主应变 ε_1、ε_2 及其方位 θ_p。

表 1-2 列出了 2 种常见的应变片测量排列方式及其应变计算公式。

表 1-2　不同应变片测量排列方式及其应变计算公式

序号	电阻应变片排列方式	应变分量及其求解公式		
		ε_x	ε_y	γ_{xy}
1		ε_a	ε_c	$2\varepsilon_b-(\varepsilon_a+\varepsilon_c)$
2		ε_a	$\frac{1}{3}(2\varepsilon_b+2\varepsilon_c-\varepsilon_a)$	$\frac{2}{\sqrt{3}}(\varepsilon_b-\varepsilon_c)$

【例题】如图 1-31 所示，采用三个彼此之间夹角为 60°的应变片测量金属构件表面应变状态。已知实测应变结果分别为 $\varepsilon_a=60\times10^{-6}$、$\varepsilon_b=135\times10^{-6}$、$\varepsilon_c=264\times10^{-6}$。求：①构件表面应变值；②最大主应变值及其方位角；③最大切应变值及其方位角。

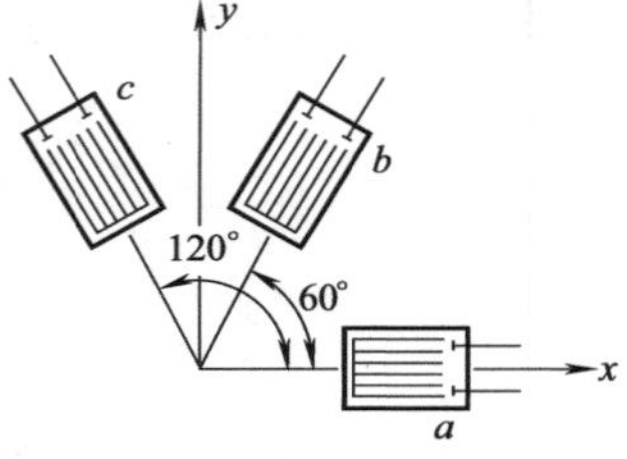

图 1-31　三个应变片的排布

解①：将所有已知量 $\theta_a=0°$、$\theta_b=60°$、$\theta_c=120°$以及 ε_a、ε_b、ε_c 的值代入式（1-32），则获得构件表面的应变值：

$$\varepsilon_x=60\times10^{-6}$$

$$\varepsilon_y=246\times10^{-6}$$

$$\gamma_{xy}=-149\times10^{-6}$$

解②：先将上述①的计算结果代入公式（1-30）中第一式，即得到两个主应变值：

$$\varepsilon_1=272.2\times10^{-6}$$

$$\varepsilon_2=33.8\times10^{-6}$$

再将上述①的计算结果代入公式（1-30）中第二式，即得

$$\tan2\theta_{\rm p}=0.801$$

$$2\theta_{\rm p}=38.7°\text{和}\ 2\theta_{\rm p}=38.7°+180°$$

因此，主应变的方位角 $\theta_{\rm p1}=19.3°$和 $\theta_{\rm p2}=109.3°$。

解③：先将上述①的计算结果代入公式（1-31）中第一式，即得到最大切应变值：

$$\gamma_{\max}=238.3\times10^{-6}$$

再将上述①的计算结果代入公式（1-31）中第二式，即得

$$\tan2\theta_{\rm s}=-1.284$$

$$2\theta_{\rm s}=-51.3°\text{和}\ 2\theta_{\rm s}=-51.3°+180°$$

因此，切应变的方位角 $\theta_{\rm s1}=-25.7°$和 $\theta_{\rm s2}=64.3°$。

1.2.6　弹性力学基本方程*

在弹性力学问题中，只要知道材料的弹性常数、物体所受外荷载及边界条件，通过建立物体内一点的力平衡方程、应变-位移几何方程以及物理本构方程，就可以求出物体内任一点的应力分量和应变分量等。力平衡方程、几何方程和物理本构方程是弹性力学的三个基本方程。

（1）力平衡方程

在处于完全弹性阶段的金属材料中建立一个单元体，如图 1-32 所示，考虑由于 x、y、z 坐标位置变化而导致应力在不同面上的应力增量。以 x 轴方向的应力变化为例。首先，如果单元体背面上的正应力为 σ_x，σ_x 在 x 轴方向的变化可以用泰勒级数表示为：

$$\sigma_x+\frac{\partial\sigma_x}{\partial x}\mathrm{d}x+\frac{1}{2!}\times\frac{\partial^2\sigma_x}{\partial x^2}\mathrm{d}x^2+\cdots\cdots$$

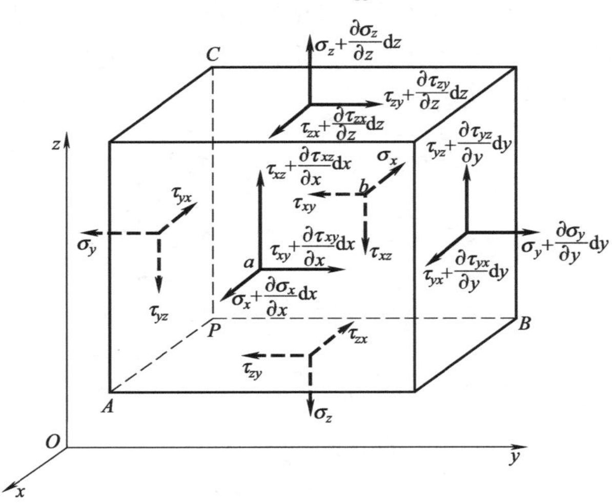

图 1-32　材料内单元体的应力变化

略去二阶及以上高阶项的微小变化量，得到图中单元体正面上的正应力为：

$$\sigma_x+\frac{\partial\sigma_x}{\partial x}\mathrm{d}x$$

然后同理，如果单元体左侧面上的切应力为 τ_{yx}、下端面上的切应力为 τ_{zx}，则由于 y 坐标位置、z 坐标位置的变化，使得单元体右侧面上的切应力、上端面上的切应力分别变为：

$$\tau_{yx}+\frac{\partial\tau_{yx}}{\partial y}\mathrm{d}y\text{ 、}\tau_{xz}+\frac{\partial\tau_{xz}}{\partial z}\mathrm{d}z$$

在材料不受外力作用情况下，列出以 x 轴为投影方向的力平衡方程 $\sum F_x=0$：

$$\left(\sigma_x+\frac{\partial\sigma_x}{\partial x}\right)\mathrm{d}y\mathrm{d}z-\sigma_x\mathrm{d}y\mathrm{d}z+\left(\tau_{yx}+\frac{\partial\tau_{yx}}{\partial y}\mathrm{d}y\right)\mathrm{d}z\mathrm{d}x-\tau_{yx}\mathrm{d}z\mathrm{d}x+$$

$$(\tau_{zx}+\frac{\partial\tau_{zx}}{\partial z}\mathrm{d}z)\mathrm{d}x\mathrm{d}y-\tau_{zx}\mathrm{d}x\mathrm{d}y=0$$

两边同除以 $\mathrm{d}x\mathrm{d}y\mathrm{d}z$ 并简化后得到：

$$\frac{\partial \sigma_x}{\partial x}+\frac{\partial \tau_{yx}}{\partial y}+\frac{\partial \tau_{zx}}{\partial z}=0$$

同样可以列出以 y、z 轴为投影方向的力平衡方程 $\sum F_y=0$、$\sum F_z=0$。由此可得微分方程组：

$$\left.\begin{aligned}\frac{\partial \sigma_x}{\partial x}+\frac{\partial \tau_{yx}}{\partial y}+\frac{\partial \tau_{zx}}{\partial z}=0\\ \frac{\partial \sigma_y}{\partial y}+\frac{\partial \tau_{zy}}{\partial z}+\frac{\partial \tau_{xy}}{\partial x}=0\\ \frac{\partial \sigma_z}{\partial z}+\frac{\partial \tau_{xz}}{\partial x}+\frac{\partial \tau_{yz}}{\partial y}=0\end{aligned}\right\} \tag{1-33}$$

式（1-33）即为弹性力学解决三维空间问题的力平衡方程。

（2）物理本构方程

当材料为完全弹性体和各向同性时，胡克定律描述了材料内的正应变与产生该应变的应力之间所具有的线性关系，如式（1-15）所示。如果在胡克定律基础上再补充切应变与产生切应变的切应力之间的关系公式：

$$\left.\begin{aligned}\varepsilon_x&=\frac{1}{E}[\sigma_x-\nu(\sigma_y+\sigma_z)]\\ \varepsilon_y&=\frac{1}{E}[\sigma_y-\nu(\sigma_z+\sigma_x)]\\ \varepsilon_z&=\frac{1}{E}[\sigma_z-\nu(\sigma_x+\sigma_y)]\\ \gamma_{yz}&=\frac{2(1+\nu)}{E}\tau_{yz}\\ \gamma_{zx}&=\frac{2(1+\nu)}{E}\tau_{zx}\\ \gamma_{xy}&=\frac{2(1+\nu)}{E}\tau_{xy}\end{aligned}\right\} \tag{1-34}$$

就构成弹性力学中的物理本构方程。

方程组（1-34）中第 4 式到第 6 式中的系数的倒数 $G=\frac{E}{2(1+\nu)}$ 是剪切模量。弹性常数 E、ν、G 代表材料的力学性质，它们不随应力应变的大小、方向和位置的改变而变化。

（3）几何方程

过弹性体内任一点 P 取 $PA=\mathrm{d}x$、$PB=\mathrm{d}y$、$PC=\mathrm{d}z$ 的三个正交单元线段，如图 1-33 所示（为简化计，图中未画出 z 轴方向的线段和点）。在弹性体受力后，P、A、B、C 四点的位置会移到 P'、A'、B'、C'，且 P 点沿 x 轴、y 轴、z 轴方向的位移分别为 u、v、w。以下分析由于

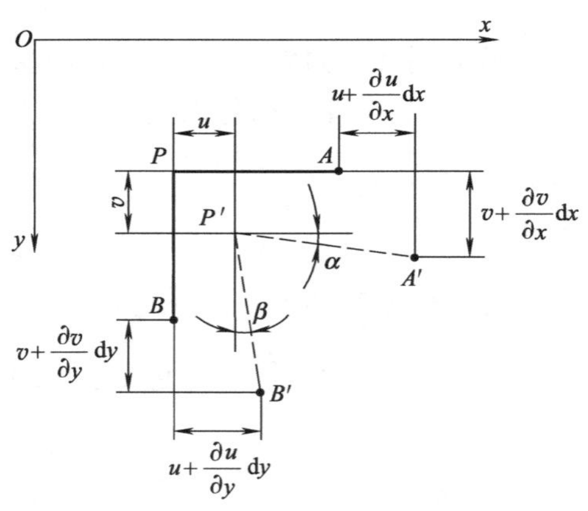

图 1-33　应变与位移之间的关系

位置发生变化而导致不同方向的应变与位移的关系。

首先，考虑正应变与位移之间的关系。以 x 方向的位移为例，如果线段 PA 上的 P 点移动 u 距离到 P'点，则 A 点沿 x 轴方向的位移可以用泰勒级数表示为：

$$u+\frac{\partial u}{\partial x}\mathrm{d}x+\frac{1}{2!}\times\frac{\partial^2 u}{\partial x^2}\mathrm{d}x^2+\cdots\cdots$$

略去二阶及以上高阶项的微小变化量，得到 A 点移动到 A'点在 x 方向的位移为：

$$u+\frac{\partial u}{\partial x}\mathrm{d}x$$

从而获得线段 PA 的正应变为：

$$\varepsilon_x=\frac{\left(u+\frac{\partial u}{\partial x}\mathrm{d}x\right)-u}{\mathrm{d}x}=\frac{\partial u}{\partial x}$$

同理，可获得线段 PB、线段 PC 的正应变与位移的关系：

$$\varepsilon_y=\frac{\partial v}{\partial y},\varepsilon_z=\frac{\partial w}{\partial z}$$

然后，考虑切应变与位移之间的关系。由图 1-33 可见，线段 PA 和 PB 之间直角的变化量由两部分组成：一部分是线段 PA 由于 y 方向的位移 $v+\frac{\partial v}{\partial y}\mathrm{d}y$ 所引起的 x 方向的转角 α，另一部分是线段 PB 由于 x 方向的位移 $u+\frac{\partial u}{\partial x}\mathrm{d}x$ 所引起的 y 方向的转角 β。其中，线段 PA 的转角

$$\alpha=\frac{\left(v+\frac{\partial v}{\partial x}\mathrm{d}x\right)-v}{\mathrm{d}x}=\frac{\partial v}{\partial x}$$

线段 PB 的转角

$$\beta=\frac{\left(u+\frac{\partial u}{\partial y}\mathrm{d}y\right)-u}{\mathrm{d}y}=\frac{\partial u}{\partial y}$$

因此，线段 PA 和 PB 之间直角的改变量（即切应变）为：

$$\gamma_{xy}=\alpha+\beta=\frac{\partial v}{\partial x}+\frac{\partial u}{\partial y}$$

同样的方法可以获得线段 PB、线段 PC 的切应变与位移的关系：

$$\gamma_{yz}=\frac{\partial w}{\partial y}+\frac{\partial v}{\partial z}$$

$$\gamma_{zx}=\frac{\partial u}{\partial z}+\frac{\partial w}{\partial x}$$

将上述得到的所有正应变和切应变与位移的关系式组成方程组，就构成了弹性力学中的应变-位移几何方程：

$$\left.\begin{array}{l}\varepsilon_x=\frac{\partial u}{\partial x},\varepsilon_y=\frac{\partial v}{\partial x},\varepsilon_z=\frac{\partial w}{\partial x}\\ \gamma_{yz}=\frac{\partial w}{\partial y}+\frac{\partial v}{\partial z},\gamma_{zx}=\frac{\partial u}{\partial z}+\frac{\partial w}{\partial x},\gamma_{xy}=\frac{\partial v}{\partial x}+\frac{\partial u}{\partial y}\end{array}\right\}\tag{1-35}$$

需要指出，当物体的位移分量表示为 x、y、z 的确定函数时，应变分量是完全确定的。然而，反之则不成立，即当应变分量确定时，通过应变分量的积分所得到的位移分量却不能完全确定，这是由于其中的积分常数需要通过边界条件来确定。

1.3 残余应力的基本概念

1.3.1 残余应力的定义

当物体受到外力作用时，其内部任意截面上一点具有的单位面积力是应力。如果外力去除后，这个截面上的点仍然存在应力，就是内应力。也就是说，内应力是在没有外力向物体内部传递应力时，物体内部保持平衡的应力。可见，内应力与外力作用下的应力是不同的两个概念。

按照我国工程技术界普遍接受的观点，内应力依据其作用范围的大小分为宏观内应力、介观内应力和微观内应力三类，如图 1-34 所示。

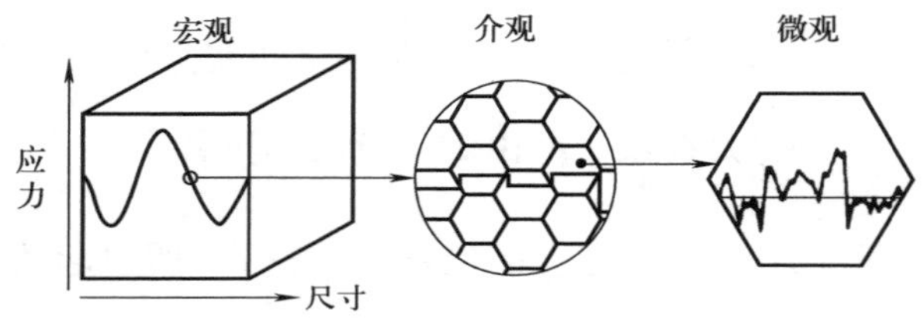

图 1-34　内应力的分类

① 宏观内应力　也称为第一类内应力，它在包含很多晶粒的较大材料区域内几乎是均匀的，作用范围在毫米量级，并在贯穿整个物体的各个截面上维持力和力矩的平衡。第一类内应力在工程上叫作残余应力。

② 介观内应力　所谓介观指介于宏观和微观之间的尺度。介观内应力也称为第二类内应力，主要由晶粒或亚晶粒之间的不均匀性变形产生，它的作用范围在微米量级，与晶粒尺寸相当，并在晶粒或亚晶粒之间保持平衡。第二类内应力有时可达到很大数值，甚至造成显微裂纹和导致工件破坏。

③ 微观内应力　也称为第三类内应力，它作用在一个晶粒内部，作用范围在几十至几百纳米量级，与原子尺寸相当。第三类内应力是工件在塑性变形、化学处理、离子注入和辐照等外部因素作用下形成的大量点阵缺陷（如空位、间隙原子、位错等）引起的。

由上可知，残余应力是内应力的一种，是在当没有外力作用时，物体维持内部平衡存在的宏观应力。

1.3.2 残余应力的产生

如果物体的材料在外加作用和影响下只发生弹性变形，在作用和影响去除后，材料完全恢复变形前的状态而不会具有残余应力。如果外加作用和影响在材料内产生了不均匀的塑性变形，在作用和影响去除后，这些不均匀的塑性变形会在材料内部残留下来，同时会伴生不均匀的弹性变形，以使材料达到平衡状态，与这些弹性变形对应的宏观内应力就是残余应力。因此可以说，材料的塑性变形是产生残余应力的根本原因。

从形式上，产生残余应力分为三大因素：不均匀的机械变形、不均匀的温度变化和不均匀的物理/化学性能。这三个因素之一或多个因素耦合的作用，只要引起材料的不均匀塑性变形，就会产生残余应力。哪里有不均匀塑性变形，哪里就有残余应力。以下针对由三种因素引起残余应力的过程分别进行介绍和说明。

（1）不均匀机械变形引起的残余应力

当材料受到不均匀力的作用时，材料不同部位的塑性变形量不同，这样就会在不同部位之间出现相对的压缩或拉伸变形，从而产生残余应力。

为了说明残余应力的产生，先来看一个对简支梁施加载荷的实验。如表 1-3 所示，当梁体所受载荷较小使材料处于弹性范围内［见(a)图］时，梁体的下半部产生拉应力，梁体的上半部产生压应力［见(b)图］；如果载荷增大使梁体上下表面的应力超出了材料的弹性极限，便会产生不均匀的塑性变形［见(c)图］，表层应力会因塑性变形而释放［见(d)图］；在卸除载荷后，梁体上下表面由于发生了塑性变形不能充分反弹［见(e)图］，而梁体内部的弹性变形依然存在、仍有反弹的趋势，致使上表面处于拉应力状态、下表面处于压应力状态，与梁体内部的弹性应力相平衡［见(f)图］。这就是说，卸载后的不均匀塑性变形拘束了弹性变形，反过来弹性变形又对塑性变形施加影响，由此导致了整个截面上的残余应力分布。

表 1-3　简支梁弹塑性变形实验

施加载荷情况	截面变形情况	截面应力分布
在弹性范围内	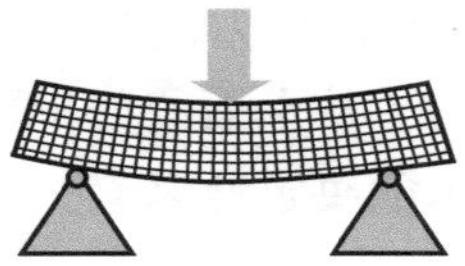 (a)	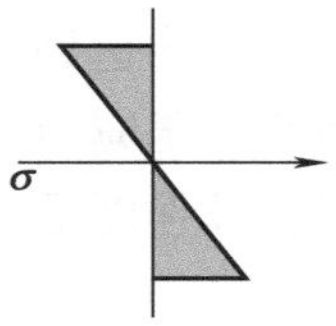 σ (b)
超过弹性极限	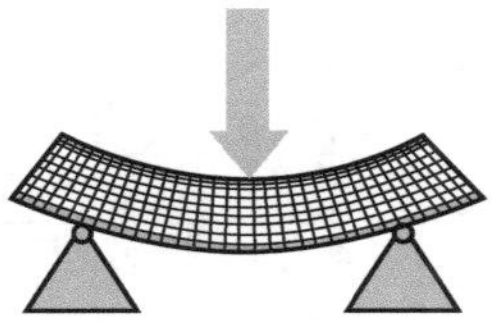 (c)	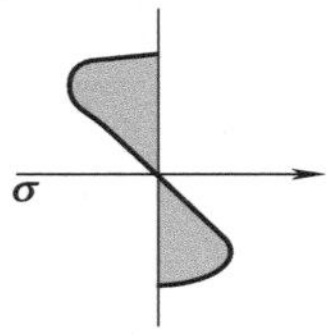 σ (d)
卸除载荷之后	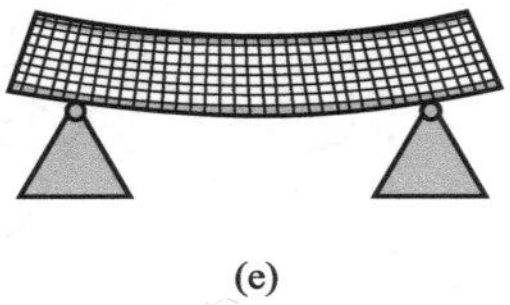 (e)	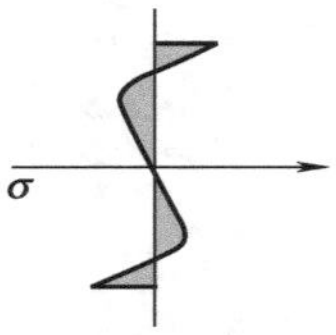 σ (f)

从简支梁弹塑性变形实验分析知道，简单地认为“上表面存在拉应力，下表面存在压应力”与实际结果恰好相反。与上述实验情况相同，将一根钢丝冷卷成弹簧（见图 1-35）后，弹簧螺旋管的外侧表面会有残余压应力，内侧表面会有明显的残余拉应力。弹簧中的

残余拉应力对弹簧的疲劳寿命有致命负面作用。因此，凡是对疲劳寿命要求较高的弹簧，需要做喷丸强化处理，其目的就是改变弹簧内侧表面的残余拉应力，同时使之附加上足够强的残余压应力。

在机械加工中，各种各样的工艺都会引起不均匀的塑性变形，例如冷弯、冷卷、冷拔、冷校直产生残余应力的情形都和上面的例子类似；各类切削加工会在近表面留下不同深度的塑性变形层，且变形量沿层深呈明显梯度分布，所以会产生残余应力；喷丸强化更是不均匀塑性变形产生残余应力的典型实例。

（2）不均匀温度变化引起的残余应力

在加热或冷却过程中，材料内部会存在温度梯度，由于这种不均匀加热或冷却引起不均匀的热胀冷缩，从而产生热应力。热应力会造成材料相邻区域的弹性变形差异，进而引发残余应力。因温度分布不均匀产生的残余应力常称为热影响残余应力。

图 1-36 为圆钢试样在高温冷却（无相变）过程中产生残余应力的示意图。图（a）为试样心部和表层温度随时间的变化曲线，两者温差在 A 时刻达到最大值。图（b）是心部和表层热应力随时间的变化曲线。在冷却初期，由于表层冷却快、收缩大，受心部的阻碍，所以表层为拉应力，心部为压应力，并在 A 时刻达到最大值。在这一阶段，假若心部和表层均处于完全弹性状态，则表层的拉应力沿曲线 R Ⅰ变化。但实际材料的高温屈服强度低，心部和表层在热应力作用下极易发生塑性变形，使应力松弛。曲线 R Ⅱ和 K Ⅱ分别是表层和心部实际的热应力变化曲线。试样继续冷却时，表层的冷却速度减小，心部和表层温差逐渐缩小，热应力同时下降。在冷却后期，心部开始强烈收缩，受到已冷却的表层的阻碍，所以心部和表层的热应力在 B 时刻开始反向，即心部受拉、表层受压，直至心部和表层均达到室温，冷却结束。图（c）为试样截面上最终的残余应力分布情况，即表层为残余压应力，心部为残余拉应力。从上面的分析可以看出，试样心部与表层温度差和高温屈服强度是造成热影响残余应力的决定性因素。

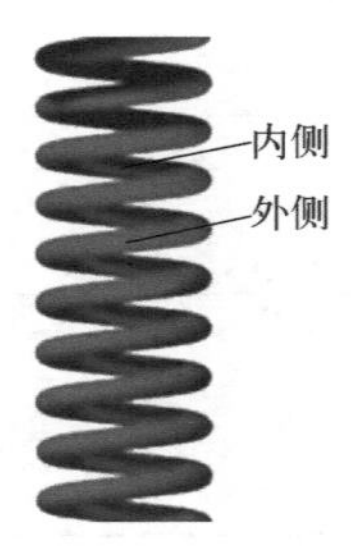

图 1-35　冷卷螺旋弹簧

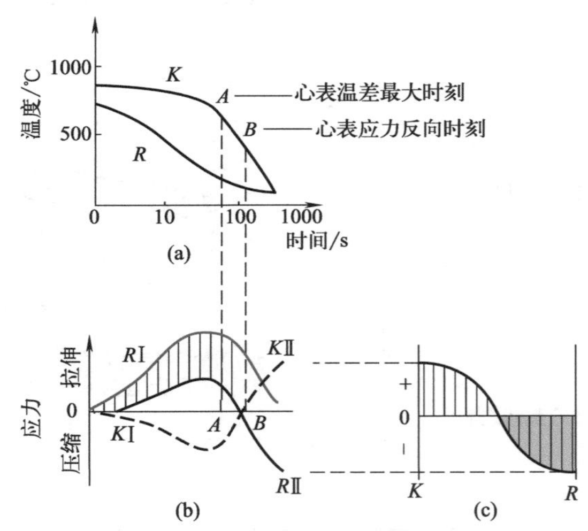

图 1-36　圆钢试样冷却过程的应力变化

热影响残余应力的另一个例子，是使用“应力框”判断铸造残余应力大小。应力框型体包含中杆、两个边杆和敦厚的上下梁，如图 1-37 所示。边杆截面积较小，铸造时它靠近砂箱边沿，散热较快，故而它先冷却，先结晶；而中杆截面积较大，处于砂箱中心部位，散热条件差，所以它后冷却，后结晶。在高温状态时，中杆温度较高，有膨胀趋势，而边杆温度较低，所以边杆承受拉应力而中杆承受压应力。因为材料在高温状态屈服强度较低，这样的热应力足以引起塑性变形。在接下来的冷却过程中，当边杆已经收缩定型后，中杆会受到定型边杆的支撑作用而不能充分收缩，所以产生残留拉应力；与此相平衡，边杆产生残留压应力。为了检验铸造应力大小，先在中杆上做好标距，即按照规定的距离标记两个点，然后在两点的中间进行锯切。当拉应力较大时，未待锯口贯穿整个截面，中杆会自行断开，测量两个标记点之间的距离，根据增长量可以评估铸件中残余应力的大小。

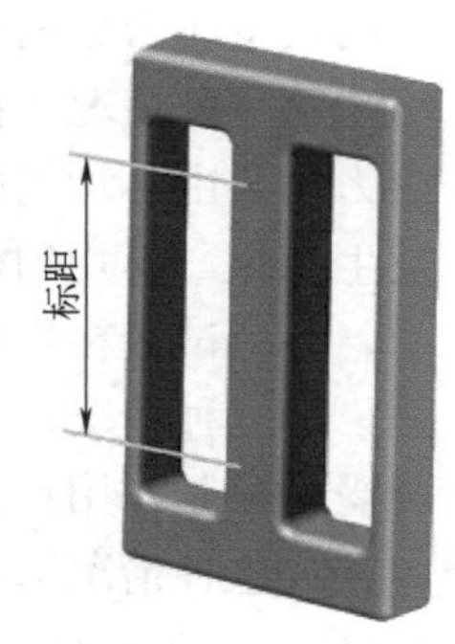

图 1-37 铸造应力框

（3）不均匀物理/化学性能引起的残余应力

不均匀物理/化学性能产生的残余应力是复杂的。一个比较典型的例子是不均匀相变引起的残余应力。当材料从一种相结构转变为另外一种相结构（即发生相变）时，会引起不均匀的体积变化，从而产生相变应力。相变应力会造成材料相邻区域的弹性变形差异，进而引发残余应力。

以最常用的碳钢为例，在一定的高温区间，钢中的碳原子间隙式地溶解在晶格里，这样形成的固溶体就叫作奥氏体，奥氏体的晶体结构是面心立方。当钢冷却到一定的温度，按照热力学的规律它会转变成体心立方，这种固溶体就是铁素体，这样的转变就是相变。体心立方的铁素体和面心立方的奥氏体是钢的同素异晶体。由于碳原子在铁素体中的溶解度很低，所以在这个转变过程中多余的碳原子与铁原子生成新的化合物——碳化三铁（Fe_3C），即多出来一相，叫作渗碳体。

以上描述的相变是均匀相变，是一种平衡转变。如果对高温奥氏体进行淬火激冷，会在某个温度（马氏体点）发生瞬间突变，由面心立方转变为体心立方，于是产生了马氏体。对于中、高碳钢来说，高温奥氏体中溶解的碳原子比较多，在瞬间转变为马氏体时，碳原子来不及析出生成渗碳体，所以马氏体就是一种碳原子过饱和的体心立方固溶体，甚至由于碳原子的撑涨作用使晶胞不再是正立方体，而形成体心四方。体心四方的比容比较大，因而有膨胀的趋势。

对于一个不太大的圆柱形碳钢试样，如果淬火时整体发生马氏体相变，就叫作淬透。然而圆柱体的组织转变是有先后顺序的，圆柱的表面和两个端面会先转变，而心部后转变。可以想见，后转变的心部组织会因为受到先行转变而定型的表面和端面的限制而不能充分膨胀，所以会残留压应力，相应地，表面和端面会残留拉应力。

1.3.3 残余应力的种类

材料内的残余应力可能来源于不同的工艺过程。下面结合工程中常见的几种残余应力予以介绍。

（1）焊接残余应力

焊接是一个局部熔化、局部高温、温度梯度极高、温度骤然升高又急剧下降，并且发生结晶和相变的过程。极端的不均匀温度变化和相变，必然产生残余应力。通常，焊接产生的残余应力分两种情形：

第一种情况，拼焊的材料处于自由状态。例如小块试板的对焊。在这种情况下，残余应力主要由不均匀的温度变化产生；如果焊接时在母材的热影响区产生了马氏体，使比容发生变化，不均匀的相变也会产生残余应力，但一般相变应力远小于温度变化引起的应力。自由试板在焊接完后，产生的残余应力本身在试件内保持平衡。

第二种情况，拼焊的材料处于被约束状态。例如，两块大而厚重的钢板对焊时，焊接会受到限制作用；再比如，钢板进行双面焊时，第二面的焊接会受到第一面焊缝的约束力。在这种情况下，焊接后整体钢板中残余应力的生成取决于自由状态焊接产生的应力（热应力、相变应力）和约束应力的互动和平衡结果。

就第一种情况而言，极端陡峭的温度梯度是产生残余应力的最大诱因，这可以从图1-38所示试板焊接时的温度场分布直观地感受到，图中(a)为焊接的试板，(b)为沿试板 x 方向的表面温度分布，(c)为试板表面上的二维温度分布，(d)为沿试板 y 方向的表面温度分布，(e)为试板横截面上的二维温度分布。而影响温度梯度的因素包括焊接时输入的能量、焊接速度、钢板厚度以及材料的温度扩散系数（由热导率和比热容、密度确定），显然，焊接能量和焊接速度越高、材料的导热性越差，引起的焊接应力就越大。焊前预热可以在一定程度上降低温度梯度，是减小焊接应力的重要手段之一。

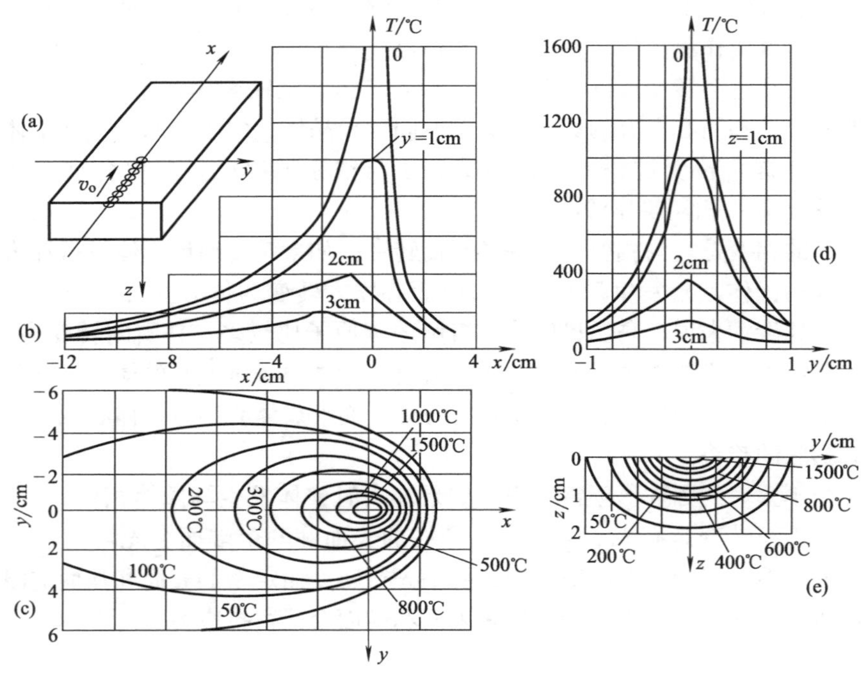

图 1-38　焊接过程中的温度分布

就第二种情况而言，残余应力是由热应力、相变应力、约束力共同作用导致的不均匀塑性变形引起的，因此又和材料的屈服强度、弹性模量和线膨胀系数以及它们随温度的变化密切相关。之所以在焊接时要求材料具有良好可焊性，就是要求材料的导热性好，强度、硬度不能太高，避免产生过大的焊接应力，导致在焊缝和热影响区产生裂纹。

如图 1-39 所示是采用有限元仿真计算得到的无约束平板焊接产生的残余应力分布，图中（a）为平行于焊缝方向的应力，图（b）为垂直于焊缝方向的应力。对于焊接区没有马氏体相变的金属材料，实际的残余应力测试结果大体都符合这样的分布规律。

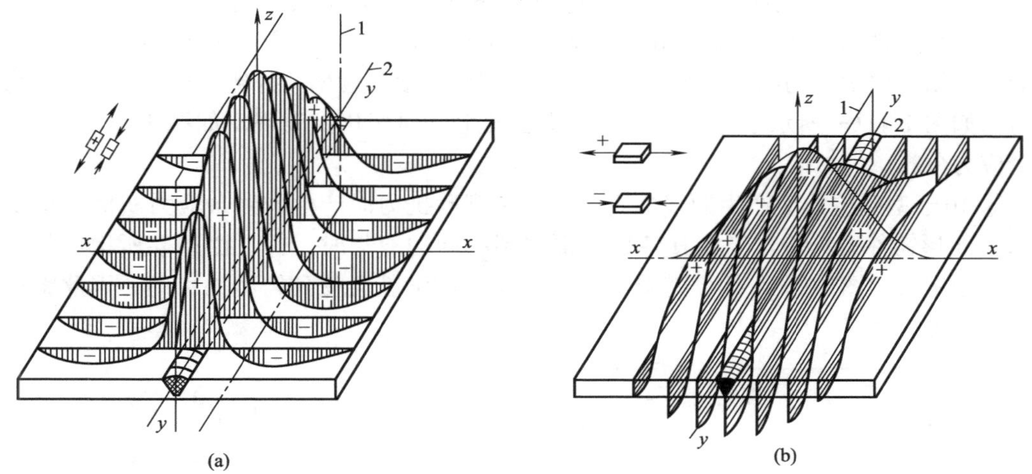

图 1-39 焊接钢板的残余应力分布

焊接残余应力的数值一般很高，拉伸应力峰值往往超过设计许用应力。焊接残余应力往往与焊接缺欠（微裂纹、气孔、夹渣、咬边、堆高等）和冶金缺陷（树枝晶、偏析、晶粒粗大、M/A 组织等）相叠加，造成对结构完整性的危害。

（2）铸造残余应力

铸造过程中铸件内各部分产生的应力，包括冷却后的残余应力，都会成为铸件在铸造时和铸造后形成各种缺陷的原因。铸造时发生的过大应力是凝固和冷却时造成铸件开裂的原因，也是铸造后加工或退火时生产开裂的原因。此外，应力还会造成尺寸不稳定，使铸造时或铸造后加工产生无法预料的变形和尺寸偏差。因此，铸造应力不仅影响铸件本身质量，而且也是铸件加工部门需要考虑和研究的问题。

从残余应力的产生根源来看，可分为两种：一是由于材料组织和成分不同产生的组织应力；二是由于铸件形状和铸造技术引起的结构应力。组织和成分不均匀产生的组织应力，既可能导致微观内应力，也可能引发宏观内应力，即残余应力。结构应力则导致宏观残余应力，它既和铸件各部分由于壁厚不均匀或形状不对称致使在凝固和冷却时的温降速度不一致有关，还和铸造中的浇注和成形技术有关。在实际中，铸造残余应力的产生情况比较复杂，影响因素较多。

① 铸件截面内平衡的残余应力　以浇注圆棒为例，外层冷却快，内层冷却慢，温度梯度的存在是产生残余应力的原因。图 1-40 所示为铸件截面内保持平衡的残余应力。开始凝固、冷却时，其应力分布如图 1-40(a)所示。外层因迅速冷却而收缩，从而表现为拉应力状态；内层则呈压应力状态，其温度比外层高，且具有

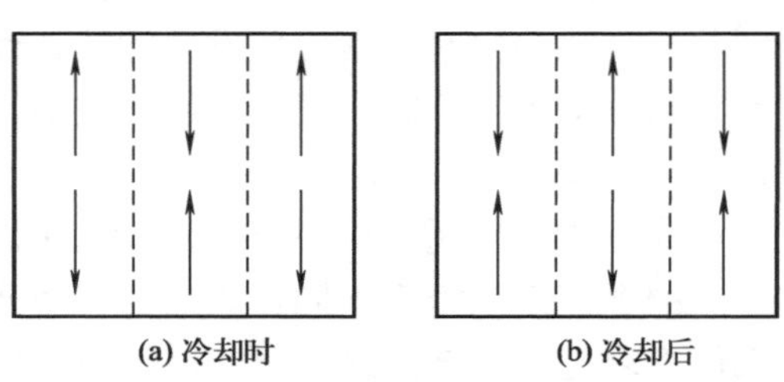

图 1-40 铸件截面内保持平衡的残余应力

塑性。在压应力作用下，一旦发生塑性变形，这部分的实际尺寸就会减小。随着进一步冷却，其应力分布发生反向变化，如图 1-40(b)所示，得到外层压缩、内层拉伸的应力状态。

② 铸件结构间相互保持平衡的残余应力　图 1-41 所示为具有两个或两个以上截面的铸件，其并列排列的两端又连接在一起的情况下产生的应力。在浇注过程中，截面积小的外侧两个结构比中间的结构冷却快。因此，在凝固、冷却初期，外侧为拉应力，中心为压应力，如图 1-41(a)所示。冷却后，应力状态发生反向变化，表现出如图 1-41(b)所示的残余应力分布。

③ 由于型砂抗力而产生的残余应力　由于型砂抗力而产生的残余应力实例如图 1-42 所示。H 形铸件意味着，当使其各部分都受到相同的冷却时，并且由型砂所构成的铸型又足够结实时，图中的 A 部分随着冷却而发生的收缩就会受到铸型的束缚，因此将产生残余拉应力。

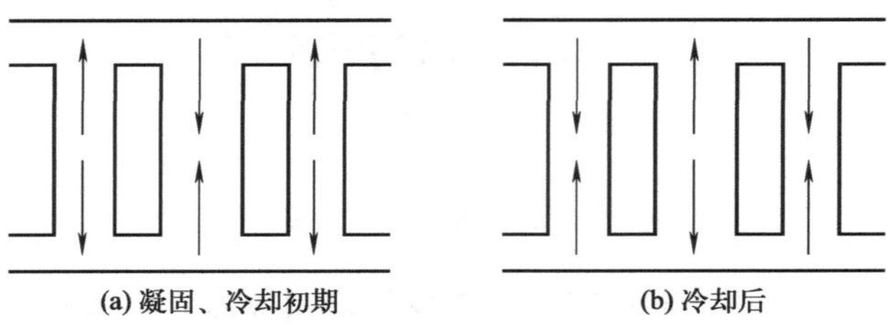

图 1-41　铸件结构间相互保持平衡的残余应力

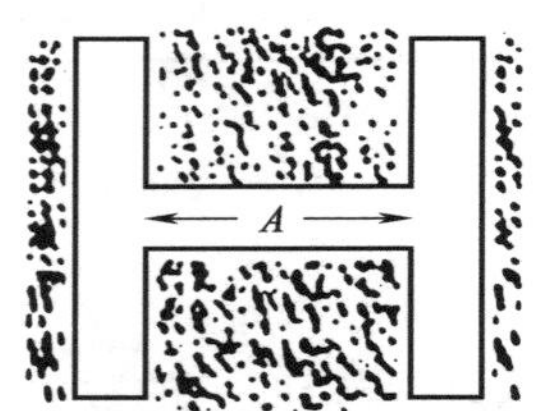

图 1-42　由于型砂抗力产生的残余应力实例

(3) 切削残余应力

1) 切削残余应力的产生机理

零件在进行切削时，由于已加工表面受到切削力和切削热的作用而发生严重的不均匀弹塑性变形，以及金相组织的变化影响将产生切削残余应力。产生切削残余应力的原因主要包括以下三种。

① 机械应力塑性变形效应　在切削过程中，原本与切屑相连的表面层金属产生相当大的、与切削方向相同的弹塑性变形，切屑切离后使表面呈现变形，刀具对加工表面的挤压使表层金属发生拉伸塑性变形，但由于受到基体金属的阻碍，从而在工件表层产生残余应力。另外，表层金属的冷态塑性变形使晶格扭曲而疏松，密度减小，体积增大，也会使表层产生残余压应力而心部为残余拉应力。

② 热应力塑性变形效应　切削时，强烈的塑性变形和摩擦使已加工表面层的温度很高，而心部温度较低。当热应力超过材料的屈服强度时，表层在高温下将伸长，但由于受到基体材料的限制，本应该发生的伸长被压缩。在切削后的冷却过程中，金属弹性逐渐恢复。当冷却到室温时，表层金属要收缩，但由于受到基体金属的阻碍，工件表层产生残余拉应力。

③ 表层局部金相组织转变　切削时产生的高温会引起表面层金相组织的变化，由于不同的金相组织密度不同，表层体积也将发生变化。例如，马氏体密度为 7.75g/cm^3，奥氏体密度为 7.968g/cm^3，珠光体密度为 7.78g/cm^3，铁素体密度为 7.88g/cm^3。若表层体积膨胀，会产生残余压应力；反之，则产生残余拉应力。

2）切削残余应力的影响因素

切削残余应力的性质和大小受很多因素的影响，掌握这些因素的影响规律并进行合理利用，对于降低残余应力和优化切削过程是很有必要的。

① 工件材料的影响　工件材料本身状态及其物理力学性能对切削残余应力产生直接影响。塑性好的材料切削加工后通常产生残余拉应力；塑性差的材料则产生残余压应力。根据工件材料的具体初始应力状态，切削加工可能使工件内残余应力值增大或减小。

② 切削参数的影响　切削速度的影响一般是通过“温度因素”体现出来的。切削速度较低时，易产生残余拉应力；切削速度较高时，由于切削温度升高，易产生残余压应力。增加进给量和切削深度时，被切削层金属的截面及体积增大，使刀刃前的塑性变形区和变形程度增加。如果此时切削速度较高，则温度因素的影响也有所加强，因此表面残余拉应力将会增大。

③ 刀具参数的影响　当增大刀具的前角、后角、减小刀尖的圆弧半径和切削刃的钝圆半径时，残余应力会减小。刀具的锋利性、后刀面的磨损或钝圆半径对残余应力的影响很大，其次是刀具的前角。

（4）磨削残余应力

磨削加工是指采用嵌有许多砂粒的砂轮对工件进行的切削操作。磨削加工在试样产生的变形层比一般切削更局限于表面，并且伴随着很强的发热现象。磨削产生的残余应力可从如下几个方面分析：

第一，磨削砂轮上的每个砂粒都相当于微小的刀头（如图 1-43 所示），它们在切削金属时由于材料的塑性滑移会产生塑性凸出效应（如图 1-44 所示）。按照泊松比的关系，垂直于材料表面的塑性凸出必然会伴随平行于表面的塑性收缩，而这种收缩仅存在于表面，表面之下的材料并未收缩，所以表面会产生残余拉应力。

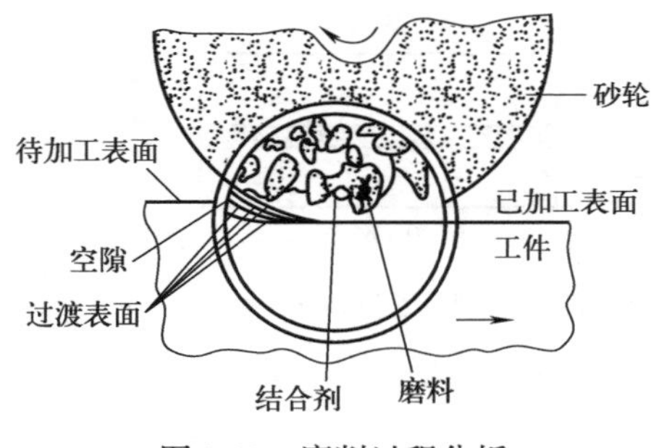

图 1-43　磨削过程分析

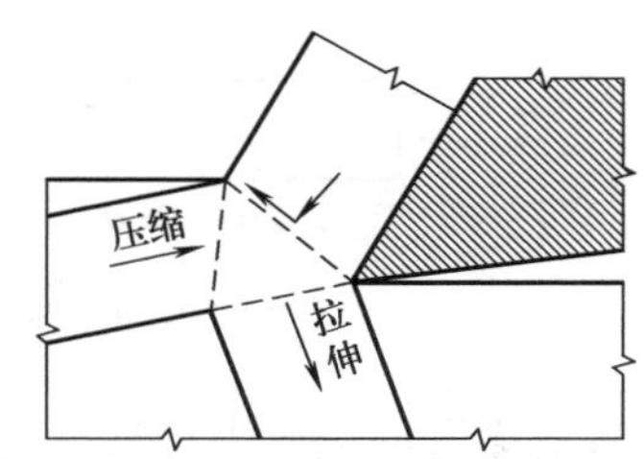

图 1-44　一颗砂粒的切削分析

第二，磨削过程会引起挤光（挤压光整）效应，它类似于滚压加工对材料表面施加压力，使材料表层金属产生塑性延展和流动。而表层之下的材料为了制约和限制塑性延展和流动的拉伸作用，会产生残余压应力。

第三，磨削时会产生大量的摩擦热，使工件磨削区的表面层金属承受瞬时高温而膨胀。由于受到下层金属的束缚，使其产生很大的压应力，此压应力很容易超过工件材料的屈服强度而产生塑性收缩。在冷却过程中，表面部分将存在残余压应变，而产生残余拉应力。

第四，磨削的热应力还会引起材料组织变化而产生相变应力。对于钢铁材料来说，又分为两种情况：一是当磨削温度未达到二次淬火温度时，由于马氏体的回火效应使工件体积收缩，在表面层形成残余拉应力；二是当磨削温度达到二次淬火温度时，二次淬火层内的回火马氏体转变为非回火马氏体会使体积膨胀，而在二次淬火层内形成残余压应力。

磨削残余应力的强弱取决于如下诸多条件：

——被磨削材料的材质和硬度；

——砂轮磨料的材质和锋利程度；

——磨削进给量；

——砂轮旋转的线速度；

——工件的行进速度；

——冷却液的组分和流量。

由此可见，磨削残余应力的大小和性质（拉应力或压应力）是较难预测的。但经验告诉我们，在砂轮比较锋利、冷却比较充分的情况下，塑性凸出效应较弱，热应力较小，不会产生大的拉应力。

（5）涂层残余应力

1）涂层残余应力产生原因

残余应力是热喷涂涂层本身固有的特性之一，是指产生应力的各种因素作用不复存在时，在物体内部依然存在并保持自身平衡的应力。它主要是涂层制造过程中加热和冲击能量作用的结果，以及基体与喷涂材料之间的热物理、力学性能的差异造成的，可将其分为热应力和淬火应力两种。

① 热应力　热应力是由于温度变化（包括喷涂后的冷却等过程），引起如图 1-45 所示的涂层和基体的热膨胀系数的失配，从而产生残余应力。

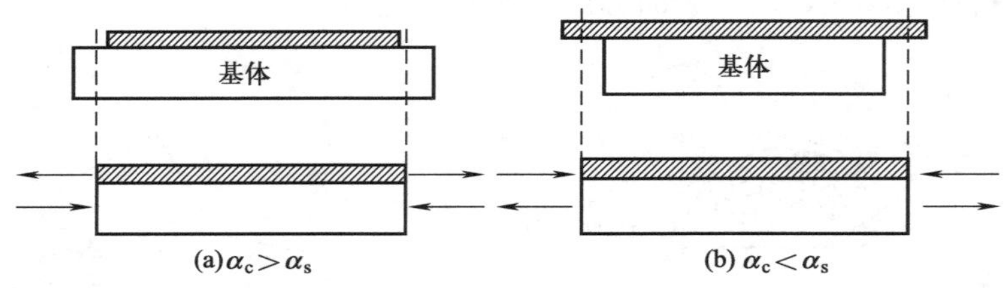

图 1-45　涂层热残余应力产生原理（$\Delta T<0$）

对于单层涂层的热应力可近似表示为：

$$\sigma_{th}=E_c(\alpha_s-\alpha_c)\Delta T \tag{1-36}$$

式中，E_c 是涂层的弹性模量；α_c 和 α_s 分别是涂层和基体的热膨胀系数；ΔT 是温度差值。

由式(1-36)可见，当涂层的热膨胀系数大于基体的热膨胀系数 $\alpha_c>\alpha_s$ [如图 1-45(a)所示] 时，涂层产生拉应力；当涂层的热膨胀系数小于基体的热膨胀系数 $\alpha_c<\alpha_s$ [如图 1-45(b)所示] 时，涂层产生压应力。式(1-36)是热应力的理论计算公式，但是基于了很多假设，因而必然存在很大误差，实际应用时需要进行修正。

② 淬火应力　由于单个喷涂颗粒快速冷却到基体温度的收缩而产生的应力称为淬火应力。单个熔滴的冲击、铺展、固化及冷却过程如图 1-46 所示。

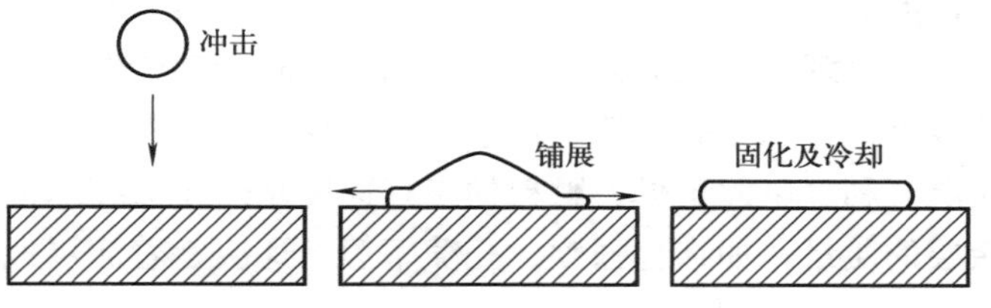

图 1-46 单个熔滴的冲击铺展、固化及冷却过程

喷涂过程中最大淬火应力可表示为：

$$\sigma_q = \alpha_d \Delta T E_0 \tag{1-37}$$

式中，α_d 是沉积物的热膨胀系数，它近似等于室温下涂层材料的热膨胀系数；E_0 是室温下涂层材料的弹性模量；ΔT 是喷涂材料熔点 T_m 与基体温度 T_s 的差值，即

$$\Delta T = T_m - T_s \tag{1-38}$$

显然，热喷涂层中淬火应力始终是拉应力，材料性能、基体温度、涂层厚度都会影响其分布。由于固化过程会发生塑性屈服、蠕变、微开裂及界面滑移等现象，因而淬火应力会被部分释放，实际 σ_q 远低于式（1-37）的理论值。

2）涂层残余应力影响因素

热喷涂涂层的残余应力大小主要取决于涂层材料、热喷涂工艺和涂层厚度等因素。

① 涂层材料的影响　通常热喷涂涂层中的残余应力为拉应力，但对于一些材料（如 WC/Co），无论采用什么喷涂工艺（常规、等离子或超声速火焰喷涂），涂层中都会产生残余压应力。这主要因为在热喷涂时，经喷枪热源加热后的喷涂颗粒会发生熔化或软化，这些熔化或软化的颗粒同时得到加速，并以很高的速度撞击到基体或已形成的涂层表面上。颗粒对表面的撞击必然会给喷涂表面带来较大的作用力 F，从而引起受冲击表面的局部变形。受冲击表面的局部变形对残余应力的大小和性质会产生较大的影响。从热喷涂残余应力的形成机理来看，基体的受冲击压缩应变 ε_b 与喷涂颗粒本身的热应变 ε_p 是决定涂层残余应力大小和性质的两个最主要因素。如果 $\varepsilon_b - \varepsilon_p \geqslant 0$，则涂层中为残余拉应力，反之为压应力。由于冲击力 F 直接决定着 ε_b 的大小，所以对残余应力有着非常大的影响。根据动量守恒定律：$Ft = mv$，冲击力 F 随着颗粒飞行速度的增加而减小。由于 WC 颗粒的熔点相对较高，因此无论采取哪种喷涂方法，喷涂颗粒撞击基体表面仍存在部分固态的 WC 颗粒，固态的颗粒与基体表面的碰撞为弹性碰撞。这样在喷涂 WC 涂层时，部分 WC 颗粒与基体的作用时间 t 会大大减小，与此同时，冲击力 F 和冲击应变也会相应地大幅度增加。在热应变不变的情况下，冲击应变的增加不但会改变涂层残余应力的大小，甚至还会改变残余应力的性质；而且撞击力越大，涂层的残余应力值越大。

② 涂层厚度的影响　通常涂层内残余应力会随着涂层厚度的增加而增大，因此易导致涂层的开裂，甚至产生剥离。由于残余应力的存在，大多数热喷涂涂层都有一个最大涂层厚度的限制，这不利于涂层的广泛应用。

③ 热喷涂工艺的影响　对于同种材料的热喷涂涂层，残余应力大小随着喷涂温度的增加而增大，同时随喷涂颗粒飞行速度的增大而减小。但颗粒温度对涂层的残余压应力影响不是很大，涂层的残余压应力主要取决于颗粒的飞行速度，飞行速度越大，涂层的残余压应力越大。这主要是由于喷涂的热应变与喷涂颗粒的温度成正比，而基本表面的压应变

与喷涂颗粒的飞行速度成正比，而且对于动能高、温度低的热喷涂工艺方法，喷涂层的残余应力相对较低，甚至出现残余压应力。而与此相反，对于动能低且温度较高的热喷涂工艺方法，喷涂层的残余应力都很高。残余拉应力对涂层的使用性能和寿命都非常不利，而残余压应力却对涂层有利。由此可见，颗粒的飞行速度是热喷涂技术最重要参数之一，它不但影响与控制涂层的质量，如结合强度、孔隙率等，还决定着涂层残余应力的特性、分布和大小。

3）涂层失效行为

在机械零部件的使用过程中，由于残余应力与外加载荷的共同作用，可能会导致涂层的提前失效。通常情况下，由于残余应力导致涂层发生失效形式有以下几种。

① 分层剥离　在拉应力与压应力作用下都可能发生分层剥离，如图 1-46(a)所示。

② 表面微裂纹或桥接裂纹　图 1-46(b)所示的表面裂纹可能会沿着垂直于表面向界面扩展。如果界面结合强度较低，将会导致涂层与基体的剥离；如果涂层与基体结合强度较高或基体塑性较好，这些裂纹将会被释放，即不会对涂层产生破坏。因此，涂层的失效行为与众多因素相关，这些因素主要包括涂层内部的应力水平、涂层的结合强度和基体的塑性性能等。

③ 胀裂　涂层在压应力下的胀裂［见图 1-46(c)］也是一种主要的失效形式，但这种失效行为的发生有一个前提条件，即涂层与基体界面处存在微裂纹或局部分离。一旦涂层内部的压应力超过了临界胀裂应力时，就会发生胀裂。临界胀裂应力可以表示为：

$$\sigma_b=\frac{kE_c}{12(1-\nu_c^2)}\left(\frac{t}{c}\right)^2 \tag{1-39}$$

式中，k 为常数，约为 14.7；E_c 为涂层的弹性模量；ν_c 为涂层的泊松比；t 为涂层厚度；c 为界面处分离区的半径。

④ 胀裂与分层相互作用　在界面发生胀裂时，由于残余压应力的作用，在边缘区域可能导致涂层与基体的分离，如图 1-47(d)所示。但这种失效模式一般发生在涂层内部，主要原因是界面处的残余应力较低、韧性较高。通过力学分析，可以获得这种失效模式下分层裂纹的能量释放率，其大小与开裂位置有很大的关系。

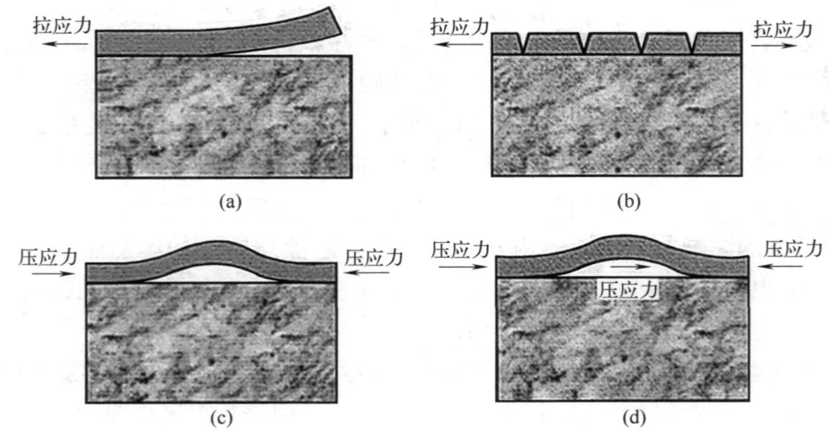

图 1-47　残余应力作用下涂层的失效形式

另外，这些失效行为主要发生在涂层的界面边缘处，主要是由于几何形状不连续导致的应力集中造成。同时，界面形貌也是一个重要的影响因素。如果界面平坦，残余应力值较低，则不易造成涂层的失效；但如果界面有较高的表面粗糙度，则可能由于几何形状不连续形成较高的残余应力，涂层就可能发生应力诱导失效。

（6）薄膜残余应力

薄膜残余应力是薄膜产生、制备过程中普遍存在的现象。无论化学气相沉积法、物理气相沉积法，还是磁控溅射法等镀膜技术，薄膜中的残余应力都是不可避免的。薄膜应力是一种宏观现象，然而它却能够反映出沉积薄膜的内部状态。薄膜中残余应力的存在会影响其质量和性能。薄膜应力通常分为拉应力和压应力两类。例如，薄膜中的残余拉应力会加剧材料内部的应力集中，并促进裂纹的萌生或加剧微裂纹的扩展；而残余压应力会松弛材料内部的应力集中，可以提高材料的疲劳性能，但过大的压应力却会使薄膜起泡或分层。

无论使用哪种镀膜方式，当膜料在真空室中由蒸汽沉积在基板上时，由于从气体变成固体，这种相的转变会使膜料的体积发生很大的变化，此变化加上沉积原子（或分子）和原子（或分子）间的挤压或拉伸，在成膜过程中会有微孔、缺陷等产生而造成内应力。当镀膜完成后，镀膜机内的温度从高温降至室温时，由于薄膜和基板之间的热膨胀系数不同，导致收缩或伸长量不匹配而产生热应力。

1）热应力

热应力是由于薄膜和基底材料热膨胀系数的差异引起的，所以也称为热失配应力。热膨胀系数是材料的固有特性，不同种类材料之间的热膨胀系数可能有很大的差异。这种差异是薄膜在基底上外延生长时产生残余应力的主要原因。

2）内应力

内应力也称为本征应力，其起因比较复杂。目前对内应力的成因有以下几种理论模型。

① 热收缩效应模型　热收缩产生应力模型的前提是：蒸发沉积时薄膜最上层会达到相当高的温度。在薄膜的形成过程中，沉积到基体上的蒸发气相原子具有较高的动能，从蒸发源产生的热辐射等使薄膜的温度上升。当沉积过程结束时，在薄膜冷却到周围环境温度过程中，原子逐渐不能移动。薄膜内部的原子是否能移动的临界标准是再结晶温度，在再结晶温度以下的热收缩就是产生应力的原因。

② 相转移效应模型　在薄膜的形成过程中，发生从气相到固相的转移。根据蒸发薄膜材料的不同，可细分为从气相经液相到固相的转移，以及从气相液相再经过固相到别的固相的转移。相转变时一般发生体积的变化，从而引起应力。

③ 晶格缺陷消除的模型　在薄膜中经常含有许多晶格缺陷，其中空位和空隙等缺陷在经过退火处理时，原子在表面扩散将消除这些缺陷，可使体积发生收缩从而形成拉应力性质的内应力。

④ 表面张力和晶粒间界弛豫模型　在薄膜形成的最初期核生成及其成长阶段，由于小岛中的原子和小岛本身是容易移动的，故不能产生内应力；当小岛增大时，它和基片之间的结合增强了，这时不但原子或小岛的运动受到抑制，而且由于表面张力，岛的结晶也受到了抑制，从而产生了压应力；当小岛再进一步增大时，岛与岛之间的距离变小，从而

引力增大，产生了拉应力；当岛与岛接近形成晶界时，拉应力达到最大。此后，如果晶界状态不变，应力就保持固定不变。

⑤ 界面失配模型　当与基体晶格结构有较大差异的薄膜材料在这种基体上形成薄膜时，如果两者之间相互作用较强，薄膜的晶格结构会变得接近基体的晶格结构，于是薄膜内部产生大的畸变而形成内应力。如果失配程度较小，会产生均匀的弹性变形；相反，如果失配程度较大，则会产生界面位错，从而使薄膜中的大部分应变产生松弛。这种界面失配模型一般用来解释单晶薄膜外延生长过程中应力的产生。

⑥ 杂质效应模型　在薄膜形成的过程中，环境气氛中的氧气、水蒸气、氮气等气体的存在会引起薄膜的结构变化。例如，杂质气体原子的吸附或残留在薄膜中形成了间隙原子，造成点阵畸变，并且还可能在薄膜内扩散、迁移，甚至发生晶界氧化等化学反应。残留气体作为一种杂质在薄膜中掺入越多，则越容易形成大的压应力。另外，由于晶粒间界扩散作用，即使在低温下也能产生杂质扩散从而形成压应力。

⑦ 原子、离子钉轧效应模型　在薄膜溅射沉积过程中，最显著的特点是存在着工作气体原子的作用，而且溅射原子的能量相对较高。在低的工作气压或负偏压条件下，通常得到压应力状态的薄膜，而压应力一般是溅射薄膜中固有的应力。

1.3.4　残余应力的影响

残余应力有利有弊，一般来说，压应力有利，拉应力有害。但在有些场合，压应力过大也非有益，例如对于尺寸的稳定性、单晶材料的再结晶等。残余应力与疲劳、断裂、应力腐蚀、尺寸稳定性和屈曲、磨损等各种宏观失效直接相关，是影响质量的不可忽视的重要因素。残余应力引发材料的疲劳、断裂、应力腐蚀和屈曲属于对安全性的影响，而造成构件的尺寸不稳定和磨损等提前失效形式则属于对精密性的影响。

① 对安全性的影响　关键零件和构件的结构完整性在几乎所有工业领域都至关重要。然而，在制造和安装中不可避免会引入残余应力，对使用寿命产生影响。残余应力的数值往往很高，峰值超过设计许用应力，而且隐蔽、易被忽视，由此造成巨大危害。例如，大飞机承力梁框的残余应力会造成结构性开裂；航空发动机涡轮盘、涡轮叶片在制造过程产生的残余应力可能导致服役中的变形，甚至早期失效；高铁车体铝合金骨架与蒙板焊接的残余应力可导致运行时的应力腐蚀开裂。

② 对精密性的影响　精确是所有高端产品的生命线，否则精密机床造不出来，轴承使用寿命上不去，不一而足。而在加工中产生的残余应力会导致形状和尺寸的变化，既可能阻挠制造装配，也可能损害使用精度，还可能缩短使用寿命。例如空间遥感卫星相机的镜框、镜体、镜身和镜筒等光机结构件的残余应力会使成像产生像差，导致影像模糊和变形。

详细地了解残余应力的影响，对于准确测量、有效消除、合理利用残余应力是十分重要的。

（1）残余应力对静强度的影响

具有残余应力的构件受到外力作用时，构件中的内应力为残余应力与外加应力之和。当外加拉伸应力时，构件内的拉伸残余应力区先达到屈服，压缩残余应力区后达到屈服；反之，当外加压缩应力时，构件内的压缩残余应力区先屈服，拉伸残余应力区后屈服。而后，各区域的变形才趋于一致，发生整体塑性变形。这相当于改变了材料的应力-应变曲线。对理想弹塑性材料而言，屈服强度不会改变；对其他塑性储备足够的延性材料，条件屈服强度会有一点变化，但整体的抗屈服和抗破断的静强度都不会变化。如果材料的屈服比 σ_s/σ_b 接近 1，必须考虑残余应力对静强度的影响。如果薄壁构件承受外加压缩应力，还要考虑压缩残余应力区可能的失稳问题。

(2) 残余应力对刚度的影响

当构件受到外加载荷时，构件中的残余应力会影响构件的变形。为了说明残余应力对材料受力变形的影响，考察如图 1-48 所示框架结构在施加拉力 F 下的情况，假设截面 a 中存在残余拉应力（其实，在铸造或焊接时，如果材料之间有相互作用或约束力，就是这种状态）。当把材料看成是理想弹塑性体时，框架各截面表现出如图(c)和图(d)所示的应力-应变曲线，其中，图(c)表示截面 a 的变形，图(d)表示截面 b 和截面 c 的变形。图中的 0 点表示外加载荷为零时各截面的残余应力。图(e)为外加载荷与整体结构变形的关系。当加载到 1 点时，截面 a 达到屈服强度；加载到 2 点时，截面 a 达到塑性状态，而截面 b、截面 c 仍处于弹性状态；当加载到 3 点时，截面 b、截面 c 也达到塑性状态。因此，整体结构变形就经历图(e)所示的 1、2、3 状态过程而形成曲线Ⅱ。如果之后卸掉载荷，应力就会减小乃至释放。图(b)是从状态 2 卸载时的残余应力。对于具有如图 1-48 所示残余应力的塑性材料，当加载到 3 点以上的载荷时，所有截面都达到塑性状态，之后直到材料被破坏的行为均与不具有残余应力时是一样的，即与残余应力无关。也就是说，对于塑性材料，残余应力仅影响全截面达到塑性变形以前的变形。

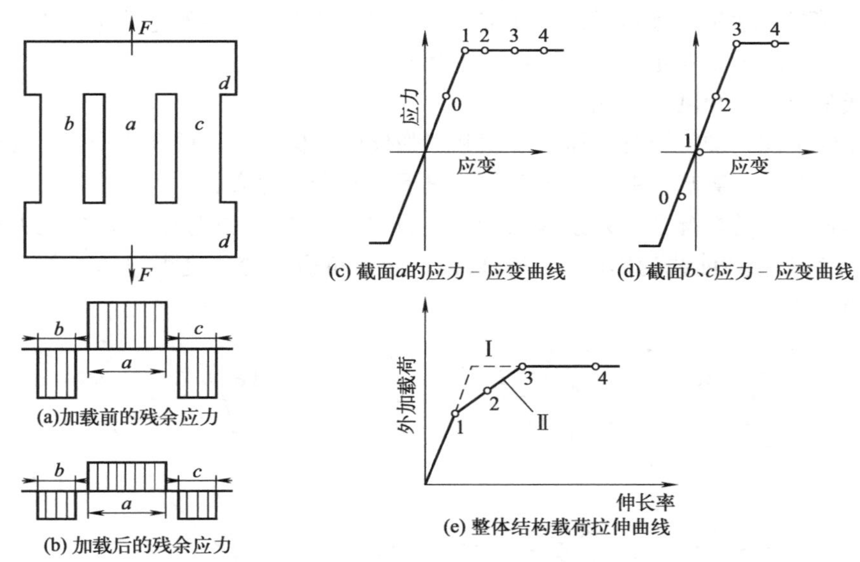

图 1-48 外加载荷造成的残余应力的变化和变形

(3) 残余应力对尺寸稳定性的影响

金属零件尺寸不稳定是指零件在使用或存放过程中自发改变形状和尺寸而造成不可逆变形的现象。机床床身和仪器机架类大多是灰铸铁件，在使用过程中经常会出现这种不可逆变形，从而影响整个设备精度的稳定。要保持零件尺寸的稳定性，可从以下两个方面着手。

① 尽量选用尺寸稳定性高的材料，再用特殊的工艺方法进行稳定化处理，以保证合金组织的稳定和合金抗微塑性变形的能力。

② 分析和估算各道热加工、冷加工工序和机械装配时对零件诱发的残余应力，以及残余应力在零件工作或存放过程中的松弛程度。

当金属材料具有稳定组织时，零件的尺寸稳定性主要与残余应力的松弛有关。而当金属材料为亚稳定组织时，则零件尺寸不稳定应该是组织转变和残余应力松弛两个因素同时作用的结果。这时，组织的转变促使残余应力松弛，而残余应力松弛又激活组织转变。另一方面，由于工作应力和残余应力的长期作用，金属材料都会发生微塑性变形。因此，在工作应力没有多大变化的情况下，研究零件的尺寸稳定性，除了估算完工后零件中的残余应力分布外，还需要重点分析材料的抗微塑性变形能力问题。

若零件坯料在切削加工前已经存在一定的残余应力，或者在粗加工后产生了残余应力，这都会影响完工后零件的尺寸精度和几何形状。因为如果切削时切除的金属层中分布着残余应力，则随着这层金属的分离，残余应力原先的平衡将会受到破坏，在达到新的平衡过程中，工件会产生新的变形，加工精度也受到了影响。

长期存放试验证明，许多结构钢中的焊接残余应力是不稳定的，它随着时间而不断地变化。如 Q235 钢在室温 20℃下存放，原始应力为 240MPa，经过两个月降低了 2.5%。在 100℃下存放时，应力降为 20℃时的 1/5，其原因是 Q235 钢在室温下的蠕变和应力松弛。30CrMnSi、25CrMnSi、12Cr5Mo、20CrMnSiN 等高强度合金结构钢在焊后产生残留奥氏体，而奥氏体在室温存放过程中不断转化为马氏体，残余应力因马氏体的体积膨胀而减小。而 35 钢和 40Cr13 等钢材焊后在室温和稍高温度下存放会发生残余应力增大的相反现象。因此残余应力不稳定，构件的尺寸也就不稳定。

(4) 残余应力对硬度的影响

根据原理不同，硬度可分为压入硬度和回弹硬度。但当存在残余应力时，无论哪种硬度的测定值都要受到影响。在压入硬度的情况下，残余应力会影响到压入部分周围的塑性变形；在回弹硬度的情况下，残余应力会影响回弹量。图 1-49 显示了残余应力对仪器化压入力-压入深度加载曲线的影响。一般来说，残余拉应力使硬度测量值降低，残余压应力使硬度测量值增加。

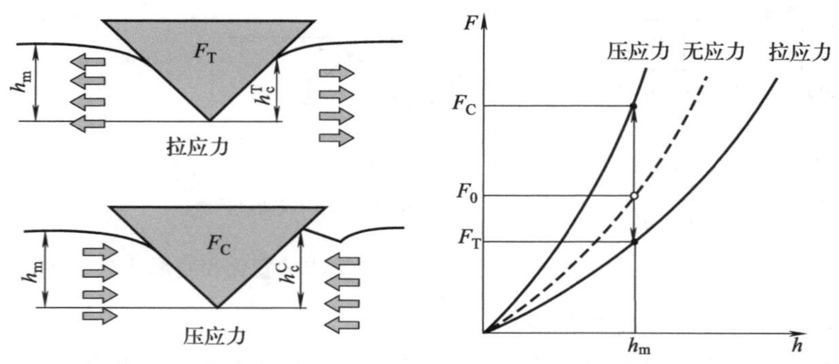

图 1-49　残余应力对仪器化压入力-压入深度的影响

(5) 残余应力对疲劳强度的影响

残余应力对疲劳强度的影响是明显的。当受到交变应力的材料存在残余压应力时，会使其疲劳强度提高；而存在残余拉应力时，会使其疲劳强度降低。

经过超声喷丸处理的不锈钢表面会产生循环应变层，形成残余压应力。喷丸残余应力场对疲劳性能的影响主要有两个方面。

① 对疲劳裂纹萌生的影响　如果材料表面较软、粗糙度较大或者存在某种形式的应力集中，疲劳加载时的疲劳源大多位于材料表面。但是，由于喷丸表面产生残余压应力，抵消了一部分载荷应力，使不锈钢的疲劳强度提高。如果喷丸的强度适当，材料表面的粗糙度降低，表面萌生裂纹的诱因减小或消失。此时，较高的表面残余压应力会阻碍裂纹在表面萌生，而将其“挤”入到内部的薄弱区域。这个区域往往是残余拉应力区，因此萌生内部裂纹的可能性增大。萌生内部裂纹时，局部载荷应力降低，同时位错滑移受到较大的约束，提高了局部抗力，也促使了表面疲劳强度的提高。

② 对疲劳裂纹扩展的影响　残余压应力场阻碍疲劳裂纹的扩展，使扩展速度大幅度下降，进而形成非扩展裂纹。当表面存在疲劳裂纹源时，只要裂纹的深度小于一定的强化层深度，裂纹尖端区域将保有一定的残余压应力。此时残余压应力不仅可以减小裂纹扩展的应力强度因子，而且可以增大裂纹的闭合效应，使疲劳裂纹张开的临界应力增加，从而使喷丸材料的疲劳强度得到提高。

虽然人们往往通过表面强化处理引入压缩残余应力来提高材料的疲劳强度，但在实际中，残余应力对疲劳的影响会因条件和环境不同而改变，且与材料性能、外载形式、残余应力分布以及在交变应力场中的稳定性等因素有关。因此，正确估算材料的疲劳寿命仍是工程界有待解决的难题。

如图 1-50 所示是采用带纵向筋板的焊接结构细节进行的拉压疲劳试验。试验材料为德国产 st52-3 钢，虽然带筋板焊接结构的疲劳强度很低，但经过局部残余应力调控处理，最大焊接残余拉应力下降 50%以上，甚至转变为残余压应力。试验结果表明，带筋板焊接结构细节的疲劳强度明显提高。

(6) 残余应力对脆性断裂的影响

所谓脆性断裂是构件未经明显变形而发生的断裂。脆性断裂一般是材料未到寿命期突然产生裂纹，并迅速扩展至整个截面，断裂时材料几乎没有由于外部载荷发生过塑性变形。脆性断裂通常在低温环境下发生，但在常温时也可能发生。由于温度下降、变形骤然增大等，使材料的塑性变形处于抑制状态，一旦受到大的应力作用，脆性断裂就会突然发生。残余应力作为初始应力附加在构件断面时，会对脆性断裂产生影响。

图 1-51 所示为温度、尖锐缺口和残余应力对碳钢焊接试件断裂强度的影响。当试件没有尖锐缺口时，断裂的载荷将对应于试验温度下的材料强度极限，见图 1-51 中曲线 PQR。试件有尖锐缺口、但没有残余应力时，引起断裂的应力为图 1-51 中曲线 PQSUT。当温度高于断裂转变温度 T_f 时，在高应力作用下发生高能量断裂；当温度低于断裂转变温度 T_f 时，断裂应力降低到接近于屈服强度。如果在高残余拉应力区有一个缺口，则可能发生以下形式的断裂。

① 温度高于 T_f 时，断裂应力等于强度极限（曲线 PQR），残余应力对断裂应力没有影响。

② 温度低于 T_f、但高于止裂温度 T_a 时，裂纹可能在低应力下始发但被止住。

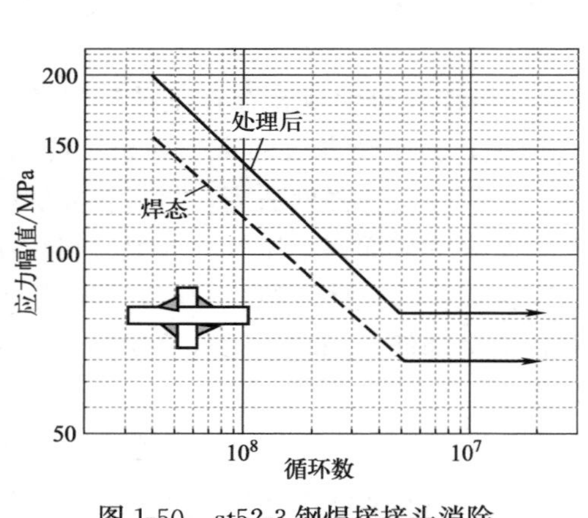

图 1-50　st52-3 钢焊接接头消除应力前后的疲劳试验结果

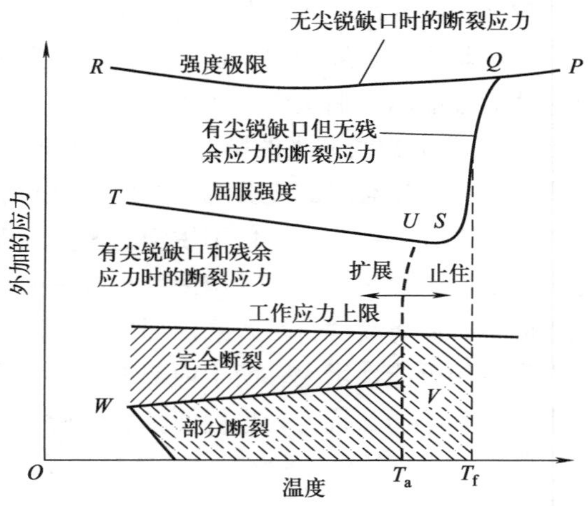

图 1-51　温度、尖锐缺口和残余应力对碳钢焊接试件断裂强度的影响

③ 温度低于 T_a 时，根据断裂始发时应力水平将发生两种情况之一：如果应力低于临界应力（图 1-51 中曲线 WV），裂纹将在扩展一段长度后被止住；如果应力高于临界应力，将发生完全断裂。

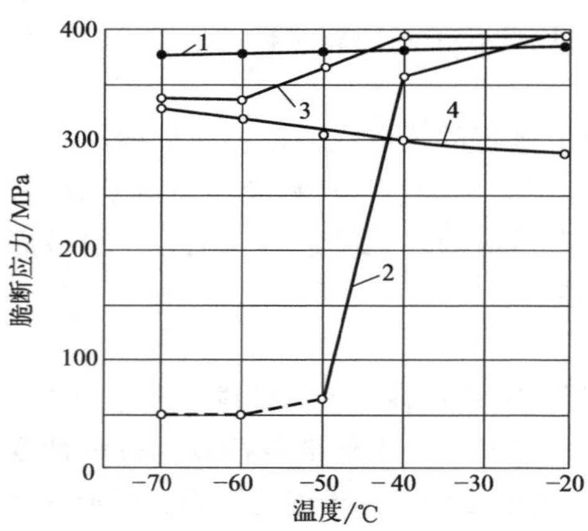

图 1-52　爆炸处理前后焊缝和母材的脆断应力与温度关系

图 1-52 是结构钢焊接件脆性断裂的试验结果。图中曲线表示断裂应力与试验温度的关系。曲线 1 是母材的情况，曲线 2 是焊接件的情况，从二者比较可见，在－40℃以下温度，后者的断裂应力大大低于母材，表明试件在焊后具有明显的低应力脆断敏感性。曲线 3 是试件爆炸处理后的结果，爆炸使最大焊接残余拉应力下降 50％以上，甚至转变为残余压应力，可见它的断裂应力已基本恢复到和母材相等的水平。曲线 4 为材料屈服强度随温度变化情况。

（7）残余应力对应力腐蚀的影响

金属材料在拉伸应力和腐蚀介质的共同作用下发生的腐蚀现象称为应力腐蚀。金属表面都有一层氧化保护膜（称钝化膜），当钝化膜未被破坏时不发生腐蚀。如果在拉应力作用下局部的钝化膜被撕破，露出金属表面，就会在介质作用下发生腐蚀。腐蚀开裂过程是逐渐加剧的。

应力腐蚀与单纯的应力破坏不一样，在远低于屈服强度的应力作用下也会发生破坏；应力腐蚀与单纯腐蚀破坏也不同，即使腐蚀性很弱的介质，也能引起应力腐蚀破坏。应力腐蚀开裂往往在没有变形预兆的情况下迅速发生，属于脆断，很容易造成严重的事故。

如图 1-53 所示，应力腐蚀开裂的发生和发展分为三个阶段：

① 金属局部表面的钝化膜破裂，产生蚀孔或裂缝源；

② 裂纹源扩展；

③ 裂缝内发生加速腐蚀，在拉应力作用下迅速断裂。

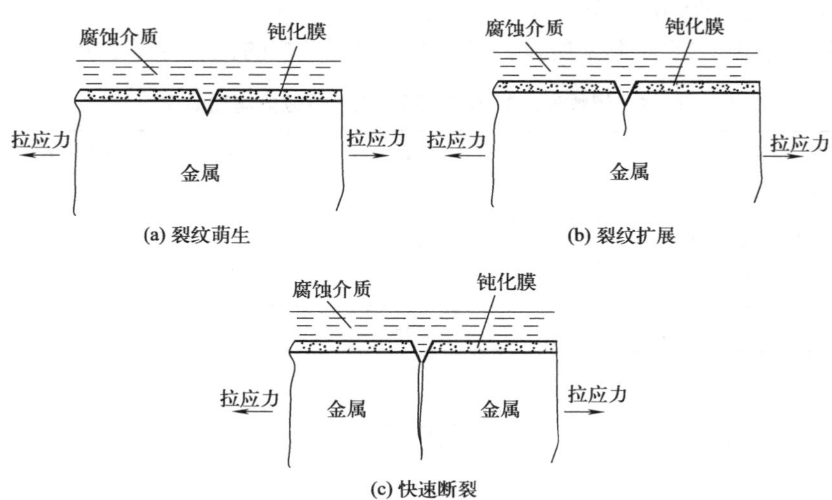

图 1-53 应力腐蚀开裂的三个阶段

金属材料发生应力腐蚀开裂需要同时具备以下条件：拉伸应力、敏感材料和特定环境。拉伸应力既可以是外加应力，也可以是加工或热处理引起的残余应力，无论何种应力形式，都需要大于某个门槛应力值。而压缩应力能够阻止或延缓应力腐蚀。对于每一类金属材料，只有在特定的介质中才会发生应力腐蚀。表 1-4 列出了常用合金材料发生应力腐蚀的部分特定介质。

表 1-4 常用合金应力腐蚀特定介质

材料	介质
低碳钢	NaOH 溶液、硝酸盐溶液、含 H_2S 和 HCl 溶液、CO-CO_2-H_2O、碳酸盐、磷酸盐
高强钢	各种水介质、含痕量水的有机溶剂、HCN 溶液
奥氏体不锈钢	氯化物水溶液、高温高压含氧高纯水、连多硫酸、碱溶液
铝和铝合金	湿空气、海水、含卤素离子的水溶液、有机溶剂、熔融 NaCl
铜和铜合金	含 NH_4^+ 的溶液、氨蒸气、汞盐溶液、SO_2 大气、水蒸气
钛和钛合金	发烟硝酸、甲醇（蒸气）、高温 NaCl 溶液、HCl、H_2SO_4、湿 Cl_2、N_2O_4（含 O_2，不含 NO）
镁和镁合金	湿空气、高纯水、氟化物、$KCl+K_2CrO_4$ 溶液
镍和镍合金	熔融氢氧化物、热浓氢氧化物溶液、HF 蒸气和溶液
锆合金	含氯离子水溶液、有机溶剂

如果焊接接头在焊后不做消应处理，就会存在较大的残余拉应力，有时可达到母材的屈服极限。由于拉应力是发生应力腐蚀的三要素之一，若将这一要素掐断，即通过焊接接头消应处理使残余拉应力降到应力腐蚀门槛值以下，这样即使在腐蚀环境下也不会发生应力腐蚀开裂。如果将残余应力调控到压应力，则对防止应力腐蚀的作用更加显著。

表 1-5 为 16Mn 钢对焊结构细节在爆炸处理前后的应力腐蚀试验结果，其中，“焊接

状态”代表焊后的高残余应力状态，“爆炸处理”代表调控处理后的低残余应力状态。焊板尺寸为 370mm×280mm×28mm，腐蚀介质为 60% $Ca(NO_3)_2$ +3% NH_4NO_3 +37% H_2O，试验温度为 130℃。非常明显，爆炸处理使得结构的抗应力腐蚀能力大大提高。

表 1-5　爆炸处理对 16Mn 焊接钢板抗应力腐蚀的作用

试样	试验时间/h	裂纹总长度/mm
焊接状态 1	168	303
焊接状态 2	168	113
爆炸处理 1	392	0
爆炸处理 2	392	0

思考题

1. 简述三种典型的金属晶体结构特点。
2. 简述金属晶体晶面指数的计算方法。
3. 简述金属晶体晶向指数的计算方法。
4. 简述金属晶体中常见的三种缺陷及表现形式。
5. 简述单个晶体各向异性的原因。
6. 试举例说明金属材料受单轴拉伸时的主要变形三阶段。
7. 请简述弹性模量与弹性极限的定义。
8. 试列出弹性力学中的五个基本假设。
9. 说明弹性力学中三组基本而重要的方程是什么？它们分别描述了哪些变量之间的关系。
10. 下图(a)表示物体受平面应力问题中一点的应力分布，试求过该点且 x 轴沿逆时针方向旋转 30°后[即(b)图]和沿顺时针旋转 67.5°后[即(c)图]，分别在 BD 面上的应力状态。

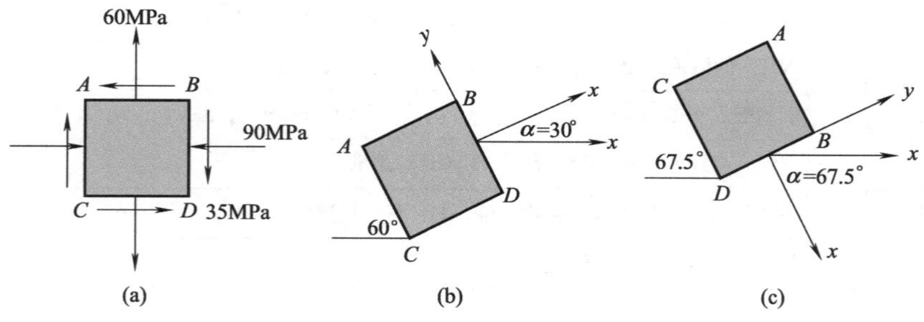

11. 材料中的单元体发生平面应变，已知 $\varepsilon_x = -250\times10^{-6}$，$\varepsilon_y = 180\times10^{-6}$，$\gamma_{xy} = 70\times10^{-6}$。求：①主应变的方位角；②主应变的值。
12. 已知三个应变片实测应变分别为 $\varepsilon_a = 145\times10^{-6}$，$\varepsilon_b = -105\times10^{-6}$，$\varepsilon_c = 20\times10^{-6}$。三个应变片之间的夹角依次均为 45°。求：①构件截面应变值；②主应变的方位

角；③主应变的值。

13. 按照作用范围大小划分，内应力包含哪三种类型？

14. 简述残余应力的定义。

15. 产生残余应力的因素有哪些？引发残余应力的本质是什么？

16. 简述残余应力的影响。

17. 通过一个工艺例子阐述残余应力形成的机理。

参考文献

[1] 崔忠圻，覃耀春. 金属学与热处理 [M]. 2版. 北京：机械工业出版社，2011.

[2] 王毅坚，索忠源. 金属学及热处理 [M]. 北京：化学工业出版社，2014.

[3] 余永宁. 金属学原理 [M]. 北京：冶金工业出版社，2013.

[4] 潘建农，朱智文. 金属材料与热处理 [M]. 湖南：湖南大学出版社，2009.

[5] 徐芝纶. 弹性力学（第五版）[M]. 北京：高等教育出版社，2015.

[6] R C Hibbeler. Statics and Mechanics of Materials [M]. Singapore：Pearson Prentice Hall，2004.

[7] 陈明祥. 弹塑性力学 [M]. 北京：科学出版社，2007.

[8] 王海斗，朱丽娜，邢志国. 表面残余应力检测技术 [M]. 北京：机械工业出版社，2013.

[9] 高玉魁. 残余应力基础理论及应用 [M]. 上海：上海科学技术出版社，2019.

[10] Sines G，Carlson R. Hardness measurements for determination of residual stresses [R]. USA：ASTM Bull，1952.

[11] Bolshakov A，Oliver W C，Pharr G M. Influences of stress on the measurement of mechanical properties using nanoindentation：Part II：Finite element simulations [J]. Journal of Materials Research，1996，11（3）：760-768.

[12] 方洪渊. 焊接结构学 [M]. 北京：机械工业出版社，2008.

[13] 李荣锋，王玉涛，梅安静. 爆炸处理消除焊接残余应力新技术简介 [J]. 武钢技术，1992，143（9）：67-68.

第2章 Chapter Two

残余应力检测技术概述

2.1 残余应力检测的基本概念

在外在因素（如受到外力或不均匀温度）的作用下，物体的一部分产生了塑性变形，当外界作用消失后，物体内部的塑性变形限制了与其相邻部分变形的恢复，便产生了残余应力。不均匀塑性变形实质上是晶格发生了畸变，这种变化必然导致金属材料的一些物理特性发生改变。因此，借助于一些测量工具或仪器观察材料物理特征的改变便可度量、表征残余应力，从而达到检测残余应力的目的。

纵观残余应力检测技术的发展历程，可以概括为宏观和微观两种技术路线。从宏观上看，首先，当通过某种方式改变材料应力区域的结构，如对样品进行机械切割分离（钻孔、开槽、切条、剥层）后，应力会得到一定程度的释放，达到一种新的平衡，表现在样品上将产生位移和应变，对应变进行测量，再根据弹性力学理论揭示的应变与应力关系，便可实现残余应力的检测。当今广泛应用的残余应力有损检测技术（如钻孔应变法、深孔法、全释放应变法等）大多数都基于这一工作原理。其次，当超声波穿过带有残余应力的样品时，传播速度会视应力大小和方向不同而发生不同程度的改变，目前在现场大量使用的超声法就是利用这一特性来测量构件、容器、管道中存在的残余应力。再者，当铁磁性材料中存在残余应力时，在外加交变磁场的作用下，样品中的磁畴壁会发生跳跃式翻转和移动而辐射出磁噪声，磁噪声的强弱与材料中的应力大小及方向有关；另一种现象是铁磁性材料的磁致伸缩效应规律在应力作用下会发生变化，通过测量磁导率来反映这种变化即可反推出材料中的残余应力。从微观上看，当材料受到拉应力或压应力时，晶面间距会变大或变小，利用X射线衍射法、中子衍射法测量晶面间距的变化，推导出弹性应变，按照广义胡克定律描述的应变与应力的矢量关系，通过改变对样品的扫描角度即可表征残余应力的大小和方向。

通常，存在应力场的物体，不同部位的残余应力不尽相同，分布的形式有一维、二维、三维之分，完整表述需要1、3、6个分量，彼此通过弹性力学理论相互关联。残余应力检测的目的就在于测出这些分量值，进而获得残余应力在材料空间的分布状态。

尽管残余应力属于宏观内应力，但其本质上是作用在材料中很小区域（几何点）上的作用力，残余应力分布的测定在于展示材料各点应力的集合。若检测方法的空间分辨力越高，则越能真实表征残余应力的分布状况。但是，目前实际使用的测试手段给出的都是一定区域范围的应力平均值。如果在此区域内应力值恒定或变化缓慢，则测量值就等于或接近真实值；如果应力变化梯度大，则测量值与真实值之间将存在较大误差。在各种残余应力检测方法中，X 射线的照射焦点直径可控制在 1mm 甚至更小，是最能真实反映一点应力的检测方法，而其他大多数检测方法都是不同程度地给出所测区域残余应力的平均值。

2.2 残余应力检测的主要方法和分类

2.2.1 残余应力主要检测方法

残余应力检测技术始于 20 世纪 30 年代，自 20 世纪 50 年代末到 70 年代初，随着对残余应力产生机理的深入研究、工程和材料科学应用需求的快速增长，以及微电子与计算机技术的进步和普及，残余应力检测技术取得了突破性的进展，测试仪器水平不断提升，实验方法逐步规范，测量数据的可信度大大提高，发展至今已形成数十种残余应力检测方法。图 2-1 罗列出了目前主要的残余应力检测方法，它们按照测试原理分为三大类，即采用机械切除有意造成残余应力释放的应力释放法，通过附加应力增量诱导残余应力的应力叠加法，以及依托物理性能与残余应力关系的物理性能法（简称物性法）。

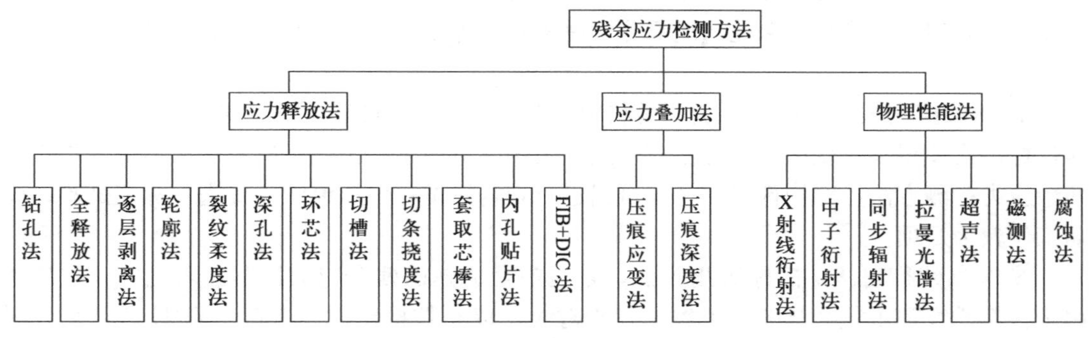

图 2-1 主要残余应力检测方法

在各种残余应力检测方法中，有些已经非常成熟而被广泛使用，并制定有国际、区域、国家、行业或团体标准，还有一些方法尚处于不断完善和逐渐规范阶段，还没有颁布相应的检测标准。目前较常用的残余应力检测方法是应力释放法中的钻孔应变法、全释放应变法、逐层剥离法、轮廓法、裂纹柔度法、深孔法，应力叠加法中的压痕应变法，以及物性法中的 X 射线衍射法、中子衍射法、超声法、磁测法。

① 钻孔应变法　简称钻孔法，是应用较广的残余应力检测技术之一，它通过在待测工件上钻孔，使孔周围应力释放产生应变，根据应变计算出该点的残余应力值。钻孔法的操作和计算都相对简单，设备轻便，能够实现工程现场检测。但钻孔法只能用于平面应力的浅表层测量，而且钻孔时易产生加工应变，对检测结果造成干扰。

② 全释放应变法　简称全释放法，是一种完全破坏结构的机械应变释放技术，它通过在待测部位粘贴应变片，切割贴片截面释放应力，根据切割前后的应变变化计算残余应力。全释放法的原理简单，测试不受空间限制，但解剖构件的工作量大，耗费时间长，因

此常作为其他检测方法无法实施时的备选技术。

③ 逐层剥离法　逐层剥离法通过机械铣削、电化学腐蚀等过程对构件进行逐层剥离和应力释放，用应变片记录每次剥层后剩余部分的变形，基于弹性力学理论计算剥层所释放的残余应力。逐层剥离法适于测量厚度较大构件沿厚度方向分布的平面残余应力，但不能测量表面残余应力。

④ 轮廓法　轮廓法是对工件的待测面进行慢走丝线切割来释放应力，用三坐标仪等仪器测量切割面法向上的凹凸变形，将收集的轮廓位移数据与有限元计算分析相结合，从而得到整个待测面的残余应力分布。轮廓法可以获得构件内部残余应力的三维分布特征，适用于零件失效分析以及构件整体应力评估。但轮廓法操作复杂，检测效率低，而且对数据处理要求较高。

⑤ 裂纹柔度法　裂纹柔度法是在被测工件引入一条深度逐渐增加的裂纹来释放残余应力，通过测定裂纹扩展过程的应变值，采用预先选定的裂纹柔度函数求解出初始残余应力。裂纹柔度法不受材料类型的限制，可以获得沿工件厚度方向的线应力分布，但柔度函数阶数的选择对计算结果影响大，容易产生精度误差。

⑥ 深孔法　深孔法是先在平板的被测区钻一个参考孔，并用仪器在参考孔内不同深度处测量孔径大小；然后以参考孔为圆心环切一个套孔，平板被测区域的残余应力由于套孔环切操作被释放，再次测量参考孔内各测点的孔径时会得到孔的径向应变值；根据孔径变化可求解出残余应力。深孔法能够测量厚板不同深度上的平面残余应力分布，但不能测量表面应力。

⑦ 压痕应变法　简称压痕法，是利用球形压头压入构件表面诱导材料产生应变增量，通过标定实验得到应变增量与弹性应变之间关系，进而求解出残余应力。压痕法属于表面残余应力检测方法，对构件损伤小，可以进行现场测试，但压痕法需要进行标定试验，前期工作较为烦琐。

⑧ X 射线衍射法　简称 X 射线法，是目前最成熟的残余应力检测技术之一，被广泛用于科学研究和工业生产的各个领域。X 射线法以布拉格定律为基础，根据 X 射线入射晶体材料形成的衍射峰位置来测量晶面间距的变化，进而得到材料受到的残余应力大小。该方法的测量精度高，空间分辨力强，但穿透深度浅，只能测量表面应力，且易受材料表面状态的干扰。

⑨ 中子衍射法　简称中子法，其测量残余应力的原理与 X 射线衍射法类似，同样是基于布拉格衍射峰测量晶面间距变化计算出残余应力值。中子束比 X 射线波长短、穿透性强，所以中子衍射法的探测深度大，能实现三维应力测量，但中子源的建造和运行费用昂贵，这限制了中子衍射法残余应力检测的工程应用与推广。

⑩ 超声法　超声法利用材料的声弹性效应测量残余应力。在有残余应力的工件中，超声波的传播速度会发生变化，根据声速与应力关系可获知工件的残余应力大小和方向。超声法的检测深度大、基本不受材料种类和结构的限制，且检测仪器便携，便于工程现场的测试。但超声法需要制备无应力试样进行声弹系数的标定，前期准备工作耗时、耗力。

⑪ 磁测法　磁测法是利用铁磁性材料的磁特性（如磁致伸缩效应、巴氏噪声效应等）与应力的关联性来测量残余应力。磁测法的设备成本低、操作简便快捷。但磁测法仅适用于铁磁性金属，而且需要制作标定试样和进行标定试验，是一项繁复的工作。

在上述 11 种主要残余应力检测方法中，已经有 8 种方法颁布了不同层级的检测标准，参见表 2-1，还有 3 种方法（逐层剥离法、裂纹柔度法、深孔法）目前没有或正在筹备制定标准。

表 2-1　残余应力检测标准统计一览表

检测技术		制定标准情况	说明
应力释放法	钻孔法	ASTM E837—2020	美国材料与试验协会标准
		GB/T 31310—2014	中国国家标准
		SL 499—2010	中国水利行业标准
		CB/T 3395—2013	中国船舶行业标准
	全释放法	GB/T 31218—2014	中国国家标准
	轮廓法	T/CISA 063—2020	中国钢铁工业协会标准
		T/CSTM 00347—2020	中国材料与试验技术联盟标准
应力叠加法	压痕法	ISO 14577-1：2015	国际标准化组织标准
		KS B 0951—2018	韩国国家标准
		GB/T 24179—2023 GB/T 39635—2020	中国国家标准
物理性能法	X 射线法	EN 15305—2008	欧盟标准
		NF A09-185—2009	法国国家标准
		ASTM E2860—2020	美国材料与试验协会标准
		SAE HS-784—2003	美国汽车工程师学会标准
		GB/T 7704—2017 GB/T 39520—2020	中国国家标准
		HB 20116—2012	中国航空行业标准
		SL 547—2011	中国水利行业标准
	中子法	ISO 21432：2019	国际标准化组织标准
		GB/T 26140—2023	中国国家标准
	超声法	GB/T 32073—2015 GB/T 38952—2020	中国国家标准
	磁测法	GB/T 33210—2016	中国国家标准
		SL 565—2012	中国水利行业标准
		T/CSTM 00210—2022	中国材料与试验技术联盟标准

2.2.2　残余应力检测方法的分类

对于上述残余应力检测技术有不同的分类方法，它们从不同的角度反映了残余应力检测方法的特点与异同。了解不同的分类方法有助于全面掌握残余应力检测知识。

（1）按检测原理分类

前文已介绍，按检测原理划分，残余应力测试方法可以分成三类：应力释放法、应力叠加法和物理性能法。

① 应力释放法是通过对材料进行机械切削（钻孔、开槽、切条、剥层），测量材料去除后由应力释放导致的变形，从而获得原始残余应力大小。属于这一类的检测方法有钻孔法、全释放法、逐层剥离法、轮廓法、裂纹柔度法、深孔法等。

② 应力叠加法是将压头产生的附加应力场和原始残余应力场相叠加，根据压痕外弹性区测量的叠加应变增量来求解原始残余应力。属于这一类的检测方法是压痕应变法及其姊妹方法——压痕深度法。

③ 物性法是根据被测材料由于应力的存在而导致物理性能（如布拉格衍射角、超声波速、磁导率或磁噪声）变化来表征残余应力的测试方法。属于这一类的检测方法包括 X 射线法、中子法、超声法、磁性法等。

（2）按测量方法分类

按照检测技术的测量手段划分，残余应力测试方法可以分为四类：电测法、光测法、声测法和磁测法。

① 电测法　电测法也称电测技术或应变片电测技术，它是以应变片作为传感元件粘贴在被测部位，将机械切削产生的位移和应变转换为电压信号传送给应变测量仪，再由应变仪将电信号还原成位移和应变值后进行残余应力计算。电测技术应用相当广泛，应力释放法和应力叠加法中的大多数残余应力检测方法都使用电测技术测量应变变化，如钻孔法、全释放法、逐层剥离法、裂纹柔度法、压痕应变法等。深孔法采用接触式孔径测试仪测量参考孔内壁的应变变化，将测头的径向伸缩转化为电子万分表的显示数字，从广义上也属于电测技术。

② 光测法　光测法也称光测技术，它是将光源产生的射线投射到样品的测试部位，利用光线的物理光学性能（光的衍射）测量材料的应变变化。X 射线法和中子射线法是典型的光测技术。光线既包括非可见光（X 射线、中子射线），也包括可见光。轮廓法在切割释放残余应力后，通过激光/光学坐标测量仪或显微镜测量位移变化，利用的是光线的几何光学性能（光的反射），因此也可视为光测技术。

③ 声测法　声测法也称声测技术，它是利用某个频段和某种谐振方向的声波在材料中传播时，声速对应力的敏感特性来测量材料内部的残余应力大小。在残余应力检测技术中，声测法特指超声法。超声法用压电晶片探头作为传感器发射和接收超声波。

④ 磁测法　磁测法也称磁测技术，前文已介绍，它是利用铁磁性材料的磁特性与应力的相关性来测量残余应力。磁测法通过励磁线圈在被测材料中激发交变磁场，采用感应线圈或霍尔元件作为传感器测量残余应力特征参量的变化。

（3）按损坏程度分类

按照检测技术对构件的破坏程度划分，残余应力测试方法可以分为三类：有损检测、微损检测和无损检测。

① 有损检测　也称破坏性检测，它是指在检测完成后，测试对象被损坏不再保留原始结构的完整性，也无法对同一构件的同一部位进行第二次测量。应力释放法中的大多数检测方法均属于有损检测，例如全释放法、逐层剥离法、轮廓法、裂纹柔度法、深孔法等。

② 微损检测 也称“半无损”检测，它是指在检测完成后，测试对象仅受到微小或较小损坏、基本能够保留原始结构的完整性，但也无法对同一构件的同一部位进行第二次测量。钻孔法和压痕法属于微损检测。

③ 无损检测 也称非破坏性检测，它是指在检测完成后，测试对象未受到损坏、完全保留了原始结构的完整性，而且可以对同一构件的同一部位进行重复测量。物性法中的所有检测方法均属于无损检测，包括 X 射线法、中子法、超声法、磁测法。

（4）按检测范围分类

按照检测技术的测量范围划分，残余应力测试方法可以分为 3 类：表面检测、表层检测和内部检测。

① 表面检测指测试深度在 1mm 以内的检测。属于这一类的方法有压痕应变法以及物性法中的 X 射线法、磁测法中的磁噪声法。

② 表层检测指测试深度在 1～3mm 范围的检测。属于这一类的方法有应力释放法中的钻孔法，物性法中的超声临界折射纵波法、磁测法中的磁应变法。

③ 内部检测指测试深度大于 3mm 的检测。属于这一类的方法有应力释放法中的全释放法、逐层剥离法、轮廓法、裂纹柔度法、深孔法以及物性法中的中子衍射法、超声体波法。

2.3 残余应力检测的特点与局限性

2.3.1 残余应力检测的特点

各种残余应力检测方法的原理不尽相同，所获得的检测结果形式和代表的物理意义互有差异，但是却表现出一些共同的特点。

（1）均为间接式检测

不论应力释放法、应力叠加法还是物性法，它们都是通过测量与内应力相关联的物理量，间接地得到原始残余应力值的大小和方向。应力释放法是测试材料去除后由释放应变引起的变形，根据胡克定律等弹性力学揭示的应变与应力关系计算应力大小；应力叠加法是测试压痕外弹性区的叠加应变增量，根据胡克定律等弹性力学理论从应变换算出应力；物性法则是测试衍射峰角度变化（射线法）、声波传播速度变化（超声法）、铁磁性金属磁导率或巴克豪森噪声特征参量变化（磁测法），分别根据布拉格方程、波速与应力关系、磁畴行为理论来表征残余应力。

（2）检测结果表述具有非唯一性

从 1.2.2 节知道，残余应力除了具有大小、方向和作用点的矢量性质外，还对参考平面具有依赖性。从理论上，过材料内一点可以做出无数平面，而以每个平面为参考平面测量的残余应力一般是不一致的。通常，需要选取出一系列固定值来描述一点处的残余应力状态。在解决三维空间问题时，可简化出 6 个应力分量 σ_x、σ_y、σ_z、τ_{xy}、τ_{yz}、τ_{xz} 表征任一参考平面的残余应力；在解决二维平面问题时，沿平面法线方向的分量可忽略不计，则进一步简化出 3 个应力分量 σ_x、σ_y、τ_{xy} 表征任一参考面（线段）的残余应力。在没有限制的情况下，一点处的残余应力检测会得到无数个互不相同的正应力值和切应力值。

(3) 从正应力、切应力推演主应力

主应力是材料内某一点不存在切应力的某个测试平面的正应力。在残余应力检测时，可能测试的是某个方向的正应力，但并不一定等同于主应力。在外界作用不变的情况下，材料中一点的主应力状态是不变且客观存在的，与坐标轴的选取无关，只与主应力和代表主应力方向的空间角度相关。对于任何一个应力状态，总可以选择一个坐标系，该坐标系的轴垂直于仅有法向力而没有剪切力的平面，这个平面就是主平面。主平面上的正应力才是主应力。测试时选取不同的坐标系和法向，尽管主应力的状态不变，但正应力 σ 和切应力 τ 都将随法线 N 的方向余弦而改变。残余应力检测中，根据正应力和切应力分量通过设置不同角度计算出各主应力的大小和方向。

(4) 大多进行平面应力分布检测

在正常的三维空间状态下，材料内某点的残余应力是 6 个自由度的物理量，若想完整地表述某点的残余应力状态，需要测量 6 个相互独立的数值。从 2.2 节介绍的目前主要使用的 11 种检测方法来看，对残余应力测试结果的描述分为三类：①本身属于表面检测方法，只用 3 个分量来表征残余应力的分布，这类检测方法包括钻孔法、压痕法、X 射线衍射法、超声临界折射纵波法、磁测法；②本身属于内部检测方法，但采用了二维应力分布的简化假设，将三维空间问题视为不同深度处的平面问题，此时残余应力的自由度由 6 降为 3+1，这类检测方法包括全释放法、逐层剥离法、深孔法、超声体波法；③本身属于内部检测方法，但选取特定的平面，对以该平面为参考平面的残余应力的正应力进行描述，这类检测方法包括轮廓法和裂纹柔度法。因此，目前除中子衍射法外，大多数残余应力检测方法都通过一定的限定条件，描述材料一点处的表面或沿不同深度处的平面残余应力分布状态。

2.3.2 残余应力检测的局限性

虽然大多数残余应力检测技术已经发展比较成熟，并成功应用于工程实际，但是利用残余应力结果描述残余应力过程仍具有一定的片面性，主要表现在下述方面。

(1) 不能完整表征残余应力矢量状态

根据 2.3.1 节中的介绍，除中子衍射法外，其他残余应力检测方法，要么由于自身属于表面检测技术，要么由于采用了简化处理或选取特定平面对应力进行测试等原因，均不能对空间三维残余应力状态进行完整描述。实际上，在大多数采用中子衍射法测量残余应力的研究中，常常仅测量 3 个正交方向的应变大小，即在选定测量方向过程中人为地规定出了三维残余应力状态的 3 个自由度，其应力测量结果虽然在形式上可以完整表述三维应力状态，但与真实残余应力状态还是存在差异。

除此之外，目前残余应力检测结果表征的片面性还表现在：①受测量原理限制，测量方法对残余应力正应力的表述较多，而对切应力的表述较少；②对残余应力某个方向上分量的大小表述得较多，而对残余应力作为一个完整矢量的表述不足，尤其缺少对残余应力及残余应力状态所表现出的方向性方面的描述。

(2) 以区域平均应力代表某点应力

残余应力是作用在某一点上的内应力，其状态以一个过该点的无限小单元体参考面上的正应力和切应力来描述。然而，受检测方法的限制，无论是应力释放法、应力叠加法还是物性法，测量的都是一定区域内应力（应变）的累计平均效果，并以区域整体综合应力代表某点应力。当应力在此区域中均匀分布时，测量应力与实际应力相等；当应力在此区域中分布不均匀时，特别是应力梯度较大时，测量应力就会与实际应力存在较大偏差。对于大多数残余应力检测方法来说，测量的准确性往往与测量的分辨力形成一对矛盾体，测量的区域越大，平均应力的测量结果越准确，但分辨力越低，与实际的残余应力逐点分布状态相差越大。

（3）检测结果缺少评价依据

不同检测方法和检测设备的适用范围差异性较大，有些是原子体积量级，有些是立方毫米量级，有些是立方米量级，检测结果之间不具有可比性。此外，检测校准样品尚没有严格意义上的标准物质，检测结果缺少公认的比对数据，只能在实验室之间进行同种检测方法的数值比对。

2.4 残余应力检测方法的选择

2.4.1 概述

残余应力检测有多种方法，每种方法都有自己的应用特点和适用范围，在实际使用中，需要根据被测对象的条件和检测要求进行区分和选择。目前还没有一种残余应力检测方法适合于所有检测对象和检测要求。在面向某一具体检测对象时，需要根据对象的条件、检测的要求来选择适宜的检测方法。因此，详细地了解不同残余应力检测方法之间的差异性，对于正确选用检测技术、达到预期检测目的是十分重要的。

作为依据，在选择残余应力检测方法时，与检测对象条件相关的内容包括：

- 几何形状，尺寸大小；
- 材质情况，表面状态；
- 加工制造的历史；
- 残余应力的大致分布状态（一维、二维、三维）；
- 主应力的方向（已知、未知）。

与检测要求相关的内容包括：

- 检测的区域和/或位置；
- 检测范围（表面、表层、内部）；
- 取样的可行性；
- 有损、微损或无损检测。

2.4.2 适用对象的比较

残余应力检测的对象多种多样，既有工程现场的大型构件，如储气储油罐体、承压管道、工程焊接结构，也有尺寸相对较小的零部件，如航空发动机涡轮盘、火车车轮、重要焊接件、板材样品等。工程现场的检测对象大多处于服役状态，体积庞大且不能取样，只能采用适合现场测试的微损或无损检测方法，如压痕法、超声法、磁测法。而零部件的检测对象一般为新制产品，即使属于已运行设备的一部分，也是可拆解或可取样的，因此可以交付实验室进行检测，此时，所有的残余应力检测方法均在可选范围，只需根据对象和要求，挑选最适合的方法。

残余应力的主要检测对象是金属材料，而金属分为非铁磁性和铁磁性两类。对于非铁磁性金属不能使用磁测法，而对于铁磁性金属材料，本书后续章节介绍的所有方法均在可选择之列。此外，金属材料的粗晶结构和织构现象是非常普遍的，大部分的残余应力测试方法对材料的微观组织不敏感，而 X 射线衍射法、中子衍射法适用于晶粒细小、无织构的各向同性多晶体材料，对于存在大晶粒或织构组织的铝合金、不锈钢、钛合金等的检测尚不成熟。织构效应也会引起声波速的变化，材料的各向异性会严重干扰超声法对残余应力的辨识。再者，压痕法适用于表面硬度不大于 50HRC 的金属材料，其他检测方法则没有这方面的限制。

有些检测对象中的残余应力具有明显分布特点和取向特点，例如轧制板材残余应力的主应力大致平行于压延方向，且板材长度和宽度方向的应力分布均匀，只在厚度方向存在应力梯度，这种对象比较适合于轮廓法、裂纹柔度法和逐层剥离法的检测；焊缝残余应力的主应力方向通常沿着焊缝方向，深孔法、全释放法比较适合厚板对接焊缝的检测，钻孔法、中子衍射法等更适合薄板对接焊缝的检测。

2.4.3　检测范围的比较

从 2.2.2 中已知，不同的残余应力检测方法的测量范围有着较大的差别，在面向具体测试对象时，需要根据检测要求进行选择和甄别。

① 表面检测　X 射线衍射法、压痕法、磁噪声法是典型的残余应力表面检测技术。X 射线衍射法的穿透能力在 10μm 左右；压痕法目前广泛使用 Φ1.588mm 压头，压痕深度≤0.2mm，这就是它的测试深度；磁噪声的频率范围为 150kHz～2MHz，其渗透深度在几百微米以内，根据铁磁材料对象不同会有所变化。

② 表层检测　钻孔法、超声临界折射纵波法、磁应变法是常用的残余应力表层检测技术。钻孔法的钻孔深度一般小于孔径的 2 倍，虽然可以使用粗钻头打更深的孔，但普遍认为钻孔法的最佳测试深度小于 2mm；超声临界折射纵波法的渗透深度大约为一个波长，如果使用 2.5MHz 探头，对钢的检测深度是 2.36mm；磁应变法根据施加交变磁场的频率不同，探测铁磁材料的深度范围波动较大，如果励磁频率不低于 20Hz，磁场的渗透深度不会大于 3mm。

③ 内部检测　中子衍射法、全释放法、裂纹柔度法、深孔法、逐层剥离法、轮廓法、超声体波法都属于残余应力内部检测技术。在这一类别中，中子法的探测深度最浅，对于大多数工程材料来说，中子的穿透能力在厘米量级，例如钢为 50mm 左右，对于航空航天和高铁列车使用的铝合金材料，中子法的探测深度可以更深些；全释放法和裂纹柔度法虽然检测方法和工艺特点不同，但测试范围都在几十毫米乃至上百毫米，一般认为以不大于 75mm 为佳；深孔法的测量厚度范围是几十毫米至数百毫米，对于普通钢材，目前的测量手段可达 200mm；逐层剥离法的最小测量厚度是 13mm，对最大厚度几乎没有限制，目前有记载的上限值是 500mm；轮廓法的检测范围最大，可以测量从几毫米到超过 1m 样品的内部残余应力；超声体波法是残余应力无损检测技术中可探深度最大的一种，理论上超声体波在金属中的传播距离可达数米，但是由于超声法测量的是传播路径上的平均应

力值，所以传播距离越远分辨力越低，因此超声体波适宜检测厚度在几十毫米以下的金属构件。

2.4.4 检测精度的比较

这里所说的检测精度是指测试结果的准确性。评价各种残余应力检测方法的准确性是一个非常复杂的问题，严格地说，应当通过测量结果的不确定度分析（参见 2.6 节）才能给出量化结果。这里仅定性地介绍各检测方法之间的对比情况。

每一种检测方法的测量准确性都会受到检测原理、检测设备、检测人员、检测环境、被测对象等多重因素的影响，如果略去外在因素，将检测及其过程视为理想状态，只单纯考察检测方法本身的准确性，则大致情况是：

在采用应力释放测试残余应力的诸方法中，钻孔法的应力释放属于部分释放，仅有大约 25%的残余应力被释放出来，因此在低水平残余应力测量时钻孔法的精度不高；全释放应变法的测量结果是解剖区域的平均应力值，测量精度与切块大小以及切块内的应力分布梯度关系很大，在理想检测状态时可达±10MPa；逐层剥离法测量精度不高，从大量实验统计看在 50MPa 左右；轮廓法的测试过程如能得到良好控制，其测量精度可以达到±20MPa；裂纹柔度法是一种与轮廓法相类似的残余应力检测技术，测量精度也与之不相上下；深孔法通过环切套孔将套孔内部材料完全分离，分离区域的残余应力释放可达 90%以上，测试精度在 10MPa 左右，误差 3%～5%，但如果套孔表面的塑性变形对参考孔边缘产生影响，会使测量精度降低。采用应力叠加测试残余应力的压痕应变法的测量精度较高，重复测量误差小于 20MPa。

在利用物理性能测试残余应力的诸方法中，X 射线衍射法从理论到工艺最为成熟，是公认的测试精度最高的残余应力检测技术；中子衍射法与 X 射线检测原理相同，但检测时样品测量体积比 X 射线大，空间分辨力的降低使它的检测精度逊于 X 射线衍射法，但总体评价仍属于精度高的检测方法；超声法的优势在于无损和便携，但稳定性差是制约其检测精度重要因素；磁测法从本质上讲是一种机器学习的方法，受各种因素影响较大，所以不能称为高精度的残余应力检测技术。

表 2-2 列出了各种残余应力检测方法的测量精度对比情况，仅供参考。

表 2-2 各种残余应力检测方法测试精度比较一览表

检测方法	钻孔法	全释放法	逐层剥离法	轮廓法	裂纹柔度法	深孔法
检测精度	较高	较高	较低	高	较高	较高
检测方法	压痕法	X 射线衍射法	中子衍射法	超声法	磁测法	
检测精度	较高	高	高	较低	较低	

2.4.5 检测特点的比较

（1）对被测对象的破坏性

按照对被检对象的破坏程度，残余应力检测方法分为三类，一是有损检测，包括全释放法、逐层剥离法、轮廓法、裂纹柔度法、深孔法；二是微损检测，包括钻孔法、压痕法；三是无损检测，包括 X 射线衍射法、中子衍射法、超声法和磁测法。

（2）检测过程的难易程度

衡量一种检测方法的难易，需要综合考虑实验前的准备、实验中的操作以及实验后的数据处理三方面情况。其中，较难评价的是对数据的处理和计算，因为有些检测方法，虽然数据处理与计算比较繁复，但是由于设备开发商已经将计算过程编制成软件固化在检测仪器中而自动给出最终结果，所以并不需要测试人员的干预，也就是实现了“傻瓜型”检测。对于这种情况，我们就将数据处理与计算过程视为“简单”。此外，检测难易和被检对象具体条件以及实验取样大小等关系很大。这里，我们仅就通常的、平均情况，将各种残余应力检测方法的难易程度对比结果列于表 2-3 中。

（3）检测设备的便携性

这里所说的检测设备包括测试准备和测试实施所用的仪器、器材、装置和装备等。总体来说，各种有损检测方法所用设备较庞大，仅适于在实验室内进行检测；微损和无损检测方法（射线类除外）所用设备简单、轻便，适于在工程现场进行检测。将各种检测方法所用设备便携性的比较情况列于表 2-3 中。

（4）检测时长

与上面（2）情况类似，评价检测时长需要综合考虑实验前、实验中和实验后的用时长短。总体来说，大多数有损检测方法因为需要实施机械操作以及粘贴应变片等，所以平均耗时均较长，而微损和无损检测方法的平均耗时较短。同样地，检测时长与被测对象具体条件、取样大小等因素关系很大，例如中子衍射法，如果测量位置浅、样品测量体积小，则测量时间短，反之时间长。这里也仅就通常的、平均情况，将各种方法耗时性的比较结果列于表 2-3 中。

表 2-3 各种残余应力检测方法特点的比较

检测方法	钻孔法	全释放法	逐层剥离法	轮廓法	裂纹柔度法	深孔法
破坏性	有损	有损	有损	有损	有损	有损
便携性	较好	较差	差	差	差	中等
复杂性	较简单	较复杂	中等	复杂	复杂	中等
耗时性	较长	很长	长	长	长	较长
检测方法	压痕法	X 射线衍射法	中子衍射法	超声法	磁测法	
破坏性	微损	无损	无损	无损	无损	
便携性	较好	较差	差	好	好	
复杂性	中等	中等	复杂	简单	简单	
耗时性	中等	较短	较短	短	短	

2.5 残余应力应变检测法的主要设备

在残余应力检测技术中，采用应力释放来测量应变变化是最主要的测试方法。有时专门将这种在已知材料弹性模量的情况下，通过测量材料的应变来计算应力的方法称为应变检测法。目前广泛使用的钻孔法和切割法（包括全释放法、逐层剥离法、轮廓法、裂纹柔度法等）都属于这一类方法。对于应变检测法，位移或应变是测定残余应力的直接参量，而应变计和应变测量仪是测量应变的重要工具。

2.5.1 应变计

（1）概述

自20世纪30年代开始用应变计检测残余应力（即电测技术）以来，应变计应用日益广泛，目前已成为应力分析中不可缺少的重要测量手段。应变计尺寸小、重量轻，将应变计粘贴在构件表面，可以较真实地测出原始应变、应力值及方向，且对构件的工作状态和应力分布几乎没有影响。除此之外，应变计被广泛使用，还在于它具有以下一些特点：

① 测量范围广　既可测量弹性应变，也可测量塑性应变；不但能测量静态下的应变，还能测量0～500kHz的动态应变。

② 灵敏度高　电阻应变计可测出1$\mu\varepsilon$的应变变化，半导体应变计可测出$10^{-2}\mu\varepsilon$量级的应变变化。

③ 精度高　在常温常压下，正常操作时的测量误差小于1%。

④ 用途广泛　既适合在实验室使用，也能够在工程现场使用。除了测量应变，还能测量其他一些物理量。

⑤ 可在各种恶劣环境中测量　从－270℃到＋1000℃，从真空状态到几千个大气压、长时间漫没水下、大的离心力和强烈震动，以及强磁场、放射性和化学腐蚀等严苛环境中均可胜任。

⑥ 易于进行信号处理　由应变计获得的电压或电流信号，经过调理即可得到应变值。如果将信号转换为数字量，还能直接计算出残余应力大小和方向。

应变计的局限性是在应力梯度很大或者测量区域很小的场合，测量不够精确或难以测量。

（2）应变计的构成

应变计又称应变片，主要由敏感栅、基底、盖层和引线组成，如图2-2所示。

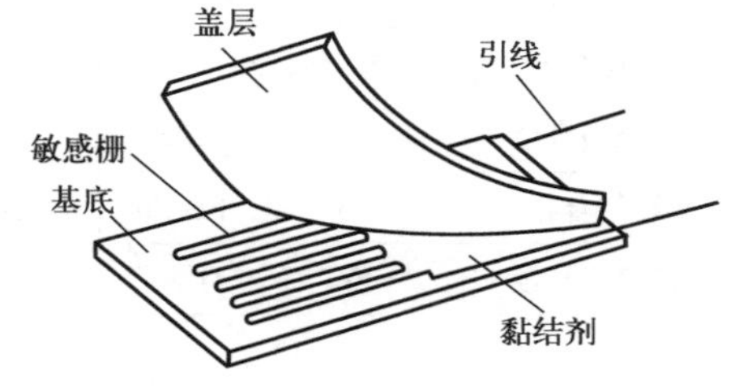

图2-2　应变计的典型结构

1）敏感栅

敏感栅是应变计中执行应变测量的单元，是应变计的核心部分。因为敏感栅对被测构件的应变非常灵敏，故此而得名。为了获得准确、稳定的测量结果，通常对制作敏感栅的材料的要求是：

① 灵敏系数K_s在较大的应变变化范围内保持为常数；

② 测试应变范围大，满足不同屈服强度测试材料的需要；

③ 分散度小（如电阻率ρ高），随时间变化小；

④ 温度系数小，能在较大温度变化范围内保持足够的稳定性；

⑤ 塑性好，疲劳强度高；

⑥ 加工性能和焊接性能好，易于制成细丝或箔片，并便于安装成型。

按照敏感栅材料的不同，应变计可分电阻式应变计和半导体式应变计两大类，如图

2-3 所示。

电阻应变计利用随被测构件一起伸缩时敏感栅电阻发生变化的原理测量构件表面的应变大小。电阻应变计的敏感栅用金属丝、金属箔或金属薄膜制成，敏感栅的形状如图 2-4 所示。敏感栅的纵向长度 L 称为栅长，横向宽度 B 称为栅宽，栅长和栅宽即为应变计的标称尺寸；沿栅长方向、垂直于栅宽的中心线为应变计的轴线。常见应变计的栅长尺寸为 0.2～100mm。一般地，敏感栅尺寸越小，测试区域越小，灵敏度越高；纵栅越长，横栅越小，敏感栅的横向效应影响越小。

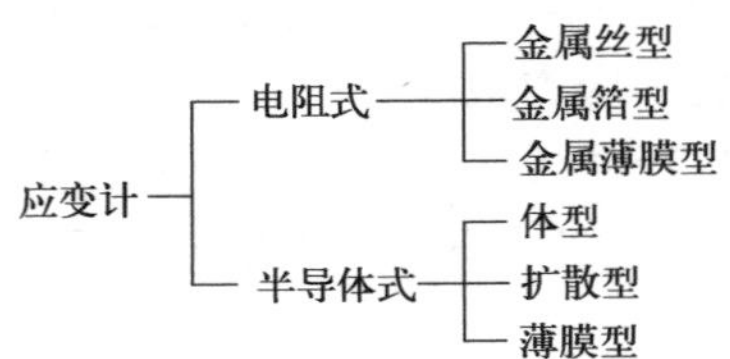

图 2-3　不同敏感栅材料的应变计

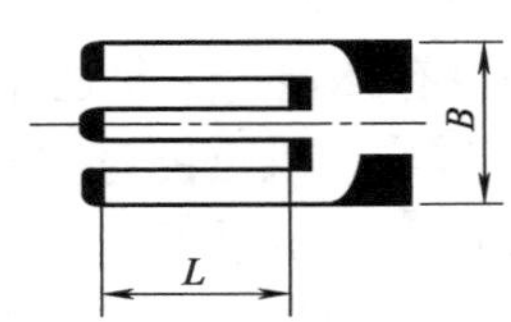

图 2-4　敏感栅的形状和尺寸

制作敏感栅的金属材料主要有铜镍合金、镍铬合金、镍钼合金、铁基合金、铂基合金、钯基合金等，它们的灵敏系数 K_s 大都在 2.0～4.0 之间，见表 2-4。一般来说，金属材料的变形在弹性区时，泊松比 $\nu=0.2\sim0.4$，在塑性区时 $\nu=0.5$，即随着应变量的增加，灵敏系数 K_s 也会相应变化，使得电阻变化和应变变化之间不能保持完全的线性关系。康铜是以铜和镍为主要成分的合金材料，其 K_s 值在弹性和塑性阶段能一直保持较好的常数状态，同时具有较低的电阻温度系数，能在较宽的温度范围（480℃以下）使用。此外，康铜还具有良好的机械加工性能、耐腐蚀性能以及易钎焊的特点。所以，目前残余应力测试使用的电阻应变计的敏感栅材料大都为康铜合金。

表 2-4　电阻应变计敏感栅常用金属材料的物理性能

敏感栅材料	主要元素成分	灵敏系数 K_s	电阻率 $\rho/(\Omega\cdot mm^2/m)$	电阻温度系数/(10^{-6}/℃)
铜镍合金	Cu、Ni	1.9～2.1	0.45～0.52	±20
铁镍铬合金	Fe、Ni、Cr、Mo	3.6	0.84	300
镍铬合金	Ni、Cr、Al、Fe/Cu	2.4～2.6	1.24～142	±20
铁铬铝合金	Fe、Cr、Al	2.8	1.3～1.5	30～40
贵金属合金	Pt	4～6	0.09～0.11	3900
	Pt、Ir	6.0	0.32	850
	Pt、W	3.5	0.68	227

电阻应变计的金属丝型敏感栅由 Φ0.015～0.05mm 的铜镍合金丝制成，可以回折形绕制，也可以直线形（称短接式）制作。金属丝型敏感栅的主要特点是成本较低，制造简单，但不耐热、潮。金属箔型敏感栅由 2～5μm 厚的铜镍合金箔经光刻制备而成，可以制成各种形状，是目前用得最多的一种应变计。金属薄膜型敏感栅的制作方法与金属箔型不同，它是采用真空蒸镀、沉积或溅射等方法将金属材料在基底上制成一定形状的薄膜而形成敏感栅。薄膜型应变计可以耐高温，甚至在 800℃以上环境下也能使用。

半导体应变计利用半导体材料受到应力作用引起电阻率发生变化（压阻变化）的原理测量构件表面的应变大小。半导体应变计采用硅、锗、锑化钢、磷化镓等制作敏感栅，其灵敏系数 K_s 在 150 左右。半导体应变计与电阻应变计相比，具有灵敏系数高、机械滞后小、体积小、耗电少等优点，主要应用于微小应变测量场合及制作各种高输出的传感器。

2）基底

应变计基底的作用是将敏感栅按一定尺寸和形状固定下来，并能使敏感栅和被测构件之间保持绝缘。应变计的基底尺寸就是应变计的外形尺寸。电阻应变计的基底材料需要满足以下几项要求：

① 厚度小，机械强度高，可挠性好；

② 与黏结剂的黏合能力强；

③ 绝缘性能高；

④ 热稳定性好；

⑤ 抗潮湿；

⑥ 无滞后和蠕变现象；

⑦ 稍透明，便于观察敏感栅的质量。

常用的基底材料有纸基、胶膜、玻璃纤维布和金属薄片等。用于应力测试的电阻应变计的基底材料为胶膜，主要成分为环氧树脂、酚醛树脂、聚酯树脂和聚酰亚胺等有机类黏结剂，其特点是耐蚀性好，质地柔软，有较好的耐湿性和耐久性。基底的厚度一般为 30～50μm。高温电阻应变计的基底材料一般选用玻璃纤维布和金属薄片或网。

3）盖层

盖层的材料常与基底材料相同，主要有纸、胶膜和玻璃纤维布等，也可以在敏感栅表面涂抹制片时所用的黏结剂作为盖层，其主要作用是保护敏感栅不受机械损伤或高温氧化。

4）引线

电阻应变计的引线是从敏感栅引出的丝状或带状金属导线，用于连接应变计与应变测量仪。引线应有低和稳定的电阻率以及小的电阻温度系数。通常引线是在制造应变计时就和敏感栅连接好，引线与敏感栅的连接一般采用钎接点焊方式。

引线材料多为紫铜，直径在 0.15～0.30mm。为便于与应变仪接线端子对焊连接，常温应变计可在紫铜引线表面镀锡，中、高温应变计可镀银、镀镍、镀铬等。每组敏感栅通常有两根引线，引线间不绝缘。在一些需要长引线传输数据的场合下，为避免引线触碰导致短路，需要将引线表面覆上绝缘材料。

（3）应变计的种类

电阻应变计的种类很多，分类方法也很多。按工作温度可分为低温（＜－30℃）、常温（－30～60℃）、中温（60～350℃）和高温（＞350℃）四种；按基底材料可分为纸基、胶膜基、玻璃纤维增强基、金属基和临时基等多种；按安装方式可分为粘贴式、焊接式和喷涂式三种。检测金属材料残余应力一般使用常温、胶膜基、粘贴式应变计。

① 单轴应变计　单轴应变计是指具有一个轴线方向的应变计，可以用来测量一个方向的应变，因此也称为单向应变计，见图 2-5。单轴应变计可以是单轴单栅，也可以是单轴多栅。单轴多栅应变计一般应用在应变梯度较大的测试区域。

② 多轴应变计　顾名思义，多轴应变计中包含多个按一定角度排列的敏感栅，也称

为应变花。各敏感栅的轴线相交于一点（中心点），且各栅端（敏感栅靠近中心点的边沿）与中心点距离相等。应变花敏感栅的排列方式有分散型和重叠型。还有一种特殊情况，敏感栅的轴线形成正多边形，其中心点距离各栅轴线距离相等，见图 2-6。

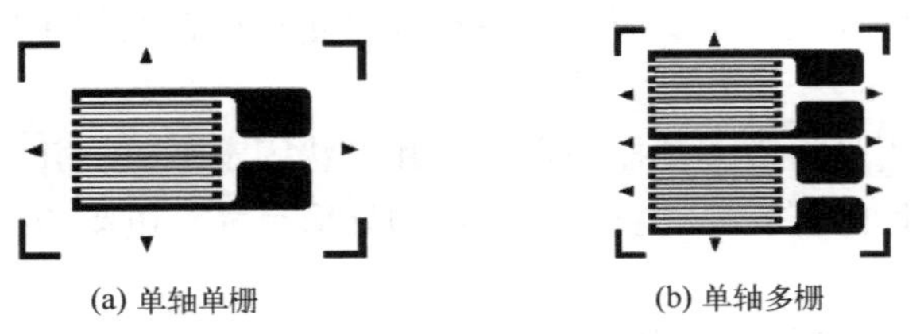

(a) 单轴单栅　　(b) 单轴多栅

图 2-5　单轴应变计

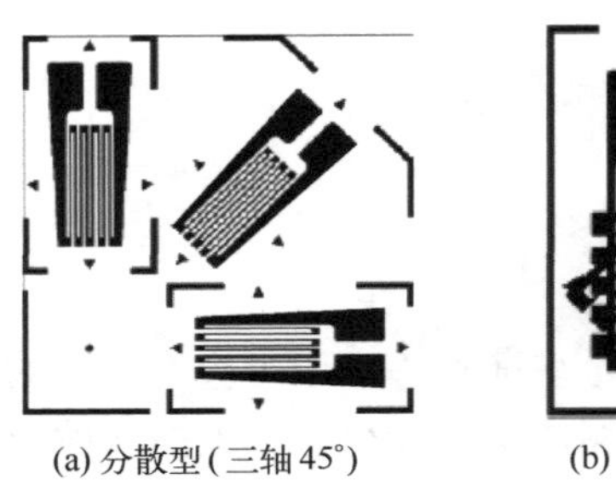

(a) 分散型（三轴 45°）　(b) 重叠型（三轴 45°）　(c) 正多边形型（三轴 120°）

图 2-6　多轴应变计

2.5.2　应变测量仪

（1）电阻应变测量仪

电阻应变测量仪（以下简称应变测量仪或应变仪）是用来测量电阻应变计微小电阻变化或电阻相对变化的电子仪器。应变测量仪给应变计敏感栅施加直流电压或交流电压，并根据敏感栅电阻的变化，将其转化为测试输出的电压或电流信号，再经过放大、检波（施加交流电压时）、滤波等电路处理得到应变值。进一步地，如果对处理后的信号进行模数转换，通过进行数字化演算还可得到残余应力值。

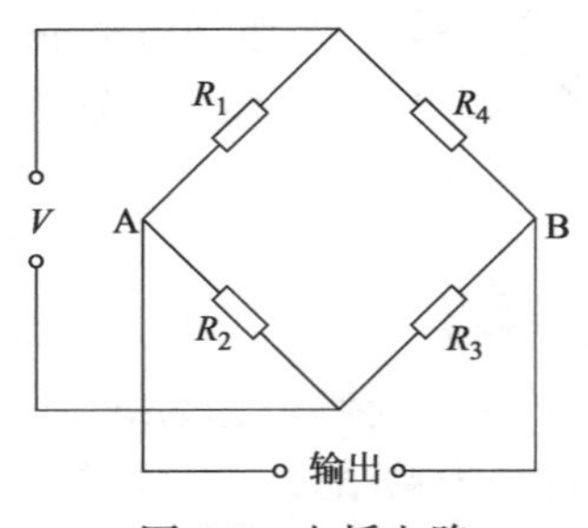

图 2-7　电桥电路

应变测量仪一般采用电桥电路的方式与应变计连接来测量敏感栅的电阻变化。如果将四个电子元件按照如图 2-7 所示的菱形方法连接，就构成了电桥电路。电桥电路是根据电桥平衡原理测量元件电阻变化的。当电桥四个桥臂上的元件的电阻满足下述条件时：

$$R_1R_3=R_2R_4 \tag{2-1}$$

电桥电路处于平衡状态，此时 A、B 两点电位相等，桥路没有电压和电流输出。反之，桥路处于不平衡状态，A、B 两点出现电位差，桥路会有电压和电流输出。如果桥路四个元件的电阻值已知并满足式（2-1）的平衡条件，一旦其中某个元件的电阻发生变化，桥路就会失去平衡、输出电压和电流，根据电压或电流的大小，即可推算出电阻的变化大小。这就是利用电桥电路测量敏感栅电阻变化的基本原理。

1）应变计的接法

从应变计的角度，电桥电路分为全桥接法、半桥接法和 1/4 桥接法三种。

① 全桥接法　如果在电桥电路的四个桥臂上全部接应变计（R_1、R_2、R_3、R_4 分别代表相应的应变计阻值），就是全桥接法。全桥接法主要用于传感器测量，常规的残余应力测试较少使用。

② 半桥接法　如果在电桥电路的相邻两个桥臂上接应变计，就是半桥接法，如图 2-8 所示。半桥接法是最常用的电阻应变计连接方式，其中，R_1 代表工作应变片，用于测量应变变化；R_4 代表温度补偿片，用于抵消工作片由于单纯温度变化引起的应变；R_2、R_3 是应变仪内部的 2 个电阻。在残余应力测量中，往往环境温度的波动对测试影响较大，所以温度补偿片的作用必不可少。

在实际测量时，经常使用应变花测量应变的大小和方向，应变花中的多个敏感栅都需要进行温度补偿。同时使用多个应变花测量应变的时候，敏感栅的数量更多。为了节省补偿片的数量，可以用一个温度补偿片同时补偿多个工作片，这种方法称为半桥公共补偿。半桥公共补偿法是用一个温度补偿片 R_4 和应变仪内部电阻 R_2、R_3 构成电桥电路的三个共用桥臂，再利用电子切换开关分时段将各个工作片的敏感栅接入电桥电路并作为第四个桥臂 R_4。显然，半桥公共补偿是一种分时测量应变的方法。半桥公共补偿技术在应力测量中应用较多，最多时可同时补偿几十个工作片，不仅节省了补偿片数量，也大大提升了应变仪的利用率。

③ 1/4 桥接法　在有些测量环境中，短时间内温度变化不大，为了简化操作可以不用温度补偿片，而只贴一个工作片，这就是 1/4 桥接法，如图 2-9 所示。1/4 桥接法的优点是接线简单，缺点是一旦环境温度变化就会产生测量误差。

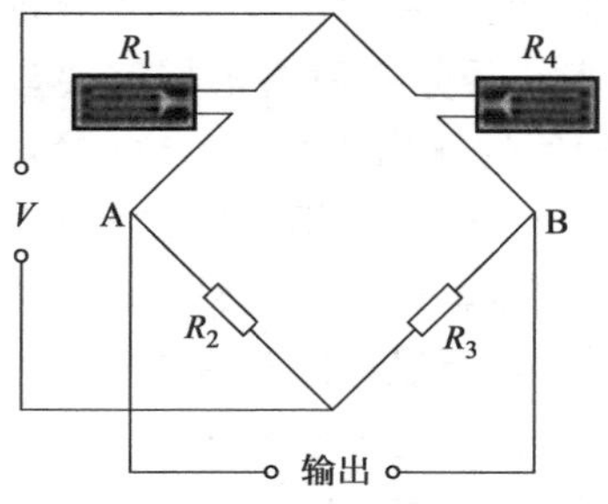

图 2-8　应变计的半桥接法

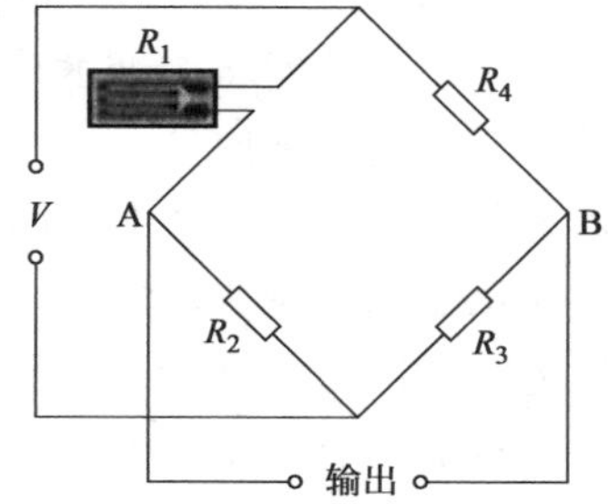

图 2-9　应变计的 1/4 桥接法

另外，我们知道，半桥接法在测量前的电桥平衡是比较容易获得的，因为一般应变仪的内部电阻 $R_2=R_3$，所以只要工作片和补偿片是同一型号应变片、阻值相同，即可满足电桥平衡条件。但在 1/4 桥接法中，R_4 与 R_2、R_3 一样都是仪器内部电阻，此时工作片的阻值 R_1 必须与 R_4 相等才能使电桥平衡。可见，1/4 桥接法对应变片的阻值提出较高要求，当与 R_4 相差较大时，桥路无法获得平衡，就需要更换应变片。如果采用不同型号的应变片，与 R_4 相差太大，就不得不改变仪器的内部电阻。有些仪器具有 60Ω、120Ω、350Ω 的电阻挡位，供 1/4 桥接法时切换使用。

2）应变测量仪的种类

电阻应变测量仪按频率响应范围，可分为静态电阻应变测量仪和动态电阻应变测量仪两类。

① 静态应变测量仪　静态应变测量仪用于测量不随时间变化或变化缓慢（50Hz 以下）的静态应变。静态应变仪主要由直流电源、测量电桥、放大器、显示仪表或读数机构等组成。直流电源为测量电桥提供稳恒电压；粘贴在被测构件上的电阻应变计连接在测量电桥上。当被测构件发生应变和变形时，测量电桥输出电压信号，经放大器放大后由显示仪表指示出相应的应变值。

静态应变仪每次只能测出一个点的应变。同时进行多点测量时可配以扩展扫描箱（也称预调平衡箱，简称预调箱），所有测点的应变计均预先接在预调箱各接点上，测量时靠电子开关逐点切换接入应变仪的电桥电路。纯静态应变仪对各点的切换速率（也称扫描频率）较低，但稳定性和线性度指标很高，可用来对缓慢变化的应变信号或有典型稳态特征的应变信号进行长时间在线测量。

目前大多数的静态应变仪都能兼顾测量频率在 50Hz～1kHz 范围内的应变变化信号。由于要同时满足静态信号和缓变动态信号的处理要求，所以在静态测量方面的性能指标上略逊于纯静态仪器；而在缓慢动态测量方面，由于仪器主要面向 50Hz 以下缓变信号，所以不能像动态应变仪一样内置滤波器，只能捕捉低速应变的粗略变化过程。严格意义上，这类仪器不属于纯静态应变仪，而是静动态应变仪。

② 动态应变测量仪　动态电阻应变仪用于测量随时间变化的动态应变。动态应变仪主要由交变信号发生器、测量电桥、放大器、检波器、滤波器、A/D 转换器、显示器和存储器等组成。动态应变仪与静态应变仪不同，需要由仪器的信号发生电路为测量电桥提供交变（正弦或脉冲）电压；动态应变是随时间变化的，因此对于测量电桥获得的不平衡信号，除了进行放大、检波外，为了剔除不同频率的干扰影响（包括空间噪声），还要对信号进行滤波处理；由于动态应变仪需要测量瞬时的应变信号变化，实时显示时人眼反应不过来，所以须用存储器将应变的动态过程记录下来，经分析后再根据需要显示测量结果。目前动态应变仪记录信号的方式是，将模拟处理后的输出进行 A/D 转换，变成数字量存在仪器内部的数据存贮器中。还有一些老型号的动态应变仪不具备数字化功能，就要配备模拟式显示器和记录器，常用的模拟显示器是示波器，记录器是磁带机。由于动态应变仪的模拟电路输出为电流信号，示波器输入阻抗很高，所以可以直接连接使用，而磁带机的输入阻抗较低，所以要求应变仪有足够大的输出电流方可连接使用。

动态应变仪可以测量快速的应变变化，如结构或机械动应力，尤以研究振动应力为多，能够满足 1～5kHz 振动频率的应力测量。

为了同时测量多个动态应变信号，动态应变仪一般有多个通道，每个通道测量一个动态应变信号。

（2）DIC 应变测量仪

数字图像相关（Digital Image Correlation，DIC）法是一种借助图像分析技术测量物体表面应变和变形的方法。该方法跟踪物体表面散斑图案的变形过程，根据散斑域的灰度值的变化，得到被测物表面的变形和应变数据。

DIC 应变测量的原理是预先在待测试样表面喷散斑图，采用两个或多个摄像头，通过跟踪（或匹配）试样表面变形前后两幅散斑图像中同一像素点的位置来获得该像素点的位移向量，通过数据分析得到试样表面的全场位移或应变量。图 2-10 显示了 DIC 应变测量法的检测原理（a）和测量示例（b）。

DIC测量是借助计算机图形分析技术发展起来的一种先进的应变测量方法，它不需要使用应变片，省去了烦琐的操作过程，而且能够实时观测应变变化并给出测量结果。与应变片测量单个点的残余应力不同，它能够测量整个视野场中的应力分布，真正实现了应力的原位和高通量表征。

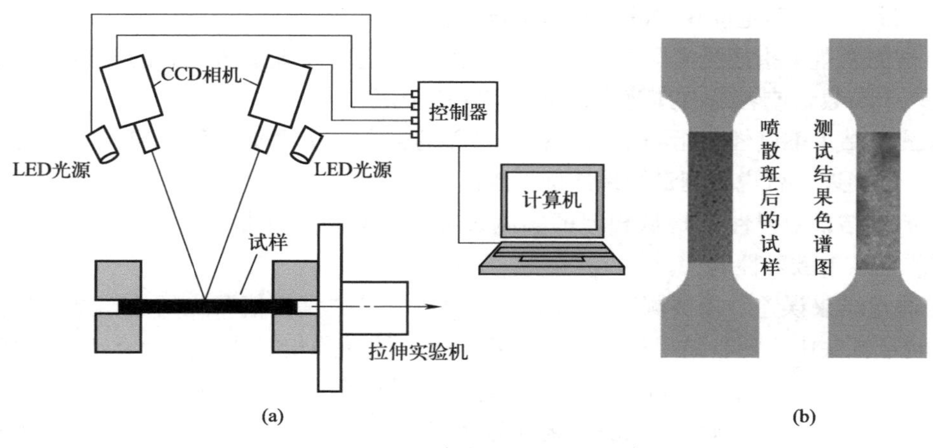

图 2-10 DIC应变测量原理及示例

2.6 残余应力检测结果不确定度的评定方法

2.6.1 评定检测结果不确定度的意义

在任何实际测量过程中都存在诸多因素，影响测量结果的准确性而造成不确定性，如设备精度、材料状态和实验操作人员技能等。评价测量结果的不确定度能为用户提供有关实验结果的完整、详尽信息，包括测量结果的预期范围及其可信程度、影响测量结果准确性的主要因素等，同时也为控制和改进测量实验提供了依据。

事实上，没有一个测量过程是完美的，正是由于不完美导致了测量结果的误差。可见，测量结果只是给出了被测变量的近似值，只有对这一近似值的可信程度加以说明，才算是对测量结果的完整表述。举例来说，残余应力检测报告给出测量结果为：300MPa，$U=\pm15$MPa，$k=2$。其中，$U=\pm15$MPa 表示范围不确定度为±15MPa，$k=2$ 表示置信概率为95%。所以上述报告表示：残余应力的预测结果是300MPa，在315～285MPa范围内的置信概率是95%。

测量不确定度是在误差理论基础上发展起来的，是测量系统基本的技术指标，也是表征测量质量的重要依据。

2.6.2 评定检测结果不确定度的基本概念

不确定度的含义是指由于测量误差的存在，对被测量值的不能肯定的程度。反过来，也表明该结果的可信赖程度。它是表征测量结果质量的指标。不确定度越小，所述结果与被测量的真值愈接近，质量越高，水平越高，其使用价值越高；不确定度越大，测量结果的质量越低，水平越低，其使用价值也越低。与过去长期沿用测量误差的概念不同，不确定度反映了被测量值的分散性，可以用“±”号即数轴上一个区间或一个范围的半宽度来表示；而误差是与真值（严格讲为近似真值）之间的相差，它以数轴上的一个点表示。因此可以说，测量不确定度是对测量结果质量的定量表征，不确定度的大小决定了测量结果的可靠性。

与测量结果不确定度相关的一些基本概念包括：

① 被测变量　指接受实际测量的一个具体量。它可以直接从实验的读数中获取，也可以是一个参数，或者是由其他读数所决定的一个值。

② 测量结果准确性　指测量结果和可接受的被测变量“真实值”或参考值之间的接近程度，越接近，就说明测量结果准确性越高。

③ 测量结果散射性　指从相似的实测过程中，获得的测量结果的分散性，越分散，就说明测量结果散射性越大。

④ 测量结果误差　指被测变量测量值和被测变量“真实值”之间的偏差。在各种残余应力测量方法中，测量结果误差是一个基于概率统计的相对值，因为真正的“真实值”是不可知的。例如，在用 X 射线和中子衍射法测量残余应力时，所产生的测量结果误差带，就是基于统计计数方法，反映被统计数字相对于它们的平均值的散射性而得来的。

⑤ 测量结果不确定度　指对被测变量测量结果不可信的程度。测量结果的不可信度是一个参数，它规定了被测变量相对于“真实值”或参考值的允许变化范围，满足这一范围要求的测量值，通常是可信的且约占实测总量的 95%或以上。因此，测量结果的不确定度，完全不同于测量结果误差，后者是对被测变量测量结果的一个具体量而言，而前者则受测量过程中的所有因素的影响。以 X 射线衍射法测量残余应力为例，影响测量结果不确定度的因素包括：仪器校准，样品表面质量、织构及错位，测量步长，计数时间，2θ 范围，Ψ 倾斜角度，狭缝尺寸，衍射峰拟和方法及人员操作误差等。

2.6.3　评定检测结果不确定度的通用步骤

正确地理解与评定残余应力测量结果不确定度，不仅有助于提高残余应力检测的准确性和可靠性，而且是工程部件设计和使用寿命评估的重要依据。尽管对于各种不同方法、不同场合的测试，测量结果不确定度的评定有所差异，但它的主要步骤与流程大同小异，可用表 2-5 进行归纳和概括。

表 2-5　评定检测结果不确定度的通用流程

步骤	任务名称与概况内容	任务分解与详细内容
1	辨认测量结果不确定度的参数	列出影响被测变量测量结果的所有参数，包括被测部件或材料的所有输入参数、测量方法、程序、环境和实验操作人员技能等
2	识别影响测量结果不确定度的所有来源	从上述所有参数中，判断出哪些是针对这一具体测量相对重要的影响来源，它们可以是直接的，也可以是间接的。对实测过程中的任何改变，都需要列出新的影响源
3	判断测量结果不确定度的类型	A 类：用统计方法对重复测量结果进行的不确定度评估。B 类：用非统计方法对其余测量结果进行的不确定度评估。如果某种因素既包含重复性，又有多样性，则可以是 A 类，也可以是 B 类

续表

步骤	任务名称与概况内容	任务分解与详细内容
4	评估测量结果标准不确定度	根据上述确定的不确定度类型，对第2步中识别出的每一个主要影响因素的标准不确定度进行评估，通常可以通过对被测变量输入量和输出量之间的功能函数求偏导数（偏差）得到，也可以从适当的试验数据或者仪器制造商提供的信息中获得
5	计算测量结果合成不确定度	对于上述所有主要影响因素的标准不确定度，用求和的平方根的方法，计算合成不确定度。如果用正态分布图来表示合成不确定度，它是指相对于测量结果的平均值，允许有正负一个标准偏量的变化范围，置信概率为68%
6	计算测量结果扩展不确定度	将合成不确定度乘以一个包含因子 k，即获得扩展不确定度。k 的选择取决于对测量结果可信程度要求的高低：当 $k=1$ 时，等同于上述的组合不确定度，置信概率为68%；当 $k=2$ 时，相对于测量结果的平均值，允许有正负两个标准偏量的变化范围，置信概率为95%；当 $k=3$ 时，允许有正负三个标准偏量的变化范围，置信概率为99%。一般的测量选择 $k=2$，只有对安全性要求极高（如航空航天）的测量才选择 $k=3$
7	测量结果不确定度的报告形式	$y \pm U$（$k=2$） y 是测量结果，U 表示在正态分布下 y 能保证95%置信概率的上下限值

从表2-5看出，测量结果不确定度是利用概率论和正态分布，基于对测量结果可信度要求，来确定一个测量结果不确定度可变化范围的上下限值。这个允许变化的幅值，可以用来描述实测结果的可信度。

2.6.4 残余应力检测结果不确定度评定实例

下面以钻孔法残余应力检测为例，介绍评定测量结果不确定度的具体方法。

对于钻孔法，我们假设：①沿钻孔深度方向残余应力均匀分布，即只测量材料表面的二维应力分布状态；②相邻测量点之间的距离大于钻孔直径10倍或以上，且测点没有靠近材料发生几何形状突变的位置。

在评估钻孔法的测量结果不确定度时，需要了解一个基本事实：每一个测点只能获得一个测量值，不可能对材料上同一点重复钻孔得到两次应变值。但是，在同一材料的另一测点可以进行重复测量，获得的测量结果会有所不同。

第一步，识别并确定测量结果不确定度的来源、影响大小、不确定度种类。如表2-6所示，我们将不确定度的来源分为四大类13小项，对每一项辨别为A类或B类并评估出对测量结果不确定度的影响大小，其中1表示是主要影响因素，2表示是次要因素，空格表示无影响。

表2-6 钻孔法测量结果不确定度的影响来源及其大小

不确定度来源	不确定度类型	被测变量			与被测变量相关的所有测量参数					
		ν	E	σ_{max}, σ_{min}	β	ε_1, ε_2, ε_3	D_0	D	A, B	a, b
1. 被测试样										
表面质量	B			2	2	2	2	2		
材料特性	B	1	1	1	1	1			1	
2. 测试系统										

续表

不确定度来源	不确定度类型	被测变量			与被测变量相关的所有测量参数					
		ν	E	$\sigma_{max}, \sigma_{min}$	β	$\varepsilon_1, \varepsilon_2, \varepsilon_3$	D_0	D	A，B	a，b
对直度*										
测量钻孔尺寸	A或B			1			1			1
应变片直径尺寸	B			1				1		1
应变测量不确定度	B			1	1	1				
应变测量系统漂移	B			2	2	2				
钻孔引起的应力和温度变化	B			2	2	2	2	2		
3. 测试环境										
温度和湿度	B									
4. 测试程序										
应变释放系数 A	B	1	1	1					1	1
应变释放系数 B	B		1	1					1	1
应力标定常数 a	B			1			1	1		1
应力标定常数 b	B			1			1	1		1

注：ν—泊松比；E—弹性模量；σ_{max}—最大主应力；σ_{min}—最小主应力；β—顺时针测量的1#栅与最大主应力方向之间的夹角；ε_1、ε_2、ε_3—分别由应变花1#、2#、3#栅测得的释放应变；D_0—钻孔直径；D—应变花直径；*—测量钻孔尺寸时使用。

从表2-6看出，在被测试样、测试系统、测试环境、测试程序四类影响源中，试样材料特性、测量钻孔尺寸、应变片直径尺寸、应变测量不确定度、应变释放系数和应力标定常数是主要影响因素，而试样表面质量、应变测量系统漂移和钻孔引起的应力和温度变化是次要影响因素。

第二步，评估测量结果标准不确定度。假设钻孔法测量对象的材料是ST52.3结构钢（45钢），最小屈服强度 $\sigma_s=355$MPa，弹性模量 $E=206$GPa，泊松比 $\nu=0.3$。测试使用的应变花直径 $D=5.14$mm，钻孔直径 $D_0=1.8$mm。在试验中，应变花1#、2#、3#栅测得的释放应变分别为 $\varepsilon_1=18.98\times10^{-6}$、$\varepsilon_2=18.75\times10^{-6}$、$\varepsilon_3=24.22\times10^{-6}$（注：$\varepsilon_1$、$\varepsilon_2$、$\varepsilon_3$ 为2mm孔深时的测量值）。

首先，计算应力标定常数的不确定度。应力标定常数取决于 D_0/D 和钻孔深度。当钻孔深度的不确定度是小于0.01mm时，其对应的应变释放系数不确定度可以忽略不计。另外，D_0 和 D 的不确定度通常也是小于±0.01mm的，在此取最大值±0.01mm。因此，有以下结果：

$$\text{给定值：}\frac{D_0}{D}=\frac{1.8}{5.14}=0.3502$$

$$\text{上限值：}\frac{D_0}{D}=\frac{1.81}{5.13}=0.3528$$

$$下限值：\frac{D_0}{D}=\frac{1.79}{5.15}=0.3476$$

根据 GB/T 31310—2014《金属材料　残余应力测定　钻孔应变法》标准，可查得应力标定常数如表 2-7 所示。

表 2-7　应力标定常数

	D_0/D	a	b
给定值	0.3502	0.1500	0.3760
上限值	0.3528	0.1522	0.3810
下限值	0.3476	0.1481	0.3717

然后，计算应变释放系数的不确定度。应变释放系数与应力标定常数的关系为：

$$A=-\frac{1+\nu}{2E}\bar{a}$$

$$B=-\frac{1+\nu}{2E}\bar{b}$$

当影响 A、B 各变量的最大不确定度分别为 E—±1%、ν—±3%、$\bar{a}$—±1.5%、$\bar{b}$—±1.2%时，由上述公式可分别计算出 A、B 的合成不确定度。此处得出的 A、B 的最大、最小值，就是应变释放系数的不确定度。

第三步，计算主应力测量结果的不确定度。由释放应变 ε_1、ε_2、ε_3 计算主应力的公式是：

$$\sigma_{\max},\sigma_{\min}=\frac{1}{4A}(\varepsilon_3+\varepsilon_1)\pm\frac{1}{4B}\sqrt{(\varepsilon_3-\varepsilon_1)^2+(\varepsilon_3+\varepsilon_1-2\varepsilon_2)^2}$$

在计算主应力不确定度时，对于上式中的每一个变量，均取不确定度的最大值，其中，A、B 的最大不确定度值从上面第二步得知，而 ε_1、ε_2、ε_3 的不确定度均取±3%。由此，即可算出残余主应力的合成不确定度，它们的最大值和最小值就是用钻孔法测残余应力的测量结果（$\sigma_{\max}$、$\sigma_{\min}$）的不确定度。

思考题

1. X 射线衍射法和中子衍射法属于________残余应力检测技术；钻孔应变法属于________残余应力检测技术。

2. 按检测原理划分，残余应力测试方法可以分成哪几类？

3. 目前有不同层级检测标准的残余应力测量方法有 8 个，请指出这些方法的名称。

4. 按照检测技术的测量范围划分，残余应力测试方法包括几种？

5. 材料内任意一点的残余应力可采用不同方法进行检测，各种检测方法的测量结果是否具有唯一性和可比性？

6. 按照对被测对象的破坏程度，残余应力检测方法分为三类，一是有损检测，包括（　　）；二是微损检测，包括（　　）；三是无损检测，包括（　　）。

A. 磁测法、中子衍射法　　　　B. 全释放法、轮廓法

C. 裂纹柔度法、磁测法　　　　　　　　　D. 钻孔应变法、压痕法

7. 磁测法适用于钢铁材料的残余应力检测的说法是否正确？

8. 应变计的特点有哪些？

9. 试述应变计的主要应用局限性是什么？

10. 请画出应变计 1/4 桥接法电路简图，写出桥路平衡条件。

11. 什么是数字图像相关（DIC）应变测量？

12. 评定残余应力测量结果不确定度的意义是什么？

13. 举例说明残余应力测量结果不确定度的含义。

14. 简述评定残余应力测量结果不确定度的主要步骤。

参考文献

[1] 胡斌. 应力测试方法的现状及发展趋势 [J]. 中国特种设备安全，2015，31（12）：6-7.

[2] 宋文涛，徐春广. 超声法的残余应力场无损检测与表征 [J]. 机械设计与制造，2015，296（10）：9-12.

[3] 李荣锋，李淦，张书彦，等. 残余应力对材料与装备制造失效影响的思考 [J]. 物理测试，2021，39（6）：1-5.

[4] 王海斗，朱丽娜，徐滨士. 纳米压痕技术检测残余应力 [M]. 北京：科学出版社，2016.

[5] 高玉魁. 残余应力基础理论及应用 [M]. 上海：上海科学技术出版社，2019.

[6] 唐慕尧. 焊接测试技术 [M]. 北京：机械工业出版社，1988.

[7] 潘进，丁文红，刘天武，等. 残余应力的特征与表述形式 [J]. 河北冶金，2020，298（10）：1-5.

[8] 巴发海，刘宇希. 残余应力的表征 [J]. 无损检测，2020，42（10）：1-3.

[9] Kandil F A，Lord J D，Fry A T，et al. A Review of Residual Stress Measurement Methods-An Guide to Technique Selection [R]. NPL Report MATC（A）04. 2001.

[10] Oettel R. The determination of uncertainties in residual stress measurement for the hole drilling technique [R]. Code of Practice No. 15 in the UNCERT (Manual of Codes of Practice for the determination of uncertainties in mechanical tests on metallic materials)，EU Contract SMT4-CT97-2165，Standards Measurement & Testing Programme，ISBN 0-946754-41-1，Issue 1，September 2000.

Chapter Three

第3章 残余应力调控技术概述

众所周知，工程材料和部件内部的残余应力，不管是由于加工制造过程所致，还是服役应用环境所为，几乎无处不在。因而，对于残余应力进行合理调控，使之能够充分发挥材料的固有性能，提高部件或设备的承载能力、疲劳性能和服役寿命，显得尤为重要。

3.1 残余应力调控的基本概念

当一个工程部件在加工制造中产生表面或内部残余压应力时，如果该部件在服役后的使用中承受拉伸载荷，则原有的残余压应力可以降低或抵消外加载荷的不利影响，因此此时的残余压应力属于有益的残余应力，不仅不需要消除，还可能视外载荷大小情况增加残余压应力。然而，同样是一个存在残余压应力的部件，如果在服役后的使用中承受压缩载荷，则原有的残余压应力会与外加载荷相加形成更大的复合应力，导致或加速部件的损坏，因此此时的残余压应力就属于不利的残余应力，需要加以抑制或消除，在必要和可能时还应将压应力转变为拉应力。

所谓残余应力调控是指在制造或使用工程材料或部件时，通过增加有益的残余应力，减小或消除不利的残余应力，从而达到提高材料或部件的承载能力和服役寿命的方法或技术。

由上可知，若要实施残余应力调控，应事先做好以下基础性工作：①了解材料或部件在未来服役应用中将要承受的载荷情况；②分析材料或部件的加工制造工艺可能产生的残余应力类型，进而得到应该减小、消除或增加残余应力的结论；③选择合适的残余应力调控技术，减小、消除或增加材料或部件中的残余应力。

19 世纪 70 年代法国力学家圣维南提出并证明了一项弹性力学的基本原理：分布于弹性体上一小块面积（或体积）内的荷载所引起的物体中的应力，在离荷载作用区稍远的地方，基本上只同荷载的合力和合力矩有关；荷载的具体分布只影响荷载作用区附近的应力分布。这就是圣维南原理。圣维南原理的物理意义在于，如果使金属部件在一部分边界面上承受外力且足够强，它会使这部分边界及其附近区域内的局部应力分布发生显著改变而引发塑性变形，但对远处应力分布的影响可以忽略不计，这样当撤除外力后，界面附近区域会在远处弹性应力作用下产生与之相反的残余应力。圣维南原理是支撑一大批残余应力调控技术发展的理论基础。

残余应力调控技术的种类较多，以下根据受调控对象的不同以及调控技术特点的不同，介绍 6 种常见的残余应力调控方法。

3.2 内膛挤压法

3.2.1 内膛挤压法的原理

内膛挤压法是一种适用于圆柱状压力容器或管状制件的残余应力调控技术。内膛挤压法的原理如图 3-1 所示，它是在容器的内膛施加挤压压力［如图 3-1(a)所示］，当压力达到或超过材料的屈服强度后，按照圣维南原理，会从容器的内表面开始发生塑性变形，并逐步在容器壁中形成内层塑性区和外层弹性区；随着内膛挤压压力的增加，内层塑性区的厚度不断增加；当塑性区达到一定厚度时，释放掉内膛挤压压力，容器壁的外层弹性区会给内层塑性区施加压应力，并在容器内表面附近区域产生图 3-1(b)所示的残余环向压应力。这种残余的环向压应力能够抵消或部分抵消容器在工作时灌充高压介质后容器壁承受的环向拉应力，从而达到提高压力容器承载能力和疲劳寿命的目的。

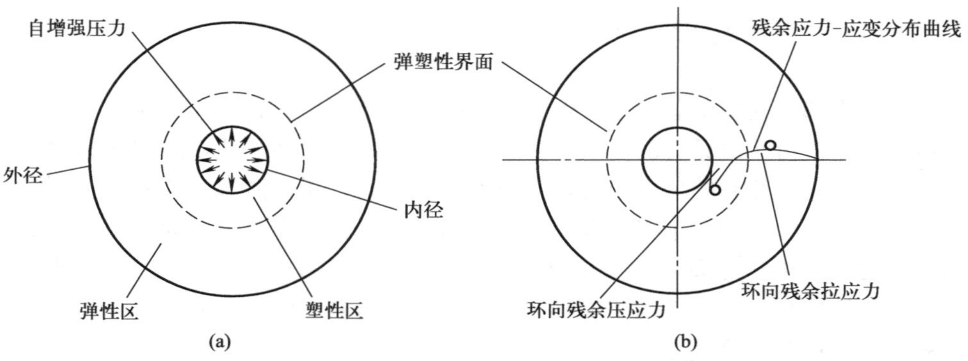

图 3-1　内膛挤压法引入残余压应力的原理

工程上，我们将使构件在工作状态下应力最大那部分材料预先经塑性变形而产生一个与工作应力符号相反的残余应力、用以部分抵消工作应力的过程称为塑性强化。内膛挤压法是典型的局部塑性强化过程。

3.2.2 内膛挤压法的处理工艺

内膛挤压法的主要处理对象是压力容器。在压力容器的设计建造中，常以容器的外径 r_o 与内径 r_i 之比

$$K=\frac{r_o}{r_i} \tag{3-1}$$

作为特征参量进行划分，将 $K \leqslant 1.3$ 的容器称为薄壁容器，$K>1.3$ 的容器称为厚壁容器。

对于薄壁压力容器，在对内膛施加大于屈服强度的挤压压力时，很容易使整个壁厚范围发生塑性变形，而变形硬化作用导致材料的屈服强度和抗拉强度增加，进而可提高容器

的承力能力。由此可见，薄壁容器的内膛挤压处理是通过整个壁厚的塑性强化、而非通过3.2.1节所述区域塑性变形引入残余压应力来改善容器的承载能力的。

对于厚壁压力容器，内膛挤压法利用器壁内层塑性变形实现残余应力的调控（即3.2.1节所述原理）。在对厚壁容器进行内膛挤压处理时，生成的残余压应力大小非常重要，压力过小起不到抵消容器内高压工作介质压力的作用；压力过大会在容器内表面发生包辛格效应反而降低器壁的承载能力。所谓包辛格效应是在金属塑性变形过程中，正向加载引起的塑性应变强化导致金属材料在随后的反向加载过程中呈现塑性应变软化（屈服极限降低）的现象。当将金属材料先压缩到塑性变形阶段后卸载至零，再反向加载进行拉伸变形时，材料的拉伸屈服极限（称二次屈服）比原始态（即未经预先压缩塑性变形而直接进行拉伸）的屈服极限（即一次屈服）明显要低；反之，若先进行拉伸使材料发生塑性变形，卸载至零后再压缩时，材料的压缩屈服极限同样是降低的。包辛格效应对于内膛挤压法是一种不利的负效应，它会导致容器在工作时灌充介质后的二次屈服值减小而在内壁再次产生拉应力，所以必须加以避免。

因此，在对厚壁容器（特别对 $K>2.5$ 的容器）实施引入残余压应力的内膛挤压工艺时，需要特别注意以下事项：

① 为了避免挤压压力去除后，由于残余压应力过大导致容器内表面发生包辛格效应，应选择由式(3-2)计算的最优内膛挤压压力：

$$P=\sigma_s\frac{K^2-1}{K^2} \tag{3-2}$$

式中，P 为内膛挤压压力；σ_s 为材料的屈服强度。

② 由塑性强化挤压导致的器壁中的弹塑性界面的位置，不应超过容器的平均几何半径，否则也会在容器内表面发生包辛格效应而出现二次屈服显著降低的情况。压力容器的平均几何半径 $\bar{r}$ 用式(3-3)计算：

$$\bar{r}=\sqrt{r_o r_i} \tag{3-3}$$

③ 塑性强化挤压压力最高可达容器破裂压力的75%，但不能更高，以免造成器壁的永久性破损。

④ 为安全计，不能使用气体作为压力传媒来进行塑性强化处理；此外，在实施内膛挤压操作时需要在具有足够安全保障的环境中进行。

3.2.3 内膛挤压法的种类

内膛挤压法按施压手段的不同，分为内膛液压挤压法和内膛芯棒挤压法两种。内膛液压挤压法是采用液体增压泵向容器内膛进行液体增压。液体增压泵也叫液压机，以水为工作介质的称为水压机，以油为工作介质的称为油压机。液压挤压法的挤压压力高，变形均匀，但设备成本较高，且操作时对高压容器的密封有很高要求。内膛芯棒挤压法是采用直径大于带孔制件内孔直径的挤压芯棒，经充分润滑后从孔中强行通过。芯棒挤压又分为芯棒直接挤压和利用开缝衬套挤压孔壁的方式。芯棒挤压法的设备简单便宜，但摩擦阻力大且变形不均匀。

3.2.4 内膛挤压法的处理效果

内膛挤压处理对压力容器安全运行起到很大作用。实践表明，对于采用延展性好的合金钢材料制造的 $K=2\sim3$ 压力容器，如果经过塑性强化处理使弹塑性界面的位置处于容器的平均几何半径，可以使容器的承压能力增加 25%至 50%。这种处理效果是在挤压压力既不过大而在容器内壁引发包辛格效应、又不过小而起不到抵消工作介质压力的严格条件下实现的。

近期研究表明，对于 K 值更大的压力容器，也可以通过建立内膛挤压工艺参数与一次和二次屈服之间的关系（如图 3-2 所示），对容器进行有效的残余应力调控处理。图 3-3 是一个采用内膛挤压法对 $K=4$ 压力容器进行调控的实例，容器材料的抗拉强度 $\sigma_b=640$MPa，壁厚为 10.5mm。经过 500MPa 内膛挤压压力的塑性强化处理后，内层塑性区的厚度为 3.5mm（未超出容器平均几何半径的范围），处理结果使容器的承压能力提高了 200MPa，相当于屈服强度的 44%，如图 3-3 所示。

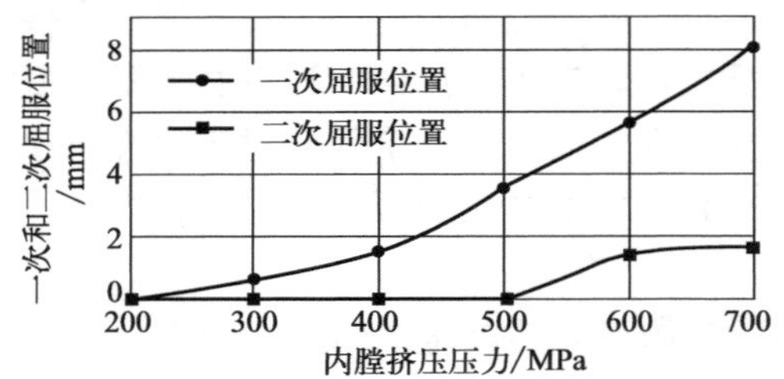

图 3-2 内膛挤压工艺参数与一次和二次屈服的关系

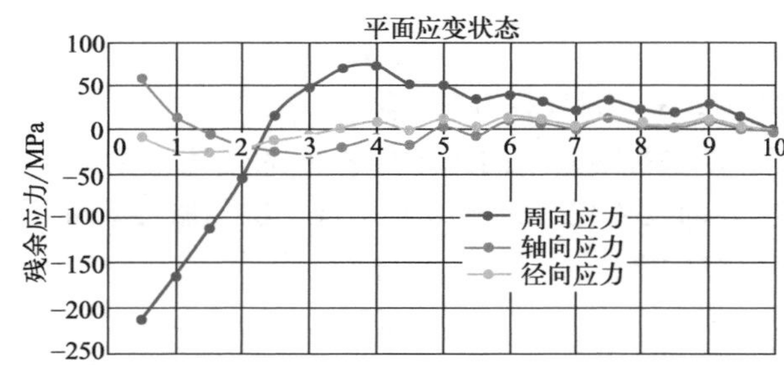

图 3-3 压力容器内膛挤压法残余应力调控实例

3.3 振动时效法

3.3.1 振动时效法原理和设备

振动时效法是一种适用于大型构件的残余应力调控技术。振动时效法的原理是以机械振动方式对构件施加拉-压交替的附加应力，当附加应力与残余应力叠加的总应力达到或超过材料的屈服强度时，构件的应力集中区域发生宏观和微观的塑性变形，即包辛格效应，从而降低了残余应力的峰值并且使残余应力均匀化，如图 3-4 所示。由此可见，在振动时效法中，包辛格效应是一种有益的正效应。

实施振动时效法的设备主要由激振器、传感器、控制器组成，如图 3-5 所示。激振器是一台带有偏心块的调速电机，电机带动偏心块旋转产生一定频率的振动力并作用在被时效的构件上；传感器将构件的振动变成电信号传输给控制器，实现对构件振动频率和幅度的测试和监视；控制器的功能是调节激振器电机的转速、设置偏心块的偏心量按照操作者的指令要求运转，并将传感器测得的振动频率和幅度等有关数据显示出来供操作者参考。振动时效设备须满足国标 GB/T 25713—2010《机械式振动时效装置》规定的要求。

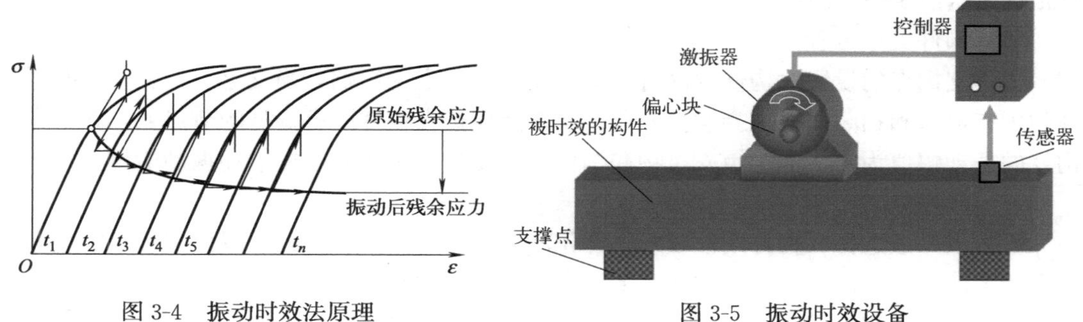

图 3-4 振动时效法原理

图 3-5 振动时效设备

3.3.2 振动时效参数选择

影响振动时效法消除或调控残余应力效果的工艺参数有动应力、激振时间、激振频率、构件支撑位置、激振点等。

（1）动应力

振动时效法通过激振器向构件提供振动力，从而在构件内部产生附加应力，即动应力。振动力 F 的大小可以用公式(3-4)计算：

$$F = me\omega^2 \sin\omega t \tag{3-4}$$

式中，m 为偏心轮的质量；e 为偏心距；ω 为电机转动角速度；t 为时间。

在时效过程中，如果动应力过大，可能会降低构件的疲劳寿命；如果动应力过小，则需要较长的振动时间或者无法达到时效要求的消除残余应力效果。在大多数情况下，动应力的大小根据经验选取：

$$\sigma_d = \left(\frac{1}{3} \sim \frac{2}{3}\right)\sigma_w \tag{3-5}$$

式中，σ_d 是动应力，σ_w 是工作应力。

（2）激振频率

振动时效处理是通过调节激振器电机的转速来得到不同的激振频率。当激振频率达到构件的固有频率时会发生共振，较小的激振力就能在构件中产生很大的动应力振幅。因此，激振频率的选择对动应力有着放大效应。影响构件固有频率的因素有构件的材质、形状、尺寸、重量、刚度、阻尼和支撑点等。一般情况下，构件具有多个固有频率，因此使其发生共振有多个频率可供选择。由于构件在时效过程中残余应力的水平不断下降，振动阻尼随之减小，导致共振频率会有所降低，所以一般选择主振峰值的 1/3～2/3 为激振频率，这样既可以发挥放大激振力的作用，振动也会比较稳定。

（3）激振时间

由于不同构件的材料、刚度、形状、质量、残余应力大小和分布不同，所以消除残余应力的振动时间也有所不同。激振时间往往根据构件的质量选择：质量小于 1t 构件的处理时间 10～20min；质量 1～4.5t 构件的处理时间 20～30min；质量大于 4.5t 构件的处理时间 30～35min。激振时间也可以根据时效过程中构件的动态参数变化来选择：振动使构件的残余应力得到松弛，振幅曲线在时效开始的初期会有较快增长，这种增长趋势在达到最高值之后会逐渐下降并趋于平缓，说明构件的应力已经下降并且分布趋于平衡，操作者可根据需求决定继续或停止时效处理。

（4）构件支撑位置

构件支撑点的设置对构件的固有频率和振型有一定的影响，当支撑点位置改变时，构件的固有振型和扫频曲线也会发生变化。支撑点应选在构件固有振型的节点处，在节点处构件的振动幅值为零，能避免支撑物和构件在振动过程中相互碰撞消耗振动能量。

（5）激振点

激振点一般选择在构件刚性较好的部位和固有振型振幅较大处，以便用最小能量激发产生最大的振动。同时激振点的选择要注意避开构件的薄弱环节。合理的激振位置和支撑位置，能使构件在振动过程中保持平衡，振动幅值大，时效效果好。

3.3.3 振动时效操作程序

使用振动时效法调控构件残余应力的操作程序比较简单。首先，通过变换激振器电机转速和偏心块偏心量，扫频确定构件的固有频率，并根据构件的情况选择激振力；然后，用激振器以选择的共振频率对构件施加振动，同时通过传感器监测振动时效的结果是否有效。

3.3.4 振动时效效果评定

经过振动时效处理后，构件内部的残余应力是否消除是判断时效工艺是否达到目的的判据。按照国标 GB/T 25712—2010《振动时效工艺参数选择及效果评定方法》，振动时效消除残余应力的评价方法有实测法和参数曲线观测法，前者是定量评价方法，后者是定性评价方法。

（1）实测法

采用钻孔应变法、X 射线衍射法或磁测法测量构件在振动时效前后残余应力的变化，通过比较残余应力的平均值来计算应力降低率，以此评价振动时效的效果。虽然实测评价法定量、准确，但却费时、费力。

（2）参数曲线观测法

在振动时效过程中，通过安装在构件上的传感器，将振动信号传递给振动时效设备的控制器，获得振动参数曲线。振动参数曲线有振动幅度-振动频率曲线，简称幅频曲线（A-ω 曲线）以及振动幅度-振动时间曲线，简称幅时曲线（A-t 曲线）。目前比较常见的是利用幅频曲线评价振动时效效果。

构件在强迫振动的状态下，当振动频率接近其固有频率时，振动振幅会急剧升高，超过这一响应频率后又逐渐减小，在幅-频曲线上形成一个峰值，称为共振峰。通过振动频率的扫频，记录下构件的幅频曲线，测出各阶段共振频率值、波峰位置。时效过程中，随着振动消除构件残余应力的进行，构件振动阻尼减小，构件的共振峰峰值和形状都会发生变化，因此，比较振动时效前后的幅频曲线可以定性评价振动时效的效果，如图 3-6 所示。

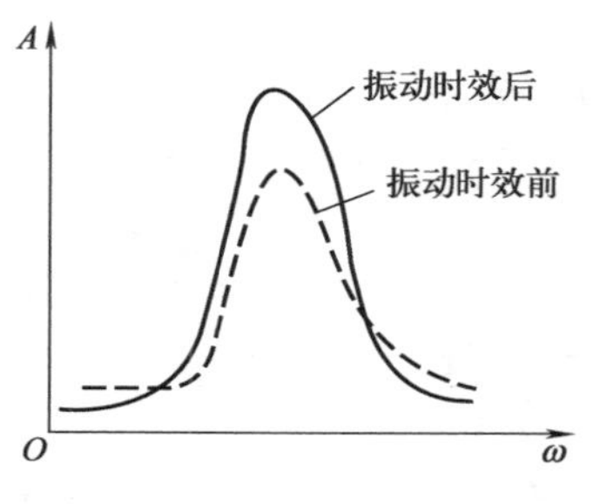

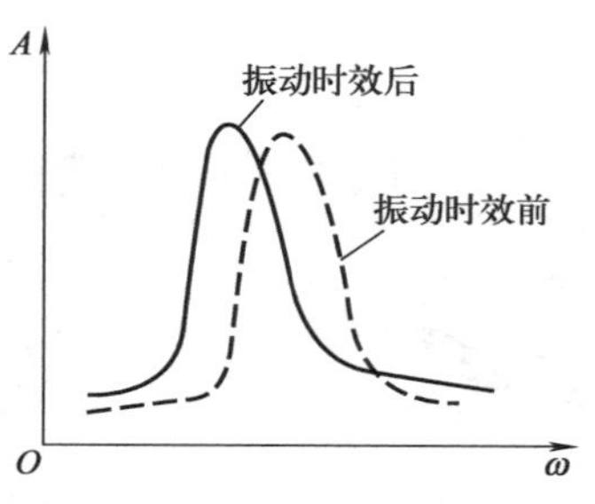

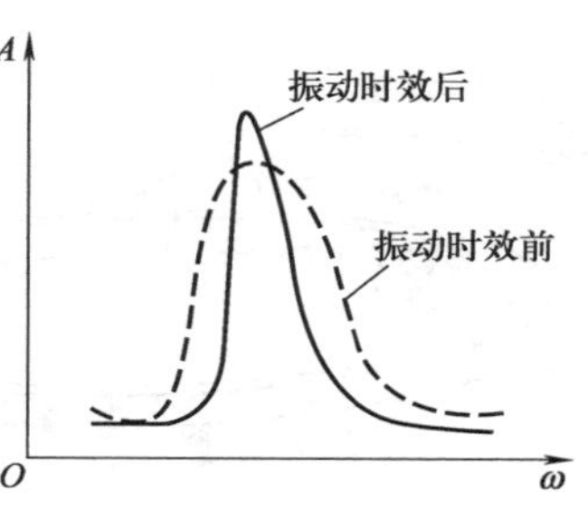

图 3-6 振动时效前后幅-频曲线变化

3.3.5 振动时效法的特点

① 适应性强，特别适合于大型构件、重型构件、复杂结构构件的残余应力消除与调控。

② 设备投资少，时效成本低。

③ 速度快、周期短，一般构件仅需要几十分钟的时效处理时间。

④ 使用方便，操作简单，易于实现机械自动化。

⑤ 消应效果明显（可达 20%～50%），使构件疲劳性能显著提高。

⑥ 可避免消应热处理产生的构件翘曲变形、氧化、脱碳及硬度降低等缺陷。

⑦ 振动时效法不适合需要低温韧性的构件。

3.3.6 振动时效法的应用

对俗称“人造小太阳”的托卡马克 EAST 装置（磁约束核聚变实验装置）顶盖及内筒的消应处理，是振动时效法众多应用中的一个例子。图 3-7 是中国科学院等离子所建造的 EAST 装置外形结构简图，其外壳由底板、筒体、顶盖三段焊接组合而成，直径 7.6m，总高 7m，材料为 304L 不锈钢。为了消除焊接残余应力，保证装置运行中尺寸的稳定性，各段焊接后都采用振动时效调控处理。

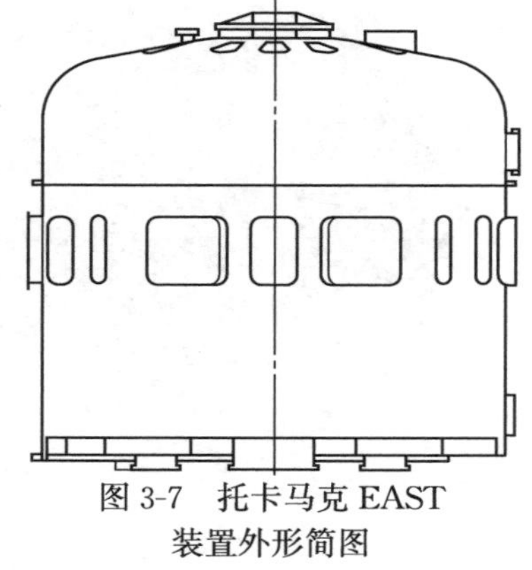

图 3-7 托卡马克 EAST 装置外形简图

EAST 装置顶盖内包含一个由四段圆弧焊接而成的法兰（如图 3-8 所示），其外径 7.6m，截面是 135mm×100mm 的矩形。为减小焊后残余应力，沿法兰圆周均布三个支撑点，激振器固定在法兰上，迫使法兰进行时效振动。激振器使用国产 VSR-N06 型 1.5kW 振动时效装置，激振偏心设置在第 5 挡，振动时效时间为 6min。振动前后的幅频曲线见图 3-9，图中横坐标 n 代表激振器转速（单位是 r/min），纵坐标 a 代表振动加速度（单位是 g）。从图看出，振动时效前后两次扫频获得的幅频曲线有所变化：振前扫频曲线为曲线 1，加速度峰值是 4.8g，共振转速 4139r/min，共振频率约 69Hz；采用该频率振动时效 6min 后，再次扫频，得到曲线 2，加速度峰值增大到 5.2g，共振转速是 4132r/m，共振频率左移了约 0.12Hz。也就是说，振动时效后的共振峰值升高、共振频率左移，表明该法兰的焊接残余应力得到了有效的释放。

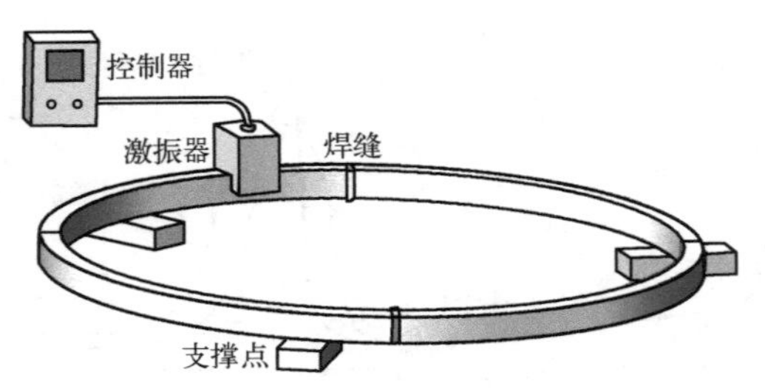

图 3-8　法兰的振动时效

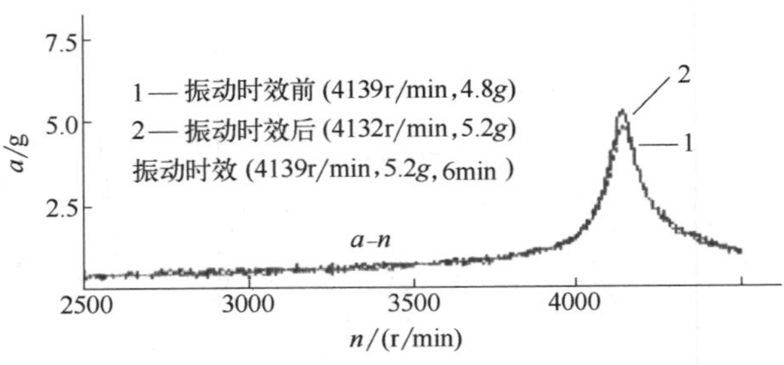

图 3-9　法兰振动时效前后的加速度幅频变化曲线

EAST 装置中另一个采用振动时效法处理的结构是内筒筒体。筒体的壁厚 30mm。与上述法兰相比，筒体的结构比较复杂，内部焊接有多个刚性骨架，如图 3-10 所示。振动时效筒体时，采用四点对称支撑，激振器固定在筒体下部法兰上，激振器偏心调节到 8 挡，加速度传感器附在筒体内壁上。振动时效前后的幅频曲线变化（5000～7000r/min）参见图 3-11，对应的数据列于表 3-1 中。比较振动时效前后的幅频曲线可以明显看出，振动时效后出现了共振峰 A，这是由于转动惯量和筒体复杂子结构的存在，造成了共振峰数量的增多；振动时效后共振峰 B 的峰值降低且发生右移，是因为次振峰与主振峰发生了融合；振动时效后共振峰 C 的峰值增加且发生左移，表明筒体的应力降低了。根据 JB/T 10375—2002《焊接构件振动时效工艺参数选择及技术要求》，a-n 曲线振后不论出现了低幅振峰增值现象（如共振峰 A）还是发生了单项特征或组合特征的变化（如次振峰 B 幅值降低且右移、主振峰 C 幅值升高且左移），都说明对筒体的振动时效工艺是有效的，构件内的残余应力分布趋于均匀。

图 3-10　筒体的振动时效

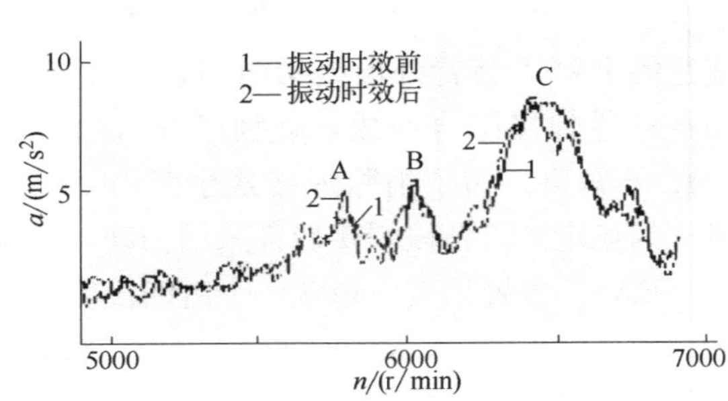

图 3-11　筒体振动时效前后加速度幅频曲线

表 3-1　筒体幅频曲线的峰值参数

	振动时效前		振动时效后		
	峰值 B	峰值 C	峰值 A	峰值 B	峰值 C
转速/(r/min)	6012	6423	5780	6024	6423
频率/Hz	100.2	107.0	96.3	100.4	107.0
加速度/(m/s^2)	47	70	44	46	68

3.4 抛喷丸法

3.4.1 抛喷丸法的原理

抛喷丸法是用许许多多不同材料、不同形状、不同尺寸的弹丸，经喷嘴加速射出冲击工件表面来实现残余应力调控的技术。从原理上讲，工件表面每受到一次弹丸的撞击，便承受一次塑性变形加载与卸载，如图 3-12 所示。工件表层在脉动载荷作用下发生循环塑性变形，按照圣维南原理和材料内部的自平衡作用，在抛喷丸结束后，工件表面形成一层压缩残余应力层。表层残余压应力能够抵消工件服役中的表面拉应力载荷，抑制裂纹的产生和提高材料的疲劳性能。

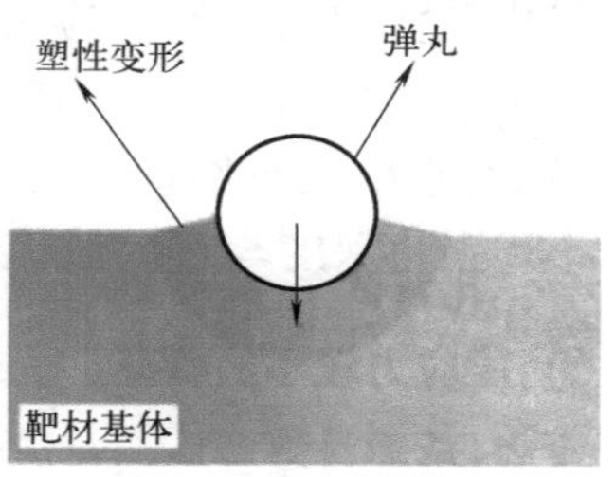

图 3-12 抛喷丸法原理示意图

3.4.2 抛喷丸法的种类及特点

顾名思义，抛喷丸法分为抛丸法和喷丸法两种。

抛丸法是将抛头安置在密闭舱室内，利用电动机带动叶轮体旋转，靠离心力的作用将弹丸从抛头高速抛向工件的表面。抛丸法的弹丸尺寸大、抛出力强，能在表面产生更大的压应力；抛丸法的自动化程度高，适用于大批量工件的处理；但抛丸法的灵活性差，会有抛射死角，适合于形面单一的工件批量处理。

喷丸法是采用压缩空气为动力，以形成高速喷射束将弹丸从喷枪高速喷射到工件表面。喷丸法的喷枪一般由人工操作，所以灵活性大，可以处理复杂结构件的各个部位，且不受场地的限制；喷丸法的弹丸尺寸较小且精细，容易控制精度，更适合于形状复杂的小型工件。

3.4.3 抛喷丸法的工艺参数

不同的抛喷丸工艺参数产生的强化效果不同。抛喷丸强化效果主要采用晶粒细化层的深度和残余应力的大小来表征。有学者提出用公式(3-6)计算强化层深度：

$$\delta = K\frac{DV\sin\alpha}{\sqrt{H_M}} \tag{3-6}$$

式中，D 为弹丸直径；V 为弹丸喷射速度；α 为弹丸与受喷体表面的夹角；H_M 为受喷体金属材料的冲击硬度；K 为比例系数。从式(3-6)可以看出，弹丸直径和喷射速度对抛喷丸效果的影响最大，喷射角度为 90°时强化效果最为明显。

对于残余应力与抛喷丸之间的关系，研究表明，临界喷丸规范下的表面残余应力 σ_{suf} 和最大残余应力 σ_{max} 分别与材料的屈服强度和抗拉强度呈线性关系，可用如下经验公式表示：

$$\left.\begin{aligned} \sigma_{suf} &= 114 + 0.563\sigma_s \\ \sigma_{max} &= 147 + 0.567\sigma_b \end{aligned}\right\} \tag{3-7}$$

式中，σ_s 和 σ_b 分别为材料的屈服强度和抗拉强度，单位均为 MPa。

3.4.4 抛喷丸法的处理效果

喷丸强度直接影响受喷体表面的残余应力 σ_{suf}、最大残余应力 σ_{max}、强化深度 δ_0 以及最大残余应力深度 δ_{max}。一般来说，喷丸强度越大，强化深度和最大残余应力深度数值也越大，表面残余应力反而越小；当喷丸强度相同时，弹丸直径 D 越大，强化深度和最大残余应力深度数值越小。强化深度与最大残余应力深度之间可用经验公式(3-8)进行粗略换算：

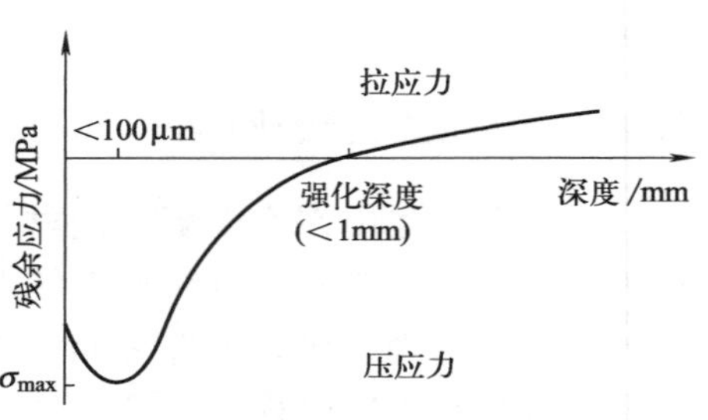

图 3-13 抛喷丸后工件表面残余应力分布

$$\delta_{max}=0.24\delta_0 \tag{3-8}$$

式(3-8)表明，喷丸处理后残余压应力场深度与喷丸强度呈线性关系，当喷丸强度增大时，一般压应力场深度也随之增大。图 3-13 所示是通过选择合理的工艺参数，抛喷丸处理后工件表面残余应力分布实例。

3.5 热处理法

3.5.1 热处理基础知识

热处理是将金属按预定的要求进行加热、保温和冷却，以改变其内部组织，从而获得所要求性能的一种工艺过程。热处理由加热、保温、冷却三个阶段构成，温度和时间是影响热处理的主要因素。

由铁碳合金状态图 3-14 可以得知，随着温度的变化钢会发生相变，与低碳钢相关的相变温度为 G-S 线和 P-S-K 线，分别称为 A_3 线和 A_1 线。在实际加热和冷却时，由于存在过热和过冷现象，加热时钢的相变温度将高于 A_3 线和 A_1 线，所以相变临界点用 A_{c3} 线和 A_{c1} 线表示；冷却时钢的相变温度将低于 A_3 线和 A_1 线，相变临界点用 A_{r3} 线和 A_{r1} 线表示。钢在热处理过程中的组织变化由两个过程组成，一是加热时，钢的常温组织转变为奥氏体；二是冷却时奥氏体分解，随着冷却速度的不同，得到不同形态和组分的珠光体、铁素体或马氏体等转变产物。

根据钢在加热和冷却时的组织与性能变化规律，热处理工艺分为退火、正火、淬火和回火四步，俗称热处理的“四把火”。

① 退火　将钢试件加热到适当温度，保温一定时间后缓慢冷却，以获得接近平衡状态组织的热处理工艺。根据钢的成分和使用目的的不同，退火又分为完全退火、不完全退火、消除应力退火、球化退火等几种类型，如图 3-15 所示。完全退火是将工件加热到 A_{c3} 以上 30～50℃，保温后在炉内缓慢冷却。完全退火能够均匀组织，消除应力，降低硬度，改善切削加工性能；不完全退火是将工件加热到 A_{c1} 以上 30～50℃，保温后缓慢冷却。不完全退火能够降低硬度，改善切削加工性能，消除内应力。

② 正火　将工件加热到 A_{c3} 或 A_{cm} 以上 30～50℃，保温一定时间后在空气中冷却的热处理工艺。正火与退火基本相同，能够细化晶粒，均匀组织，降低内应力。正火与退火

的不同之处在于前者的冷却速度较快，过冷度较大，使组织中珠光体量增多。钢正火后的强度、硬度、韧性都较退火为高。

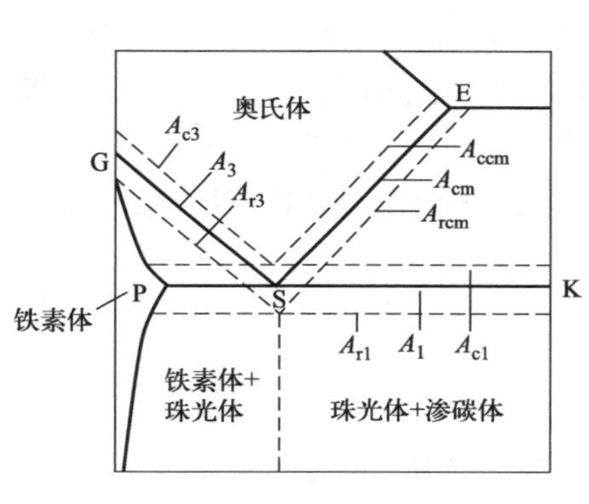

图 3-14 加热和冷却时铁碳合金相图上临界点位置

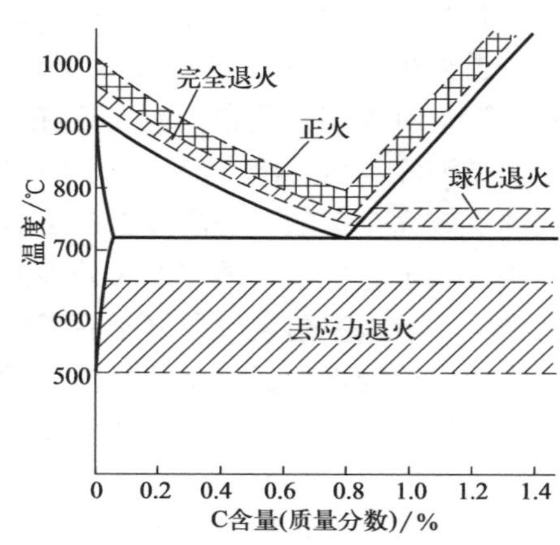

图 3-15 钢的退火加热温度范围

③ 淬火 将工件加热到临界温度以上，经过适当保温后快冷，使奥氏体转变为马氏体的过程。材料通过淬火获得马氏体组织，可以提高硬度和强度，但马氏体硬而脆，韧性很差，内应力很大，容易产生裂纹，材料和焊缝组织中一般不希望出现马氏体。

④ 回火 将经过淬火的钢加热到 A_{c1} 以下的适当温度，保持一定时间，然后用符合要求的方法冷却（通常是空冷），以获得所需组织和性能的热处理工艺。回火能够降低材料的内应力，提高韧性还能够稳定零件尺寸，改善加工性能。

3.5.2 热应力与组织应力的概念

工件在加热和冷却过程中，由于表层和心部的冷却速度和时间不一致而形成温差，就会导致体积膨胀和收缩不均而产生应力，称热应力。在热应力的作用下，在冷却开始时，由于表层温度低于心部，收缩也大于心部，因此表层受拉心部受压；在冷却结束时，由于心部最后冷却体积不能自由收缩，因此表层受压心部受拉。热应力现象受到冷却速度、材料成分和热处理工艺等因素的影响。冷却速度愈快，含碳量和合金成分愈高，冷却过程中在热应力作用下产生的不均匀塑性变形愈大，最后形成的残余应力就愈大。

另一方面，工件在热处理过程中由于组织变化（即奥氏体向马氏体转变）时，因为比容的增大会伴随工件体积的膨胀，工件各部位先后相变，造成体积长大不一致而产生组织应力。组织应力变化的最终结果是表层受拉应力，心部受压应力，恰好与热应力相反。组织应力的大小与工件在马氏体相变区的冷却速度、形状、材料的化学成分等因素有关。

任何工件在热处理过程中，只要有相变，都会产生热应力和组织应力，只不过热应力在组织转变以前就已经产生，而组织应力则是在相变过程中产生的。在整个冷却过程中，热应力与组织应力综合作用的结果，就是工件中存在的应力。当热应力占主导地位时，作用结果是工件心部受拉表面受压；当组织应力占主导地位时，作用结果是工件心部受压表面受拉。

3.5.3 消除残余应力的热处理方法

退火和回火是消除残余应力常用的热处理方法。

消应退火热处理的加热温度根据材料不同而不同，一般是将工件加热到 A_{c1} 以下 100～200℃，对碳钢和低合金钢大致在 500～650℃，保温然后缓慢冷却。消应退火热处理的目的是消除焊接、冷变形加工、铸造、锻造等加工方法所产生的残余应力，同时还能使焊缝的氢较完全扩散，提高焊缝的抗裂性和韧性，此外对改善焊缝及热影响区的组织，稳定结构形状也有作用。消应退火处理的加热方法多种多样，可分整体热处理和局部热处理两大类，一般来说前者效果好于后者。

消应回火热处理的目的是消除淬火后的残余应力，同时减少脆性，避免裂纹和工件变形。根据加热温度不同，回火热处理又分为低温回火（150～250℃）、中温回火（350～500℃）、高温回火（500～650℃）三种，其中低温回火消除残余应力的效果最好，对于降低淬火后的脆性、保持淬火后的硬度和耐磨性也起很大作用。钢在回火时残余应力随温度的变化见图 3-16 所示。

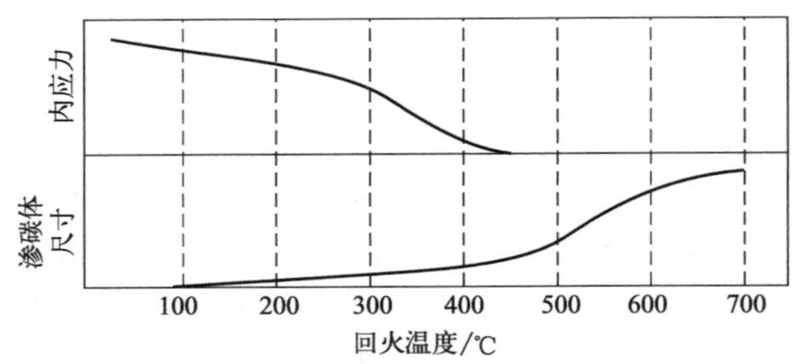

图 3-16　钢的回火温度与残余应力的关系

用热处理方法消除残余应力与蠕变和应力松弛现象有密切的关系。一般材料的屈服强度和弹性模量是随着加热温度的增加而下降的。当温度加热到残余应力超过了材料屈服强度时，就会发生塑性变形，使过高的残余应力被缓和，但是这种消除是有限度的。与此同时，热处理过程还伴随着蠕变，这种机制会引起应力松弛，只要时间足够长，理论上残余应力可以全部去除掉。

在实际热处理过程中，工件在加热时，材料的拉应力区发生屈服而产生伸长形变，压应力区则被压缩。在随后的保温过程中，由于蠕变开始出现了应力松弛，随着保温时间延长，伴有轻微的变形和应力重新分布。屈服现象对于热处理法消除应力来说非常重要，由于当加热温度接近再结晶温度时，弹性模量下降的程度相比材料屈服极限要小，所以热应变不会直接导致弹性应力的消除，因此这一纯热弹性过程会在冷却时逆转。根据上述原因，残余应力不仅在保温期间会下降，如果冷却速度是均匀的，在冷却过后也会保持在较低的水平。

热处理法去除残余应力的效果主要由温度曲线和工艺措施决定。具体的工艺参数包括升温速度、退火温度、保温时间、降温度速度等。为了避免在工件表面与内部之间产生过大的温度差，加热与冷却的速度均须控制在一个较小的范围内，否则残余应力的预期降幅会因为新残余应力的产生以及变形而受到影响。因此，在必要情况下，可以适当延长退火及保温时间，以便让应力松弛过程能够均匀而充分地进行。

3.5.4 引入残余压应力的热处理方法

通过热处理手段引入残余压应力，提高工件力学性能和防止服役过程中萌生裂纹，是工业生产中常用的工艺方法。热处理采用退火、回火、正火或淬火，借助于温度的升高或降低，使材料的组织发生相变而引入有益的残余压应力。然而，由于残余应力的调控受多种因素影响，如材料种类、工件尺寸、升降温速度、保温时间和热处理介质等等，因而对于每项调控任务来说，选择适宜的热处理参数都是一项“课题”，需要根据具体条件和要求进行分析（参考以往的实践经验十分重要），以达到预期的目的。

例如，有一批中碳钢承载轴部件，需要通过热处理方法产生残余压应力并提高表面硬度到 HRC≥48。针对这一要求，选择淬火热处理工艺。淬火冷却速度是决定残余应力和表面硬度的重要因素。通常需要加速部件在高温段内的冷却速度，并使之超过钢的临界淬火冷却速度才能得到马氏体组织，这样做能抵消组织应力、增加热应力，即减少表面拉应力而增大压应力。但中碳钢的热应力随部件尺寸增大冷却速度会减慢，热应力减小，而组织应力随尺寸的增大而增加。通过冷却后期的缓冷可以尽量减小截面温差和截面中心金属的收缩速度，从而达到减小组织应力的目的。通过以上分析，承载轴部件的热处理工艺参数最终选定为：加热温度 820～860℃，淬火介质为水，淬火时间 25～30min。

3.6 爆炸法

3.6.1 爆炸法的原理

爆炸法消除残余应力的原理是借助爆炸冲击波的能量使金属结构发生塑性变形，从而达到消除和均化残余应力的目的。爆炸法的理论基础是圣维南原理。爆炸法不仅可以完全消除焊接结构残余拉应力，还可以在焊接区产生残余压应力。

研究表明，爆炸处理过程中金属产生的塑性应变量由两部分组成：第一部分为残余应力诱导的，其数值为残余弹性应变 ε_e；第二部分为冲击波本身诱导金属产生的伸长塑性形变 C。因此，爆炸处理后的总塑性应变 ε_p 为：

$$\varepsilon_p = \varepsilon_e + C \tag{3-9}$$

爆炸处理分中性爆炸、硬性爆炸和软性爆炸三种，如图 3-17 所示。

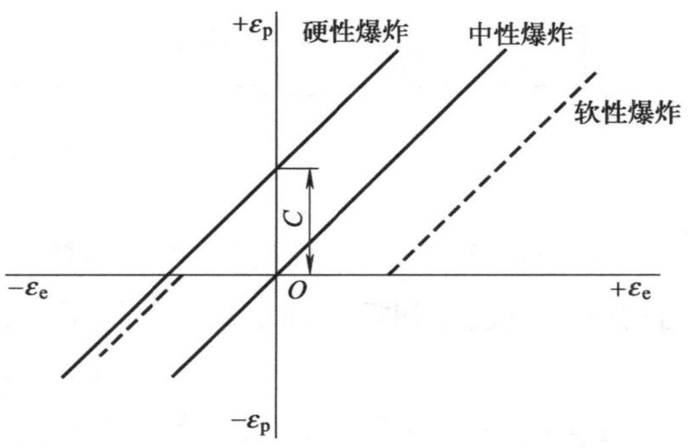

图 3-17 爆炸处理过程中的塑性变形

① 中性爆炸　中性爆炸的处理条件是 $C=0$，即爆炸冲击波压力形成的塑性应变量 ε_p 正好等于初始存在的弹性应变量 ε_e，爆炸处理的结果是残余弹性应变全部变成塑性应变，残余应力完全被消除。

② 硬性爆炸　指比中性爆炸强度大的爆炸。硬性爆炸的处理条件是 $C>0$，即爆炸冲击波压力形成的塑性应变量 ε_p 除了抵消初始

弹性应变量 ε_e 之外，还使金属产生一定量的伸长塑性形变 C，爆炸处理的结果是在爆炸处理区形成一定数值的残余压应力。

③ 软性爆炸　指比中性爆炸强度小的爆炸。软性爆炸的处理条件是 $C<0$（与残余弹性应变 ε_e 反号），即爆炸冲击波压力形成的塑性应变量 ε_p 较小，不足以抵消初始弹性应变量 ε_e，爆炸处理的结果是爆炸处理区仍保留一定数值的残余拉应力。

3.6.2　爆炸法的工艺

爆炸处理工艺是指采用特定的炸药，根据焊接残余应力的形成特点和分布特征在焊接接头附近按照一定数量和方式布置条形或板状炸药的方法。

由于爆炸处理法消除焊接残余应力的效果依赖冲击波作用下材料的流变情况，因此，针对不同性质、不同类型的焊接结构，需要制定不同的爆炸工艺。影响爆炸工艺的因素除了选用合适的炸药外，还要考虑金属材料的屈服强度、塑性、板厚、结构形状、焊缝形状和宽度等。按照国标 GB/T 26078—2010《金属材料　焊接残余应力　爆炸处理法》的规定，爆炸处理的工艺参数确定如下：

① 炸药的选用　爆炸处理用的炸药要便于携带并能方便地沿焊缝进行铺设施工，通常选用板（条）状塑性橡胶炸药（以太安或黑索金为主爆剂）或导爆索等类型的炸药。炸药的爆速范围应在 3000～7500m/s，炸药密度在 0.8～1.6g/cm^3 左右为宜，且密度越低者效果越好。

② 缓冲垫　为了避免爆炸冲击波作用带来钢板表面烧蚀和产生表层拉应力层的不良影响，不能将炸药与钢板直接接触，应在炸药和钢板之间加上 1～8mm 厚的缓冲垫，可选材料为胶皮、油毡纸等。

③ 炸药的布置　通常采用的条状橡胶炸药的截面尺寸为（3～10mm）×（10～12mm）（厚×宽），标准导爆索的截面尺寸为直径 6mm。图 3-18 所示的单面布药形式是最基本的中心对称方式，可满足厚度 16mm 以下普通碳素钢的整体消除应力需求。图 3-18 中的药条间距一般为 10～15mm。随着板厚的增加或材料屈服强度的提高，为了保证爆炸面的效果，应增加相应的条（根）数，但药条的宽度不应大于焊缝宽度 W+30mm，否则应增加药条层数。

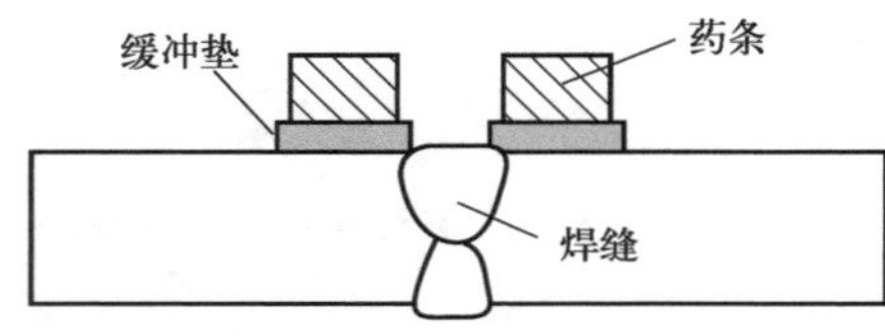

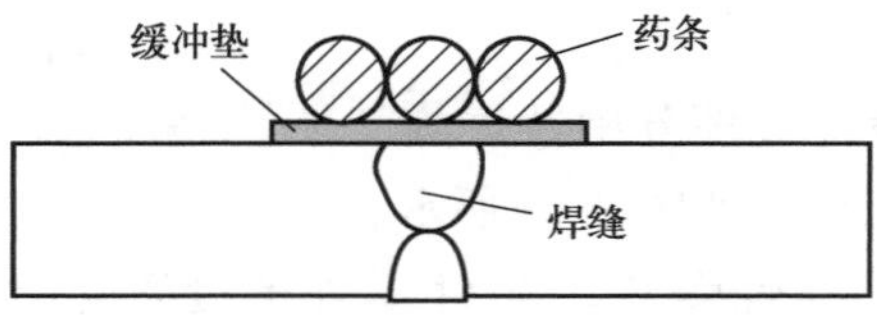

图 3-18　炸药的布置

④ 爆炸用药量　在待处理焊缝被很好地固定或约束的情况下，用药量大小主要根据材料的屈服强度和板厚确定。一般情况下，用药量采用经验公式(3-10)计算：

$$V=(0.006\sim0.008)W\sigma_s \tag{3-10}$$

式中，V 是用药量，单位为克每米（g/m）；W 是焊缝宽度，单位为毫米（mm）；σ_s 是材料的屈服强度，单位为兆帕（MPa）。

3.6.3 爆炸处理效果的评价

（1）评价方法

国标 GB/T 26078 推荐采用无损或半无损的残余应力测量方法评价爆炸处理效果，如压痕应变法或钻孔应变法，并按照 GB/T 24179—2023《金属材料　残余应力测定　压痕应变法》或 GB/T 31310—2014《金属材料　残余应力测定　钻孔应变法》执行。

（2）评价规则

爆炸处理的效果评价以现场抽测的数据为准。对于完全相同的构件，抽测台（件）数通常按 10%～20%的数量抽检，测试结果作为同类构件爆炸处理的验收依据。爆炸处理前后应在相似的典型部位进行应力测试，典型部位包括处理表面的对接/搭接焊缝、交叉焊缝、安装焊缝等。对于一般的常压容器，测试部位一般包括底板上的对接/搭接焊缝、筒体上的纵缝、环缝和两者的交叉焊缝，每个部位的测点数量一般取 1～3 个。

（3）评价标准

爆炸处理后的效果，视处理对象的设计要求和施工条件确定。如无特殊要求，一般应达到 40%以上，即平均剩余应力不超过所测母材实际屈服强度的 60%。

3.6.4 爆炸法的特点

爆炸法消除残余应力主要有以下一些特点：

① 成本低　特别是针对大型或者超大型结构件的消除应力处理，低能耗和价廉的特点尤为明显。

② 速度快，效率高　在构件上布置炸药迅速，爆炸过程瞬间完成，可加快工程上的应用速率。

③ 效果显著　能够平均消除 40%的焊接残余应力。

④ 不受结构件尺寸的限制　梁、柱、管线、球罐等均可采用爆炸法消除焊接残余应力，目前有记录的爆炸处理最大钢板厚度达到 70mm。

⑤ 不受结构件材质的限制　不锈钢采用热处理消除残余应力很难兼顾材料的力学性能、耐晶间腐蚀性能和残余应力消除效果三者之间的平衡关系。而采用爆炸法处理之后，残余应力消除的效果可以达到 80%的程度，耐应力腐蚀寿命可以提高 4 倍以上，且力学性能相较于原构件还有所改善。

⑥ 可用于复合板和异种钢接头　可以避免因化学成分和物理性能差异引起的成分扩散，以及产生新的残余应力。这是热处理和其他方法所无法比拟的。

⑦ 兼有改善力学性能的功效　在爆炸消除焊接残余应力的同时，可提高焊接接头疲劳强度、抗应力腐蚀能力、弹塑性功、撕裂功和总冲击功，改善结构抗断能力。

3.6.5 爆炸法对材料性能的影响

（1）对焊接接头力学性能的影响

通过对不锈钢实验表明，爆炸处理后焊接接头的硬度有所提高，母材和焊缝的屈服强度较爆炸处理前分别提高 17.4%和 10.7%，对塑性和拉断强度均无明显影响。通过对 Q345（16Mn）钢实验表明，爆炸处理后抗拉强度与焊后抗拉强度相差不大，爆炸影响区内的硬度有所提高，且高爆速炸药作用结果高于低爆速炸药作用结果。

（2）对焊接接头抗应力腐蚀的影响

金属在拉应力和特定腐蚀环境下发生的脆性断裂称为应力腐蚀裂纹，是工程中突出的材料破坏形式。由于焊接接头存在焊接残余应力，很容易产生应力腐蚀裂纹。爆炸处理可以有效消除焊接结构的焊接残余应力，提高抗应力腐蚀能力，延长结构使用寿命。

（3）对焊接接头疲劳强度的影响

结构钢的抗疲劳实验表明，爆炸处理可以提高焊体疲劳极限强度，提升范围在40%～110%，其原因是：①爆炸冲击引起焊缝铁素体位错缠结或钉扎；②减少了焊接影响区的拉伸残余应力，形成了局部压应力；③焊接影响区表面经过冲击波处理得到了强化。

（4）对焊接接头中残留裂纹行为的影响

经爆炸冲击波处理，带焊接残留裂纹的 Q345R（16MnR）钢焊接接头抗断能力显著提高，说明冲击波不仅不会使残余裂纹的危害增大，反而有治愈裂纹和降低裂纹危害的作用。冲击波能使裂纹尖端的前沿区域经过冲击波的形变热处理后，晶粒细化并发生动态回复再结晶，产生局部材料改性。性能得到改善的裂纹尖端区域材料将裂纹整体包围起来，而在远离裂纹尖端的区域，材料产生硬化，限制了裂纹的扩展。

3.7 设计与工艺补偿法*

3.7.1 设计与工艺补偿法概述

设计与工艺补偿法是基于对部件在加工制造过程中由于残余应力导致变形量的准确预判，事先从加工工具（例如模具）或加工工艺（例如焊接）上采取抵消变形措施的技术。设计与工艺补偿法对加工部件变形的预测，通常需要通过理论计算与实验验证或实践经验相结合的方法获得；对加工部件变形的抑制、矫正，则需要根据预测结果给出模具设计的冗余增量，或焊接、制造工序的步骤和方法。设计与工艺补偿法可用于铸件、锻件、焊接件的残余应力调控，且可取得良好效果。

3.7.2 设计与工艺补偿法的应用

（1）大圆弧 U 形件的拉深成型

拉深也称拉延或压延，是利用模具将平板毛坯压延成开口空心件的一种冷冲压工艺。U 形件是拉深成型的具有代表性的产品。在通过拉深工艺制作如图 3-19(a)所示大圆弧 U 形件时，往往会由于残余应力导致的反弹，使成型件达不到设计要求。例如 U 形件的材质为 20CrMnSi，壁厚 4mm，大圆弧的相对弯曲半径 $r/t=76/4=19$，如果采用图 3-19(b) 所示的常规模具，在拉深成型后，90°直角、$R76$ 半径和 340 尺寸均会超差。

在理论上，平板坯料拉深时遵从图 3-20(a)所示曲线的应力-应变关系：当从曲线上 A、B 两点卸载后，由残余应力导致的反弹量分别为 ε'_A 和 ε'_B，且 $\varepsilon'_A<\varepsilon'_B$。由图 3-20(b)可知：

$$\frac{\varepsilon_p+\varepsilon_{A0}}{\varepsilon'_A}=\frac{\varepsilon_p+\varepsilon_{B0}}{\varepsilon'_B}$$

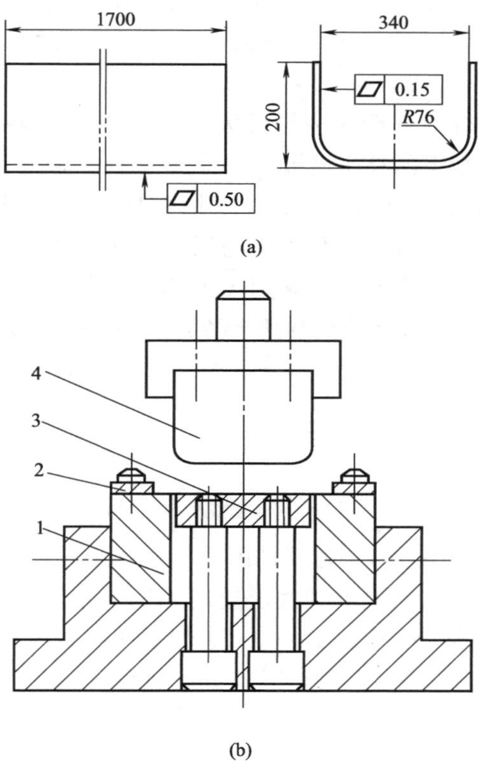

图 3-19 大圆弧 U 形件及其成形模具
1—凹模；2—定位板；3—顶板；4—凸模

又因为 $\varepsilon_p/\varepsilon'_A > \varepsilon_p/\varepsilon'_B$，所以有：

$$\frac{\varepsilon'_A}{\varepsilon_{A0}} > \frac{\varepsilon'_B}{\varepsilon_{B0}} \tag{3-11}$$

式(3-11)表明，平板坯料弯曲变形越小（即外表面塑性应变越小），卸载后的反弹就越大。由于大圆弧 U 形件的相对弯曲半径较大，所以由反弹引起的角度、曲率半径等尺寸变化均较大。

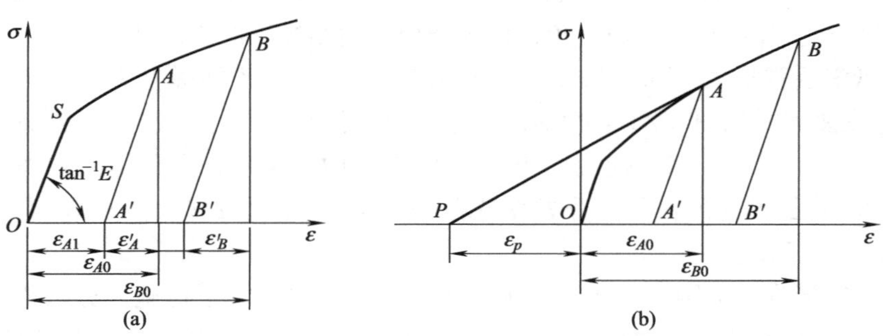

图 3-20 坯料拉深变形的应力-应变曲线

除此之外，材料性能对残余应力导致的反弹也有影响：在拉深变形相同的条件下，材料内应力值越高或弹性模量越小，则卸载后残余应力导致的反弹量就越大，如图 3-21 所示。

根据上述理论分析，针对残余应力导致大圆弧 U 形件拉深卸载后的反弹超差问题，需要从设计和工艺上采取如下的补偿措施：

① 从模具设计上，采用 V 形冲压模。V 形模能改变弯曲变形时的应力-应变状态，使图 3-22(a)中圆角部分的回弹方向 M 与直边的回弹方向 N 相反，从而抵消或减小最终反弹量，保证部件圆角部位的角度要求。采用 V 形模的关键在于确定模具头部的尺寸，通常可根据已知条件由式(3-12)计算凸模圆角半径 r_p 和反弹角 $\Delta\alpha$：

$$\left.\begin{aligned} r_p &= \frac{r}{1+\dfrac{3\sigma_s}{E}\times\dfrac{r}{t}} \\ \Delta\alpha &= (180^\circ-\alpha)\left(\frac{r}{r_p}-1\right) \end{aligned}\right\} \tag{3-12}$$

式中，r_p 为凸模圆角半径，mm；r 为工件圆角半径，mm；α 为工件要求的角度，(°)；σ_s 为材料屈服强度，MPa；E 为材料弹性模量，MPa；t 为平板坯料厚度，mm。

将大圆弧 U 形件的已知条件代入式（3-12）计算可得：$r_p=64$mm，$\Delta\alpha=17°$。由此，冲压 U 形件大圆弧部位的凸模尺寸如图 3-22（b）所示。

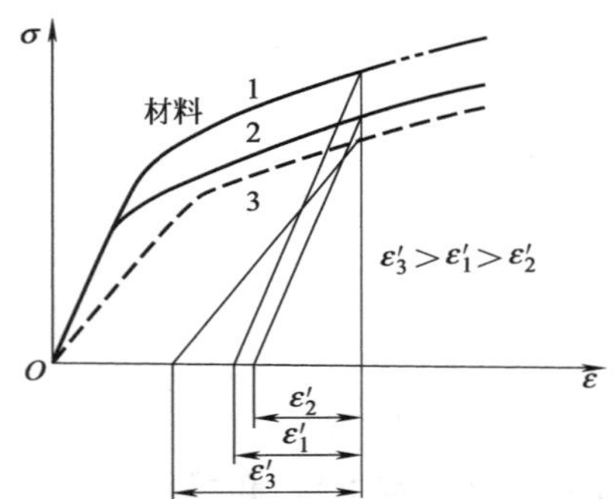

图 3-21　材料性能与回弹量的关系

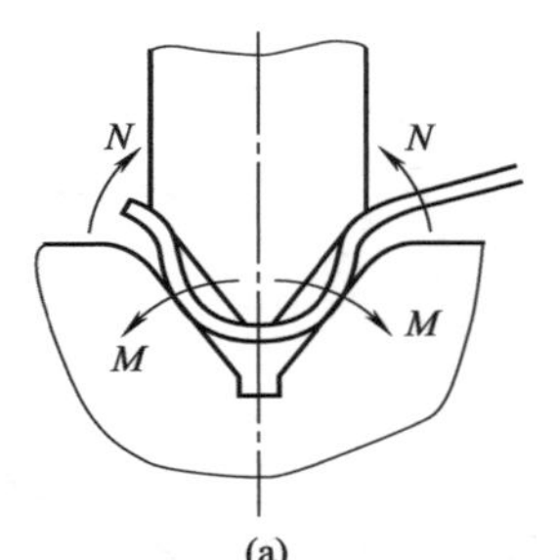

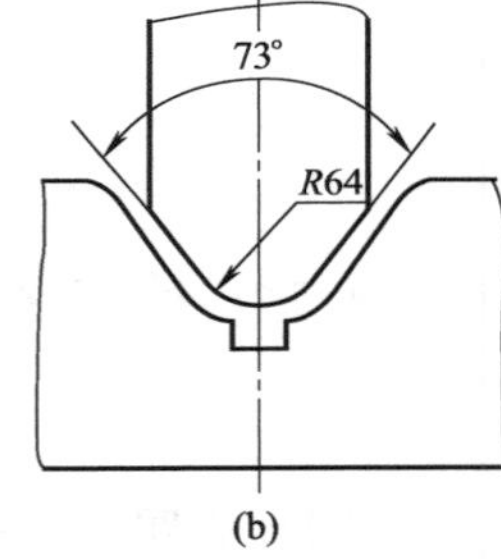

图 3-22　V 形模具回弹方向与尺寸

针对 U 形件卸载后的大圆弧反弹，也可以从模具设计上采取以下补偿措施：其一，在凸模上增加与反弹量相反的斜度角、修改凸模圆角半径（即前面计算的 $\Delta\alpha=17°$和 $r_p=64$mm）来抵消反弹量 $\Delta\alpha$［如图 3-23(a)所示］；其二，对于回弹量大的材料，将凸模和顶料器设计成曲面［如图 3-23(b)所示］，这样当工件从模具中顶出后，曲面的伸直可以补偿材料的反弹；其三，对于使用厚板进行 U 形弯曲变形时，需要用到较大的凸模圆角半径 r_p，此时将凸模与顶料器的分界面选在 $t/2$ 处［如图 3-23(b)所示］，有利于圆弧角处的矫直和减小反弹。

② 针对 U 形件的大圆弧反弹，从加工工艺上可以采取如下措施：分两道工序进行冲压弯曲加工；通过调整凸模的行程量可控制矫正力的大小，以适应不同材质的平板坯料；采用小于板料厚度的间隙进行弯曲；用校正弯曲取代自由弯曲，并在成型过程中进行多次镦压；在 $r/t>(r/t)_{min}$ 的范围内，尽量减小弯曲半径和增大弯曲变形程度。

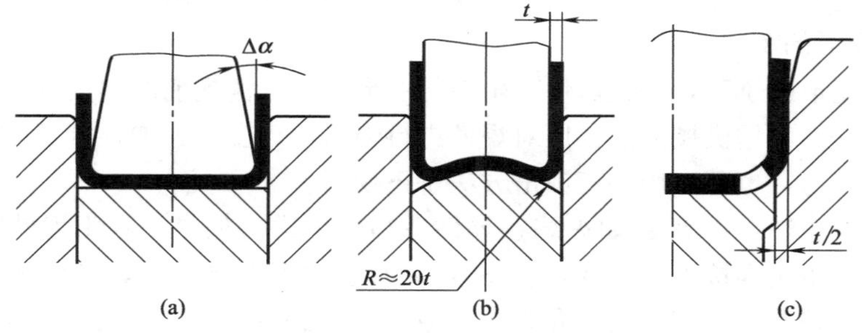

图 3-23 优化模具设计补偿 U 形大圆弧弯曲件反弹的其他方法

③ 从大圆弧 U 形件的改进设计上，还可以考虑采取如下措施：其一，在弯曲变形区增加加强筋，以提高刚度和减小反弹，如图 3-24 所示；其二，在满足使用的条件下，采用弹性模量大、屈服强度小和力学性能稳定的坯料；其三，在不改变材料组织的前提下，用整体加热或局部加热弯曲代替冷弯曲，可以减小成型后的反弹。

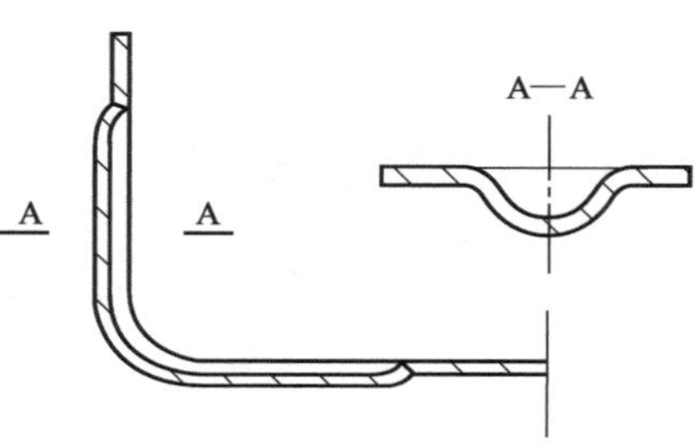

图 3-24 工件弯曲部位的加强筋

(2) 焊接应力与变形的控制

在对厚板或刚度大的结构进行焊接时，由于材料变形困难容易产生较大残余应力，所以减小焊接残余应力、抑制裂纹产生是主要任务；在对薄板和刚度小的结构进行焊接时，由于材料变形容易而残余应力较小，所以预防或矫正变形、使构件的形状和尺寸满足要求是主要任务。为达到不同的目的，需要采取不同的措施。

1) 防止焊接变形

反变形法：通过计算或实验，预先判断出构件焊后变形的方向与大小，然后在焊前将工件置于变形等量且相反方向的位置上［如图 3-25(a)所示］，或预先朝相反方向进行等量的变形［如图 3-25(b)所示］，在焊后获得变形被抵消的结果。

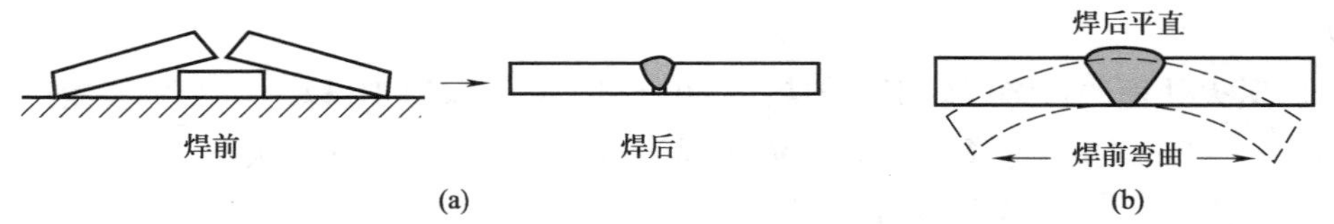

图 3-25 反变形法调控平板焊接残余应力的例子

加裕量法：根据经验，下料时在工件尺寸上加 0.1%～0.2%裕量，以补充焊后的材料收缩。

刚性夹持法：焊前将工件固定夹紧，以减小焊后的变形。固定夹紧的方法有多种，比如：使用简单夹具进行刚性夹持、暂时将工件点焊固定在工作台上、大批量生产时采用焊接专用胎夹具等。刚性夹持法仅适用于塑性较好的低碳钢材料，不适用于淬硬性大的钢材和铸铁。

焊接顺序法：选择合理焊接顺序，以抑制焊接后的变形。例如对于 X 形坡口，如果先焊满一侧，再焊另一侧，焊后构件会形成角变形且无法纠正，如图 3-26(a)所示；如果对坡口的两侧进行交替焊接，就可避免角变形，如图 3-26(b)所示。

2）焊后变形的矫正

所谓焊后变形的矫正，是让焊件产生新的变形，来抵消先前的焊接变形。

机械矫正法：利用机械力的作用对焊件进行强行矫正变形，如辊床、压力机、矫直机等提供的机械外力，也可以用手工锤击方法矫正变形。

火焰加热矫正法：用氧-乙炔火焰在焊件适当部位进行加热，利用焊件冷却收缩时产生的新变形，来矫正焊接引起的变形。图 3-27 所示的丁字梁由于焊接残余应力导致上拱变形后，可用火焰在腹板部位（三角形区）加热到 600～800℃，然后冷却，腹板收缩产生反向变形而抵消掉了原有焊接变形。这种方法适用于低碳钢和普通低合金结构钢。

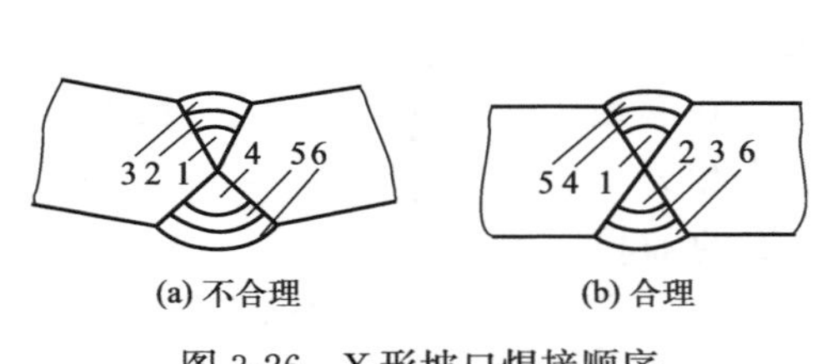

图 3-26　X 形坡口焊接顺序

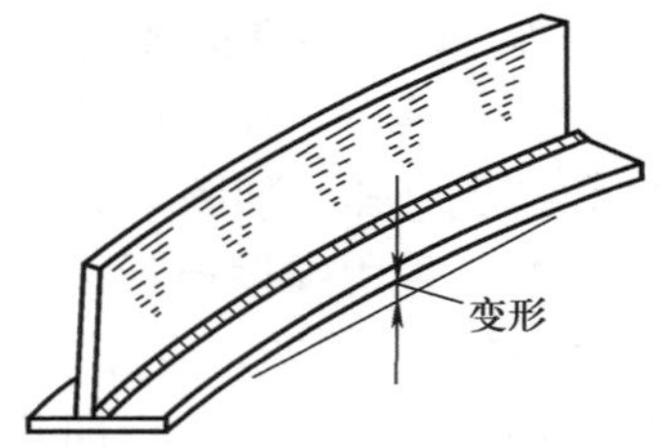

图 3-27　丁字梁火焰矫正

3）减小焊接应力

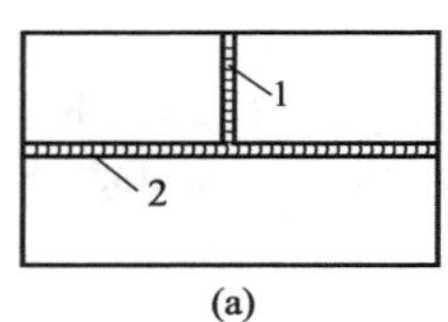

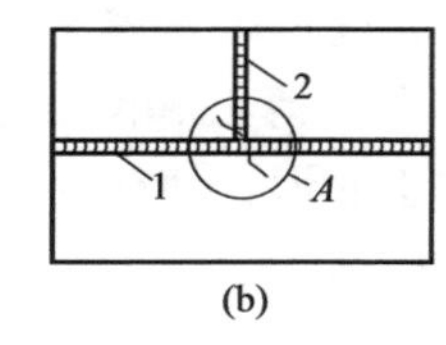

图 3-28　焊接顺序对焊接应力的影响

焊接顺序法：选择合理的焊接顺序，使焊缝在纵向与横向尽可能自由变形，以释放焊接应力。图 3-28 所示为三块钢板的拼接焊接，如果按图(a)所示顺序焊接，残余应力较小；如果按图(b)所示顺序焊接，残余应力较大，特别在焊缝交叉处，甚至可能产生裂纹。

焊前预热法：焊前将工件加热到 350～400℃，使焊接时焊缝区与周围母材的温差缩小，焊后焊缝和母材同步均匀冷却收缩，既可减小焊接应力也可减小焊接变形，是最有效的方法。

焊后退火处理法：将焊后工件加热到 600～650℃，保温 1h 以上，然后缓慢冷却，可消除 80%～90%焊接残余应力，也是消除焊接残余应力最有效的方法。

（3）弯折 U 形件的拉深复合成型

图 3-29(a)所示为一个采用“拉深＋弯折”复合成型的冲压件，成型后的 U 形件有一处 90°弯折，故称弯折 U 形件。平板坯料为 20＃钢，厚度 6mm。对于 U 形弯曲而言，相对弯曲半径 $r/t=12/6=2$ 较小，不易产生回弹。但是，两弯曲边在 90°折角处包含拉伸变形，沿着 $R20$ 的弯折不对称，因此存在图 3-29(b)所示的开裂与余料堆积的可能。开裂是由于弯曲变形时，坯料外侧在受拉的同时，还受到由于内侧角部多向弯曲交汇使材料变形而产生向外的挤压力，坯料外侧在双重拉应力作用下，一旦超过材料的变形极限时，就会产生裂纹或开裂；余料堆积是由于弯曲变形时，内侧材料受压，使得角部的材料在压应力作用下，沿着阻力最小的方向流动而形成余料堆积。余料堆积又名“余肉”，影响型材的尺寸和质量。

针对弯折 U 形件，需要采取的设计与工艺补偿措施如下：

① 设计措施　改变平板坯料的形状与尺寸，由原来的 238mm×66mm×6mm 长方形变为图 3-30(a)所示带有 $R85$ 缺口的坯料，将角部的弯曲交汇处多余的材料预先切除，使后续弯曲变形过程阻力减小，避免余料堆积和开裂缺陷。

② 工艺措施　采取成对弯曲拉深复合成型方法，如图 3-30(b)所示，从而改善单件成型时部件受力不均匀的情况，还提高了冲压效率，只是在成型后需要将工件切断分离成两件。

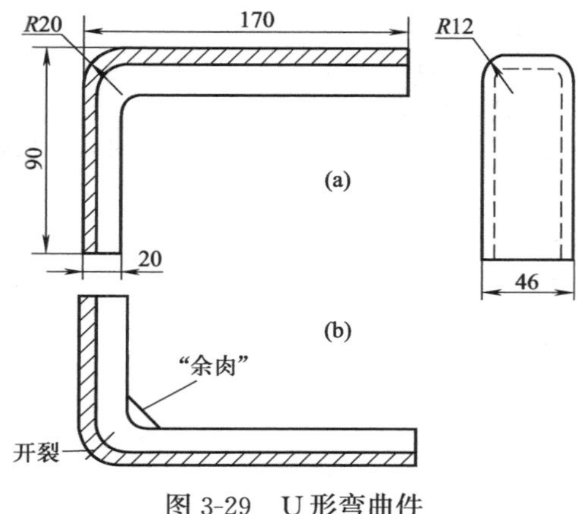

图 3-29　U 形弯曲件

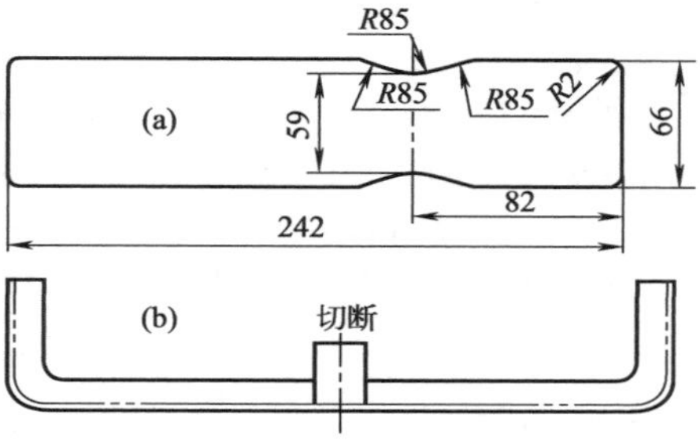

图 3-30　设计与工艺补偿措施

3.7.3　设计与工艺补偿法的特点

设计与工艺补偿法以防患于未然的思路，取代亡羊补牢的做法，可用最小的代价，换取最大的效益，属于最经济、最值得推广的残余应力调控技术之一。但无论铸件、锻件或焊接件，其残余应力的产生及大小受诸多因素的影响和制约，因此在采用设计与工艺补偿法调控残余应力时，需要综合考虑各种影响因素的作用，如材料种类、部件尺寸、荷载大小、预计变形等；除此之外，还需要考虑设计补偿的可行性、补偿操作的误差等。由此可见，设计与工艺补偿法的实施需要全面、综合的知识积累和经验。

思考题

1. 什么是残余应力调控技术？
2. 残余应力调控的目的是什么？
3. 简述内膛挤压法调控残余应力的原理。
4. 简述振动时效法调控残余应力的原理
5. 按照 JB/T 10375，如何判断振动时效工艺是有效的？
6. 简述抛喷丸法调控残余应力的原理。
7. 简述抛喷丸法的分类与特点。
8. 简述退火热处理消除残余应力的方法及其适用范围。
9. 爆炸法调控残余应力的原理是什么？

10. 爆炸法的特点有哪些？

11. 简述设计与工艺补偿法调控残余应力的原理。

参考文献

[1] Ma Y, Zhang S Y, Goodway C, et al. A non-destructive experimental investigation of elastic plastic interfaces of autofrettaged thick-walled Aluminium high pressure vessels [J]. Int J High Pressure Res, 2012, 32 (3): 364-375.

[2] 饶德林. 焊接结构的振动时效及振动焊接研究 [D]. 上海：上海交通大学，2005.

[3] 许旸，李庆本. 振动时效的振动力学分析 [J]. 焊接学报，2000，21 (1)：79-82.

[4] 许旸，孙茂才，李庆本. 振动时效效果现场判断的判据 [J]. 焊接学报，2002，23 (2)：63-67.

[5] 全国焊接标委会. 焊接构件振动时效工艺参数选择及技术要求：JB/T 10375—2002 [S]. 北京：机械工业出版社，2002.

[6] 郭成. 冲压件废次品的产生与防止 200 例 [M]. 北京：机械工业出版社，2022.

[7] 王孝培. 冲压手册 [M]. 3 版. 北京：机械工业出版社，2012.

[8] 邓文英，郭晓鹏. 金属工艺学 [M]. 北京：高等教育出版社，2008.

[9] 史美堂. 金属材料及热处理 [M]. 上海：上海科学技术出版社，1986.

第二部分

残余应力有损检测技术

第4章　残余应力的钻孔应变法检测技术
第5章　残余应力的全释放应变法检测技术
第6章　残余应力的逐层剥离法检测技术
第7章　残余应力的轮廓法检测技术
第8章　残余应力的裂纹柔度法检测技术
第9章　残余应力的深孔法检测技术
第10章　残余应力的压痕应变法检测技术

第4章 Chapter Four

残余应力的钻孔应变法检测技术

钻孔应变法（简称钻孔法）是一种通过在工件上打孔实现应变释放、进而测量残余应力的技术。钻孔法的孔径较小（一般在1～3mm之间），因此常被称为小孔法。钻孔法适于检测工件表层的平面残余应力，用于测定所钻孔洞边界内局部残余应力的大小和方向。

4.1 钻孔应变法基础知识

4.1.1 钻孔应变法的发展简史

钻孔法测量残余应力是德国亚琛工业大学助理教授Josef Mather于1934年最早提出的，最初使用机械式引伸计测量钻孔前后特定标点的距离变化。随着电阻应变计的发明，1950年Soete和Vancormburgge采用电阻应变计替代机械式引伸计测量孔周围应变，大大提高了测量精度。但早期的应变计是单向片，需要人工围绕孔心在特定距离和角度粘贴三片，误差大、效率低。1966年Rendler和Vigness设计出测量残余应力专用应变花，使钻孔法变得更加实用方便和高效快捷。1973年Bush和Kromer提出了喷砂打孔的加工方法，直到1976年Beaney和Procter才研制成功实用的旋转头系统（Orbiting Head System），即我们现今所熟知的喷砂打孔设备。随后，英国焊接研究所（TWI）发明了Tubestress和Cornerstress测量系统，在实验室和管道现场的焊接残余应力测量中获得成功应用。

在以后的几十年中，国内外大量的学者对钻孔检测技术的各种影响因素进行了深入研究，例如标定系数、钻孔偏心引起的误差等。到目前为止，钻孔法已被中国、美国和欧洲等许多国家采用。美国材料与试验协会于1981年最早颁布了ASTM E837—81标准《钻孔应变法测定残余应力的标准试验方法》，至2020年一共进行了7个版次的修订与补充。

在我国，兰州铁道学院和郑州机械研究所最先开始研究钻孔法测量残余应力技术和开发国产测量设备。兰州铁道学院自1977年开始研制适用于平面构件的CCZ-1型和CCZ-2型的残余应力磁力测钻仪，并于1980年开始联合航天部新兰仪表厂小批量生产。后来新兰仪表厂独立开发出CCZ-3型磁力测钻仪，实现了对中和钻孔一体化。郑州机械研究所从1980年开始研制ZDL-Ⅰ型和ZDL-Ⅱ型残余应力测量钻孔装置以及配套专用的电阻应变计，目前在国内的钻孔法残余应力测量中，ZDL-Ⅱ型仍然是应用最多的装置。郑州机械研究所还在 20 世纪 80 年代发明了与国外喷砂装置不同的 PSJ-Ⅱ型喷砂打孔装置。喷砂打孔的加工应变小，能在不易钻孔的高硬度材料上打孔。

随着近年光学和人工智能技术的发展，一些新的测钻方法不断涌现，例如目前国内外正在研究采用激光干涉、数值散斑技术代替应变花测量钻孔的释放应变。这种技术的优点是可以监测钻孔附近整个应变场的变化并在计算机上直观显示出来，它突破现有技术对钻孔对中要求高的限制，极大降低对测试操作熟练程度的依赖，提高测试效率和成功率。

4.1.2 钻孔应变法的基本原理

如果工件内部存在残余应力场，当在应力场内任意处钻孔后，该处金属中的残余应力即被释放，钻孔的周围将产生一定量的释放应变，释放应变的大小与被释放的应力是相对应的，测出释放应变，利用基于线弹性理论的柯西（Kirsch）公式即可计算出钻孔位置处的原始残余应力。这就是钻孔应变法的基本原理。

钻孔法根据工件是否被钻透分为通孔法和盲孔法。一般来说，薄工件采用通孔法，通孔法柯西公式中的应变释放系数可以通过解析计算直接获得；厚工件采用盲孔法，盲孔法柯西公式中的应变释放系数需要通过标定试验或有限元计算获得。

钻孔法根据成孔方法不同可分为四种：高速钻孔、低速钻孔、喷砂打孔和电化学成孔。目前比较常用的两种方法，一个是高速钻孔法（也称方法 A），即利用钻具以高达 5000～40000r/min 转速成孔，高速钻孔的加工应变较小，是一种理论上的理想状态，因此可以通过解析计算或有限元计算得到应变释放系数；另一种是低速钻孔法（也称方法 B），即利用钻具以低于 1000r/min 转速成孔，低速钻孔的加工应变较大，影响不能被忽略，因此只能通过标定试验获得应变释放系数。

（1）通孔法

用图 4-1 表示工件被测点 O 附近的应力状态，其中 σ_1、σ_2 为 O 点的残余主应力。在距离被测点为 $D/2$ 的 P 点处粘贴应变片。σ_r、σ_τ 分别表示径向应力和切向应力，θ 表示 σ_r 与主应力 σ_1 之间的夹角。根据弹性力学原理，钻孔前 P 点原有的残余应力与残余主应力 σ_1 和 σ_2 的关系为：

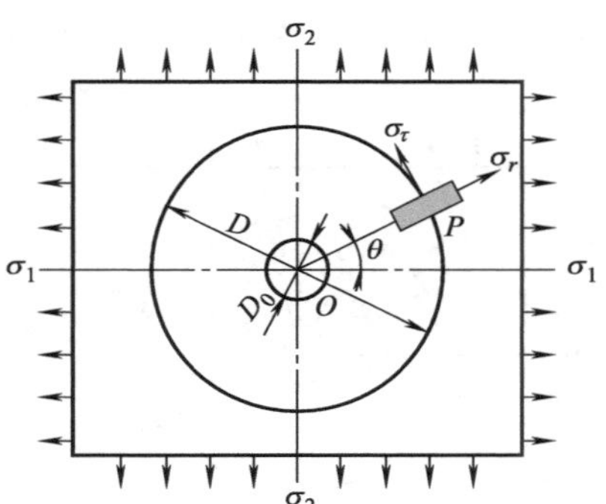

图 4-1 被测点附近的应力状态

$$\left.\begin{aligned}\sigma'_r&=\frac{1}{2}(\sigma_1+\sigma_2)+\frac{1}{2}(\sigma_1-\sigma_2)\cos2\theta\\\sigma'_\tau&=\frac{1}{2}(\sigma_1+\sigma_2)-\frac{1}{2}(\sigma_1-\sigma_2)\cos2\theta\end{aligned}\right\}\tag{4-1}$$

若在被测点 O 处钻一个直径为 D_0 的通孔，则根据弹性力学中的柯西理论，钻孔后 P 点的残余应力为：

$$\left.\begin{aligned}\sigma''_r&=\frac{1}{2}\left(1-\frac{D_0^2}{D^2}\right)(\sigma_1+\sigma_2)+\frac{1}{2}\left(1+\frac{3D_0^4}{D^4}-\frac{4D_0^2}{D^2}\right)(\sigma_1-\sigma_2)\cos2\theta\\\sigma''_\tau&=\frac{1}{2}\left(1+\frac{D_0^2}{D^2}\right)(\sigma_1+\sigma_2)-\frac{1}{2}\left(1+\frac{3D_0^4}{D^4}\right)(\sigma_1-\sigma_2)\cos2\theta\end{aligned}\right\}\tag{4-2}$$

这样，钻孔后 P 点处释放的应力是：

$$\left.\begin{aligned}\sigma_r &= \sigma''_r - \sigma'_r = -\frac{D_0^2}{2D^2}(\sigma_1+\sigma_2) + \frac{D_0^2}{2D^2}\left(\frac{3D_0^2}{D^2}-4\right)(\sigma_1-\sigma_2)\cos 2\theta \\ \sigma_\tau &= \sigma''_\tau - \sigma'_\tau = \frac{D_0^2}{2D^2}(\sigma_1+\sigma_2) - \frac{3D_0^4}{2D^4}(\sigma_1-\sigma_2)\cos 2\theta\end{aligned}\right\} \quad (4\text{-}3)$$

根据胡克定律，由应力导致的径向应变为：

$$\varepsilon_r = \frac{1}{E}(\sigma_r - \nu\sigma_\tau) \quad (4\text{-}4)$$

在式（4-4）中，E 为弹性模量；ν 为泊松比。

将式（4-3）代入式（4-4），可得释放应变 ε_r 与残余主应力 σ_1、σ_2 的关系为：

$$\varepsilon_r = -\frac{1+\nu}{2E}\times\frac{D_0^2}{D^2}(\sigma_1+\sigma_2) + \frac{1}{2E}\times\frac{D_0^2}{D^2}\left[3\frac{D_0^2}{D^2}(1+\nu)-4\right](\sigma_1-\sigma_2)\cos 2\theta \quad (4\text{-}5)$$

如果令

$$\left.\begin{aligned}A &= -\frac{1+\nu}{2E}\times\frac{D_0^2}{D^2} \\ B &= \frac{1}{2E}\times\frac{D_0^2}{D^2}\left[3\frac{D_0^2}{D^2}(1+\nu)-4\right]\end{aligned}\right\} \quad (4\text{-}6)$$

则式（4-5）简化为

$$\varepsilon_r = A(\sigma_1+\sigma_2) + B(\sigma_1-\sigma_2)\cos 2\theta \quad (4\text{-}7)$$

式（4-7）是根据柯西理论得到的通孔下材料释放应变与主应力之间的关系式，是测定残余应力的基本公式，常称为柯西公式。在式（4-7）中，A 和 B 是通孔法测量残余应力时的两个重要参数，称为应变释放系数。已知被测工件的弹性模量 E 和泊松比 ν、钻孔直径 D_0 以及应变片到钻孔中心距离 $D/2$，由式（4-6）很容易计算出 A 和 B。

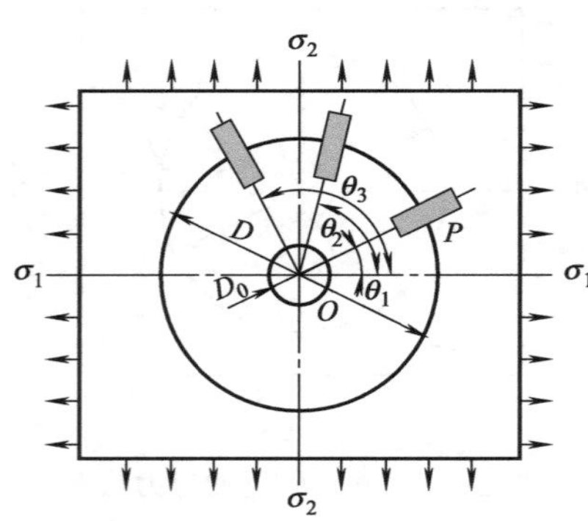

图 4-2　三个应变片的布置

在一般情况下，主应力方向是未知的，则式（4-7）中含有三个未知数 σ_1、σ_2、θ。如果在以钻孔为中心、直径为 D 的圆周上粘贴三个应变片（如图 4-2 所示），例如三个应变片与主应力 σ_1 之间的夹角分别为 $\theta_1=\theta$、$\theta_2=\theta+45°$、$\theta_3=\theta+90°$，就可测得三个释放应变：

$$\left.\begin{aligned}\varepsilon_1 &= A(\sigma_1+\sigma_2) + B(\sigma_1-\sigma_2)\cos 2\theta \\ \varepsilon_2 &= A(\sigma_1+\sigma_2) + B(\sigma_1-\sigma_2)\cos 2(\theta+45°) \\ \varepsilon_3 &= A(\sigma_1+\sigma_2) + B(\sigma_1-\sigma_2)\cos 2(\theta+90°)\end{aligned}\right\} \quad (4\text{-}8)$$

求解式（4-8）的方程组，可得到主应力的计算公式：

$$\left.\begin{aligned}\sigma_1,\sigma_2 &= \frac{1}{4A}(\varepsilon_3+\varepsilon_1) \pm \frac{1}{4B}\sqrt{(\varepsilon_3-\varepsilon_1)^2+(\varepsilon_3+\varepsilon_1-2\varepsilon_2)^2} \\ \tan 2\theta &= \frac{\varepsilon_3+\varepsilon_1-2\varepsilon_2}{\varepsilon_3-\varepsilon_1}\end{aligned}\right\} \quad (4\text{-}9)$$

以上是将应变片看成为一个点得到的主应力及其方向角的测量结果。如果将应变片看成一个线段，其长度为 l [钻孔中心到应变片的近孔端距离为 $(D-l)/2$，远孔端距离为 $(D+l)/2$]，则所测量的释放应变是 l 内的平均应变值：

$$\bar{\varepsilon}_r=\frac{1}{l}\int_{(D-l)/2}^{(D+l)/2}\varepsilon_r\,\mathrm{d}r \tag{4-10}$$

将式（4-5）代入式（4-10），可得应变片测得的径向释放应变

$$\bar{\varepsilon}_r=-\frac{1+\nu}{2E}\times\frac{D_0^2}{D^2-l^2}(\sigma_1+\sigma_2)+\frac{1}{2E}\times\frac{D_0^2}{D^2-l^2}\left[\frac{D_0^2(3D^2+l^2)}{(D^2-l^2)^2}(1+\nu)-4\right](\sigma_1-\sigma_2)\cos2\theta \tag{4-11}$$

此时应变释放系数为：

$$\left.\begin{aligned}A&=-\frac{1+\nu}{2E}\times\frac{D_0^2}{D^2-l^2}\\B&=\frac{1}{2E}\times\frac{D_0^2}{D^2-l^2}\left[\frac{D_0^2(3D^2+l^2)}{(D^2-l^2)^2}(1+\nu)-4\right]\end{aligned}\right\} \tag{4-12}$$

若令 $l=0$，则式（4-11）和式（4-12）与先前将应变片看成为一点时的式（4-5）和式（4-6）是相同的。

如果将应变片按接近真实的片状处理，亦即除了考虑应变片长度 l 还考虑宽度 b，则所测量的释放应变

$$\hat{\varepsilon}_r=\frac{1}{\alpha}\int_{\theta-\alpha/2}^{\theta+\alpha/2}\bar{\varepsilon}_r\,\mathrm{d}\theta \tag{4-13}$$

式（4-13）是将实际为矩形的应变片简化视作以孔心为中心的扇形（在 b 值不大的情况下这样的假设是合理的），其中 α 为扇形的弧度。将式（4-11）代入式（4-13），经计算后可得到应变释放系数：

$$\left.\begin{aligned}A&=-\frac{1+\nu}{2E}\times\frac{D_0^2}{D^2-l^2}\\B&=\frac{1}{2E}\times\frac{D_0^2}{D^2-l^2}\left[\frac{D_0^2(3D^2+l^2)}{(D^2-l^2)^2}(1+\nu)-4\right]\frac{\sin\alpha}{\alpha}\end{aligned}\right\} \tag{4-14}$$

当 b 值不大时，扇形的弧度 $\alpha\approx b/D$。显然这是一种简化的处理方式。

（2）盲孔法

因为一般工件的厚度远大于钻孔直径，且盲孔比通孔对工件的损伤程度小得多，所以盲孔法是工程上更常见的残余应力测量方法。已有的研究表明，盲孔附近的应力分布与通孔时的应力分布类似，因此盲孔法的检测原理以及表述应力与应变关系的柯西公式（4-7）仍然成立，只是应变释放系数 A、B 不能再用通孔法时的式（4-6）、式（4-12）或式（4-14）求得（因为不含孔深），需要通过建立有限元仿真模型计算或利用标定试验得到。

当利用标定试验获得盲孔法的应变释放系数时，可在标定试样上施加一个已知的单向应力，即 $\sigma_1=\sigma$、$\sigma_2=0$，且让 1＃、3＃应变片分别平行于主应力 σ_1、σ_2 方向，即 $\theta=0°$，这样由式（4-8）可以得到：

$$\left.\begin{aligned}A&=\frac{\varepsilon_1+\varepsilon_3}{2\sigma}\\B&=\frac{\varepsilon_1-\varepsilon_3}{2\sigma}\end{aligned}\right\}\tag{4-15}$$

这样，通过测量1#、3#应变片的释放应变ε_1、ε_3，即可求出应变释放系数A和B。

4.1.3 钻孔应变法的特点

钻孔应变法是在实际中使用最多的残余应力检测方法之一。钻孔法之所以被广泛采用，是由于它具有的鲜明特点和独特优势：

① 对工件损伤小　相比于其他应力释放的残余应力检测方法，钻孔法对被测对象的损坏程度较小，被称为“半无损”测试方法。

② 检测成本低　钻孔法使用的测量设备是普通应变仪和应变花。高速钻孔（方法A）使用专用高速气动涡轮或电动钻孔机，价格并不昂贵；低速钻孔（方法B）使用普通台钻或枪钻，价格更低。

③ 检测速度快　在各种应变片电测技术中，钻孔法的机械加工速度最快，所用时间最短。

④ 操作简单　钻孔法使用的都是比较常见和普通的仪器、设备，测试人员经过训练容易掌握和使用。

⑤ 可进行现场检测　由于钻孔法使用的设备简单、便携，加之钻孔法对被测对象的损坏程度不大，所以经常被用于生产现场或工程现场的检测。

⑥ 应力测量范围宽　从理论上，如果各向同性（等轴）残余应力超过材料屈服强度的50%或任一方向上的切应力超过屈服强度的25%，钻孔周边可能因应力集中而发生局部屈服，造成测量结果的不准确。而在实践中，只要残余应力不超过材料屈服强度的60%，高速钻孔（方法A）仍可采用理论应释放系数计算残余应力；即使残余应力高达材料的屈服点，还可采用试验标定方法（方法B）测定释放系数。

⑦ 应用范围广　钻孔法在金属材料上的应用最多，也可应用于非金属材料，如橡胶、陶瓷和复合材料，例如用高速钻孔法测定纤维金属层压板中的非均匀残余应力，当以0.4mm、0.8mm、1.2mm深度分三步钻孔时，虽然随钻孔深度增加误差加大，但实际测量值与理论模拟值的相对偏差小于20%。

钻孔应变法也存在着的局限性与不足，主要体现在以下一些方面：

① 测量深度浅　钻孔法属于表层残余应力检测技术，只能用来测量材料近表面的平面应力状态，一般认为最大测量深度在1.4mm左右。

② 测量精度较低　钻孔时容易产生加工应变，对检测结果造成干扰；在分步钻孔时，后面的钻进会受到前面钻进的影响。

③ 不适合检测应力值较小以及具有较大应力梯度的试样　由于钻孔法中的应力释放属于部分释放，释放应变的测量灵敏度只有全释放法的25%，因此钻孔法对低水平或梯度较大的残余应力的测量精度较低。

④ 人为因素对检测结果影响大　应变片的粘贴角度、钻孔中心与应变花测量中心的

对正、每步钻孔深度的控制等都会对残余应力测量精度造成影响，而这些都是由测试人员完成的，不熟练的操作会使结果产生较大的误差。

4.2 钻孔应变法的检测方法和检测设备

4.2.1 钻孔应变法的检测方法

（1）检测方法概述

钻孔法检测的基本过程是，先按照检测标准在工件待测表面粘贴应变片，随后对准应变片的中心钻孔，同时利用应变片测量释放应变，最后根据应变计算残余应力。因为钻孔法假设工件中的残余应力在 x-y 平面内是均匀分布的，所以测试点应选择在平坦的表面，还应注意避开工件边缘或其他不规则物体。图 4-3 显示了钻孔后测点部位的应力分布情况，图中（a）表示工件内的残余应力沿孔深方向大小是一致的，图中（b）表示工件内的残余应力沿孔深方向大小是变化的。

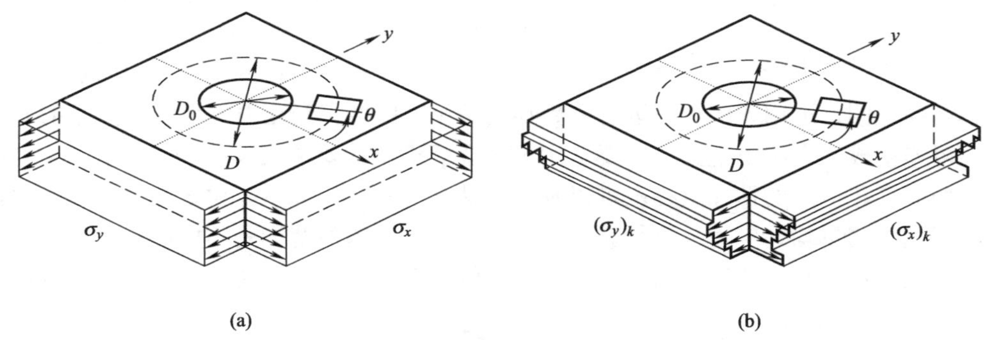

图 4-3　测点部位的应力情况

钻孔法的测量精度受多方面因素影响。钻孔中孔壁经历了弹性变形、塑性变形和切断过程，因而在孔壁周围会因局部塑性变形而产生附加应力场，使粘贴在该区域的应变片感受到附加应变。附加应变的大小又受孔径、孔深、钻进速度、钻刃锋利程度、应变片尺寸及到钻孔中心的距离等的影响。因此在使用钻孔法测量残余应力时，应保证操作和测量方法的规范性和准确性。

（2）工件的准备

工件表面常常有锈斑、氧化层或油污，这对应变片的粘贴是非常不利的。为了保证应变片的粘贴质量，必须对待测表面进行认真清理。可在表面基本平整的基础上，先在测点处大于应变片 4～6 倍面积的范围内用角磨机打磨掉氧化层和锈迹，待露出金属光泽且无麻坑和凹凸圆弧后，再用 100 目金相砂纸手工打磨，直至表面粗糙度小于 Ra 2.8μm。这种表面处理方法对被测工件的残余应力无显著影响，与纯手工打磨相比，效率高，劳动强度小。

在完成表面清理后，使用划针在测点处画上定位线。之后，再用金相砂纸打磨，除去划线时残留的毛刺。这样处理后，胶黏剂可以充分浸润到工件表面，使应变片粘贴牢靠。

(3) 应变片的选择和粘贴

在钻孔法测量残余应力中，应变片的选择和粘贴直接影响测试结果的准确性和可靠性，其中任何一个环节出现问题，都会导致数据分散、数据失真，以至于测点失效。

1) 应变片的选择

钻孔法一般采用由三个独立或成对的应变敏感栅组成的应变花。钻孔法用应变花中敏感栅的编号遵循顺时针规则，这与通用型应变花及其他类型应变花常用的逆时针编号不同。对于逆时针编号的应变花（如图 4-4 所示），只要将 1＃敏感栅与 3＃敏感栅互换编号，并将最大拉应力方向角 β 做相应颠倒，且按重新定义的 1＃敏感栅逆时针旋转 β 角度，即为主应力方向。所以，逆时针编号的应变花仍然可用于钻孔法的残余应力测试。

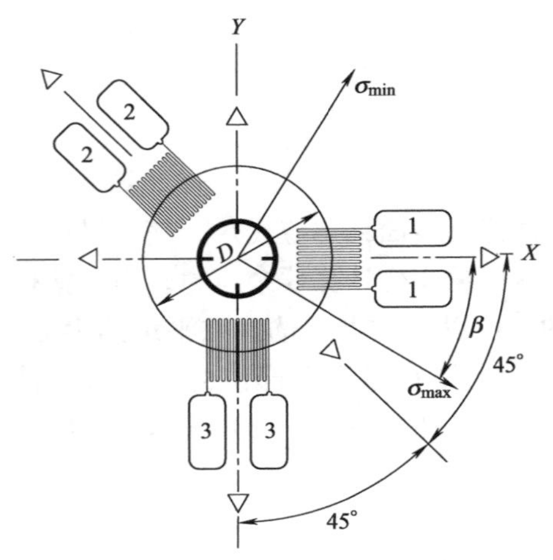

图 4-4　典型三向应变花的布局

钻孔法常用的标准应变花有 A 型、B 型和 C 型三种，如图 4-5 所示。常规情况下的残余应力测试推荐使用 A 型应变花；B 型应变花中的敏感栅都分布在钻孔同一侧，适用于测点附近有障碍物的情况；C 型应变花由三组成对分布的敏感栅组成，可连接成三个半桥电路，主要适用于对温度稳定性要求较高的场合。表 4-1 列出了各种类型应变花适用的钻孔直径范围以及分步钻孔时的步进深度。由表 4-1 可以看出，对同一应变花，测量均匀应力与测量非均匀应力时的孔径取值范围是不同的。此外，由于释放应变的大小近似与钻孔直径的平方成正比，因此钻孔直径一般优先采用范围上限值。

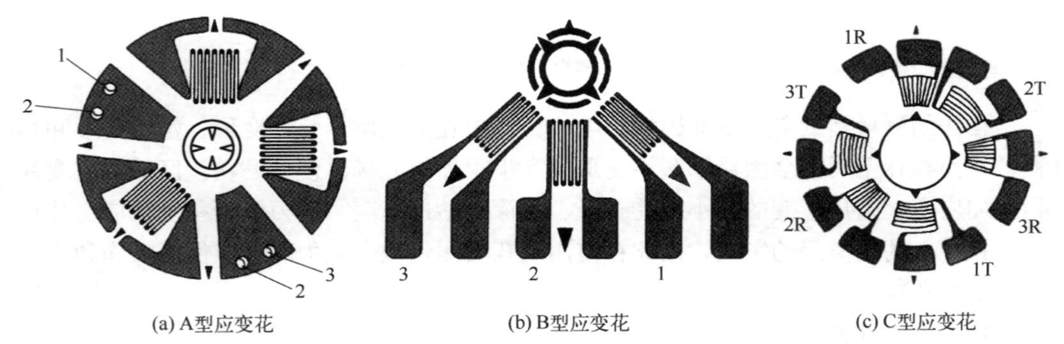

(a) A型应变花　(b) B型应变花　(c) C型应变花

图 4-5　应变花类型

表 4-1　工件厚度、钻孔直径和钻孔步进深度推荐值①　　单位：mm

应变花类型	D	薄工件最大厚度	厚工件最小厚度	均匀应力			非均匀应力		
				最小孔径	最大孔径	步进深度②	最小孔径	最大孔径	步进深度②
A 型									
名称	D	$0.4D$	$1.2D$	$0.6\ \mathrm{Max}D_0$	$\mathrm{Max}D_0$	$0.05D$	$\mathrm{Min}D_0$	$\mathrm{Max}D_0$	$0.01D$
公称值 1/32in	2.57	1.03	3.08	0.61	1.01	0.125	0.93	1.00	0.025
	(0.101)	(0.040)	(0.121)	(0.024)	(0.040)	(0.005)	(0.037)	(0.040)	(0.001)

续表

应变花类型	D	薄工件最大厚度	厚工件最小厚度	均匀应力			非均匀应力		
				最小孔径	最大孔径	步进深度②	最小孔径	最大孔径	步进深度②
A型									
名称	D	0.4D	1.2D	0.6 MaxD_0	MaxD_0	0.05D	MinD_0	MaxD_0	0.01D
公称值 1/16in	5.13	2.06	6.17	1.52	2.54	0.25	1.88	2.12	0.05
	(0.202)	(0.081)	(0.242)	(0.060)	(0.100)	(0.010)	(0.075)	(0.085)	(0.002)
公称值 1/8in	10.26	4.11	12.34	3.35	5.59	0.50	3.75	4.25	0.10
	(0.404)	(0.162)	(0.485)	(0.132)	(0.220)	(0.020)	(0.150)	(0.170)	(0.004)
B型									
名称	D	0.4D	1.2D	0.6 MaxD_0	MaxD_0	0.05D	MinD_0	MaxD_0	0.01D
公称值 1/16in	5.13	2.06	6.17	1.52	2.54	0.25	1.88	2.12	0.05
	(0.202)	(0.081)	(0.242)	(0.060)	(0.100)	(0.010)	(0.075)	(0.085)	(0.002)
C型									
名称	D	0.48D	1.44D	0.6 MaxD_0	MaxD_0	0.0575D	MinD_0	MaxD_0	0.0115D
公称值 1/16in	4.32	2.07	6.22	1.52	2.54	0.25	1.88	2.12	0.05
	(0.170)	(0.082)	(0.245)	(0.060)	(0.100)	(0.010)	(0.075)	(0.085)	(0.002)

① 括号（ ）内数值单位为英寸，1英寸=1in=25.4mm。

② 见 GB/T 31310—2014 中 8.4.3 的注。

在薄工件钻通孔时，如果使用A型或B型应变花，工件厚度不应超过0.4D；如果使用C型应变花，工件厚度不应超过0.48D。在厚工件钻盲孔时，如果使用A型或B型应变花，工件厚度不应小于1.2D；如果使用C型应变花，工件厚度不应小于1.44D。

选择合适的应变花尺寸也非常重要，大应变花可以测量较深范围内的残余应力，小应变花测的局部数据更加精确。

应变片的质量对钻孔法测试结果的准确性至关重要，选择时应加以注意。首先，通过目视或借助放大镜检查外观，观察应变片各部位是否有损伤、气泡和霉点，栅丝是否平行以及有否折断现象。其次，用万用表测量各个敏感栅的电阻值，以检验是否符合产品标准，同时比较三个敏感栅的阻值。应选用三栅之间阻值偏差小的应变花，以减小测量误差。当三栅之间的阻值偏差超过±（0.1～0.15）Ω时，应变花不宜再使用。

2）应变片的粘贴

粘贴应变花的工件表面必须平整光滑，应采用对残余应力影响小的方法对表面进行抛光，这一点对于在近表面存在着较大应力梯度的工件尤为重要。

在选择应变花的粘贴位置时应注意，应变花中心距离工件最近的边缘至少为1.5D；如果工件由多种材料组成，应变花中心距离材料分界线至少为1.5D。采用B型应变花在障碍物附近进行测量时，应变花中心至少距离障碍物0.5D，且敏感栅布置在与障碍物相对的一侧。

为准确、牢固地粘贴应变花，最好由两个人配合共同完成粘贴工作：一人操作，一人辅助。第一步，操作人左手捏住应变花45°方向的引线，右手接过辅助人的胶黏剂，并在应变花粘贴面中心滴上一小滴胶黏剂。第二步，操作人仍左手捏住应变花45°引线，右手

捏住 x 轴方向引线，让应变花方位线对准工件上的十字定位线后进行粘贴。第三步，辅助人将聚四氟乙烯透明薄膜展开覆盖在应变花上，操作人用手指轻轻滚压薄膜表面，将应变花与工件之间多余的胶黏剂和气泡赶出。滚压时不能有手指滑动。滚压 5～6s 后将薄膜掀开，以避免薄膜与应变花黏结。第四步，观察应变花方位线与定位线是否对正，未对正时应及时纠正。之后，将薄膜重新覆盖在应变花上，稍许加力进行手指滚压 10～15s。第五步，重复上述第四步，加大力量滚压 20～30s，直至应变花与工件黏结牢固。

在完成应变花粘贴后，接下来的工作是焊接应变花的引线。为了防止在测试过程中应变花引线与工件接触短路或折断损坏，须在应变花三个引线旁的工件表面各粘贴一个接线端子，并就近将引线焊接在接线端子上。焊接完引线后，用万用表在接线端子处分别测量三组敏感栅阻值是否有明显变化。还可用兆欧表检测各敏感栅与工件的绝缘电阻，要求阻值>50MΩ。

（4）应变测量仪的选择和连接

应变测量仪的分辨率应优于±1$\mu\varepsilon$，短时稳定性和重复性至少为±3$\mu\varepsilon$。应变测量仪的性能应满足 JJG 623 检定规程的要求。

应将应变测量仪连接应变花的导线焊接在接线端子上，导线的长度越短越好。焊接导线时须特别注意仪器输入 ε_1、ε_2、ε_3 的顺序。对于 A 型和 B 型应变花，可采用三线共用温度补偿电路；对于 C 型应变花，可采用半桥连接方式。

在完成仪器导线的连接后，可以通过在工件上施加小载荷观测应变值的变化，当载荷撤销后仪器显示的应变值应归零，以此来验证整个系统连接的正确性。

（5）钻孔操作及其程序

钻孔通常是采用专用钻孔装置完成的。钻孔前的准备步骤大致是：先用快干胶或装置自身的磁铁（铁磁性工件时）将装置的三个支点固定在工件表面，如果测试面为曲面，需调节各支腿长度以适应钻孔要求；再通过装置中的光镜同时调整微调机构使钻点对准应变花中心；然后以钻具替换光镜系统即可开始钻孔。

在没有专用钻孔装置的情况下，也可用普通手电钻或台式钻打孔，用经过改装的百分表控制打孔深度。采用这种方法钻孔前，须先用样冲（打样冲眼工具）在测点中心做出定位冲眼，以免钻孔时孔位偏斜，导致测试失效。

不论选用何种钻孔装置，均应保证钻孔中心与应变花中心的偏心距在±0.004D 以内。

如果使用专用装置进行高速钻孔（方法 A)，无论是测量薄工件或厚工件上均匀应力，还是测量厚工件上非均匀应力，检测标准对钻孔过程都有严格规定［参见 4.4.1（2）中 1）所述］，操作时应遵照执行；如果使用手电钻或台式钻进行低速钻孔（方法 B)，由于钻头的下压力量和钻进速度难以控制，所以钻孔时既无须分步也没有其他过多要求。

原则上钻孔应在恒温下进行。由于钻孔时会产生热量且恢复常温需要时间，所以钻头每钻一步都应停顿一段时间。在这段停顿时间内可每隔一定时间观测一次应变数值的变化，直至相邻两次读数相差 1～2$\mu\varepsilon$。

如果由钻孔所导致的应变量很大或很难在被测材料上钻孔，可以使用绝缘性润滑液对钻头进行润滑，但不能使用含水介质或具有导电性的液体，否则一旦渗透到应变花的敏感栅中，会引起电路断路或数据失真。

对于难于钻孔的高硬度材料，可选用喷砂打孔装置。使用喷砂装置时，先用速干胶固定装置，然后调节喷嘴至工件表面距离并对准测点中心；开始打孔后，夹砂压缩气流以MPa级压强偏心旋转射向工件表面，应做好操作人员的防护。喷砂打孔比机械钻孔操作更灵活，且成孔的附加应变较小。因为喷砂打孔无法严格控制孔深和孔形，所以不适用于较软的材料，也不能用于有应力梯度的工件。

（6）测试步骤总结

采用钻孔法测量残余应力时，整个的操作流程可以归纳如下：

工件准备（打磨清理、划线等）→应变花选择与检验→应变花粘贴及粘贴质量检查→连接应变花与应变仪→检查应变花与应变仪的连接质量→初步固定钻孔装置支架→钻点对中（利用光镜做钻孔对中检查）→固定钻孔设备支架→应变仪开机预热→应变仪调零→钻孔→停刀并记录应变读数ε_1、ε_2、ε_3→测量钻孔直径以确认在规定范围内→核查钻孔同心度以确认在允差范围内→计算残余应力。

4.2.2 钻孔应变法的检测设备

钻孔应变法的检测设备主要包括钻孔装置、应变花、应变测量仪和其他辅助工具等。

（1）钻孔装置

典型钻孔装置的构成如图4-6所示，它需要用两幅图来说明：图4-6(a)为钻孔前用于钻具对中的部分，通常称其为对中装置；图4-6(b)是将对中装置中的光镜系统（镜筒和目镜等）取出，代之以钻具系统（钻头、深度标尺和/或压缩空气管等），习惯上将换装了钻具系统后的对中装置称为钻孔装置。

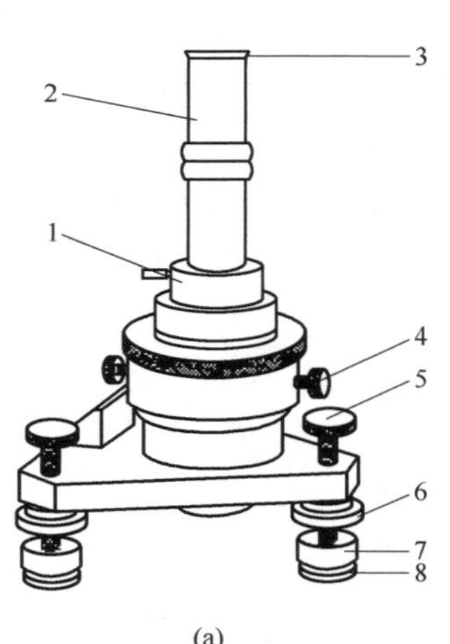

(a)

1—锁紧环；2—镜筒；3—目镜；4—水平调节旋钮；5—高度调节旋钮；6—锁紧螺母；7—座底帽；8—座底

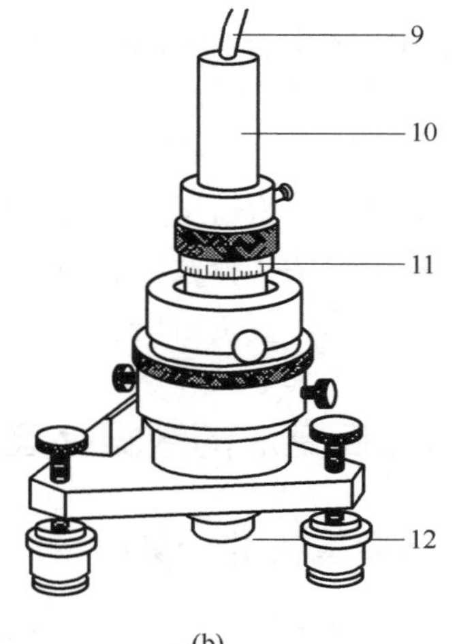

(b)

9—压缩空气管；10—涡轮钻具；11—深度标尺；12—钻具端头

图4-6 典型的钻孔装置

目前市场上的钻孔装置种类较多，例如较常见的由高速空气涡轮或50000～400000r/min电机驱动钻具的钻孔机，除了极硬材料之外，几乎适用于所有工件。

目前市场上的钻头种类也较多，但大多数不是专门为测量残余应力设计的。普通钻头是麻花钻头［如图4-7(a)所示］，麻花钻头的头部为锥形无法打平底盲孔，而且打孔时极易产生加工应变，所以普通钻头只能用于低速钻孔（方法B）。平面立铣刀［如图4-7(b)所

(a)

(b)

(c)

图 4-7　各种钻孔刃具

示〕可以钻平底盲孔，但普通立铣刀的柄身是等直径的，容易与孔壁摩擦而引起加工应力。可以通过试验判断普通立铣刀是否能够用于高速钻孔（方法 A）的残余应力测量：在一个经退火、无应力的工件上贴上应变花，然后高速钻孔，如果由钻孔引起的应变在±8$\mu\varepsilon$范围内，则认为所试验铣刀是可用的。如果选用平面立铣刀，刀头平面的倾角不应大于1°，以避免钻孔底部深浅不一致。一般检测标准规定，钻孔深度偏差应小于钻头直径的1%。

"倒锥形"钻头是高速钻孔（方法 A）的推荐专用钻头，如图 4-7(c)所示。"倒锥形"钻头是一种特殊型平面立铣刀，它的端头直径最大、柄身逐渐变细，可以避免柄身与孔壁摩擦。使用"倒锥形"钻头时，既可以将钻头正对应变花中心进行钻孔（同心钻孔），也可以将钻头偏离应变花中心进行钻孔（偏心钻孔）。在偏心钻孔时，钻头的轴线沿与应变花中心同心的环形轨迹绕行，因此也称为轨道钻孔。轨道钻孔的孔径比钻头直径大（检测标准规定钻头直径为孔径的60%～90%）。同心钻孔的优点是操作简单；偏心钻孔的优点是能够在不更换钻头情况下通过调整钻头的偏心量就可获得不同大小的孔径。

（2）应变花和应变测量仪

目前国内外市场上有各种类型和型号的钻孔法专用应变花，还有一些非专用的普通应变花也适用于钻孔法，因此一般不需要特别定制，如美国的 EA-XX-062RE-120 型和 EA-XX-125RE-120 型应变花，国产的 TJ-120-1.5-φ1.5 型、TJ-120-1.5-φ2.0 型以及 BYM120-1.6CA-T(11)-X30 型应变花，均能满足使用要求。

应变测量仪分为通用型应变测量仪和钻孔法专用应变测量仪两大类。通用应变测量仪仅有测量和记录钻孔释放应变的功能；专用应力测量仪除了通用型仪器的功能外，还能进行残余应力计算，直接给出残余应力的测量结果。

4.3　钻孔应变法的数据处理

4.3.1　残余应力的计算

在 4.1.2 介绍钻孔法残余应力检测原理时，得到了释放应变与残余主应力的关系式(4-7)，公式中的应变释放系数 A 和 B，在通孔法时可以利用式（4-6）、式（4-12）或（4-14）计算获得，在盲孔法时需要通过有限元计算或者标定试验获得。在实际的钻孔法残余应力检测中，往往按钻孔速度将计算方法分为方法 A 和方法 B 两种。

（1）高速钻孔（方法 A）的残余应力计算

在高速钻孔（无论通孔或盲孔）时，由于加工应变很小，可以利用由理论计算（直接公式计算或有限元计算）得到的应变释放系数（以下改称应力标定常数）计算残余应力。对于高速钻孔的方法 A，我们根据测点部位的残余应力沿孔深方向均匀分布和非均匀分布两种情况（如图 4-3 所示），分别介绍残余应力的计算方法。

1）均匀应力计算

在应力均匀分布情况下［如图 4-3(a)所示］，依据柯西理论可以得到表面释放应变与残余应力的关系为：

$$\varepsilon=\frac{\bar{a}(1+\nu)}{2E}(\sigma_x+\sigma_y)+\frac{\bar{b}}{2E}(\sigma_x-\sigma_y)\cos 2\theta+\frac{\bar{b}}{E}\tau_{xy}\sin 2\theta \tag{4-16}$$

式（4-16）是将应变花中的敏感栅看成一个线段得到的。其中，σ_x 是 x 方向的应力；σ_y 是 y 方向的应力；τ_{xy} 是 x-y 面的切应力；$\bar{a}$ 称为各向同性应力标定常数；$\bar{b}$ 称为切应力标定常数。$\bar{a}$ 和 $\bar{b}$ 表示在孔深范围内单位应力所引起的应变释放，其大小与钻孔的形状和大小有关而与材料无关。

这里需要说明，式（4-16）之所以与式（4-11）的型式不同，是因为式（4-11）仅适用于通孔，而式（4-16）既适用于通孔也适用于盲孔，盲孔时的孔径和孔深对释放应变的影响均包含在常数 $\bar{a}$ 、$\bar{b}$ 中。

在表征应变与应力之间的关系式（4-16）中，$\bar{a}$ 、$\bar{b}$ 是两个重要参数。在高速钻孔（无论是在均匀应力薄工件中钻通孔还是在均匀应力厚工件中钻盲孔）测量残余应力时，可以根据钻孔直径和应变花类型，通过在相关标准或文献中查表获得标定常数 $\bar{a}$ 和 $\bar{b}$ 。

仿照 4.1.2 中利用三个应变片（此处为三栅应变花）测量主应力和方向角的推导方式，同时考虑到最大正应力 $\sigma_{\max}$、最小主应力 $\sigma_{\min}$ 及最大主应力方向角 β 与 σ_x、σ_y、τ_{xy} 的关系：

$$\left.\begin{aligned}
&\sigma_{\max},\sigma_{\min}=\frac{\sigma_x+\sigma_y}{2}\pm\sqrt{\left(\frac{\sigma_x-\sigma_y}{2}\right)^2+\tau_{xy}^2}\\
&\tan 2\beta=-\frac{2\tau_{xy}}{\sigma_x-\sigma_y}
\end{aligned}\right\} \tag{4-17}$$

分别得到最大主应力 $\sigma_{\max}$、最小主应力 $\sigma_{\min}$ 及最大主应力方向角 β：

$$\left.\begin{aligned}
&\sigma_{\max},\sigma_{\min}=-\frac{E}{\bar{a}(1+\nu)}\times\frac{\varepsilon_3+\varepsilon_1}{2}\pm\sqrt{\left(-\frac{E}{\bar{b}}\times\frac{\varepsilon_3-\varepsilon_1}{2}\right)^2+\left(-\frac{E}{\bar{b}}\times\frac{\varepsilon_3+\varepsilon_1-2\varepsilon_2}{2}\right)^2}\\
&\tan 2\beta=\frac{-\dfrac{E}{\bar{b}}\times\dfrac{\varepsilon_3+\varepsilon_1-2\varepsilon_2}{2}}{-\dfrac{E}{\bar{b}}\times\dfrac{\varepsilon_3-\varepsilon_1}{2}}
\end{aligned}\right\} \tag{4-18}$$

最大主应力 $\sigma_{\max}$ 以拉应力表示，当数值为正时表示拉应力，数值为负时表示压应力；最小主应力 $\sigma_{\min}$ 以压应力表示，当数值为正时表示压应力，数值为负时表示拉应力。

如果在式（4-17）和式（4-18）中令

$$\left.\begin{aligned}
&P=\frac{\sigma_y+\sigma_x}{2}=-\frac{E}{\bar{a}(1+\nu)}p\\
&Q=\frac{\sigma_y-\sigma_x}{2}=-\frac{E}{\bar{b}}q\\
&T=\tau_{xy}=-\frac{E}{\bar{b}}t
\end{aligned}\right\} \tag{4-19}$$

其中

$$\left.\begin{aligned}p&=\frac{\varepsilon_3+\varepsilon_1}{2}\\q&=\frac{\varepsilon_3-\varepsilon_1}{2}\\t&=\frac{\varepsilon_3+\varepsilon_1-2\varepsilon_2}{2}\end{aligned}\right\}\tag{4-20}$$

则式（4-18）可以简化为：

$$\left.\begin{aligned}&\sigma_{max},\sigma_{min}=P\pm\sqrt{Q^2+T^2}\\&\beta=\frac{1}{2}\tan^{-1}\left(\frac{-T}{-Q}\right)\end{aligned}\right\}\tag{4-21}$$

式（4-20）中的 p、q、t 称为组合应变，式（4-19）中的 P、Q、T 称为组合应力。

除此之外，由式（4-19）很容易得到：

$$\left.\begin{aligned}\sigma_x&=P-Q\\\sigma_y&=P+Q\\\tau_{xy}&=T\end{aligned}\right\}\tag{4-22}$$

在钻通孔测量薄工件的均匀应力时，只要已知材料的弹性模量 E 和泊松比 ν，测量得到组合应变 p、q、t，再根据钻孔直径和使用的应变花类型查表得到标定常数 $\bar{a}$ 和 $\bar{b}$，进而按照式（4-19）计算出组合应力 P、Q、T，就可以利用简单的解析公式（4-21）和式（4-22）计算出 σ_{max}、σ_{min}、β 以及 σ_x、σ_y、τ_{xy}。

在钻盲孔测量厚工件的均匀应力时，按照检测标准的规定，需将整个孔深分解为 8 个相等的步进深度进行 8 步钻孔。这时，应在 8 个不同孔深处测量得到组合应变值 p、q、t，再根据不同孔深，以及孔径及应变花类型查表得到所对应的标定常数 $\bar{a}$ 和 $\bar{b}$，并按下式分别计算三个组合应力 P、Q 和 T：

$$\left.\begin{aligned}P&=-\frac{E}{1+\nu}\times\frac{\sum(\bar{a}p)}{\sum\bar{a}^2}\\Q&=-E\,\frac{\sum(\bar{b}q)}{\sum\bar{b}^2}\\T&=-E\,\frac{\sum(\bar{b}t)}{\sum\bar{b}^2}\end{aligned}\right\}\tag{4-23}$$

在式（4-23）中，Σ 表示指定变量在 8 个孔深处的总和。在求出 P、Q、T 后，就可以利用式（4-21）和式（4-22）计算出 σ_{max}、σ_{min}、β 以及 σ_x、σ_y、τ_{xy}。

因为钻孔法的敏感栅采用顺时针编号规则，所以最大拉伸（或最小压缩）主应力 σ_{max} 位于从 1＃敏感栅方向起顺时针转过 β 角的方向；与此类似，最小拉伸（或最大压缩）主应力 σ_{min} 位于从 3＃敏感栅方向起顺时针转过 β 角的方向。举例来说，β 角为正值，如 $\beta=30°$，表示 σ_{max} 在 1＃敏感栅顺时针转动 30°的方向上；β 角为负值，如 $\beta=-30°$，表示 σ_{max} 在 1＃敏感栅逆时针转动 30°的方向上。一般来说，σ_{max} 的方向与绝对值最大且符号为负（压缩）应变的方向相一致。

在利用式（4-21）计算主应力方向角 β 时，可通过单一自变量反正切函数进行计算，一般的计算器都具备这一功能，但是它可能会与真值间相差±90°。正确的角度值可以通过双自变量反正切函数来计算（在有些计算机命令中为atan2），该函数中分子和分母的符号是分开考虑的。或者，将单一自变量反正切函数的计算结果通过增加或减去90°使其到达表4-2所规定的角度范围。

表 4-2　主应力方向角 β

	$Q>0$	$Q=0$	$Q<0$
$T<0$	$45°<\beta<90°$	45°	$0°<\beta<45°$
$T=0$	90°	不确定	90°
$T>0$	$-90°<\beta<-45°$	−45°	$-45°<\beta<0°$

如果计算所得的主应力超过了材料屈服强度的60%，即表明孔边材料发生了局部屈服。这种情况下按均匀应力计算的结果已经不准确了。

2）非均匀应力计算

在应力非均匀分布情况下［如图4-3(b)所示］，当用高速钻打盲孔时，需要实施多步钻孔。通常检测标准规定：当使用A型或B型应变花时需将整个孔深分解为20个相等的步进深度，当使用C型应变花时需将整个孔深分解为25个相等的步进深度。在分步钻孔过程中，当完成第 j 步钻孔后所测得的表面释放应变实际上与之前 $1\leqslant k\leqslant j$ 所有孔深状况下材料内（未得到完全释放）的残余应力相关，因此仿照式（4-16）得到的表面释放应变与残余应力的关系为：

$$\varepsilon=\frac{1+\nu}{2E}\sum_{k=1}^{j}\bar{a}_{jk}(\sigma_x+\sigma_y)_k+\frac{1}{2E}\sum_{k=1}^{j}\bar{b}_{jk}(\sigma_x-\sigma_y)_k\cos 2\theta+\frac{1}{E}\sum_{k=1}^{j}\bar{b}_{jk}\tau_{xy}\sin 2\theta \quad (4\text{-}24)$$

在式（4-24）中，$\bar{a}_{jk}$ 和 $\bar{b}_{jk}$ 表示当钻进到第 j 步孔深时，由于受到第 k 步孔深处的单位应力影响所引起的释放应变。图4-8列举了采用4步钻孔法时孔截面的一系列变化情况，其中，当钻到第3步孔深时会受到第2步孔深处的单位应力的影响，而标定常数矩阵的元素 $\bar{a}_{jk}$ 和 $\bar{b}_{jk}$ 所表征的就是这种过渡状态。标准应变花的标定常数已采用有限元方法计算获得，可在相关标准或文献中查到。

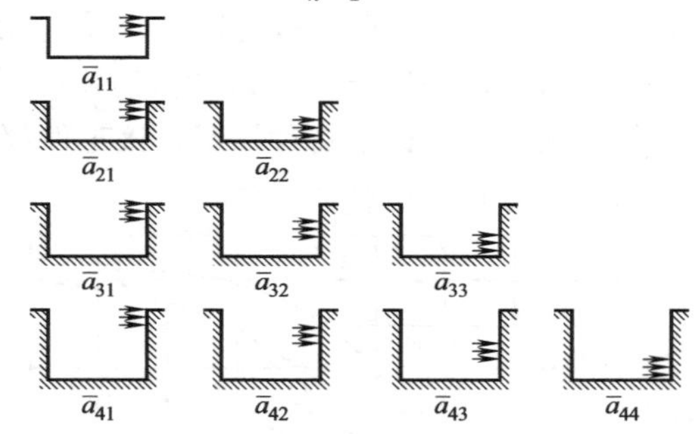

图 4-8　标定常数矩阵的说明

在测量和计算非均匀分布的应力时，与均匀分布应力相类似，首先按照规定的不同步进深度分别测量并得到组合应变：

$$\left.\begin{aligned} p_j&=\frac{(\varepsilon_3+\varepsilon_1)_j}{2}\\ q_j&=\frac{(\varepsilon_3-\varepsilon_1)_j}{2}\\ t_j&=\frac{(\varepsilon_3+\varepsilon_1-2\varepsilon_2)_j}{2}\end{aligned}\right\}\quad (4\text{-}25)$$

然后通过求解式（4-26）的矩阵方程计算出不同孔深处对应的组合应力 P_j、Q_j 和 T_j：

$$\left.\begin{aligned}\bar{\boldsymbol{a}}\boldsymbol{P}&=-\frac{E}{1+\nu}\boldsymbol{p}\\ \bar{\boldsymbol{b}}\boldsymbol{Q}&=-E\boldsymbol{q}\\ \bar{\boldsymbol{b}}\boldsymbol{T}&=-E\boldsymbol{t}\end{aligned}\right\} \tag{4-26}$$

其中标定常数矩阵的元素 $\bar{a}_{jk}$ 和 $\bar{b}_{jk}$ 可通过查表获得。最后按照与均匀应力分布相似方法计算最大、最小主应力和最大主应力方向角：

$$\left.\begin{aligned}(\sigma_{\max})_k,(\sigma_{\min})_k&=P_k\pm\sqrt{Q_k^2+T_k^2}\\ \beta_k&=\frac{1}{2}\tan^{-1}\left(\frac{-T_k}{-Q_k}\right)\end{aligned}\right\} \tag{4-27}$$

同时还能计算 x 方向应力、y 方向应力和 x-y 面切应力：

$$\left.\begin{aligned}(\sigma_x)_j&=P_j-Q_j\\ (\sigma_y)_j&=P_j+Q_j\\ (\tau_{xy})_j&=T_j\end{aligned}\right\} \tag{4-28}$$

3）均匀应力与非均匀应力的判别

在对厚工件进行钻孔法测试时，对于被测工件中的应力到底是均匀分布还是非均匀分布的判断非常重要，因为两者采用的步进钻孔方式（步进次数），$\bar{a}$、$\bar{b}$ 的查表取值以及应力计算方法都是不同的。为了检验残余应力沿孔深方向上是否大小一致，可以采用图形化的方法进行粗略判断：首先，从各个孔深中挑选出 q 或 t 绝对值较大的那一组数据，将该处测得的组合应变 p 以及较大的 q 和 t 分别除以最大孔深所对应的组合应变（用百分比表示）；然后，将这些百分比与对应孔深间的关系绘制成曲线，其形状应与图 4-9 中的曲线相近；最后，将绘制曲线与图 4-9 所示曲线进行对比，如果绘制曲线的数据点明显偏离图 4-9 所示曲线（超过±3%），则表明应力分布沿孔深方向是不均匀的，或者是应变测量存在较大误差。无论是哪种情况，该工件都不能按照均匀应力场的方法计算，而采用非均匀应力测量方式会更合适一些。

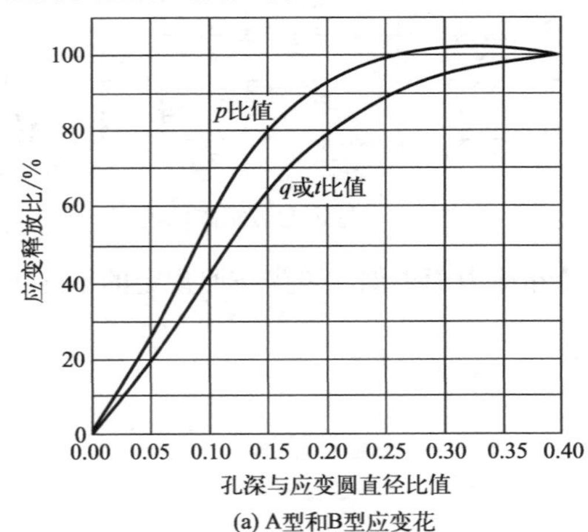

(a) A型和B型应变花

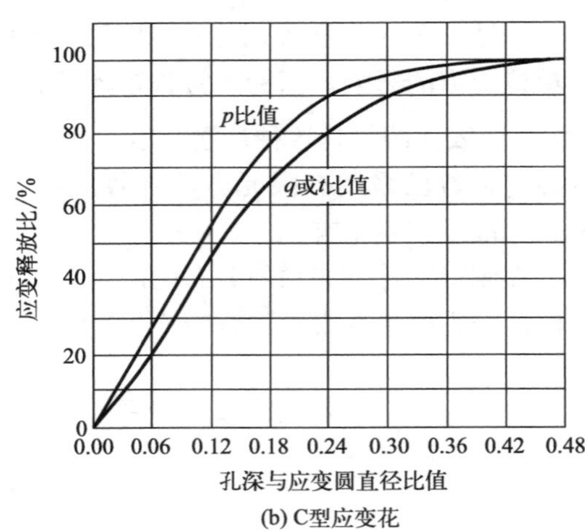

(b) C型应变花

图 4-9 应变释放比与孔深关系曲线（应力沿孔深方向均匀分布）

上述图形化的判断方法对均匀应力场并非足够敏感，那些具有非均匀应力场的工件也会呈现类似图 4-9 的应变曲线。以上判别试验的主要目的是大致筛查出非均匀应力场以及应变测量误差。

(2) 低速钻孔（方法 B）的残余应力计算

在采用手电钻或台式钻低速钻孔时，由于加工应变特别明显，且由于低速钻孔往往用在高残余应力场合，所以应力标定常数 A 和 B 须通过试验标定方法获得［参见 4.1.2 中 (2) 所述］。

一般来说，标定常数 A、B 与材料和钻孔刃具有关。由于采用低速钻无法控制步进孔深，且手工操作时的下压速度很难控制，所以钻孔时不再分步，而是一次钻到最终深度（检测标准规定钻深为 $1.2D_0$）。

在获得标定常数 A 和 B 后，就可对被测工件的残余应力进行测量和计算。根据应变花测得的组合应变 p、q、t，按式（4-29）［同式(4-9)］计算主应力和方向角：

$$\left.\begin{aligned}&\sigma_{\max},\sigma_{\min}=\frac{p}{2A}\pm\frac{1}{2B}\sqrt{q^2+t^2}\\&\beta=\frac{1}{2}\tan^{-1}\frac{q}{t}\end{aligned}\right\}\tag{4-29}$$

在低速钻孔时，由于事前对被测工件中的残余应力值的范围不了解，所以在利用式 (4-29) 计算残余应力时，应先采用在 $0.3\sigma_s$ 应力下获得的标定常数 A 和 B；如果所得应力接近材料的 $0.7\sigma_s$ 或 $0.9\sigma_s$，再选用相应应力下的标定常数 A 和 B 重新计算。

4.3.2 检测结果的主要影响因素

影响钻孔法检测结果的因素特别多、特别复杂而且相互交织在一起，还有些影响因素不易被量化。以下从分析测量不确定度的角度，将钻孔法测试中影响检测结果的主要因素归纳如下。

① 计算原理　钻孔法测量残余应力的理论基础是柯西公式，但它是采用了诸多假设的理想结果。在对薄工件打通孔或对厚工件打盲孔的每一步过程中，其平面应力沿厚度方向的分布很难做到绝对均匀和各向同性，与理想假设存在偏差是在所难免的。此外，盲孔法测量中用到的标定常数 $\bar{a}$ 和 $\bar{b}$ 是通过有限元计算得到的，在计算中也使用了较多的简化假设，特别是对于边界条件的设定，与真实的情况是有差异的。

② 钻孔中心和钻孔深度　钻孔的偏心度是给检测结果带来误差的最重要因素之一，虽然检测标准对钻孔相对于应变花中心的同心度有严格规定和限制（例如当偏心度超过 $\pm 0.004D$ 或 ± 0.025mm 时测量结果直接作废），但它毕竟允许存在偏差，更何况现有钻孔装置的精度以及人员操作的熟练程度都是制约因素而不可能做到绝对精准。每步钻孔深度的控制精度与钻孔对中的情况类同，也一定会带来测试误差。

③ 孔边塑性变形　这也是影响测量结果最重要的因素之一。孔边塑性变形来源于两个方面，一是钻削加工引起的附加塑性应变，二是在残余应力较大时因钻孔引起应力集中导致孔边缘的塑性变形。虽然一般都尽量采取防止孔边塑性变形的措施（如采用低应力的高速钻孔或化学成孔的加工方法、合理配置钻孔直径与应变花几何尺寸），但仍不能完全避免塑性变形的影响进入应变花的应变栅感知区域。

④ 人员操作　应变花的粘贴、钻孔装置的对中都是由人完成的，每个人的熟练程度和认真程度不同，其结果可能差异很大，特别在采用手电钻打孔时人为因素的影响就更大。

⑤ 设备精度　其中影响最大的是钻孔装置本身的同心精度和步进深度的控制精度。除此之外，检测设备的自动化程度（即人为操控环节的多寡）也是影响因素之一。

⑥ 被测工件　除了前面①中提及的应力分布沿深度或每步进深度上的均匀性外，工件本身影响检测的因素还有几何形状和尺寸、表面状态、测点部位等。

⑦ 测试环境　主要体现在温度对应变花零点漂移的影响。

4.3.3 检测结果的不确定度分析*

目前还没有人对所实施的钻孔法测试进行完整、精确的不确定度分析。很多业内人士认为钻孔法更属于定性检测而非定量检测，尤其当测试条件超出检测标准或推荐的检测技术指南所限定的范围时，定性的特点更为突出。尽管如此，对钻孔法进行结果不确定度评估还是有可能的。为了解决残余应力测试中的不确定度问题，欧盟曾成立专门机构，并设立专项研究钻孔法不确定度评估方法。欧盟的研究成果包括了一整套标准化的不确定度评估程序，它们是：

① 确定需要进行评估的参数；

② 确定测试中所有不确定度的来源；

③ 对不确定度进行分类；

④ 评估主要不确定度来源的敏感系数和标准不确定度；

⑤ 计算合成不确定度；

⑥ 计算扩展不确定度；

⑦ 报告结果。

表 4-3 列举了一些已经证实对钻孔法测量不确定度有影响的参数，其中几个比较关键的不确定度来源包括：试样的表面状况、零基准面的确定、钻孔步进深度的确定、数据修约方法以及计算技术的应用。操作者的技能有可能是最为重要的因素，但有时比较难以量化，这在表中也做了特别注明。尽管表 4-3 所列内容不尽完善，但它是开展不确定度研究的一个很好的参考，有助于我们结合自身设备状况和数据处理程序来判断、分析各种影响因素和影响程度。

表 4-3　钻孔法中对不确定度造成影响的一些因素

不确定度来源	分类①	说明
1　被测工件（或标定试样）		
1.1　材料本身	2	一般较小
1.2　表面状况（织构、粗糙度、均匀度、平整度、氧化情况）	1	特别是前两步的步进钻孔
1.3　材料特性（弹性模量 E、泊松比 ν、深度方向应力梯度 σ_y）	2	较其他数据小
1.4　各向同性	2	
1.5　均匀性、密集气孔、夹杂物等	2	
1.6　测量位置		
1.7　应力梯度（σ_z、σ_{xz}、σ_{yz}）	1	如果采用了不正确的数据分析

续表

不确定度来源	分类[①]	说明
1.8 约束（测量位置靠近边缘、孔洞或在应力集中附近）	2	
1.9 几何尺寸（包括厚度）	2	如果太薄或者有弧度
2 测量仪器		
2.1 钻孔步进		通常预设
2.2 钻孔转速		预设
2.3 钻孔直径		孔径（见3.5条）更重要
2.4 钻头磨损	2	需要定期监测
2.5 偏心（与设备的轴线）	2	预设
2.6 同心（与应变花的中心）	2	光学定位
2.7 深度测量精度	1	见1.2条——对步进式钻孔很重要
2.8 钻机的刚度		
2.9 测点数量		测点间距大于8倍孔径
2.10 应变花直径		
2.11 贴片定位误差		仅当1.7条中所述应力梯度很大时该项是重要因素
2.12 标定常数		使用表中所列数值
2.13 贴片角度		需要熟练的操作者
2.14 测点定位		
2.15 应变花质量（供应商、导线数量、温度补偿）	2	由可靠的供应商提供应变花
2.16 贴片质量（表面抛光、贴片、粘接剂类型、布线）	2	需要熟练的操作者
2.17 输出设备的分辨率	1或2	
2.18 输出设备的准确度		校准
2.19 输出设备的线性		
2.20 激励电压		
3 测量程序		
3.1 零参考面的确定	1	见1.2条
3.2 应变测量误差（数值漂移或无法清零）	2	
3.3 步进增量		通常是预设值
3.4 孔深		见1.2
3.5 孔径	2	通常需要很好控制
3.6 孔垂直度		重要性取决于孔深
3.7 孔的圆度（孔的锥度）	2	
3.8 钻头折断		不得重复测试
3.9 温度上升	2	影响有时可见
3.10 读数前的等待时间		数值需要保持稳定
3.11 数据修约	1	通常情况下等效平均应力法失效

续表

不确定度来源	分类①	说明
3.12　计算方法	1	
4　操作者		
4.1　操作技能	1	最重要的因素
5　测试环境		
5.1　环境温度		
5.2　环境湿度		

① 1=主要因素，2=次要因素，空白=不重要的因素。

不确定度评估不仅能帮助判断测试过程中造成结果数据离散的影响因素，还能为用户提供测试结果准确性的置信水平。所以应当鼓励开展钻孔法不确定度分析的尝试。

4.4　钻孔应变法的标准与应用

4.4.1　钻孔应变法的检测标准

（1）国内外钻孔法检测标准概况

美国是国际上最早将钻孔法测试残余应力技术以检测标准形式进行固化的国家。ASTM E837《钻孔应变法测定残余应力的标准试验方法》（*Standard test method for determining residual stresses by hole-drilling strain-gauge method*）从1981年第1版开始，历经1985版、1989版、1999版、2001版、2008版和2013版，到目前2020最新版本，不断发展完善。ASTM E837—2001推荐了喷砂打孔设备，ASTM E837—2008推荐了高速钻孔设备和分步钻孔时测量沿深度方向分布应力的技术。ASTM E837标准主要有前言、参考标准、术语与符号、试验方法概述、意义与用途、工件准备、应变计与测量仪器、试验程序、均匀应力计算、非均匀应力计算和报告等章节。整个标准的演变经历了由简到繁，再由繁到简的过程，从一个侧面反映出残余应力检测技术发展以及人们对其的认知历程。

国外除了美国ASTM E837外，英国国家物理实验室和Vishay测量集团也分别制定了类似的企业标准NPL measurement good practice guide 53“*The measurement of residual stresses by the incremental hole drilling technique*”和Technical Note TN-503-5“*Measurement of residual stresses by the hole drilling strain gauge method*”，作为对ASTM E837的补充。

我国制定的钻孔法残余应力检测标准比国外滞后一些。1992年中国船舶总公司在借鉴以往研究应用成果特别是上海交通大学研究团队关于“钻孔偏心的修正”和“孔边塑性的修正”科研成果的基础上，制定出行业标准CB 3395—1992《残余应力测试方法　钻孔应变释放法》，随后于2013年做了修订。2010年中国水利部也制定了行业标准SL 499—2010《钻孔应变法测量残余应力的标准测试方法》，且将“钻孔偏心的修正”和“孔边塑性的修正”纳入其标准的附录。

2014年在总结国内外研究成果特别是各国检测标准的基础上，颁布了统一的中国国家标准 GB/T 31310—2014《金属材料 残余应力测定 钻孔应变法》，对测试方法做出了完整的规范要求。考虑到我国的实际情况，GB/T 31310—2014 按照钻孔速度，将测量方法分为高速钻孔和低速钻孔，即方法 A 和方法 B。方法 A 借鉴了 ASTM E837—2008 的有关内容，方法 B 参考了 CB/T 3395—2013 和 SL 499—2010 的有关内容，但有所修改和提升。鉴于目前钻孔法测量结果的数据波动性和重复性尚不理想，吸收 NPL measurement good practice guide 53 中不确定度的分析内容作为资料性附录供标准使用者参考，以帮助了解影响测量结果的因素，规范测量行为，提高测量的成功率和准确率。同时还吸收由英国国家物理实验室组织 20 家单位开展钻孔法和 X 射线法的实验室间比对的结果作为资料性附录供标准使用者参考。

(2) GB/T 31310—2014 标准概述

国标 GB/T 31310—2014 规定了采用钻孔法测定金属材料各向同性线弹性材料近表面残余应力的试验概述、测量设备、测量步骤、应力计算常数的标定、测量误差的修正等。由于本章前述部分已经涉及 GB/T 31310 中的大部分内容，以下仅就测量步骤中的钻孔程序、低速钻孔标定试验以及原始记录和检测报告的要求作一介绍和说明。

1) 钻孔程序

① 均匀应力状态薄工件的钻孔程序　钻孔前应读取每个应变计的初始应变值，然后开始钻孔；钻孔时沿轴向缓慢进刀直至钻透整个工件；钻孔停机后读取应变值 ε_1、ε_2、ε_3，测量孔径确认其是否在表 4-1 所规定的数值范围内，检查孔的同心度是否在允许的 $\pm 0.004D$ 误差范围内；根据式 (4-20)、式 (4-19)、式 (4-21) 或式 (4-20)、式 (4-29) 计算均匀残余应力。

② 均匀应力状态厚工件的钻孔程序（方法 A）　钻孔前先读取每个应变计的初始应变值，然后开始沿轴向缓慢进刀直至划透应变花基底并稍稍刮擦工件表面，将该点设定为“零”孔深；确认“零”孔深时所有的应变计读数没有明显变化，并以此新的应变读数作为后续应变测量的初始应变值；启动刀具，对于 A 型或 B 型应变花每次进刀量为 $0.05D$，对于 C 型应变花每次进刀量为 $0.06D$（或者，对于 1/32 英寸[❶]的 A 型应变花每次进刀 0.125mm，对于 1/16 英寸的 A 型、B 型或 C 型应变花每次进刀 0.25mm，对于 1/8 英寸的 A 型应变花进刀 0.5mm）；然后停刀，记录每个应变计上的读数 ε_1、ε_2、ε_3；重复上述进刀步骤，需将整个孔深分解为 8 个相等的步进深度，记录每次步进钻孔后的应变读数。对于 A 型或 B 型应变花最终孔深约为 $0.4D$，对于 C 型应变花最终孔深约为 $0.48D$。钻孔停机后，测量孔径确认其是否在表 4-1 所规定的数值范围内，检查孔的同心度确认是否在允许的 $\pm 0.004D$ 误差范围内；按式 (4-20)、式 (4-23)、式 (4-21) 计算均匀残余应力。

③ 非均匀应力状态厚工件的钻孔程序（方法 A）　钻孔前对“零”孔深的确认方法与上述②相同。但启动刀具后，对于 1/32 英寸的 A 型应变花每次进刀量为 0.001 英寸 (0.025mm)，对于 1/16 英寸的 A 型、B 型或 C 型应变花每次进刀量为 0.002 英寸 (0.05mm)，对于 1/8 英寸的 A 型应变花每次进刀量为 0.04 英寸 (0.10mm)。当使用 A 型或 B 型应变花时需将整个孔深分解为 20 个相等的步进深度，当使用 C 型应变花时需将整个孔深分解为 25 个相等的步进深度。钻孔停机后的测量、检查以及计算残余应力的步

---

❶ 英寸 (in)。1in=25.4mm。

骤也与②相同。

2）低速钻孔标定试验

采用低速钻孔时，常用钻孔刃具为直径 1.5mm 或 2.0mm 的麻花钻头，手电钻的钻速为 1500～3000r/min。钻头钻孔时引起的加工应变一般在几十 $\mu\varepsilon$ 至几百 $\mu\varepsilon$，与材料有关。旧钻头产生的加工应变大于新钻头，所以规定每个钻头钻孔数量不应超过 15～20 个。

在 A、B 常数标定时，一般规定标定应力不超过材料屈服强度 σ_s 的 1/3，这主要是考虑高应力下的应力集中效应。但是，如果要测定高应力场中的残余应力，就可以采用高应力下的标定常数，即将标定应力提高，例如提高到 $0.9\sigma_s$，在此应力下得到的 A、B 常数用于计算高值残余应力场会具有很好的精度。为了精确测定其他水平的残余应力场，还可以选择另一个标定应力进行 A、B 常数的标定，比如 $\sigma=0.7\sigma_s$。有了这 3 种应力状态下的标定常数（即标定应力分别等于 $0.3\sigma_s$，$0.7\sigma_s$，$0.9\sigma_s$），就可以很好地避免小孔边缘塑性变形引入的误差，从而得到较准确的残余应力计算值。这种方法称为 A、B 常数的“分级标定”。

① 标定试验　标定试验是在标定试样上进行。对已粘贴应变花的标定试样，施加一个已知的单向应力场，使其中一个电阻应变计平行于外力方向，即最大主应力 σ 等于外加载荷引起的应力 σ，钻盲孔，测量钻孔前后的释放应变，按式（4-15）计算 A、B 值。

② 标定试样　标定试样所用的材料应与待测材料相同。应先进行机械加工再进行消除应力退火处理，避免退火表面产生新的应力。为避免退火试样表面氧化严重，可以采用真空退火或气氛保护退火工艺。标定试样尺寸应符合图 4-10 和表 4-4 的规定。

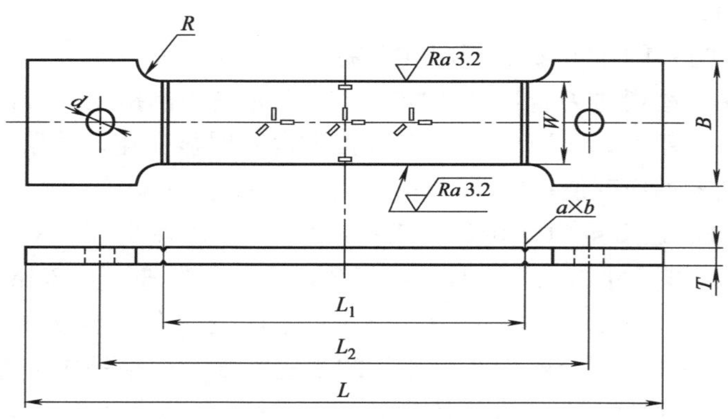

图 4-10　标定用试样

表 4-4　标定用试样推荐尺寸

T	B	W	L_1	L_2	R	d	a	b
$5D_0$	$60D_0$	$40D_0$	$150D_0$	$200D_0$	$10D_0$	$12D_0$	$1.0D_0$	$0.75D_0$

③ 标定用应变花　标定试验所用的应变花与测定残余力时所用的应变花相同，互相垂直的两电阻应变计的方向应与标定试样的长度和宽度方向相一致。标定试样受力后，横截面上的应力分布必须均匀，即横截面上不得有弯曲应力。试验时，应在试样两侧粘贴如图 4-10 所示的监视电阻应变计，使其应变读数差小于 5%。

④ 标定试验程序　将粘贴好应变花的标定试样安装在材料试验机上，并将测量导线

接至应变仪上调零，接上电源，加载至材料屈服强度的 0.5 倍，然后卸载，如此反复 1 次，观察应变输出的稳定性。如果数据稳定，卸载后的应变基本恢复到初值（最大误差应小于 10$\mu\varepsilon$），则进行后续步骤，否则重新贴片。将试样拉伸至 0.3σ_s，记录加载时的应变读数。然后进行钻孔，孔的直径和深度应与实测时相同，即深度等于 1.2 倍孔径。记录钻孔后的应变读数。重复上述拉伸过程，但应将加载应力分别改为 0.7σ_s 和 0.9σ_s。

⑤ 数据处理　常数 A、B 的测量次数应不少于 2 次，如果 2 次比较误差超过 10%，应重新标定。2 次标定得到 A、B 常数取平均值使用。

3）原始记录和检测报告

① 原始记录

对于均匀应力薄工件，应记录：

- 每个应变花上的应变读数。
- 计算每个变花上的 x、y 方向应力以及主应力。

对于均匀应力厚工件，应记录：

- 绘制每个应变花所对应的应变-孔深关系曲线。
- 将每个应变花上的应变 ε_1、ε_2、ε_3 列表。
- 计算每个应变花上的 x、y 方向应力以及主应力。

对于非均匀应力状态厚工件，应记录：

- 绘制每个应变花所对应的应变-孔深关系曲线。
- 将每个应变花上的应变 ε_1、ε_2、ε_3 列表。
- 估计每个应变花上的应变标准差。
- 绘制每个应变花所对应的 x、y 方向应力-孔深关系曲线并列表。
- 将每个应变花上的主应力和主方向角列表。

② 检测报告

残余应力检测报告应包含但不限于以下内容：

- 检测标准编号。
- 测点位置。
- 钻孔方式。
- 工件名称和测试材料。
- 应变花的型号和几何尺寸。
- 残余应力测量结果。

4.4.2 钻孔应变法的典型应用

（1）金属板材焊接残余应力检测

焊接钢板是钻孔法最为常见的测试应用对象之一。以典型的对焊钢板为例，钢板的材质为 14MnNbq，屈服强度 σ_s＝380MPa，抗拉强度 R_m＝520MPa；试验钢板的尺寸是 650mm×300mm×24mm，焊接坡口为 X 形，焊材为 WQ-1 焊丝＋SJ101 焊剂，焊接热输入 36kJ/cm，熔敷金属的屈服极限 R_{el}＝470MPa。利用钻孔法测量焊缝、焊缝热影响区以及钢板母材的表面残余应力；选择三家单位在同一试板上进行测试对比，检验钻孔法测量焊接残余应力的一致性；针对相同的试板对象，同时采用钻孔法、压痕法和 X 射线衍射法进行测试实验，比较钻孔法与其他方法检测结果的异同。

如图 4-11 所示为被测试板及其上测试点的分布情况。其中，测点 1～5 为 B 单位的钻孔测量点，测点 6～10 是 C 单位的钻孔测量点，测点 11～15 为 A 单位的钻孔测量点。A、B、C 三家单位均采用低速钻盲孔法，盲孔尺寸为 Φ1.5mm×2.0mm。试验设备采用 BE120-2CA-K 型三向应变花和 CCZ-2 型测钻仪。

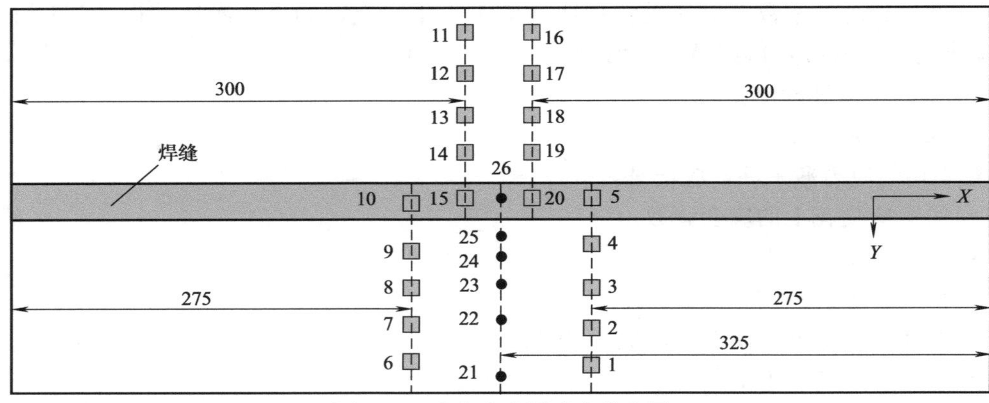

图 4-11　残余应力测试点分布图

在试板上，将焊缝方向设为 x 轴方向，垂直焊缝方向为 y 轴方向。在粘贴应变花时，使 1＃栅沿 x 方向（即 $\theta=0°$），3＃栅沿 y 方向。为了描述方便，在计算试板 x、y 方向应力时，将式（4-29）变为式（4-30）的形式：

$$\left.\begin{aligned}\sigma_x &= C_1(\Delta\varepsilon_x + C_2\Delta\varepsilon_y)\\ \sigma_y &= C_1(\Delta\varepsilon_y + C_2\Delta\varepsilon_x)\end{aligned}\right\} \tag{4-30}$$

在式（4-30）中，有 $C_1=(A+B)/4AB$ 和 $C_2=(A-B)/(A+B)$，且有 $\Delta\varepsilon_x=\varepsilon_x-\varepsilon_{xm}$ 和 $\Delta\varepsilon_y=\varepsilon_y-\varepsilon_{ym}$，其中 $\Delta\varepsilon_x$、$\Delta\varepsilon_y$ 称为真实应变，它们是释放应变 ε_x、ε_y 扣除钻削加工应变 ε_{xm}、ε_{ym} 后的结果，根据经验，加工应变与释放应变的关系是

$$\varepsilon_{xm},\varepsilon_{ym}=0.39\varepsilon_x,\varepsilon_y-13$$

此外，在试验中得到的标定系数 $C_1=-1.48$、$C_2=0.37$。

表 4-5 至表 4-7 是三家单位得到的钻孔法残余应力测试结果。为了考察试板上各测点 σ_x、σ_y 随距焊缝中心距离的变化情况，将三家单位测量的残余应力 σ_x、σ_y 分别绘制在图 4-12 和图 4-13 中。观察图 4-12 和图 4-13 可以发现，三家单位测试结果存在相同的规律：沿焊缝方向的残余应力 σ_x 在焊缝中心处最大，且数值已接近材料的屈服强度；在焊缝和热影响区 σ_x 为拉应力，在母材区 σ_x 为压应力，且随着测点距焊缝中心变远，σ_x 几乎呈线性减小。垂直焊缝方向的残余应力 σ_y 在焊缝中心处最大，主要表现为拉应力但数值很小；在热影响区和母材区表现为压应力，数值也较小，且随测点距焊缝中心变远 σ_y 的变化无明显规律。

三家单位采用低速钻孔测试焊接钢板残余应力的变化规律表现出很好的一致性。虽然有些测试点的残余应力测量值存在着一定偏差，如峰值应力最大相差 113MPa、相对偏差 27%（这可能与测点局部组织不均匀、打磨程度不同以及钻孔深度不准确等因素有关），但由于各家单位是在同一试板上的不同测点进行测试，所以如此量级的偏差在工程上是可以接受的。

表 4-5 盲孔法测试残余应力结果（B单位）

测点编号	测点距焊缝中心距离/mm	释放应变		真实应变		残余应力/MPa	
		ε_x	ε_y	$\Delta\varepsilon_x$	$\Delta\varepsilon_y$	σ_x	σ_y
1	63	86	−17	65	3	−98	−40
2	45	−25	−8	−2	8	−1	−11
3	32	−197	63	−107	51	130	−17
4	16	−338	149	−193	104	229	−48
5	0	−552	179	−324	122	412	−4

表 4-6 盲孔法测试残余应力结果（C单位）

测点编号	测点距焊缝中心距离/mm	释放应变		真实应变		残余应力/MPa	
		ε_x	ε_y	$\Delta\varepsilon_x$	$\Delta\varepsilon_y$	σ_x	σ_y
6	66	49	−7	43	9	−68	−36
7	48	−24	24	−2	28	−13	−40
8	32	−249	2	−139	14	198	−55
9	19	−376	201	−216	136	246	−82
10	0	−433	111	−251	81	327	18

表 4-7 盲孔法测试残余应力结果（A单位）

测点编号	测点距焊缝中心距离/mm	释放应变		真实应变		残余应力/MPa	
		ε_x	ε_y	$\Delta\varepsilon_x$	$\Delta\varepsilon_y$	σ_x	σ_y
11	72	137	−8	97	8	−147	−65
12	53	−32	18	−7	24	−3	−32
13	35	−212	94	−116	70	134	−40
14	19	−378	207	−218	139	246	−87
15	0	−383	60	−221	50	299	47

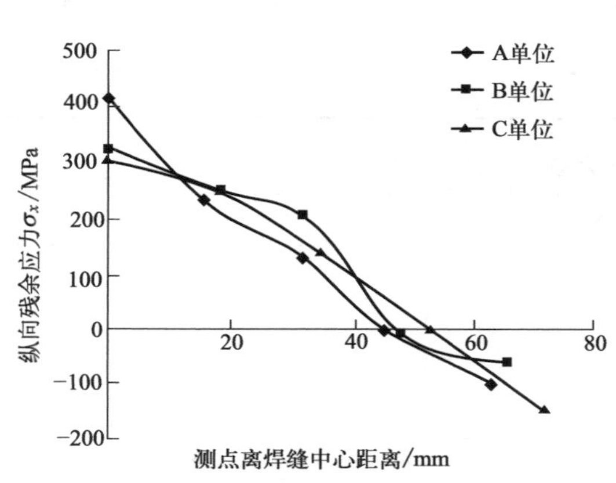

图 4-12 σ_x 与测点距焊缝中心距离的关系

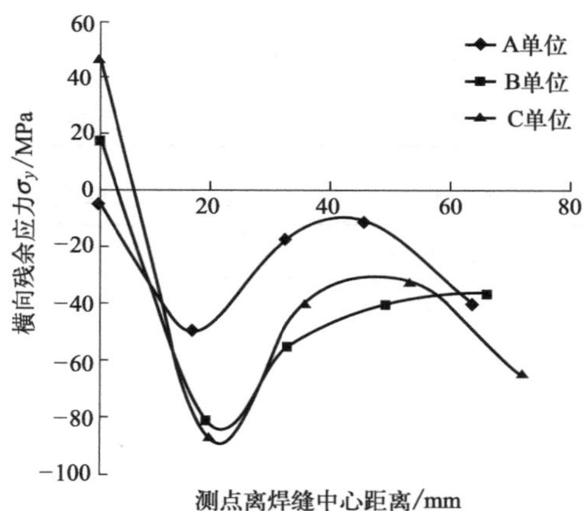

图 4-13 σ_y 与测点距焊缝中心距离的关系

此外，还在试板上平行于 9 号测点的位置采用 MTS3000 型测钻设备进行了高速钻孔的残余应力测量，测量结果为$\sigma_{max}=295$MPa，$\sigma_{min}=-107$MPa，$\beta=-50.66°$（即最大主应力与焊缝方向偏离 50.66°）。这一结果与低速钻孔测试比较也有较好的一致性，相互间的偏差在 15%以内，说明高速钻孔法和低速钻孔法都是可行的。

针对同一块试板，A 单位还采用压痕法和 X 射线衍射法进行了测试。在图 4-11 中，测点 16～20 为压痕法测量点，测点 21～26 是 X 射线法测量点。压痕法的测试依据是 GB/T 24179—2023《金属材料　残余应力测定　压痕应变法》，使用的设备是 BE120-2BA 型双向应变片和 KJS-2 型压痕应力测试仪（打击形成压痕后，仪器自动读取 x、y 方向应变增量，内置程序自动计算残余应力）；X 射线法的测试依据是 GB/T 7704—2017《无损检测　X 射线应力测定方法》，使用的设备有 8818-V-2 型电解抛光机和 MGR40 ST4 型 X 射线衍射分析仪。

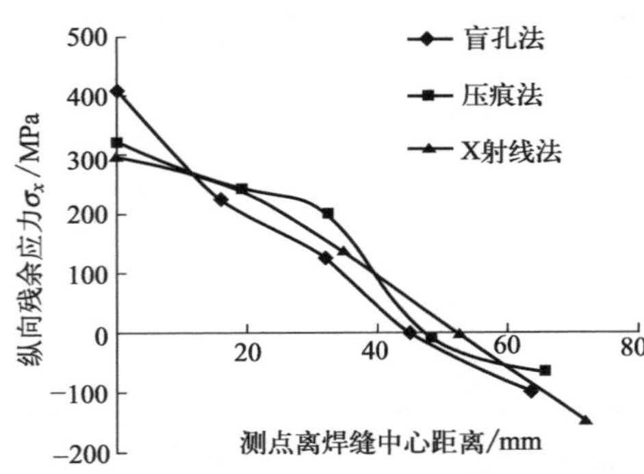

图 4-14　不同方法测试 σ_x 与测点距焊缝中心距离的关系（A 单位）

压痕法和 X 射线法的测试结果分别如表 4-8 和表 4-9 所示。由于 X 射线衍射仪测试到的 σ_y 变化非常微弱、可以忽略，所以只记录了 σ_x 的测量结果。为了比较钻孔法、压痕法、X 射线法测得的 σ_x 随距焊缝中心距离的变化情况，将三种方法获得的测量结果分别绘制在图 4-14 中。比较图 4-14 中的三条曲线，发现三者存在很好的一致性，相比较而言，盲孔法测试的 σ_x 峰值最大，压痕法次之，X 射线法最小。

表 4-8　压痕法测试残余应力结果（A 单位）

测点编号	测点焊缝中心距离/mm	真实应变		残余应力/MPa	
		ε_x	ε_y	σ_x	σ_y
16	75	−114	−242	−124	−59
17	56	−267	−272	12	9
18	42	−572	−171	160	−25
19	25	−689	−217	247	38
20	0	−789	0	279	−76

表 4-9　X 射线法测试残余应力结果（A 单位）

测点编号	测点焊缝中心距离/mm	残余应力 σ_x/MPa
21	104	−121
22	64	−28
23	44	104
24	32	228
25	22	268
26	0	197

（2）焊接结构的残余应力检测

某国海底管线采用我国某钢管厂生产的 JCOE 直缝埋弧焊管，规格为 Φ691mm×40.5mm，材质为 DNV SAWL 485 FDU（X70 钢级），要求按照 GB/T 31310—2014 中高速钻孔法（方法 A）测试焊管在不同生产阶段中的残余应力。测试设备采用德国 1-k-RY61-1.5/120R-3-0.5M 型应变花和美国 CEA-06-062UM-120/B 型应变花以及意大利 MTS3000 型全自动钻孔残余应力测试仪。

焊管是将钢板（或称钢带）经过弯曲成形后焊接而得到的。JCOE 焊管在完成焊接后，还要进行扩径处理，才能最终获得所要求规格的产品管。在焊管的生产过程中，随着钢板经过不同工序的加工，浅表层的残余应力分布在不断地变化。表 4-10 是某炉号的钢管分别在钢板阶段、J 成形阶段、扩径前的焊管阶段、扩径后的焊管阶段，采用钻孔法测试材料近表层 512μm 处残余应力的结果。图 4-15 是其中钢板的典型释放应变测量数据与残余应力计算数据。

炉号：15100344，钢板

应变片=062UM　　钻孔直径=2.00mm　　样品编号：15100344-p1-B

深度/μm	释放应变值/με							深度/μm	残余应力值/MPa				
	测量值			平滑处理					主应力		正应力		剪应力
	ε_1	ε_2	ε_3	ε_1	ε_2	ε_3			σ_{max}	σ_{min}	σ_1	σ_3	τ_{13}
32	5	8	10	/	/	/		16	−166	−304	−167	−303	−14
64	5	11	17	/	/	/		48	−94	−286	−94	−286	−3
96	6	18	28	/	/	/		80	−72	−295	−72	−295	0
128	8	25	41	/	/	/		112	−71	−308	−71	−308	−1
192	12	41	70	/	/	/		160	−79	−314	−79	−314	−2
256	16	59	99	/	/	/		224	−82	−292	−82	−292	−5
320	19	75	126	/	/	/		288	−102	−308	−103	−307	−10
384	24	97	161	/	/	/		352	−95	−285	−97	−284	−17
512	33	134	216	/	/	/		448	−100	−292	−104	−288	−29
640	39	169	267	/	/	/		512	−101	−293	−107	−287	−34
768	43	198	308	/	/	/		640	−110	−191	−117	−284	−36
896	51	222	339	/	/	/		768	−128	−271	−135	−264	−31
1024	55	241	362	/	/	/		896	−166	−288	−178	−276	−37
1152	57	253	379	/	/	/		1024	−162	−285	−174	−272	−36
1280	58	261	390	/	/	/				纵向	↑		
1408	58	267	397	/	/	/				横向		↑	

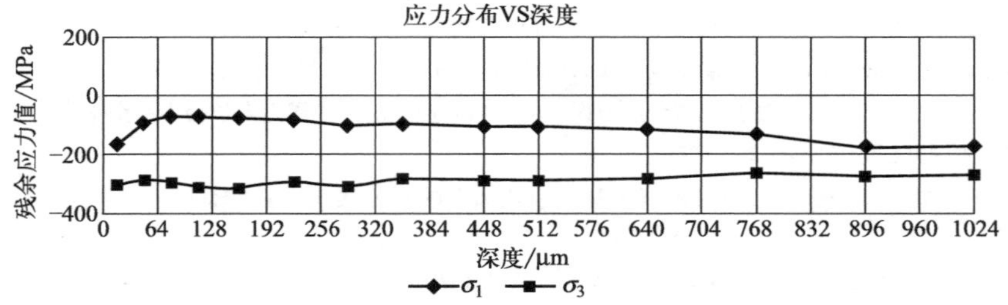

图 4-15 钢板的释放应变测量数据与残余应力计算数据

表 4-10　某炉号钢管的测试结果

试样类型	测试位置	钢管轴向(轧制方向)/MPa		钢管周向(垂直轧制方向)/MPa	
		平均值	波动范围	平均值	波动范围
钢板试样	母材	−213	−488～−22	−279	−490～−103
J 成形试样	母材	−96	−131～−51	−139	−182～−70
扩径前钢管试样	母材 180°	−115	−159～−73	8	−176～118
	HAZ	144	−92～291	−76	−16～5
扩径后钢管试样	母材 180°	−47	−231～−48	59	−139～114
	HAZ	75	−49～335	71	−264～405

思考题

1. 简述小孔法测量残余应力的基本原理。
2. 简述钻孔法中常见的几种成孔方式及其优缺点。
3. 简述影响钻孔法残余应力测量结果的关键因素有哪些（至少 5 条）。
4. 简述钻孔应变法的主要操作步骤。
5. 简述钻孔法的主要检测标准及其规定的方法。
6. 简述国标 GB/T 31310—2014 中应变花类型及其适用范围。
7. 简述钻孔法方法 A 与方法 B 的主要差异。
8. 简述现行国标 GB/T 31310—2014 中方法 B 涉及的标定系数是如何标定的。
9. 简述钻孔法涉及的常用钻头及其主要差异。
10. 根据自己的工作经验或学习体会，说说你对钻孔法测试技术或测试装备的个人看法或展望等，不限于教材的内容。

参 考 文 献

[1]　李广铎，刘柏梁，李本远. 孔边塑性变形对测定焊接残余应力精度的影响 [J]. 焊接学报，1986，7（2）：87-93.
[2]　王家勇. 用中心钻孔公式计算残余应力时偏心钻孔造成的误差分析 [J]. 应用力学学报，1987，1（1）：96-100.
[3]　唐慕尧. 焊接测试技术 [M]. 北京：机械工业出版社，1988.
[4]　陈惠南. 盲孔法测量残余应力 A、B 系数计算公式讨论 [J]. 机械强度，1989，11（2）：6.
[5]　杨伯源. 钻孔偏心的孔应变释放系数及残余应力 [J]. 实验力学，1990，5（3）：329-335.
[6]　陈怀宁，陈亮山，董秀中. 盲孔法测量残余应力的钻削加工应变 [J]. 焊接学报，1994，15（4）：276-280.
[7]　李荣锋. 孔边塑性变形对小孔法测量残余应力误差的影响分析 [C]//中国力学学会中西南十省市工程力学学术会议论文集. 中国九江，1994：1987-1989.
[8]　闫淑芝，于向军，王玉梅. 残余应力测试中释放系数标定的新方法 [J]. 吉林工业大学学报，1995，25（2）：49-53.
[9]　赵海燕，裴怡，史耀武，等. 用小孔释放法测量焊接高残余应力时孔边塑性变形对测量精度的影响及修正方法 [J]. 机械强度，1996，18（3）：17-20.
[10]　李荣锋，陈亮山，祝时昌. Cr-Ni 奥氏体不锈钢焊接残余应力的小孔法测量技术 [J]. 钢铁研究，1997，99（6）：31-33.

[11] 李栋才，袁海斌，周好斌，等.用误差曲线法修正焊接应力测量误差［J］.石油机械，1997，25（8）：13-15.

[12] 李荣锋，祝时昌，陈亮山.小孔法测量Cr-Ni奥氏体不锈钢焊接残余应力的适用性研究［J］.钢铁研究，1999，110（5）：43-45.

[13] 游敏，郑小玲，王福德，等.盲孔法测定焊接残余应力适宜测试时间研究［J］.武汉水利电力大学（宜昌）学报，1999，21（1）：54-57.

[14] 李荣锋，徐亮，张书彦.残余应力高速钻孔法在厚壁管线钢管上的应用［J］.物理测试，2019，27（6）：1-5.

第5章 Chapter Five

残余应力的全释放应变法检测技术

全释放应变法（简称全释放法）是一种完全破坏性的残余应力检测技术，它通过对构件中待测位置采用切割等解剖手段将应力彻底释放来测试残余应力。全释放法的测量精度较高，但测试耗时较长，常常用作其他应力检测方法的对比验证。

5.1 全释放应变法基础知识

5.1.1 全释放应变法的发展简史

全释放法始于一个多世纪前。1888 年，俄国人 Ralakoutsky 最早提出了采用“切条法”测量圆柱体沿长度方向的纵向残余应力，方法是沿长度方向切割使材料释放应力，通过测量分割线的长度变化计算残余应力。Ralakoutsky 假设材料仅受单向（纵向）应力而忽略横向应力，且切割过程未引入塑性应变和热应变。20 世纪 50 年代初，美国的 Treuting 等人将上述实验方法命名为截面解剖法。1998 年，Schafer 通过研究发现，沿长度方向切割试件时会产生轴向变形和弯曲变形，由此产生沿厚度方向分布的薄膜应力和弯曲应力，并得到弯曲应力随厚度变化呈线性关系的规律。2008 年 Cruise 和 Gardner 从实验中获得不锈钢截面薄膜残余应力和弯曲残余应力与材料屈服应力的关系，使残余应力测试的准确性向前迈进一大步。2014 年，我国颁布了 GB/T 31218《金属材料　残余应力测定　全释放应变法》标准，对于规范和推广应用全释放法起到促进作用。

起初全释放法只是用于测量单向残余应力，后来逐步发展成测量双向残余应力及确定主应力大小和方向，现在全释放法已能测定三维残余应力。因为三维残余应力的全释放法测量最早由美国人 Rosenthal 和 Norton 提出，所以又被称为 R-N 切割法。之后，日本神户制钢中心研究所、中国科学院金属研究所进一步完善了 R-N 切割法的技术，使三维残余应力测试得到广泛认同和使用。目前，全释放法应用最多的是用于测定平面残余应力的切条法和测定三维残余应力的 R-N 切割法。

5.1.2 全释放应变法的基本原理

假设一个带有单向残余应力场的平板结构，用机械加工方法切割成宽 15mm 左右的板条，这些板条在切开后将原有试板内的残余应力释放掉，故板条的长度必然会发生变化，原来存在压应力处的板条会变长，原来存在拉应力处的板条将会缩短，见图 5-1。设板条原始长度为 l，各板条切开后的长度分别为 l_1，l_2，l_3，…，l_n，根据胡克定律，各板条中的原始残余应力为：

$$\sigma_i = E\Delta\varepsilon_i = E \times \frac{l - l_i}{l} \tag{5-1}$$

式中 σ_i——第 i 个板条处的残余应力，MPa；

$\Delta\varepsilon_i$——第 i 个板条的应变；

i——板条顺序号，i=1，2，3，…，n；

l——板条原始长度，mm；

l_i——第 i 个板条切割后的长度，mm；

E——弹性模量，MPa。

式（5-1）是全释放法测试残余应力的基本公式。如果将按式（5-1）计算得到的各板条应力值连成线，就形成平板的残余应力分布曲线。若使用电阻应变计测量各板条的应变值，“切条法”可获得较高的测量精度。

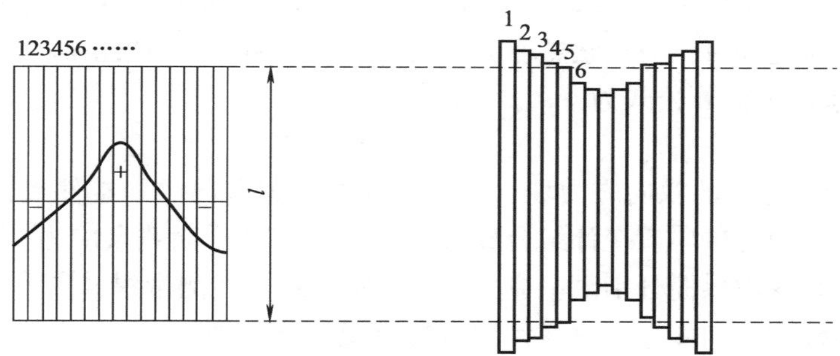

图 5-1 切条法测量残余应力

对于沿焊接方向具有应力梯度的焊接钢板，为了测量某一区域焊缝、热影响区和母材的双向残余应力，可按如图 5-2 所示方法对焊板进行分割切块，解剖后各试块中的残余应力被释放，导致试块的尺寸发生变化：拉应力区材料缩短，压应力区材料伸长。这种缩短或伸长的变化量可以由应变计测量得到，而相对长度的变化量就是释放应变。释放应变与残余应力的关系始终满足胡克定律，通过计算即可求出各试块中的残余应力大小。

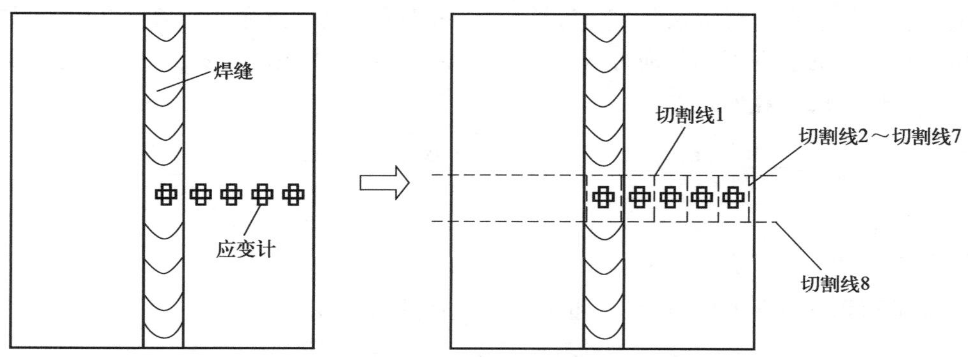

图 5-2 切块法测量残余应力

全释放法检测残余应力的基本原理是：通过对含有残余应力材料进行分割切块，诱使试块中的应力被释放而导致试块尺寸发生变化，测量释放应变并根据胡克定律求出残余应力。

全释放法实现检测原理时有两个假设条件，其一，解剖过程不会引入新的应力；其二，解剖后试块的应力为零，即残余应力被全部释放。但有时，这两个条件不一定能完全满足。对于不均匀的应力场，若想彻底释放应力，对待测部位的解剖（即试块）越小越好，但是试块越小，由解剖工艺带来的附加应力可能越大。比如采用电火花切割法解剖构件时，如果在平行应变计方向切割试样厚度，会在切割面形成一个拉应力场，且与应变计粘贴面距离越近，这个拉应力场对应变计读取的应变信息影响越大。所以，全释放法测试的准确性除了应变计本身精度外，主要取决于这两个基本条件的实现程度，也就是引入额外应力的大小以及切割试块的应力释放水平。

全释放法测试残余应力的理论基础是胡克定律。如果解剖完毕后从应变计读取到的应变差值为 $\Delta\varepsilon$（解剖后的最终应变值与解剖前的初始应变值之差），材料弹性模量为 E，泊松比为 ν，则残余应力的计算共有四种情况：

① 单向应力场　对于已知单向或近似单向应力方向的构件，可采用单向应变计测试残余应力。粘贴应变计时，应使敏感栅方向与应力方向相同。如果由应变计测得的应变变化为 $\Delta\varepsilon$，则残余应力计算公式为：

$$\sigma=-E\Delta\varepsilon \tag{5-2}$$

② 已知主应力方向的双向应力场　对于已知主应力方向的焊接件或其他结构件，可采用双向应变计或两个单向应变计组合成双向应变计测试平面残余应力。粘贴应变计时，应使两个互相垂直的敏感栅分别沿主应力方向。特别地，在测量焊缝应力时敏感栅应分别平行、垂直于焊缝方向。如果由应变计测得的应变变化分别为 $\Delta\varepsilon_x$、$\Delta\varepsilon_y$，则残余应力的计算公式为：

$$\left.\begin{aligned}\sigma_x&=-\frac{E}{1-\nu^2}(\Delta\varepsilon_x+\nu\Delta\varepsilon_y)\\ \sigma_y&=-\frac{E}{1-\nu^2}(\Delta\varepsilon_y+\nu\Delta\varepsilon_x)\end{aligned}\right\} \tag{5-3}$$

③ 未知主应力方向的双向应力场　对于未知主应力方向的锻压件或大型铸件，需要采用三向应变计测试平面残余应力。可以使用钻孔法和压痕法中常用的 45°三向应变花，这种应变花中敏感栅 1 与敏感栅 2 交角是 45°，敏感栅 2 与敏感栅 3 交角也是 45°。如果由三个敏感栅测得的应变变化分别为 $\Delta\varepsilon_1$、$\Delta\varepsilon_2$、$\Delta\varepsilon_3$，则最大主应力 $\sigma_{\max}$、最小主应力 $\sigma_{\min}$ 及主应力角度 β 的计算公式为：

$$\left.\begin{aligned}&\sigma_{\max},\sigma_{\min}=-\frac{E}{2}\left[\frac{\Delta\varepsilon_1+\Delta\varepsilon_2}{1-\nu}\pm\frac{\sqrt{(\Delta\varepsilon_1-\Delta\varepsilon_3)^2+(\Delta\varepsilon_1+\Delta\varepsilon_3-2\Delta\varepsilon_2)^2}}{1+\nu}\right]\\ &\beta=\frac{1}{2}\tan^{-1}\frac{\Delta\varepsilon_1+\Delta\varepsilon_3-2\Delta\varepsilon_2}{\Delta\varepsilon_3-\Delta\varepsilon_1}\end{aligned}\right\} \tag{5-4}$$

若要得到测试方向上的应力 σ_1 和 σ_3，则可按式（5-5）计算：

$$\sigma_1,\sigma_3=-\frac{E}{2}\left[\frac{\Delta\varepsilon_1+\Delta\varepsilon_2}{1-\nu}\pm\frac{\sqrt{(\Delta\varepsilon_1-\Delta\varepsilon_3)^2+(\Delta\varepsilon_1+\Delta\varepsilon_3-2\Delta\varepsilon_2)^2}}{1+\nu}\cos2\beta\right] \tag{5-5}$$

式（5-5）中的β与式（5-4）中的意义相同，为σ_1、σ_3中较大者与主应力σ_{max}的夹角，逆时针方向为正。

④ 已知主应力方向的三维应力场* 对于已知主应力方向的焊缝，可采用单向应变计（或单向应变计组成双向应变计）测试三维残余应力。为了测定三维残余应力，应准备两块同样的焊板，一块用于沿焊缝方向切取纵向薄片，另一块用于沿垂直焊缝方向切取横向薄片，如图 5-3 所示。以这种切割方法测量三维残余应力，称为 R-N 切割法。切割前，在板条部位的上下表面粘贴应变计，并使两个互相垂直的敏感栅分别平行、垂直于焊缝方向。当板厚不是很大可忽略厚度方向应力σ_z的影响时，由于两次切割释放得到的上下表面的最终残余应力（σ_{xT}、σ_{yT}）和（σ_{xB}、σ_{yB}）以及不同厚度方向上的残余应力σ_{xi}、σ_{yi}可由公式（5-6）～公式（5-8）计算：

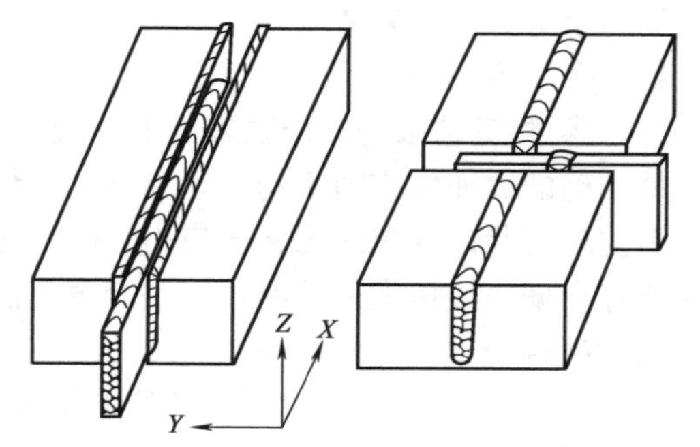

图 5-3 R-N 切割法测量残余应力

$$\left.\begin{aligned}\sigma_{xT}&=-\frac{E}{1-\nu^2}[(\Delta\varepsilon_{xT}+\Delta\varepsilon_{x0})+\nu(\Delta\varepsilon_{yT}+\Delta\varepsilon_{y0})]\\\sigma_{yT}&=-\frac{E}{1-\nu^2}[(\Delta\varepsilon_{yT}+\Delta\varepsilon_{y0})+\nu(\Delta\varepsilon_{xT}+\Delta\varepsilon_{x0})]\end{aligned}\right\}\tag{5-6}$$

$$\left.\begin{aligned}\sigma_{xB}&=-\frac{E}{1-\nu^2}[(\Delta\varepsilon_{xB}+\Delta\varepsilon_{x0})+\nu(\Delta\varepsilon_{yB}+\Delta\varepsilon_{y0})]\\\sigma_{yB}&=-\frac{E}{1-\nu^2}[(\Delta\varepsilon_{yB}+\Delta\varepsilon_{y0})+\nu(\Delta\varepsilon_{xB}+\Delta\varepsilon_{x0})]\end{aligned}\right\}\tag{5-7}$$

$$\left.\begin{aligned}\sigma_{xi}&=-\frac{E}{1-\nu^2}[\Delta\varepsilon_{xi}+(\Delta\varepsilon_{xT}-\Delta\varepsilon_{xB})\frac{z}{h}+\nu(\Delta\varepsilon_{yi}+(\Delta\varepsilon_{yT}-\Delta\varepsilon_{yB})\frac{z}{h})]\\\sigma_{yi}&=-\frac{E}{1-\nu^2}[\Delta\varepsilon_{yi}+(\Delta\varepsilon_{yT}-\Delta\varepsilon_{yB})\frac{z}{h}+\nu(\Delta\varepsilon_{xi}+(\Delta\varepsilon_{xT}-\Delta\varepsilon_{xB})\frac{z}{h})]\\i&=\frac{z}{h},\cdots,h-\frac{z}{h}\end{aligned}\right\}\tag{5-8}$$

式中，$\Delta\varepsilon_{xT}$、$\Delta\varepsilon_{yT}$是在上表面测得的纵向和横向应变变化，$\Delta\varepsilon_{xB}$、$\Delta\varepsilon_{yB}$是在下表面测得的纵向和横向应变变化，h是焊板厚度。

5.1.3 全释放应变法的特点

全释放法是一种典型的采用机械加工手段实现应变释放的残余应力检测技术。全释放法的特点主要体现在如下一些方面：

① 完全破坏性检测 全释放法通过对被测构件的解剖获得释放应变信息，因此构件在检测后不会再保留原始结构的完整性。这是全释放法的最大特点。

② 检测约束性小，通用性好 全释放法的检测原理比较简单，测试不受材料形状和种类的限制，而且不受测试空间限制，可以测试钻孔法、压痕法等难以企及的位置，所以往往成为其他检测方法无法实施时的备选技术。

③ 既可测量一维应力，也可测量二维和三维应力　全释放法能够测试已知单向的表面残余应力，已知或未知主应力方向的双向表面残余应力，以及已知主应力方向的内部三维残余应力。

④ 测量结果是解剖区域的平均应力值　只有当切块内的残余应力均匀时，测试值才是准确的；如果应力不均匀，测试的是切块内应力的平均值。特别在应力梯度较大或存在不同应力状态（拉应力、压应力）时，测量精度与切块大小关系很大，导致残余应力测试值存在偏小或偏大的情况，这是全释放法的一个显著特点，需要测试人员针对具体对象做出正确判定。

⑤ 检测耗时长　解剖构件的工作量大，耗费时间长，随构件的结构情况、测量部位、应力场分布、测量精度要求等的不同，测试可能持续数天才能完成。

⑥ 不需要使用专门设备　全释放法解剖构件使用的是普通锯床或普通线切割机，对于应变计和应变仪也没有特殊的要求。

5.2　全释放应变法的检测方法和主要设备

5.2.1　全释放应变法的检测工艺

全释放法检测残余应力的主要工艺步骤包括测量位置的确定、待测区的表面处理、应变计的选择、粘贴和防护、切割分块操作以及应变数据的读取。

（1）测量位置的确定和表面处理

采用全释放法测量残余应力时，对于测试位置以及测试点之间的距离没有特殊要求，只需满足切割条件和易于粘贴应变计。当测点较密集时，可采取相邻测点交错排布的方式。

待测区的表面状态应符合粘贴应变计的要求。虽然从广义讲，全释放法不受测试空间限制，但是对于某些表面的处理可能会遇到一些麻烦，例如小直径管状结构件的内表面，不仅打磨、抛光具有难度，粘贴应变计及测试数据的难度也较大。

与其他使用应变计的应力检测方法一样，全释放法对于不平整的测量表面，如焊缝或氧化皮等，需要先进行磨光处理。由于采用机械磨削有可能引入新的应力，所以打磨时用力须均匀、适当、轻柔，避免磨削量过大致使温度过高而产生新的应力。经过粗磨的或原始平整的表面，采用抛光纱布进行抛光处理，或直接使用 100＃～200＃的砂布（纸）在平整的表面手工打磨，打磨时可在两个相互垂直的方向上来回进行。

（2）应变计的选择、粘贴和防护

1）应变计的选择

全释放法测试用应变计的选择范围较宽，原则上所有测试应力使用的应变计都在可选之列，包括钻孔法和压痕法的专用应变花。但是，针对不同的构件对象，选择适宜的应变计仍很重要。以单向应变计为例，如图 5-4 所示为普通电弧焊试板（1＃）、氩弧焊试板（2＃）和激光焊试板（3＃），且 1＃板的焊缝宽度最大、2＃板次之、3＃板最小，为了提高在焊缝、热影响区及母材各部位的测量精度，1＃板应采用 BE120-2AA-A 应变计，2＃板应采用 BE120-05AA 应变计，3＃板应采用 BE120-05AA-A 应变计，三种单向电阻应变计的参数见表 5-1。

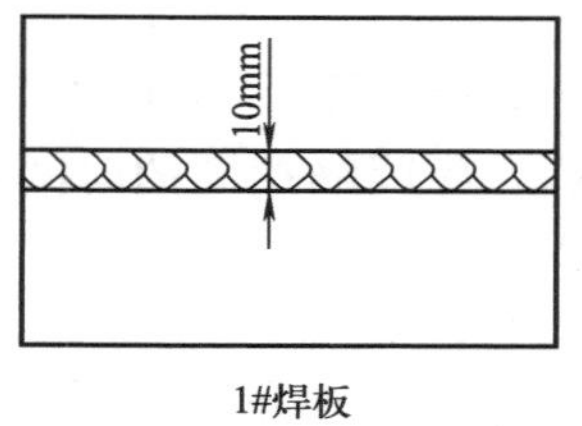

1#焊板

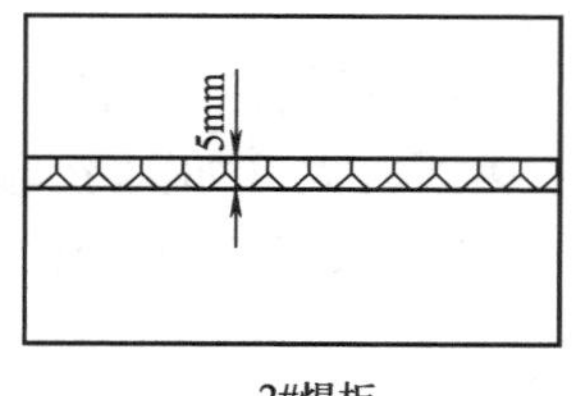

2#焊板

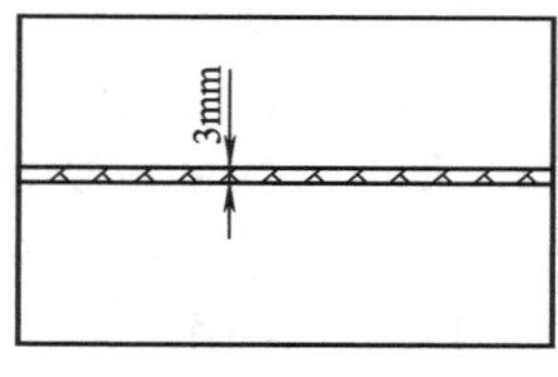

3#焊板

图 5-4　待测焊接试板规格

表 5-1　三种常用的单向电阻应变计

应变计型号	基底大小		敏感栅大小	
	长/mm	宽/mm	长/mm	宽/mm
BE120-2AA-A	6.2	3.4	1.9	2.2
BE120-05AA	3.0	2.6	0.5	1.2
BE120-05AA-A	2.0	1.5	0.5	0.8

对于应变计尺寸的选用原则是“能用大的就不用小的”。虽然敏感栅越小对应变变化的灵敏度越高，但对引起测试误差的干扰因素的灵敏度也高；在均匀应力场中，小尺寸应变计的测量精度比大的低。这就是在上例中宽焊缝选择大应变计、窄焊缝选择小应变计的原因。

选择应变计时除了要考虑待测区域的大小，还要考虑构件中的应力分布状况：单向应力场选用单向应变计，双向应力场选用双向或三向应变计（测量已知方向的平面应力可选用双向应变计，测量未知方向的平面应力则应选用三向应变计）；对于梯度大的应力场，宜选用尺寸小的应变计。

2）应变计的粘贴

应变计的粘贴方法可参考 4.2.1 中的相关内容。除此之外，还需注意以下事项：

在粘贴应变计之前，应对构件表面进行彻底的清洗和脱脂。在粘贴应变计之后，先等待 1min 或更长时间，然后沿与应变计表面平行方向缓慢揭起塑料膜，仔细观察应变计，确保粘贴牢固；应变计自然干燥 1h 后，检查应变计平衡情况，如果出现读数明显不稳定的情况，应查找原因并解决，无法解决的应重新贴片。

如果条件允许，在粘贴应变计 1～2h 后，可将工件整体放入烘箱进行 60～70℃保温 0.1～1h（取决于板厚）的升温干燥，若是工件较大不能放入烘箱，可以采取局部加热保温的办法，使包含应变计的材料经受高温烘烤，避免后期切割加工引起应变计读数漂移。

3）应变计的防护

应变计防护的目的是避免在后续解剖操作过程中受潮和磕碰受损；防护的时机是工件在经过烘烤后温度回归至室温时；防护的方法是将石蜡、环氧树脂、硅胶或其他应变计生产厂家推荐的防护胶覆盖在应变计表面。

防护的对象除应变计外，还应包括应变计的引线。必要时，可将应变计引线焊接到接线端子上，而接线端子的引出线与应变仪相连。这样既方便了应变计引线的涂胶防护，也可减小因多次焊接引线造成的传导热对应变计的影响。

防护层的厚度不宜过厚。当防护材料采用环氧树脂时，在常温下至少需要 24h 进行固化。

4）应变计的检查

在防护结束后，应读取并记录应变计的初始平衡值。经过 1～12h 后再次读取初值并进行比较。如果 2 次的应变输出值相差较大（如大于 50με），应间隔相同的时间再次读取。如果第 2 次和第 3 次的读数差值仍然大于 50με，则应重新贴片。

（3）切块分割操作

在获取稳定的初始应变读数后，就可以对构件进行切割分块。在切割前，可将切割线和测点（即应变计中心）位置用划线方式标示出来。划线时应注意，切割不能损坏应变计防护层。

切割一般在锯切设备或线切割设备上进行。切割的目的是让粘贴应变计的材料单元与周围分离。

为了避免切割过程中引起粘贴应变计的材料单元温度升高超过事先烘烤的温度，应在切割过程中注意降温。通常采用自然降温，必要时也可辅助采用冷却液降温，且冷却液最好是绝缘体。

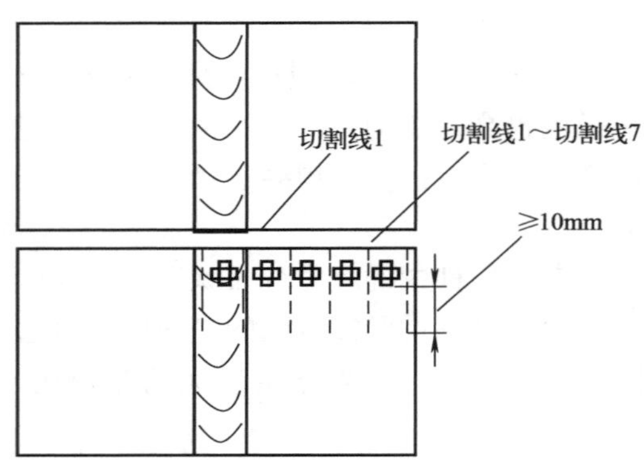

图 5-5　切割线深度示意图

切割顺序应尽量从利于切块散热角度出发，先切易于升温的试块。对于图 5-2 所示的焊接钢板，一般先按切割线 1 进行切割，然后按切割线 2～切割线 7 进行切割。切割线 8 也可以不做切割（实际上此时的应力已经释放），但要保证切割线 2～切割线 7 足够深，一般应超过应变计栅端 10mm 以上，如图 5-5 所示。

为了使应力释放完全，理论上切割的试块越小越好。但是过小的试块不仅增加切割难度，同时可能造成应变计升温过高甚至引入切削应变。一般情况下，采用边长 10～20mm 的正方形尺寸比较合适。应力梯度越大，切割块应越小，敏感栅的长度尺寸也应越小。切割一般只在平面内进行。如果厚度方向应力梯度较大，还需要沿厚度 z 方向进行减薄分解，减薄的厚度以不引入新的应力为最佳。

如果切割不能连续进行，比如不能当天一次完成，需要读取并记录中间的应变数值，并在再次切割前重新读取应变值，若两次测量的差值超过 50με，需要查找原因。

对于不能采用一种加工方式进行切割解剖的较大构件，可采用粗切＋细分的方式进行。在不损坏应变计前提下，可先用锯切设备对距离应变计较远的位置进行粗分割，后用线切割设备对距离较近的位置进行精细分割。每次切割前后均需要读取和记录相应的应变数值。

（4）释放应变的读取

对于已完成完全释放的切块，在切割试块冷却到室温后读取应变值，并与每一次切割前的初读数进行差值计算，将各应变差值累计相加后便是总的应变变化量 $\Delta\varepsilon$。

全释放法测量残余应力时，测试周期较长，一般至少需要 3 个工作日，对于较大构件，时间更是无法预测。因此，应变数据的读取和记录就显得尤为重要，应尽量减少过程的测试误差。

5.2.2 全释放应变法的切割设备

全释放法解剖构件使用的切割设备主要有两种，一种是锯床，另一种是线切割机。

(1) 锯床

锯床是比较简单、常用的机床。全释放法可以使用的锯床有圆锯床和带锯床。圆锯床以圆锯片的旋转运动对工件进行切割，按锯片进给方向分为卧式（水平进给）和立式（垂直进给）两种，安装了锯片铣刀的铣床即可视为一种可实现两种进给方向的特殊圆锯床。带锯床是将曲柄的转动转化成连杆在直线上的往复运动，带动直锯片对工件进行切削，带锯床也分卧式和立式两种，全释放法使用锯片水平进给的卧式带锯床。无论是圆锯床还是带锯床，都有半自动型、全自动型和数控型三种，并在电气操控下完成锯梁的升降、工件的夹紧以及锯片回转和进给速度的调节，满足对不同材质工件的切割需要。其中，数控锯床是事先将刀具的运行轨迹、位移量、切割参数（主轴转数、进给量等），按照规定代码及格式编写成程序，输入到数控中心，指挥锯床自动对工件进行切割。锯床的最大特点是切割速度快。

(2) 线切割机

线切割机是利用移动的金属丝作电极，在金属丝和工件之间通以脉冲电流，利用脉冲放电的腐蚀作用对工件进行切割加工。当电极丝与工件间的间隙足以被脉冲电压击穿时，两者之间即产生火花放电，瞬时产生一个高温热源，将局部金属熔化和气化而蚀除。电极丝与工件间隙通常为几微米至几百微米，间隙过大脉冲电压不能击穿极间介质，间隙过小容易形成短路接触，也不能产生火花放电，线切割机通过伺服控制系统自动调节这一间隙。线切割采用间歇性的脉冲放电，可以避免持续的强放电烧伤工件。火花放电在绝缘液体介质（称工作液）中进行，如煤油、乳化液等，工作液起冷却作用和冲走屑末的作用。

线切割机的机械部分由工作台、运丝机构和工作液循环系统组成。工作台用于安放和固定工件，并由导轨-齿轮传动机构带动，与电极丝做相对移动实现对工件的切割；运丝机构由电动机和储丝筒等组成，电动机和储丝筒连轴转动，用来带动电极丝按一定线速度传动，并将电极丝排绕在储丝筒上；工作液循环系统的作用是向电极丝与工件间隙喷洒工作液，并通过泵使工作液循环使用。线切割机床的电气部分由脉冲电源和控制系统组成。脉冲电源用来提供切割工件的火花放电能量，脉冲电源的一极接电极丝，另一极接工件；控制系统主要控制工作台的移动、运丝电动机的转动、工作液泵的运转以及脉冲电源的放电参数等。

根据电极丝传动速度的大小，线切割机分为快走丝线切割机和慢走丝线切割机。快走丝线切割采用钼丝电极，钼丝以最高 8～10m/s 的速度作往复运动，所以电极丝可以重复使用。慢走丝线切割采用铜丝电极，铜丝以小于 0.2m/s 的速度作单方向运动，电极丝只能一次性使用。快走丝线切割机属于普通设备；慢走丝线切割机属于高端设备，加工质量高，但自身价格和耗材成本也高。通常全释放法不需要使用慢走丝线切割机。

电极丝的粗细影响切割缝隙的宽窄，电极丝越细切缝越小，但电极丝太细时容易折断。全释放法一般采用直径为 0.18mm 的电极丝。

与锯床相比，线切割机的加工特点是：①电极丝与工件不直接接触，不会对工件产生较大的附加应力；②依靠电火花腐蚀金属，可以加工硬度很高、用锯片难以切割的材料；

③能方便地对切割参数（如脉冲宽度、间隔、电流等）进行调整，有利于提高加工精度。

5.3 全释放应变法的数据处理

5.3.1 残余应力的计算

采用全释放应变法进行平面残余应力的检测时，应力计算可依据式（5-2）～式（5-5）进行。

当采用 R-N 切割法测试三维残余应力时，可采用式（5-6）～式（5-8）进行应力计算，不过其测量结果的精度受到试板内残余应力状态的影响较大。同时在切割过程中，要尽量使得内部的应力释放量小，即使应力能够较多地留在试板内，试板也要具备足够的刚度以防止切割引起新的附加变形。

当所测试板的应力梯度较大时，例如表面经过压应力处理（喷丸处理或逆焊接加热处理），如果采用常规的 R-N 切割法进行解剖，会由于应力的释放引起过度变形。比如当切取纵向薄片时，由于应力 σ_x、τ_{xy}（或者 σ_y）的释放使得薄片缩短，当缩短与薄片中仍然残留的表面层中的压应力叠加，可能会使薄片产生超过材料屈服强度的压缩塑性变形。由于该变形的不可恢复性，会影响表面层附近压应力在进一步切割时的有效释放，从而产生较大的误差。对此，需要对 R-N 切割过程进行修正，以使得解剖过程满足应变变化的线性和协调条件，提高测量精度。

对于表层附近存在着很大的应力梯度的情况，可采用图 5-6 所示的单试板 R-N 解剖方法，以保证切割时获得较小的应力释放。若是避免解剖可能带来的弯曲变形问题，可采用修正的单试板 R-N 解剖方法，见图 5-7。

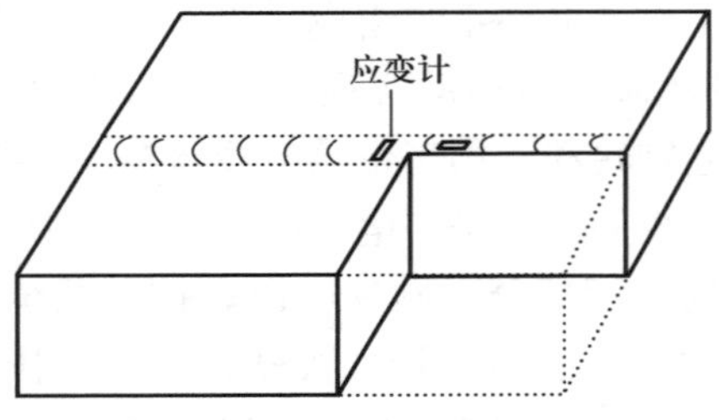

图 5-6 单试板 R-N 解剖方法

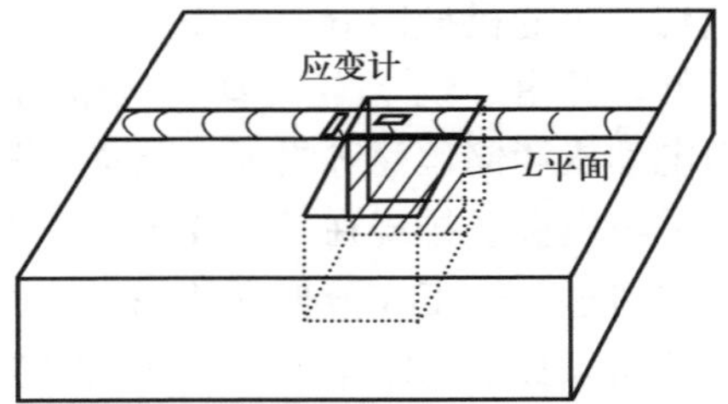

图 5-7 经过修正的单试板 R-N 解剖方法

如图 5-7 中所示，贴好表面纵向和横向应变计，先在试板中心部位切出一个槽。在切出的槽与焊缝平行的 L 平面上粘贴纵向沿厚度方向分布的应变计，然后将包含所有纵向应变计的部位切割下来。此时，在已暴露的表面横向应变计对应的位置粘贴厚度方向横向应变计（可包含 z 向应变计），最后将包含所有横向应变计（含 z 向应变计）的部位切割下来，整个三维残余应力解剖过程完成。

根据每次解剖释放的应变，采用式（5-6）和式（5-7）计算表面纵向和横向残余应力，采用式（5-8）计算厚度方向的纵向和横向残余应力分布。当需要测试 z 向应力时，可采用同一厚度位置的 $\Delta\varepsilon_y$ 和 $\Delta\varepsilon_z$，采用式（5-3）计算 z 向应力。

图 5-8 是复合板焊接试板经过逆焊接加热处理后焊缝应力在厚度方向上的分布，图中

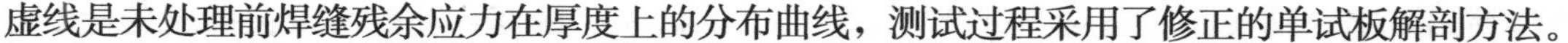

虚线是未处理前焊缝残余应力在厚度上的分布曲线，测试过程采用了修正的单试板解剖方法。

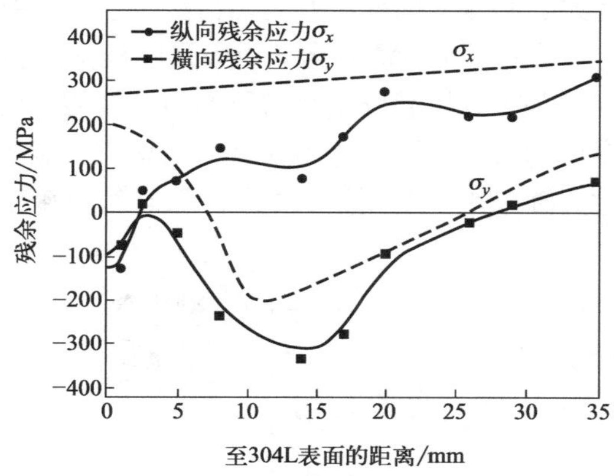

图 5-8 复合板焊缝残余应力在厚度方向的分布

5.3.2 检测结果的主要影响因素

全释放法测量残余应力的主要误差来源有以下几个方面：残余应力场不均匀、应变计粘贴质量（包含应变计本身质量）、切割过程可靠性。

残余应力场的不均匀性分为平面不均匀性和厚度方向不均匀性两部分，两者均对残余应力测量结果造成影响，影响程度一方面取决于不均匀性的梯度，另一方面取决于切割试块的大小。当平面应力场分布存在梯度时，可采用较小的应变计提高测量灵敏度，但小应变计更容易受外界干扰使精度降低；当在厚度方向存在应力梯度时，只能通过减薄厚度使应力释放完全，但在消减厚度过程中又可能引入新的应力，换句话说，残留厚度越小越有利于应力释放，但引入的应力数值也越大。

全释放法的测试周期长，这对于应变计本身及其粘贴都是一种考验。应变计的读数漂移能综合反映其自身质量和粘贴质量情况，因此在断续切割中的每一个工序开始读漂移值就成为衡量影响程度的重要参考。

切割解剖过程是引起测试误差不可忽视的环节，而其中的温度控制和切割工艺控制显得尤为重要。在切割中应保证温升低于应变计烘烤温度；切割边缘既要尽量接近应变计以利于完全释放，又要保证一定距离以避免切割边缘的塑性变形和高温造成附加应力。

5.3.3 检测结果的不确定度评定*

下面以低合金钢结构件为被测对象，说明全释放法检测结果不确定度的评定方法。假设被测结构件为各向同性的均质材料，弹性模量 $E=210$GPa，泊松比 $\nu=0.285$，测量范围内的应力场均匀一致；测量环境为自然温度、湿度。测试设备采用 BE120-2BC 电阻应变计和 KJS-3 型电阻应变仪。

在采用全释放法检测残余应力过程中，对测量结果不确定度的影响因素较多，如图 5-9 所示。其中，应变测量的重复试验误差主要来源于构件表面状态和应变计粘贴质量。构件表面状态取决于砂轮打磨和清洁程度，表面打磨操作不当时可能引入新的残余应力，但如果采用检测标准要求的打磨工艺（粗磨→机抛→手抛），并保证表面清洁程度满足应变计粘贴要求，则表面状态对测量结果就没有大的影响。应变计粘贴质量包括应变计中心线与测量方向之间的角度差、粘接剂的薄厚及均匀情况。已有研究表明，无论是否在主应力方向，3°以内的粘贴角度偏差对于所测方向的应力影响极其微弱。另外，粘贴应变计时只要使用合格粘接剂，使片基下方填满胶水且指压均匀，就能保证粘贴质量。可见，影响全释放法应变测量不确定度的重复性因素并不显著。当认为不能忽略它的影响时，可以将上述各要素合并一起考虑，并采用应变测量的重复性限计算不确定度［参见 5.3.3 第（3）中 1）的计算］。

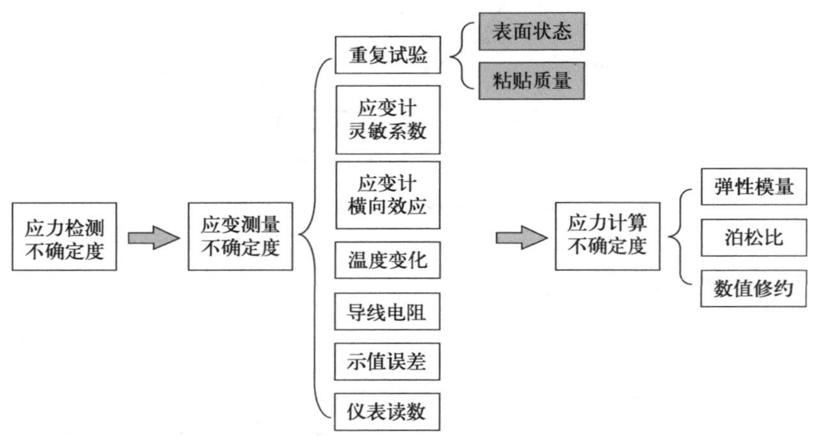

图 5-9　全释放法测量残余应力过程中不确定度影响因素

在对全释放法检测残余应力结果不确定度进行评定时，由于有的输入量的不确定度分量量化困难，加之所有输入量的不确定度分量并不能包含影响检测结果所有的主要不确定因素，因此为了简化和可操作，采用综合评定的方法。评定时，可以利用经验判断或资料提供的被测量 x 的可能值区间（$-a$，a），根据概率（置信水平）要求选择对应的置信因子 k，计算出标准不确定度：

$$u(x)=\frac{a}{k} \tag{5-9}$$

式中，a 为被测量 x 可能值区间的半宽度；k 也称包含因子，当要求 95%置信水平时，若 x 为正态分布，取 $k=1.96$；若 x 为均匀分布，取 $k=\sqrt{3}$。

（1）应变测量的不确定度

1）重复试验引起的不确定度分量 $u_r(\varepsilon)$

重复试验引起的应变测量结果不确定度符合正态分布。经验表明，在相同测量条件下，可以假定两次测量结果之差的重复性限 r 为±2με，因此标准不确定度为：

$$u_r(\varepsilon)=\frac{a}{k}=\frac{2}{1.96}=1.020 \tag{5-10}$$

2）应变计灵敏系数引起的不确定度分量 $u_K(\varepsilon)$

从 BE120-3BC 应变计的产品说明书可知，其灵敏系数 $K=2.14\pm1\%$，其中 1%是灵敏系数平均值的相对标准偏差，亦即灵敏系数的相对标准不确定度为 1%，因此在测量应变 ε 时的标准不确定度为：

$$u_K(\varepsilon)=1\%\varepsilon=0.01\varepsilon \tag{5-11}$$

3）应变计横向效应引起的不确定度分量 $u_F(\varepsilon)$

应变计横向效应引起的应变测量结果不确定度符合均匀分布。由应变计产品说明书可以查得，横向效应引起的应变测量相对误差限为±1%，因此标准不确定度为：

$$u_F(\varepsilon)=\frac{a}{k}=\frac{1\%\varepsilon}{\sqrt{3}}=0.006\varepsilon \tag{5-12}$$

4）温度变化引起的不确定度分量 $u_T(\varepsilon)$

因为应变测量采用自补偿或电桥补偿方法，加上应变读取一般在短时间内完成，因而温度效应可以得到很好的控制，此时应变计温度效应引起的误差限可取±1$\mu\varepsilon$，且符合均匀分布，因此标准不确定度为：

$$u_T(\varepsilon)=\frac{a}{k}=\frac{1}{\sqrt{3}}=0.577 \tag{5-13}$$

5）导线电阻引起的不确定度分量 $u_\Omega(\varepsilon)$

从应变计到应变仪之间的导线总长度一般为 3m，电阻约为 0.4Ω；应变计电阻为 120Ω，按照半桥方式连线。这样，导线电阻引起的应变测量读数相对误差为 0.2/120=0.16%，且符合均匀分布。因此，在测量应变 ε 时的标准不确定度为：

$$u_\Omega(\varepsilon)=\frac{a}{k}=\frac{0.16\%\varepsilon}{\sqrt{3}}=0.001\varepsilon \tag{5-14}$$

6）示值误差引起的不确定度分量 $u_M(\varepsilon)$

应变仪示值误差引起的应变测量结果不确定度符合均匀分布。按照对应变仪的最低要求，精度误差不应大于±1%red ±3$\mu\varepsilon$，因此标准不确定度为：

$$u_M(\varepsilon)=\frac{a}{k}=\frac{0.01\varepsilon+3}{\sqrt{3}}=0.006\varepsilon+1.732 \tag{5-15}$$

7）数显仪表读数引起的不确定度分量 $u_\varepsilon(\varepsilon)$

数显仪表读数引起的应变测量结果不确定度符合均匀分布。当数显仪表的读数分辨力为 1$\mu\varepsilon$ 时，导致测量结果的标准不确定度为：

$$u_\varepsilon(\varepsilon)=\frac{a}{k}=\frac{0.5}{\sqrt{3}}=0.289 \tag{5-16}$$

8）应变测量的合成不确定度 $u(\varepsilon)$

由于上述输入量之间不相关，所以利用各不确定度分量可以计算得到应变测量的合成标准不确定度为：

$$u(\varepsilon)=\sqrt{u_r^2+u_K^2+u_F^2+u_T^2+u_\Omega^2+u_M^2+u_\varepsilon^2} \tag{5-17}$$

将上面各标准不确定度分量的估计值代入式（5-17），得到：

$$u(\varepsilon)=\sqrt{4.457+2.12\times10^{-2}\varepsilon+1.73\times10^{-4}\varepsilon^2} \tag{5-18}$$

（2）应力计算的不确定度

1）弹性模量引起的不确定度 $u(E)$

在利用胡克定律公式计算应力时，弹性模量 E 值的误差对结果的影响有时不能忽略，例如奥氏体不锈钢 E 值范围是 185～195GPa，合金钢 E 值范围是 200～210GPa，若不确切知道 E 值而采用估计值进行计算，可能发生的最大误差是±5%。弹性模量引起的应力计算结果不确定度符合均匀分布，因此标准不确定度为：

$$u(E)=\frac{a}{k}=\frac{5\%\sigma}{\sqrt{3}}=0.0289\sigma \tag{5-19}$$

2）泊松比引起的不确定度 $u(\nu)$

由于低合金钢材料 $\nu=0.285$，即使近似地将 ν 值取 0.3（增大约 5%），对于（$1-\nu^2$）来说，其相对误差也仅有（$0.3^2-0.285^2$）/（$1-0.285^2$）$=0.96\%$。此外，若考虑 ν 值的影响，将给应力不确定度的计算带来很大困难，因此这里忽略 ν 对应力计算结果不确定度的影响，即将其视为常数。

3）数值修约引起的不确定度 $u(\sigma_{rou})$

数值修约引起的应力计算结果不确定度符合均匀分布。应力数值的单位为 MPa，当修约到个位时，则标准不确定度

$$u_\sigma(\sigma)=\frac{a}{k}=\frac{0.5}{\sqrt{3}}=0.289\text{MPa} \tag{5-20}$$

数值很小，一般可以忽略。

4）应力计算引起的不确定度

综上，应力计算引起的标准不确定度由应变测量的不确定度 $u(\varepsilon)$ 和弹性模量的不确定度 $u(E)$，根据以下传递公式计算得到：

$$\left.\begin{aligned}
u_x(\sigma)&=\sqrt{\left(\frac{\partial\sigma_x}{\partial\varepsilon_x}\right)^2u_x^2(\varepsilon)+\left(\frac{\partial\sigma_x}{\partial\varepsilon_y}\right)^2u_y^2(\varepsilon)+\left(\frac{\partial\sigma_x}{\partial E}\right)^2u^2(E)}\\
&=\sqrt{\left(\frac{E}{1-\nu^2}\right)^2u_x^2(\varepsilon)+\left(\frac{E\nu}{1-\nu^2}\right)^2u_y^2(\varepsilon)+\left(\frac{\sigma_x}{E}\right)^2u^2(E)}\\
u_y(\sigma)&=\sqrt{\left(\frac{\partial\sigma_y}{\partial\varepsilon_x}\right)^2u_x^2(\varepsilon)+\left(\frac{\partial\sigma_y}{\partial\varepsilon_y}\right)^2u_y^2(\varepsilon)+\left(\frac{\partial\sigma_y}{\partial E}\right)^2u^2(E)}\\
&=\sqrt{\left(\frac{E}{1-\nu^2}\right)^2u_y^2(\varepsilon)+\left(\frac{E\nu}{1-\nu^2}\right)^2u_x^2(\varepsilon)+\left(\frac{\sigma_y}{E}\right)^2u^2(E)}
\end{aligned}\right\} \tag{5-21}$$

在上面推导中，用到了已知主应力方向的双向应力场公式（5-2）。由于材料中的残余应力 σ_x、σ_y 在 MPa 数量级，而弹性模量 E 在 GPa 数量级，即 σ_x/E 和 $\sigma_y/E\ll1$，所以式（5-21）中 $u_x(\sigma)$ 和 $u_y(\sigma)$ 的根号内第三项可以被忽略，这样就有

$$\left.\begin{aligned}
u_x(\sigma)&=\frac{E}{1-\nu^2}\sqrt{u_x^2(\varepsilon)+\nu^2u_y^2(\varepsilon)}\\
u_y(\sigma)&=\frac{E}{1-\nu^2}\sqrt{u_y^2(\varepsilon)+\nu^2u_x^2(\varepsilon)}
\end{aligned}\right\} \tag{5-22}$$

（3）残余应力检测的合成不确定度

残余应力检测的合成不确定度 $u_c(\sigma)$ 由应变测量的不确定度 $u(\varepsilon)$ 和应力计算的不确定度 $u(\sigma)$ 按照不确定度的传播率公式计算。然而，在前面评定应力计算的不确定度时，已经通过传递公式计算考虑了 $u(\varepsilon)$ 的作用，因此合成不确定度即为：

$$u_c(\sigma)=\sigma_x(\sigma)\quad 或\ u_c(\sigma)=\sigma_y(\sigma) \tag{5-23}$$

从式（5-23）看出，残余应力检测的合成不确定度在两个应变计测量方向上是不同

的，且大小由两方向应变测量的不确定度 $u_x(\varepsilon)$、$u_y(\varepsilon)$ 决定［参见式（5-22）所示］。进一步地，因为应变测量的不确定度 $u(\varepsilon)$ 与被测应变 ε 相关［参见式（5-18）所示］，所以残余应力检测的合成不确定度 $u_c(\sigma)$ 由应变值决定。

（4）扩展不确定度 U

在报告残余应力检测结果时，需要告知扩展不确定度 U，并表示为 $Y=y\pm U$（其中，Y 为被测量残余应力，y 为残余应力的估计值）。在采用全释放法检测残余应力时，如果取包含因子 $k=2$，则

$$U=2u(\sigma) \tag{5-24}$$

（5）检测结果不确定度实例

以下针对 Q355 低合金钢材料结构件焊缝残余应力的全释放法检测，介绍几种典型应力场的不确定度评定结果。

在各种不同应力场的应变（$\Delta\varepsilon_x$、$\Delta\varepsilon_y$）测量后，利用式（5-18）和式（5-22）～式（5-24），计算得到表 5-2 结果。从表 5-2 中数据可以看出，残余应力检测结果的不确定度大小主要取决于应变测量的不确定度；应变测量的标准不确定度数值可控制在±20$\mu\varepsilon$ 范围内，残余应力检测的扩展不确定度均小于 10MPa。

表 5-2　各种应力水平下的检测结果不确定度

不确定度	单向低应力场（σ_x=105MPa）		单向高应力场（σ_x=315MPa）		双向低应力场（$\sigma_x=\sigma_y$=115MPa）		双向高应力场（$\sigma_x=\sigma_y$=300MPa）	
	$\Delta\varepsilon_x=-500$	$\Delta\varepsilon_y=150$	$\Delta\varepsilon_x=-1500$	$\Delta\varepsilon_y=450$	$\Delta\varepsilon_x=-390$	$\Delta\varepsilon_y=-390$	$\Delta\varepsilon_x=-1030$	$\Delta\varepsilon_y=-1030$
$u(\varepsilon)$	6.100	3.391	19.032	6.966	4.752	4.752	12.898	12.898
$u(\sigma)$	1.412	0.871	4.374	2.018	1.129	1.129	3.065	3.065
$u_{rel}(\varepsilon)$	1.220%	2.261%	1.269%	1.548%	1.218%	1.218%	1.252%	1.252%
$u_{rel}(\sigma)$	1.345%	43.550%	1.393%	40.360%	0.982%	0.982%	1.012%	1.012%
U	2.823	1.742	8.747	4.036	2.259	2.259	6.131	6.131

5.4　全释放应变法的标准与应用

5.4.1　全释放应变法的检测标准

（1）国内外全释放法检测标准概况

目前，国际上尚未制定完全针对用全释放法测量残余应力的检测标准。但是，在铁路钢轨、特种钢管、风扇转轮等一些产品标准或技术规范中，都涉及采用切片法或分割法检测残余应力。例如，API Technical Report 5C3-2015/ ISO 10400—2018《石油和天然气工业 套管、油管、钻杆和管线管性能的公式和计算》（*Petroleum and natural gas industries-Formulae and calculations for the properties of casing, tubing, drill pipe and line pipe used as casing or tubing*）要求对石油天然气管道进行周向残余应力评估，并引用 ASTM E1928—2013《估算直薄壁管中近似残余周向应力的标准方法》（*Standard practice for estimating the approximate residual circumferential stress in straight thin-walled tubing*）中的相关规定。目前 ASTM E1928 标准已颁布了 2019 版，不过它与之前的 2007 版

和 2013 版的内容没有大的变化。

我国于 2014 年颁布了 GB/T 31218—2014《金属材料　残余应力测定　全释放应变法》，是目前国内外关于全释放应变法最全面的规范性文件。此外，TB/T 2344.1—2020《钢轨　第 1 部分：43kg/m～75kg/m 钢轨》以及 2005 年发布的“350 公里客运专线 60kg/m 钢轨暂行技术条件”中均规定需要采用切割的方法来获得轨底面纵向残余应力，并对切取试块大小做了相应规定。

（2）GB/T 31218—2014 标准概述

国标 GB/T 31218 除了对全释放法的检测原理，平面应力状态下一维、二维和三维残余应力的测量程序、测量要求及数据处理等做出规定外，还对测试设备、测试报告等提出要求。特别地，GB/T 31218 在附录中增加了电阻应变计测量应变方法的内容。

1）设备和应变计

虽然全释放法对于所用设备没有专属要求，但 GB/T 31218 对测量设备和器材的选择还是做出了一些规定。

为了保证残余应力测量的准确性，GB/T 31218 规定全释放法使用的应变仪至少应满足 JJG 623《电阻应变仪检定规程》中 1.0 级的要求，并需经过计量部门的定期检定。连接应变计和应变仪的导线应尽量短，一般不超过 10m。

GB/T 31218 推荐使用的单向、双向和三向应变计如图 5-10 所示，其中三向应变计（c）的敏感栅 1 和敏感栅 3 成 90°，敏感栅 2 与敏感栅 1 成 45°或 135°。应变计为常温箔式应变计（花），电阻值为 120Ω 或 60Ω。为了测量的方便性和准确性，应变花的外形基底尺寸不宜太大，长宽尺寸为 5～10mm，敏感栅的长宽尺寸为 1～3mm。

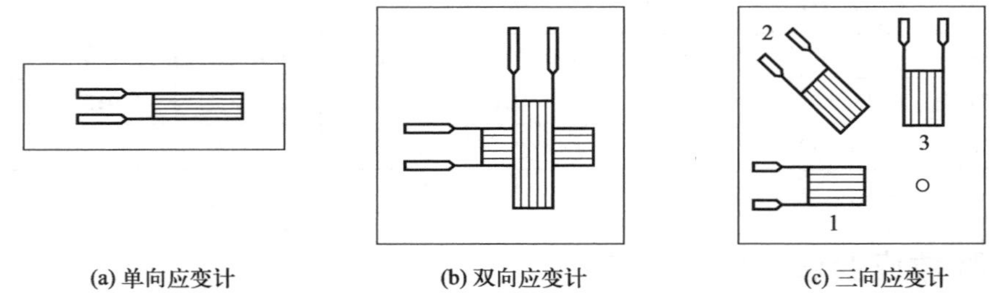

(a) 单向应变计　(b) 双向应变计　(c) 三向应变计

图 5-10　全释放法测量残余应力用应变计

2）电阻应变计测量应变方法

测试原理：将电阻应变计粘贴在试样表面，通过电阻应变仪测量试样受力变形时所引起的电阻变化，并将其变化量转化为应变值。

测试仪器：测量用的静态电阻应变仪或动态电阻应变仪应按 JJG 623《电阻应变仪检定规程》进行检验。电阻应变计应符合 GB/T 13992《金属粘贴式电阻应变计》中的 A 级要求。

测试试样：试样的制备及加工应符合 GB/T 31218 标准的规定。弯曲试样应符合相关试验标准或产品技术规范的要求。试样尺寸应满足应变计的尺寸要求，对于矩形截面试样最小宽度不小于应变计基底宽度＋2mm，对于圆截面试样其平行长度部分直径应不小于 10mm。

测试试验：

① 外观检查应变计，丝栅引线是否牢固，电阻有无明显变化或出现漂移等现象，每个敏感栅之间的阻值偏差最好不超过±0.1Ω。

② 试样贴片处应进行必要的机械打磨，表面粗糙度 Ra 在 1.6～2.5μm 为宜。用划针在测点处划出贴片定位线。用浸有丙酮或无水乙醇的脱脂棉球将贴片位置及周围擦洗干净，直至棉球洁白为止。

③ 在应变计基底面涂抹一层薄薄的粘接胶，然后将应变计对准试样的贴片标记，用一小片塑料薄膜盖在应变计上，再用大拇指按压，从应变计一端开始作无滑动的滚动，将应变计下的多余胶水或气泡排除。

④ 宜在拉、压试样轴线两侧对称位置各贴一电阻应变计。

⑤ 已安装完毕的电阻应变计，应进行应变计质量检查，检查是否有断丝现象，阻值是否与原来相同，绝缘电阻是否满足测量要求。测量导线与应变计引出线连接的焊点要小而牢固，并保证焊点与被测表面的良好绝缘。导线焊好后，要进行良好的固定。在潮湿和腐蚀环境下，应对应变计及其附近区域均匀涂上防护层。

⑥ 电阻应变计与应变仪的连接通常采用半桥或全桥方式，如图 5-11 所示。半桥接法：将试样两侧各粘贴的沿轴向两电阻应变计（简称工作片）的两端分别接在应变仪的 A、B 接线端上，温度补偿片接到应变仪的 B、C 接线端上。当试样轴向受力时，电阻应变仪即可测得对应试验力下的轴向应变 ε_l；全桥接法：把两片轴向的工作片和两片温度补偿片按图示方法接入应变仪的 A、B、C、D 接线端中。当试样轴向受力时，电阻应变仪即可测得对应试验力下的轴向应变 ε_l，因为应变仪显示的应变是两片应变计之和，所以试样轴向应变应为应变仪显示值 $\varepsilon_{仪}$ 的一半，即 $\varepsilon_l=\varepsilon_{仪}/2$。

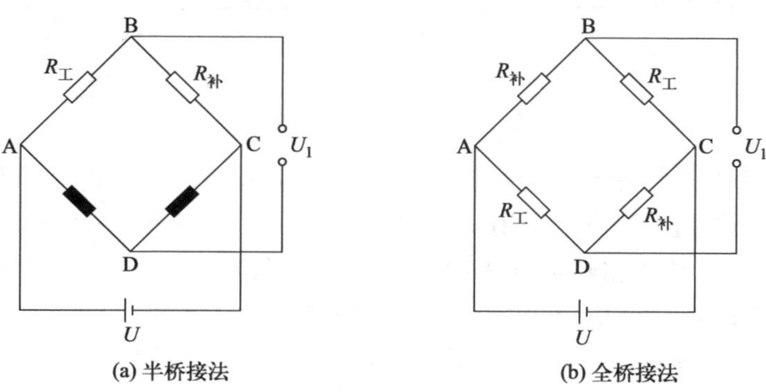

图 5-11　应变计与应变仪的连接方法

3）试验报告

按照 GB/T 31218 的规定，试验报告至少包括以下内容：

① 国标 GB/T 31218 的标准编号；

② 测点位置；

③ 测试说明，包括被测试材料牌号，所采用的应变计等；

④ 残余应力测量结果。

5.4.2 全释放应变法的典型应用

全释放法既能测定表面残余应力又能测定内部残余应力，且不受构件表面形状及状态的限制，因此应用相当广泛。

(1) 核电结构 J 坡口焊缝的残余应力检测

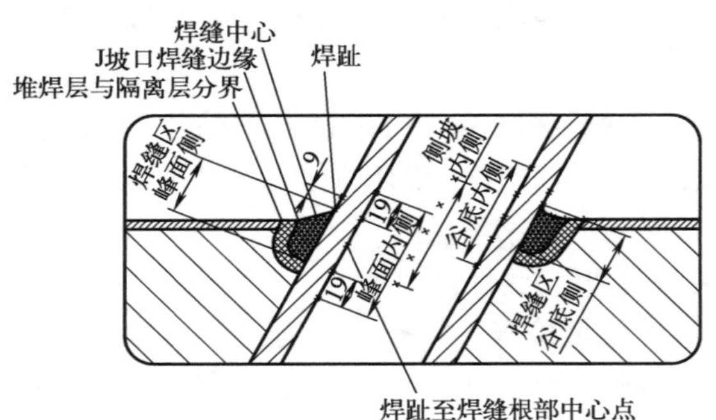

图 5-12 J 坡口残余应力测点位置

待测对象为 CRDM 接管分别以倾角 $\alpha=42.5°$、$24.8°$与管板焊接的结构件，如图 5-12 所示。接管的外径为 101.6mm，内径为 70mm；管板的厚度为 201mm，长宽均为 490mm。测量部位的材质是 Ni 基合金，弹性模量 E 为 200GPa，泊松比 ν 为 0.29。焊口的型式是 J 坡口。需要测量的部位包括焊缝的上坡侧、下坡侧、任一侧坡面以及它们对应的 CRDM 接管内表面，如图 5-13 所示。以上每个位置分别测试 5 个点，两个结构件共测试 60 个点。

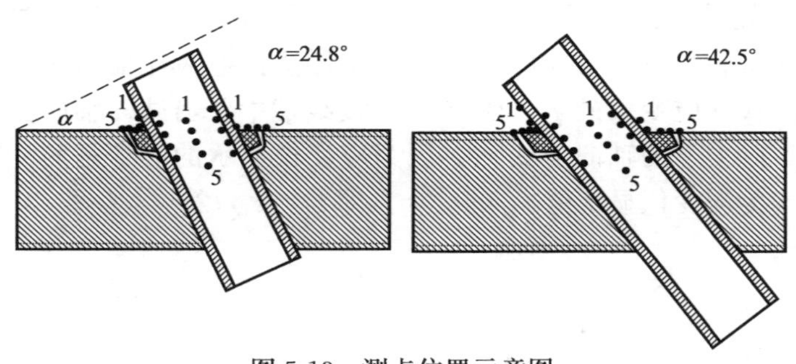

图 5-13 测点位置示意图

对于接管外侧表面的测点，能用钻孔法的采用钻孔法测试；对于外侧不能用钻孔法的，以及接管内侧表面的测点，采用全释放法测试。为了明确焊缝边缘，检测之前用化学腐蚀方法显现 J 坡口焊缝和隔离层的分界线。全释放法测试采用 BE120-3BC 应变计和 KJS-3P 型应力测试仪。测试过程按照 GB/T 31218—2014 标准进行，并按式（5-3）计算残余应力。由于管内应变计的粘贴、接线、防护难度较大，所以需要经验丰富的测试人员进行操作，以保证测点准确、粘贴牢靠、防护得当，应变计间无干扰。

J 坡口焊缝的残余应力测试结果见表 5-3（24.8°接管）和表 5-4（42.5°接管）。其中 σ_x 和 σ_y 代表焊缝方向和垂直焊缝方向或是沿接管环向和轴向的应力。带 * 的数值为钻孔法测试结果，余者为全释放法测试结果。

表 5-3 24.8°接管 J 坡口焊缝残余应力测量结果 单位：MPa

测点位置（外表面）	上坡侧		下坡侧		一侧坡	
	σ_x	σ_y	σ_x	σ_y	σ_x	σ_y
1	-430^*	-230^*	135	27	197	140

续表

测点位置（外表面）	上坡侧		下坡侧		一侧坡	
	σ_x	σ_y	σ_x	σ_y	σ_x	σ_y
2	450*	497*	79	−146	313	254
3	192*	224*	346	498	258*	304*
4	434*	415*	473	494	276*	204*
5	169*	366*	269	320	139*	334*
测点位置（内表面）	**上坡侧**		**下坡侧**		**一侧坡**	
	σ_x	σ_y	σ_x	σ_y	σ_x	σ_y
1	170	35	96	23	−38	−66
2	15	−270	−65	−340	−80	−56
3	20	−330	91	25	130	25
4	−85	55	123	93	−136	−36
5	−125	58	−17	44	−200	−97

表 5-4　42.5°接管 J 坡口焊缝残余应力测量结果　　单位：MPa

测点位置（外表面）	上坡侧		下坡侧		一侧坡	
	σ_x	σ_y	σ_x	σ_y	σ_x	σ_y
1	122*	192*	126	91	195	100
2	87*	276*	176	120	497	338
3	161*	212*	315	349	356*	148*
4	307*	452*	167	364	237*	446*
5	143*	318*	154	336	216*	336*
测点位置（内表面）	**上坡侧**		**下坡侧**		**一侧坡**	
	σ_x	σ_y	σ_x	σ_y	σ_x	σ_y
1	323	90	58	−93	−131	−98
2	217	−61	−190	−571	−413	−315
3	236	52	195	−66	65	6
4	−22	117	346	290	218	188
5	−145	79	298	360	126	110

从表中的测试结果可以看出，J 坡口焊缝的外表面残余应力数值普遍较大，最高的已经超过材料屈服强度，不同坡侧的残余应力分布规律无明显差别。相比外表面，内表面残余拉应力略低，部分测点呈现压缩残余应力状态。

（2）ASG 气动泵平衡室盖的残余应力检测

ASG 气动泵平衡室盖的主体为 Φ250～380mm 双向不锈钢盘，盘表面有厚度约 5mm 的 Stellite 6 合金堆焊层。双向不锈钢材料的弹性模量 E 为 207GPa，泊松比 ν 为 0.28。测试的平衡室盖共有 2 件，其中 1＃盖直径较大，2＃盖直径较小，如图 5-14 所示。测量目标是距中心孔边一定距离位置处的表面残余应力。

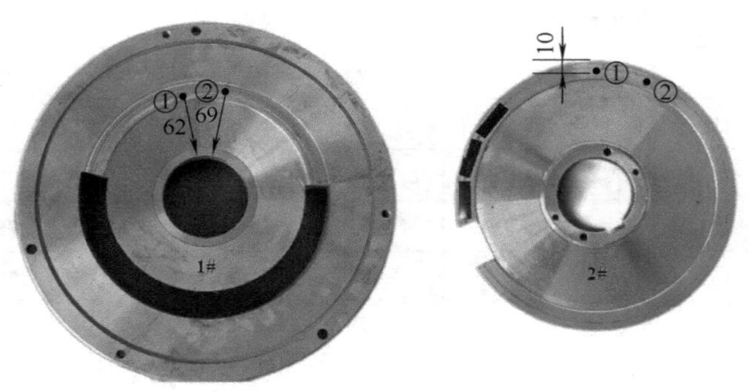

图 5-14　平衡室盖的测点位置

考虑到测量位置的特点，采用 BA120-05AA-A 单向应变计组合成双向应变计进行测量。BA120-05AA-A 是目前敏感栅尺寸最小的应变计，一般用于应力梯度较大或测量区域较小的场合。应变仪采用 KJS-3 型应变测试仪，其分辨率为 1$\mu\varepsilon$。测试过程按照 GB/T 31218—2014 标准进行，并按式（5-3）计算残余应力。每个平衡室盖各测两点，具体测点位置见图 5-14。应力测量方向分别为沿盖的圆周方向（称环向）和指向圆心方向（称径向）。

残余应力测量结果见表 5-5。

表 5-5　ASG 气动泵平衡室盖表面残余应力测量结果

平衡室盖编号	位置	环向应力/MPa	径向应力/MPa
1#	①点，至孔边 62mm	145	−231
	②点，至孔边 69mm	525	179
2#	①点，至外环 10mm	429	114
	②点，至外环 10mm	452	190

（3）三峡工程 60mm 厚高强钢焊管爆炸消应工艺评定

爆炸消除焊接残余应力是借助爆炸冲击波的能量使焊缝金属产生塑性变形从而达到消除应力的目的。爆炸法经过多年的研究和应用，已发展成为一种比较成熟的大型焊接结构消应技术。但是三峡电站引水压力管道下水段的爆炸难度大、要求高，需要在工程前进行三维残余应力评定，用以制定合理的爆炸施工方案。

压力管道的直径为 12.4m，采用 60mm 厚度的 SUMITEN 610F 调质高强钢板焊接而成。焊缝为非对称 X 坡口形式，其中，大坡口侧坡口角 50°，坡口深 3/5 板厚，小坡口侧坡口角 60°，坡口深 2/5 板厚。焊缝的屈服强度为 602MPa，抗拉强度高于 678MPa。焊接工艺评定采用的试板规格为 600mm × 300mm × 60mm。图 5-15 为焊接接头及爆炸时药条放置位置的示意图，小坡口侧有 4 个药条，大坡口侧有 3 个药条。为了解爆炸后试板内部的应力分布，

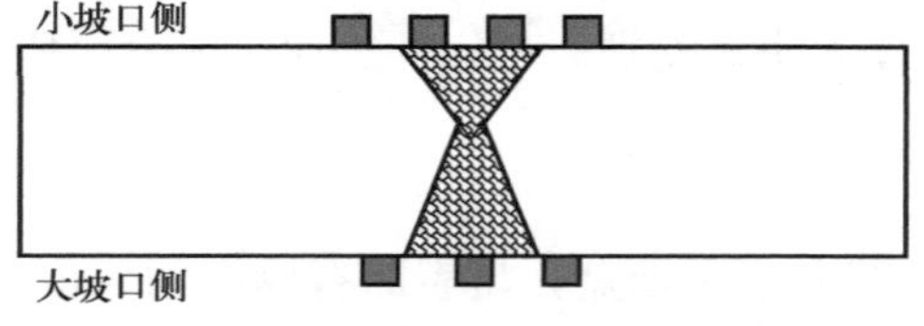

图 5-15　焊接接头布药方式示意图
（■为药条）

需要进行三维残余应力测试。

由于 R-N 切割法的应力释放充分，可靠性好，且不需要专门设备，所以工艺评定采用 R-N 法测试焊缝中的三维残余应力分布。测量时采用 BA120-3AA 单向应变计分别沿焊缝纵向 x、横向 y 和厚度方向 z 粘贴。应变仪采用 YJ-26 型静态电阻应变测试仪，分辨率为 1$\mu\varepsilon$。测试采用两块试板，一块用于测量焊接后的原始应力状态，另一块用于测量爆炸消应后的应力状态，两块试板的焊接工艺完全相同。测量位置都在焊缝的中心线上。

测量中，先粘贴焊缝表面的应变计，后粘贴厚度方向的应变计，采用逐步释放方式根据各释放应变值计算最终残余应力大小。表 5-6 和表 5-7 分别给出了消应前和消应后在焊缝厚度方向上测得的释放应变和残余应力，残余应力计算时用到式(5-6)～式(5-8)。爆炸消应处理前后的残余应力分布曲线见图 5-16。

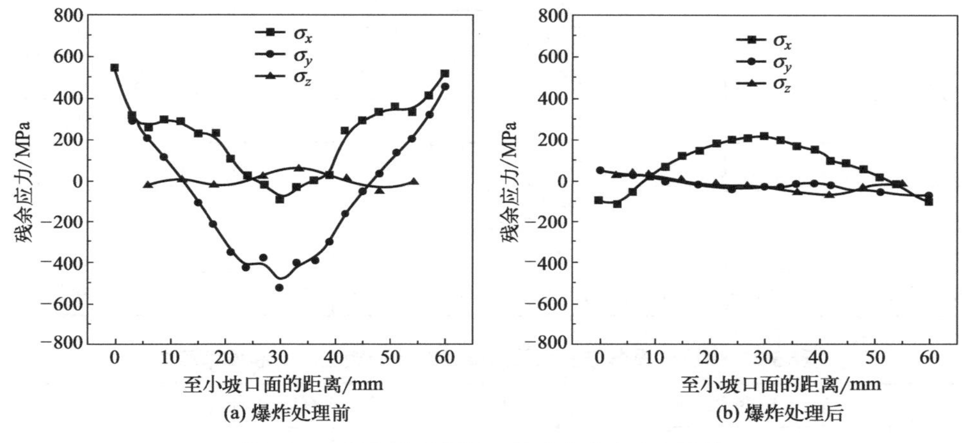

(a) 爆炸处理前　(b) 爆炸处理后

图 5-16　焊接试板焊缝三维残余应力分布曲线

采用 R-N 全释放法测量三维残余应力的结果表明，焊后的纵向应力 σ_x 靠近两表面数值较大，试板中心部位较小；横向应力 σ_y 靠近表面为拉应力，中间部位为压应力；厚度方向应力 σ_z 数值很低。测量结果符合一般厚板 X 形坡口对接焊缝的残余应力分布特征。

从应力测量结果可以看出，对于 60mm 厚高强钢对接焊缝，采用双面 4/3 条药条的布药方式，可以在厚度方向上获得较为均匀的应力消除效果，满足消应设计的技术要求。

表 5-6　原始焊接试板沿厚度方向的释放应变和残余应力

测点位置	第一次释放		第二次释放		第三次释放		应力/MPa		
	$\Delta\varepsilon_{xB/T}$	$\Delta\varepsilon_{yB/T}$	$\Delta\varepsilon_{x0}$	$\Delta\varepsilon_{y0}$	$\Delta\varepsilon_{xi}$	$\Delta\varepsilon_{yi}$	σ_x	σ_y	σ_z
大坡口面（B）	1174	−77	−3052	−315	−1375		547	529	
1			−2113		−725		291	319	
2			−2171		−209	139	264	202	−18
3			−2400		229		298	120	
4			−2422		751	−279	289	7	15
5			−2363		1191		230	−102	
6			−2397		1727	−418	233	−214	−17

续表

测点位置	第一次释放		第二次释放		第三次释放		应力/MPa		
	$\Delta\varepsilon_{xB/T}$	$\Delta\varepsilon_{yB/T}$	$\Delta\varepsilon_{x0}$	$\Delta\varepsilon_{y0}$	$\Delta\varepsilon_{xi}$	$\Delta\varepsilon_{yi}$	σ_x	σ_y	σ_z
7			−2103		2227		107	−356	
8			−1726		2446		8	−430	
9			−1472		2658	−821	−9	−380	15
10			−1335		2758		−99	−525	
11			−1436		2354	−980	−29	−407	71
12			−1630		2085		6	−388	
13			−1592		1854		25	−299	
14			−2272		1497	−505	240	−162	18
15			−2507		1038		293	−49	
16			−2590		706	12	335	33	−49
17			−2558		256		360	135	
18			−2352		−96	46	335	203	−4
19			−2557		−548		416	322	
小坡口面（T）	1021	154	−2871	−568	−1048		521	458	

表 5-7　焊接试板爆炸消应后沿厚度方向的释放应变和残余应力

测点位置	第一次释放		第二次释放		第三次释放		应力/MPa		
	$\Delta\varepsilon_{xB/T}$	$\Delta\varepsilon_{yB/T}$	$\Delta\varepsilon_{x0}$	$\Delta\varepsilon_{y0}$	$\Delta\varepsilon_{xi}$	$\Delta\varepsilon_{yi}$	σ_x	σ_y	σ_z
大坡口面（B）	157	57	360	63	−485		−95	50	
1			416		−447	2	−110	37	29
2			148		−353		−53	30	
3			−219		−228	−24	27	23	20
4			−432		−83		67	0	
5			−650		−39	−42	119	1	12
6			−788		34		145	−14	
7			−952		142	−16	180	−25	−6
8			−1044		200		198	−38	
9			−1049		153		204	−30	
10			−1083		122		216	−24	
11			−1003		117		200	−32	
12			−856		−59	227	166	−8	−48
13			−719		−108		154	−5	
14			−533		−144	323	95	−18	−65

续表

测点位置	第一次释放		第二次释放		第三次释放		应力/MPa		
	$\Delta\varepsilon_{xB/T}$	$\Delta\varepsilon_{yB/T}$	$\Delta\varepsilon_{x0}$	$\Delta\varepsilon_{y0}$	$\Delta\varepsilon_{xi}$	$\Delta\varepsilon_{yi}$	σ_x	σ_y	σ_z
15			−423		−13		84	−52	
16			−316		−148	151	61	−35	−25
17			−54		−160		13	−58	
小坡口面（T）	−104	431	475	18	−241		−99	−72	

思考题

1. 全释放应变法的主要特点是什么？
2. 全释放应变法测量残余应力时采用什么来获得应变信息？
3. 全释放应变法测量残余应力时电阻应变计的选用原则是什么？
4. 全释放应变法测量残余应力的主要步骤有哪些？
5. 对于未知主应力方向的双向应力场，请写出全释放应变法的应力计算公式。
6. 采用全释放应变法测量残余应力时，对试件进行解剖时的注意事项是什么？
7. 全释放应变法测量残余应力时主要误差来源是什么？
8. 全释放应变法测量残余应力过程中，应变计如有读数不稳，该如何处置？
9. 如何解决应变计在解剖过程中潜在的被损坏问题？若测试周期较长，如何保证测量结果的准确性和可追溯性？
10. 残余应力测量时，应变计是否越小越好？请解释原因。

参考文献

[1] 王仲仁，苑世剑，胡连喜. 弹性与塑性力学基础 [M]. 哈尔滨：哈尔滨工业大学出版社，1996.

[2] 宋天民. 焊接残余应力的产生与消除 [M]. 北京：中国石化出版社，2005.

[3] 米谷茂. 残余应力的产生和对策 [M]. 北京：机械工业出版社，1983.

[4] 祝洪川，李荣锋，杜丽影，等. 重轨残余应力检测的全释放法和释放法的比较 [J]. 钢铁研究，2011，39（4）：42-44.

[5] 余陈，陈静，陈怀宁，等. TC4 钛合金磁控窄间隙 TIG 焊试板热处理前后三维应力 [J]. 机械工程学报，2019，55（6）：61-66.

[6] 中国国家标准化管理委员会. 金属材料 残余应力测定 全释放应变法：GB/T 31218—2014 [S]. 北京：中国标准出版社，2014.

第6章 Chapter Six

残余应力的逐层剥离法检测技术

逐层剥离（BRSL）法是一种破坏性的残余应力检测方法，可以测量构件沿厚度方向上的二维残余应力分布。截至目前，国内外还没有制定逐层剥离法的残余应力检测标准。

6.1 逐层剥离法基础知识

6.1.1 逐层剥离法的发展简史

逐层剥离法最早由 Rostenthal 和 Norton 在 1945 年提出，他们通过切块、分割和逐层剥离材料过程中残余应变的释放来反推测量块所在原材料位置的内部残余应力分布，而且提出可将逐层剥离法与 X 射线衍射法相结合获得构件内部的残余应力。英国焊接研究所（TWI）在此基础上进一步完善了逐层剥离法，并在 1978 年后逐渐将其应用于测量金属焊接结构件的内部三维残余应力场，特别在平板和管道焊缝的全场残余应力测量中获得成功。

在以后的几十年中，一些学者对逐层剥离法的计算和应用进行了深入研究，但目前这种方法只是在英国的科研机构和企业单位应用较多，在其他国家应用相对较少。国内学者做过一些与逐层剥离法相似方法的研究，并将其称为“剥层法”，但完全一样的方法研究和应用尚未见到报道。

尽管如此，国内外对于逐层剥离法的研究一直在进行。在国外，比较具有代表性的工作有，焊接平板的残余应力测量，不锈钢管道环焊缝全场残余应力测量及其残余应力分布方程表征，大口径（Φ508mm）管道环焊缝内部残余应力测量及其数值仿真模拟，以及复合材料管沿厚度分布的残余应力场测量。虽然它们实现了逐层剥离法检测，且具有了一定的成熟度，但缺少进一步的理论探讨和方法改进。在国内，与此相关的研究包括，热轧高碳钢盘条及拉拔钢丝的残余应力检测，LD10 锻造铝合金试件内残余应力大小的测定及沿深度方向的分布规律，Ti64Al4V 材料零件由加工引起的随深度变化残余应力的腐蚀剥层测量，18CrNiMo7-6 齿轮钢残余应力电化学抛光法台阶式剥层测量。虽然这些研究都采用了逐层剥离材料的技术，在原理上与国外采用的方法有相似之处，但是并没有涉及切块、分割及应变片记录来反演残余应力的计算过程。

6.1.2 逐层剥离法的基本原理

逐层剥离法是一种基于板和梁的弹性变形理论，利用应变片记录在对金属构件切割剥离过程中释放的残余应变来反推切下部分中内部平均残余应力的方法。逐层剥离法诱导材料释放应变的过程主要包括切块、分割和逐层剥离三道程序，如图 6-1 所示，同时以粘贴在材料上下表面的应变片记录各程序的应变变化。

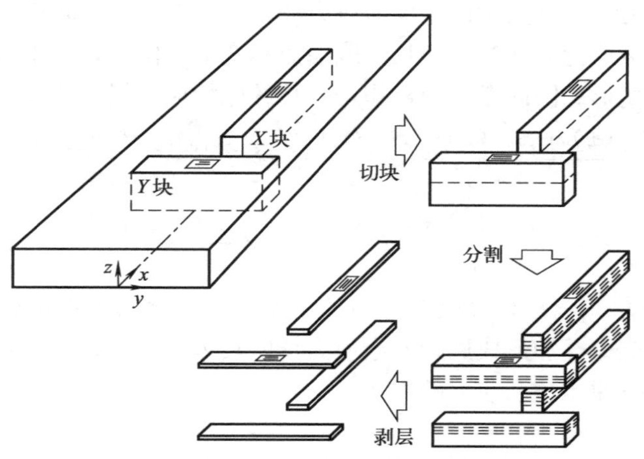

图 6-1 逐层剥离法三道主要程序

① 切块 从整体样品中切出两块长方形块状试样。这两块试样的长边应分别与定义的坐标轴的 x 方向平行和垂直，如图 6-1 所示。

② 分割 将两块长方形试样分别沿厚度中间各分割成两半，每一个长方形试样变成上半块和下半块两个试样。

③ 逐层剥离 通过剥离与测量面（应变片所在表面）相对的面上的材料层，逐层减少分割后的材料的厚度。

在对材料切块、分割、剥离的逐步分解过程中，残余应力的三个分量被分别释放出来，如图 6-2 所示。换句话说，长方形试样内部的残余应力由三个分量组成：

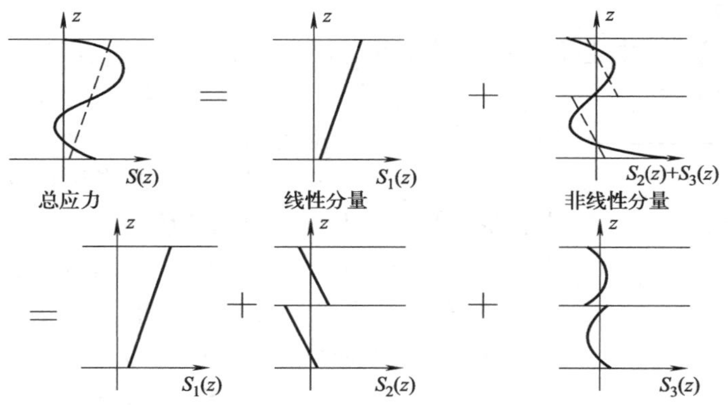

图 6-2 材料内部（随深度 z）的残余应力分量

① $S_1(z)$　在切块过程中释放的内部残余应力的线性分量，它主要包括沿厚度均匀分布的薄膜应力和沿厚度线性变化的弯曲应力（即薄膜应力＋平面内弯曲应力）。

② $S_2(z)$　在长方形试样分割成两半的过程中，上下两个半块释放的内部残余应力的线性分量。

③ $S_3(z)$　在对上下两个半块试样进行逐层剥离过程中，释放的内部残余应力的非线性分量。

上述对残余应力的描述只考虑了单向应力场。实际上，x 方向和 y 方向之间存在泊松相互作用，即材料沿载荷方向产生伸长（或缩短）变形的同时，在垂直于载荷的方向会产生缩短（或伸长）变形。因此考虑泊松作用，总的原始应力场由式（6-1）计算得到：

$$\left.\begin{aligned}\sigma_x(z)&=\frac{S_{1x}(z)+S_{2x}(z)+S_{3x}(z)}{1-\nu^2}+\nu\times\frac{S_{1y}(z)+S_{2y}(z)+S_{3y}(z)}{1-\nu^2}\\ \sigma_y(z)&=\frac{S_{1y}(z)+S_{2y}(z)+S_{3y}(z)}{1-\nu^2}+\nu\times\frac{S_{1x}(z)+S_{2x}(z)+S_{3x}(z)}{1-\nu^2}\end{aligned}\right\}\tag{6-1}$$

式（6-1）是逐层剥离法计算残余应力的基本公式，给出了将切块、分割和逐层剥离过程中释放的残余应力叠加形成原始残余应力场的具体方法。以下根据式（6-1），介绍通过测量释放应变求解原始残余应力的方法。

（1）切块

假设在切块过程中长方形试块的界面保持平面状态，因此，根据上下表面测得的应变变化 ε_t、ε_0，通过线性插值可以获得切块过程中应变和应力的关系：

$$S_1(z)=-E\left(\frac{z}{t}\varepsilon_t+\frac{t-z}{t}\varepsilon_0\right)\tag{6-2}$$

式中，t 为样品构件（即长方形试样）的厚度，E 为弹性模量。

（2）分割

切出来的长方形试样含有平行于长轴方向的非线性残余应力场。在长方形试样被分割成上下两半后，如果分割后的厚度为 t_1 和 t_2，上下表面的应变片记录分割过程中的应变为 ε_1 和 ε_2，则上下两半试块中的薄膜应力和弯曲应力分量可根据以下假设来确定：

① 平面 xz 和平面 yz 在分割过程中保持平面状态，长方形试样表现行为可简化为梁单元结构力学行为；

② 在分割长方形试样过程中破坏的中间薄层材料上的应力可以忽略不计；

③ 拉伸薄膜应力为正；分割后的上下两半试块产生的新平面上的拉伸弯曲应力为正。

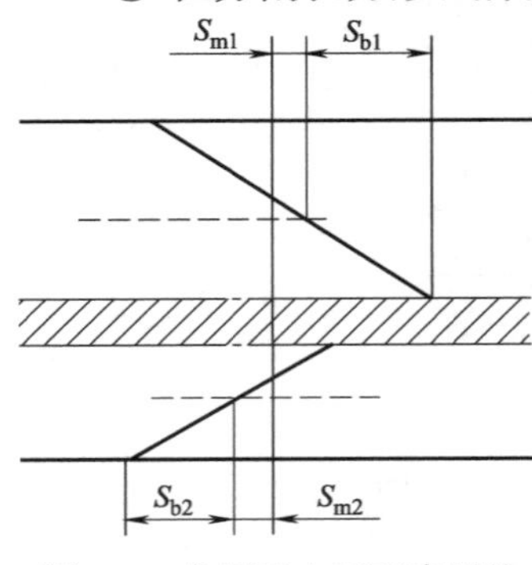

图 6-3　分割后上下两半试块释放的线性残余应力分量

如图 6-3 所示为分割后上下两半试块释放的线性残余应力分量，其中，上半试块的薄膜应力 S_{m1}、弯曲应力 S_{b1} 为正，下半试块的薄膜应力 S_{m2}、弯曲应力 S_{b2} 为负（角标 m 表示“薄膜”，角标 b 表示“弯曲”）。根据胡克定律，分割过程释放的残余应变与残余应力的关系为：

$$\left.\begin{aligned}S_{m1}-S_{b1}&=-E\varepsilon_1\\ S_{m2}-S_{b2}&=-E\varepsilon_2\end{aligned}\right\}\tag{6-3}$$

根据力和力矩平衡方程，有下列关系式：

$$\left.\begin{aligned}&S_{m1}t_1+S_{m2}t_2=0\\&\frac{S_{b1}t_1^2}{6}+\frac{S_{b2}t_2^2}{6}+\frac{S_{m2}t_2(t_1+t_2)}{2}=0\end{aligned}\right\}\tag{6-4}$$

将式（6-3）和式（6-4）联合求解，可以得到：

$$\left.\begin{aligned}&S_{m2}=\frac{E(\varepsilon_2a^2-\varepsilon_1)}{2a(1+a)}\\&S_{m1}=-aS_{m2}\\&S_{b1}=S_{m1}+E\varepsilon_1\\&S_{b2}=-S_{m2}-E\varepsilon_2\end{aligned}\right\}\tag{6-5}$$

其中，$a=t_2/t_1$。

通过线性插值，从图 6-3 可以得到不同深度上释放的应力为：

$$\left.\begin{aligned}&\text{当 }0\leqslant z\leqslant t_2\text{ 时：}S_2(z)=S_{m2}+\frac{t_2-2z}{t_2}\times S_{b2}\\&\text{当 }t_2\leqslant z\leqslant t\text{ 时：}S_2(z)=S_{m1}-\frac{2t-2z-t_1}{t_1}\times S_{b1}\end{aligned}\right\}\tag{6-6}$$

（3）逐层剥离

在上下两半试块中剩余的非线性残余应力是通过逐层剥离过程中释放应变的变化来确定的。假设在第 n 层材料剥离前，其中的平均应力为 S'_n，剥离第 n 层材料后释放的应力和力矩可以由下面公式得到：

$$F_n=S'_n(z_n-z_{n+1})\tag{6-7}$$

$$M_n=S'_n(z_n-z_{n+1})\left(\frac{z_{n+1}}{2}+\frac{z_n-z_{n+1}}{2}\right)=\frac{F_nz_n}{2}\tag{6-8}$$

根据胡克定律，由于剥离第 n 层材料造成的原始半块材料外表面应变的变化，可以由下面公式计算：

$$E\varepsilon_n=\frac{F_n}{z_{n+1}}-\frac{12M_n}{z_{n+1}^3}\times\frac{z_{n+1}}{2}\tag{6-9}$$

综合式（6-7）～式（6-9）可以得到：

$$E\varepsilon_n=\frac{S'_n(z_n-z_{n+1})}{z_{n+1}}\left(1-\frac{3z_n}{z_{n+1}}\right)\tag{6-10}$$

因此，在剥离前第 n 层的内部应力 S_n 可以通过背面应变片记录的应变 ε_n 计算得到。为了重塑非线性内部应力分布 S_n，由前一层材料移除所造成的应力变化必须考虑在内。参照式（6-9），第 n 层中间厚度上的平均应力对于第 m 层材料被移除的应力变化可由以下公式计算：

$$S'_{n,m}=\frac{F_m}{z_{m+1}}+\frac{12M_m}{z_{m+1}^3}\left(\frac{z_n+z_{n+1}}{2}-\frac{z_{m+1}}{2}\right)\tag{6-11}$$

将式（6-7）、式（6-8）代入式（6-11），可以得到：

$$S'_{n,m}=\frac{S'_m(z_m-z_{m+1})}{z_{m+1}}\left[1+\frac{3z_m(z_n+z_{n+1}-z_{m+1})}{z_{m+1}^2}\right]\tag{6-12}$$

第 n 层的原始平均应力 S_n 可由移除材料前的应力减去上一层材料移除造成的应力变化影响：

$$S_n = S'_n - \sum_{m=1}^{n} S'_{n,m} \tag{6-13}$$

最后一层材料的残余应力可从整体的力平衡方程来计算：

$$S_N(z_N - z_{N-1}) + \sum_{n=1}^{N-1} S_n(z_n - z_{n+1}) = 0 \tag{6-14}$$

其中，N 为剥离总层数+1（剩余的最后一层材料）；$z_N - z_{N-1}$ 为最后一层的厚度；z_n 为剥离第 n 层前的厚度；z_{n+1} 为剥离第 n 层后的厚度。由式（6-13）中的 S_n 与式（6-14）中的 S_N 组合成了不同厚度位置的残余应力分布，即 $S_3(z)$。

最后，将切块、分割和逐层剥离各步骤中分别获得的 $S_1(z)$、$S_2(z)$、$S_3(z)$ 代入基本公式（6-1），即可求得试样内部原始残余应力沿厚度方向的分布规律。

综上，逐层剥离法的基本原理是：通过切块、分割、逐层剥离诱使材料逐步释放残余应变，通过由释放应变计算出的线性和非线性应力的叠加，获得某一深度处的原始二维残余应力分布。

6.1.3 逐层剥离法的特点

逐层剥离法作为一种材料内部全场残余应力测试技术，正在越来越多地被人们了解、认识和接受。逐层剥离法具有鲜明的检测特点，具体表现为：

① 完全破坏性检测　逐层剥离法通过切块、分割和逐层剥离被测构件来计算残余应力场的分布，因此构件在检测后不再保留原始结构的完整性。

② 应用范围广、对材料的组织不敏感　理论上，逐层剥离法既可以测量金属材料的残余应力场，也可以测量非金属材料的残余应力场。逐层剥离法常用于板材、平板焊接接头、大直径管道等。

③ 测量厚度范围大　逐层剥离法测量构件的最小厚度是 13mm，对最大厚度几乎没有限制，目前有记载的上限值是 500mm。

④ 检测成本较低　逐层剥离法使用的测量设备是普通应变仪和应变片，虽然加工设备（如慢走丝线切割机床、数控铣床）价格稍贵，但却基本无消耗、运行费用低。

⑤ 计算原理相对简单　在测试释放应变后，可以采用通用的 Excel 工具计算残余应力，也可以将逐层剥离法的计算公式编写成简单程序，实现对测试数据的自动化运算。

⑥ 不能测量表面残余应力　逐层剥离法只能测量最后一次剥离后剩下材料的释放应变，这是最靠近表面的测试，但由此计算出的应力充其量是材料近表面区域的平均残余应力，不是表面残余应力。

⑦ 测量精度不高　从大量实验统计看，逐层剥离法的测量精度一般在 50MPa。

⑧ 操作稍显复杂　在实施切块、分割和逐层剥离时，需要使用慢走丝线切割机床、数控铣床甚至更高端的设备，而对这些设备的熟练操控需要经过一段时间的学习和实践，有些还需要经过编程技术的专门培训。

6.2 逐层剥离法的检测方法和检测设备

6.2.1 逐层剥离法的检测方法

（1）检测方法概述

在测量一个平板内部沿厚度方向正交的残余应力分布时，如图 6-1 中的 x 和 y 方向的应力分量，我们首先假设应力分量在 z 方向上没有变化。实验过程的主要步骤如下：

① 在平板的上下两个表面分别贴上应变片。这些应变片是用来测量后续切块、分割和剥离过程中应变变化的。

② 切出两块细长的长方形试样，其长、短轴分别在 x、y 方向。

③ 从长方形试样的中间平面将每个试样分割成两半。

④ 从分割的表面向应变片粘贴表面的方向一层层地剥离或移除材料，逐步减少分割后的半块试块的厚度。因为总共有四个半块，所以需要重复四次逐步剥离的过程。

原始的 x 方向或 y 方向的内部残余应力分布可视为具有线性和非线性分量。残余应力线性分量等于薄膜应力和弯曲应力在该横截面的总和，这个线性分量会在切块的操作中被释放，可以从切块后应变的变化计算得到。残余应力的非线性部分是残留在切下来的块状材料内部自相平衡的应力，这个非线性分量可以从接下来的分割和逐层剥离中应变的变化推算得到。

将残余应力的线性分量和非线性分量相加，适当的考虑 x 和 y 方向上的泊松相互作用，就可以获得材料内部原始的残余应力分布。

（2）主要检测步骤

1）确定切块位置和应变片粘贴位置

在构件上标示出长方形试样的切割位置以及应变片的粘贴位置。逐层剥离法典型的位置布局如图 6-4 所示。布局（a）是基本的两块长方形试样切块方式，每块的上下表面各贴有一片应变片。应变片的测量方向与每个长方形试块的长轴平行。布局（b）与布局（a）的切块方式相同，只是在长方形试样的上下表面各粘贴两片应变片，这是为了防止在切块过程中应变片的损坏导致数据丢失。布局（c）是三块长方形试样的切块方式，需要进行两次独立的逐层剥离法分析：先使用来自应变片位置 1 和位置 2 的数据，再使用应变片位置 3 和位置 4 的数据。这种布局可以得到应力在 x 方向的变化。布局（d）是 $2N$ 块长方形试样的切块方式，需要进行 N 次独立的逐层剥离法分析：分别使用来自应变片位置 1 和位置 $N+1$ 的数据，位置 2 和位置 $N+2$，……，位置 N 和位置 $2N$ 的数据，这种布局可以给出从 x 轴端开始距离为 y_1、y_2、……、y_N 的残余应力分布。

2）表面处理

切块区的表面状态应符合应变片的粘贴要求。对于不规则或带有氧化皮的表面，应先打磨后抛光；如果遇到焊缝，须将焊缝的余高磨平。打磨和抛光时用力需柔和，避免引入新的应力。

3）粘贴应变片

应变片的粘贴方法参考 4.2.1 节中的相关内容。

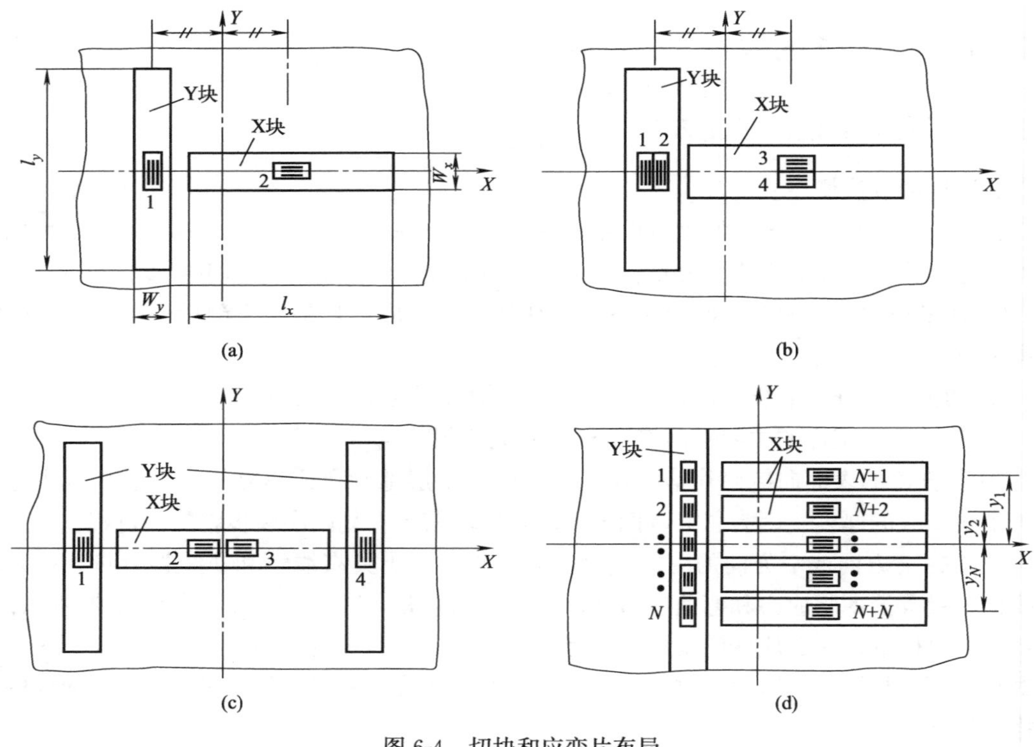

图 6-4　切块和应变片布局

在完成应变片粘贴后，还要焊接应变片的引线，检查从应变片到应变仪的连接，设置应变仪零点，观察应变仪读数的稳定性。

4）切块及其测量

为了保证切块时释放的应力呈线性分布，长方形试样的长度应不小于厚度的两倍，最好大于厚度的三倍；试样的宽度应尽可能小，但需要比应变片宽，在粘贴应变片后，试样边缘距应变片应保留 2～3mm 的距离。

切块的首选工艺是电化学加工（ECM）和电火花切割（EDM），相对来说，这两种方法不会或极少引入额外应力。但是这些设备比较昂贵，有时较难获取。在实际操作中，可以采用带有锋利锯片的电动带锯和大量冷却液进行长方形试样的切割。

在切割中，应使应变片保持干燥；如发现应变片有任何损坏，应尽快更换以减少数据丢失。

在切割完毕且温度稳定后，记录应变片的应变值变化，并使用游标卡尺在应变片的位置测量每个长方形试样的厚度。

5）分割及其测量

在长方形试样的厚度的中间位置、平行于表面对试样进行分割。记录因分割引起的应变变化，并在分割完毕后用游标卡尺测量每个半块在应变片位置的厚度。

6）逐层剥离及其测量

分别将分割后的每个半块试块固定在数控铣床上，从分割的表面开始一层一层地剥离材料。每层材料剥离后，记录外表面的应变变化和应变片位置的厚度。与切块一样，这个过程的理想加工工艺是电化学法，但成本高速度慢。在实际操作中，可以使用锋利的立铣刀配备充足的切削液进行材料剥离。每层剥离可分几道进行，最后一道应以小进刀量、高转速完成精细剥离。

为了获得不同深度上残余应力的详细分布，每半块试块的最少剥离层数为 5 层。在实际操作中，往往每半块的剥离层数为 8 层甚至更多。如果按每个半块剥离 5 层、每层剥离 1mm 计，加上每个半块最后剩余 1～2mm 厚材料以及分割时的锯切宽度 1～2mm，逐层剥离法能够检测的最小板厚为 13～16mm。

6.2.2 逐层剥离法的检测设备

逐层剥离法对测量残余应力所需的设备没有严格限定，但应能够完成逐层剥离法三个主要过程：切块、分割和剥离。逐层剥离法的检测设备主要包括切割设备、剥离设备、应变片、应变测量仪和其他辅助工具等。

（1）切割设备

对于金属材料，理想的切块和分割设备是电化学线切割机和慢走丝电火花线切割机。这两种设备与传统的切割设备（如带锯车床）相比较，都是非接触式的。其中，电化学线切割机属于较“高端”产品，而慢走丝电火花线切割机的使用较为普遍。慢走丝切割机（如图 6-5 所示）是利用连续移动的细金属丝作电极，对工件进行高压脉冲放电蚀除金属，达到切割的目的。电极丝的单向走丝速度一般控制在低于 0.2mm/s，精度可达 1μm 数量级。

对于金属或非金属材料的切块和分割，第二种选择是带锯车床。使用带锯车床时应事先做好切割方案，尽量减小机械切割引入的应力，比如从距离测量部位较远的位置开始切割，然后逐步接近目标块的区域，这样可逐步释放目标块的残余应力，从而避免残余应力过大时切割引入的误差。

（2）剥离设备

逐层剥离法的逐层剥离可以采用非机械方法或机械方法两类。非机械方法包括电解腐蚀、化学腐蚀和电化学腐蚀。电解腐蚀是以被剥层试样作为阳极，难溶性金属作为阴极，两极同时浸入电解液中，当回路通以稳定的直流电时，就会产生有选择性的阳极溶解，从而达到去除试样表面材料的效果。化学腐蚀是被剥层金属试样与非电解溶液发生化学作用而去除试样的表面材料。电化学腐蚀是被剥层金属试样与电解质溶液因发生电化学作用而形成试样表面材料的移除。虽然非机械方法在剥层时不会引入额外应力，但是它的速度慢、效率低，若试样较薄，可以进行尝试。

由于逐层剥离法的检测厚度在 13mm 以上，所以机械剥离的方法更为适用。典型的机械剥离法设备是数控铣床。如图 6-6 所示为 XK7132 型数控铣床，其主轴的最高转速达 3000r/min，最大进给速度 4m/min。当用于逐层剥离时，可选择切削参数：主轴转速 2000r/min，进给速度 200mm/min。采用数控铣床可以保证剥离效率，但是需要控制好工艺的稳定和充足的冷却液，降低引入额外残余应力的可能性。

（3）应变片和应变测量仪

逐层剥离法使用的应变片是单向应变片。目前市场上各种型号的单向应变片均可用于逐层剥离法，不需要特别定制。根据实际采用的剥离加工方法，可选择带引线或不带引线的应变片。应变测量仪则采用通用型应变测量仪即可。

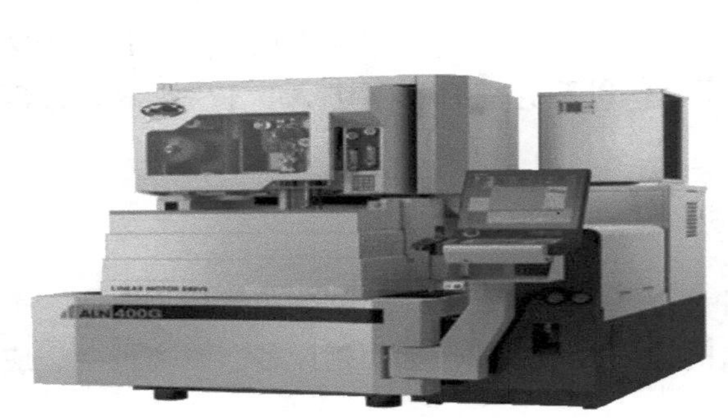

图 6-5　慢走丝线切割机床

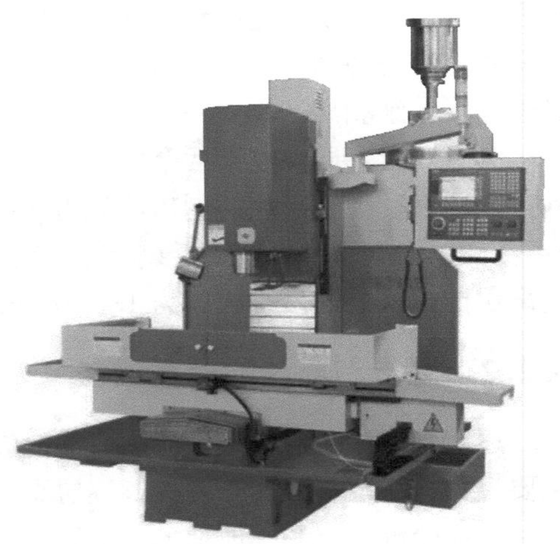

图 6-6　数控铣床示意图

6.3　逐层剥离法的数据处理

6.3.1　残余应力的计算

逐层剥离法对测量得到的应变数据可以采用 Excel 表格运算的方法计算残余应力，其中，切块和分割的步骤比较简单，而逐层剥离相对繁复一些。下面举例说明。

假设 1＃和 3＃应变片分别粘贴在平板的第一取样位置［即图 6-4(a)中试样 1］的上表面和下表面来测量 x 方向的释放应变，2＃和 4＃应变片分别粘贴在第二取样位置［即图 6-4(a)中试样 2］的上表面和下表面来测量 y 方向的释放应变。

① 切块的数据处理　在完成切块的切割操作后，将上、下表面测量到的应变值记录下来，并填写到 Excel 表格中，如表 6-1 所示。将式（6-2）的计算编入 Excel 表，执行运算即可计算出残余应力第一分量 $S_1(z)$。

② 分割的数据处理　在长方试样被分割成上下两半后，将应变片测量到的应变值记录下来，并填写到 Excel 表格中，如表 6-1 所示。将式（6-5）和式（6-6）的计算编入 Excel 表，执行运算即可计算出残余应力第二分量 $S_2(z)$。

表 6-1　切块和分割的应变记录形式

应变片编号	1＃	3＃	2＃	4＃
应变片数值归零	0	0	0	0
切块后应变值	××	××	××	××
应变片数值归零	0	0	0	0
分割后应变值	××	××	××	××

③ 逐层剥离的数据处理　以测量 x 方向释放应变的 1＃和 3＃应变片为例，假设分割后上下两半试样的厚度均为 10mm。首先，在每完成一层剥离后记录应变片的测量结果，并将剥离的层数、试样的剩余厚度和应变的数值变化填写到 Excel 表格中，如表 6-2 所

示；然后，在完成所有逐层剥离后，建立表 6-3 并将表 6-2 的数据导入表 6-3（也可在表 6-2 基础上进行拓展），将按式（6-10）计算 S'_n、按式（6-13）计算 S_n、按式（6-13）和式（6-14）计算 $S_3(z)$ 的运算编入 Excel 表。最后，执行运算求出残余应力第三分量 $S_3(z)$。

表 6-2 逐层剥离的应变记录形式

1＃应变片			3＃应变片		
剥离层	厚度/mm	应变	剥离层	厚度/mm	应变
0	10	××	0	10	××
1	9.8	××	1	9.8	××
2	9.6	××	2	9.6	××
3	9.4	××	3	9.4	××
……	……	……	……	……	……

表 6-3 逐层剥离中的数据归结整理

应变片	剥离层	z_n/mm	应变	平均厚度/mm	S'_n	S_n	S_n (z_n-z_{n+1})	S_3 (z)
1＃	……	……	××	……				
	3	9.4	××	10.5				
	2	9.6	××	10.3				
	1	9.8	××	10.1				
	0	10	××	10.0				
3＃	0	10	××	9.9				
	1	9.8	××	9.7				
	2	9.6	××	9.5				
	3	9.4	××	9.3				
	……	……	××	……				

在完成上述对 $S_1(z)$、$S_2(z)$、$S_3(z)$ 的计算后，用逐层剥离法计算残余应力的基本公式（6-1），就可获得平板内部沿厚度方向分布的残余应力 $\sigma_x(z)$ 和 $\sigma_y(z)$。

6.3.2 检测结果的主要影响因素

影响逐层剥离法检测结果的因素较多。然而截至目前，还没有人对逐层剥离法的测量结果进行不确定度分析，其原因是在这些影响因素中有相当一部分不易被量化。尽管如此，以下仍从分析测量不确定度的角度，将影响逐层剥离法检测结果的主要因素加以归纳。

① 计算原理　逐层剥离法是基于切块和分割过程中残余应力线性变化以及逐步剥离过程中残余应力非线性变化的假设。在实际切块、分割过程中，材料内部应力的变化可能与理想假设的线性变化存在一定的偏差。此外，采用慢走丝或带锯车床分割造成的材料损失被忽略不计，这可能影响分割处的残余应力大小。

② 逐步剥层的额外应力　如果采用化学法、电解法或电化学法进行逐步剥层，一般

不会引入额外应力。但是如果采用铣床进行剥层，特别在工艺参数控制不好时，很容易引入加工应力。

③ 人员操作　应变片的粘贴以及被测工件的切块、分割和逐层剥离都需要操作人员来完成，每个人对设备操作的熟练程度不一也会对结果造成影响。

④ 设备的精度　在逐层剥离中，需要很好地控制剥离层的厚度，因此对剥离设备的精度有一定的要求。在剥离后，需采用游标卡尺对每一次剥层后的材料厚度进行测量，测量的精度对残余应力的结果也有一定程度的影响。

⑤ 被测工件　被测工件的形状会影响逐层剥离法的操作性。一般情况下，逐层剥离法适合形状比较规则平整的工件或者曲率较大的管件，这些工件在分割和逐层剥离的时候比较容易控制厚度的变化。

6.4　逐层剥离法的应用案例

(1) 管道环焊缝的残余应力检测

承压管道采用 UOE 成型的 X65 直焊缝焊管环向对焊而成。焊管的直径为 508mm，壁厚为 22mm，焊管母材的屈服强度为 539.2MPa，抗拉强度为 615.9MPa。环向对接焊缝的焊材的屈服强度 653.7MPa，抗拉强度 720.5MPa。

为了比较，在进行逐层剥离法检测前，先采用钻孔法在管道环焊缝内外表面四个位置进行表面残余应力测量，如图 6-7 所示，HD1 和 HD3 为外表面测量点，HD2 和 HD4 为内表面测量点。

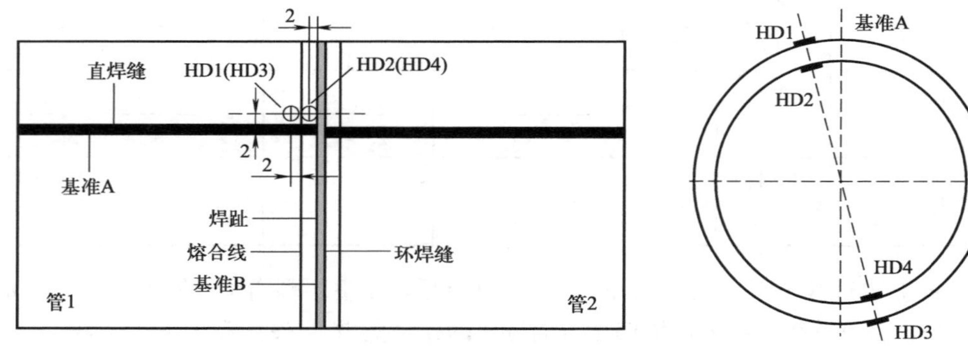

图 6-7　钻孔法测量管道焊缝表面残余应力位置图

采用 BRSL 法在管道环焊缝的两个位置对沿厚度方向分别的残余应力场进行测量，如图 6-8 所示。第一个位置靠近环焊缝和纵焊缝的交叉处，切割出 X1 长方体块和 Y1 长方体块；第二个位置在第一个位置的管壁对面，切割出 X2 长方体块和 Y2 长方体块。X1、X2 长方体块测量的是环向残余应力，Y1、Y2 长方体块测量的是纵向残余应力。＃1～＃8 为长方体上下表面粘贴应变片的位置。

图 6-9 展示了为了获得四个长方体块的切割路径示意图，图中 XX 线代表离环焊缝焊趾处 2mm 的位置。X1 长方体块上下表面分别粘贴＃1 和＃3 应变片，Y1 长方体块上下表面分别粘贴＃2 和＃4 应变片；X2 长方体块上下表面分别粘贴＃5 和＃7 应变片，Y2 长

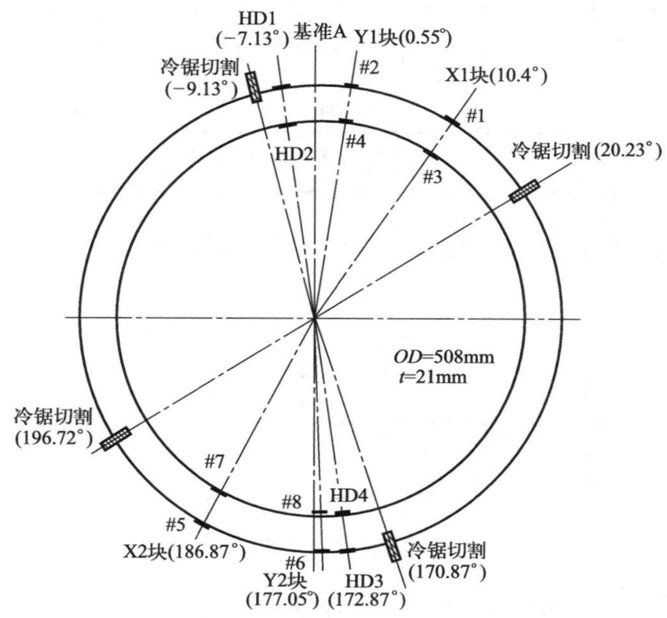

图 6-8　BRSL 法切块位置、应变片位置及切割路径示意图

方体块分别粘贴＃6 和＃8 应变片。具体检测步骤如下：

① 在钢管上画出长方体块位置、应变片粘贴位置及切割路径示意图，如图 6-9 所示。

② 将应变片粘贴到相应位置。

③ 连接应力测量仪并将数值归零。

④ 将钢管放置到带锯车床上，并按如图 6-8 所示路径进行切割，切出图 6-9 中（a）（b）所示的两大块管壁。在每一步切割完成后，记录应变数值。

⑤ 将切出来的两大块管壁，按照图 6-9 所示的切割次序进行切割，最终获得带有上下表面应变片的 X1、Y1、X2、Y2 长方体块。每一次切割完后，均应记录应变数值。

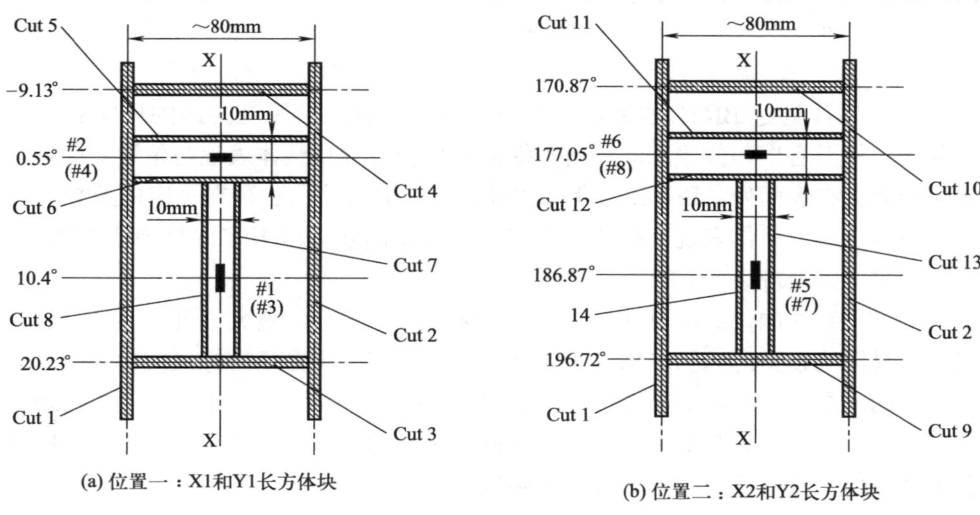

图 6-9　切割路径和切割次序示意图

⑥ 先将 X1、Y1、X2、Y2 长方体块从中间进行分割，再从分割面逐层剥离材料至贴有应变片的表面，如图 6-10 所示。分割和每一次剥层后，均应记录应变数值。

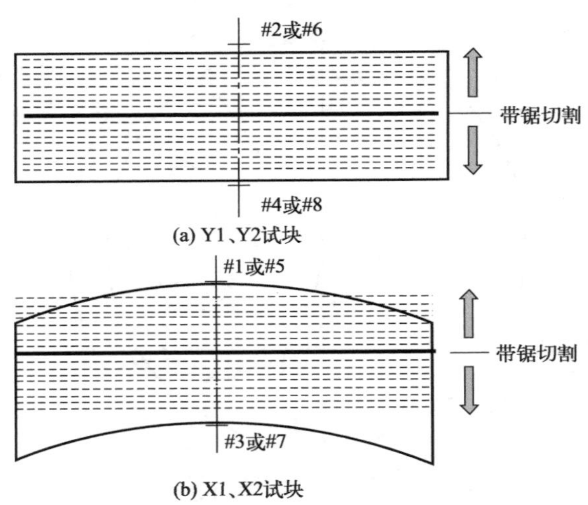

图 6-10　长方体块分割和逐层剥离示意图

⑦ 将切块、分割和逐层剥离过程中记录的应变数值代入式（6-2）、式（6-6）、式（6-7）、式（6-14）进行求解，并最终通过式（6-1）获得位置一和位置二沿厚度方向的环向和纵向残余应力场。

图 6-11 展示了通过 BRSL 法测量得到的管道环焊缝位置一的环向和纵向的残余应力分布。从图 6-11（a）可以看出，周向残余应力整体表现为拉伸残余应力，应力数值在 151MPa 到 710MPa 之间，最大值大于母材和焊材的屈服强度。在表面处，BRSL 法和钻孔法获得的环向残余应力均为拉伸残余应力，但是在数值上相差较大，这是在预料之中的，因为 BRSL 法并不适合测量表面残余应力。从图 6-11（b）可以看出，在管壁的内外近表面，纵向残余应力为拉伸残余应力，而在管壁内部则为压缩残余应力，表现出自平衡的特征。在表面处，BRSL 法与钻孔法获得的纵向残余应力值有一定的差异，但趋势一致。

图 6-12 展示了通过 BRSL 法测得的管道环焊缝位置二沿厚度方向的环向和纵向的残余应力分布。从图看出，位置二的环向和纵向残余应力分布整体表现与位置一的残余应力分布较为相似。在表面处，BRSL 法获得的残余应力值与钻孔法存在一定的差异。在材料内部，环向残余应力整体表现为拉伸残余应力，而纵向残余应力在内部为压缩残余应力，在近表面为拉伸残余应力。

从以上 BRSL 法测量结果可知，在单一方向上残余应力的最大值可能会超过材料的屈服强度。这是因为残余应力为三向应力，所以应该将三向应力场的等效应力来跟屈服强度进行对比，而不是单一方向的残余应力。通过 von-Mises 等效应力准则获得的残余应力场的等效应力就不会超过材料的屈服强度。因此，可以允许残余应力在某一方向上的数值大于屈服强度，但是其等效应力应该比屈服强度小。

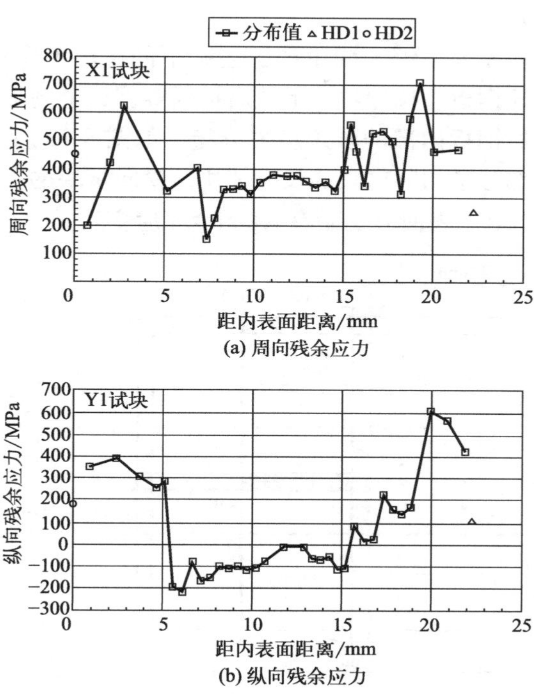

(a) 周向残余应力

(b) 纵向残余应力

图 6-11　管道环焊缝残余应力分布（位置一）

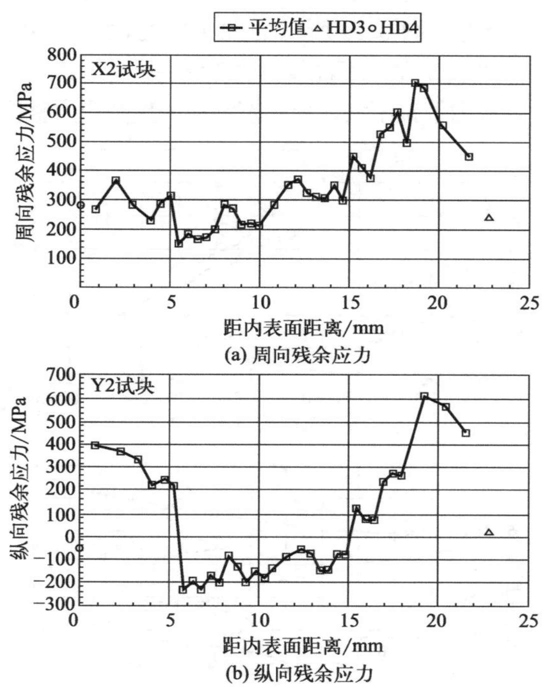

(a) 周向残余应力

(b) 纵向残余应力

图 6-12　管道环焊缝残余应力分布（位置二）

（2）船用钢板的残余应力检测

在研发船用钢板时，需要了解不同生产工艺和不同生产工序产生内部残余应力的情况，例如热轧钢板、冷轧钢板、拉伸矫直平整后钢板等。这个例子在于展示采用 BRSL 法测量轧制态钢板和平整后钢板内部的残余应力分布。如图 6-13 所示为钢板切割取块的顺序示意图，其中深颜色部分是切割出来的长方体块。横向试块的上下表面分别贴有♯1 和♯3 应变片，纵向试块的上下表面分别贴有♯2 和♯4 应变片。

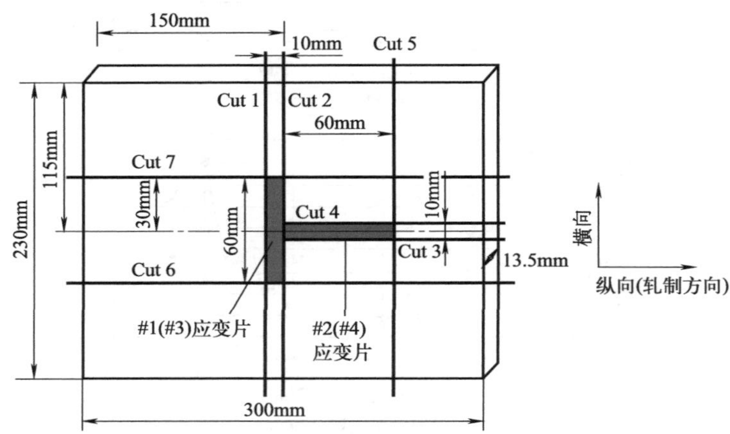

图 6-13　钢板切割顺序示意图

与 6.4（1）中管道环焊缝残余应力检测相类似，对轧态钢板和平整后钢板分别进行切块、分割和逐层剥离，获得如图 6-14 所示的残余应力测试结果。图中，M02 代表轧态钢板，用虚线表示；M04 代表平整后钢板，用实线表示。由得到的残余应力分布可知，轧制态和平整后钢板的残余应力值都不大，但轧态钢板的残余应力整体比平整后钢板的小。

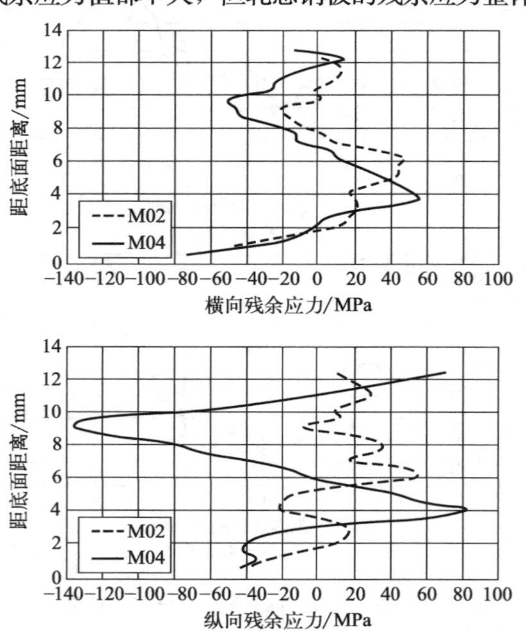

图 6-14　轧制态和平整后钢板内部残余应力的测试结果

思考题

1. 简述逐层剥离法测量残余应力的基本原理。
2. 简述逐层剥离法测量残余应力的计算方法。
3. 影响逐层剥离法测量残余应力结果的关键因素有哪些？
4. 简述逐层剥离法测量残余应力的主要步骤。
5. 逐层剥离法需要用到哪些仪器设备？
6. 简述逐层剥离操作过程中的注意事项。
7. 逐层剥离法适用的材料范围是什么？
8. 逐层剥离法适用于何种形状构件的残余应力检测？
9. 逐层剥离法的优势是什么？
10. 逐层剥离法的劣势是什么？

参考文献

[1] Rosenthal D, Norton J T. A method of measuring triaxial residual stresses in plates [J]. Welding Journal, Research Supplement, 1945, 295s-307s.

[2] Scaramangas A A, Porter Goff R. Residual stresses in cylinder girth butt weld [C]. 17th Offshore Technology Conference, Houston, USA, 1985, OTC5024, 25-30.

[3] Leggatt R H, Friedman. Residual weldment stresses in controlled deposition repairs to 11/2Cr-1/2Mo and 21/4Cr-1Mo steels [C]. American Society of Mechanical Engineers (ASME) pressure vessels and piping conference, USA, 1996, CONF-960706.

[4] Ainsworth R A, Sharples J K, Smith D J. Effects of residual stresses on fracture behavior-experimental results and assessment methods [J]. Journal of Strain Analysis for Engineering Design, 2000, 35 (4): 307-316.

[5] Bouchard P J. Validated residual stress profiles for fracture assessments of stainless steel pipe girth welds [J]. International Journal of Pressure Vessels & Piping, 2007, 84 (4): 195-222.

[6] Zhang Y H, Smith S, Wei L, et al. Residual stress measurements and modelling [R]. HSE Report RR938, 2012.

[7] Kechout K, Amirat A, Zeghib N. Residual stress analyses in multilayer PP/GFP/PP composite tube [J]. The International Journal of Advanced Manufacturing Technology, 2019, 103 (9-12): 4221-4231.

[8] 杨帆，王燕，蒋建清. 逐层剥离法测量高碳钢盘条残余应力 [J]. 材料科学与工艺，2010，18 (4)：579-583.

[9] 李文杰，吕田. LD10 锻造铝合金残余应力的剥层法实验研究 [J]. 中国科技博览，2013，(20)：174-175.

[10] 王毅. 基于化铣剥层和扰度变化的钛合金铣削加工表面内应力的测量 [J]. 组合机床与自动化加工技术，2015，59 (4)：59-62.

[11] 董大林，王刚，王东. 电化学剥层在齿轮钢残余应力测量中的应用 [J]. 表面技术，2018，47 (10)：315-320.

Chapter Seven

第7章 残余应力的轮廓法检测技术

轮廓法是一种通过精密切割样品测量因应力释放引起的切面变形，进而推算样品切割前残余应力的测量方法。轮廓法凭借着空间分辨率强、测量精度高，逐渐成为国际上应用较广的残余应力有损测量技术之一。

7.1 轮廓法基础知识

7.1.1 轮廓法的发展简史

轮廓法测量残余应力，由美国洛斯阿拉莫斯（Los Alamos）国家实验室的工程师 M. Prime 于 2000 年在第六届国际残余应力会议上首次提出，并于 2001 年正式发表第一篇相关的学术论文。二十多年来，国际上许多研究人员及工程师做了大量的工作，通过积累应用案例不断对轮廓法进行改进，使得轮廓法作为一种残余应力测量方法逐渐完善，并在航空航天、核电工程、高端制造业等领域的焊接及链接部件的残余应力测量获得重要应用。以美国 Hill Engineering 公司和英国公开大学（The Open University）的 StressMap 应力测量服务部门为代表，为劳斯莱斯、空中客车等国际大公司提供定制化的轮廓法残余应力测量和分析服务。随着技术的不断成熟，近年来轮廓法在我国也逐渐受到了更多的关注，罗凌虹等人提出轮廓法可用于管道焊缝的残余应力测量；毕中南等人分别利用中子衍射法和轮廓法测量高温涡轮盘锻件全截面弦向的残余应力分布；莫明朝通过实验验证了轮廓法在测量 T 形结构焊接钢板的内部残余应力分布的准确性；张峥等人基于轮廓法测量了模锻铝合金结构梁 7050-T74 材料内部的全截面残余应力分布，并利用钻孔法验证了轮廓法测量的准确性；此外，轮廓法在特种加工件测量中也具有优势，余凯勤等人利用轮廓法测量 2026-T3511 铝合金 T 形特种结构件中拉弯成形件的全截面残余应力分布，展示了轮廓法在航空结构件应力测试中的优越性。

总体而言，轮廓法由于其在残余应力测量领域的重要作用，逐渐成为国内外的研究热点。虽然现阶段还没有轮廓法检测的国际标准和中国国家标准，但在我国国内已经于 2020 年颁布了两项团体标准，这对于推动轮廓法的技术进步和普及应用起到了积极促进作用。

7.1.2 轮廓法的基本原理

轮廓法的理论基础是基于 Bueckner 叠加原理。如图 7-1 (a) 所示为具有残余应力的待测工件，假设工件内部待测 yz 平面上存在未知的初始应力张量 $\sigma^{A}(x,y,z)$，称为状态 A；将工件沿着需要评估应力的平面完整切成两半，应力释放将引起切割面轮廓发生变形，切割变形后切割面上的应力张量为 $\sigma^{B}(x,y,z)$，称为状态 B，如图 7-1 (b) 所示；假设通过施加外力引入弹性形变，将变形后的切割面恢复到切割前的应力状态 $\sigma^{C}(x,y,z)$，称为状态 C，如图 7-1 (c) 所示。根据弹性力学的叠加原理，原始应力状态 A 是切割后释放状态 B 和施加外力状态 C 的叠加，并用如公式 (7-1) 表示：

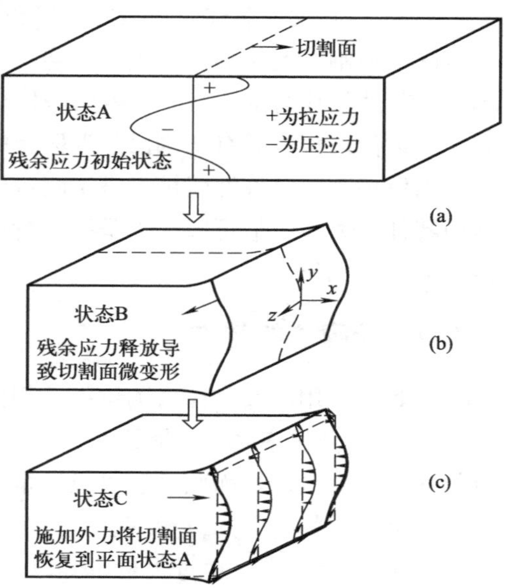

图 7-1 轮廓法测量的应力叠加原理

$$\sigma^{A}(x,y,z)=\sigma^{B}(x,y,z)+\sigma^{C}(x,y,z) \tag{7-1}$$

当工件沿切割面切开后，应力释放引起切割面变形，切割面上的位移边界条件和应力边界条件都为 0。此时，切割面上 x 方向的正应力 $\sigma_{x}^{B}(x,y,z)$、xy 方向的切应力 $\tau_{xy}^{B}(x,y,z)$、xz 方向的切应力 $\tau_{xz}^{B}(x,y,z)$ 都为 0。因此状态 C 的应力就等效于切割前的初始残余应力。如果可以得到切割面法向和平面的位移，理论上可以计算出原始状态的三维应力分布 $\sigma^{A}(x,y,z)$。

但是在实际的轮廓测量中，一般只能得到切割面的法向 (x 方向) 位移量，通过有限元模型分析状态 C 的变形恢复时也仅能在 x 方向施加位移边界条件，使得切割变形后的曲面恢复到切割前的平面状态，y 方向和 z 方向的位移不受限制。因此，轮廓法在实际应用中一般用来测量切割面法向的残余应力分布，这样式 (7-1) 简化为：

$$\sigma_{x}^{A}(y,z)=\sigma_{x}^{C}(y,z) \tag{7-2}$$

式 (7-2) 中，$\sigma_{x}^{A}(y,z)$ 为待测 yz 平面上 x 方向的初始正应力，$\sigma_{x}^{C}(y,z)$ 为使得切割变形后曲面恢复到切割前平面状态的 x 方向的正应力。因此可以利用切割面上的变形轮廓得到垂直于切割面的原始内部应力值。

归纳上述内容，轮廓法测量残余应力的基本原理是，通过截面切割以及应力释放与变形关系，采用有限元法计算得出截面上的内部法向应力分布。

7.1.3 轮廓法的前提假设

轮廓法测量的理论基础是 Bueckner 应力叠加原理，虽然它对材料的各向同性或均质性没有严格要求，但在实际测量和数据分析中需满足以下前提假设：

① 弹性形变假设　应力叠加原理中最重要的前提就是弹性形变假设，即在切割过程中由于残余应力释放导致的轮廓变形必须是弹性变形。这一前提假设也是一般的应力释放法（如钻孔法等）必须要遵循的。切割过程中的残余应力释放会引起材料内应力的重新分

布，该过程与试样原始应力分布以及材料微观组织结构等因素密切相关。特定情况下，应力的再分布有可能会使材料局部区域的应力超出屈服强度从而导致塑性形变。

② 对称假设　对称假设假定切割得到的两部分材料刚度一样，在该假定条件的基础上对两个切割面的轮廓数据进行平均，由切向应力释放导致的切割面变形会相互抵消，如图 7-1 中状态 B 所示。均质材料的对称切割可以满足该假设条件，但在实际操作中对称性假设可近似理解为只有切割面附近区域的刚度会显著影响测量结果，因此只要能在该限定区域内保持刚度对称性就可以满足测量要求。该限定区域距切割面的距离小于 1.5 倍的圣维南特征距离。一般可以认为圣维南特征距离等于样品厚度或更保守地认定为等于切割横截面的最大轴长。

7.1.4　轮廓法的特点

与其他常用的残余应力测试技术相比，轮廓法有几个显著优点：

① 空间分辨率高　X 射线衍射法、中子衍射法、钻孔法等测量技术都只能测量离散点的残余应力状态，而轮廓法可以测量整个目标平面上的法向的残余应力分布，具有其他方法无可比拟的高空间分辨率。

② 测量精度高　通过大量研究以及与其他多种测试方法的实验对比表明，如果轮廓法测量残余应力的过程能够得到很好的控制，其测量精度可以达到±20MPa。

③ 对微观组织结构不敏感　与衍射法对大晶粒或单晶材料等取向性较强样品的残余应力测量难度大相比，轮廓法对样品的微观组织结构不敏感，可以轻松胜任检测。

④ 测量的尺寸范围大　轮廓法可以测量从几毫米到超过 1m 的样品的内部残余应力。

⑤ 对样品的几何形状要求低　轮廓法可灵活测量复杂结构件的内部应力，基本上可满足大部分工业结构样件的测试需求。

轮廓法在具有突出优势的同时，也存在着局限性：首先，轮廓法是一种破坏性的残余应力测量方法，无法对同一构件进行第二次测量；其次，轮廓法检测使用的硬件设备有慢走丝线切割机床以及高精度外形测量装置——三坐标测量仪，均要求高且较为昂贵；再者，轮廓法的理论设定条件较为苛刻，为了保证测量结果的可靠性，对于测量过程中的技术细节控制以及数据处理要求较高；最后，轮廓法测量涉及多种加工设备及计算软件的熟练使用，对测试人员的理论知识及操作技能有较高要求。

7.2　轮廓法的检测方法和检测设备

7.2.1　轮廓法的检测方法

轮廓法检测残余应力分为四个基本步骤：试样切割、切面轮廓测量、轮廓数据处理和有限元建模应力计算，如图 7-2 所示。由于轮廓法属于破坏性测量，一旦开始试样切割就没有重新来过的可能，所以在检测前，须制定好方案和考虑好细节。以下将分别介绍轮廓法这四个步骤的具体内容。

(1) 试样的装夹与切割

在轮廓法检测中，切割样品是重要的一步。为了满足轮廓法理论的前提假设，对样品

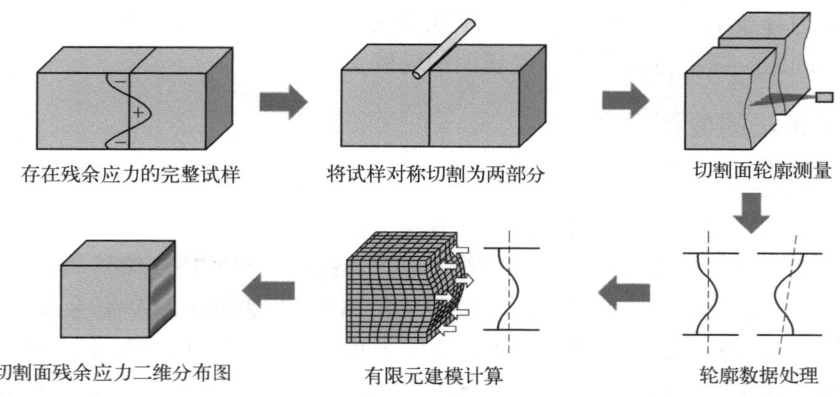

图 7-2　轮廓法残余应力测量的基本步骤

的切割应尽量满足下述条件：①精确地沿着规划好的切面进行切割；②尽量窄且均匀一致的切口宽度；③切割过程不额外引入应力；④不引起样品的局部塑性变形。任何在切割过程中对上述条件的偏离，都将不可避免地增大残余应力的测量误差。为了确保合格的切割结果，操作中需要注意如下方面：

首先，对试样在切割机台面上进行适当的装夹，保证试样在切割的过程中不会发生移动。如图 7-3 所示为对切割试样的装夹固定示意图。在进行切割前，应使样品在工作台上放置一段时间，待样品、夹具和线切割机中的水基工作液到达热平衡后再进行切割。

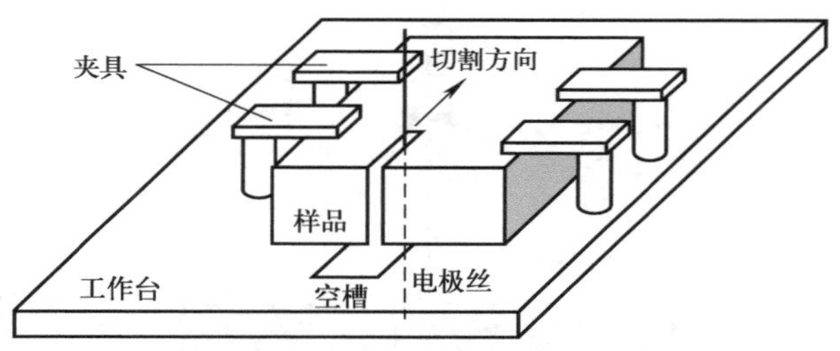

图 7-3　轮廓法切割的试样装夹固定示意图

其次，利用慢走丝电火花线切割机（EDM）对试样进行切割。慢走丝线切割是一种非接触式的切割方法，利用连续移动的通电细丝做电极，对工件进行脉冲放电蚀除金属，实现切割成型。根据样品的材料种类选择合适的电极丝非常重要，一般使用铜丝可以得到很好的切割表面光滑度。在保证完成切割的前提下，使用小直径电极丝可以减小塑性形变诱导误差。在切割过程中使用专用的线切割工作液及时清除加工中产生的金属屑，不仅可以降低电火花引起的材料温升，还有助于将表面粗糙度控制在 1～2μm 范围内。切割中还应注意避免电极丝震动和断丝。

再者，由于在切割过程中不宜对切割状态进行调整或修正，所以切割前最好在类似材质和形状的样品上进行预切割实验。一般来说，电极丝的脉冲放电时间越短、间隔时间越长，由切割引起的材料性质变化和热影响区域范围越小，但切割的效率也越低。通过调节并优化放电电压、放电时间等切割参数，可以将热影响区的厚度控制在几十微米甚至十微米以内，达到最佳的切割效果。

（2）切割面的轮廓测量

切割完成后，需要及时对样品切面进行适当的清洗以去除残留的碎屑。轮廓表面测量的环境温度应尽量与试样切割时的环境温度保持一致，以避免或减小由热膨胀系数不同导致的测量误差。表面轮廓测量时要求能够测量切割面较小的形变位移值，一般峰谷值范围大约在 10～100μm。测量点间距应根据测量区域大小进行调整，要求能够反映切割面上由于残余应力释放引起的轮廓变化。对于残余应力变化梯度比较大的区域，可以考虑适当减小测量点间距。需要分别测量两侧切面的轮廓。

7.2.2 轮廓法的检测设备

（1）切割设备

轮廓法对试样的切割采用慢走丝线切割机床。

慢走丝线切割是电火花线切割的一种。电火花线切割是利用连续移动的电极丝作电极对试样进行脉冲火花放电，使金属材料局部熔化和气化，从而达到蚀除金属、切割试样的目的，如图 7-4 所示。根据电极丝的运行速度不同，电火花线切割机床分为两类：一类是快走丝电火花线切割，其电极丝的走丝速度大于 2.5m/s；另一类是慢走丝电火花线切割，其电极丝的走丝速度低于 0.2mm/s。所谓“快走丝”和“慢走丝”并非指加工中的切削速度，而是电极丝的运动速度。快走丝与慢走丝除了走丝速度不同外，区别还有：①快走丝线切割的电极丝作往复运动，可重复使用；慢走丝线切割的电极丝作单向运动，一次性使用；②快走丝线切割一般采用钼或钨钼合金电极丝；慢走丝线切割一般采用铜或铜合金电极丝。

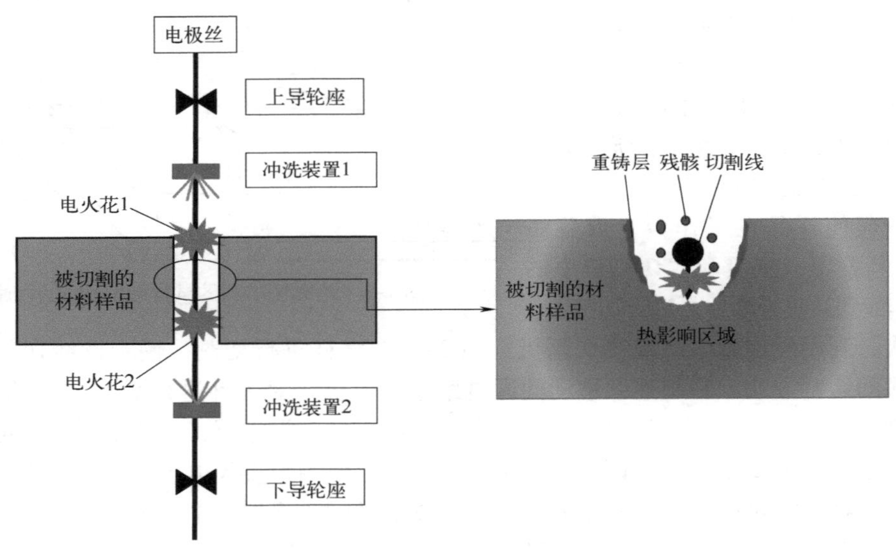

图 7-4 电火花线切割过程示意图以及热力过程

慢走丝线切割机床由于电极丝移动速度慢、抖动小，所以工作平稳、均匀，切割出的表面质量接近 0.001mm 级的磨削水平；再由于电极丝作单向运动、一次使用，所以即使发生线丝损耗，也能通过连续补充保证切割精度达到 $Ra0.12\mu m$ 以上，比普通的快走丝线切割好很多。

电火花加工时金属的蚀除分熔化和气化两种。宽脉冲放电的作用时间长，容易造成熔化加工，使切割表面形貌变差和产生附加应力。慢走丝线切割的脉冲电源给出的脉宽仅几十纳秒，作用时间极短，形成气化蚀除，不仅改善切割质量，还减小产生应力的可能。

慢走丝线切割加工采用水质工作液。水有一定的导电性，即使经过去离子处理，降低电导率，但还有一定数量的离子。加工时在极性电场作用下，OH-离子会在试样表面不断聚集，造成金属的氧化和腐蚀。慢走丝线切割采用交变脉冲电源的防电解技术，由于平均电压为零，使在工作液中的OH-离子在电极丝与试样之间处于振荡状态，不趋向试样和电极丝，避免试样材料的氧化，使表面变质层控制在1μm以下。

为了保证高精度的加工，慢走丝线切割机床还采用了许多技术措施提高精度：①通过水冷系统使机床内部温度与水温相同，防止机床的热变形。②利用直线电机实现0.1μm当量的精密定位控制，进给无振动、无噪声。③采用浸入式加工，降低试样热变形。

（2）测量设备

除了切割的质量，切面轮廓测量的准确性是决定轮廓法残余应力测量精度的另一重要环节。因此，对切面轮廓的测量，需要使用在切面面内及切面垂直方向都具备足够高测量精度的仪器。目前满足测量要求的有触针式三坐标测量仪、光学测距三坐标测量仪、共聚焦三维形貌仪和激光三维扫描仪，这些设备的测量精度都能达到亚微米甚至更好。

触针式三坐标测量仪较为常见，但测量速度慢，触针与切面多次接触容易产生损耗影响测量精度，并且其面内测量空间分辨率有限，无法准确测量切面边缘数据，造成信息缺失。

光学测距三坐标测量仪可以很好地消除接触式三坐标测量仪的缺点，具有非接触、速度快、面内空间分辨率高、不易损耗等优点，但用于轮廓法测量时，其获得的数据量大，需要更多的后续处理以消除异常数据点及降低噪声。

共聚焦式三维形貌仪也称激光共聚焦显微镜，具有比三坐标测量仪更高的测量精度，适合于切面轮廓变化小的测量。但共聚焦显微镜的测量视场小，限制了其对大尺寸切面的测量，对于超过一次测量视场范围的切面，需要对不同区域的测量结果进行拼接，形成完整切面的轮廓数据，拼接会引入拼接误差。

激光三维扫描仪相比于三坐标测量仪和共聚焦显微镜，扫描速度更快，可在短时间内获得轮廓数据，对大尺寸的切面测量具有速度优势。但三维扫描仪的测量精度低，约为10μm量级，因此限制了其在中小尺寸切面以及切面轮廓变化较小的情况下的使用。

表7-1列出了以上4种切面轮廓测量设备的类型、功能、精度和主要优缺点，在实际应用时，需要根据被测切面的具体情况（如样品尺寸、轮廓起伏大小，测量精度要求、应力分布梯度等）进行选择。

表7-1 切面轮廓的主要测量设备

测量设备	类型	功能简介	典型精度	优点	缺点
接触式三坐标测量仪	接触式	配备2mm直径的红宝石触针，通过接触切面获得接触点的空间坐标信息	约1μm	可测量各种硬质表面，对粗糙度不敏感	速度慢，触针易磨损，切面边缘处信息缺失，面内空间分辨率较低
光学测距三坐标测量仪	非接触式	用激光二极管发射光束照射切面表面，探测器接收反射光束，并计算获得光斑照射位置的空间坐标信息	约0.5μm	速度快，面内空间分辨率高	数据量大，对表面粗糙度敏感，需要后续降噪处理
激光共聚焦显微镜	非接触式	用激光作光源，逐点、逐行、逐面扫描成像。系统经一次调焦，扫描限制在样品的一个平面内。调焦深度不一样时，即可获得样品表面的三维轮廓	约0.1μm	非常高的精度及面内空间分辨率	测量面积小

续表

测量设备	类型	功能简介	典型精度	优点	缺点
激光三维扫描仪	非接触式	用线型激光条纹扫描切面，获得切面轮廓数据	约 10μm	扫描速度快，范围广，可快速获得大尺寸切面轮廓	测量精度差，影响应力测量结果准确度

7.3 轮廓法的数据处理

数据处理也是轮廓法测量的关键步骤，在进行残余应力计算前，需要对从两侧切面获得的轮廓数据进行处理，以消除背景噪声实现数据的平滑化。数据处理过程应严格把控，以保持切割面原始的轮廓信息。数据处理过程一般包括如图 7-5 所示的几个典型步骤。

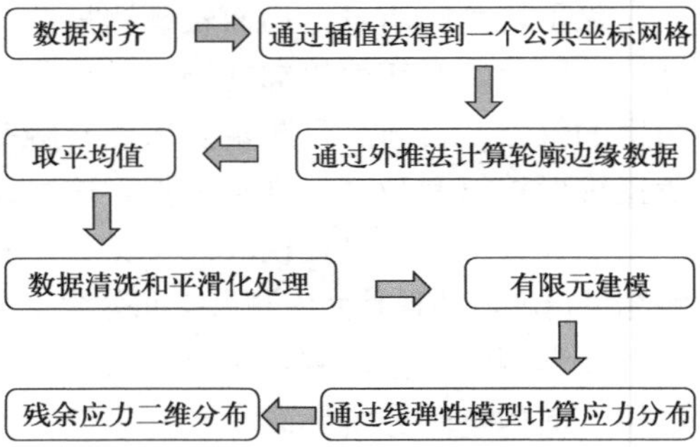

数据对齐 → 通过插值法得到一个公共坐标网格 → 通过外推法计算轮廓边缘数据 → 取平均值 → 数据清洗和平滑化处理 → 有限元建模 → 通过线弹性模型计算应力分布 → 残余应力二维分布

图 7-5　轮廓法测量残余应力数据分析与计算流程图

7.3.1 数据对齐和数据平均

（1）数据对齐

由于两个切面的轮廓测量结果是镜像对称的，把其中的一组数据在笛卡尔坐标系中沿切割方向进行矩阵平移和反转，使其跟另一组数据重叠，然后将表面轮廓的参考面高度设置为矩阵平均值。该处理能够有效地将原点置于数据集合中间，以方便后续的数据处理计算。

（2）建立公共坐标网络

数据对齐后的两组数据点不一定是一一对应的，需要采用线性插值法（如 Delaunay 三角剖分算法）得到一个和原始数据间距一致的公共坐标网格，使两组数据经处理后完全重合。

（3）数据平均化

通过上述的数据处理，可以得到完全重叠的两组完整的切面轮廓数据。之后，对两组数据矩阵中每个数据点取平均值，即对每个数据点对应的两个数据取平均值，得到单个数据矩阵来描述切割面表面轮廓，这个过程可以消掉一些潜在的误差。

7.3.2 数据清洗和平滑处理

（1）异常数据清洗

由于轮廓测量过程中表面存在灰尘的情况，平均后的轮廓数据仍会存在一些异常数据点，因此需要进行清洗以去除这些异常数据。一般来说，将与相邻数据点的均值偏差在 15%以上的数据点视为异常数据点，可通过与两相邻均值数据点替换进行优化。

（2）平滑处理

由于切面具有一定的粗糙度，以及轮廓测量的误差，轮廓数据会包含许多噪声信号。这些噪声并非由宏观残余应力产生，但是却会极大影响后续的残余应力计算。正因如此，需要通过对轮廓数据平滑化处理，在去除这些噪声的同时保留与残余应力相关的切面变形形貌。典型的数据平滑可以使用二次样条函数拟合、傅里叶级数拟合以及多项式拟合。二次样条函数拟合是将分段三次差值函数连接成曲线，且在连接点（即样点）上二阶导数连续，进而获得具有二阶光滑度的拟合长条曲线（称样条曲线）；傅里叶级数拟合是用不同阶次（即不同频率分量）的正余弦函数的叠加对目标函数进行逼近，当选择的正余弦函数阶次适宜时，可取得趋近目标函数的平滑曲线；多项式拟合是用一个多项式（如泰勒公式）展开去逼近测试得到的非线性数据，并获得拟合的线性图形。

7.3.3 有限元建模及残余应力的计算

有限元建模及应力计算是轮廓法的最后一步。有限元方法通过对被测样品模型进行网格单元划分，使单元与单元之间由节点连接起来，根据节点上的位移与力之间的关系求解出残余应力的大小和分布。利用有限元计算获得的结果是近似的，网格单元划分越细，结果越接近实际情况。轮廓法的有限元建模及应力计算可分为以下几个步骤：

① 利用有限元软件（如 ABAQUS）建立试样切割后其中一侧的模型。由于切割应力释放导致的切面形变相对于试样整体尺寸而言非常小，并且整个应力分析过程是纯弹性的，因此可以建立一个切面为平面的模型。

② 对模型赋予材料弹性模量和泊松比等参量值并进行网格划分。在划分网格时，切割面上的网格节点应与位移测量点及其间距相匹配；沿样品轴向（即垂直于切面方向），在靠近切面的区域使用较细的网格单元，而在对结果影响小的远离切面的区域可使用较粗的网格，以优化应力计算精度并减少计算时间。

③ 创建一个线弹性分析步。

④ 按线弹性分析步，将平滑降噪处理后的切面轮廓数据作为切面的位移边界条件，反向加载至切面的有限元网格单元节点上，同时还应加入额外边界条件以避免模型整体刚性位移，如图 7-6 所示。

⑤ 经过线弹性计算得到切面上的应力分布。

⑥ 计算完成后，通过 ABAQUS 软件的后处理模块打开结果文件，查看切面的应力分布结果。

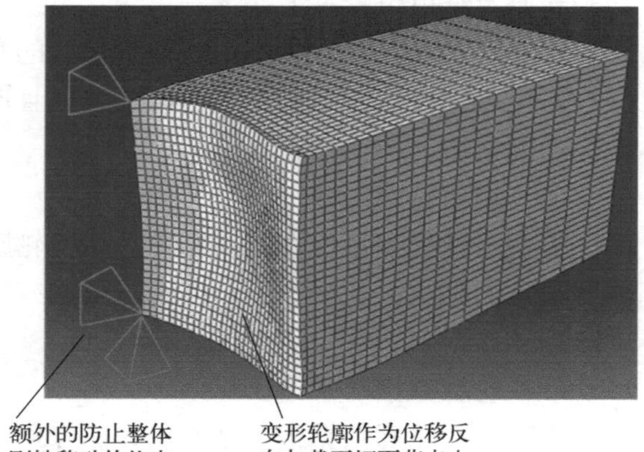

图 7-6 有限元模型的切面位移边界条件加载示例

通过上述线弹性模型的有限元计算，最终获得垂直于切割面的残余应力二维分布图。

7.3.4 测量结果的主要影响因素

轮廓法可以提供样品内部截面的残余应力二维分布，具有很高的空间分辨率和精度，这主要得益于该方法是基于整个切面轮廓的数据进行的应力计算。但反过来说，轮廓数据的潜在误差及噪声也更容易对残余应力的计算结果产生影响。为了获得可靠、准确的测量结果，有必要在轮廓法测量过程中对轮廓数据及最终残余应力计算结果造成影响的主要因素进行鉴别并加以控制。

（1）样品的应力水平

与其他基于机械释放法的残余应力测量方法一样，在切割样品的过程中会产生局部的应力集中，当样品本身的残余应力较大时，应力集中会导致局部应力水平超过样品材料本身的屈服强度，而使得局部发生塑性变形，从而最终降低轮廓法测量结果的准确度。因此当样品内部残余应力较大时，需要考虑切割过程是否会引起塑性变形，或者制定合适的切割方案以减少塑性变形发生的可能性或者幅度。

（2）样品的弹性模量及泊松比

残余应力的计算直接依赖于材料的弹性模量及泊松比数据，因此准确的材料参数是残余应力计算的前提条件。材料的弹性模量及泊松比可以通过测量获得，当无法满足实际测量条件时，可从参考文献中获得，但需要考察材料的状态，如所经历的热机械历史。

（3）样品的装夹

样品在切割机台上的装夹应该紧固，沿切割方向两侧对称，并确保在切割前、切割过程中及切割完成后都不会对切割面引入法向方向的应力。若装夹不紧，会由于应力再分布而导致切割面发生位移；若装夹过紧会对切割面施加法向方向应力，同样会导致切割面在切割过程中发生移动。这两种情况都会对切面的轮廓变形造成影响，最终影响应力测量结果。

（4）试样切割过程

虽然慢走丝电火花线切割是截至目前最适合用于轮廓法的切割技术，但仍然存在许多影响切割对称性或者切割质量的情形。例如切面呈现凸面/凹面，或者呈现阶梯式变化，切割起始及结束位置过大变形，入线、出线位置发生过烧，切面呈现波浪式起伏、线痕，表面粗糙度过高等，这些都与线切割设备的参数设置有关。为了减少或者避免这些因素的影响，可以选择样品上离正式切口处较远且厚度与测量面接近的位置进行试切，以调整和优化切割参数。

（5）切面轮廓的测量

得益于现代测量仪器的高精度，切面轮廓的测量一般不会是轮廓法的主要影响因素。需要注意的是电火花切割后，切面会存在一层切割残留的碎屑，测量前需要把切面清理干净。

（6）轮廓数据的平滑去噪声

当对切面轮廓数据进行平滑以去除噪声时，需要设定一个参数以确定数据平滑的区间间隔，当这个间隔过小时，无法起到去除噪声的效果；而当这个间隔过大时，会导致数据过度平滑，造成测量应力结果的失真。因此需要对使用不同间隔的平滑数据进行应力计算，比较相应的计算结果，并选出最合适的区间间隔及对应的残余应力结果。

7.3.5 误差分析

以上列举的由于电火花切割引起的误差与被测试样的内应力状态无关，可以通过切割无应力试样（如退火后的试样）复现这些误差，然后调整切割参数加以控制，并在相对应的有内应力试样结果中消除该类误差。在实际残余应力测量中，制备无应力试样有时会比较困难，但是试样切割后的切割面本身处于应力完全释放的状态，可使用相同切割参数对距第一次切割面较近距离的无应力区域再切割一次，获得的薄片状切割样品可以用来评估和消除该类对称性误差。

在切割过程中还有一种由材料内应力变化引起的对称性误差，叫作膨胀效应误差，如图 7-7 所示。在无应力状态下，试样在切割过程中尺寸不会发生变化，切口宽度 w 也保持不变。对于存在残余应力的试样，切割过程中内应力会不断发生变化，即使切割参数保持不变，切割丝前端的材料也会由于内应力的释放而改变尺寸，这会导致材料切削量的改变，从而在加工过程中引入切割形变误差。这种由于切割尖端材料应力释放导致切割宽度变化而引起的测量误差称为膨胀效应误差。膨胀效应误差引入的切割形变误差受到试样内应力大小和分布的影响，无法通过简单的数据平均处理进行消除。Prime 等人提出结合二维有限元模型来模拟切割过程中材料的应力变化，通过平均多次模拟数值获得的切割应力分布消除切割形变误差。

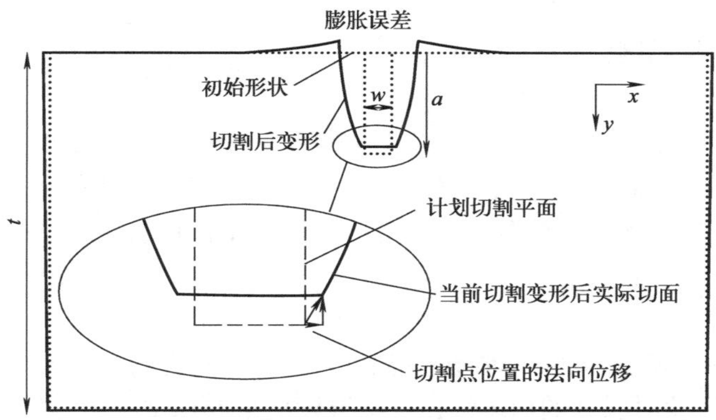

图 7-7 应力释放引起的膨胀效应误差

当上述的主要影响因素都被考虑并获得很好的控制时，轮廓法可以获得最佳的测量精度，此时结果的误差来源主要是轮廓数据中的噪声，以及所选用的数据平滑的模型参数。轮廓法测量的是二维残余应力分布，而切面上每一个轮廓数据点都对结果的不确定度有相应的贡献。Olson 等人根据数值模拟实验及测量实验计算了轮廓数据的噪声及数据平滑模型对总体残余应力的不确定度的贡献，发现不确定度在切面周边相比切面内部更大。根据已公开发表的文献中所提供的测量案例，轮廓法的测量误差可低至 10%或者被测材料弹性模量 E 的 0.00015 倍（即钢约为 30MPa，铝合金约为 10MPa）。

7.4 轮廓法的标准与应用

7.4.1 轮廓法的检测标准

（1）国内外轮廓法检测标准概况

轮廓法自 2000 年提出至今已超过 20 年，国际上尚未制定有关轮廓法的检测标准，这无疑在一定程度上制约了轮廓法在工程应用领域的推广。尽管如此，作为轮廓法的提出者，M. B. Prime 博士在《残余应力实践方法》一书中专门对轮廓法做了详细、系统的介绍。另外，英国公开大学的 Hosseinzadeh 等人也为规范轮廓法的操作及应用做出了大量有益的工作。

在我国，随着轮廓法在工程领域应用的不断扩大，东莞材料基因高等理工研究院、钢铁研究总院等单位相继组织制定了中国钢铁工业协会团体标准 T/CISA 063—2020《金属材料　残余应力测定　轮廓法》和中国材料试验技术联盟团体标准 T/CSTM 00347—2020《金属材料　盘/环形锻件残余应力测定　轮廓法》。前者针对一般金属材料对轮廓法残余应力测试做出规定，后者针对盘/环形锻件对轮廓法残余应力测试做出规定。这些建标工作为轮廓法的规范化实施、保证测量的可靠性提供了依据。

（2）T/CISA 063—2020 标准概述

T/CISA 063 就轮廓法测量金属材料残余应力的试验原理、工件要求、试验设备、试验程序、数据处理、有限元建模计算等给出了详细的规定，并且对电火花线切割导致切面异常情况，背后的原因及应对措施给出了资料性的介绍。

1）工件要求

典型的测试工件厚度为 5～500mm。

2）试验设备

电火花线切割机床应符合 GB/T 19361—2021《电火花线切割机（单向走丝型）精度检验》的要求。三坐标测量机应符合 GB/T 16857.5—2017《产品几何技术规范（GPS）坐标测量机的验收检测和复检检测　第 5 部分：使用单探针或多探针接触式探测系统的坐标测量机》的要求。

3）试验程序

试验温度：轮廓测量试验一般在室温 10～35℃下进行，温度波动范围应控制在 ±1℃。轮廓测量试验时温度的稳定性比实际温度更重要，试验中应加以记录。

工件切割：①选定的切割平面需左右两边对称于工件且切割操作一次完成。②在切割过程中对工件的固定、装夹应避免对原本的应力场测量造成影响。③应合理选择电火花线的切割工艺参数。在不明确切割参数的情况下，建议选择和被测工件材质和厚度相同的工件进行切割测试并调整参数配置；在工件尺寸允许情况下，也可选取被测工件上远离目标切割面的另一平行面进行切割测试。④切割后工件表面局部轮廓变化量（峰谷值）应至少 10 倍于切割表面的最终粗糙度（Ra）；一般情况下 Ra 应不大于 2μm。⑤如果工件的残余应力很高甚至接近材料的屈服应力，应选择合适的切割工艺来尽量避免切割过程中由于残余应力释放导致的局部塑性形变和相关误差。

轮廓测量：①测量前应及时对切割面进行清洁；尽量保持测量环境温度与工件切割时一致，尤其对于材料组织成分有很大不均匀性的工件（如焊接件），以减小由热膨胀系数不同导致的测量误差。②测量应符合 GB/T 10610—2009《产品几何技术规范（GPS）表面结构　轮廓法　评定表面结构的规则和方法》的要求进行。③轮廓测量的垂直分辨率应至少优于表面粗糙度；测量点间距应根据测量区域大小进行调整，推荐的测量点间距为 100μm。④使用三坐标测量机进行轮廓测量时可采用间断接触式，也可采用非接触式光学扫描。⑤当采用间断接触式轮廓测量时，触针应短小坚硬；应根据表面粗糙度选择合适触针尺寸，推荐使用触针直径为表面粗糙度的 5 倍。⑥测量得到的表面轮廓数据应以笛卡尔坐标系中的 x、y、z 原始位置数据进行保存。

4）常见切割面特征问题及应对措施

在电火花线切割过程中，由于切割参数问题会导致切割面表面特征问题，影响测量结果。表 7-2 给出了切割面特征问题以及造成原因和可行的解决方案。

表 7-2 切割面的常见问题以及造成原因和应对措施

切割中的常见问题	产生原因	应对措施
表面粗糙度过高（通常使用 *Ra* 作为表面粗糙度评估标准）	• 脉冲时间过长 • 脉冲强度过高 • 正面间隙过窄 • 冲洗不充分 • 火花类型选择不恰当	• 控制正面间隙 • 使用直径更小的电极丝 • 降低：接通持续时间和火花强度 • 增加：停止时间和冲洗 • 使用三角形火花脉冲
切割过程中的电极丝断裂	• 线张力过大 • 放电能量过大 • 冲洗不足	• 降低线张力 • 增大冲洗 • 降低脉冲接通持续时间 • 降低火花强度 • 降低放电电压
切割面呈阶梯式变化	• 线不稳定性	• 通过添加牺牲材料生成一个均衡的切割截面，如使用熔点低的合金
切割面出现拱形凸起	• 线振动	• 降低线张力 • 增大平均电压
切割面出现拱形下陷	• 冲洗不足 • 线振动	• 增大冲洗 • 增大平均电压 • 增大线张力
切割起始端或结束端的异常形变	• 冲洗不足	• 在工件切割起始端或末端使用耗材
切割丝进入或离开工件位置的异常形变	• 冲洗不足	• 在导入侧或导出侧使用耗材
切割表面在切割方向有周期式形变而导致的波浪切割表面	• 线振动 • 线移动导轨不够稳定	• 增大线张力 • 检查移动导轨稳定性
切割过程中产生的熔融物质没有被冲洗剂完全冲洗干净	• 冲洗不完全 • 过高放电能量	• 降低持续时间 • 降低火花强度 • 降低放电电压 • 增大冲洗
切割过程中热影响区域受材料的快速加热性质以及冷却过程影响	• 过高放电能量	• 降低持续时间 • 降低火花强度 • 降低放电电压 • 降低切割速度

5）试验报告

按照 T/CISA 063 的规定，试验报告至少包括以下内容：

① 团标 T/CISA 063 的编号；

② 工件名称及材料；

③ 试验设备和试验温度；

④ 有限元建模计算软件及版本；

⑤ 残余应力测量位置和方向；

⑥ 残余应力测量结果及测点位置；

⑦ 残余应力二维分布图。

7.4.2 轮廓法的典型应用

（1）线材环向残余应力检测

被测对象为经过淬火处理的不锈钢线材，线材直径 $D=60$mm。一般来说，淬火处理会在线材近表面引入压缩残余应力，内部引入拉伸残余应力。测量线材的依据是 T/CISA 063—2020《金属材料　残余应力测定　轮廓法》，使用的设备是 CONTURA 型三坐标测量仪。

首先，从线材上截取一段长度 $L=60$mm 的样品，如图 7-8(a)所示。然后，利用电火花线切割机沿图 7-8(b)所示方向对样品进行一次性对称切割，得到如图 7-8(c)所示的左右两部分试件。

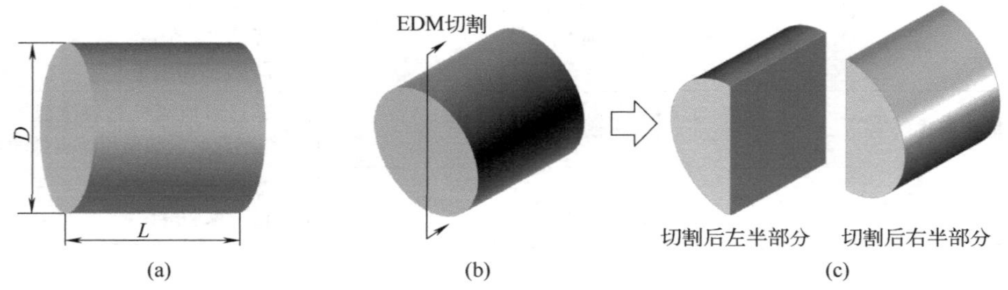

图 7-8　不锈钢线材样品及其切割示意图

之后，通过三坐标测量仪测量左右两半部分试件由于环向残余应力释放导致的表面位移变化，具体的形貌分布以相对应的比例尺颜色表示，如图 7-9 所示。由于左右两部分的表面形貌是通过两次测量分别得到的，基准平面的选择略有偏差，从而导致彩色形貌图的对应颜色比例略有不同。

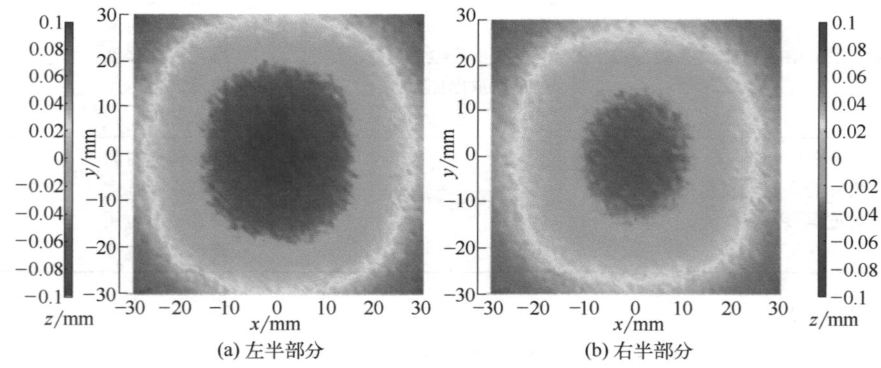

图 7-9　切割面的表面形貌

接下来，对两组数据进行处理：第一步做数据对齐；第二步通过线性插值重新计算转移到一个公共坐标网格中，取平均值后得到如图 7-10(a)所示的轮廓分布；第三步做数据平滑化得到如图 7-10(b)所示的分布结果。

最后，利用得到的轮廓数据进行有限元建模［如图 7-11(a)所示］，计算得到三维样品各个坐标点上的应力值［如图 7-11(b)所示］以及线材环向残余应力的二维分布［如图 7-11(c)所示］。

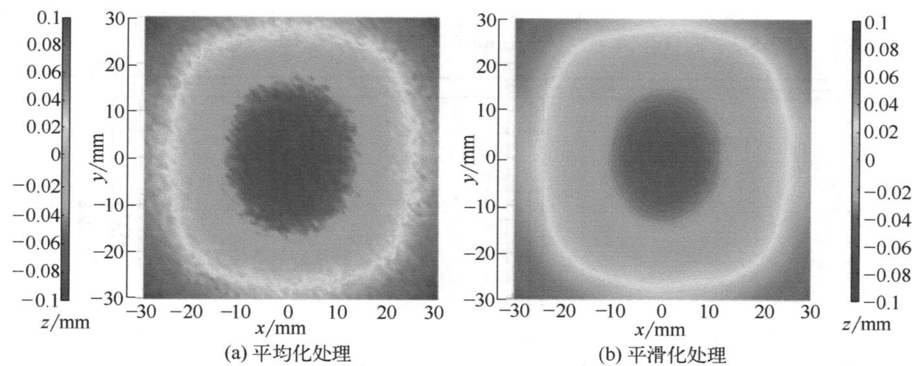

(a) 平均化处理　　(b) 平滑化处理

图 7-10　数据处理后的表面形貌

从图 7-11(c)所示的轮廓法残余应力测试结果可以看出，线材样品表层的残余应力为压应力，心部为拉应力，与淬火处理导致的一般残余应力分布规律一致。

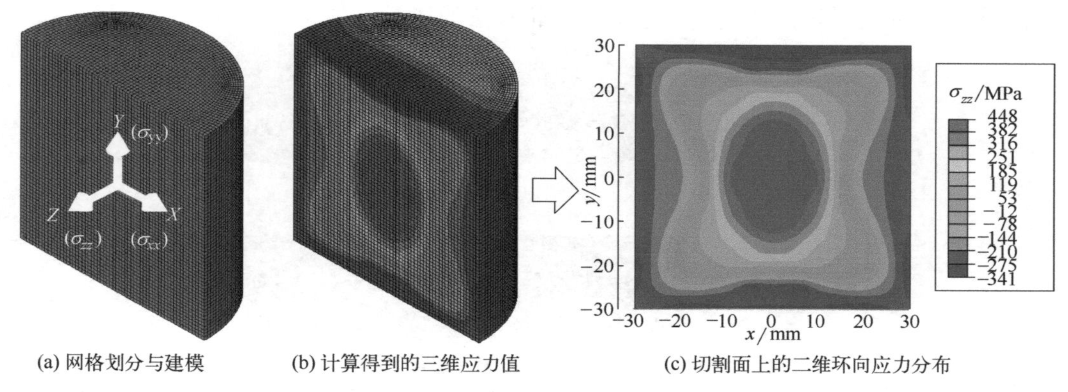

(a) 网格划分与建模　　(b) 计算得到的三维应力值　　(c) 切割面上的二维环向应力分布

图 7-11　有限元三维建模和残余应力计算

(2) 异种金属焊接结构残余应力检测

在核电站稳压器中，存在许多连接压力容器与安全端的异种金属焊接接头。焊接过程产生的残余应力容易导致材料疲劳或腐蚀裂纹，降低焊接接头的使用性能和服役寿命，进而影响核电站的安全运行和经济性。准确测量异种金属焊接接头残余应力的大小和分布，对于保障核电站的安全经济运行具有十分重要的意义。轮廓法的测量深度大、空间分辨率高、对材料组织不敏感，非常适合异种金属焊接结构件的测量。

被测的异种金属焊接结构件如图 7-12 所示，它由不锈钢管与复合不锈钢管焊接而成。不锈钢管的外径为 349.2mm，内径 323.8mm，材质 316L；复合不锈钢管的内外径与不锈钢管完全相同，外层材质为 SA508-3，内层 309L；焊缝熔敷金属及熔池材质是 ERNi-CrFe-7A。

轮廓法检测时采用电火花慢走丝线切割机床沿钢管轴向对结构件进行一次切割，切割后对切面进行轮廓测量，测量使用的设备是蔡司 CONTURA 型三坐标测量仪。

如图 7-13(a)所示为轮廓法获得的焊缝及附近区域周向残余应力分布的测试结果。从测试结果可以看出，在焊缝和熔敷区有离散的周向拉应力，而在复合钢管的热影响区和母材都出现明显的压应力。

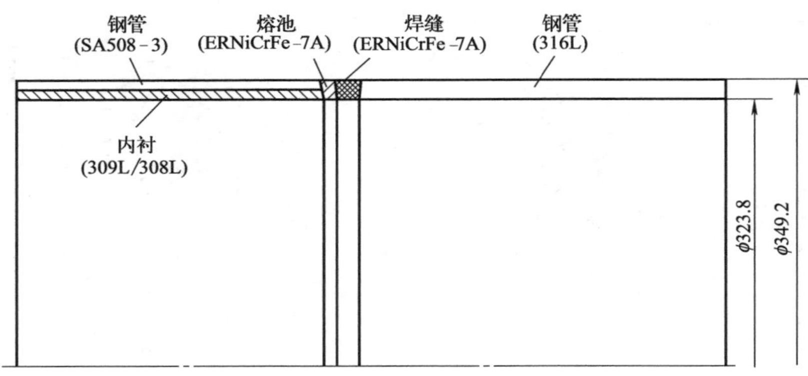

图 7-12 被测异种金属焊接结构件

在轮廓法检测前，样品曾经经过中子衍射法的残余应力测量（使用散裂中子源的 ENGIN-X 工程应力谱仪），其结果如图 7-13(b)所示。对比中子衍射法与轮廓法的残余应力测试结果，发现两者较为接近。这也证明了轮廓法的能力。

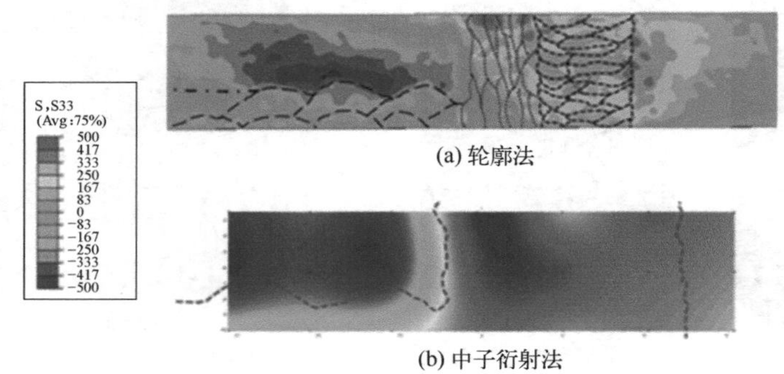

(a) 轮廓法

(b) 中子衍射法

图 7-13 异种金属焊接接头的测试结果

练习题

1. 判断题

(1) 轮廓法测量残余应力是无损检测方法，不需要对样品进行破坏。(   )

(2) 目前最佳的切割方法是慢走丝电火花切割，这是因为该方法切割不需要直接接触样品，可认为切割过程不会引入额外的应力。(   )

(3) 切割过程中只需要对切割的其中一边样品进行固定。(   )

(4) 平均后的轮廓数据还需要经过数据清洗及数据平滑，才能将其作为边界条件应用到有限元模型计算。(   )

2. 选择题

(1) 请从以下选项选择轮廓法一次切割能测量获得的残余应力分量。(   )

A. 切面法向　　B. 切面平面应力分量

C. 切应力分量　　D. 全部

(2) 请从以下选项选择轮廓法的特点和适用范围。(   )

A. 单点测量　　B. 残余应力平面分布

C. 对微观组织不敏感　　D. 对样品尺寸及厚度限制较少

(3) 请从以下选项选择轮廓法测量的主要影响因素。(　　)

A. 样品应力水平　　B. 样品在 EDM 机台的夹持

C. EDM 切割的参数设置　　D. 数据处理

(4) 请从以下选项选择轮廓法测量的误差来源。(　　)

A. 切割尖端膨胀效应　　B. 数据平滑

C. 样品重量　　D. 材料弹性模量

3. 填空题

(1) 轮廓法需针对试样设计________以确保在切割过程中试样不会发生________。在条件允许的情况下，应使用多个夹具对样品切割面的两边都进行________，且夹具夹持方向尽量与切割方向平行。

(2) 对于通过两次测量从________上获得的两组轮廓数据，首先对这两组数据进行________；然后采用线性插值法得到一个和原始数据间距相似的________，使两组数据在网格上的数据点一一对应；继而对两组轮廓数据矩阵中每两个对应点取________，消除一些潜在的误差。

(3) 数据平滑是为了去除切面________以及________带来的噪声。需要选择合适的平滑间距，________的间距会使噪声去除不干净，________的间距会使数据过渡平滑而导致应力值失真。

(4) 应力叠加原理中最重要的前提就是________假设，即在切割过程中由于残余应力释放导致的轮廓变形必须是________。这一前提假设也是一般的应力释放法（如钻孔法等）必须要遵循的。

4. 问答题

(1) 轮廓法测量残余应力需要哪些前提假设?

(2) 请阐述数据平滑对轮廓法测量计算的影响。

(3) 简述轮廓法测量的主要影响因素。

(4) 简述轮廓法相比于其他残余应力测量方法的优势和不足。

参考文献

[1] Prime M B, Gonzales A R. The Contour Method: Simple 2-D Mapping of Residual Stresses [C]//Proc 6th Int Conf Residual Stress, 2000: 617-624.

[2] Prime M B. Cross-Sectional Mapping of Residual Stresses by Measuring the Surface Contour After a Cut [J]. J Eng Mater Technol, 2001, 123 (2): 162-168.

[3] 毕中南，董志国，王相平，等. 高温合金盘锻件制备过程残余应力的演化规律及机制 [J]. 金属学报，2019，55 (9)：1160-1174.

[4] 莫明朝. 基于轮廓法测试焊接件内部残余应力 [J]. 低碳世界，2017，45 (5)：67-68.

[5] 张峥，李亮，杨吟飞，等. 基于轮廓法测试模锻铝合金 7050-T74 内部残余应力 [J]. 中国有色金属学报，2014，24 (12)：3002-3008.

[6] Badel P, Genovese K, Avril S. 3D Residual Stress Field in Arteries: Novel Inverse Method Based on Optical Full-field Measurements [J]. Strain, 2012, 48 (6): 528-538.

[7] Withers P J, Turski M, Edwards L, Bouchard P J, Buttle D J. Recent advances in residual stress measurement [J]. Int J Press Vessel Pip, 2008, 85 (3): 118-127.

[8] Bueckner H F. Field singularities and related integral representations [R]. Springer Netherlands, 1973.

[9] Prime M B, DeWald A T. The Contour Method [C]//Practical Residual Stress Measurement Methods, 2013: 109-138.

[10] Prime M B, Sebring R J, Edwards J M, et al. Laser surface-contouring and spline data-smoothing for residual stress measurement [J]. Exp Mech, 2004, 44 (2): 176-184.

[11] Hosseinzadeh F, Kowal J, Bouchard P J. Towards good practice guidelines for the contour method of residual stress measurement [J]. J Eng, 2014 (8): 453-468.

[12] Prime M B, Kastengren A L. The contour method cutting assumption: Error minimization and correction [C]// Conference Proceedings of the Society for Experimental Mechanics Series, 2011: 233-250.

[13] Traore Y, Bouchard P J, Francis J A, et al. A Novel Cutting Strategy for Reducing Plasticity Induced Errors in Residual Stress Measurements Made with the Contour Method [R]. PVP2011-57509, 2011.

[14] Olson M D, DeWald A T, Prime M B, Hill M R. Estimation of Uncertainty for Contour Method Residual Stress Measurements [J]. Exp Mech, 2015, 55 (3): 577-585.

[15] Schajer G S, Schajer G S. Practical Residual Stress Measurement Methods [M]. NJ, USA: John Wiley & Sons, 2013.

Chapter Eight

第8章 残余应力的裂纹柔度法检测技术

裂纹柔度法是一种与轮廓法有相似之处的残余应力检测技术，特别适合测量金属板材内部的残余应力分布状态。目前，国内外均未制定裂纹柔度法的残余应力检测标准。

8.1 裂纹柔度法基础知识

8.1.1 裂纹柔度法的发展简史

裂纹柔度法是由 S. Vaidyanathan 和 I. Finnie 在 1971 年首次提出的，最初采用光弹性涂层法测量裂纹不同深度处的应力强度因子来计算残余应力，但光弹性试验较为复杂。1985 年，W. Cheng 和 I. Finnie 开始采用应变片测量应变，代替用光弹性技术测量应力强度因子，使得测试过程大大简捷。1992 年 W. Cheng 完成了裂纹柔度的计算理论研究，通过对焊接残余应力的检测显示出这种检测方法在实际应用中的优越性。1999 年由 Finnie 做进一步的完善，并正式将这种方法命名为裂纹柔度法（简称 CCM）。2000 年 M. B. Prime 报道了应用有限元计算裂纹柔度函数以及对铝合金厚板残余应力检测结果；W. Cheng 应用裂纹柔度法对圆环、弯曲梁试样的残余应力进行了检测并与其他检测方法的结果作了对比和验证，实现了裂纹柔度法向工程应用的转化。

在我国，虽然对裂纹柔度法的研究与应用起步较晚，但科研人员也做了大量卓有成效的工作。2003 年，浙江大学王秋成等人采用裂纹柔度法对 7075 铝合金板中的残余应力进行了检测，验证了裂纹柔度法的敏感性和准确性，并与钻孔法和 X 射线法的测试进行对比。2007 年，西安理工大学的张旦闻在裂纹柔度法的残余应力测试和计算上进行了研究，通过引入权函数对插值函数进行改进，并用梁弯曲试验验证了其合理性。此外，山东大学唐志涛等人对裂纹柔度法中的不确定度分析、插值函数及其阶数的选取等进行了较为深入的研究。2014 年，山东大学周长安等人开展了裂纹柔度法的标准化、规范化测试工艺研究，并开发了数据处理平台自动化完成不确定度分析和残余应力计算。

8.1.2 裂纹柔度法的检测原理和基本假设

如图 8-1 所示，裂纹柔度法的检测原理是，在被测试样的表面引入一条深度逐渐增加的裂纹（狭槽）来释放残余应力，通过测量试样表面应变随裂纹深度的变化来计算试件内部的残余应力分布。

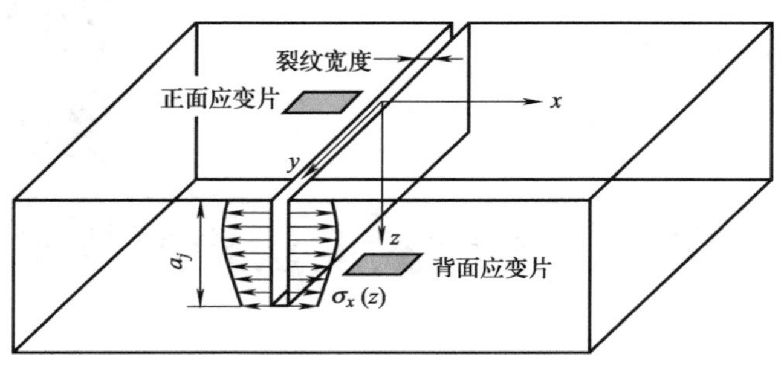

图 8-1　裂纹柔度法测试示意图

以裂纹柔度法的典型应用——轧制金属板材为例，通常板材内部的残余应力主要沿板材的压延方向（板长方向）以及垂直压延方向（板宽方向）分布。假定残余应力沿板长方向 x 和板宽方向 y 均匀分布（即应力值不变），只沿厚度方向 z 存在应力梯度。如果用 $\sigma_x(z)$ 表示不同厚度处的压延方向残余应力，根据函数展开理论，$\sigma_x(z)$ 可表示为级数形式：

$$\sigma_x(z)=\sum_{i=1}^{n}A_iP_i(z)=\boldsymbol{PA} \tag{8-1}$$

式中，A_i 为待定系数；$P_i(z)$ 为插值函数，可以是幂级数、傅里叶级数、勒让德多项式或其他多项式；n 为插值函数的阶数。

目前，裂纹柔度法使用最多的插值函数是勒让德多项式：

$$P_i(z)=\frac{1}{2^i i!}\times\frac{d^i}{d^i z}(z^i-1)^i \quad i=1,2,3,\cdots \tag{8-2}$$

由于残余应力在材料内部是自平衡的，因而在待测截面上 $\sigma_x(z)$ 需要满足力平衡和力矩平衡条件。而在勒让德多项式中，除 $P_0(z)=1$ 和 $P_1(z)=z$ 二项外，其余各项均能自动满足平衡条件。因此，可以将式（8-2）所表示的待测残余应力展开式中的第 0 阶和第 1 阶项设置为 0，仅保留非线性分量。

为了确定上述级数展开中的待定系数 A_i，首先要计算图 8-1 所示应变片位置上的应变随裂纹深度 a_j 变化的响应值 C_{ij}，C_{ij} 被称为裂纹柔度函数，简称柔度函数。根据叠加原理，该应变也可表示为一个级数展开：

$$\varepsilon_x(a_j)=\sum_{i=1}^{n}A_iC_i(a_j)=\boldsymbol{CA} \tag{8-3}$$

在式（8-3）中，C_{ij} 多项式用矩阵表示，因此也称为柔度矩阵函数。

为了减小计算误差，将柔度函数计算得到的应变值 $\varepsilon_x(a_j)$ 与测量得到的应变值 ε_{MEAS}，采用最小二乘法拟合，有

$$\frac{\partial}{\partial A_i}\sum_{j=1}^{m}\left[\varepsilon_{MEAS}(a_j)-\sum_{k=1}^{n}A_kC_k(a_j)\right]^2=0 \quad i=1,2,3,\cdots,n \tag{8-4}$$

式中，m 为板厚范围内的应变测量次数，实际测量中 $m\gg n$。通过求解上述 n 个方程，可以得到方程中的待定系数 A_i，即

$$\boldsymbol{A}=(\boldsymbol{C}^{\mathrm{T}}\boldsymbol{C})^{-1}\boldsymbol{C}^{\mathrm{T}}\varepsilon_{\mathrm{MEAS}}=\boldsymbol{B}\varepsilon_{\mathrm{MEAS}} \tag{8-5}$$

这样，通过式（8-1）即可求得板材内部残余应力的分布。

由以上介绍可知，裂纹柔度法的求解是利用一系列插值函数来拟合实际的残余应力分布。实现裂纹柔度法检测的基本假设是：①在待测横截面内，残余应力仅沿材料厚度方向变化，且表示为空间坐标的一元连续函数形式；②被测材料为线弹性材料，并在测量过程中保持线弹性性质；③测点的应变仅由垂直于裂纹面的残余正应力的释放而产生，不考虑或忽略其他方向上的正应力和切应力；④切割裂纹过程中不产生附加应力，或附加应力很小从而不予考虑。

上面介绍的裂纹柔度法，实际上测量的是沿板厚方向 z 变化的一维（x 轴）应力场。如果要实现二维（x 轴、y 轴）检测，需要在同一被测板材上截取两块试样，并分别在垂直和平行主应力方向引入裂纹和测量应变值。

8.1.3 裂纹柔度法的特点

裂纹柔度法是为数不多的适用于较厚金属材料内部残余应力的检测技术之一。与其他常用的残余应力测试方法相比，裂纹柔度法的主要优点体现在如下几个方面：

① 厚板残余应力检测优势　裂纹柔度法能够获取整个板材截面上的连续残余应力分布，特别适合于轧制板材这种应力方向和状态分布规律性较强的材料内部残余应力测试。

② 灵敏度高　人为引入的裂纹使试样内部的残余应力得以完全释放，因此具有很高的变形灵敏性。针对热（冷）轧厚板内部残余应力分布的测量，其灵敏度和准确性优于其他常规应力测试方法。

③ 检测条件宽松　原则上对任何状态的金属材料都可以进行测试，可以满足大块材料或结构样件的测试需求。

④ 抗干扰能力强　一方面表现在裂纹柔度法测量对材料的微观组织结构不敏感；另一方面表现在裂纹柔度法采用普通线切割加工方式制作裂纹造成的附加应力较小。

⑤ 测试费用低　裂纹柔度法是一种与轮廓法相类似的残余应力检测方法，但与轮廓法需要使用慢走丝线切割机床和高精度外形测量装置不同，柔度法仅使用普通的线切割机、应变仪和应变片即可完成测试。

⑥ 操作简单　因为裂纹柔度法使用的都是比较常见和普通的仪器、设备，所以测试人员容易掌握和使用。

裂纹柔度法也存在着一定的局限性与不足，主要体现在以下几个方面：

① 破坏性检测　裂纹柔度法是一种有损检测方法，在测量残余应变时会完全破坏被测对象的完整性。

② 计算较为繁复　裂纹柔度法在通过拟合求解柔度函数来计算残余应力分布时，大多采用有限元数值计算方法进行分析和建模，这对测试人员完整掌握理论知识和熟练使用算法软件有较高要求。

③ 无标准依据　目前国内外均未建立裂纹柔度法的检测标准，这在一定程度上影响了裂纹柔度法的普及应用。

8.2 裂纹柔度法的检测方法和检测设备

8.2.1 裂纹柔度法的检测方法

(1) 试样的制备

按照裂纹柔度法的基本假设，测点的应变仅由垂直于裂纹面的残余正应力的释放产生，因此在从被测板材切割取样时，试样的长度和宽度边界应分别与板材的轧制方向垂直和平行。研究表明：当试样的长宽尺寸约为厚度的 2.4 倍时，试样的残余应力分布能够真实地反映板材的情况，故在板材的任意部位截取试样时，试样的长度和宽度尺寸均应控制在板厚的 2.3～2.5 倍。在完成试样切割后，还要在同一块板材上截取一小块材料用于应变测量时的温度补偿，称为温度补偿试样。温度补偿试样的尺寸没有特殊要求，只要能粘贴应变片即可。

在完成取样工作后，需要对试样的各个面进行定义和标识：以平行于板材轧制方向的试样的一个切割面作为基准面，以没有经过切割的板材上表面和下表面分别作为试样的正面和背面，并在各面的适当位置上分别标记出板材的轧制方向、试样的基准面、试样的正面和背面。

(2) 应变片的粘贴

① 应变片粘贴位置的选定　应变片的粘贴位置如图 8-2 所示。首先，以基准面为基准，用划针在试样的正面、相对于试样两侧边界对称地画竖直线 1 和水平线 2；然后，仍以准面为基准，在试样的背面画竖直线 4 和水平线 5，并使直线 4 与试样正面的竖直线 1 完全对齐、直线 5 与试样正面的水平线 2 完全对齐；最后，在试样的正面画一条与竖直线 1 平行且间距为 5mm 的竖直线 3。

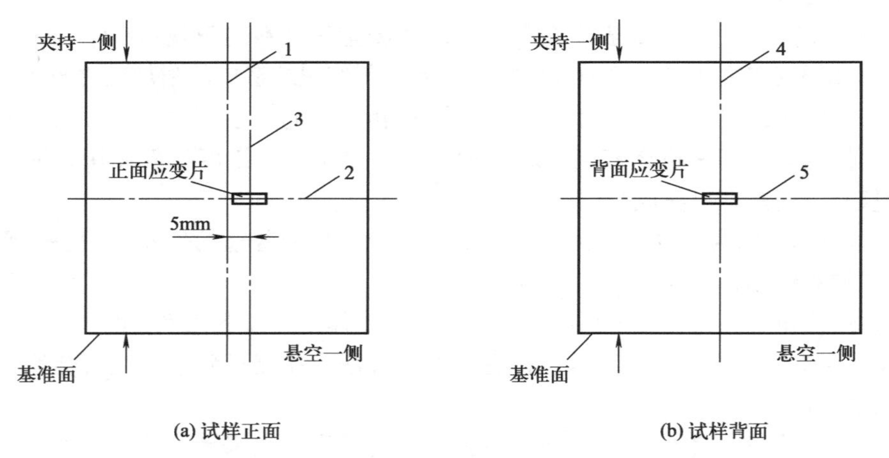

图 8-2　应变片粘贴位置示意图

在试样的正面，竖直线 3 和水平线 2 的交叉点即为试样正面粘贴应变片的位置；在试样的背面，竖直线 4 和水平线 5 的交叉点即为试样背面粘贴应变片的位置。试样正面的竖直线 1 就是将引入裂纹的切割线。

② 应变片的检查　应变片使用前需进行阻值测量和外观检查。阻值测量就是检查应变片是否有短路、断丝情况，其阻值是否在应变仪可平衡范围内；外观检查就是观察应变片是否有锈斑，基底部是否有气泡、皱褶、坑点，敏感栅排列是否整齐，有无缺口、折断、划伤和变形等，引线是否牢固，有无折断的隐患等。

③ 试样表面处理　首先用 180 目的砂纸打磨试样上待粘贴应变片的位置，先横向打磨，再转 90°打磨，以除去划针划线时残留的毛刺，并增加表面的摩擦性使应变片贴实；然后用脱脂棉蘸酒精将打磨过的表面擦拭干净。在此过程中，如果之前的划线被磨去，需要再用划针沿原来的位置重新轻轻地划线。

④ 粘贴应变片　粘贴应变片时，需特别注意：应变片的中心与所画交叉点位置重合；应变片中的栅丝须垂直于竖直线 1（即切割线）和竖直线 3。

粘贴应变片的具体操作步骤是：在应变片的背面滴上一滴 495 速干胶，将胶刮平，胶水越薄越好；将应变片的定位角对准试样定位线并准确粘上；在应变片上盖一层聚氟乙烯薄膜，用手指沿应变片轴线方向滚压 1～2min，排净气泡并挤出多余的胶水，待胶水自然干燥后，将薄膜揭掉。一般来说聚氟乙烯薄膜与 495 胶没有粘合性，所以在揭膜时不会将应变片揭起。

⑤ 应变片粘贴质量检查　如果发现应变片基底有损坏，基底与试样表面之间有气泡或局部没粘上，敏感栅有变形、短路、断路或绝缘强度不够，以及贴片位置不正确等情况，应除掉应变片重新粘贴。

⑥ 应变片连线　在完成上述工作之后，应在试样表面、靠近应变片的位置粘贴固定一个接线端子。接线端子上有四个焊点，两个焊点用于焊接应变片的引出线，另外两个焊点用于焊接应变仪的数据连接线，如图 8-3 所示。接线端子起转接应变测量信号的作用。连接好端子后，在接线端子处对应变片进行电阻测试，确保阻值与应变片的标定阻值一致。

除了将应变片通过接线端子连接到应变仪的数据输入端外，还应将温度补偿试样上应变片的引出线连接到应变仪的补偿输入端。此外，为了防止空间的电磁干扰，需要使用一根导电线将试样和补偿件连接起来，再将导电线连接到应变仪的接地线接口，以阻断由于金属试件电磁感应而产生的噪声信号。

之后，需在应变片上涂抹防护用的绝缘胶。涂胶防护的目的是避免在后续线切割操作中由于对电极丝喷洒工作液而使应变片受潮、受损。涂胶防护的对象除应变片外，还应包括应变片的引出线。

（3）试样的装夹

将试样的基准面置于线切割机床的加工台面上，并使正面贴有应变片的一侧悬空，如图 8-4 所示。之后，先使用杠杆千分表对试样背面表面找平，必要时可在试样基准面与机床台面之间加入垫片，保证试样背面与机床坐标系的 XOY 面平行；然后再将电极丝对准试样正面的划线 1。有时为了验证划线 1 的划线准确性，可先将电极丝移动到试样背面，使电极丝与试样背面的划线 4 对齐，并将机床的 X 轴读数置零；其后再将电极丝移回到试样正面，并至 $X=0$ 的位置，此时电极丝应对准划线 1，如有偏离说明先前的划线不准，或试样的位置与机床坐标系有偏差，须继续精调。调整完毕后，将试样固定压紧。

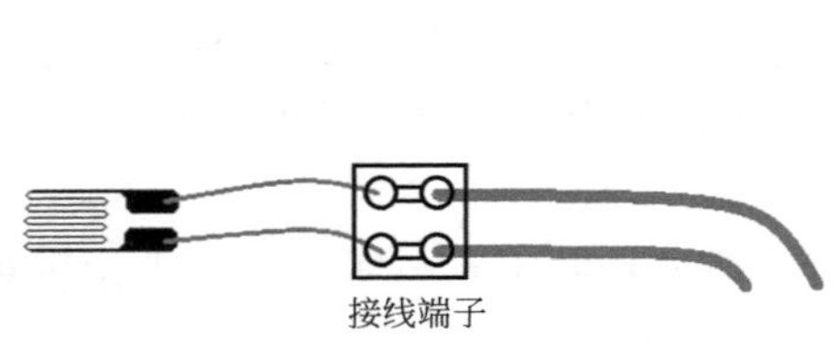

图 8-3 应变片的连接

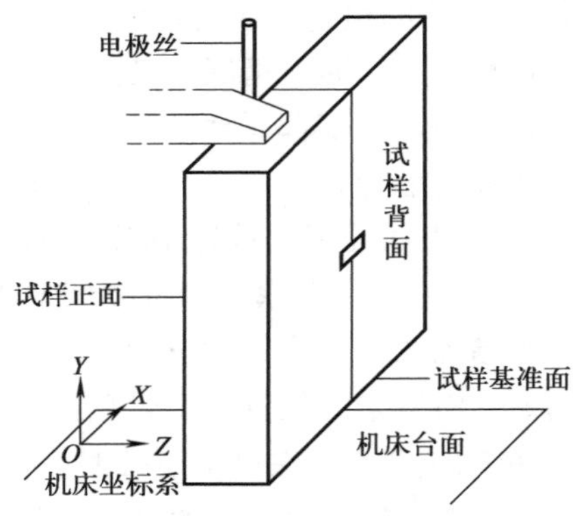

图 8-4 定位方法示意图

在完成上述调整、装夹工作后，启动机床，使电极丝靠近试样的划线 1，直到看到电极丝在试样表面产生放电火花。将此时机床的 Z 轴读数置零，即切割裂纹深度的起点。对于普通线切割机床，寻找电极丝与试样接触放电（$Z=0$）点是通过手控操作实现的；而对于有些功能强大的线切割机床，可以自动完成 $Z=0$ 设置。

（4）试样的切割

切割试样的两个主要参数是进给次数和进给量。所谓进给次数是针对特定板厚完成所有断续切割的次数，由于每分段切割后需要读取应变值，所以进给次数就是应变变化的读取次数；所谓进给量是每分段切割的深度，对于特定厚度的板材，一旦确定了切割次数，进给量也随之确定。一般来说，进给次数多（或者说进给量小）不会影响测试结果的准确性，但会延长测试时间。比较适宜的方法是，对板材的整个厚度进行 30～40 次的进给切割。

每次分段进给切割结束后，应保持电极丝在最后位置持续放电 10～15s，以保证切缝是直的。然后将电极丝断电，待应变数据稳定在 1～2$\mu\varepsilon$ 内变化时，读取并记录应变值。断电测量可以避免因线切割机床脉冲放电引起的杂散电压对应变测量的干扰。

当快切割到试样背面时，在机床不通电的情况下，用手托住试样的悬空部分，托力应约等于试样的重量。如果仪器读数出现明显波动甚至无法稳定时，应停止切割。裂纹柔度法不需要将试样切断，一般切割到试样厚度的 95%～98%时获得的数据都是有效的，因此裂纹的最大切割深度不应超过试样厚度的 98%。

在对板材线切割过程中，特别在对高应力的厚板切割过程中，可能会发生断丝、裂纹闭合、裂纹扩展等突发情况，需要采取应对措施保证测试能够继续进行。下面给出了部分突发情况的处理方法。

① 断丝 线切割机床的电极丝偶尔会发生断丝，尤其是使用细丝时。如果发生断丝应立刻停机，并记录此时的应变数值，然后更换新的电极丝。换丝后，将电极丝移至接近试样裂缝尖端的位置，给电极丝通电并缓慢靠近裂缝尖端，直到看到放电火花，待仪器的应变数据稳定后，记录此时电极丝位置的读数。如果因为材料应变使裂缝变窄，无法将电极丝移至裂缝尖端，则需要操作人员在裂缝内穿丝。如果无法实现穿丝，就需要从试样表面沿原切线位置重新切入，但应注意不得改变切口到正面应变片的距离。

② 裂缝闭合 若试样材料弹性模量较小，且存在较大的残余压应力，裂缝可能发生

闭合。裂缝闭合阻止了材料残余应力的释放，违背了裂纹柔度法的检测原理和基本假设。一旦遇到裂缝闭合情况，通常的做法是沿原切割位置重新进行切割。在重新切割前，应对试样正面的切割裂缝拍照，以便在后续计算裂缝边缘到正面应变片中心距离 s 时，将重新切割时去掉的金属计入整体的应变量。

③ 裂纹扩展　当切割到残余拉应力区时，裂纹可能发生自发扩展，此时必须停止测试。一般来说这种情况极少发生。

（5）尺寸测量

切割结束后需要对裂纹的相关尺寸进行测量，以用于有限元建模和计算。测量的尺寸包括试样厚度 t、裂纹边缘到正面应变片中心的距离 s、裂纹宽度 w 和裂纹深度 a，如图 8-5 所示。测量使用的工具是便携式显微镜、千分尺、游标卡尺等。测量需在电极丝移动进出试样的两个端面分别进行（即对裂纹相关尺寸的测量共有两次），具体测量方法是：

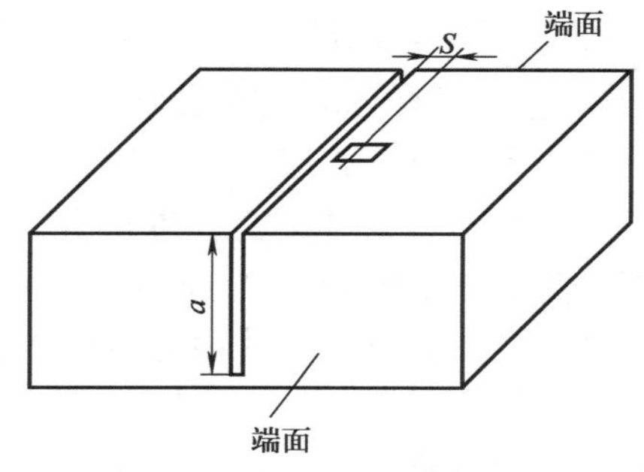

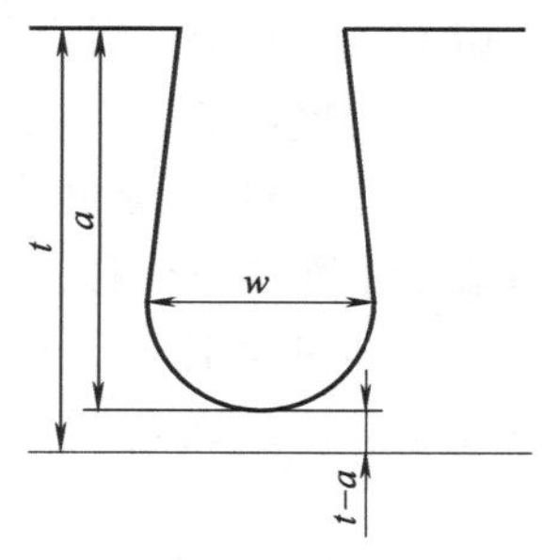

图 8-5　尺寸测量示意图

① 试样厚度 t　用千分尺在靠近裂纹处测量。

② 裂纹边缘到正面应变片中心的距离 s　用游标卡尺在试样正面测量。

③ 裂纹宽度 w　用显微镜在裂纹的末端测量。图 8-6 所示为显微镜下拍摄的实际试样上裂纹末端及其标注尺寸的照片。

④ 裂纹深度 a　用游标卡尺测量裂纹底端到试样背面的距离 $t-a$，再利用 t 计算出裂纹深度 a。

在完成两个端面上的两次测量后，需对两次测量的 t、s、w、$t-a$ 取平均值，作为有限元计算的输入值。

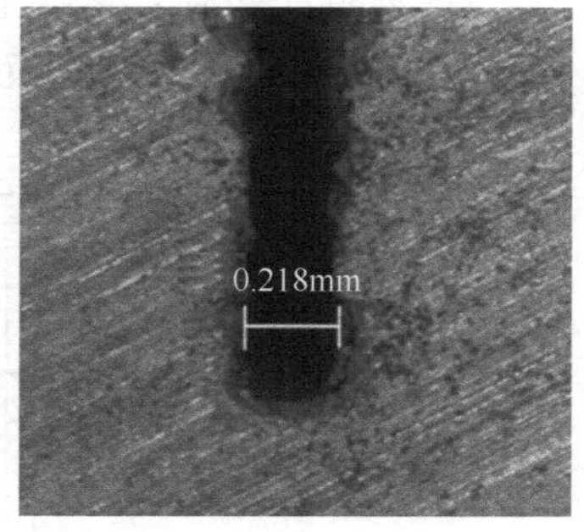

图 8-6　实际裂纹末端及其尺寸照片

8.2.2　裂纹柔度法的检测设备

（1）线切割机床

裂纹柔度法采用普通型单向走丝电火花线切割机床切割试样，它是利用连续移动的电极丝作电极对试样进行脉冲火花放电，使金属材料局部融化和气化，从而达到切割试样制作裂纹的目的。裂纹柔度法一般采用刚性和韧性都较好的钼丝做电极丝。线切割机加工裂纹时，需要在有一定绝缘性的液体介质（也称工作液）中进行，如煤油、皂化油、去离子水等，液体介质有排除裂纹内电蚀铁屑和冷却电极的作用。

在选择线切割机床时，主要需注意机床的台面尺寸、最大切割厚度、加工精度、走丝速度范围等指标。一般来说，目前市场上大多数的普通型电火花线切割机床都能满足裂纹柔度法的使用要求。

（2）应变片和应变测量仪

裂纹柔度法使用的应变片是单向应变片。目前市场上各种型号的单向应变片均可用于裂纹柔度法，不需要特别定制。随着技术的发展，现已出现的无线传输型应变片也可用于裂纹柔度法检测。应变测量仪则采用通用型静态应变测量仪即可。

8.3 裂纹柔度法的数据处理

8.3.1 柔度函数的计算

柔度矩阵函数 $C_i(a_j)$ 虽然可以采用解析法求解，但过于烦琐。目前裂纹柔度法广泛采用有限元仿真计算柔度函数。有限元法是将整个试样分解成有限个子区域单元（称单元剖分或网格划分），单元与单元之间由单元的节点相互连接起来，这样就把试样的应变和应力用节点位移表示，而节点位移采用差值函数 $P_i(z)$ 描述。在进行有限元计算时，首先对试样建立模型（即单元剖分），然后将各阶插值函数 $P_i(z)$ 作为初始应力载荷按不同厚度 z 施加到模型上，之后通过模拟裂纹的产生计算出应变片中心点处的位移值，进而得到柔度函数。

ABAQUS 是一款功能强大的工程模拟有限元软件，比较适合解决柔度函数的计算问题。下面以 60mm 厚钢板为例，简要介绍利用 ABAQUS 求解柔度函数的过程。

① 通过线切割实验后测量到的各裂纹相关尺寸 t、s、w、a，根据板材的对称性，以裂纹的中线为对称轴，对板材的一半建立 x、z 的二维模型，如图 8-7 所示。

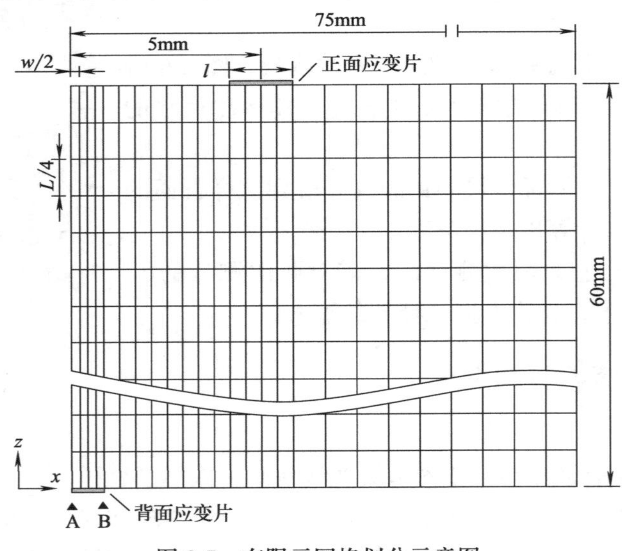

图 8-7 有限元网格划分示意图

② 采用四边形网格划分建立有限元模型。为了减小软件的计算量，按切割裂纹时产生应变大小的不同，将板材的网格划分分成三个区域：最左侧的裂纹为第一个区域，该区

的网格划分最密，网格宽度为 $w/2$，区域总宽度为 $l/2$（l 是应变片敏感栅的长度）；与第一区相邻的、发生较大应变的为第二个区域，该区的网格划分比第一区疏，网格宽度为 w，区域总宽度为 5mm（板材正面粘贴的应变片在第二区中且其到裂缝中心的距离是 5mm）；其余的、发生较小应变的为第三区，该区的网格划分最疏，网格宽度可设为 $2w$、$4w$ 或更大。网格的长度统一设置为 $L/4$（L 是每次切割的进给量）。

③ 将板材的材料属性施加到模型上，包括材料的弹性模量和泊松比。

④ 为了方便载荷的施加和模拟裂缝的产生，将左侧的单元从上到下每 4 个定义为一个“集”，将该“集”右侧的单元定义为另一个“集”。将 2～14 阶勒让德多项式作为初始应力载荷，沿板厚分布分别加载到右侧边的“集”上；根据实验的步进切割次数设置与其相等数量的分析步，通过在分析步中利用软件的“Model Change”功能逐个“杀死”裂纹单元“集”来模拟裂纹的产生。

⑤ 约束图 8-7 中试样端点 A 的 x、z 方向的位移自由度，并据此作为边界条件。

⑥ 分别对使用的 2～14 阶勒让德多项式作为初始应力载荷的模型进行有限元计算，共计完成 13 次分析。

⑦ 计算完成后，通过 ABAQUS 软件的后处理模块打开结果文件，选择测试实验中背面应变片敏感栅末端对应点（即图 8-7 中的点 B），输出该点 x 方向的位移变化量。由该位移变化量即可计算得到响应应变值。

8.3.2 检测结果的主要影响因素

影响裂纹柔度法检测结果的因素很多，其中影响较大的有计算误差、应变测量误差和几何测量误差三种，此外还有一些其他的影响因素。

① 计算误差　计算误差也称模型误差，由插值函数产生。裂纹柔度法是利用插值函数来拟合实际的残余应力分布，用有限元计算柔度函数所使用的插值函数是获取残余应力的基础，在不同应力分布条件下不同插值函数对目标函数的收敛性和稳定性各不相同，对最终计算结果有较大的影响，选择不好可能造成极大的理论误差。

② 应变测量误差　切割的裂缝是否和粘贴应变片的平面垂直，是否与应变片的中心对齐，都会影响应变测量结果，虽然检测方法对此有限制性规定，但受切割机床精度及测试人员操作的制约不可能做到绝对精准。此外，每次切割完成后材料内部的应力释放是需要一定时间的，需要根据实际情况（如被测材料属性、应变片规格等）来确定等待应变稳定的时间，只有在应力充分释放后才能进行下一步的切割，否则也会带来测量误差。还有，裂纹柔度法的基本假设是材料内部的残余应力在长度和宽度方向均匀分布，只沿厚度方向变化，这与大多数材料的真实情况是存在差异的。

③ 几何测量误差　裂纹深度测量不准确、试样和裂纹的几何形状偏差、应变片位置误差等都会影响检测精度。

④ 设备精度　影响较大的有线切割机床电极丝火花放电的稳定度、自动进给机构行程控制的准确度。除此之外，应变仪的测量精度也是影响因素之一。

⑤ 人为因素　应变花的粘贴、试样的装夹、电极丝的对中都受到操作人员经验与熟练程度的影响。

⑥ 测试环境　主要体现在温度对应变片零点漂移的影响。

8.3.3 检测结果的不确定度评定*

采用裂纹柔度法进行残余应力检测时，结果的不确定度有两个主要来源。一个是应变测量数据的随机误差，它是所用插值函数通过最小二乘法得到的应变测量拟合结果与测量应变值之间的偏差，我们将其称为应变测量误差；另一个是所选差值函数引起的计算误差，它是选择的级数展开不能很好地拟合板材中实际应力分布情况而造成的运算偏差，我们将其称为模型误差。插值函数选定后，插值函数阶数的选择是模型误差的主要来源。基于合成不确定度的最小化目标，可以确定插值函数的最佳收敛阶数。

（1）应变测量误差引起的不确定度

针对应变测量误差引起的不确定度，待定系数 A_i 的协方差为：

$$V_{kl}=u_{\mathrm{A}_k\mathrm{A}_l}^2=\sum_{j=1}^{m}\left[u_{\varepsilon,j}^2\,\frac{\partial A_k}{\partial\varepsilon_{\mathrm{MEAS}}(a_j)}\times\frac{\partial A_l}{\partial\varepsilon_{\mathrm{MEAS}}(a_j)}\right]\tag{8-6}$$

式中，$u_{\varepsilon,j}$ 表示裂纹深度 $z=a_j$ 时的应变测量误差，可由下式确定：

$$u_{\varepsilon,j}=\sqrt{\frac{m}{m-n}}\left|\varepsilon_{\mathrm{MEAS}}(a_j)-\varepsilon_x(a_j)\right|\tag{8-7}$$

式中，m 为试样的应变测量次数；n 为插值函数多项式的阶数。

由式（8-5）可以得到：

$$B_{kj}=\frac{\partial A_k}{\partial\varepsilon_{\mathrm{MEAS}}(a_j)}\tag{8-8}$$

将式（8-8）代入式（8-6），写成对角矩阵形式为：

$$\boldsymbol{V}=\boldsymbol{B}\,\mathrm{diag}(u_\varepsilon^2)\boldsymbol{B}^{\mathrm{T}}\tag{8-9}$$

这样，由应变测量误差引起的不确定度为：

$$\boldsymbol{s}_\varepsilon^2=\mathrm{diag}(\boldsymbol{PVP}^{\mathrm{T}})=\mathrm{diag}[\boldsymbol{PB}\,\mathrm{diag}(u_s^2)\boldsymbol{B}^{\mathrm{T}}\boldsymbol{P}^{\mathrm{T}}]\tag{8-10}$$

（2）模型误差引起的不确定度及合成不确定度

勒让德多项式的阶数 n 是引起模型误差的主要因素，因此由阶数 n 的选择造成的应力不确定度为：

$$s_{\mathrm{model},j}=u_{n,j}^2\left(\frac{\partial\sigma_j}{\partial n}\right)^2\tag{8-11}$$

式中，$u_{n,j}$ 为裂纹深度 $z=a_j$ 时阶数 n 的模型误差。由于模型误差值不能通过实验测量获得，所以此处用应力计算的标准偏差来表示该不确定度：

$$s_{\mathrm{model},j}^2(n)\approx\frac{1}{b-a}\sum_{k=a}^{b}\left[\sigma_j(n=k)-\bar{\sigma}_j\right]\tag{8-12}$$

式中，$\bar{\sigma}_j$ 表示当 $z=a_j$ 时在勒让德多项式阶数 $n=a\sim b$ 范围内求得的应力平均值，其中 $a=n-1$，$b=n+1$。

最终，合成不确定度 $s_{\mathrm{total},j}$ 为：

$$s_{\mathrm{total},j}=\sqrt{s_{\varepsilon,j}^2+s_{\mathrm{model},j}^2}\tag{8-13}$$

式中，第一项 $s_{\varepsilon,j}$ 为应变测量不确定度；第二项 $s_{\mathrm{model},j}$ 为模型不确定度。

8.4 裂纹柔度法的典型应用

(1) Al7050-T7451 预拉伸铝合金厚板的残余应力检测

航空整体结构件通常采用高强度变形铝合金厚板直接铣削加工而成，在加工过程中，由于毛坯初始残余应力的释放与重新分布而引起的加工变形，是航体结构件制造中需要关注的关键问题之一。为了分析和预测残余应力引起的加工变形，必须首先测量铝合金厚板材内部残余应力的分布情况。

Al7050-T7451 预拉伸铝合金厚板的规格为 3500mm×2000mm×60mm，从板材的适当位置截取两块尺寸均为 150mm×150mm×60mm 的试样，一块用来测量沿铝板轧制方向（也称纵向）的残余应力，另一块用来测量垂直于轧制方向（也称横向）的残余应力。铝合金板的弹性模量 $E=71700\text{MPa}$，泊松比 $\nu=0.33$。实验中使用 DK7725D 型线切割机、BSF120-3AA-T 型应变片和西格玛 ASMB2-8 型应变测量仪。切割裂纹时设置的进给量为 1.3mm，进给次数为 45 次。

图 8-8 所示为 60mm 厚 Al7050-T7451 铝板纵向残余应力在不同插值函数（勒让德多项式）阶数下的合成不确定度、模型不确定度和应变测量不确定度的均方根值。从图 8-8 可以看出，当勒让德多项式的阶数取 8 时，应力计算的整体不确定度最小，约为 1.659MPa，表明 2～8 阶勒让德多项式是拟合 Al7050-T7451 铝合金厚板纵向残余应力分布的理想插值函数。

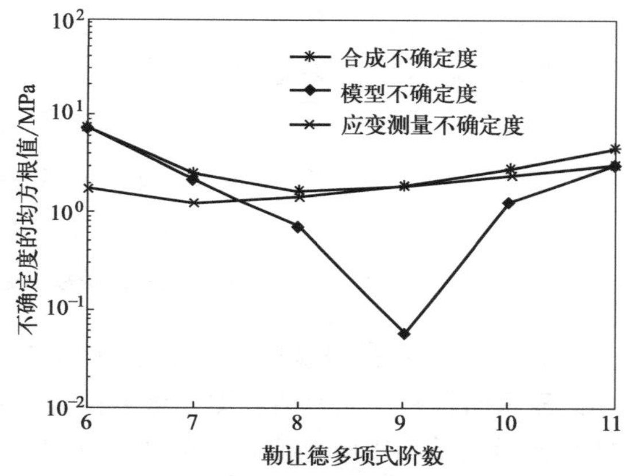

图 8-8 不同阶数差值函数引起的纵向应力不确定度的均方根值

图 8-9 所示是由实验得到的 Al7050-T7451 铝合金厚板纵向应变和应力分布。图中 (a) 显示的是测量应变值和柔度函数拟

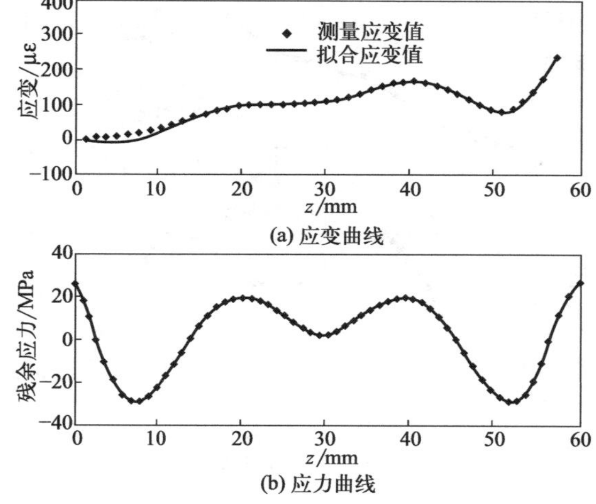

图 8-9 铝板纵向应变和残余应力分布

合得到的应变值，可以看出二者吻合较好。图中（b）显示的是利用应变拟合后的柔度函数计算得到的铝板纵向残余应力分布，从图中曲线可以看出，最大纵向残余压应力出现在距表面 1/7 板厚处，最大值约为 -29MPa；最大纵向残余拉应力出现在距表面 1/3 板厚处（或者说距中面 1/6 板厚处），最大值约为 19.5MPa。

图 8-10 所示为 Al7050-T7451 铝板横向残余应力在不同插值函数阶数下的合成不确定度、模型不确定度和应变测量不确定度的均方根值。从图 8-10 可以看出，当勒让德多项式的阶数取 7 时，合成不确定度最小，约为 1.624MPa，表明 2～7 阶勒让德多项式是拟合 Al7050-T7451 铝合金厚板横向残余应力分布的理想插值函数。

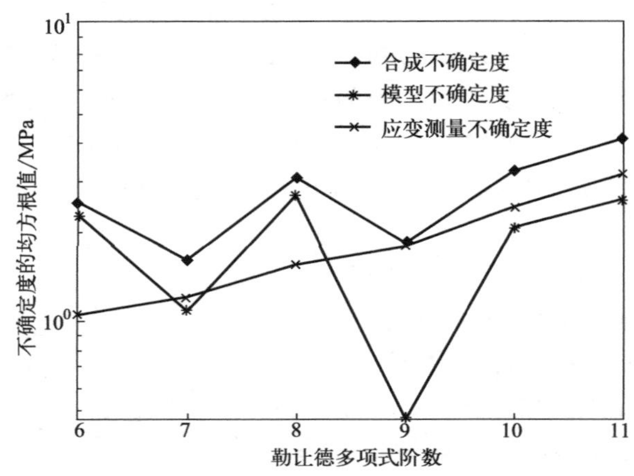

图 8-10　不同阶数差值函数引起的横向应力不确定度的均方根值

图 8-11 所示是由实验得到的 Al7050-T7451 铝合金厚板横向应变和应力分布。图中（a）显示的是测量应变值和柔度函数拟合得到的应变值，可以看出二者吻合非常好。图中（b）显示的是利用应变拟合后的柔度函数计算得到的铝板横向残余应力分布，从图中曲线可以看出，最大横向残余压应力约为 -14.5MPa，最大横向残余拉应力约为 7.5MPa。

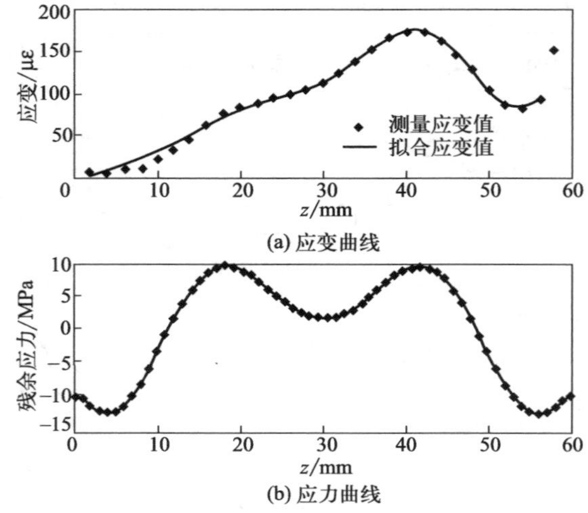

图 8-11　铝板横向应变和残余应力分布

比较图 8-9（b）和图 8-11（b）可以看到，Al7050-T7451 铝合金板的纵向和横向残余应力沿板厚的分布非常相似，都对称于板的中面呈 M 形曲线分布，且在板厚的中央部位出现最小拉应力。横向残余应力的平均值约为纵向的 70%。

（2）45＃钢调质喷丸试样的残余应力检测

喷丸处理也称喷丸强化，是减小材料疲劳、提高寿命的有效方法之一。喷丸处理就是将高速弹丸流喷射到材料表面，使材料表层发生塑性变形，而形成一定厚度的强化层，强化层内形成较高的残余应力。为了对强化层的应力进行量化表征，采用裂纹柔度法进行残余应力测量，并采用结合电解抛光技术的 X 射线法进行对比验证。

实验采用尺寸为 120mm×120mm×12mm 的 45＃钢板，经 850℃×1h 加热水淬和 540℃×2.5h 回火的调质处理后（硬度为 24～30HRC），机加工成 110mm×110mm×6mm 的板状试样（两个 110mm×110mm 表面经磨削加工，磨削后 200℃去应力退火）。试样进行单面喷丸处理，喷丸设备为 Q765 型台车式抛喷丸清理机，铸钢丸直径为 1.5～2.0mm，喷丸速度为 18.2m/s，喷丸时间 20min。在喷丸后的试样上用电火花机线切割出裂纹柔度法试样（64mm×110mm×6mm）和 X 射线法试样（50mm×50mm×6mm）。

采用裂纹柔度法测量 45＃钢调质喷丸试样的残余应力分布，需在被测试样表面引入一条深度逐渐增加的裂纹。裂纹的引入从喷丸面开始，位置在试样长度方向的中间并贯穿试样宽度。切割裂纹的宽度为 0.45mm；每次切深 300μm。为了增加测试数据的可靠性，采用三个应变片同时对背面不同位置的应变进行测量，应变片粘贴位置如图 8-12 所示。切割设备选用 DK7740 型数控线切割机床，电极丝为直径 0.18mm 的钼丝；应变片选用灵敏系数为 2.08±1%的 BX120-2BB 双轴电阻应变片，敏感栅尺寸为 2mm×2mm；仪器选用 DH5923 型动态信号分析测试仪。特别地，在读取仪器应变数据时，应关闭线切割机的电源，防止干扰测量信号。

3 个应变片测得的随切割裂纹深度增加的释放应变如图 8-13 所示。从图中可以看出，在切割初期阶段，3 条应变曲线变化趋势一致；在切割后期阶段，由于电极丝逐渐靠近应变片以及乳化液的飞溅等环境因素影响，3 组应变测量值有一定差别，特别是第 3 组应变测量值波动较大，这是由于第 3 个应变片处于最上端，受由上而下喷洒的乳化液以及电火花的影响较大所造成。但整体看来，3 条应变曲线的变化趋势基本一致。

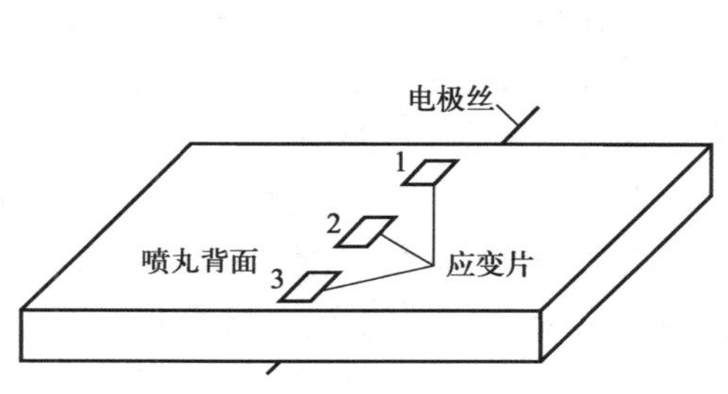

图 8-12 喷丸试样背面应变片粘贴位置

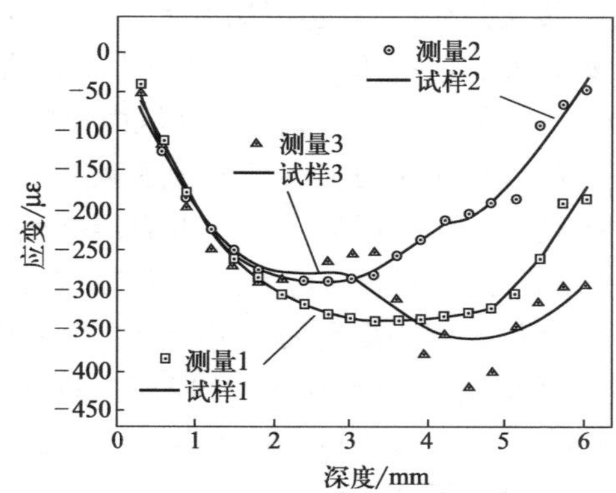

图 8-13 裂纹柔度法测得的试样背面应变

由 ANSYS 有限元分析软件计算得到的裂纹柔度函数如图 8-14 所示，最终计算获得的与应变相对应的 3 组残余应力分布曲线如图 8-15 所示。

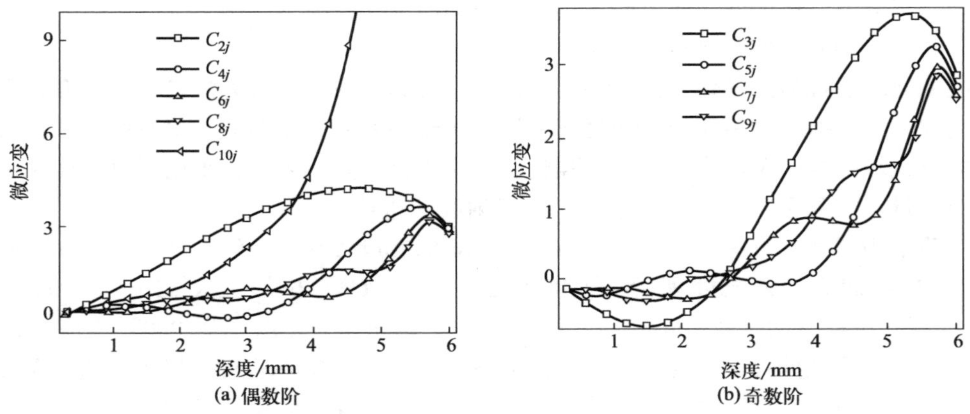

图 8-14　有限元软件分析计算得到的裂纹柔度函数

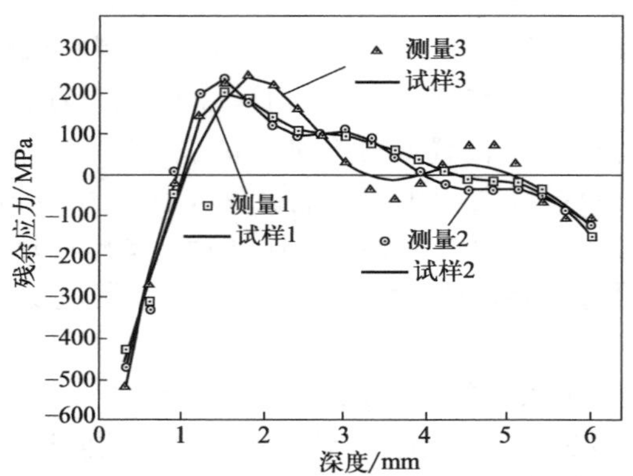

图 8-15　裂纹柔度法测得的喷丸试样残余应力

从图 8-15 可以看出，3 条应力曲线依然是在一定深度范围内（0.3～1.5mm）重合较好（线切割初期阶段），深度大于 1.5mm 的应力值有一定的差别，第 3 组应力曲线依然波动较大。但整体看来，3 条应力分布曲线具有基本相同的变化趋势，均符合喷丸强化残余应力场的特征，也就是“外压内拉”的分布规律，并在非受喷面存在一定层深、应力值较小的残余压应力。裂纹柔度法测得 45＃钢喷丸试样具体的应力场参数（三点测试结果的平均值）为：试样受喷面近表层 300μm 处的残余压应力为 471MPa，压应力场深约为 900μm，最大残余拉应力约为 197MPa；非受喷表面的压应力约为 124MPa。

裂纹柔度法测得的 3 组残余应力平均值与 X 射线法测得互相垂直的两个方向的残余应力平均值对比如图 8-16 所示。这里需要说明，裂纹柔度法在切割试样表层（小于 300μm）时电极丝易滚动使裂纹宽度加大而造成测量数据不真实，需舍弃不用（这也说明裂纹柔度法不适于浅表层残余应力的测量）。由图 8-16 可知，在可比较的深度范围内，裂纹柔度法测得的残余应力分布曲线与 X 射线法测得的曲线变化趋势近乎一致：在 300～850μm 范围内测量结果有较好的一致性；压应力转变为拉应力的位置也较接近。可见，尽管这两种方法所测得的残余应力值及压应力层深有所差异，但从工程应用角度可认为这两种检测方法的测量结果基本一致。

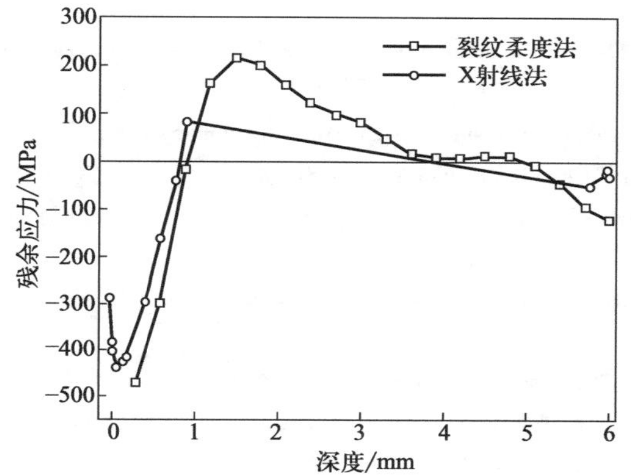

图 8-16　裂纹柔度法和 X 射线法测得的残余应力对比

练习题

1. 判断题

(1) 裂纹柔度法实际上是测量沿板厚方向变化的二维应力场。(　　)

(2) 裂纹柔度法属于破坏性检测的一种。(　　)

(3) 在进行板材切割的时候若发生断丝则需要重新制备样品并开展实验。(　　)

(4) 因线切割加工裂纹时，使用的是有一定绝缘性的液体介质，应变片不需要做防护。(　　)

(5) 对于 Al7050-T7451 预拉伸铝合金厚板的裂纹柔度法残余应力检测一般需要进行 2 次切割实验。(　　)

2. 填空题

(1) 裂纹柔度法的优点主要体现在________、________、________、________、________、________。

(2) 裂纹柔度法切割试样的两个主要参数是________和________。

(3) 采用裂纹柔度法进行残余应力计算时，不确定度主要包括________和________。

(4) 采用裂纹柔度法进行残余应力计算时，柔度矩阵函数一般采用________方法计算。

(5) 裂纹柔度法使用最多的插值函数是________。

3. 问答题

(1) 简述裂纹柔度法测量残余应力的基本原理。

(2) 实现裂纹柔度法检测的基本假设。

(3) 简述裂纹柔度法测量残余应力实验数据采集部分的基本步骤。

(4) 简述影响裂纹柔度法测量残余应力结果的关键因素。

(5) 简述应变片的粘贴步骤。

参考文献

[1] Vaidyanathan S, Finne I. Determination of residual stresses from stress intensity factor measurements [J]. Journal of Basic Engineering, 1971 (93): 242-246.

[2] Cheng W, Finnie I. Measurement of residual hoop stress in cylinders using the compliance method [J]. Journal of Engineering Materials and Technology, 1986 (108): 87-92.

[3] Cheng W, Finnie I. The crack compliance method for residual stresses measurement [J]. Welding in the World, 1990 (28): 103-110.

[4] Prime M B, Hill M R. Residual stress, stress relief, and inhomogeneity in aluminum plate [J]. 2002, 46 (1): 77-82.

[5] 王秋成，柯映林，章巧芳. 7075 铝合金板材残余应力深度梯度的评估 [J]. 航空学报，2003，24 (4)：336-338.

[6] 王树宏，左敦稳，王珉，等. 改进剥层应变法测量铝合金预拉伸厚板内部残余应力分布 [J]. 南京航空航天大学学报 (英文版)，2004，21 (4)：286-290.

[7] 张旦闻，刘宏昭，刘平. 裂纹柔度法在 7075 铝合金板残余应力检测中的应用 [J]. 材料热处理学报，2006，27 (2)：127-131.

[8] 唐志涛，刘战强，艾兴，等. 基于裂纹柔度法的铝合金预拉伸板内部残余应力测试 [J]. 中国有色金属学报，2007，17 (9)：1404-1409.

[9] 唐志涛，刘战强，艾兴. 裂纹柔度法中的插值函数及其阶数选择研究 [J]. 武汉理工大学学报，2007，29 (8)：75-77.

[10] 周长安. 铝合金预拉伸板材残余应力测试及工件变形预测系统开发 [D]. 济南：山东大学，2014.

[11] 柯映林，董辉跃. 7075 铝合金厚板预拉伸模拟分析及其在淬火残余应力消除中的应用 [J]. 中国有色金属学报，2004，14 (4)：639-645.

[12] Prime M B, Hill M R. Uncertainty, model error, and order selection for series-expanded, residual-stress inverse solutions [J]. Journal of Engineering Materials and Technology, 2006, 128 (2): 175-185.

[13] Schajer G S. Application of finite element calculations to residual stress measurement [J]. Journal of Engineering Materials and Technology, 1981, 5 (103): 157-163.

[14] 任凤章，罗玉梅，张伟，等. 喷丸残余应力裂纹柔度法与 X 射线法对比研究 [J]. 材料热处理学报，2015，36 (9)：186-190.

Chapter Nine

第9章 残余应力的深孔法检测技术

深孔法是一种破坏性较小的内部残余应力检测技术，它能够测量构件沿深度方向的应力分布状态，厚度不受限制。深孔法是一种相对较迟发展起来的残余应力测试技术，目前国内外尚没有制定相关的检测方法标准。

9.1 深孔法基础知识

9.1.1 深孔法的发展简史

深孔法提出的时间较早。深孔法最早被用来探索岩石内部的应力状况，后来才被逐步用于金属材料的残余应力测量。1978 年，I. M. Zhdanov 等人采用 Φ8mm 钻孔和 Φ40mm 套孔测试不锈钢焊缝中的残余应力，但受当时检测理论和工艺不完善、测量设备精度不高，特别是套孔尺寸较大造成对结构破坏等的限制，研究进展比较缓慢。时隔多年，才由英国焊接研究所（TWI）发起并在英国布里斯托大学得到研究发展。1996 年，R. H. Legatt 等人建立起深孔法（DHD）的基本理论，并在文献中阐述了基于平面应力场模型的残余应力计算公式。

与盲孔法测量残余应力类似，深孔法由于打孔操作也会导致孔边缘产生应力集中，从而产生孔边塑性变形影响测量精度，所以深孔法技术的发展和应用主要体现在对测量精度的研究上。D. J. Smith 和 A. H. Mahmoudi 等人利用有限元研究了沿深度方向套取圆柱环时，中间深度截面上主应力方向上参考孔直径随套孔深度的变化规律，并提出了沿厚度方向逐层套孔测量位移的增量套孔（iDHD）法。由于 iDHD 法在操作上存在局限性，S. Hossain 通过研究认为，当构件中残余应力较大时，可以适当切除应力场周围的材料来释放部分应力提高测试精度。随后，G. Zheng 等人通过模拟钢焊缝中的应力在不同套孔直径下的释放情况，提出分步套孔（oDHD）法，即以待测位置为中心分两步或三步依次缩小直径完成套孔过程，以保证焊缝中的残余应力接近弹性释放。中国科学院金属研究所陈怀宁等提出采用环向套孔方式及在高应力场中采用分步环向套孔方式来提高测试精度，实践表明，在相同应力水平下，环向套孔比传统的轴向套孔所测得的数据更准确，同时设备成本也更低。

在深孔法测量工艺方面，George D. 等利用有限元分析了套孔直径对应力测量结果的影响，发现套孔直径过大反而会增大测量误差。国内外学者通过大量实验研究了不同参考孔径下，套孔直径对应力测量精度的影响，最终确定参考孔直径与套孔直径以 1.5mm-5mm、3mm-10mm、5mm-15mm 组合时测量结果精度最合适。

深孔法不仅可用于金属材料，对于复合材料也同样适用。国防科技大学李侯君等采用深孔法测量厚截面聚合物基复合材料，发现其有限元分析结果与 Lekhnitskii 公式计算得到的分布规律比较一致。此外，Batemana M G 等人还将深孔法用于测量机翼装配结构中的碳纤维复合材料。

9.1.2 深孔法的基本原理

深孔法是一种完全释放的残余应力测试方法，其基本的测试工艺过程如图 9-1 所示：首先，在被测构件的测量区域钻通孔（称参考孔）；之后，利用测量仪器在参考孔不同深度和同一深度的不同角度分别测量孔径大小；然后，在参考孔周围环钻一个与之同心的套孔；最后，用测量仪再次测量参考孔内上述已测各点的孔径大小。这样，根据两次测试获得的参考孔直径改变量，就可计算套孔区局部不同深度处的残余应力分布。

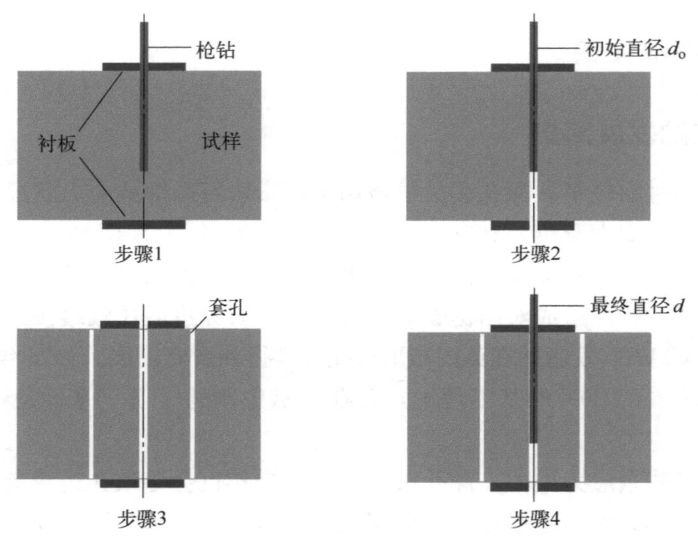

图 9-1 深孔法基本测试过程

深孔法检测原理是基于平面应力场的弹性应力释放理论。对于各向同性的金属材料，在极坐标下平面应力场的位移方程和本构方程可合并写成：

$$\varepsilon_r = \frac{\partial u_r}{\partial r} = \frac{1}{E}(\sigma_r - \nu\sigma_\theta) \tag{9-1}$$

其中，ε_r 为径向应变；u_r 为径向位移；σ_r、σ_θ 分别为径向和切向应力；E 为弹性模量；ν 为泊松比。

带孔的无限大平板在受到单向均匀拉应力 σ 的平面应力场作用时，小孔周围任意位置 P 点（r，θ）处的应力分布情况为：

$$\left.\begin{aligned}\sigma_r&=\frac{\sigma}{2}\left(1-\frac{r_0}{r}\right)+\frac{\sigma}{2}\left(1-\frac{r_0^2}{r^2}\right)\left(1-\frac{3r_0^2}{r^2}\right)\cos2\theta\\ \sigma_\theta&=\frac{\sigma}{2}\left(1+\frac{r_0}{r}\right)-\frac{\sigma}{2}\left(1+\frac{3r_0^4}{r^4}\right)\cos2\theta\end{aligned}\right\}\tag{9-2}$$

式中，r_0 为孔半径；θ 为 P 点方向与应力 σ 的夹角。

结合式（9-1）和式（9-2），可得平板参考孔外 P 点处的径向位移表达式：

$$u_r=\int\varepsilon_r\mathrm{d}r=\frac{\sigma r_0}{2E}\left[\frac{r}{r_0}(1-\nu)+\frac{r_0}{r}(1+\nu)\right]+\frac{\sigma r_0}{2E}\left[\frac{r}{r_0}\left(1-\frac{r_0^4}{r^4}\right)(1+\nu)+\frac{4r_0}{r}\right]\cos2\theta\tag{9-3}$$

对于深孔检测法，主要关注参考孔边缘（$r=r_0$）的径向位移：

$$u_r=\frac{\sigma r_0}{E}(1+2\cos2\theta)\tag{9-4}$$

图 9-2 为带孔平板在平面应力作用下的模型。当外加主应力 σ_x、σ_y 和切应力 τ_{xy} 时，如果将切应力的作用等效于双向等值拉压应力作用于参考孔，则参考孔边缘的径向位移表达式（9-4）变为：

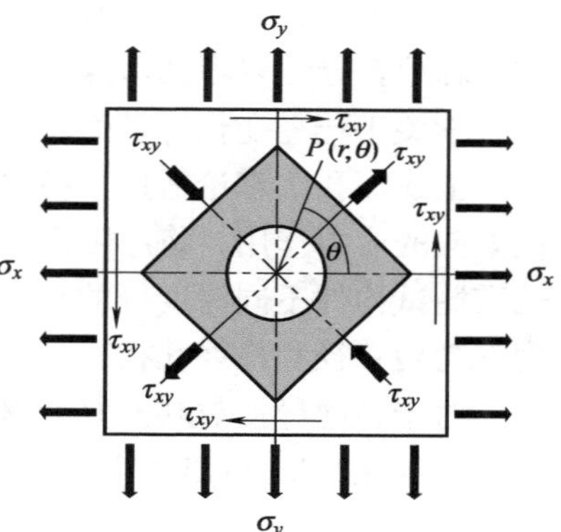

图 9-2 带孔平板应力场模型

$$\begin{aligned}u_r&=\frac{\sigma_x r_0}{E}(1+2\cos2\theta)+\frac{\sigma_y r_0}{E}[1+2\cos2(90^\circ-\theta)]\\&\quad+\frac{\tau_{xy}r_0}{E}[1+2\cos2(45^\circ-\theta)]+\frac{\tau_{xy}r_0}{E}\\&\quad[1+\cos2(1350^\circ-\theta)]-\frac{\tau_{xy}r_0}{E}\\&\quad[1+\cos2(225^\circ-\theta)]-\frac{\tau_{xy}r_0}{E}[1+\cos2(315^\circ-\theta)]\\&=\frac{\sigma_x r_0}{E}(1+2\cos2\theta)+\frac{\sigma_y r_0}{E}(1-2\cos2\theta)+\frac{4\tau_{xy}r_0}{E}\sin2\theta\end{aligned}\tag{9-5}$$

套孔是释放应力的过程。当套孔区域内的应力被完全弹性释放时，产生的应变与外加应力场引起的应变数值相等，符号相反。这样，深孔法在套孔加工过程中，由于材料平面应力的综合作用使参考孔边缘产生的应变为：

$$\bar{\varepsilon}_r(\theta)=-\frac{u_r}{r_0}=-\frac{1}{E}[(1+2\cos2\theta)\sigma_x+(1-2\cos2\theta)\sigma_y+(4\sin2\theta)\tau_{xy}]\tag{9-6}$$

在利用式（9-6）通过测量径向应变来计算残余应力的分量时，含有三个未知数 σ_x、σ_y 和 τ_{xy}，因此至少需要从参考孔的三个方向进行测量：

$$\begin{pmatrix}\bar{\varepsilon}_r(\theta_1)\\\bar{\varepsilon}_r(\theta_2)\\\bar{\varepsilon}_r(\theta_3)\end{pmatrix}=-\frac{1}{E}\begin{pmatrix}f(\theta_1)&g(\theta_1)&h(\theta_1)\\f(\theta_2)&g(\theta_2)&h(\theta_2)\\f(\theta_3)&g(\theta_3)&h(\theta_3)\end{pmatrix}\begin{pmatrix}\sigma_x\\\sigma_y\\\tau_{xy}\end{pmatrix}=-\frac{1}{E}\boldsymbol{M}\begin{pmatrix}\sigma_x\\\sigma_y\\\tau_{xy}\end{pmatrix}\tag{9-7}$$

其中 $f(\theta)$、$g(\theta)$、$h(\theta)$ 是与测量角度有关的函数参量：

$$\left.\begin{aligned} f(\theta) &= 1 + 2\cos 2\theta \\ g(\theta) &= 1 - 2\cos 2\theta \\ h(\theta) &= 4\sin 2\theta \end{aligned}\right\} \tag{9-8}$$

而残余应力可根据下式计算：

$$\begin{pmatrix} \sigma_x \\ \sigma_y \\ \tau_{xy} \end{pmatrix} = -\boldsymbol{E}\boldsymbol{M}^* \begin{pmatrix} \bar{\varepsilon}_r(\theta_1) \\ \bar{\varepsilon}_r(\theta_2) \\ \bar{\varepsilon}_r(\theta_3) \end{pmatrix} \tag{9-9}$$

式中 $\boldsymbol{M}^* = (\boldsymbol{M}^{\mathrm{T}} \times \boldsymbol{M})^{-1} \times \boldsymbol{M}^{\mathrm{T}}$。

在实际检测中，参考孔的径向应变 $\bar{\varepsilon}_r(\theta)$ 是根据两次直径测量的差值获得的：

$$\bar{\varepsilon}_r(\theta_i) = \frac{d(\theta_i) - d_0(\theta_i)}{d_0(\theta_i)} \quad (i = 1, 2, 3) \tag{9-10}$$

式中，d_0 为参考孔在套孔前的初始孔径；d 为参考孔在套孔后的最终孔径。

综合上面的介绍可以看出，深孔法的基本原理是：平板中的残余应力由于套孔环切操作被释放，导致参考孔边缘产生径向位移（应变），通过测量参考孔的孔径变化，根据弹性力学关于孔径变化与平面应力之间的关系而求解出残余应力。

上述深孔法理论适用于各向同性材料的平面残余应力场检测。这种方法不考虑构件厚度方向的应力作用，将厚度部分近似视为彼此没有正应力和切应力作用的堆叠板。因此，若需测试构件不同深度处的平面残余应力分布，只要在参考孔的对应深度位置测量三个角度的初始孔径和最终孔径，利用式（9-9）就可推算出垂直于孔平面内的应力场情况。

对于各向异性材料的复合材料等，目前还没有类似于各向同性材料的精确计算公式，只有 Lekhnitskii 给出了主应力分别平行、垂直于纤维方向时参考孔的应变的近似表达式：

$$\left.\begin{aligned} \varepsilon(\theta) &= \frac{\sigma_1}{E_1} f(\theta) + \frac{\sigma_2}{E_2} g(\theta) \\ f(\theta) &= \frac{1}{2}\left(1 + n_1 - \sqrt{\frac{E_1}{E_2}}\right) + \frac{\cos 2\theta}{2}\left(1 + n_1 + \sqrt{\frac{E_1}{E_2}}\right) \\ g(\theta) &= \frac{1}{2}\left(1 + n_2 - \sqrt{\frac{E_2}{E_1}}\right) + \frac{\cos 2\theta}{2}\left(1 + n_2 + \sqrt{\frac{E_2}{E_1}}\right) \\ n_1 &= \sqrt{2\left(\sqrt{\frac{E_1}{E_2}} - \nu_{12}\right) + \frac{E_1}{G_{12}}} \\ n_2 &= \sqrt{2\left(\sqrt{\frac{E_2}{E_1}} - \nu_{12}\right) + \frac{E_1}{G_{12}}} \end{aligned}\right\} \tag{9-11}$$

式（9-11）是主应力共同作用时参考孔应变计算公式。其中，E_1、E_2 分别为平行、垂直于纤维方向的弹性模量；G 为切变模量；ν 为泊松比。

对于复合材料的测量，Lekhnitskii 公式只能计算正应力，无法计算切应力，这是该公式存在的缺陷。若要计算切应力，可以采用有限元方法研究主应力 σ_1、σ_2 与切应力 τ 之间的关系。

9.1.3 深孔法的特点

深孔法可以测量构件沿厚度方向残余应力的分布情况，进而掌握大型结构件内部残余应力的完整规律。虽然目前深孔法还没有制定检测标准，但已在一些重要场合得到应用，这是由于它具有的独特优势决定的：

① 测量深度大　我们知道，除了完全破坏的（逐层剥离法、全释放法）残余应力检测技术外，只有无损检测的中子衍射法可以测量厚度方向的残余应力。但是中子法的测量厚度受材料限制，例如对于钢材一般在 40mm 左右，无法测试大厚度材料。深孔法测量金属材料残余应力的厚度范围是几十毫米至数百毫米，对于普通钢材，目前检测手段的测量深度可达 200mm。

② 适用范围广　深孔法能测量任意深度位置的应力值，而且不受内部组织结构的限制。对于沿厚度方向存在明显应力梯度的构件，深度法也能够胜任。

③ 破坏程度较小　一般情况下，深孔法仅需要去除直径 10mm 左右的材料，并未对所测构件进行完全破坏，尚能基本保证结构材料的整体性。

④ 操作工艺相对简单、耗时短　深孔法不需要对构件进行前期处理，不需要做标定试验，也不需要实施步骤烦琐、占用时间较长的应变计粘贴操作。

⑤ 检测精度较高　深孔法的测试精度可以达到 10MPa。但是，对于机加性能差的金属（例如钛合金材料），需要采用特别加工手段才能保证测量精度。此外，在测量高应力场中的残余应力时，由于套孔的表面塑性变形对参考孔边缘产生影响，会使近表面 1mm 区域内的测量精度下降，此时需要通过在表面粘贴附加钢板等措施限制变形以保证测量精度。

⑥ 测量成本较低　深孔法所用的设备相对比较普通、简单，测量费用远低于包括中子衍射法在内的其他几种三维残余应力测试方法。

深孔法也存在局限性：

① 不能测量表面残余应力　在制作参考孔时，任何加工方法都会在表面的孔边沿产生不规则边界，打磨、抛光又会使其变成圆弧角，造成孔径测量尺寸的不确定性。因此，如要获得表面残余应力值，需要合并使用其他应力测试方法。

② 对参考孔的加工精度要求高　套孔应力释放引起的参考孔直径变化一般在几十微米数量级，因此孔壁的粗糙度只有低于 1.6μm 才能基本满足测试要求。深孔法检测的准确性严重依赖于参考孔的加工和孔径的测量。

③ 对各向异性材料的测量准确度不够　虽然深孔法可以用于各向异性复合材料的残余应力测试，但是目前计算理论尚不完善，检测结果的可靠性还需要进一步研究。

9.2 深孔法的检测方法与检测设备

9.2.1 深孔法的检测工艺

采用深孔法测量材料内部残余应力的四个基本步骤是制作参考孔、测量参考孔初始直径、套孔、测量参考孔最终直径，如图 9-1 所示。

(1) 制作参考孔

制作参考孔是深孔法检测工艺的第一步，它是利用制孔工具获取一定直径的参考孔。为防止制孔过程中出现喇叭孔，应预先在上下表面粘贴衬板（见图 9-1），并利用夹具使其紧密贴合。在接近上下表面制孔（特别是钻孔）时，需适当减缓进给速度，以防止出现坡口和毛边。

根据被检测对象厚度不同，制作参考孔有三种方法。第一是直接钻孔，因为长钻头较难制作，所以直接钻孔法适用于较薄的工件。第二是钻孔+铰孔，即先用钻具钻一个直径稍小于参考孔的孔，再用铰削方法对孔壁进行二次加工，这种方法的优点是孔壁的光洁度较高，有利于保证测量精度。同样由于钻头的原因，钻孔+铰孔的方法也不适用于太厚的工件。

因为深孔法的测试对象大多是较厚的工件，所以使用最多的是第三种方法，即穿孔+线切割+铰孔。以制作直径 3mm 参考孔为例，首先用电火花穿孔机加工一个直径约 1mm 的通孔；然后将线切割机的钼丝穿过通孔，并环绕参考孔中心轴切取直径为 2.7mm 的同心圆孔；最后再用直径 3mm 的铰刀将 2.7mm 的孔扩成 3mm 参考孔。这种方法的优点是，线切割产生的熔凝层厚度仅有 10μm 左右，而之后 150μm 的铰削量又将线切割产生的应力层去除掉，且不会引入较大铰削加工应力。

穿孔是为了线切割穿丝做准备。在穿孔前，先将待测工件安放在穿孔机加工台上，并用压板或 T 形螺钉固定，固定时须注意调整工件待测位置与穿孔机主轴的相对位置，并保证与工件表面垂直。对于形状复杂的工件，可事先选择一个面进行平面加工，并作为后续加工和测量的基准面。选择适合的穿孔机电火花电极，对于普通钢一般用黄铜电极，硬质合金或有色金属用紫铜电极；电极的长度应保证能够穿透工件厚度。选择适宜的穿孔机工作参数（如脉冲频率和电流）。在对工件的自动进给穿孔过程中，要注意观察穿孔机指示表显示，如果数字跳动厉害，说明电流过大，容易烧蚀金属，可通过改为手动进给操作加以缓解。

穿孔完成后，再进行线切割加工。线切割是制作直径略小于参考孔的通孔而为铰孔做准备。为了给后续铰孔预留 0.15mm 加工余量，线切割需加工出直径大约 2.7mm 的孔。穿孔与线切割孔为环套内切关系。因为铰孔要将线切割孔的边缘去除掉，所以对线切割的加工工艺要求不高。

铰孔是制作参考孔的最后工序，也是关键一步，直接决定着测试结果的准确度和精度。铰孔刀具以钨钢铰刀为主，一般有螺旋铰刀和直纹铰刀，不同材料可能采用不同的铰刀以获得更好的表面光洁度。铰孔应最大限度地与线切割孔保持同心，确保将线切割产生的熔凝层完全去掉。

参考孔在测试中起着类似于应变计的作用，是读取位移场的载体，所以它的加工质量至关重要。参考孔制作完后，需先对表面孔边缘去除毛刺，再用压缩空气、去油清洗剂或棉布线对孔壁上的油污与碎屑进行清理。

(2) 测量参考孔初始直径

测量参考孔初始孔径是深孔法检测工艺的第二步，它是利用孔径测量仪测量参考孔不同深度截面上不同角度位置的直径，并记为 $d_0(z_i, \theta_n)$。其中，z_i 代表第 i 个深度，θ_n 代表该深度上的第 n 个角度。

孔径测量仪是一种将测头插入孔内、通过测头与孔壁的接触测量直径的仪器。在进行内径测量前，需要用已知直径的校准环规（如图 9-3 所示）对孔径测量仪进行校准。校准时将孔径测量仪插入校准环规，根据环规的标称尺寸设置测量仪的显示值或将显示值设置为零。如果设置为零，则在实际测量时读取的将是参考孔直径与校准环规直径之间的偏差值。

在用测量仪进行校准或测量参考孔内径时，为了使测头与孔壁接触稳定，确保测量准确，通常将测量仪固定在测量台架上，如图 9-4 所示。台架不仅起导向对中作用，还能保证测量的一致性。

图 9-3 校准环规

图 9-4 台架式测量系统

测量仪对参考孔直径变化的测量就相当于用应变计测量释放应变，其测量结果直接关系到残余应力值的大小。因此，对于孔径测量仪的使用须十分仔细，最大限度地消除人为操作误差。

（3）套孔

套孔是深孔法检测工艺的第三步，它是利用套孔工具（如成型机、线切割机等）沿轴向或环向蚀除金属，套取具有一定直径的、与参考孔同轴的圆柱体。

套孔的目的是释放应力。均匀应力场中参考孔与套孔的最佳匹配直径是 1.5mm-5mm，3mm-10mm，5mm-15mm，能够最大限度地使圆柱体内的残余应力完全释放并方便测量。

为了避免因套孔使材料产生过大塑性变形而导致检测精度降低，选择合适的套孔工艺十分重要。目前，国外主要采用轴向套孔工艺，而我国主要采用环向套孔工艺。图 9-5 以 3mm-10mm 参考孔-套孔直径为例，展示了两种加工工艺的差异。从图可见，两者的主要差别是蚀除材料的方向不同，轴向加工分别采用直径 3mm、10mm 成型电极一次完成参考孔、套孔的制作；而环向加工采用“穿孔＋线切割＋铰孔”制作参考孔，采用“穿孔＋线切割”进行套孔（穿孔和线切割方法与制作参考孔时完全相同）。相比较而言，虽然环向加工步骤较多，但所用设备简单，测量精度更高。

针对两种不同的套孔工艺，研究表明，当工件中应力不超过 $0.5R_{p0.2}$ 时，两种套孔的应力测量结果均与实际吻合较好；但当应力较大，特别是超过 $0.6R_{p0.2}$ 后，环向套孔的测量结果更接近实际值。不仅如此，研究还发现，当应力较大时，轴向套孔测量值偏离实际应力的现象，主要发生在套孔加工一半工件厚度之后，这是因为轴向套孔时电极下方区域不断发生塑性累积，使应力沿深度方向逐渐“松弛”；而环向套孔同时蚀除整个厚度截面，对沿厚度方向分布的应力释放的影响是均匀的，所以在整个深度上的测量都较准确。由此可见，环向套孔检测精度更高主要表现在高应力工件时轴向套孔后半程加工的检测方面。

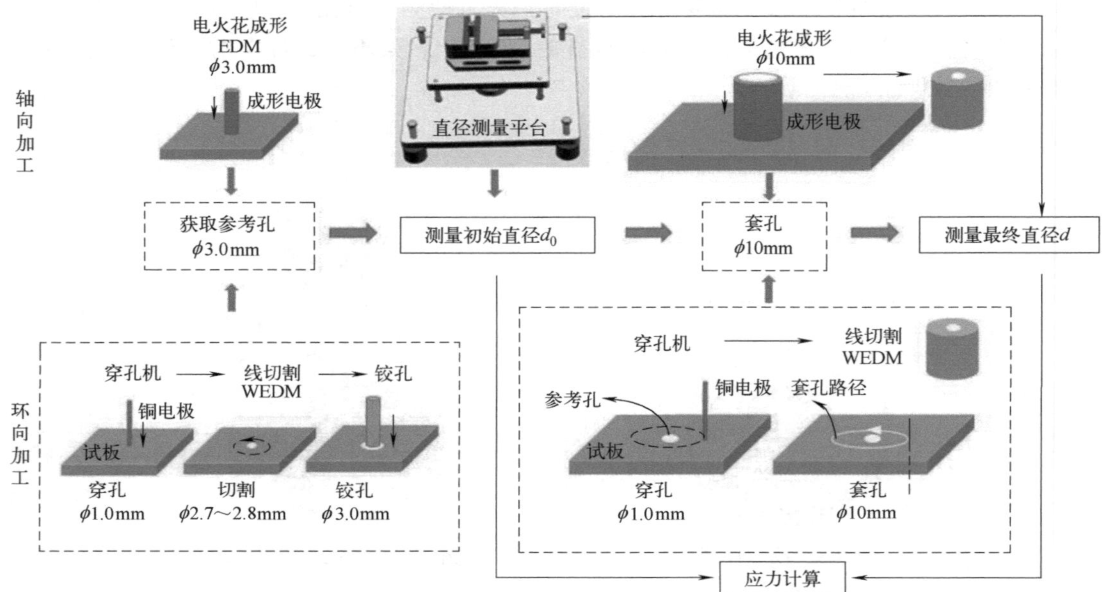

图 9-5　轴向加工与环向加工的工艺对比

其实，无论是环向套孔还是轴向套孔，在高应力场下，如果采用图 9-6 所示的分步套孔方式，都将有利于提高测量精度。如图 9-7 所示是对 30mm 厚 Q345 淬火钢板的深孔法残余应力仿真计算结果，Q345 淬火钢的屈服强度 $R_{p0.2}$ 为 350MPa，淬火后高应力（$\geqslant 0.6R_{p0.2}$）分布在钢板表层和中心区域。图（a）和图（b）分别给出了在环向和轴向套孔工艺下，分步套孔与直接套孔时应力沿板厚方向的分布曲线。图中，Initial 代表淬火后初始残余应力；$D_3=40$、$D_2=30$、$D_1=20$ 曲线分别代表先套取直径 40mm、30mm、20mm 的圆柱体，再套取直径 10mm 的圆柱体；$D_0=10$ 曲线代表直接套取直径 10mm 的圆柱体。参考孔的直径均为 3mm。从图可以看出，首次套孔直径为 40mm、30mm、20mm 时，无论采用环向还是轴向套孔工艺，分步套孔的测量结果在钢板中心和表层高应力区均与初始淬火应力比较接近，至少比直接套取直径 10mm 圆柱的测量结果更准确。

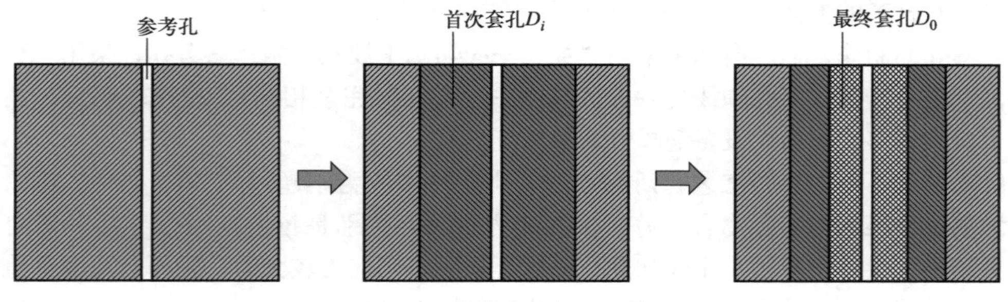

图 9-6　分步套孔加工工艺

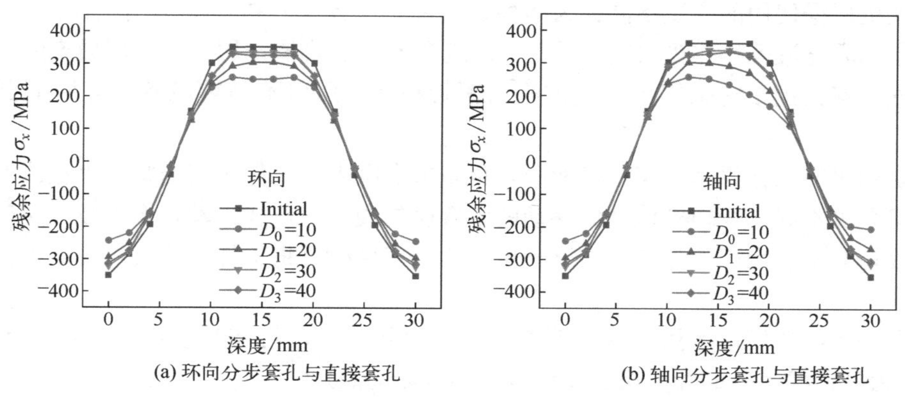

(a) 环向分步套孔与直接套孔　(b) 轴向分步套孔与直接套孔

图 9-7　不同深度位置残余应力沿水平分布

对于分步套孔时的首次套孔直径选择，需要依据具体工件中的残余应力场进行预测。一般地，首次套孔直径对于残余应力释放量的贡献为 50%左右是适宜的，超过 85%的原始残余应力释放将会引起孔边塑性变形，导致检测精度下降，而过小的应力释放量不仅不会提高精度，还会增加测量成本。

综上，采用深孔法测量三维残余应力时，环向套孔是首选的套孔工艺；而对于高应力工件，采用分步套孔可以提高应力测量精度。

(4) 测量参考孔最终直径

测量参考孔最终孔径是深孔法检测工艺的第四步，它是利用孔径测量仪再次测量与步骤 (2) 中相同位置和相同角度的参考孔直径，并记为 $d(z_i, \theta_n)$。参考孔最终直径的测量方法与初始直径完全相同。

9.2.2 深孔法的主要设备

采用深孔法检测残余应力使用的主要设备有参考孔加工设备、套孔加工设备和孔径测量仪三种。

(1) 参考孔加工设备

按照参考孔的成型工艺，它可以通过直接钻孔、钻孔+铰孔或穿孔+线切割+铰孔的方式制作而成。如果是直接钻孔，需要使用特殊的钻孔机床和特制的钻头，才能保证孔壁的加工质量以及不在孔壁表面产生塑性变形和应力集中，这种设备的价格较贵，成本较高；如果是钻孔+铰孔，虽然对钻孔设备的要求不如直接钻孔高，但当工件较厚时，配制小直径（比直接钻孔的钻头直径更小）长钻头比较困难，且在钻孔过程中钻头极易折断。所以，实际中更多采用的是穿孔+线切割+铰孔的加工方法。采用这种方法使用的主要设备是穿孔机、线切割机和铣床。

穿孔机也称电火花打孔机，它的工作原理是利用连续上下垂直运动的细铜管作为电极，对工件进行脉冲火花放电，依靠电极与工件间产生的高温蚀除金属，达到穿孔的目的。与电火花线切割机、成型机不同，穿孔机的电极是空心铜管，介质从铜管中间的细孔穿过，起冷却和排屑作用。穿孔机可对任何导电金属加工细孔，最小加工孔径可达 0.15mm。穿孔机一般用作电火花线切割机床的配套设备，如制作线切割加工的穿丝孔等。

穿孔机根据使用的介质不同分为两种，一种是液体穿孔机，即采用工作液（如煤油、去离子水和乳化液等）作为放电介质，同时起着冷却、排屑作用，是应用最广的一种；另一种是气体穿孔机，它采用压缩气体吹入铜管小孔，所以不易被堵塞，可加工更精密的小孔。

线切割机的工作原理与穿孔机相同，也是依靠电极与工件之间的脉冲火花放电蚀除金属。与穿孔机不同，线切割机利用移动的细金属导线（铜丝或钼丝）作电极，对工件进行切割。线切割机采用工作液作为放电介质，切割工件时可将工件整体放入浸满工作液的槽子中。

铰孔并不需要使用专用设备，普通铣床配以铰刀，就可实现铰削孔壁的目的。如图 9-8 所示为制作参考孔的穿孔机、线切割机和铣床的照片。

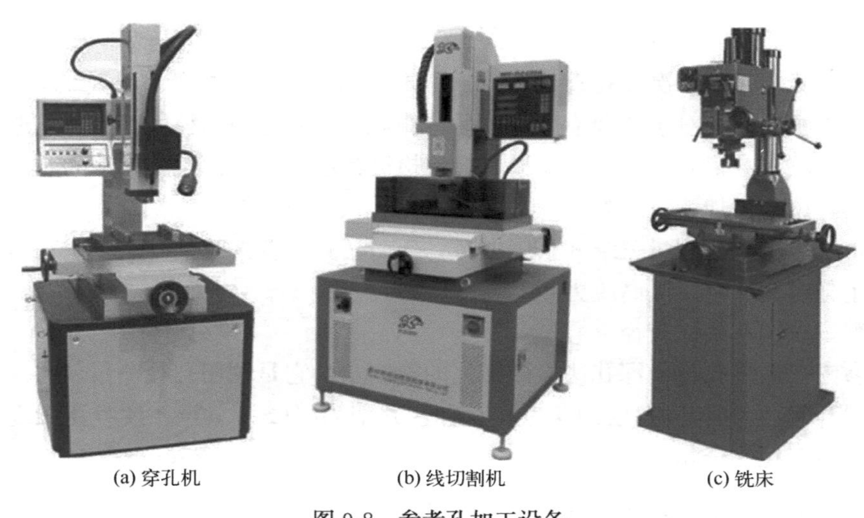

(a) 穿孔机　　(b) 线切割机　　(c) 铣床

图 9-8　参考孔加工设备

(2) 套孔加工设备

套孔加工设备一般为穿孔机和线切割机。制作套孔时，先在工件上套孔直径处穿孔，再沿套孔圆周进行环向线切割。可见，套孔加工设备与参考孔完全相同，不需要另外的设备。

(3) 孔径测量仪

机械式内径测量仪由仪器体身和测表两部分组成，如图 9-9 所示。机械式内径测量仪的工作原理与塞规类似，测头为两瓣体结构，测量时两个测头与参考孔内壁接触，并随孔径变化而伸缩。测针端部与测头连接处具有一定椎角，它将测头的径向伸缩转化为测针的轴向运动，并以 1∶1 的比例通过触点传递给测表。测表可以选择电子数字显示（简称数显）式万分表，也可以选择指针式万分表，测量精度可达 0.1μm。

孔径测量仪的测头由碳钢或硬质合金制作，使用时需要根据不同被测工件的材质软硬情况进行选择，选择原则是与被测材料的硬度差异越小越好，这样可以减小与被测工件之间的互相磨损或划伤。孔径测量仪的手柄由隔热材料制作，可防止温度变化对测量的影响。

在使用一段时间后，测头和测针可能会受到参考孔内灰尘或其他微粒物的污染而动作

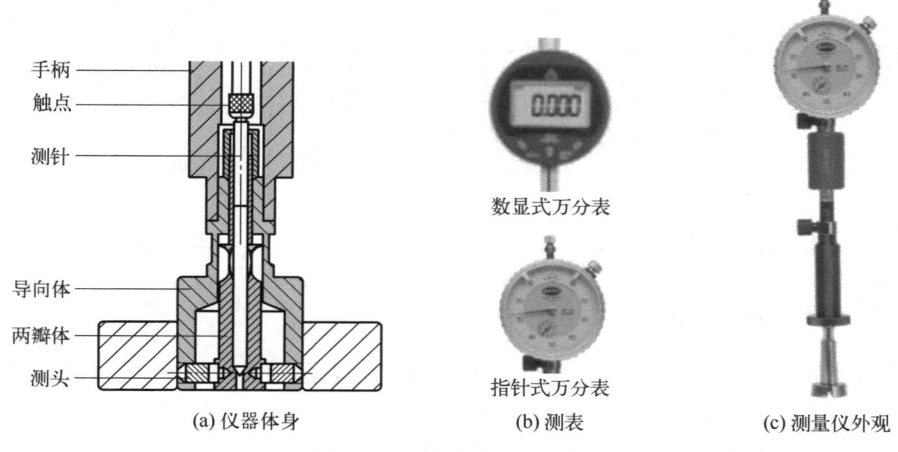

(a) 仪器体身　(b) 测表　(c) 测量仪外观

图 9-9　两瓣式孔径测试仪

不畅，影响测试精度。因此，孔径测量仪的测头和测针需要经常进行清洗，具体清洗操作方法是：拧下两瓣式测头，拔出测针，将测针和弹性体放入装有清洗液（如丙酮）的容器，反复摇动测针和弹性体以去除油脂和颗粒物；清洗后，让测针和弹性体在空气中风干或用吹风机吹干；在回装测针时，可在测针的椎头涂上凡士林，使其在测头内活动自如。如果测量环境潮湿，还可在易生锈部件上涂抹防锈剂。

在多次测量之后，测针的椎头和测头的测点会出现磨损，尤其在选择的测头比被测材料软时更易发生。测针和测头的磨损往往很难被肉眼直接观测到，所以对测头和测针的认真检查以及发生磨损及时更换，是孔径测量仪维护保养工作的重要内容。

9.3　深孔法的数据处理和应力计算

9.3.1　参考孔内径测量数据的处理

测量参考孔直径就是测量释放应变（位移），由此获得的数据是计算残余应力的基础。可以说，获得准确的孔径测量值是深孔法测量残余应力准确与否的关键因素。以普通钢铁结构为例，如果参考孔直径为 3.0mm，当孔径测量精度达到 0.5μm 时，可获得不超过 10MPa 的应力测量精度。为了保证孔径测量数据的准确、有效，在测试操作无误的情况下，对一个位置、一个角度的内径测量应重复三次，取三次测量结果的平均值。如若出现明显的数值波动情况，须增加测量次数。对于按照数据统计超差的数据可以舍弃，但应分析原因，防止同类情况反复发生。对于超厚工件，孔径测量会受到很多因素影响，对于无法达到预期测量精度的位置测点，可放弃测量并做标注，必要时可对工件进行解剖，分析测量误差来源。以上原则既适用于套孔前、也适用于套孔后的参考孔直径测量。

以下举例说明对参考孔直径测量数据的处理方法。被测构件的厚度为 18mm，每隔 2mm 深度在一个角度方向上对参考孔直径进行三次测量，测量数据参见表 9-1。在表中，所有数值均在 0.01μm（百分之一微米）位上采取了四舍五入进位处理；数值波动较大的数据被舍弃并进行补测；取三次有效测量结果的平均值。

表 9-1 参考孔直径测量数据处理（示例）

测试位置/mm	一次测量	二次测量	三次测量	补测	平均
2	3.0121	3.0121	~~3.0141~~	3.0118	3.0120
4	3.0118	3.0119	3.0119		3.0118
12	3.0117	3.0118	3.0118		3.0118
14	3.0121	3.0124	~~3.0127~~	3.0125	3.0123
16	3.0124	3.0124	3.0121		3.0123
18	3.0118	~~3.0124~~	3.0119	3.0119	3.0119

9.3.2 残余应力的计算

在获得套孔前和套孔后的参考孔直径数值后，可依据公式（9-10）计算出相应位置和角度的径向应变，再利用式（9-7）～式（9-9）即可计算出正应力和切应力。如果计算得到的切应力为零或接近为零，则获得的正应力即为主应力。

当参考孔直径的测量角度 $\theta_1=0°$、$\theta_2=45°$、$\theta_3=90°$时，由式（9-8）有：

$$\boldsymbol{M}=\begin{pmatrix} 3 & -1 & 0 \\ 1 & 1 & 4 \\ -1 & 3 & 0 \end{pmatrix}$$

再根据式（9-9）得到：

$$\begin{pmatrix} \sigma_x \\ \sigma_y \\ \tau_{xy} \end{pmatrix}=-\boldsymbol{EM}^*\begin{pmatrix} \bar{\varepsilon}_{r0} \\ \bar{\varepsilon}_{r45} \\ \bar{\varepsilon}_{r90} \end{pmatrix}=\begin{pmatrix} 0.375 & 0 & 0.125 \\ 0.125 & 0 & 0.375 \\ -0.125 & 0.25 & -0.125 \end{pmatrix}\begin{pmatrix} \varepsilon_0 \\ \varepsilon_{45} \\ \varepsilon_{90} \end{pmatrix}$$

则有

$$\left.\begin{aligned} \sigma_x &= -E(0.375\varepsilon_0+0.125\varepsilon_{90}) \\ \sigma_y &= -E(0.125\varepsilon_0+0.375\varepsilon_{90}) \\ \tau_{xy} &= -E(-0.125\varepsilon_0+0.25\varepsilon_{45}+0.125\varepsilon_{90}) \end{aligned}\right\} \tag{9-12}$$

当只需要计算主应力方向的应力（比如测量焊缝的残余应力）时，可令 $\varepsilon_0=\varepsilon_x$、$\varepsilon_{90}=\varepsilon_y$，则由式（9-12）有：

$$\left.\begin{aligned} \sigma_x &= -E(0.375\varepsilon_x+0.125\varepsilon_y) \\ \sigma_y &= -E(0.375\varepsilon_y+0.125\varepsilon_x) \end{aligned}\right\} \tag{9-13}$$

其中

$$\left.\begin{aligned} \varepsilon_x &= \frac{d_x-d_{x0}}{d_{x0}} \\ \varepsilon_y &= \frac{d_y-d_{y0}}{d_{y0}} \end{aligned}\right\} \tag{9-14}$$

式（9-14）中，d_{x0}、d_{y0} 分别是 x、y 方向的参考孔初始直径，d_x、d_y 分别是套孔后的参考孔最终直径。

式（9-13）和式（9-14）是采用深孔法测试两个主应力（比如焊缝的纵向应力 σ_x 和横向应力 σ_y）的简化公式，可以看出，对于弹性模量 E 已知的构件材料，残余应力只与参考孔直径的测量值有关，孔径的测量精度就决定了残余应力的测量精度。

9.3.3 检测结果的主要影响因素

如前所述，采用深孔法测试残余应力时，参考孔直径测量的准确性直接对检测结果产生影响。虽然材料弹性模量 E、泊松比 ν 等其他一些因素也对测量结果产生影响（如弹性模量数值偏差可能引起 5%的应力计算误差），但最大的误差来源于参考孔的测量。影响参考孔直径测量准确性的因素是多重的，它们包括参考孔的加工质量、对初始直径和最终直径两次测量的角度偏差、测量设备精度及稳定性（统计表明测头不稳定引起的误差最大可达 4.6%）等。以下借鉴已有的仿真计算成果，介绍一些影响参考孔直径测量的要素及影响大小。

（1）孔壁粗糙度的影响

在深孔法测量中，之所以采用精度高达 0.1μm 的测量仪器，就是要最大限度捕捉材料在参考孔壁处释放出的应变（位移）值，而孔壁的光洁度直接关系着测量数据的可靠性和稳定性。目前，参考孔的主要制作方法是穿孔＋铰孔，而铰孔是决定孔壁表面粗糙度的最终因素。研究表明，孔壁的粗糙度不仅与铰孔时采用的工艺参数（如铰刀转速、进给量等）有关，还与工件材料的加工性能密切相关。

表 9-2 列出了几种常见材料在 Φ3.0mm 铰孔加工后测得的表面粗糙度情况。从测试结果可知，铝合金材料在铰孔的始端和末端（即工件的上、下部区域）产生的粗糙度较大，中部区域较小，这与铝合金材料较软、碎屑容易在两端的孔壁形成刮擦有关。碳钢材料的铰孔粗糙度普遍偏大，而且数值不稳定。粉末高温合金和两种热处理后的镍基高温合金材料在整个铰孔深度范围，孔壁粗糙度均较小且分布均匀。

表 9-2 不同材料孔壁粗糙度测试结果 单位：μm

材料	测点 1	测点 2	测点 3	测点 4	测点 5
2 系铝合金	1.3137	0.8891	0.4612	0.4871	1.2661
6 系铝合金	1.8968	0.9486	0.3714	0.4794	0.9137
碳钢	3.3024	4.5810	5.3430	0.6766	0.4433
粉末高温合金	0.3749	0.3256	0.3561		
GH4169-980℃EFC	0.3846	0.3653	0.4658		
GH4169-980℃WC	0.3808	0.3406	0.3987		

如果用标准差

$$s=\sqrt{\frac{1}{N}\sum_{i=1}^{N}(x_i-\bar{x})} \tag{9-15}$$

描述各种材料粗糙度值随铰孔深度的离散程度，就得到图 9-10 中的各条曲线。式（9-15）中，N 为每个测量位置的粗糙度测试次数，x_i 为粗糙度测试值，$\bar{x}$ 为该位置测试值的平均值。从分布情况看，高温合金材料的孔壁粗糙度波动性最小，均在 0.5μm 以内，铝合金材料次之，碳钢最差、最易产生测量误差。

（2）测量角度偏差的影响

深孔法测量角度偏差包括两种情况，一是测量方向与主应力方向的角度偏差，二是两次孔径测量的角度偏差。

1）测量方向与主应力方向的角度偏差

在深孔法测量中，如果能够根据被测对象的特点事先判断出主应力方向，则仅需测量两个主方向上的孔径变化即可得到主应力大小，使得测量和计算大大简化。这是实际深孔法检测中经常采用的方法。但在测量参考孔直径时，如果测量方向与实际的主应力方向存在角度偏差量，就会给检测带来误差。在图 9-11 中，测 θ_1、测 θ_2 为测量方向，σ_1、σ_2 为实际主应力方向，$\Delta\theta$ 是测量方向与实际主应力方向之间的偏差角度。

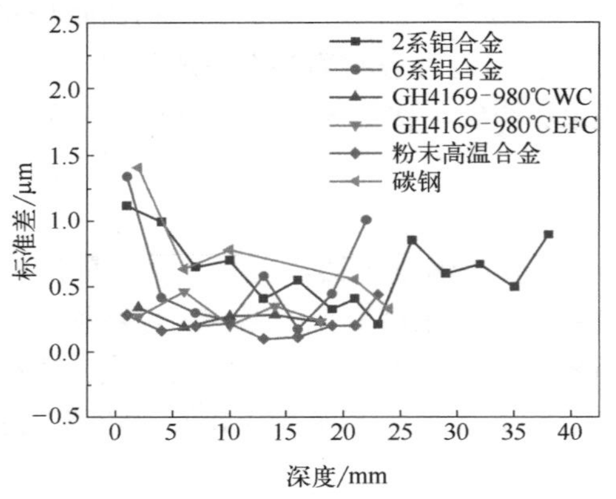

图 9-10　几种材料的参考孔径测量数据标准差

图 9-11　测量方向与主应力方向角度偏差

图 9-12 给出了$\Delta\theta=0°\sim18°$范围时引起的测量误差规律。图 9-12 表明，测量误差与应力大小、测量偏角都有关系。图（a）表示，当材料中应力较小（$<0.6R_{p0.2}$）时，虽然不同角度偏差引起的检测误差不同，但并不随应力大小而变化；当材料中应力较大（$>0.6R_{p0.2}$）时，在应力和角度偏差的共同作用下，检测误差明显增大，且应力越大引起的误差越大。图（b）表示，当材料中的应力一定时，随着测量角度偏差的加大，检测误差快速增加，其中，当材料中的应力在 $0.1\sim0.6R_{p0.2}$ 范围时，引起的相对误差 U 与测量偏角$\Delta\theta$ 之间的关系可用一个二阶函数式表示：

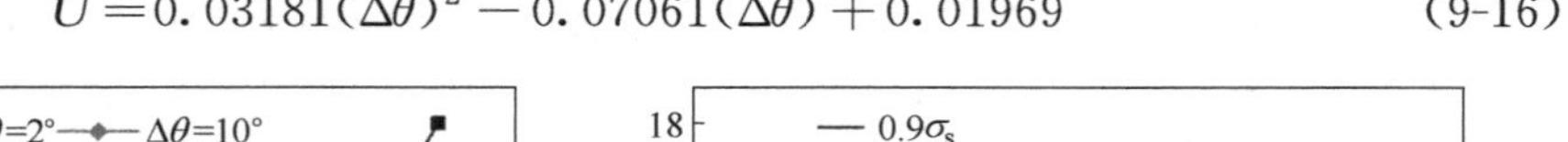

$$U=0.03181(\Delta\theta)^2-0.07061(\Delta\theta)+0.01969 \tag{9-16}$$

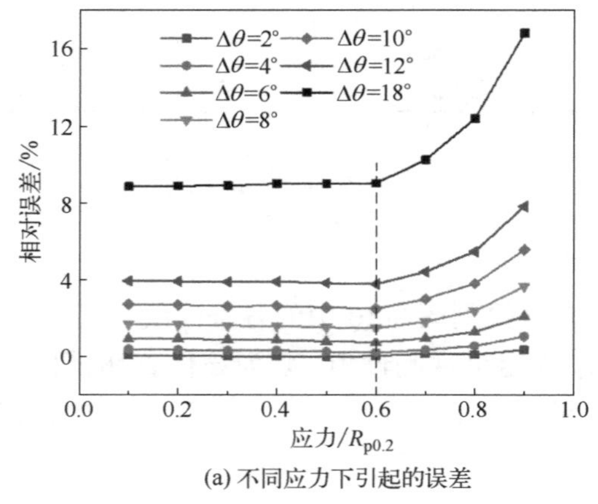

(a) 不同应力下引起的误差

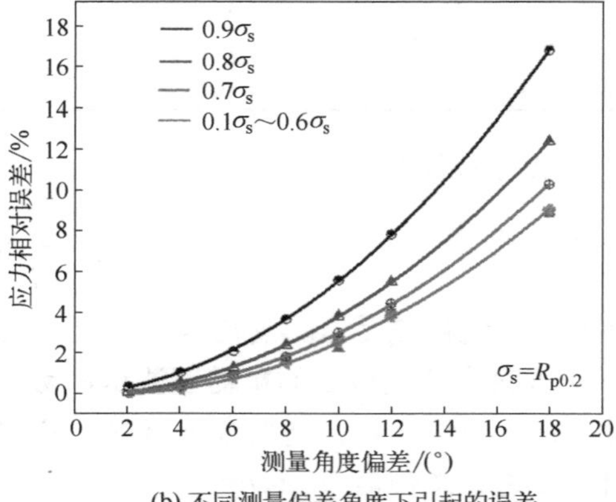

(b) 不同测量偏差角度下引起的误差

图 9-12　测量方向角度偏差引起的误差

2）两次孔径测量的角度偏差

两次孔径测量的角度偏差是指在同一位置测量初值直径与最终直径的角度差异。如图

9-13 所示，假设套孔前测量参考孔初始直径的方向 θ_1、θ_2 与实际主应力方向一致，套孔后测量参考孔最终直径的方向 θ_1'、θ_2'与套孔前不同，两者的差异必然会带来测量误差。图 9-14 给出了角度偏差引入误差的情况。从图可见，两次测量的角度偏差越大、材料中的残余应力越大，对结果的影响越显著。当两次测量角度偏差不超过 6°时，测量结果相对误差小于 1%；当测量角度偏差达到 12°时，测量结果相对误差最大可达 2%。因此，在测量中应将测量角度偏差尽量控制在 6°范围内。

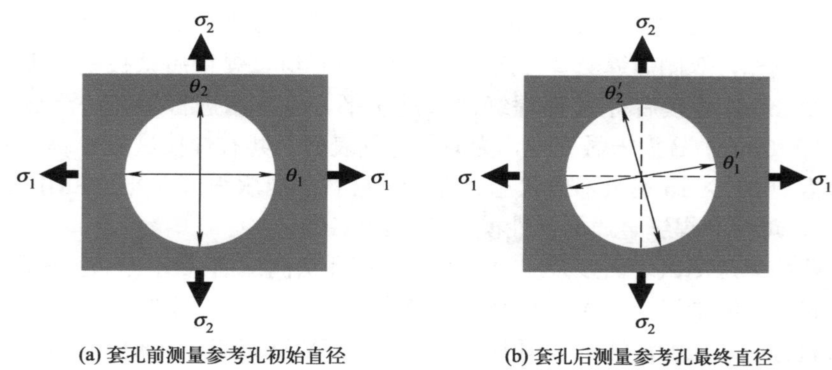

图 9-13　两次测量的角度偏差

（3）厚度方向应力的影响

由于深孔法测量沿工件厚度方向分布的残余应力 σ_z 比较复杂，所以我们曾假设 $\sigma_z=0$，只讨论工件中不同深度处的二维应力分布情况。在 9.1.2 和 9.3.2 中也是基于这一假设来计算残余应力的大小的。然而在实际中，完全满足这一条件的厚工件对象是不存在的，都会在内部或多或少地存在厚度方向的残余应力，进而在泊松相互作用下对平面应力的测量产生影响。

如图 9-15 所示是通过仿真计算得到的 z 向应力引起 Q345 低合金钢测量误差的情况。从图中可以看出，当存在 z 向拉应力时，对 x 向应力测量结果的影响较小，相对误差小于 3%；但当存在 z 向压应力时，影响较大，而且随应力的增加而增加：在 z 向压应力达到 140MPa 时，对 $\sigma_x=200$MPa 产生 5%的测量误差，对 $\sigma_x=280$MPa 产生接近 20%的测量误差，影响是不可忽视的。

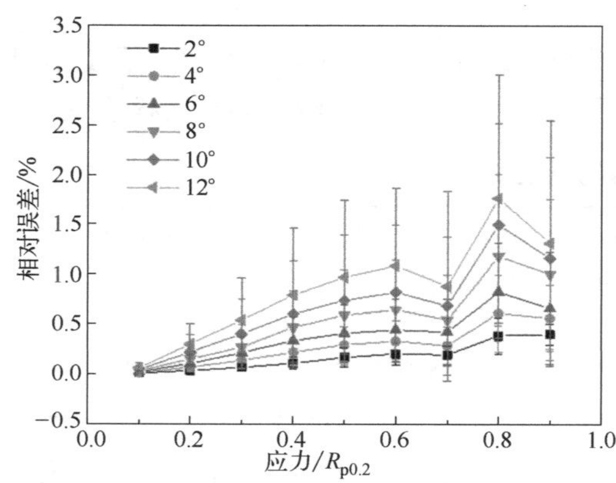

图 9-14　两次测量孔径的角度偏差引起的误差

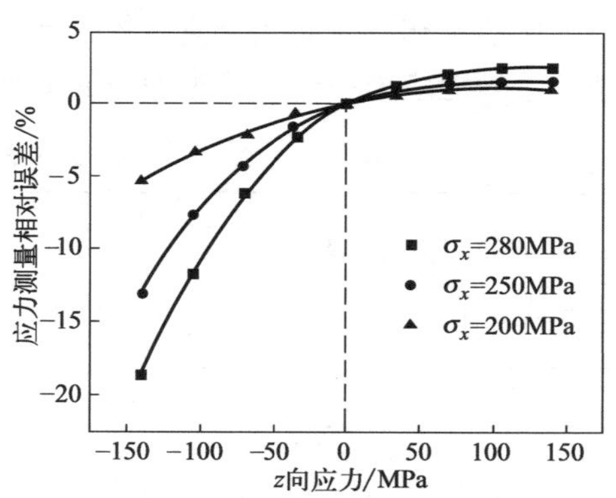

图 9-15　σ_z 对应力测量结果的影响

9.4 深孔法的典型应用

(1) 热处理前后焊缝的残余应力检测

1) 试验材料和试验条件

焊接试板是规格为 300mm×100mm×35mm 的 Q345 低合金结构钢，坡口形状为 X 形，角度为 45°。坡口加工后随试板进行消应退火，然后再进行焊接。焊接工艺为氩弧焊打底，气保焊填充，双侧焊缝交替焊接，焊道均为 10 道，焊接后试板基本无变形，焊缝最大宽度为 25mm。焊接后将 A 面焊缝的余高铣平，以方便进行深孔法测试，铣去高度大约为 0.5～1.0mm；B 面未做处理，为原始焊缝表面。共有焊接试板 2 块，一块为焊后状态，一块为 700℃×4h 退火消应状态。焊缝区材料的屈服强度 σ_s=508MPa，抗拉强度 σ_b=605MPa，母材和焊缝金属的弹性模量 E=210GPa。

因为深孔法无法测试表面残余应力，所以在深孔法测试前采用压痕法测试表面残余应力，测试位置在焊缝轴线上，A 面和 B 面焊缝各测试一点，如图 9-16 所示。压痕法测试前对表面略做打磨。压痕法测试采用 BA120-1BA-ZKY 型应变片，KJS-3 型应力测试仪。

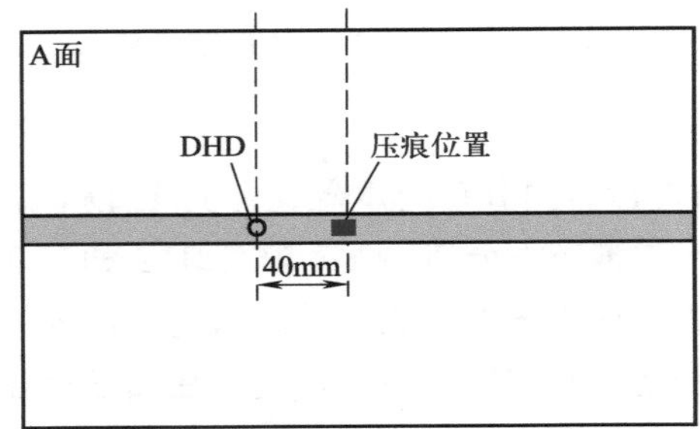

图 9-16 残余应力测量位置示意图

深孔法对焊后及退火后焊缝的测试位置均为距离压痕测点 40mm 处。深孔法的参考孔直径为 3mm，套孔直径为 12mm，加工采用环向套孔方式。参考孔直径测量方向为 θ_x=0°平行焊缝方向、θ_y=90°垂直焊缝方向。孔径测量采用德国 DIATEST 型两瓣式内径测量仪，测表采用瑞士 SYLVAC 数显万分表，分辨率为 0.1μm。

2) 试验结果与分析

压痕法测试表面残余应力的结果见表 9-3。从测试结果可以看出，A 面由于经过铣削加工，焊缝应力小于未经过加工的 B 面应力，而退火处理后的焊缝应力亦有同样表现。

表 9-3 焊缝表面残余应力

测试位置	焊接后	热处理后
	σ_x/σ_y/MPa	σ_x/σ_y/MPa
A 面	248/73	23/17
B 面	325/81	46/27

深孔法测试内部残余应力的结果见表 9-4 和表 9-5。其中，表 9-4 是焊后原始态和热处理态测得的参考孔直径，表 9-5 是根据参考孔直径变化，计算得到的应变和应力。

表 9-4 参考孔直径测量结果

距A面 /mm	焊后原始态				距A面 /mm	焊后热处理			
	$d_0(x)$ /mm	$d_0(y)$ /mm	$d(x)$ /mm	$d(y)$ /mm		$d_0(x)$ /mm	$d_0(y)$ /mm	$d(x)$ /mm	$d(y)$ /mm
2	3.0140	3.0139	3.0050	3.0137	2	3.0123	3.0127	3.0117	3.0131
4	3.0152	3.0137	3.0020	3.0100	4	3.0117	3.0116	3.0107	3.0109
6	3.0154	3.0145	3.0017	3.0094	6	3.0115	3.0117	3.0096	3.0097
8	3.0122	3.0124	2.9975	3.0070	8	3.0120	3.0114	3.0105	3.0117
10	3.0122	3.0121	2.9975	3.0081	10	3.0123	3.0121	3.0113	3.0103
12	3.0121	3.0121	2.9976	3.0106	12	3.0118	3.0116	3.0115	3.0115
14	3.0124	3.0124	2.9978	3.0144	14	3.0125	3.0121	3.0118	3.0115
16	3.0126	3.0120	3.0011	3.0190	16	3.0122	3.0118	3.0111	3.0112
18	3.0123	3.0120	3.0018	3.0217	18	3.0121	3.0120	3.0115	3.0111
20	3.0118	3.0112	3.0013	3.0205	20	3.0120	3.0119	3.0110	3.0097
21.5	3.0118	3.0090	2.9974	3.0099	23.5	3.0111	3.0115	3.0101	3.0101
23.5	3.0113	3.0097	2.9961	3.0085	25.5	3.0110	3.0114	3.0099	3.0096
25.5	3.0113	3.0101	2.9960	3.0058	27.5	3.0103	3.0106	3.0098	3.0089
27.5	3.0112	3.0114	2.9965	3.0049	29.5	3.0093	3.0108	3.0090	3.0091
29.5	3.0098	3.0113	2.9973	3.0040	31.5	3.0091	3.0121	3.0078	3.0096
31.5	3.0091	3.0120	2.9968	3.0051	33.5	3.0084	3.0084	3.0074	3.0078
33.5	3.0090	3.0117	2.9965	3.0065					
34.5	3.0090	3.0117	2.9978	3.0120					

表 9-5 焊缝沿厚度方向分布的应变和应力

距A面 /mm	焊后原始态				距A面 /mm	焊后热处理			
	ε_x	ε_y	σ_x/MPa	σ_y/MPa		ε_x	ε_y	σ_x/MPa	σ_y/MPa
2	−2987	−66	237	84	2	−199	119	13	−4
4	−4386	−1234	378	212	4	−320	−220	31	26
6	−4533	−1698	402	253	6	−639	−679	68	70
8	−4867	−1806	431	270	8	−520	86	39	7
10	−4874	−1339	419	233	10	−338	−593	42	56
12	−4827	−495	393	166	12	−118	−25	10	5
14	−4853	671	365	75	14	−220	−196	22	21
16	−3841	2332	241	−83	16	−372	−210	35	26
18	−3489	3199	191	−160	18	−183	−304	22	29

续表

距A面/mm	焊后原始态				距A面/mm	焊后热处理			
	ε_x	ε_y	σ_x/MPa	σ_y/MPa		ε_x	ε_y	σ_x/MPa	σ_y/MPa
20	−3508	3069	196	−150	20	−335	−725	45	66
21.5	−4781	282	369	103	23.5	−332	−465	38	45
23.5	−5048	−399	408	164	25.5	−365	−598	44	57
25.5	−5081	−1440	438	247	27.5	−166	−565	28	49
27.5	−4882	−2145	441	297	29.5	−100	−565	23	47
29.5	−4153	−2431	391	300	31.5	−432	−830	56	77
31.5	−4088	−2307	382	289	33.5	−332	−199	31	24
33.5	−4154	−1743	373	246					
34.5	−3722	93	291	90					

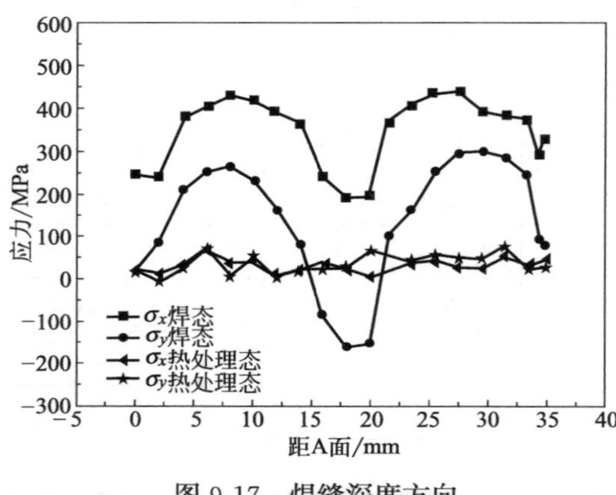

图 9-17　焊缝深度方向残余应力分布曲线

结合压痕法测得的表面残余应力和深孔法测得的内部残余应力，绘制出焊缝沿深度方向分布的残余应力曲线，见图 9-17。从分布曲线来看，焊后原始态的焊缝应力水平较高，尤其是焊缝方向应力均为 200MPa 以上的拉应力。热处理后的焊缝应力大大降低，均未超过 100MPa。深孔法很好地表征了消应热处理前后的焊缝残余应力状态。

（2）铝合金反射镜的残余应力检测

铝合金是制作轻质反射镜的常见材料，具有价格便宜、容易加工等优点。早在 20 世纪 60 年代，6061 铝合金就被用来制造反射镜。6061Al 不仅加工性能好，而且长期稳定性高，是制造光学反射镜的理想材料。

铝合金反射镜的加工方法是采用超精密单点金刚石进行车削。这种加工的表面质量好、效率高，但是在加工中镜体会产生残余应力，导致反射镜的尺寸不稳定。因此，了解铝合金反射镜内部的残余应力分布状态，制定合理的消应措施，是防止反射镜尺寸变化的重要环节。

退火态 6061 铝合金反射镜的规格为 $\Phi150\times18$mm，弹性模量 $E=70$GPa，屈服强度 $\sigma_s=120$MPa，抗拉强度 $\sigma_b=200$MPa。应力测试方向为圆盘的切向和径向，见图 9-18，其中位置 1 和位置 2 为测试位置（套孔结束）。位置 1 距中心孔边缘约 15mm，位置 2 与位置 1 相距约 25mm。参考孔直径为 3mm，套孔采用环向套孔加工方式。参考孔直径测量方向为 $\theta_t=0°$切向（圆盘的圆周方向）、$\theta_r=90°$径向（指向圆心方向）。孔径测量采用德国 DIATEST 型两瓣式内径测量仪，测表采用瑞士 SYLVAC 数显万分表，分辨率为 0.1μm。

深孔法试验测得数据见表 9-6 和表 9-7。残余应力分布曲线见图 9-19。从残余应力的分布来看，位置 1 的切向和径向残余应力均高于位置 2 的残余应力值，两个位置近表面径向应力水平相当。依此来看，越靠近反射镜圆心的应力水平越高。在大约厚度的一半位置，存在拉应力峰值，峰值超过材料 0.5 倍的屈服强度。

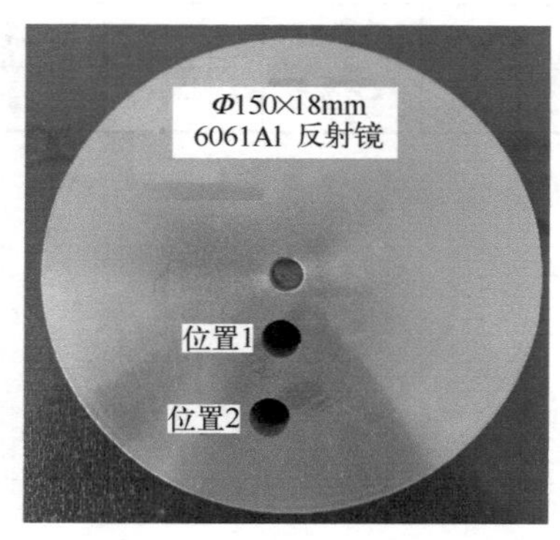

图 9-18　残余应力测试位置图

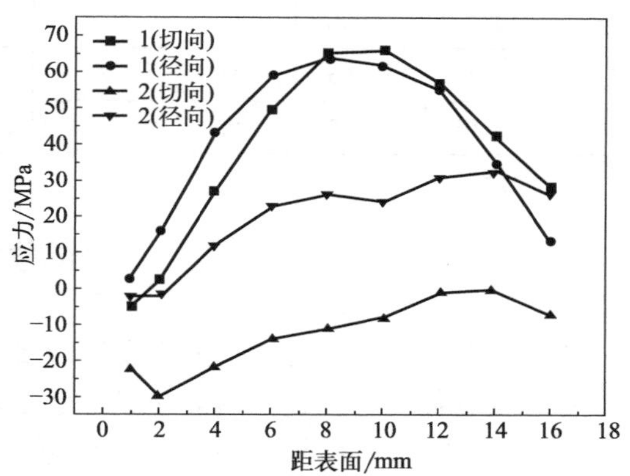

图 9-19　残余应力在厚度方向上的分布规律

表 9-6　参考孔直径测量结果

距表面/mm	位置 1				距表面/mm	位置 2			
	d_0 (t)/mm	d_0 (r)/mm	d (t)/mm	d (r)/mm		d_0 (t)/mm	d_0 (r)/mm	d (t)/mm	d (r)/mm
1	3.0164	3.0158	3.0172	3.0152	1	3.0153	3.0147	3.0181	3.0141
2	3.0152	3.0155	3.0156	3.0136	2	3.0148	3.0143	3.0186	3.0133
4	3.0144	3.0149	3.0127	3.0106	4	3.0145	3.0147	3.0178	3.0121
6	3.0142	3.0150	3.0104	3.0095	6	3.0147	3.0149	3.0176	3.0113
8	3.0141	3.0143	3.0085	3.0088	8	3.0143	3.0147	3.0168	3.0109
10	3.0136	3.0144	3.0078	3.0092	10	3.0140	3.0143	3.0161	3.0108
12	3.0134	3.0141	300084	3.0095	12	3.0134	3.0150	3.0149	3.0109
14	3.0134	3.0138	3.0094	3.0111	14	3.0137	3.0149	3.0151	3.0107
16	3.0135	3.0144	3.0104	3.0139	16	3.0134	3.0149	3.0153	3.0113

表 9-7　反射镜位置 1 和位置 2 残余应力

距表面/mm	位置 1				距表面/mm	位置 2			
	ε_t	ε_r	σ_t/MPa	σ_r/MPa		ε_t	ε_r	σ_t/MPa	σ_r/MPa
1	165	−188	−5	3	1	929	−221	−22	−2
2	133	−652	2	16	2	1238	−332	−30	−2
4	−564	−1437	27	43	4	1106	−840	−22	12
6	−1250	−1813	49	59	6	940	−1183	−14	23
8	−1858	−1836	65	64	8	829	−1283	−11	26
10	−1936	−1725	66	62	10	708	−1161	−8	24

续表

距表面/mm	位置1				距表面/mm	位置2			
	ε_t	ε_r	σ_t/MPa	σ_r/MPa		ε_t	ε_r	σ_t/MPa	σ_r/MPa
12	−1670	−1537	57	55	12	487	−1338	−1	31
14	−1316	−896	42	35	14	476	−1415	0	33
16	−1007	−166	28	13	16	653	−1205	−7	26

思考题

1. 深孔法测试残余应力的基本假设是什么？
2. 参考孔直径与套孔直径的最佳配比是什么？
3. 深孔法适用于哪些材料的残余应力检测？
4. 简述深孔法测试残余应力的主要步骤。
5. 深孔法测量残余应力的主要误差来源有哪些？
6. 对于普通钢类材料，参考孔径测量误差超过 1μm 时，应力误差有多大？
7. 采用深孔法测试某一焊缝残余应力，焊缝宽度为 10mm，是否需要分步套孔提高测量精度？请阐述理由。
8. 深孔法需要使用哪些设备？
9. 简述参考孔和套孔的加工工艺。
10. 在进行参考孔和套孔加工时应注意哪些事项？

参考文献

[1] Zhdanov I M，Gonchar A K. Determination of welding residual stresses at a depth in metal [J]. Auto Weld，1978，31：22-24.

[2] Legatt R H，Smith D J. Development and experimental validation of the deep hole method for residual stress measurement [J]. The Journal of Strain Analysis for Engineering Design，1996，31 (3)：177-185.

[3] Smith D J，Bouchard P J，George D. Measurement and prediction of through thickness residual stresses in thick section welds [J]. Journal of Strain Analysis，2000，35：287-305.

[4] Mahmoudi A H，Heyarian S，Behnam K. Numerical and experimental study of the plasticity effect on residual stress measurement using slitting method [J]. Materials Science Forum，2014，768：107-113.

[5] Hossain S，Kingstonl E，Trunman C E，et al. Finite element validation of the over-coring deep hole drilling technique [J]. Applied Mechanics Materials，2011，70：291-296.

[6] Zheng G，Hossain S，Kingston E，et al. An optimisation study of the modified deep hole drilling technique using finite element analyses applied to a stainless-steel ring welded circular disc [J]. International Journal of Solids and Structures，2017，118：146-166.

[7] Goudar D M，Truman C E，Smith D J. Evaluating uncertainty in residual stress measured using the deep hole drilling technique [J]. Strain，2011，47：62-67.

[8] 张炯，徐济进，吴静远，等. 深孔法残余应力测量技术研究 [J]. 热加工工艺，2015，44 (02)：109-111.

[9] 廖凯，刘义鹏，常星宇，等. 深孔法技术在铝合金构件应力场测试中的应用 [J]. 中国有色金属学报，2015，25 (11)：3107-3112.

[10] 李侯君，肖加余，杨金水. 厚截面复合材料固化热-化学行为及残余应力研究进展 [J]. 材料导报，2016，30 (21)：97-103.

[11] Batemana M G，Millera O H，Palmera T J，et a1. Measurement of residual stress in thick section composite laminates using the deep-hole method [J]. International Journal of Mechanical Sciences，2005，47 (11)：1718-1739.

[12] Carlos G，Anton S，Martyn P. Measurement of assembly stress in composite structures using the deep-hole drilling technique [J]. Composite Structures，2018，202：119-126.

[13] 赵美娟. 深孔法测量三维残余应力工艺与精度研究 [D]. 沈阳：中国科学技术大学，2021.

[14] 赵美娟，陈静，陈怀宁. 套孔工艺对深孔法测量残余应力精度的影响 [J]. 机械工程学报，2020，56 (22)：38-45.

[15] 赵美娟，陈静，陈怀宁. 深孔法测量三维残余应力精度的影响因素研究 [J]. 中国测试，2021，41 (6)：20-26.

第10章 Chapter Ten

残余应力的压痕应变法检测技术

压痕应变法是一种利用球形压头压入材料表面，通过测量压痕周围材料的应变变化来计算残余应力的方法。压痕法对被测表面无明显损伤，是目前大型结构件主要采用的残余应力现场检测技术之一。

10.1 压痕应变法基础知识

10.1.1 压缩应变法的发展简史

将制造压痕所产生的信息与残余应力进行关联，最早是基于应力诱导材料硬度的变化而提出来的。早在 1932 年，S. Kokubo 就研究了在外加拉伸应力和压缩应力作用下几种材料的维氏硬度，发现外加应力对其有一定影响。J. Frankel 等人在一系列试验数据基础上，建立了残余应力对材料硬度影响的模型，利用这一模型对试验数据进行拟合得出了洛氏硬度与残余应力和屈服强度之间的对应关系。但是这种硬度法的测试精度不够，属于半定量方法。

最早研究利用压痕周围形成的弹塑性位移场信息来测量残余应力的是美国工程师 H. Underwood。20 世纪 70 年代，他采用球形压头在含有残余应力的构件表面制造压痕，然后采用光学干涉的方法测量压痕周围塑性变形区的位移，发现靠近压痕的塑性变形场的特征与残余应力密切相关。但限于当时的研究条件和塑性变形区的复杂性，使得该研究未能进一步深入下去。1993 年，中国科学院金属研究所从工程实用角度出发，提出采用冲击加载方式来制造压痕，并开创性地将研究重点放在压痕周围的弹性变形区，以寻找弹性区内应变场随残余应力的变化规律。1995 年，日本日立公司的横田平等人也采用压痕结合应变计的方法进行了残余应力测量的探索研究，实验采用直径 4.0mm 的压头，栅长 3.0mm、栅端距中心 5.0mm 的三向应变花，分别标定了 7mm 厚的 SC46 铸钢、5mm 厚的 HT70 高强钢、8mm 厚的 A2014P 高强铝合金以及 10mm 厚的 13-5 马氏体不锈钢。

近些年来，随着精密仪器设备的发展，利用纳米级压痕评价残余应力的技术得到更多的研究。例如，Tsui 和 Bolshakov 用纳米压痕和数值模拟相结合的方式研究了外加应力对铝合金硬度、压头接触面积和弹性模量的影响，分析结果表明，外加应力对硬度影响并不显著，但对压痕周围凸起影响较大，当外加拉伸应力时凸起减少，而外加压缩应力时凸起增加。目前，国内外在此方面的研究工作主要侧重于小型零部件以及表面涂层和薄膜材料中一维和二维应力场的测试，但由于受设备便携性差、载荷-位移曲线与应力对应关系稍欠灵敏的局限，在工程中的应用还较少。

近二十年来，宏观压痕应变法由于具有操作简便、测量精度高、通用性好的特性，越来越受到重视和青睐，展现出广阔的应用前景。目前，使用较多、具有代表性的压入仪有德国 Zwick 公司的 ZHU2.5 型和韩国 Frontics 公司的 AIS3000 型，相比较而言，后者更适合于现场力学性能和残余应力的检测。

10.1.2　压痕应变法的基本原理

当球形压头压入构件表面，压痕周围会产生应力场（称为附加应力场），如果构件中原来存在残余应力，附加的应力场就会和原始残余应力场相叠加，叠加所产生的应变变化量称为叠加应变增量，简称应变增量。由于应变增量与原始残余应力存在一定关系，因此可以通过测量压痕外弹性区的应变增量来求解原始残余应力，如图 10-1 所示。

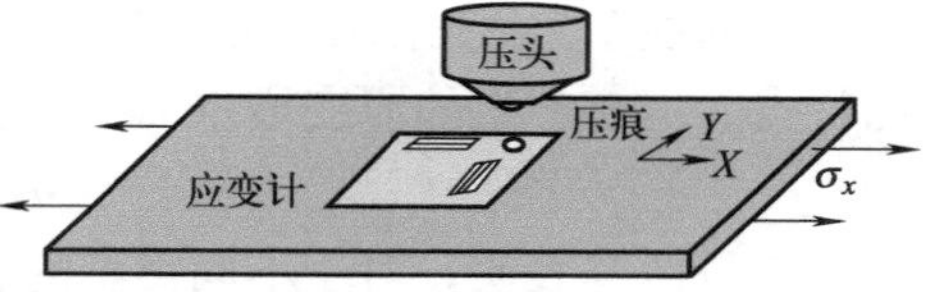

图 10-1　压痕法测量残余应力示意图

在压头压入构件表面的过程中，会造成材料原有的应变与应力之间关系发生变化，这种现象称为材料的流变。材料的流变往往会导致材料内部应力在超过弹性极限发生塑性变形时，使得材料中的应力场逐渐释放、衰减而“松弛”。在平面应力场中，由于压头的压入会导致构件表面发生两种应变状态的改变，一个是由压痕产生的材料流变引起材料的松弛变形，一般拉应力区材料缩短，压应力区材料伸长；另一个是由压痕自身产生的应变状态在应力作用下发生改变。这两种变形行为的叠加效果就是前面所述的应变增量。

压痕法的基本原理是，利用球形压痕诱导材料产生应变增量，通过标定试验得到应变增量与弹性应变之间的关系，进而求解出残余应力。

当压头压入构件表面后，会在靠近压痕附近区域产生塑性变形，在塑性形变区之外产生弹性变形，如图 10-2 所示。压痕周围的变形特征以及塑性变形区大小不仅与压头的压入深度（或压痕半径）有关，与材料的弹性模量 E、屈服强度 $R_{p0.2}$、抗拉强度 R_m、应

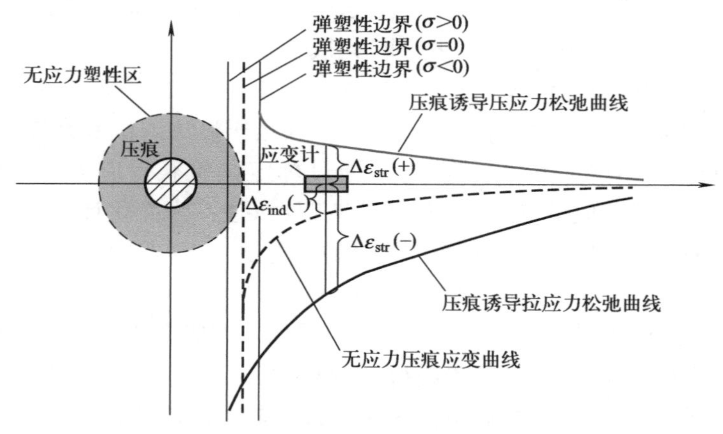

图 10-2　压痕法测量残余应力原理

变硬化指数 n 等力学性能参量有关，还与压头离开材料表面时的弹性释放（即回弹量大小）有关。压痕法测量的是压痕外弹性区的应变增量。一般来说，压痕塑性变形区与弹性变形区的界限不易直接判断，需要借助有限元仿真计算的方法加以确定。

压痕在塑性区外弹性区引起的材料应变变化 $\Delta\varepsilon_{ind}$ 可以用一条曲线描述，参见图 10-2 中的“无应力压痕应变曲线”，$\Delta\varepsilon_{ind}$ 值的大小与塑性区半径、测量点距压痕中心的距离或流变应力（材料在一定应变下的弹性极限）有关，塑性区半径越大、距压痕越近或材料流变应力越强，压痕自身在弹性区形成的应变变化越大；如果在压头压入前材料中存在残余应力，由压痕引起的弹性区原始残余应力松弛造成的应变变化 $\Delta\varepsilon_{str}$ 也与塑性区半径和距压痕中心的距离有关，且表现出残余拉应力材料缩短（参见图 10-2 中的“压痕诱导拉应力松弛曲线”）、残余压应力材料伸长（参见图 10-2 中的“压痕诱导压应力松弛曲线”）的特点。压痕产生的应变增量 $\Delta\varepsilon$ 为应变变化 $\Delta\varepsilon_{ind}$ 与 $\Delta\varepsilon_{str}$ 之和：

$$\Delta\varepsilon = \Delta\varepsilon_{ind} + \Delta\varepsilon_{str} \tag{10-1}$$

大量研究表明，对于不同类型的金属材料，如合金钢、不锈钢、钛及铝类材料等，一定尺寸的球形压痕在不同的残余应力场中产生的应变增量 $\Delta\varepsilon$ 与弹性应变 ε_e 之间存在确定的关系，这种关系可用 3 次方曲线描述，即

$$\Delta\varepsilon = B + A_1\varepsilon_e + A_2\varepsilon_e^2 + A_3\varepsilon_e^3 \tag{10-2}$$

公式（10-2）称为应力计算函数，是压痕法测量残余应力的基本公式，式中的 B、$A_1 \sim A_3$ 称为应力计算常数或应力计算系数。其中，B 为无应力情况下压痕自身产生的应变增量，$A_1 \sim A_3$ 为有应力情况下的多项式系数，当被测构件的材料不同时 B、$A_1 \sim A_3$ 不同。

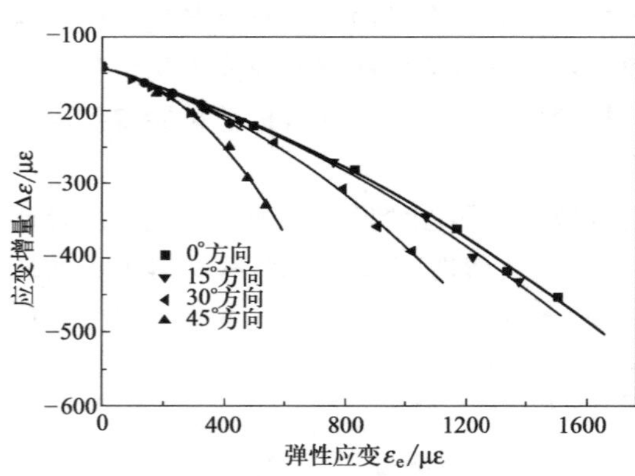

图 10-3 非主应力方向应变增量与弹性应变之间关系

对于大多数金属材料而言，残余拉应变区与压应变区产生的应变增量规律是相类似的，但当应变计的测量角度与主应力不同且夹角较大时，得到的应力计算函数不同，如图 10-3 所示。

为了试验标定和数据处理方便，有时可将图 10-3 所示曲线用分段的线性函数表示，这样应变增量与弹性应变的关系可统一简化成：

$$\Delta\varepsilon = B + A\varepsilon_e \tag{10-3}$$

在用压痕法测试残余应力时，首先需要通过标定试验获得应力计算常数 B、$A_1 \sim A_3$（或 B 和 A），以确定应变增量 $\Delta\varepsilon$ 和弹性应变 ε（注：为简化计，以下用 ε 表示弹性应变 ε_e）之间的关系。之后，才可利用应力计算函数式（10-2）［或式（10-3）］进行测量继而计算残余应力。

如果在测量残余应力时已知主应力方向，可采用双向应变花测量应变增量：将两个垂直应变栅分别沿主应力方向粘贴，在获得应变增量 $\Delta\varepsilon_x$、$\Delta\varepsilon_y$ 后，利用式（10-2）或式（10-3）求得弹性应变 ε_x、ε_y，然后根据平面应力状态的胡克定律计算残余应力 σ_x、σ_y：

$$\left.\begin{aligned}\sigma_x &= \frac{E}{1-\nu^2}(\varepsilon_x+\nu\varepsilon_y)\\ \sigma_y &= \frac{E}{1-\nu^2}(\varepsilon_y+\nu\varepsilon_x)\end{aligned}\right\}\tag{10-4}$$

式中，E 为材料的弹性模量；ν 为泊松比。

如果在测量残余应力时未知主应力方向，就需要采用三向应变花测量应变增量：例如采用45°三向直角应变花，分别得到应变增量$\Delta\varepsilon_1$（0°敏感栅）、$\Delta\varepsilon_2$（45°敏感栅）、$\Delta\varepsilon_3$（90°敏感栅），先利用式（10-2）或式（10-3）求得弹性应变ε_1、ε_2、ε_3，再利用应变变换公式获得主应变ε_x、ε_y和主应变夹角α：

$$\left.\begin{aligned}\varepsilon_x,\varepsilon_y &= \frac{\varepsilon_1+\varepsilon_3}{2}\pm\frac{\sqrt{2}}{2}\sqrt{(\varepsilon_1-\varepsilon_2)^2+(\varepsilon_2-\varepsilon_3)^2}\\ \tan 2\alpha &= \frac{2\varepsilon_2-\varepsilon_1-\varepsilon_3}{\varepsilon_1-\varepsilon_3}\end{aligned}\right\}\tag{10-5}$$

最后，根据平面应力状态的胡克定理（10-4）式计算残余应力σ_x、σ_y。

若需要直接求解沿1＃（0°）敏感栅和3＃（90°）敏感栅方向的残余应力，则根据应力σ_1、σ_3与主应力σ_x、σ_y的关系

$$\sigma_1,\sigma_3=\frac{\sigma_x+\sigma_y}{2}\pm\frac{\sigma_x-\sigma_y}{2}\cos 2\alpha\tag{10-6}$$

很容易得到：

$$\sigma_1,\sigma_3=\frac{E}{2(1-\nu)}(\varepsilon_1+\varepsilon_3)\pm\frac{E}{\sqrt{2}(1+\nu)}\sqrt{(\varepsilon_1-\varepsilon_2)^2+(\varepsilon_2-\varepsilon_3)^2}\cos 2\alpha\tag{10-7}$$

最后需要补充说明，当在非主应力方向标定或测量应力时，如果主应力大于$0.3R_{p0.2}$或夹角大于10°，则公式（10-2）中常数$A_1\sim A_3$以及公式（10-3）中常数A会发生变化（但B值不变），它们都是与主应力方向夹角α有关的函数（参见图10-3），可表示为：

$$A=B+B_1\alpha+B_2\alpha^2\tag{10-8}$$

式中，B为无应力下压痕的应变增量；B_1、B_2为多项式常数，由标定曲线确定。

10.1.3 压痕应变法的特点

压痕应变法是一种近乎无损的残余应力检测技术，应用范围非常广泛。压痕法属于表面残余应力检测方法，主要具有以下一些特点：

① 通用性好　适用于检测硬度不大于HRC50的各类金属材料、结构和焊缝。

② 对构件损伤小　由于目前广泛使用直径Φ1.588mm压头，压痕直径≤1.2mm，压痕深度≤0.2mm，所以即使不对压痕进行后期处理，也不会对构件的使用造成安全隐患。

③ 适于现场检测　压痕法不需要对被测对象进行分割、解体，加之压痕测试设备小巧易携带，所以是目前为数不多的可用于现场的残余应力检测方法之一。

④ 测试稳定性好　压痕法的应力计算函数受材料力学性能参量影响，对于力学性能较均匀的金属材料，压痕引起的应变变化是一个宏观的不依赖于微观组织的变化量。

⑤ 测量精度高　大量的检测实践表明，压痕法的重复测量误差不大于20MPa。

⑥ 操作简单、对人员要求低　压痕的制造以及残余应力的计算，均由设置好的仪器完成，因此只需对人员稍加培训，即可实施测试操作。

10.2　压痕应变法的检测方法和检测设备

10.2.1　压痕应变法的标定试验

应力计算函数［式(10-2)和式(10-3)］表征的是应变增量和弹性应变之间的关系。采用压痕法测量应力时，首先需要确定被测材料的应力计算函数，即应变增量 $\Delta\varepsilon$ 和弹性应变 ε 之间的关系，这是实现残余应力检测的基础。

(1) 标定试板的制备

标定用试板必须采用与待测结构相同的材料制作。试板在进行标定试验前应进行消除残余应力处理，使其最大限度地接近零应力状态。采用热处理方法消除应力时，一方面要控制好热处理参数（尽量高的温度和尽量长的保温时间），保证消除应力效果；另一方面要确保采用的热处理工艺不引起材料性能的变化，尤其是避免硬度、屈服强度和抗拉强度的下降。

对于采用单向拉伸方式进行外加应力场的标定试验，试板的厚度应在 12mm 以上，以保证制造压痕时满足刚度要求。对于采用三点弯曲加载方式进行的标定试验，标定试板的推荐尺寸为：长 400～500mm，宽 40～60mm，厚 12～16mm。厚度不足时可考虑在试板背面加衬板以增加试板刚度。

(2) 标定试验的步骤

第一步，选择应变花。应选择国标 GB/T 24179 推荐的压痕法专用应变花，并注意在所用压头及其压入力下敏感栅距中心点尺寸应使其处于压痕外的弹性区。比如对于 Q345 钢，如果使用压痕仪的 1 挡制造压痕，选择 BA120-1BA-ZKY 型应变花即满足要求。

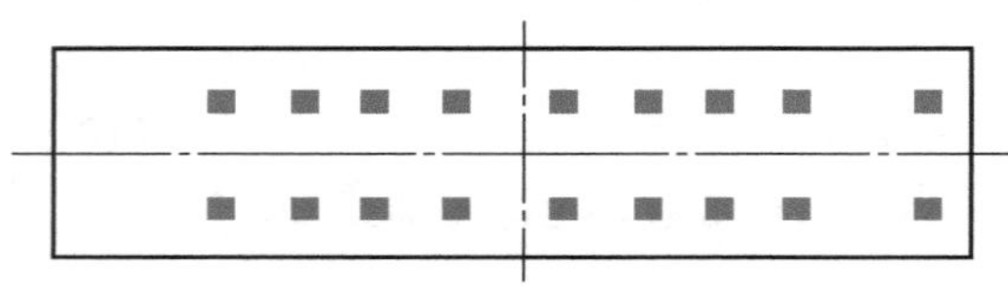

图 10-4　标定应变花布置示意图

第二步，粘贴应变花。从试板的中心向两侧粘贴应变花，如图 10-4 所示。粘贴两排应变花的目的是，在每个应力水平下进行两次数据测试。相邻应变花的间隔应不小于 20mm。应变花中两个垂直敏感栅的方向应与试板长度和宽度方向一致。应变花粘贴后需固化 2 个小时以上（环境温度较低时需加长时间）。之后，为了检验应变花质量和粘贴效果以及消除应变花的机械滞后，在加载设备上用 $0.8R_{p0.2}$（规定塑性延伸强度，对应于屈服应变 $\varepsilon_{p0.2}$）的应力水平拉伸试板，卸载后观察应变花的应变变化，应变花的初始读数应基本不变，否则需再次拉伸或重新粘贴应变花。

第三步，加载并制造压痕。首先确定压痕直径。应变花敏感栅能否在压痕外弹性区获得足够灵敏的应变变化，与材料特性和压痕大小息息相关。对于目前广泛使用的 KJS 型压痕应力测试系统，可根据被测材料选择仪器挡位进而控制压痕直径：硬度 $HB<200$ 或屈服强度 $R_{p0.2}<600$MPa 的材料，采用 1 挡制造压痕；$HB=200\sim300$ 或 $R_{p0.2}=600\sim900$MPa 的材料，采用 2 挡制造压痕；$HB>300$ 或 $R_{p0.2}>900$MPa 的材料，采用 3 挡制造压痕。之后在 -0.9（或 -0.8）$R_{p0.2}$、$-0.7R_{p0.2}$、$-0.5R_{p0.2}$、$-0.3R_{p0.2}$、0、$0.3R_{p0.2}$、$0.5R_{p0.2}$、$0.7R_{p0.2}$、0.9（或 0.8）$R_{p0.2}$ 共 9 个加载应力水平下制造压痕进行标定试验。如果各点间的应变增量数值偏差较大，应增加标定点数或重新标定。针对不同的金属材料，标定应力水平可做适当调整，但应保证在弹性变形范围内，不能使试板发生塑性变形。

(3) 标定数据的处理

在取得不同应力水平下的应变增量数据后，如果按照式（10-2）的 3 次方多项式进行曲线拟合，则如图 10-5 所示。图中，横坐标为标定过程中对应于外加应力的弹性应变 ε，纵向坐标为压痕应变增量 $\Delta\varepsilon$，即在特定压痕制造系统下（固定的压头直径和能量挡位），与弹性应变对应的应变变化量。

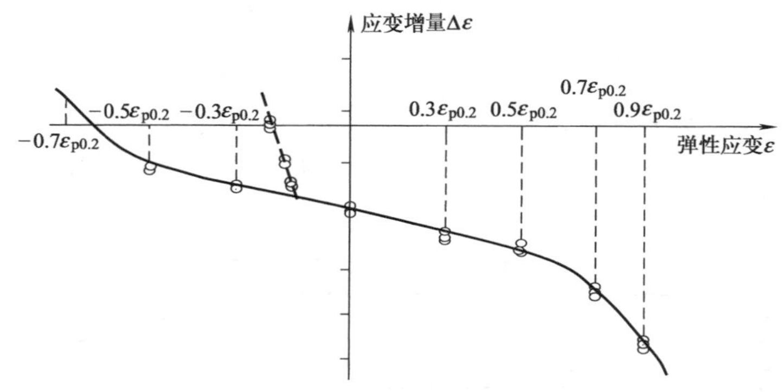

图 10-5 标定数据的处理

图 10-5 中虚线是将大于 $0.5R_{p0.2}$ 拉应力下横向敏感栅的应变增量连线后得到的。此时横向敏感栅受到外加压缩应变（数值等于 $-\nu\varepsilon_x$），但输出的应变增量变化规律与直接受压缩时纵向敏感栅输出的应变增量有所不同。这是在高值拉伸应力情况下，横向应变输出偏离直线规律的一种现象，此现象在单向高值的双向拉伸应力场中同样存在。

(4) 非主应力方向的试验标定

当在非主应力方向标定或测量应力时确定应力计算常数，可以采用类似方法进行不同角度方向的标定，即粘贴三向应变花时将敏感栅与拉伸方向成一定夹角，然后推导出公式（10-8）所示的关系曲线。或者在标定出 A、B 值的基础上，再采用有限元数值计算方法进行模拟分析，也可得出公式（10-8）的表达式。

(5) 应力计算函数的非试验确定*

对于无法提供标定试板的材料，可以采用有限元仿真计算方法进行模拟标定。模拟标定不受试验条件限制，获得的应力计算函数曲线可能更为精准，但是标定人员需要具有一定的有限元数值计算能力，同时需要具有待测材料准确的拉压应力-应变曲线。研究表明，基于被测材料零应力下的应变增量 $\Delta\varepsilon_0$ 可以获得应力计算函数。如图 10-6 所示为 12 种低合金钢材料的相对应变增量 $\Delta\varepsilon/\Delta\varepsilon_0$（$\Delta\varepsilon$ 为有应力下的应变增量，$\Delta\varepsilon_0$ 为零应力下的应变增量）随相对弹性应变 $\varepsilon/\varepsilon_{p0.2}$ 的变化规律。如果将 12 种材料的屈强比 $R_{p0.2}/R_m$ 作为材料自身的影响因素，将应变比 $\varepsilon/\varepsilon_{p0.2}$ 作为外部应力场的影响因素，经过数据拟合处理，可以得到应变增量比的计算公式：

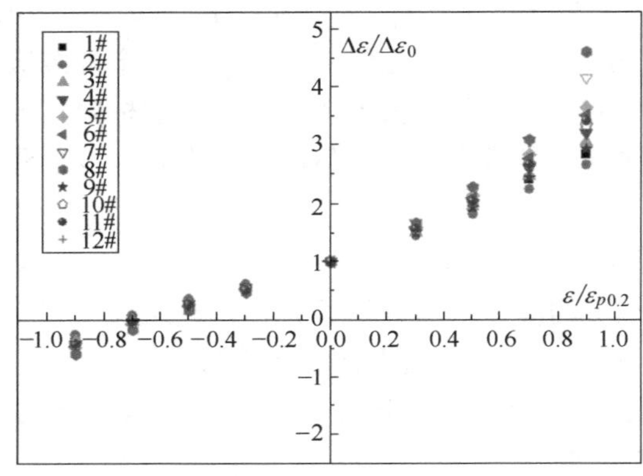

图 10-6　12 种材料模拟标定数据变化规律

$$z=\frac{p_1+p_2x+p_3x^2+p_4x^3+p_5p_{12}\ln y+p_6p_{12}^2\ln^2 y}{1+p_7x+p_8x^2+p_9p_{12}\ln y+p_{10}p_{12}^2\ln^2 y+p_{11}p_{12}^3\ln^3 y} \tag{10-9}$$

式（10-9）中，$z=\Delta\varepsilon/\Delta\varepsilon_0$，$x=\varepsilon/\varepsilon_{p0.2}$，$y=R_{p0.2}/R_m$，$p_1 \sim p_{12}$ 为公式系数，具体数值参见表 10-1。

表 10-1　公式（10-8）中的系数

p_1	p_2	p_3	p_4	p_5	p_6	p_7	p_8	p_9	p_{10}	p_{11}	p_{12}
1.026	0.695	−1.229	0.973	11.508	−83.908	−1.309	0.544	15.476	−311.279	2677.494	−0.090

对于力学性能已知的材料，由于 $\varepsilon_{p0.2}$ 和 $R_{p0.2}/R_m$ 为确定值，所以可将式（10-8）变换为应变增量Δε 与弹性应变 ε 的关系式，从而获得一种新的应力计算函数：

$$\Delta\varepsilon=\Delta\varepsilon_0\frac{C_0+C_1\varepsilon+C_2\varepsilon^2+C_3\varepsilon^3}{C_4+C_5\varepsilon+C_6\varepsilon^2} \tag{10-10}$$

式（10-10）中 C_0 和 C_4 由材料的屈强比 $R_{p0.2}/R_m$ 和表 10-1 中的系数决定，C_1、C_2、C_3、C_5 和 C_6 取决于材料的屈服应变和表 10-1 中的系数。利用式（10-10）既可得到与弹性应变对应的应变增量进而获得与图 10-5 类似的标定曲线，也可通过已知应变增量求解相应的弹性应变。

10.2.2　压痕应变法的检测方法

压痕法测量残余应力的过程分为四个步骤：被测构件表面准备、粘贴应变花、压痕制造和数据处理。

（1）被测构件表面准备

表面准备是指为了满足粘贴应变花和制造压痕的需要而进行的表面平整过程。平整加工过程应尽量减少金属的去除量，平整区域大于 10mm×10mm 即可。表面平整的顺序是：

① 确定测量位置　根据应力测量的要求和被测构件表面的附近空间状态划定测量位置。

② 表面粗磨　对焊缝或氧化皮严重的测量表面进行打磨，打磨时用力要轻，避免被

打磨的表面变色。

③ 表面抛光 对于经过粗磨或原始平整的表面，采用抛光轮进行表面抛光处理，以便粘贴应变花并减小由于表面粗磨可能造成的附加应力影响。

④ 手工打磨 采用 100＃～200＃砂布对抛光过的表面实施手工打磨处理，打磨时可在两个相互垂直的方向上来回进行。通过手工打磨可以使应变花粘贴得更牢固，也可以进一步减小由机械打磨和抛光可能引入的附加应力。

(2) 粘贴应变花

① 确定粘贴方向 若已知主应力方向，应采用双向应变花并使将两个垂直敏感栅分别与主应力方向一致。在测量焊接残余应力时，两个敏感栅的方向一般与焊缝平行和垂直。若未知主应力方向，则应采用三向应变花。

② 粘贴应变花 按 4.2.1 (3) 或应变花产品说明书的要求粘贴应变花。

③ 检查粘贴效果 待应变花粘贴后 30min 或更长时间，在压痕打击点（应变花中心）附近用刀片划断应变花基底，如图 10-7 所示，注意不可划伤敏感栅。仔细观察应变花，确保切割线周围无翘起，并且保证压痕打击点附近无多余胶水。

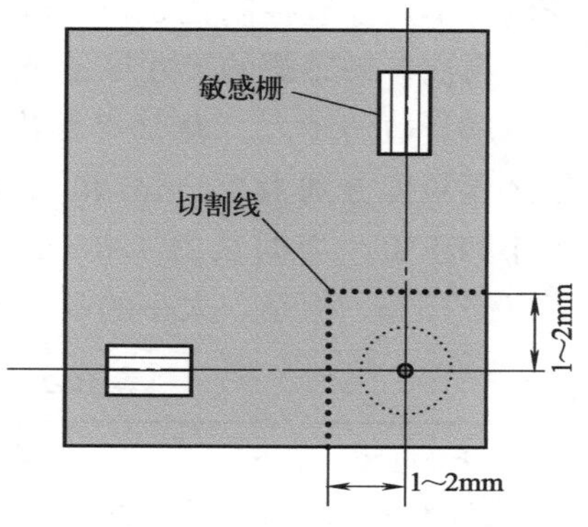

图 10-7 应变花切割线

(3) 压痕制造

在粘贴应变花 1～4h 后（取决于被测表面温度和环境温度），先将压痕制造装置的固定底座固定在被测材料表面；再通过装置的对中显微镜将底座上的导向套筒中心（即压痕中心）调节至与应变花的测点中心重合，并保证压痕中心与应变花中心点的对中偏差不大于 0.05mm；然后将对中显微镜从导向套筒中取出更换成压痕打击器。选择正确的打击挡位制造压痕，且注意此时的挡位须与标定试验挡位相一致。

(4) 数据处理

① 记录压痕产生前后的应变差值（应变增量）。

② 根据应力计算函数获得相应的残余应变。

③ 利用胡克定律公式（10-4）计算残余应力。

采用 KJS 系列的压痕法测试设备测量残余应力时，只需要选择好设备的测试材料，应力仪会根据读取的应变增量自动计算并显示出应力值。

10.2.3 压痕应变法的检测设备

压痕法的检测设备主要包括专用应变花、压痕制造装置和专用应力仪三部分。目前市场上使用最多的是 KJS 系列应力测试设备。

(1) 专用应变花

压痕法使用的应变花有两向和三向电阻应变花两种。为了保证压痕法的测试精度，应变花的选择须注意以下要求：①应变增量的变化应足够灵敏，一般测量数值需达到 500～1000$\mu\varepsilon$；②应变增量的变化不可太过灵敏，否则任何一点操作上的误差（如压痕偏心）会严重干扰测量结果；③敏感栅的栅端距压痕中心足够远，避免应变增量受到塑性区的影响。

根据以上要求，在选择应变花时需做到：

首先，根据应力场情况确定使用应变花的种类。如果测量已知主应力方向的应力，应选用两向应变花；如果测量未知主应力方向的应力，或测量最大主应力及其夹角，就应选用三向应变花。

其次，栅端到应变花中心距离需适宜。敏感栅距压痕越近，应变增量越大、灵敏度越高，但受压痕塑性区影响的可能性也越大。敏感栅的栅端距压痕中心的距离须适当，应变花的外形尺寸宜控制在 5～6mm 范围内。

再次，敏感栅的尺寸尽量小。当敏感栅距压痕中心距离不变时，敏感栅越短，测得的应变增量数值越大。表 10-2 给出了单向（等效）应力场中测量位置距压痕中心 4mm 时，敏感栅长度分别为 0.5mm 和 1.0mm 所得到的应变增量变化情况，可以看出，无论应力大小和正负，当栅长由 1.0mm 变为 0.5mm 时，应变增量呈增加趋势，增加幅度约为 11%～15%。但是，太小的敏感栅可能带来过度灵敏和塑性区干扰问题，也需加以防止。

表 10-2　不同栅长对应的 x 和 y 向的应变增量

等效应力 $\sigma_x/R_{p0.2}$	栅长 1.0mm		栅长 0.5mm	
	$\Delta\varepsilon_x$	$\Delta\varepsilon_y$	$\Delta\varepsilon_x$	$\Delta\varepsilon_y$
−0.9	51	−217	59	−244
−0.5	−43	−175	−48	−196
0	−140	−140	−157	−157
0.5	−280	−95	−313	−107
0.9	−451	61	−498	63

如图 10-8 所示为两种典型的压痕法专用应变花。BA120-1BA-ZKY 适合用于已知主应力方向的构件残余应力测量，比如焊接结构。BA120-1CA-ZKY 适合用于未知主应力方向的构件残余应力测量，比如钢梁结构。BA120-1BA-ZKY 和 BA120-1CA-ZKY 的外形尺寸完全相同。

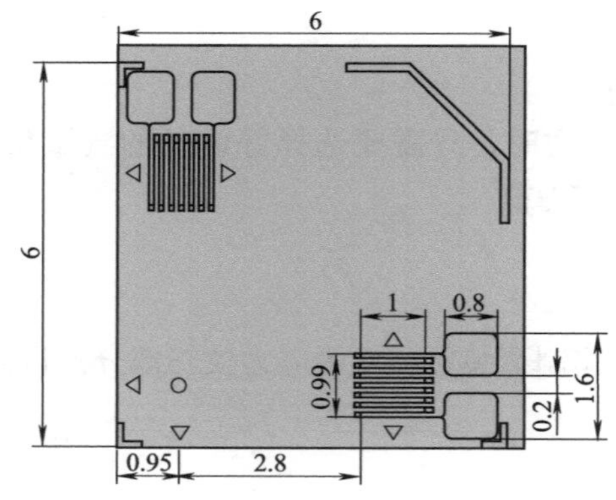

(a) BA120-1BA-ZKY型二向应变花

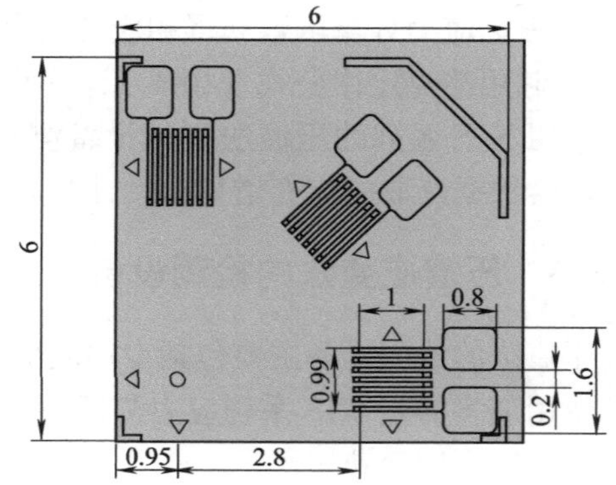

(b) BA120-1CA-ZKY型三向应变花

图 10-8　压痕法常用应变花

(2) 压痕制造装置

典型的压痕制造装置由固定底座、对中显微镜和压痕打击器三部分组成，如图 10-9 所示。固定底座为三脚支撑结构，每个支脚镶有永磁铁，可将底座吸附在被测的铁磁性材料表面；每个支腿上有调节螺母，用来调整底座的水平度，以保证压头垂直压入。对中显微镜插入底座的导向套筒中，可通过×40 倍放大镜上分划线（即压痕打击点）瞄准应变花的中心；当压痕打击点与应变花中心不重合时，可以通过底座上的手柄进行微调。压痕打击器是一个由弹簧驱动的冲击装置，其头部（称打击头）镶有直径 1/16 英寸的硬质合金球；对于强度和硬度不同的被测材料，打击器设有 3 挡冲击弹力供选择，以便制造出直径 1.2mm 左右的压痕。

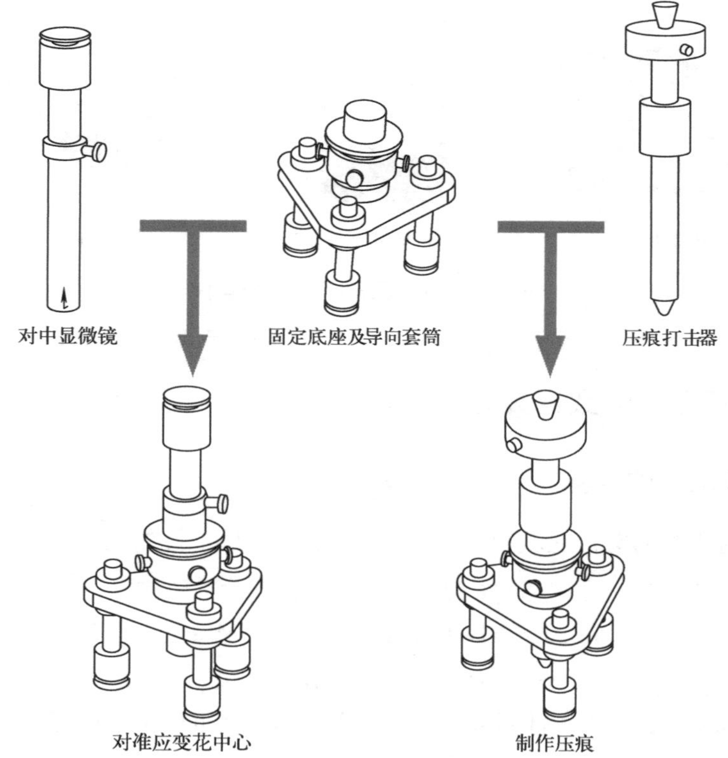

图 10-9 压痕制造装置

压痕打击器是压痕制造装置中的关键部件。为保证制造压痕的准确性，压痕打击器的各挡位须每半年采用标准硬度块进行校准，确保制造出的压痕直径偏差不大于 0.05mm。打击头需要经常进行检查和保养，使表面不被刮伤和腐蚀。

(3) 专用应力仪

实际上，普通的静态电阻应变仪均可用于压痕法的应力检测，只不过为了应力计算方便，人们将压痕法的应力计算程序植入应变仪中，故称为专用应力测试仪。比如 YJ-16、YJ-26 型静态电阻应变仪，采用分体的应变采集器和预调平衡箱，可进行多点多道应变测量。进入 21 世纪后，压痕应力测量仪的智能程度越来越高。目前的第三代产品 KJS-3 型压痕应力仪［如图 10-10 (a) 所示］采用 ARM 主板，内嵌 Win10 操作系统，不仅体积小、功能全、运算快、触摸屏显示，而且具有 4 点应变自动调零以及自动测试、自动显示、自动贮存、自动数据处理（将应变值转化为应力值）等功能，特别是采用了 PDA 处理器的 KJS-3P 型压痕应力仪［如图 10-10（b）所示］，体积和重量进一步减小，更加方便进行现场结构件的残余应力检测。最近几年出现的 KJS-4 型压痕应力仪［如图 10-10（c）所示］，采用无线传输模块直接读取并发射应变信号，避免了复杂的应变花接线过程和导线电阻的影响，它通过手持平板电脑无线接收应变数据并转化为应力值，还能将所得结果通过 4G 网络上传至云端服务器进行后台收集和分析。

(a) KJS-3 型应力仪

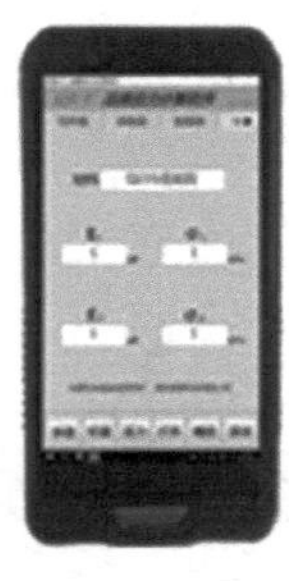
(b) KJS-3P 型应力仪

(c) KJS-4 型应力仪

图 10-10　压痕法专用应力测量仪

10.3　压痕应变法的数据处理

10.3.1　残余应力的计算

当已知主应力方向时，在获得应变增量$\Delta\varepsilon_x$、$\Delta\varepsilon_y$后，首先利用式（10-2）求得弹性应变ε_x、ε_y：

$$\Delta\varepsilon_x = B + A_1\varepsilon_x + A_2\varepsilon_x^2 + A_3\varepsilon_x^3$$
$$\Delta\varepsilon_y = B + A_1\varepsilon_y + A_2\varepsilon_y^2 + A_3\varepsilon_y^3$$

如果按照式（10-3）的分段线性函数，也可以得到非常接近的弹性应变ε_x、ε_y：

$$\Delta\varepsilon_x = B + A\varepsilon_x$$
$$\Delta\varepsilon_y = B + A\varepsilon_y$$

然后按胡克定律（10-4）式计算二维残余应力σ_x、σ_y。

如果在计算中得到的某方向弹性应变大于$0.5\varepsilon_{p0.2}$（50%的屈服应变），而另一方向的弹性应变小于$0.5\varepsilon_{p0.2}$，则需要对小应变方向的应变增量进行修正，之后，按修正后的应变增量重新计算弹性应变。修正方法参见图 10-11，假定此时弹性应变ε_x大于$0.5\varepsilon_{p0.2}$，而弹性应变ε_y小于$0.5\varepsilon_{p0.2}$，具体过程如下：

① 由应变增量$\Delta\varepsilon_x$得到弹性应变ε_x；

② 按$-\nu\varepsilon_x$得到$\Delta\varepsilon_p$；

③ 按$\Delta\varepsilon_y-\Delta\varepsilon_p$（而不是按$\Delta\varepsilon_y$）得到弹性应变$\varepsilon_y$。

当未知主应力方向时，在任意方向的应力场中，如果获得的最大拉伸弹性应变小于

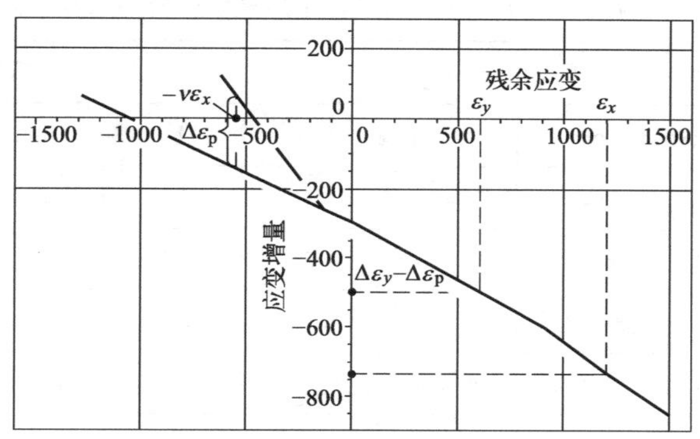

图 10-11 弹性应变 ε_x 大于 $0.5\varepsilon_{p0.2}$ 时对应变增量 $\Delta\varepsilon_y$ 的修正

$0.3\varepsilon_{p0.2}$，或者已知所贴敏感栅与主方向的夹角小于 10°，则仍可采用单向标定的结果按照上面的方法进行计算。

若不满足上述条件，预求解主应力或任意方向的应力值，就需要通过三向应变花，根据标定曲线进行计算。设采用三向应变花分别得到应变增量$\Delta\varepsilon_1$、$\Delta\varepsilon_2$、$\Delta\varepsilon_3$，可先利用式（10-2）求得 $\alpha=45°$时对应的弹性应变 ε_1、ε_2、ε_3，然后按照式（10-5）计算主应变 ε_x、ε_y。如果主应变值 ε_x 或ε_y 中有一个大于 $0.5\varepsilon_{p0.2}$，则在计算残余应力前应对弹性应变值进行修正，修正方法参见前述步骤①～③。最后再利用式（10-4）计算对应的主应力 σ_x、σ_y。

上述未知应力方向的修正计算过程，也可以根据标定曲线的迭代计算替代之：在利用式（10-2）求得 $\alpha=45°$时对应的弹性应变 ε_1、ε_2、ε_3 后，按照式（10-5）计算夹角 α。将求得的夹角 α 代入式（10-7）求得新的系数 A，再按照式（10-2）重新计算弹性应变 ε_1、ε_2、ε_3，之后再代入式（10-5）中计算新的夹角 α。比较两次夹角差值，如果误差小于 5°，则按照式（10-5）计算主应变 ε_x、ε_y。最后再利用式（10-4）计算对应的主应力 σ_x、σ_y。

10.3.2 检测结果的主要影响因素

影响压痕法检测结果的因素较多，除与其他电测法相似的（诸如计算原理、检测方法、被测材料、测量设备、人员操作、测试环境等）因素外，最易使压痕法产生误差的因素有如下几项。

（1）对中偏差

当压痕位置偏离应变花中心时，见图 10-12 示意，会造成应变增量增大或减小。表 10-3 分别列出了应变花敏感栅长为 0.9mm 和 0.5mm、在 x 或 y 方向偏移±0.1mm 时的应变测量误差。可以看到，当栅长为 0.9mm 时，不同应力场中的最大测量误差达到 7.5%；当栅长为 0.5mm 时，最大测量误差达到 10.6%。由此可知，测量位置相同时，虽然栅长越小测量精度越高，但测量过程中对压痕的对中要求也越高。

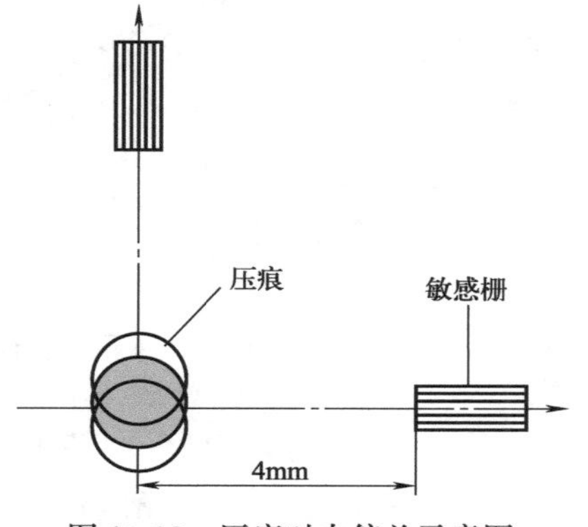

图 10-12 压痕对中偏差示意图

表 10-3 二维应力场中 2 种栅长条件下压痕偏心引起的应变测量误差

应力场状态 (σ_x,σ_y)	栅长 0.9mm				栅长 0.5mm			
	上/右偏 0.1mm		下/左偏 0.1mm		上/右偏 0.1mm		下/左偏 0.1mm	
	$\Delta\varepsilon_x$	$\Delta\varepsilon_y$	$\Delta\varepsilon_x$	$\Delta\varepsilon_y$	$\Delta\varepsilon_x$	$\Delta\varepsilon_y$	$\Delta\varepsilon_x$	$\Delta\varepsilon_y$
(−0.5,−0.5)	6.9%	6.9%	7.5%	7.5%	10.1%	10.1%	7.6%	7.6%
(0.5,−0.5)	5.8%	−4.3%	6.1%	4.2%	5.9%	−4.1%	5.9%	3.9%
(0.5,0.5)	6.1%	6.1%	6.6%	6.6%	7.2%	7.2%	6.3%	6.3%
(0.5,0.9)	−5.7%	−5.4%	6.2%	5.7%	−6.1%	−5.5%	6.5%	6.3%
(0.9,0.9)	−5.2%	−5.2%	5.5%	5.5%	−5.7%	−5.7%	6.3%	6.3%
(−0.9,0)	−5.2%	−6.3%	5.3%	6.8%	−5.1%	−10.6%	5.1%	10.4%
(−0.5,0)	−5.3%	−6.4%	5.4%	6.9%	−9.5%	−7.1%	9.0%	7.4%
(0, 0)	−6.5%	−6.5%	7.1%	7.1%	7.1%	7.1%	7.4%	7.4%
(0.5,0)	−6.1%	−6.5%	6.5%	7.1%	−6.3%	−6.7%	6.9%	7.4%
(0.9,0)	−5.1%	1.0%	5.4%	−5.3%	−5.5%	10.2%	5.1%	−3.0%

（2）角度偏差

采用压痕法测量已知方向残余应力时，只要保证双向应变花的两个敏感栅分别平行或垂直主应力方向，就可以较准确地测量出应力值。但是，当未知主应力方向或敏感栅明显偏离主应力方向时，测量结果就可能带来误差。

图 10-13 用有限元方法分别计算了在拉伸和压缩外加应力状态下，应变花的敏感栅偏离主应力方向 15°、30°时的应变增量与沿主应力方向（0°方向）数值的比较。可以发现，当偏离角度为 15°时，这种误差就比较明显（大于 5%）。一般在工程中，粘贴应变花时敏感栅方向的少量偏差（不大于 10°）是可以接受的。

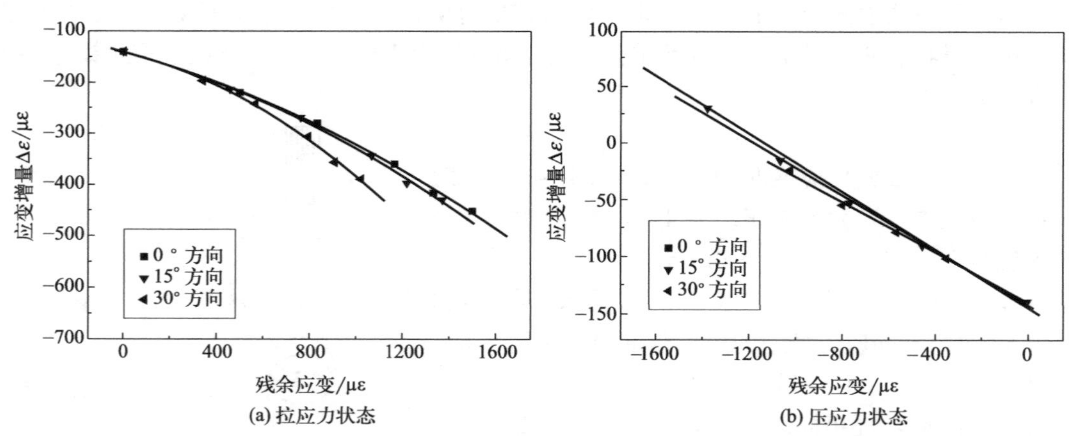

图 10-13 敏感栅偏离主方向时的应变增量变化

（3）压痕直径

材料的应力计算函数是与特定的压痕直径相关联的，如果因操作或设备等原因导致压痕直径发生变化，无论是直径增大还是减小，都会造成压痕边缘至敏感栅距离的改变，最终引起应变增量的改变，导致测量结果产生误差。

图 10-14 为不同屈服强度的材料，在应力 σ 与屈服强度 $R_{p0.2}$ 之比 $\sigma/R_{p0.2}=0.4$ 保持不变时，距离压痕中心 4～6mm 范围内应变增量分布的有限元计算结果。可以看出，越靠近压痕中心，应变增量的差异越明显。

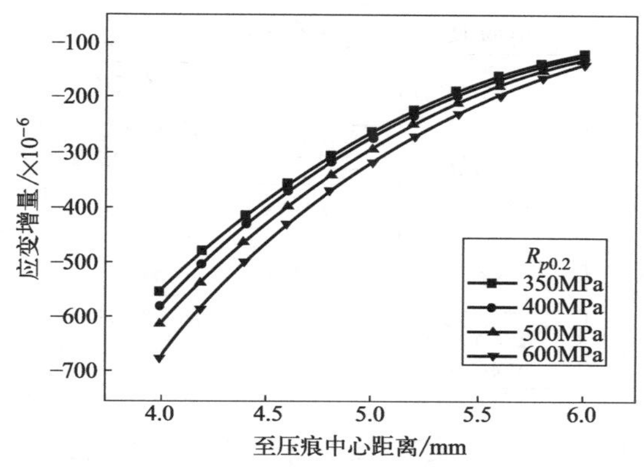

图 10-14　到压痕中心不同距离的应变增量变化规律

10.3.3　检测结果的不确定度评定*

下面以常用金属结构材料——中低合金钢为被测对象，说明压痕应变法检测结果不确定度的评定方法。假设被测结构件为各向同性的均质材料，材料中的应力场均匀一致；中低合金钢材料的弹性模量 E 取 210GPa，泊松比 ν 取 0.285；测量环境为自然温度、湿度；检测设备采用 Φ1.588mm 压头的弹簧冲击式压痕制造装置、BA120-1BA-ZKY 型双向箔式应变花和 KJS-3 型压痕应力测试仪。

压痕法残余应力检测结果的不确定度来源分析参见图 10-15 所示。其中，影响应变测量的重复性误差因素较多，有些因素的作用不大可忽略，有些因素的影响则不能忽略，具体地：①应变计基底厚度——同批次生产的片基厚度可控制在 0.04～0.05mm 范围，波动值很小。②胶层厚度——只要不失效，应变计胶层的厚度在 0.01～0.05mm 之内，对应变传递的影响不大。③钢球直径——国标允差小于±2μm，引发副作用极其微弱。④压头打击能量——主要由弹簧抗力、压头自重、滑道摩擦力等决定，一般变化较小。⑤被测表面状态——主要取决于砂轮打磨和清洁程度。虽然打磨操作不当可能引入新的残余应力，但如果标定和测量采用相同的打磨工艺且在砂轮粗磨时金属表面不变颜色，则影响可忽略；至于表面清洁程度，当满足应变计粘贴要求时，对结果的影响就不大。⑥应变计粘贴质量——与粘接剂的薄厚及均匀度有关，只要使片基下方填满胶水且指压均匀，即可以保证粘贴质量。⑦压痕对中和压痕直径——已在 10.3.2 中（1）和（3）讨论，操作不当时会带来一定误差且不能忽略。由上可见，影响压痕法应变测量不确定度的重复性因素不仅数量多，而且作用参差不齐，在量化评定测量结果及其质量时，可以将它们总体一起考虑，并采用应变测量的重复性限计算不确定度［参见 10.3.3 第（3）中 4）的计算］。

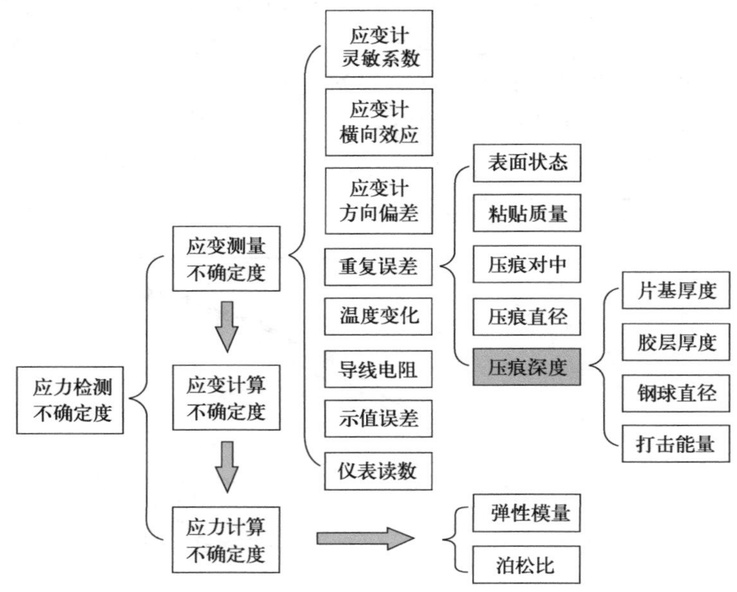

图 10-15　压痕法测量残余应力过程中不确定度影响因素

在对压痕法检测残余应力结果不确定度进行评定时，由于有的输入量的不确定度分量量化困难，加之所有输入量的不确定度分量并不能包含影响检测结果的所有主要不确定因素，因此为了简化起见，采用综合评定的方法。评定时，可以利用经验判断或资料提供的被测量 x 的可能值区间（$-a$，a），根据概率（置信水平）要求选择对应的置信因子 k，计算出标准不确定度：

$$u(x)=\frac{a}{k} \tag{10-11}$$

式中，a 为被测量 x 可能值区间的半宽度；k 也称包含因子。当要求 95%置信水平时，若 x 为正态分布，取 $k=1.96$；若 x 为均匀分布，取 $k=\sqrt{3}$ 。

（1）应变增量测量的不确定度

1）应变计灵敏系数引起的不确定度分量 $u_K(\Delta\varepsilon)$

由 BA120-1BA-ZKY 应变计的产品说明书可知，其灵敏系数 $K=2.04\pm1\%$，其中 1%是灵敏系数平均值的相对标准偏差，亦即灵敏系数的相对标准不确定度为 1%，因此在测量应变增量 $\Delta\varepsilon$ 时的标准不确定度为：

$$u_K(\Delta\varepsilon)=1\%\Delta\varepsilon=0.01\Delta\varepsilon \tag{10-12}$$

2）应变计横向效应引起的不确定度分量 $u_F(\Delta\varepsilon)$

应变计横向效应引起的应变增量测量结果不确定度符合均匀分布。由应变计产品说明书可以查得，横向效应引起的应变测量相对误差限为±1%，因此标准不确定度为：

$$u_F(\Delta\varepsilon)=\frac{a}{k}=\frac{1\%\Delta\varepsilon}{\sqrt{3}}=0.006\Delta\varepsilon \tag{10-13}$$

3）应变计方向偏差引起的不确定度分量 $u_\theta(\Delta\varepsilon)$

虽然已知应变计粘贴方向（同主应力或焊缝方向），但粘贴操作并不能完全保证敏感栅轴线与之完全平行或垂直，故可能引起一定误差，且符合正态分布。根据有关资料，应变计粘贴方向导致的误差限为1%，因此标准不确定度为：

$$u_\theta(\Delta\varepsilon)=\frac{a}{k}=\frac{1\%\Delta\varepsilon}{1.96}=0.005\Delta\varepsilon \tag{10-14}$$

4）重复误差引起的不确定度分量 $u_r(\Delta\varepsilon)$

重复性误差引起的应变增量测量结果不确定度符合正态分布。经验表明，在相同测量条件下，若假定两次测量结果之差的重复性限 r 为±2$\mu\varepsilon$，因此标准不确定度为：

$$u_r(\Delta\varepsilon)=\frac{a}{k}=\frac{2}{1.96}=1.020 \tag{10-15}$$

5）温度变化引起的不确定度分量 $u_T(\Delta\varepsilon)$

因为应变增量测量采用自补偿或电桥补偿方法，加上应变读取一般在短时间内完成，因而温度效应可以得到很好的控制，此时应变计温度效应引起的误差限可取±1$\mu\varepsilon$，且符合均匀分布，因此标准不确定度为：

$$u_T(\Delta\varepsilon)=\frac{a}{k}=\frac{1}{\sqrt{3}}=0.577 \tag{10-16}$$

6）导线电阻引起的不确定度分量 $u_\Omega(\Delta\varepsilon)$

从应变计到应力测试仪之间导线总长度一般为 3m，电阻为 0.4Ω；应变计电阻为 120Ω，按照半桥方式连线。这样，导线电阻引起的应变增量测量读数相对误差为 0.2/120=0.16%，且符合均匀分布。因此，在测量应变增量 Δε 时的标准不确定度为：

$$u_\Omega(\Delta\varepsilon)=\frac{a}{k}=\frac{0.16\%\Delta\varepsilon}{\sqrt{3}}=0.001\Delta\varepsilon \tag{10-17}$$

7）应力仪示值误差引起的不确定度分量 $u_M(\Delta\varepsilon)$

应力仪示值误差引起的应变增量测量结果不确定度符合均匀分布。按照对应力仪的最低要求，KJS-3 型应力仪的精度误差不会大于±1%red ±3$\mu\varepsilon$，因此标准不确定度为：

$$u_M(\Delta\varepsilon)=\frac{a}{k}=\frac{1\%\Delta\varepsilon+3}{\sqrt{3}}=0.006\Delta\varepsilon+1.732 \tag{10-18}$$

8）数显仪表读数引起的不确定度分量 $u_\varepsilon(\Delta\varepsilon)$

应力仪数显仪表读数引起的应变增量测量结果不确定度符合均匀分布。当数显仪表的读数分辨力为 1$\mu\varepsilon$ 时，导致应变增量测量结果的标准不确定度为：

$$u_\varepsilon(\Delta\varepsilon)=\frac{a}{k}=\frac{0.5}{\sqrt{3}}=0.289 \tag{10-19}$$

9）应变增量测量的合成不确定度 $u(\Delta\varepsilon)$

由于上面各标准不确定度分量之间不相关，所以应变增量测量的合成标准不确定度为：

$$\begin{aligned}u(\Delta\varepsilon)&=\sqrt{u_K^2+u_F^2+u_\theta^2+u_r^2+u_T^2+u_\Omega^2+u_M^2+u_\varepsilon^2}\\&=\sqrt{4.457+2.12\times10^{-2}\Delta\varepsilon+1.98\times10^{-4}(\Delta\varepsilon)^2}\end{aligned} \tag{10-20}$$

（2）弹性应变计算引起的不确定度

由式（10-2）可知，Δε 与 ε 存在一一对应关系。因此，由应变增量测量的标准不确定

度 $u(\Delta\varepsilon)$，根据以下传递公式可以计算得到弹性应变的标准不确定度：

$$u(\varepsilon)=\frac{\partial u(\varepsilon)}{\partial \Delta\varepsilon}u(\Delta\varepsilon)=c_{\varepsilon}u(\Delta\varepsilon) \tag{10-21}$$

式中，c_{ε} 称为灵敏系数，表示应变增量的不确定度 $u(\Delta\varepsilon)$ 影响弹性应变的不确定度 $u(\varepsilon)$ 的灵敏程度。当$\Delta\varepsilon$ 和ε 满足线性关系式（10-3）时，$c_{\varepsilon}=1/A$（A 为应力计算常数）。

（3）应力计算引起的不确定度

1）弹性模量引起的不确定度 $u(E)$

在利用胡克定律公式计算应力时，弹性模量 E 值的误差对结果的影响有时不能忽略，例如奥氏体不锈钢 E 值范围是 185～195GPa，合金钢 E 值范围是 200～210GPa，若不知道确切 E 值而采用估计值进行计算，可能发生的最大误差为±5%。弹性模量引起的应力计算结果不确定度符合均匀分布，因此标准不确定度为：

$$u(E)=\frac{a}{k}=\frac{5\%\sigma}{\sqrt{3}}=0.0289\sigma \tag{10-22}$$

2）泊松比引起的不确定度 $u(\nu)$

由于低合金钢材料 $\nu=0.285$，即使近似地将 ν 值取 0.3（增大约 5%），对于（$1-\nu^2$）来说，其相对误差也仅有 $(0.3^2-0.285^2)/(1-0.285^2)=0.96\%$。此外，若考虑 ν 值的影响，将给应力不确定度的计算带来很大困难，因此这里忽略 ν 对应力计算结果不确定度的影响，即将其视为常数。

3）应力计算引起的不确定度

综上，应力计算引起的标准不确定度由弹性应变计算的标准不确定度 $u(\varepsilon)$ 和弹性模量的标准不确定度 $u(E)$ 根据以下传递公式计算得到：

$$\begin{aligned}u_x(\sigma)&=\sqrt{\left(\frac{\partial\sigma_x}{\partial\varepsilon_x}\right)^2u_x^2(\varepsilon)+\left(\frac{\partial\sigma_x}{\partial\varepsilon_y}\right)^2u_y^2(\varepsilon)+\left(\frac{\partial\sigma_x}{\partial E}\right)^2u^2(E)}\\&=\sqrt{\left(\frac{E}{1-\nu^2}\right)^2u_x^2(\varepsilon)+\left(\frac{E\nu}{1-\nu^2}\right)^2u_y^2(\varepsilon)+\left(\frac{\sigma_x}{E}\right)^2u^2(E)}\end{aligned} \tag{10-23}$$

$$\begin{aligned}u_y(\sigma)&=\sqrt{\left(\frac{\partial\sigma_y}{\partial\varepsilon_x}\right)^2u_x^2(\varepsilon)+\left(\frac{\partial\sigma_y}{\partial\varepsilon_y}\right)^2u_y^2(\varepsilon)+\left(\frac{\partial\sigma_y}{\partial E}\right)^2u^2(E)}\\&=\sqrt{\left(\frac{E}{1-\nu^2}\right)^2u_y^2(\varepsilon)+\left(\frac{E\nu}{1-\nu^2}\right)^2u_x^2(\varepsilon)+\left(\frac{\sigma_y}{E}\right)^2u^2(E)}\end{aligned} \tag{10-24}$$

在上面推导中，用到了已知主应力方向的应力计算公式（10-4）。由于材料中的残余应力 σ_x、σ_y 在 MPa 数量级，而弹性模量 E 在 GPa 数量级，即 σ_x/E 和$\sigma_y/E\ll 1$，所以式（10-23）和式（10-24）中根号内的第三项可以被忽略，这样就有

$$\left.\begin{aligned}u_x(\sigma)&=\frac{E}{1-\nu^2}\sqrt{u_x^2(\varepsilon)+\nu^2u_y^2(\varepsilon)}\\u_y(\sigma)&=\frac{E}{1-\nu^2}\sqrt{u_y^2(\varepsilon)+\nu^2u_x^2(\varepsilon)}\end{aligned}\right\} \tag{10-25}$$

（4）残余应力检测的合成不确定度

残余应力检测的合成不确定度 $u_c(\sigma)$ 由弹性应变的不确定度 $u(\varepsilon)$ 和应力计算的不确定度 $u(\sigma)$，按照不确定度的传播率公式计算。然而，在前面评定应力计算的不确定度

时，已经通过传递公式计算考虑了 $u(\varepsilon)$ 的作用，因此合成不确定度即为：

$$u_{c}(\sigma)=\sigma_{x}(\sigma) \quad \text{或} \quad u_{c}(\sigma)=\sigma_{y}(\sigma) \tag{10-26}$$

从式（10-26）看出，残余应力检测的合成不确定度在两个应变计测量方向上是不同的，且大小由两方向弹性应变的不确定度 $u_x(\varepsilon)$、$u_y(\varepsilon)$ 决定［参见式(10-25)所示］。进一步地，因为弹性应变的不确定度 $u(\varepsilon)$ 与被测应变增量 $\Delta\varepsilon$ 相关［参见式(10-21)和式(10-20)所示］，所以残余应力检测的合成不确定度 $u_c(\sigma)$ 由应变增量值决定。

（5）扩展不确定度 U

在报告残余应力测量结果时，需要告知扩展不确定度 U，并表示为 $Y=y\pm U$（其中，Y 为被测量残余应力，y 为残余应力的估计值）。在采用压痕法测定残余应力时，如果取包含因子 $k=2$，则 $U=2u(\sigma)$，扩展不确定度可表示为：

$$U_{x,y}=\frac{2E}{1-\nu^{2}}\sqrt{u_{x,y}^{2}(\varepsilon)+\nu^{2}u_{y,x}^{2}(\varepsilon)} \tag{10-27}$$

（6）检测结果不确定度实例

下面针对 Q355 结构件焊缝残余应力的压痕法检测，介绍几个典型的不确定度计算结果。按照分段线性函数的式（10-3），当应力小于 0.6 屈服强度时 $\Delta\varepsilon=-225-0.24\varepsilon$，当应力大于 0.6 屈服强度时 $\Delta\varepsilon=20-0.47\varepsilon$，则灵敏系数 $c_{\varepsilon}=-4.17$ 和 -2.13。利用式（10-20）、式（10-21）、式（10-25）和式（10-27），可以得到表 10-4 结果。

表 10-4　各种应力水平下的检测结果不确定度

不确定度	单向低应力场 ($\sigma_x=100$MPa)		单向高应力场 ($\sigma_x=345$MPa)		双向低应力场 ($\sigma_x=\sigma_y=100$MPa)		双向高应力场 ($\sigma_x=\sigma_y=345$MPa)	
	$\Delta\varepsilon_x=-340$	$\Delta\varepsilon_y=-170$	$\Delta\varepsilon_x=-700$	$\Delta\varepsilon_y=50$	$\Delta\varepsilon_x=-300$	$\Delta\varepsilon_y=-300$	$\Delta\varepsilon_x=-550$	$\Delta\varepsilon_y=-550$
$u(\varepsilon)$	18.745	10.720	19.842	5.218	16.668	16.668	15.478	15.478
$u(\sigma)$	4.341	2.738	4.548	1.759	3.961	3.961	3.679	3.679
U	8.682	5.475	9.096	3.517	7.932	7.932	7.357	7.357

10.4 压痕应变法的标准与应用

10.4.1 压痕应变法的检测标准

（1）国内外压痕法检测标准概况

仪器化压痕试验是当今世界上先进的材料力学性能检测技术，具有方便快捷、近乎无损的显著特点，它除了可以测量残余应力外，还能测量硬度、弹性模量、屈服强度、抗拉强度等。国际标准化组织在 2015～2016 年期间颁布了 ISO 14577《金属材料 硬度和材料参数的仪器化压痕试验》系列标准，包括 ISO 14577.1《第 1 部分：试验方法》、ISO 14577.2《第 2 部分：试验机的检验和校准》、ISO 14577.3《第 3 部分：标准块的标定》、ISO 14577.4《第 4 部分：金属和非金属覆盖层的试验方法》，但未涉及残余应力的检测。2008 年，韩国标准协会颁布了韩国国家标准 KS B 0951—2008《钢焊缝的仪器化压痕试验——焊接接头的残余应力测量》(*Instrumented indentation tests on welds in steel——Measurement of residual stress on welded joints*)，是国际上第一个直接对压痕法残余应力检测做出规定的规范性文件。2018 年韩国对 KS B 0951 进行修订并颁布了新版标准。

我国于 2009 年颁布了国家标准 GB/T 24179—2009《金属材料 残余应力测定 压痕应变法》，较全面地对压痕法的残余应力检测做出规定。2023 年 GB/T 24179 进行了修订。除此之外，我国还在 2020 年颁布国标 GB/T 39635—2020《金属材料 仪器化压入法测定压痕拉伸性能和残余应力》，为压痕法残余应力检测的评判建立了技术依据。GB/T 24179 和 GB/T 39635 共同推动了压痕法残余应力检测的技术发展和普及应用，使我国走在该领域的世界前列。

(2) GB/T 24179—2023 标准概述

国标 GB/T 24179 适用于硬度不大于 50HRC、厚度不小于 2mm、曲率半径大于 50mm 的各种金属材料表面的残余应力测定。GB/T 24179 规定了压痕应变法测试残余应力的原理、测试设备、测量步骤、标定系数确定（包括试验数据获得、数据处理和应力计算函数拟合）及试验报告等，并附有不同测量条件下的应力计算方法，特别给出了焊缝残余应力的修正公式。

1) 测量设备和材料

为了保证残余应力测量的准确性，GB/T 24179 规定压痕法使用的应变仪应满足 JJG 623《电阻应变仪检定规程》中 1.0 级的要求。

压痕法可选用的双向或三向应变花有三种，如图 10-16 所示。应变花中的敏感栅 1 与敏感栅 3 成 90°，敏感栅 2 与敏感栅 1 成 45°或 135°。应变花电阻值为 120Ω 或 60Ω。片基厚度应在 30～60μm 之间。GB/T 24179 推荐使用的应变花的长宽尺寸是 5.0～10.0mm、敏感栅长宽尺寸是 1.0～2.0mm，比 10.2.3 (1) 中介绍的范围更宽泛。敏感栅到应变花中心（即压头中心）距离在 2.5～4.0mm。

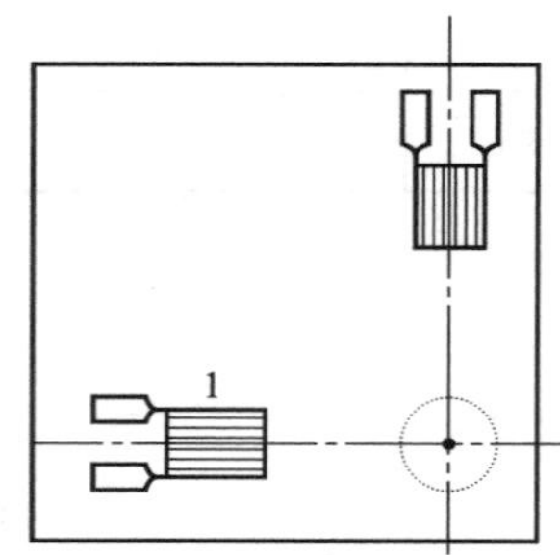

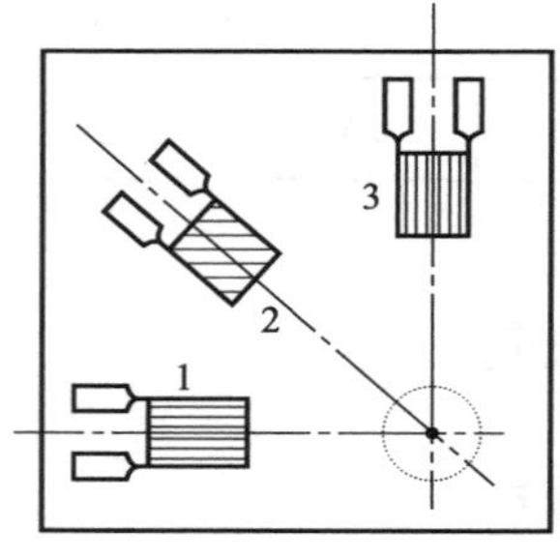

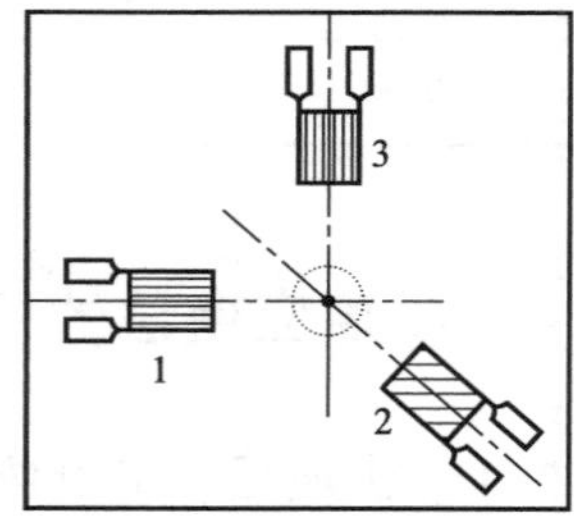

图 10-16 压痕法测量残余应力用应变花

压痕制造装置的球形压头直径范围在 1.0～3.0mm，所采用硬质合金压头应符合 GB/T 230.2《金属材料 洛氏硬度试验 第 2 部分：硬度计及压头的检验与校准》和 GB/T 231.2《金属材料 布氏硬度试验 第 2 部分：硬度计的检验与校准》中对硬质合金球的要求。压痕制造装置既可以是静力加载方式的，也可以是冲击加载方式的，无论采用何种加载方式，为确保测量过程中获得确定的压痕尺寸，标定时和实测时所用加载力或能量应相同。

2）标定方法

GB/T 24179 推荐的标定试验方法是，以 $-0.3R_{p0.2}$、0、$0.3R_{p0.2}$、$0.5R_{p0.2}$、$0.7R_{p0.2}$、$0.8R_{p0.2}$ 共 6 个加载应力制造压痕获得标定数据，并以此拟合出应力计算函数曲线。早先还有采用分段线性拟合的方法获得应力计算函数。近些年，根据对不同材料在不同应力下的塑性区分布以及应变增量随弹性应变灵敏反应区间的研究，发现标定时在 GB/T 24179 推荐 6 个标定点的基础上再增加 3 个压应力水平 $-0.8R_{p0.2}$、$-0.7R_{p0.2}$、$-0.5R_{p0.2}$，能够使 3 次方应力计算函数曲线更为精确。这是目前被广泛采用的方法。

3）与母材强度不匹配的焊缝应力计算方法

在保证各种实验技术要求的情况下，测定焊接残余应力时可能带来的误差往往由焊缝和母材的力学性能差异所造成。例如在测定焊缝中的残余应力时，由于标定所用材料一般均是同质母材，但所测焊缝处的材料往往与母材有所区别（主要是塑性延伸强度 $R_{p0.2}$ 的差别）。例如现场采用 CO_2 气体保护焊来焊接 Q235 钢，若采用 ER49-1 焊丝，则得到的熔敷金属塑性延伸强度和 Q235 母材的塑性延伸强度差别可达到 100MPa 左右，这样对焊缝的应力计算结果（σ_R^W）会产生很大影响。为解决这一问题，可借用与焊缝塑性延伸强度相等或接近材料（强度误差不大于 5%或 30MPa）的标定关系进行计算，也可直接采用原母材的标定关系，再利用母材和焊缝塑性延伸强度（分别为 $R_{p0.2}^M$ 和 $R_{p0.2}^W$）之比参照以下公式进行修正（修正前应力为 σ_R^M）：

$$\sigma_R^W=\eta\frac{R_{p0.2}^M}{R_{p0.2}^W}\sigma_R^M \tag{10-28}$$

式中，η 为与材料性质有关的修正系数，当所测位置的焊缝金属受母材稀释作用较小时可取 1，否则取 1.1。

需要指出，式（10-28）及其系数 η 并不是唯一确定的，它与采用的压痕系统和材料有关，应根据实际标定曲线的规律进行修正，必要时还需参照有限元计算结果。

4）试验报告

按照 GB/T 24179 的规定，试验报告至少包括以下内容：

① 国标 GB/T 24179 的标准编号；

② 残余应力测量结果及测点位置；

③ 测试材料（包括焊缝金属）的说明，特别应注明材料的实际塑性延伸强度。

10.4.2 压痕应变法的典型应用

由于压痕法具有微损、适于现场检测以及测量精度高和稳定性好的特点，所以在大型水电、核电、航空等领域都有大量成功的应用案例。

（1）抽水储能电站压力钢管焊接残余应力检测

某抽水储能电站压力钢管的外径为 2.8～3.8m，由厚度 54mm 的 B610CF 高强钢板、采用埋弧焊焊接而成，每节钢管的纵向（轴向）对接焊缝长度约 3m。焊口为不对称的 X 形坡口，管壁内侧为大坡口，外侧为小坡口。钢板母材的屈服强度在 600～670MPa 之间；ER60-G 焊丝的熔敷金属屈服强度为 525MPa，抗拉强度为 630MPa。工程要求对焊缝进行焊后残余应力测试，用以制定相应的消除应力措施。

压痕法测试采用 BA120-1BA-ZKY 双向应变花和 KJS-3P 型应力测试仪。对于每节钢管，选择的焊缝测试位置如图 10-17 所示。测试过程按照 GB/T 24179 标准进行。测量时将应变花的两向应变栅分别沿与焊缝平行和垂直方向粘贴。打击压痕获得应变增量输出值后，由仪器自动计算出残余应力大小，并按母材和焊缝强度进行修正。实际压痕直径约 1.1mm，压痕深度约 0.2mm。

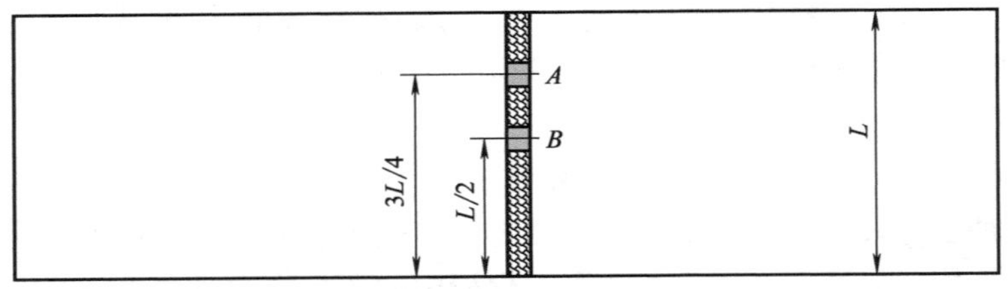

图 10-17 焊缝测点位置（钢管展开图）

焊缝残余应力测试结果见表 10-5，其中 σ_x 为平行焊缝方向的纵向应力，σ_y 为垂直焊缝方向的横向应力。从表中可以看出，焊后纵向应力无论是内表面还是外表面多数测点都在 300～550MPa 之间，而横向应力内外差别明显：外表面一般小于 300MPa，内表面数值与纵向应力相当。横向应力的这种分布情况与焊缝坡口内大外小、先焊内侧后焊外侧的工艺有关。

表 10-5 压力钢管纵缝残余应力测试结果（σ_x/σ_y） 单位：MPa

管节编号及测点位置			外表面	内表面
Y1-	7	A	273/20	503/499
		B	371/274	412/369
	10	A	361/36	630/496
		B	427/50	440/396
Y2-	4	A	445/47	510/310
		B	464/89	510/527
	6	A	341/63	399/273
		B	397/91	389/534
	9	A	213/-104	559/145
		B	377/45	414/395
Y3-	9	A	429/11	410/300
		B	525/181	530/442
	10	A	417/117	420/310
		B	366/63	430/365
Y4-	8	A	370/23	427/63
		B	432/-12	529/378
	10	A	390/-2	550/580
		B	431/16	430/390

焊接残余应力数值和分布特征取决于材料强度、钢板厚度、焊接工艺等因素。对于采用中低合金钢材制造的钢结构（包括压力钢管），焊后残余应力水平一般可达到材料的屈服强度，这一规律已在众多焊接结构中得到证实。对于在其他工程中采用 B610CF 板材制造的压力钢管，如三峡地下电站、蒲石河抽水蓄能电站、拉西瓦水电站等，测试结果均与本例类似，符合一般焊接结构的残余应力分布规律。

（2）核电结构顶盖法兰堆焊层残余应力检测

顶盖法兰的母材是直径 2600mm、厚度 480mm 的 SA-508-III 锻件，母材的屈服强度 475MPa，抗拉强度 615MPa，伸长率 26%，面缩 76%。法兰的密封面有厚度 30mm 左右、宽度 250mm 的不锈钢堆焊层。法兰的堆焊工艺是：先将母材预热至 150～200℃，然后堆焊首层 309L；首层堆焊结束后，进炉 600℃退火，300℃以下出炉冷至室温；最后再堆焊第二层 308L。被测的顶盖法兰共有 2 件，一件（2＃件）堆焊后未发现缺陷，另一件（1＃件）在母材与 309L 堆焊层的交界面出现严重剥离，发生部位在从法兰边缘往里侧约 80mm 处，剥离层的长度约 360mm 呈圆周分布。具体的检测任务是：在法兰的相同部位，采用压痕法对堆焊完好的 2＃件和出现缺陷的 1＃件测量残余应力，以期通过比对寻找造成剥离的原因。

测试采用 BA120-1BA-ZKY 和 BE120-2CA-B 双向应变花以及 KJS-3P 型应力测试仪。测量位置选在法兰母材、堆焊层表面和堆焊层边缘断面，每件法兰设置 24 个测点，参见图 10-18。需要说明的是，2＃件因为在端面处存在厚度不均匀过渡区，所以测点 2 不能测试，但测点 1、3 距过渡层为 10mm 不受影响。这样，2＃件只有 22 个测点。1＃件和 2＃件两只法兰共有 46 个测点。

将两件法兰的测试结果列于表 10-6。其中，$\Delta\varepsilon_t$ 和$\Delta\varepsilon_r$ 代表环向和径向应变，σ_t 和σ_r 代表环向和径向应力。对于堆焊层边缘处的端面测点，为方便起见，用$\Delta\varepsilon_r$ 和σ_r 代表轴向应变和轴向应力。从表中可以看出，无论是 1＃件还是 2＃件，母材测点上的最大应力已达到材料屈服点，而堆焊层表面的最大应力已超过材料屈服点；无论是母材还是堆焊层，均呈典型的二维拉伸状态，这一结果符合一般规律。总体来看，1＃件和 2＃件的应力水平相当，但 2＃件母材上的测点数值大大低于 1＃件，其原因不排除 2＃法兰的堆焊层焊角被机加去除造成应力释放所致。与其他区域相比，1＃件开裂区母材测点的应力有一定释放，但数值依然较高。在距离堆焊层边缘 20mm 范围内，母材上的应力水平比较均匀，没有明显下降的趋势，表明该区附近的拉应力区域较宽。

表 10-6 法兰堆焊层残余应力测量结果

测点区域/位置		测点编号	1＃件		2＃件	
			应变$\Delta\varepsilon_t/\Delta\varepsilon_r$	应力 σ_t/σ_r	应变$\Delta\varepsilon_t/\Delta\varepsilon_r$	应力 σ_t/σ_r
开裂区	母材	1	−567/−638	285/320	−384/−419	104/123
		2	−509/−644	247/313	−406/−597	157/257
		3	−489/−661	243/322	−394/−405	109/115
	堆焊层	1	−288/−71	96/−113	−445/−81	351/122
		2	−489/−101	397/167	−389/−58	270/15
		3	−420/−222	391/335	−582/−31	426/77

续表

测点区域/位置		测点编号	1#件		2#件	
			应变$\Delta\varepsilon_t/\Delta\varepsilon_r$	应力 σ_t/σ_r	应变$\Delta\varepsilon_t/\Delta\varepsilon_r$	应力 σ_t/σ_r
开裂区附近	母材	1	−580/−832	401/477	−528/−566	241/260
		2	−400/−786	252/404	−403/−486	133/177
		3	−489/−880	370/498	−384/−436	108/136
	堆焊层	1	−251/−53	23/−146	−504/−31	377/63
		2	−468/−146	404/246	−620/11	434/35
		3	−411/−167	352/229	−498/−115	411/194
完好区	母材	1	−422/−851	306/461	−350/−471	89/154
		2	−333/−866	250/455	−374/−362	84/77
		3	−311/−800	194/397	−386/−411	104/118
	堆焊层	1	−231/−135	7/−85	−502/−50	383/88
		2	−185/−162	−54/−75	−579/−18	420/61
		3	−465/−181	419/306	−565/−61	429/116
端面Ⅰ		1	−313/−275	216/167	−340/−256	273/229
		2	−347/−265	291/261	—	—
		3	−338/−302	290/297	−384/−67	266/18
端面Ⅱ		1	−397/−302	387/397	−328/−279	259/235
		2	−333/−207	232/117	—	—
		3	−341/−180	235/91	−351/−221	279/196

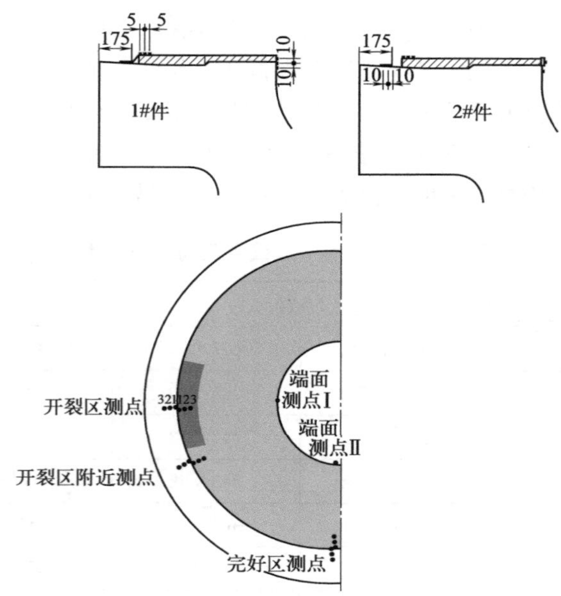

图 10-18　残余应力检测位置示意图

思考题

1. 压痕应变法的适用对象是什么？

2. 简述压痕应变法的基本原理。

3. 如何通过标定试验获得压痕应变法的应力计算函数？

4. 压痕应变法一般测试的残余应力区域是多大？

5. 压痕应变法选择应变花的原则是什么？

6. 压痕应变法测试残余应力时的主要步骤是什么？

7. 在利用压痕应变法测试残余应力时，一般情况下，压痕大小与材料的哪些力学性能参数有关？

8. 压痕应变法有哪些特点？

9. 压痕应变法的主要误差来源有哪些？

10. 测量焊缝残余应力时，如果焊缝性能与母材性能相差较大，如何利用母材的应力计算函数来测量焊缝应力？

11. 简述应力计算函数的定义与作用。

12. 在测试残余应力时，若应变花粘贴角度与预判角度存在5°偏差，测试结果是否需要修正？理由是什么？

13. 采用压痕应变法测量一个未经过任何处理的原始状态焊缝表面的残余应力，测试结果为−213MPa。试分析结果是否正确，并请说明理由。

参考文献

[1] Blain P A. Influence of Residual Stress on Hardness [J]. Metal Progress，1957 (71)：99-100.

[2] Frankel J，Abbate A，Scholz W. The effect of residual stresses on hardness measurements [J]. Experimental Mechanics，1993 (33)：164-168.

[3] Tsui T Y，Oliver W C，Pharr G M. Influence of stress on the measurement of mechanical properties using nanoindentation：Part Ⅰ：Experimental studies in an Aluminum alloy [J]. Journal of Materials Research，1996 (11)：752-759.

[4] Bolshakov A，Oliver W C，Pharr G M. Influence of stress on the measurement of mechanical properties using nanoindentation：Part Ⅱ：Finite element simulations [J]. Journal of Materials Research，1996 (11)：760-768.

[5] 约翰逊. 接触力学 [M]. 徐秉业，译. 北京：高等教育出版社，1992.

[6] Underwood J. H. Residual-stress measurement using surface displacement around an indentation [J]. Experimental Mechanics，1972，13 (9)：373-380.

[7] 陈亮山，董秀中，潘兴. 冲击压痕测定残余应力研究 [C]//第七届全国焊接学术会议论文集 (5). 青岛：中国机械工程学会焊接学会，1993：21-24.

[8] 曲鹏程. 屈服强度对压痕应变法测量残余应力的影响 [D]. 沈阳：中国科学院研究生院，2006.

[9] 孟宪陆. 不同应力场中压痕应变法的数值模拟 [D]. 中国科学院研究生院，2007.

[10] 陈静，黄春玲，陈怀宁. 三点弯曲标定试验中双向主应变之间的关系 [J]. 兵器材料科学与工程，2008，31 (6)：37-40.

[11] 陈静，阚盈，姜云禄，等. 压痕应变法应力计算常数的数值模拟 [J]. 焊接学报，2019，40 (1)：147-150.

[12] 陈静，阚盈，姜云禄，等. 压痕应变法应力计算函数与低合金钢力学性能关系 [J]. 焊接学报，2019，40 (7)：

133-138.

［13］ 中国国家标准化管理委员会. 金属材料 残余应力测定 压痕应变法：GB/T 24179—2023［S］. 北京：中国标准出版社，2023.

［14］ 陈怀宁，胡凯雄，吴昌忠. 压痕应变法测量残余应力的不确定度分析［J］. 中国测试技术，2010，36（1）：24-27.

第三部分
残余应力无损检测技术

第11章　残余应力的X射线衍射法检测技术
第12章　残余应力的中子衍射法检测技术
第13章　残余应力的超声法检测技术
第14章　残余应力的磁测法检测技术

第11章 Chapter Eleven

残余应力的X射线衍射法检测技术

X 射线衍射法是利用 X 射线穿透金属晶格时发生衍射，并根据布拉格定律测量材料由于晶格间距变化所产生的应变进而计算出残余应力。X 射线衍射法是一种适用于晶体材料（即金属）的检测技术，且只能测量材料表面的残余应力。

11.1 X 射线衍射法基础知识

11.1.1 X 射线衍射法的发展简史

X 射线于 19 世纪末期由伦琴首先发现。1912 年德国物理学家劳厄提出了 X 射线会和晶体产生衍射的现象。1913 年英国物理学家布拉格父子提出了著名的布拉格方程，建立了晶面间距与衍射角的关系，为 X 射线衍射方法测试残余应力奠定了基础。

通过 X 射线衍射测定残余应力的基本原理最早由当时苏联科学家阿克先诺夫 Аксенов 于 1929 年提出，他认为一定应力状态引起的晶格应变和按弹性理论推导出的宏观应变是一致的，基于布拉格定律，材料内部的晶格应变可以通过 X 射线衍射方法测量获得，再由胡克定律即可计算得到宏观残余应力。1961 年，联邦德国学者 E. Macherauch 提出了一种基于 X 射线法的残余应力测定方法——$\sin^2\Psi$ 法，并逐渐成为 X 射线测试的标准方法。随后，Gloeker 将其简化成 0°～45°法，在工业实际中得到广泛应用。

直到 X 射线技术发展多年后的今天，世界上主流方法依然是 $\sin^2\Psi$ 法。加拿大 Proto、法国 MRX 等企业依据该方法，开发出了许多 X 射线衍射残余应力测定设备。与此同时，伴随 X 射线衍射技术的发展，不同的 X 射线测定方法也涌现出来。平修二、田中启介等人提出了借助德拜环上的衍射信息进行残余应力计算的 $\cos\alpha$ 法，对于特殊形状的工件和存在织构的材料，即使不能获得完整的德拜环也能计算出残余应力。2012 年，日本 Pulstec 公司研制出了世界上首款基于 $\cos\alpha$ 法的二维面探式 X 射线残余应力仪，兼具晶粒均匀性、材料织构、残余奥氏体分析的功能。

在我国，2003 年中国西南技术工程研究所采用重金属 W 靶 X 射线管作为射线源，研发出短波长 X 射线衍射应力仪，该仪器采用独特的射线单色光技术，使 X 射线在样品中的强度衰减大大减小，针对镁合金的穿透深度可达厘米级。

11.1.2 布拉格定律与X射线检测原理

X射线衍射法的机理是基于材料晶面间距的大小和变化。当材料受到拉伸应力时，晶粒内部的原子发生相对运动，晶面间距发生变化。当晶粒的取向平行于拉伸应力方向时，晶面间距减小；当晶体取向垂直于应力方向时，晶面间距则会增大。因此，如果可以通过实验方法测得同一晶面族的各个不同方位的晶粒的晶面间距，再结合弹性力学的胡克定律，便可以求得多晶材料内部的残余应力。

晶粒内的每个平行原子平面都具有镜面反射作用，当X射线束发射进入晶体内部时，遇到原子平面会发生反射。在这种类似镜子的镜面反射中，其反射角等于入射角。如果一束X射线与晶面成θ夹角照射到多晶体上，如图11-1所示，假设平行晶面的间距为d，则相邻平行晶面反射的射线行程差是$2d\sin\theta$。当行程差是波长λ的整数倍时，来自相继平面的反射波发生相长干涉，X射线的强度出现极大值（即衍射峰），这就是描述X射线衍射现象的布拉格定律。布拉格定律用公式表达为：

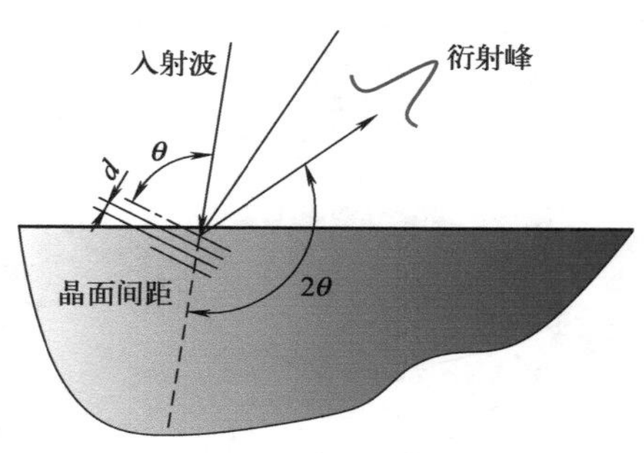

图11-1 晶面的X射线衍射

$$2d\sin\theta=n\lambda \tag{11-1}$$

习惯上，将θ角称为布拉格角，将入射X射线的延长线与衍射线之间的夹角2θ称为晶面的衍射角，亦即衍射峰位角。

关于X射线衍射对布拉格公式的使用有两点需要说明。由式（11-1）可知$\sin\theta\leqslant1$，因此当入射光的波长$\lambda<2d$时才能满足衍射条件，反过来，只有晶面间距$d>\dfrac{\lambda}{2}$时才能发生衍射；推导拉格公式的前提是简单理想晶体，但在实际测试中，有些晶体不只是简单的平面点阵，所以导致衍射强度较低。

通过相长干涉得到的晶面衍射峰，在材料受到弹性力的作用后，由于晶格的应变导致发生位移，如图11-2所示。布拉格公式反映了晶面间距和衍射角的关系，它的微分形式则表明了衍射角变化和材料应变的关系：

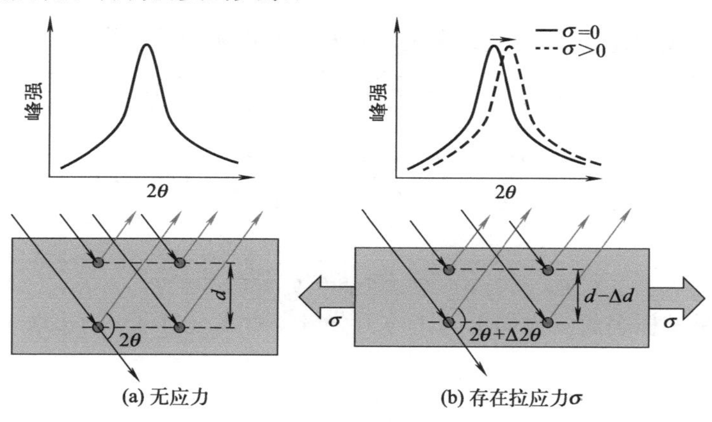

图11-2 残余应力的X射线衍射检测原理

$$\varepsilon = \frac{\Delta d}{d} = -(\theta - \theta_0)\frac{1}{\tan\theta_0} \tag{11-2}$$

X 射线衍射法是建立在布拉格方程基础上的残余应力检测方法。X 射线衍射法的基本原理是，材料原子的周期性阵列使入射的 X 射线发生相长干涉形成衍射峰，根据衍射峰的位置来测量原子间距的变化，进而得到材料受到残余应力的大小。

根据数据采集及处理方式的不同，X 射线法衍生出多种技术形式，其中使用最多的是 $\sin^2\Psi$ 法和 $\cos\alpha$ 法。

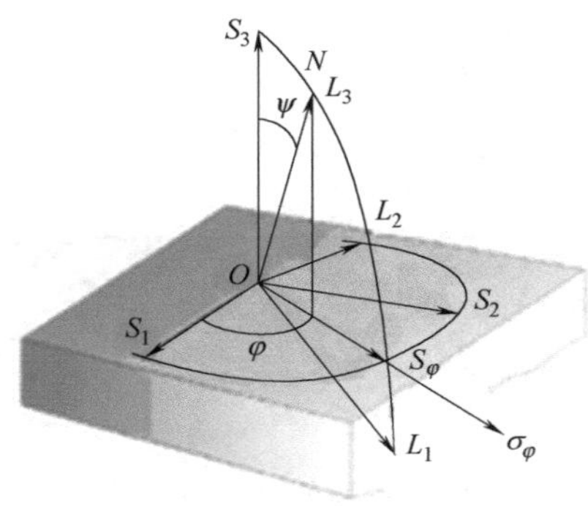

图 11-3　X 射线应力测试坐标系统

(1) $\sin^2\Psi$ 法

首先建立如图 11-3 所示的以 S_1、S_2、S_3 为坐标轴的直角坐标系和以 L_1、L_2、L_3 为坐标轴的直角坐标系。S_1、S_2、S_3 称为试样坐标系，其中 S_3 为垂直于试样表面的坐标轴，即试样表面的法线；L_1、L_2、L_3 称为实验室坐标系，其中 L_3 为在 X 射线应力测试中，将 ON 选定为材料中衍射晶面 $\{hkl\}$ 的法线方向，亦即入射光束和衍射光束的角平分线。此外，在图 11-3 中：O 是试样表面上的一个点；ON 是空间某一方向；Ψ 是衍射晶面方位角，即衍射晶面 $\{hkl\}$ 法线与试样法线 S_3 的夹角；S_φ 是 ON 在试样平面上的投影所在方向，亦即平面应力 σ_φ 的方向。

假设被测材料宏观各向同性，根据弹性力学原理和广义胡克定律，O 点由 φ 和 Ψ 确定的 ON 方向上的应变是由 O 点的三个方向上的应力决定的，其关系如下式所示：

$$\varepsilon_{\varphi\Psi}^{\{hkl\}} = \frac{1+\nu^{\{hkl\}}}{E^{\{hkl\}}}\begin{bmatrix}(\sigma_1\cos^2\varphi + \sigma_2\sin^2\varphi + \tau_{12}\sin2\varphi)\sin^2\Psi + \\ (\tau_{13}\cos\varphi + \tau_{23}\sin\varphi)\sin2\Psi + \sigma_3\cos^2\Psi\end{bmatrix} - \frac{\nu^{\{hkl\}}}{E^{\{hkl\}}}(\sigma_1+\sigma_2+\sigma_3) \tag{11-3}$$

式中：$\varepsilon_{\varphi\Psi}^{\{hkl\}}$ 为材料 O 点上由 φ 和 Ψ 确定的 $\{hkl\}$ 晶面 ON 方向上的应变；σ_1、σ_2、σ_3 为 O 点在坐标 S_1、S_2、S_3 方向上的正应力分量；τ_{12} 为 O 点以 S_1 为法线的平面上 S_2 方向的切应力；τ_{13} 为 O 点以 S_1 为法线的平面上 S_3 方向的切应力；τ_{23} 为 O 点以 S_2 为法线的平面上 S_3 方向的切应力；$\nu^{\{hkl\}}$ 为 $\{hkl\}$ 晶面的泊松比；$E^{\{hkl\}}$ 为 $\{hkl\}$ 晶面的弹性模量。

对于大多数材料来说，X 射线的穿透深度只有几微米至几十微米，因此可以将材料表面的应力视为二维应力，法向方向应力为零，即 $\sigma_3 = \tau_{13} = \tau_{23} = 0$。这样，式 (11-3) 简化为：

$$\varepsilon_{\varphi\Psi}^{\{hkl\}} = \frac{1+\nu^{\{hkl\}}}{E^{\{hkl\}}}\sigma_\varphi\sin^2\Psi - \frac{\nu^{\{hkl\}}}{E^{\{hkl\}}}(\sigma_1+\sigma_2) \tag{11-4}$$

其中

$$\sigma_\varphi = \sigma_1\cos^2\varphi + \sigma_2\sin^2\varphi + \tau_{12}\sin^2\varphi \tag{11-5}$$

式中的 σ_φ 是试样表面 φ 方向上的正应力分量。对式 (11-4) 两边取 $\sin^2\Psi$ 的偏微分，得到：

$$\sigma_\varphi = \frac{E^{\{hkl\}}}{1+\nu^{\{hkl\}}} \times \frac{\partial\varepsilon_{\varphi\Psi}^{\{hkl\}}}{\partial\sin^2\Psi} \tag{11-6}$$

从式（11-6）可以看出，φ 方向的残余应力值 σ_{φ} 就是 $\varepsilon_{\varphi\Psi}^{\{hkl\}}$-$\sin^2\Psi$ 直线的斜率 $\frac{\partial \varepsilon_{\varphi\Psi}^{\{hkl\}}}{\partial \sin^2\Psi}$ 与 $\frac{E^{\{hkl\}}}{1+\nu^{\{hkl\}}}$ 的乘积。当材料存在应力、晶面间距发生改变时，只要测量不同 Ψ 角的 $\varepsilon_{\varphi\Psi}^{\{hkl\}}$ 并拟合出 $\varepsilon_{\varphi\Psi}^{\{hkl\}}$-$\sin^2\Psi$ 直线，根据直线的斜率 $\frac{\partial \varepsilon_{\varphi\Psi}^{\{hkl\}}}{\partial \sin^2\Psi}$，按照式（11-6）就可计算得到应力 σ_{φ}。

如果将布拉格定律的微分公式（11-2）代入式（11-6），并注意将角度的单位换算成弧度，则可以得到：

$$\sigma_{\varphi}=-\frac{\pi}{360}\times\frac{E^{\{hkl\}}}{1+\nu^{\{hkl\}}}\cot\theta_0\times\frac{\partial 2\theta_{\varphi\Psi}}{\partial \sin^2\Psi}=K\frac{\partial 2\theta_{\varphi\Psi}}{\partial \sin^2\Psi} \tag{11-7}$$

其中

$$K=-\frac{\pi}{360}\times\frac{E^{\{hkl\}}}{1+\nu^{\{hkl\}}}\cot\theta_0 \tag{11-8}$$

式中，K 称为X射线应力常数，单位为MPa。

从式（11-7）不难看出，$\frac{\partial 2\theta_{\varphi\Psi}}{\partial \sin^2\Psi}$ 就是 $2\theta_{\varphi\Psi}$- $\sin^2\Psi$ 直线的斜率。比照上面式（11-6）的方法，只要测量不同 Ψ 角的衍射峰位角 $2\theta_{\varphi\Psi}$ 并拟合出 $2\theta_{\varphi\Psi}$- $\sin^2\Psi$ 直线，然后将直线的斜率 $\frac{\partial 2\theta_{\varphi\Psi}}{\partial \sin^2\Psi}$ 与应力常数 K 相乘就可计算得到应力 σ_{φ}。

式（11-6）和式（11-7）是 $\sin^2\Psi$ 法检测残余应力的基本公式。

（2）cosα 法

cosα 法是一种X射线二维面探的残余应力测试方法。cosα 法在机理上与传统线探的 $\sin^2\Psi$ 法一致，都是通过衍射角和应变之间的布拉格方程关系来计算残余应力。两者的区别在于一维线探需要改变测试角度进行多次测量；二维面探只需要在 Ψ_0 角下单次曝光，并测试二维平面上的衍射峰位角变化，就能计算出测试方向 φ_0 上的残余应力。

cosα 法的原理是采用中心开孔的二维面阵探测器，X射线穿过中心圆孔照射到样品上发生晶面反射，反射波产生衍射在面阵探测器上形成德拜环，如图11-4所示，面阵探测器通过捕获德拜环上相关衍射峰的信息，即可实现对残余应力的计算。

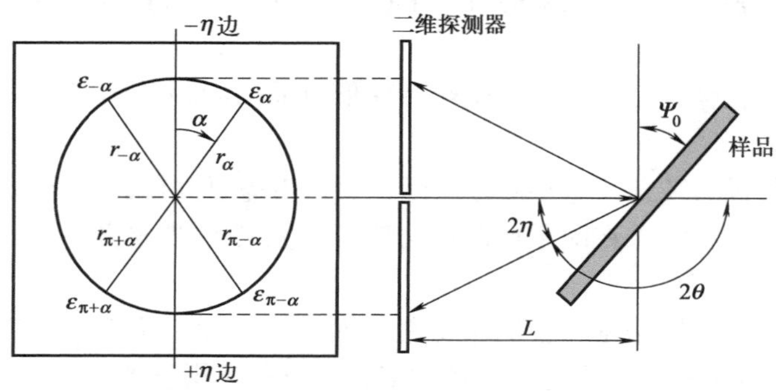

图11-4　cosα 法衍射原理

当样品处于无应力状态时，面阵探测器接收到的德拜环信号是理想的圆形。但当样品存在残余应力后，探测器接收到的信号会发生偏移。当样品在平面应力作用下，沿德拜环圆周角 α 方向发生法向应变时，按如图 11-4 所示定义的 α_1、α_2 有：

$$\left.\begin{aligned}\varepsilon_{\alpha1}&=\frac{1}{2}[(\varepsilon_{\alpha}-\varepsilon_{\pi+\alpha})+(\varepsilon_{-\alpha}-\varepsilon_{\pi-\alpha})]\\ \varepsilon_{\alpha2}&=\frac{1}{2}[(\varepsilon_{\alpha}-\varepsilon_{\pi+\alpha})-(\varepsilon_{-\alpha}-\varepsilon_{\pi-\alpha})]\end{aligned}\right\}\tag{11-9}$$

利用胡克定律可以推导出以下应力方程：

$$\left.\begin{aligned}\varepsilon_{\alpha1}&=-\frac{1+\nu}{E}(\sigma_x\sin2\Psi_0+2\tau_{xz}\cos2\Psi_0)\sin2\eta\cos\alpha\\ \varepsilon_{\alpha2}&=2\frac{1+\nu}{E}(\tau_{xy}\sin\Psi_0+2\tau_{yz}\cos\Psi_0)\sin2\eta\sin\alpha\end{aligned}\right\}\tag{11-10}$$

式（11-10）中，2η 是入射线与衍射线之间夹角且与衍射角 2θ 互补，Ψ_0 是入射线与样品表面法线之间的夹角。

在平面应力状态下，样品表面法线方向的剪切应力 $\tau_{xz}=\tau_{yz}=0$，将式（11-10）的 $\varepsilon_{\alpha1}$、$\varepsilon_{\alpha2}$ 分别对 $\cos\alpha$、$\sin\alpha$ 做偏导，可推导出样品表面的残余应力计算公式：

$$\left.\begin{aligned}\sigma_x&=-\frac{E}{1+\nu}\times\frac{1}{\sin2\eta\times\sin2\Psi_0}\times\frac{\partial\varepsilon_{\alpha1}}{\partial\cos\alpha}\\ \tau_{xy}&=\frac{E}{2(1+\nu)}\times\frac{1}{\sin2\eta\times\sin2\Psi_0}\times\frac{\partial\varepsilon_{\alpha2}}{\partial\sin\alpha}\end{aligned}\right\}\tag{11-11}$$

$\cos\alpha$ 法通过单次曝光，用一个 X 射线衍射图像计算选定方向的残余应力，因此它的测量时间短；又由于测试时样品位置和光束位置固定，所以不存在机械旋转带来的测量误差；还由于入射角固定，所以测试深度不变。

11.1.3 X 射线衍射法的特点

X 射线衍射法发展至今，由于其鲜明的特点，在工程和科学研究中得到了广泛应用，已成为一种不可或缺的残余应力测试手段。

（1）X 射线衍射法的优点

① 测量精度高　X 射线法的理论成熟，测量结果准确、可靠。与其他方法相比，X 射线法在应力测量的定性定量方面有令人满意的可信度。

② 空间分辨力强　X 射线光束的直径能够控制在 0.2～3mm 以内，可以测量很小范围内的应变。

③ 检测纯弹性应变　由于材料发生塑性变形时晶面间距并不变化，所以 X 射线法检测的是纯弹性应变。

④ 无须制备样品　X 射线直接测量实际工件，不需要进行标定试验。

⑤ 无损检测　X 射线法在测量样品应力时不会对样品造成损伤，是一种非破坏性的检测方法。

⑥ 表面检测　X 射线法是一种测量材料表面及近表面二维残余应力分布的技术。如果要测量沿深度方向分布的残余应力，需要对材料进行逐层腐蚀和逐层测试。

⑦ 适用晶体材料　X 射线法广泛用于包括航空航天、核工业、轨道交通、特种设备

在内的各个领域重要用途金属的残余应力测试。

⑧ 既可测量宏观内应力、也可测量微观内应力　X 射线法除能检测残余应力外，还能检测微观结构（第二类）应力和晶内亚结构（第三类）应力。

（2）X 射线衍射法的不足

① 穿透深度有限　X 射线对常见钢铁材料的穿透深度在 10μm 左右。若要测量深层应力分布，需要对材料进行剥层处理，这不仅损害了 X 射线法的无损检测本质，还将导致部分应力松弛和产生附加应力场，影响测量精度。

② 设备复杂、昂贵　无论是一维线探还是二维面探 X 射线设备，均造价不菲。

③ 表面状态对测量结果影响大　被测样品表面的测试点需要进行精细抛光，粗糙度 $Ra<10\mu m$。

④ 测量精度易受微观组织影响　当被测样品微观组织存在大晶粒或者强织构等情况，不能给出明锐的衍射峰时，测量结果的不确定度显著增大。

11.2　X 射线衍射法的检测方法和检测设备

11.2.1　X 射线衍射法的主要检测方法

X 射线法是使用 X 射线衍射装置，在指定的 φ 角方向和若干 Ψ 角之下分别测定衍射角 2θ（或由此进一步求出应变 $\varepsilon_{\varphi\Psi}$），然后计算应力。

根据应力方向平面（衍射晶面方位角 Ψ 所在的平面，也称 Ψ 平面）和扫描平面（入射线与被探测器接收的衍射线所组成的平面，也称 2θ 平面）的相互关系，X 射线应力测量方法可分为同倾法和侧倾法两种。同倾法的衍射几何特点是 Ψ 平面与 2θ 平面重合，同倾法又分为固定 Ψ_0 法和固定 Ψ 法两种；侧倾法的衍射几何特点是 Ψ 平面与 2θ 平面垂直，侧倾法又派生出双线阵探测器法和固定 Ψ 法两种。

在介绍 X 射线应力检测方法时用到的基本角度关系如图 11-5 或图 11-6 所示。图 11-5 按照 X 射线衍射仪的结构规定了试样表面法线 OZ、应力方向 OX、入射角 Ψ_0、衍射角 2θ、衍射晶面法线 ON、η 角［X 射线相对于法线 ON 的入射角和反射角，且 $\eta=(180°-$

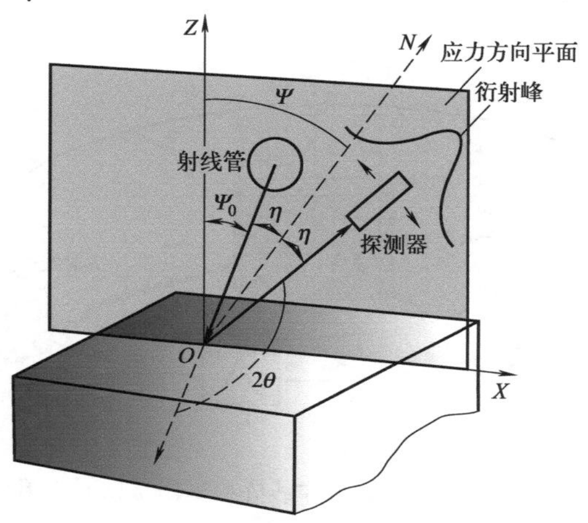

图 11-5　X 射线应力分析的主要角度关系（暨同倾固定 Ψ_0 法）示意图

$2\theta)/2]$、应力方向平面（Ψ 平面）等参量的关系。图 11-6 则按照 X 射线衍射仪的测试原理，使用试样坐标和实验室坐标联合表述有关角度和旋转轴的关系，其中：χ 是扫描平面相对于试样表面法线的夹角，χ_R 是 χ 轴旋转的角度；ω 是在 $\chi=0$ 即扫描平面垂直于试样表面的条件下入射 X 射线与试样表面之间的夹角，ω_R 是 ω 轴旋转的角度；φ 是衍射晶面法线在试样平面的投影与试样平面上某一指定方向之夹角，φ_R 是 φ 轴旋转的角度。

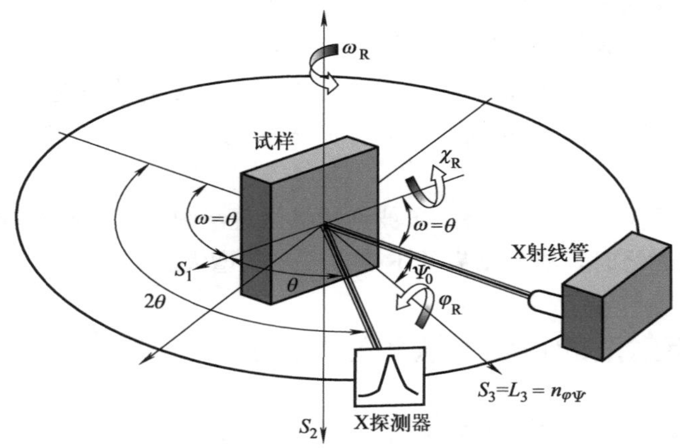

图 11-6　ω 法的 $\omega=\theta$ 和 $\omega=0$ 状态暨 χ 法的 $\Psi=0$ 状态示意图

（1）同倾固定 Ψ_0 法（ω 法）

同倾法即应力方向平面与扫描平面相重合的应力测试方法；固定 Ψ_0 法是探测器工作时入射角 Ψ_0 保持不变的应力测试方法。同倾固定 Ψ_0 法是同倾法与固定 Ψ_0 法相结合的测试方法，如图 11-7、图 11-8 所示。同倾固定 Ψ_0 法所用仪器结构比较简单，对标定距离设置误差的宽容度较大。

图 11-5 描述的是探测器扫描的同倾固定 Ψ_0 法，在这种条件下

$$\left.\begin{aligned}\Psi &= \Psi_0 + \eta \\ \eta &= \frac{180^\circ - 2\theta}{2}\end{aligned}\right\} \tag{11-12}$$

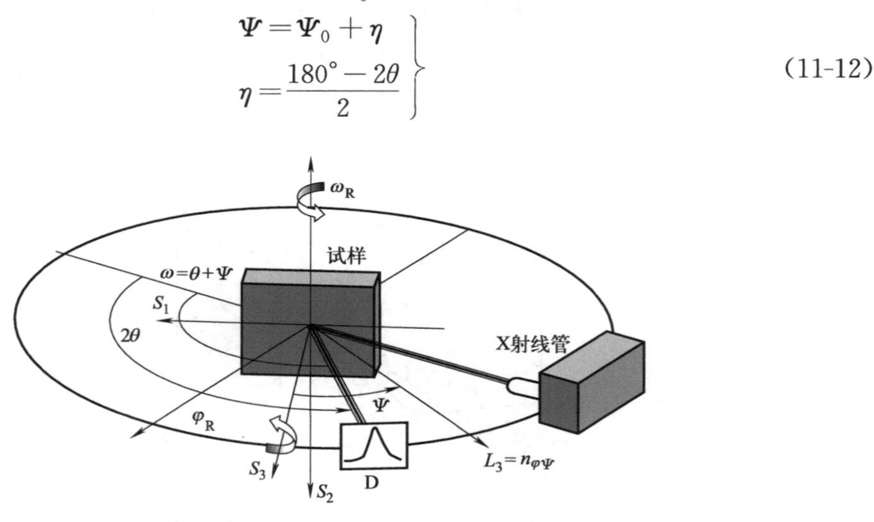

图 11-7　同倾固定 Ψ_0 法（单线阵探测器 ω 法）衍射仪图示

图 11-7 描述了采用线阵探测器的同倾固定 Ψ_0 法（ω 法）。此时 $\omega=90°-\Psi_0$，所以若 $\Psi=0$，则 $\omega=\theta$（如图 11-6 所示）；若 $\Psi>0$，则 $\omega=\theta+\Psi$（如图 11-5 所示）；若 $\Psi<0$，则 $\omega=\theta-|\Psi|$。

图 11-8 描述了利用两个线阵探测器对称分布于入射线两侧接收反射线的 ω 法，也符合同倾固定 Ψ_0 法的要求。对应于每一个 Ψ_0 角均可以同时得到对应于不同 Ψ_0 角（Ψ_1 和 Ψ_2）的两个衍射峰，这样的方法可以提高测试工效。

$$\left.\begin{aligned}\Psi_1&=\Psi_0-\eta\\ \Psi_2&=\Psi_0+\eta\end{aligned}\right\}\qquad(11\text{-}13)$$

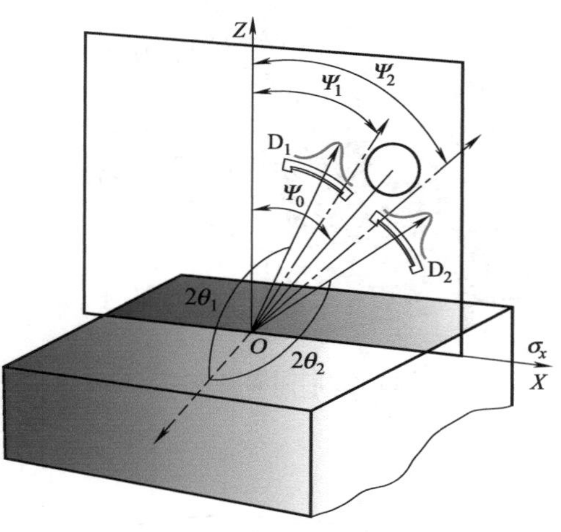

图 11-8　同倾固定 Ψ_0 法（双线阵探测器 ω 法）

在图 11-8 中，D_1 是左线阵探测器，$2\theta_1$ 是左线阵探测器测得的衍射角，Ψ_1 是 $2\theta_1$ 对应的衍射晶面方位角，D_2 是右线阵探测器，$2\theta_2$ 是右线阵探测器测得的衍射角，Ψ_2 是 $2\theta_2$ 对应的衍射晶面方位角。

（2）同倾固定 Ψ 法（θ-2θ 扫描法）

固定 Ψ 法是将探测器和 X 射线管同步等量相向作 θ-θ 扫描，或作 θ-2θ 扫描，使得在获得一条衍射曲线数据的过程中 Ψ 角保持不变，亦即参与衍射的晶粒群固定不变的应力测试方法。就应力分析的 $\sin^2\Psi$ 法原理而言，固定 Ψ 法具有更加明晰的物理意义，对于具有轻微织构或晶粒稍微粗大的材料，此方法可以显示其优势，因为该方法可以在一定程度上避免因参加衍射晶粒群的改换和参加衍射晶粒数目的变化而致使衍射峰发生畸变。

所谓 θ-θ 扫描是入射线和接收线同步相向改变一个相同的微动角度 $\Delta\theta$，二者合成一个 $\Delta 2\theta$-2θ 扫描步距。

所谓 θ-2θ 扫描是在扫描起始时，使入射线和接收线相对于选定的晶面法线对称；在扫描的每一步接收 X 射线时，先使 X 射线管和探测器一起沿一个方向改变一个步距 $\Delta\theta$，然后探测器再向反方向改变一个 2 倍的 $\Delta\theta$（步距角为 $\Delta 2\theta$），以保证在接收衍射线的时刻，二者处在关于选定的晶面法线对称的状态。

同倾固定 Ψ 法的要点是在同倾的条件下，X 射线管和探测器在扫描寻峰过程中，无论是相向而行或是先同向后相反而行，在采集数据时均相对于选定的晶面法线 ON 对称。如图 11-9 所示。

（3）侧倾法（χ 法）

侧倾法（χ 法）是应力方向平面与扫描平面相互垂直的应力测试方法。在测试过程中，2θ 平面绕 χ 轴相对转动（如图 11-10 和图 11-11 所示），它与试样表面法线之间形成的倾角即 Ψ 角。

侧倾法（χ 法）的特点是衍射峰的吸收因子作用很小，有利于提高测试精度；2θ 范围与 Ψ 范围可以根据需要充分展开；需要时，对于某些材料可以使用峰位较低的衍射线（例如峰位在 145°之下）测试应力；对于某些形状的工件或特殊的测试部位具有更好的适应性。

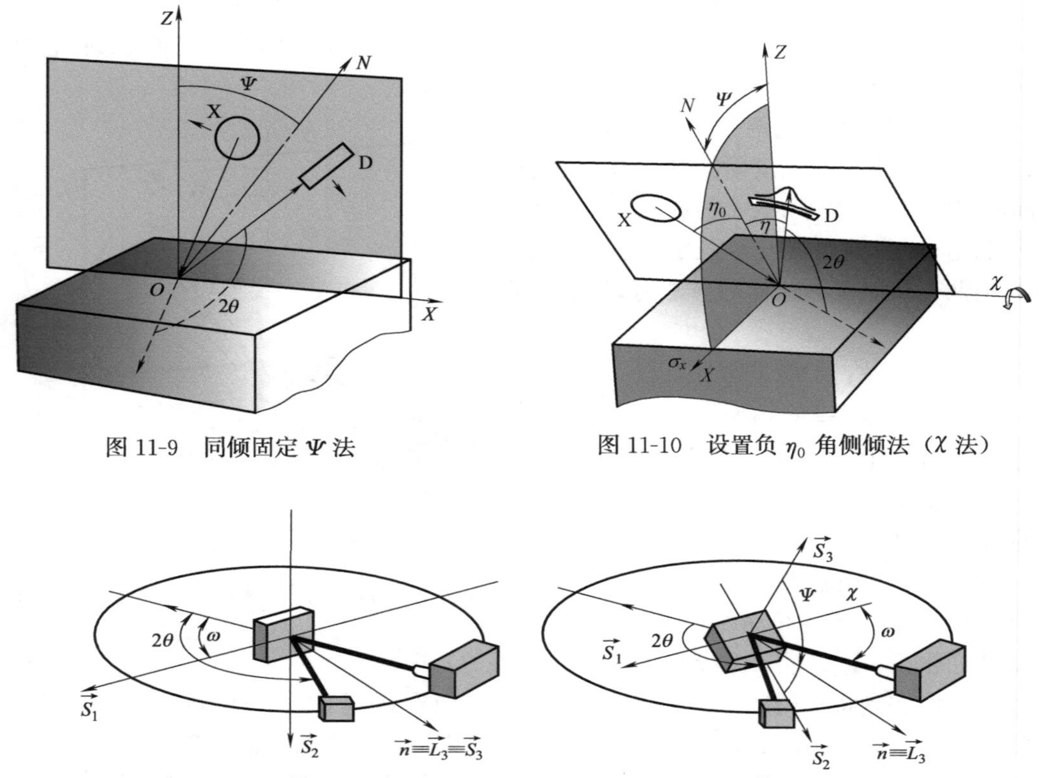

图 11-9　同倾固定 Ψ 法

图 11-10　设置负 η_0 角侧倾法（χ 法）

图 11-11　侧倾法（χ 法）的衍射仪图示

使用线阵探测器的侧倾法如图 11-10 和图 11-11 所示。在图 11-10 中，OZ 是 O 点试样表面法线，ON 是衍射晶面法线，OX 是应力方向，η_0 是参考试样无应力状态的 η 角，2θ 是衍射角，χ 是 2θ 平面转轴，$\boldsymbol{\Psi}$ 是衍射晶面方位角。在图 11-11 中，S_1、S_2、S_3 是试样坐标系，L_1、L_2、L_3 是实验室坐标系，$\vec{n}$ 是衍射晶面法线，2θ 是衍射角，χ 是 2θ 平面转轴，$\boldsymbol{\Psi}$ 是衍射晶面方位角。

图 11-10 和图 11-11 的布置又可称为有倾角（意为 X 射线偏离 OXZ 平面）侧倾法。以图 11-10 为例，在 2θ 平面里，右侧设置一个线阵位敏探测器 D，探测器的中心接收线与垂直于试样表面的 OXZ 平面呈 η_0 角；左侧则设置入射线，使之与 OXZ 平面呈 η_0 角，于是衍射晶面法线名义上在 OXZ 平面（$\boldsymbol{\Psi}$ 平面）以内，2θ 平面与试样表面法线的夹角直观地呈现为 $\boldsymbol{\Psi}$ 角。图 11-11 按衍射仪的结构采用试样坐标和实验室坐标联合表述了侧倾法（χ 法），$\omega=\theta$ 等同于设置负 η_0 角。在图 11-11（a）中衍射晶面法线 $\vec{n}$ 、试样坐标轴 S_3 和实验室坐标轴 L_3 重合，$\boldsymbol{\Psi}=0$；而图 11-11（b）表明试样绕 χ 轴转动之后，试样坐标轴 S_3 与衍射晶面法线 $\vec{n}$ 、实验室坐标轴 L_3 之间夹角为 $\boldsymbol{\Psi}$ 角。

（4）双线阵探测器侧倾法（修正 χ 法）

双线阵探测器侧倾法的几何布置如图 11-12 和图 11-13 所示。以图 11-12 为例，在 2θ 平面里入射线在垂直于试样表面的OXZ 平面内，而两个线阵探测器 $\mathrm{D_L}$ 和 $\mathrm{D_R}$ 对称地分布

于入射线 ON 两侧。值得注意的是，在此情况下衍射晶面法线 ON_L 和 ON_R 并不在 OXZ 平面以内，入射线以及 2θ 平面与试样表面法线的夹角为 Ψ_0 角（或称 χ 角）而非 Ψ 角。图 11-13 按照衍射仪的结构使用实验室坐标和试样坐标联合表述了双线阵探测器侧倾法。图中（b）两条弧形箭头指示出左右两个真实的 Ψ 角（$2\theta_L$ 是左探测器测得的衍射角，$2\theta_R$ 是右探测器测得的衍射角），明确了 Ψ 角和 χ 角物理意义的区别。在绕 χ 轴改变 Ψ_0 角的过程中，对应于左右两个探测器的衍射晶面法线的轨迹分别构成圆锥面；图中（c）为衍射的极射赤面投影图，清晰描述了在改变 χ 角的过程中衍射晶面法线的移动轨迹（参见实心圆点。注：实心圆点•代表衍射晶面法线；空心圆点∘代表衍射线）。在这种情况下：

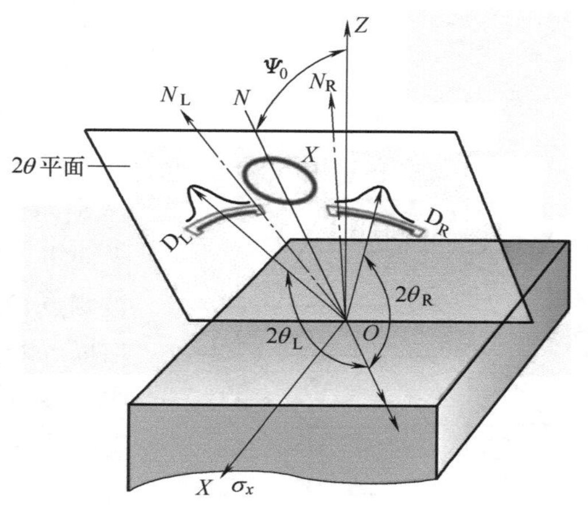

图 11-12 双线阵探测器侧倾法（修正 χ 法）

$$\Psi=\cos^{-1}(\cos\Psi_0\sin\theta) \tag{11-14}$$

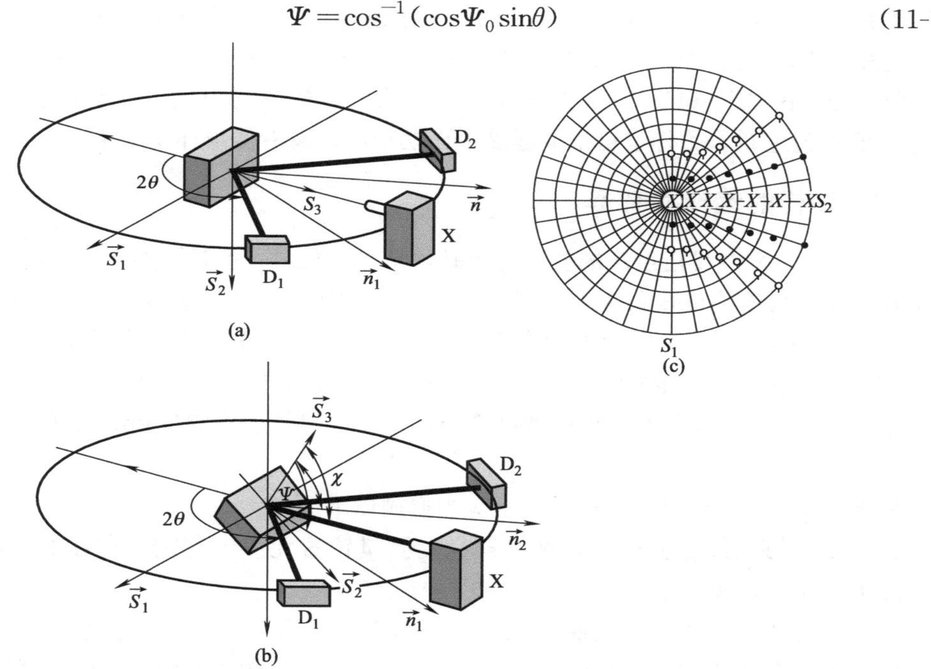

图 11-13 双线阵探测器侧倾法（修正 χ 法）的衍射仪图示

取两个探测器测得的应变的平均值，用于计算其对于 $\sin^2\Psi_0$ 的斜率，修正后方可得到正确的应力值。设两个探测器测得的应变分别为 ε_L 和 ε_R，则图 11-12 中 O 点 X 方向正应力

$$\sigma_x=\frac{1}{\cos^2\eta_0}\times\frac{1}{1/2S_2}\times\frac{\partial(\varepsilon_L+\varepsilon_R)/2}{\partial\sin^2\Psi_0} \tag{11-15}$$

而图 11-12 中 O 点垂直于 OX 的平面上 OY 方向（即 σ_x 作用面的 Y 方向）的切应力分量

$$\tau_{xy}=\frac{1}{\sin 2\eta_0}\times\frac{1}{1/2S_2}\times\frac{\partial(\varepsilon_L-\varepsilon_R)/2}{\partial\sin^2\Psi_0} \tag{11-16}$$

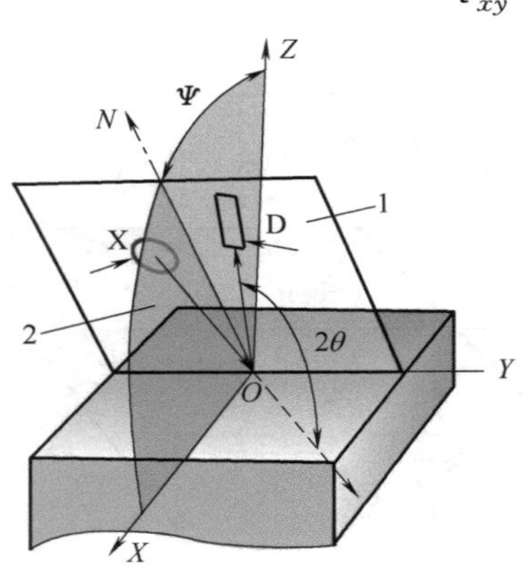

图 11-14 侧倾固定 Ψ 法

(5) 侧倾固定 Ψ 法（即 θ-θ 扫描 Ψ 法）

侧倾固定 Ψ 法是侧倾法与固定 Ψ 法的结合。如图 11-14 所示，其几何特征是 2θ 平面与 Ψ 平面保持垂直；在 2θ 平面里，X 射线管与探测器对称分布于 Ψ 平面两侧并指向被测点 O，二者作同步相向扫描（即 θ-θ 扫描）。这样，在扫描寻峰过程中衍射晶面法线始终固定且处于 Ψ 平面之内。该方法除兼备上述侧倾法和固定 Ψ 法的特征之外，还有吸收因子恒等于 1，因而衍射峰的峰形对称，背底不会倾斜，在无织构的情况下衍射强度和峰形不随 Ψ 角的改变而变化，有利于提高定峰精度。

(6) 摆动法

摆动法是在探测器接收衍射线的过程中，以每一个设定的 Ψ 角（或 Ψ_0 角）为中心，使 X 射线管和探测器在 Ψ 平面内左右回摆一定的角度（$\pm\Delta\Psi$ 或 $\pm\Delta\Psi_0$）的应力测试方法。这种方法客观上增加了材料中参加衍射的晶粒数，是解决粗晶材料应力测试问题的近似处理方法。在以上（1）至（5）所述各种方法的基础上均可增设摆动法。摆角 $\Delta\Psi$ 或 $\Delta\Psi_0$ 一般不超过 6°。另外也可采取样品平面摆动法以及沿德拜环摆动法。

11.2.2 试样的选择和制备

我们知道，X 射线衍射法的检测对象必须是晶体材料。但是，并不是所有晶体材料都适宜采用 X 射线法测量残余应力。当材料存在下述情况时，X 射线法的检测精度会受到极大影响：试样表面或沿层深方向存在强烈的应力梯度；材料存在强织构；材料晶粒粗大；材料为多相材料；衍射峰重叠；衍射强度过低；衍射峰过分宽化。因此，在选择被测样品时须注意，X 射线照射区域内的材料应均匀，并尽量选取成分和组织同质性较高的区域作为测量点。

在选取材料后，对测量试样的制备应当遵循以下原则：

① 截取足够大尺寸的样品，确保样品的测量位置无应力释放。比如对于板状样品，样品长度应最少是厚度的 8 倍。

② 测量点表面不得有氧化层、脱碳层、油漆或油污等。如存在上述情况，可采用有机溶剂、化学试剂或电解抛光等方法加以清除。在采用化学试剂抛光时应注意防止因化学反应腐蚀晶界或优先腐蚀材料中某一相而导致的局部应力松弛。

③ 最好选择平整的表面作为测量点。如遇到曲面，所选择的 X 射线光斑直径应小于试件测量点曲率半径的 1/6。

④ 当样品表面质量较差、粗糙度 $R_a>10\mu m$ 时，应采用抛磨或电解抛光等方法改善表面质量。针对不同的测量需求，需选择不同的表面处理方式。如在测量表面加工后工件的加工层残余应力时，尽量不采用表面处理，确保加工层的原始残余应力状态；对于铸件的粗糙表面，可采用电解抛光或化学抛光的方式，提高样品表面的光洁度；当检测焊缝时，先通过打磨去除焊缝余高，再用电解或化学法抛光以去除由打磨带来的附加应力层。

电解或化学抛光时应注意参考如下数据：机械磨削引入的应力层一般在 150μm 以上；手工细砂所带来的应力层在 30μm 以上。

⑤ 当需要将样品夹紧在工作台上进行表面处理时，应保证不因夹持而在测试部位产生附加应力。

⑥ 当测试应力沿层深分布时，一般是通过若干次交替剥层和测量来计算应力。试样剥层的处理方法是，采用电解抛光或化学腐蚀对测试点进行逐层剥离。若剥层深度较大，也可使用机械（包括手工研磨）或电火花加工的办法，但是在此之后还应经过电解抛光或化学腐蚀去除这些因加工而引入的附加残余应力。如果是试样整体剥层，或者相对于整个试样体积而言去除材料的体积比较大，在计算原有应力场的时候需要考虑应力重新分布的因素；如果只对试样进行局部剥层，并对剥层面积加以合理限制（规定剥层面积与整个试样表面积之比、剥层面积与 X 射线照射面积之比、限制剥层深度等），特别是在有规定的情况下，允许不考虑电解或化学剥层引起的应力松弛。剥层的厚度应使用相应的量具测定。

11.2.3 X 射线衍射法的检测工艺步骤

X 射线法的主要工艺步骤包括：测试点定位和校准，选定测量栈数，设定检测参数，确定衍射峰位。

（1）测试点定位和校准

首先将样品的测试点准确置于衍射仪指示的测量点中心、X 射线光斑中心、测角仪回转中心三者相重合的位置。应观察测试点附近的空间条件，确保测角仪的动作不会因为遮挡射线或相互碰撞而受到干扰。

然后进行动态校准，即通过演示测量过程来验证测试点位不会改变。在测试过程中，X 射线源和探测器将不断转动以选择不同 $\varPsi$ 角，而在转动过程中需要满足两个条件：①不应改变 X 射线照射到样品上的测试点；②不应改变样品表面相对于靶材与探测器的高度。传统的 X 射线衍射仪的准直器上可以加一个延长头触碰样品表面，或借助于垂直验具、水平仪等调整测角仪主轴线（即测角仪本身 $\varPsi=0$ 的标志线）与测试点表面法线的重合度；新型的 X 射线衍射仪配备了激光校准系统，光斑投射至样品表面。

（2）选定测量栈数

选定测量栈数就是通过测试选择不同 $\varPsi$ 角，以便得到用于应力分析的 $\varPsi$ 角度下的衍射峰。通常宜在 0°～45°之间选择 $\varPsi$ 角。$\varPsi$ 角的个数至少选择 4 个，如果材料内部具有较强的织构，应选择更多的倾斜角度进行测量。一般来说，增加 $\varPsi$ 角测量数量有助于获得应力计算的可靠数据。在选择若干个 $\varPsi$ 角的数值时宜使 $\sin^2\varPsi$ 值间距近似相等。在确定每一个设定的 $\varPsi$ 角时，均需采用 $\pm\Delta\varPsi$ 的摆动法。

鉴于试样材料状态的多样性和测试的实际需要，尚有如下规定：

① 在确认材料晶粒细小无织构的情况下，可采用 0°和 45°或其他相差尽量大的两个 $\varPsi$ 角。

② 特殊情况下允许选择特定的 $\varPsi$ 范围，但宜使其 $\sin^2\varPsi$ 有一定的差值；在此情况下如果测定结果的重复性不满足要求，可在此范围内增加 $\varPsi$ 角的个数。

③ 在确认垂直于试样表面的切应力 $\tau_{13}\neq 0$ 或 $\tau_{23}\neq 0$，或者二者均不等于零的情况下，为了测定正应力 σ_φ 和切应力 τ_φ，则除了 $\varPsi=0°$ 之外，还应对称设置 3 至 4 对或更多对正负 $\varPsi$ 角；在 ω 法的情况下，建议负 $\varPsi$ 角的设置通过 φ 角旋转 180°来实现。

④ 在张量分析中应至少设定 3 个独立的 φ 方向，如果测量前主应力方向已知，一般 φ 角选取 0°、45°和 90°；最好在更大的范围里选择更多的独立 φ 角；在每一个 φ 角，应至少取 7 个 Ψ 角，包括正值和负值。

（3）设置检测参数

在测量前，需要确定 X 射线管电压和管电流、探测器的数据采集（即 X 射线照射）时间、Ψ 角的个数以及每个 Ψ 角的摆动范围；另外，还需要将材料测量晶面的弹性模量、泊松比或弹性系数等信息输入仪器（这些信息可在测量结束后进行更改）。

在测量中，当衍射峰强度较低时，为保证检测结果的准确性，可以加长 X 射线曝光时间增强衍射信号。

（4）定峰和拟合

定峰即在测得的衍射曲线上确定衍射峰位（衍射角 2θ）。常见的定峰方法有半高宽法、抛物线法、重心法、交相关法、函数拟合法。

1）半高宽法

按照布拉格定律，只有在严格的 2 倍布拉格角 θ 上才会出现衍射强度的极值，然而实际的衍射峰总会跨越一定的角度范围。造成衍射峰宽化既有几何因素，又有物理因素。几何因素包括入射光束发散、接收狭缝较宽；物理因素是当相干散射区很小时，在布拉格角 θ 左右一定区间里，因各层晶面反矢量相加无法相消而产生一定的衍射振幅。为了描述衍射峰宽化的现象，将除去背底的衍射峰在其最大强度 1/2 处所占据的宽度，称为半高宽。半高宽的单位是度（°）。

确定峰位的半高宽法，是在衍射曲线［衍射强度（或计数）随接受角度变化的 I-2θ 曲线］上，将扣除背底并进行强度因子校正之后的净衍射峰最大强度 1/2 处的峰宽中点所对应横坐标（角度）作为峰位，参见图 11-15。

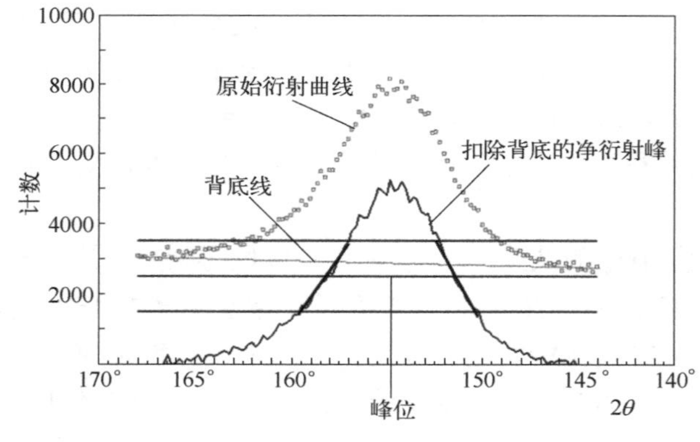

图 11-15 半高宽法定峰

2）抛物线法

把净衍射峰顶部（峰值强度 80%以上部分）的点，用最小二乘法拟合成一条抛物线，以抛物线的顶点的横坐标值作为峰位，参见图 11-16。

3）重心法

截取净衍射峰的峰值 20%至 80%之间的部分，将之视为一个以封闭几何图形为轮廓的厚度均匀的板形物体，求出这个物体的重心，将其所对应的横坐标作为峰位，参见图 11-17。

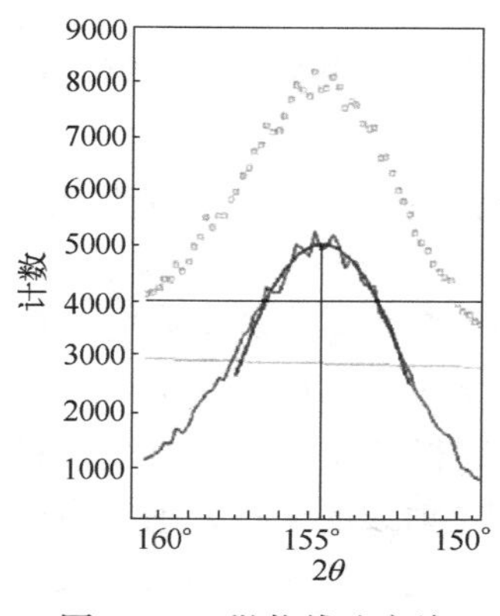

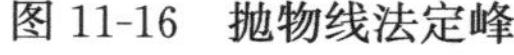

图 11-16 抛物线法定峰

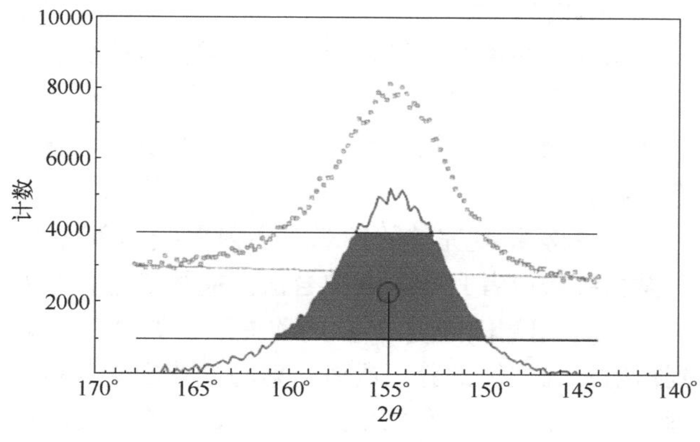

图 11-17 重心法定峰

4）交相关法

交相关法是一种计算属于不同 Ψ 角的衍射峰峰位之差的方法。设 Ψ_1 衍射曲线为 $f_1(2\theta)$，Ψ_2 的衍射曲线为 $f_2(2\theta)$，构造一个交相关函数 $F(\Delta 2\theta)$，参见图 11-18。在图 11-18 中，f_{10}、f_{20} 分别对应于 Ψ_1、Ψ_2 的原始衍射峰，f_1、f_2 分别对应于 Ψ_1、Ψ_2 经过扣除背底、吸收校正、平滑处理后的衍射峰，$2\theta_1$、$2\theta_2$ 分别对应于 Ψ_1、Ψ_2 的衍射峰位角，$\Delta 2\theta$ 是 Ψ_1 与 Ψ_2 衍射峰的峰位之差。交相关函数分布曲线

$$F(\Delta 2\theta)=\sum_{i=1}^{n} f_1(2\theta)\times f_2(2\theta+\Delta 2\theta) \tag{11-17}$$

式中，n 为步进扫描总步数，$\Delta 2\theta=k\delta$（$k=0,\pm 1,\pm 2,\cdots$），δ 为 2θ 扫描步距。

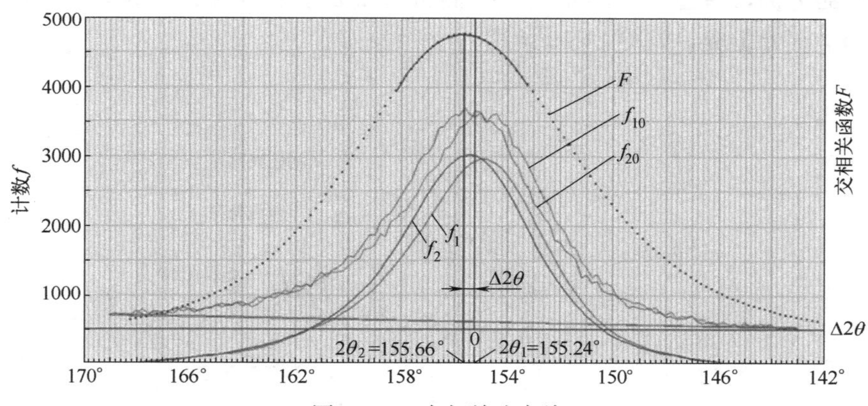

图 11-18 交相关法定峰

利用最小二乘法将 F（$\Delta 2\theta$）分布曲线的顶部作二次三项式拟合，求得该曲线极大值所对应的横坐标值 $\Delta 2\theta$，此即 f_2（2θ）对 f_1（2θ）的峰位之差。

在采用侧倾固定 Ψ 法的前提下，如果因为某种原因无法得到完整衍射曲线而只能得到衍射峰的主体部分，或者衍射峰的背底受到材料中其他相衍射线的干扰，则允许不扣背底，采用抛物线法或“有限交相关法”定峰。即截取对应于各个 Ψ 角的原始衍射峰最大计数的某个比例（例如 50%）以上的部分参与交相关法处理，舍弃这个比例以下的衍射曲线。有限交相关法是一种近似处理方法。

5）函数拟合法

选用合适的钟罩型峰函数，如高斯、洛伦兹、修改的洛伦兹或者中级洛伦兹等，对衍射峰进行拟合。

在实际测量中选用何种定峰方法，既要考虑材料状态和仪器本身情况，同时还应遵循以下原则：

① 在能够得到完整的钟罩型衍射曲线的条件下，可选择交相关法、半高宽法、重心法、抛物线法或者其他函数拟合法。应尽量选择原始衍射曲线数据较多的方法。

② 在采用侧倾固定 Ψ 法的前提下，如果因为某种原因无法得到完整衍射曲线而只能得到衍射峰的主体部分，或者衍射峰的背底受到材料中其他相衍射线的干扰，则作为近似处理，可不扣背底，而采用抛物线法或“有限交相关法”定峰，同时注意合理选择取点范围，尽量避免背底的干扰。

③ 在一次应力测试中，对应于各 Ψ 角的衍射曲线定峰方法应是一致的。

在确定衍射峰角度之后，需要根据不同 Ψ 角的峰位角 2θ 拟合出 $2\theta\text{-}\sin^2\Psi$ 曲线，进而计算样品测试点的残余应力。目前主流的拟合方法是线性拟合法和椭圆拟合法。以线性拟合为例，只要对所有的衍射峰拟合出 $2\theta\text{-}\sin^2\Psi$ 直线，然后将直线的斜率$\frac{\partial 2\theta}{\partial \sin^2\Psi}$与应力常数 K 相乘就可计算得到应力 σ_φ。

11.2.4 X 射线衍射应力测量仪

采用 X 射线法实现残余应力检测的主要设备是 X 射线衍射应力测量仪。以目前市场上的主流产品为例，一套 X 射线衍射应力测量仪主要由射线源、探测器、测角仪、数据处理系统四个部分组成，如图 11-19 所示。

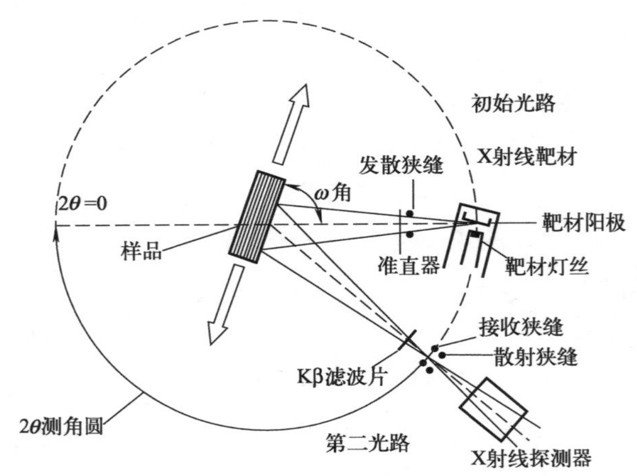

图 11-19　X 射线衍射应力测量仪示意简图

（1）射线源

射线源包括 X 射线管和发射光路组件两部分。

X 射线管是产生 X 射线的装置。X 射线管是一个装有阴极和阳极的真空封闭管，当在管的两极间加上 20～50kV 高电压时，阴极就会发射出高速电子流撞击金属阳极靶，从而产生 X 射线。通常情况下，在电子撞击阳极靶过程中会辐射出连续光谱的 X 射线，称为轫致辐射。显然，轫致辐射不是单色的。在进行残余应力检测时，需要使用具有特定波长的“特征 X 射线”。而通过选择合适的阳极靶材，不仅可得到所需波长的 X 射线，还能获得单色谱的 X 射线辐射。

表 11-1 是目前 X 射线衍射检测经常用到的阳极靶材。在选择靶材时，应针对具体的被测金属材料，根据能否最大限度激发靶元素相对应的特征 X 射线、能否获得较强的衍射峰和较低的衍射背底进行判断。

表 11-1 常用金属靶材及衍射晶面选择

被测材料	靶材	Kβ 滤波片	{*hkl*}	$2\theta/(°)$
Ni	Mn	Cr	{311}	152～162
α-Fe	Cr	V	{211}	156
γ-Fe	Mn	Cr	{311}	152
Al	Cr	V	{311}	140
	Cu	Ni	{422}	137
Co	Mn	Cr	{311}	153～159
Cu	Mn	Cr	{311}	149
Ti	Cu	Ni	{213}	142
Mo	Fe	Mn	{310}	153
Zr	Fe	Mn	{213}	147
W	Co	Fe	{222}	156
α-Al_2O_3	Cu	Ni	{146}	136
γ-Al_2O_3	Cu	Ni	{844}	146
	V	Ti	{440}	128

介于 X 射线管与样品之间的部分是发射光路组件。从靶材射出的 X 射线通常是发散的，需要配备一个将发散光束转变为平行光束的装置。大多数衍射仪采用多个毛细管装置进行平行射线的转变。所谓毛细管其实是一束光纤，X 射线在光纤内发生全反射，从而实现从发散到基本平行的转化。

将发散射线转变为平行射线后，衍射仪先采用分光狭缝与掩模相结合的方式对辐照区域进行横向限制，之后再用准直器进一步平行耦合入射光线，减少发散射线。准直器一般配有多个尺寸，用于设置不同的 X 射线光斑大小。

（2）探测器

探测器是接收光路组件和辐射探测器的总称。

介于样品与辐射探测器之间的接收光路组件是滤波片、接收狭缝和散射狭缝。前面已经介绍，只有特征 X 射线可以用于残余应力检测，但是特征 X 射线中存在 Kβ 谱线（如图 11-20 所示），不利于实施单一射线的检测分析，因此需要使用滤波片将 Kβ 谱线过滤掉，防止其对测试结果产生干扰。Kβ 滤波片的选用与靶材材质直接相关，每种靶材均对应一种 Kβ 滤波片，具体选择方法参见表 11-1。此外，接收光路中还有接收狭缝和散射狭缝，其作用与发射光路中的狭缝作用相当。

辐射探测器是测量 X 射线衍射强度的装置，其主要功能是将 X 射线能量转换成电脉冲信号，并通过计数获知 X 射线的强度。通常用于 X 射线衍射仪的辐射探测器有正比计数器、闪烁计数器、位置敏感探测器。线阵位敏探测器是一种基于横向光电效应探测光点重心位置坐标信息的半导体器件，具有分辨率高、响应速度快、信号处理简单等优点，尤为适合残余应力检测分析，是目前使用最多的辐射探测器。

辐射探测器又分为单点探测器、线阵探测器和面阵探测器。单点探测器只能测量一点的 X 射线衍射强度，检测时需要通过机械扫描获得衍射强度沿反射角的分布曲线；线阵探测器能够测量一条线上的 X 射线衍射强度，可一次获得整条衍射曲线；面阵探测器能在固定角度上测量一个面上的衍射强度和角度的变化，可一次获得整个或部分德拜环。

（3）测角仪

测角仪是协调 X 射线管和辐射探测器转动、确定 φ 角、改变 Ψ 角等的执行机构，主要用来测量 X 射线入射光束与衍射峰之间的夹角 2θ。图 11-21 为测角仪示意图。X 射线衍射应力测量仪根据测角仪测量的 2θ，与探测器的测试数据相结合，自动描绘出衍射强度随 2θ 角的变化情况。

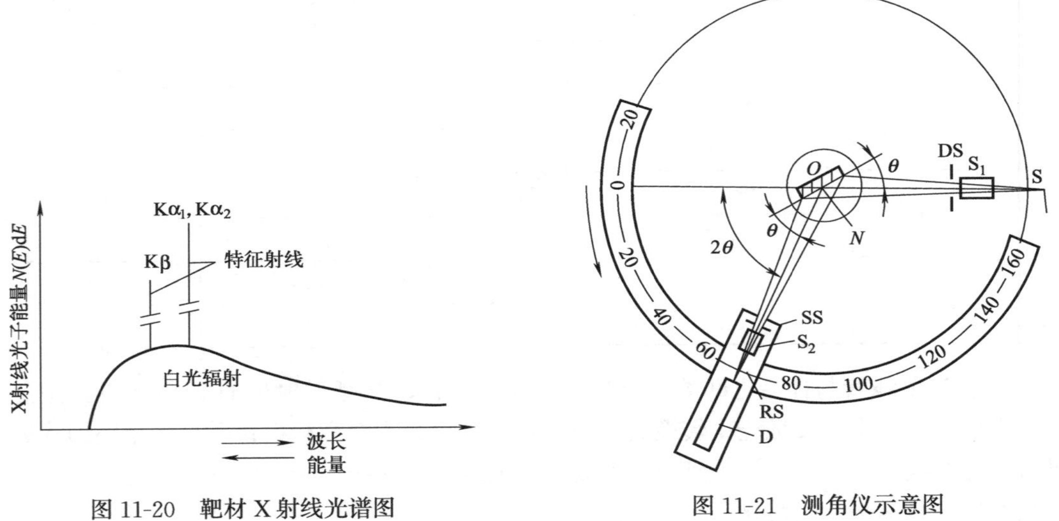

图 11-20　靶材 X 射线光谱图

图 11-21　测角仪示意图

（4）数据处理系统

来自辐射探测器的衍射信号需要进行数据采集、频谱滤波、2θ 角反演标定，最终得到衍射峰数据或衍射图谱，而这些都是由计算机软件程序控制的 X 射线衍射数据处理系统实现的。数据处理系统通常内置在 X 射线衍射应力测量仪的上位计算机中。

11.3　X 射线衍射法的数据处理

11.3.1　数据处理与应力计算

经过不同 Ψ 角下的 X 射线衍射测量，仪器采集到的数据是衍射强度 I（或计数）沿

一定范围的衍射角 2θ 的分布曲线（即衍射峰），需要经过一系列数据处理从而最终计算得到残余应力值。数据处理包括扣除背底、强度因子校正、定峰、应力值计算和不确定度计算。

1）扣除背底

X射线衍射仪探测器采集到的衍射曲线所包含的与布拉格衍射无关的背底应予以扣除，以得到纯净的衍射峰。如果衍射曲线不是一个孤立的衍射峰，所选用的衍射峰的背底与其他衍射峰有一定程度的重叠，则不宜轻易扣除背底，否则会造成大的偏差。

2）强度因子校正

为了得到正确的衍射角，宜对衍射峰作洛伦兹-偏振因子 LP 和吸收因子 A 校正。但是洛伦兹-偏振因子 LP 与 Ψ 角无关，不影响应力值的计算，应力测定可不作此项校正。在同倾法的条件下吸收因子 A 与 Ψ 角密切相关，应进行校正。

3）定峰

依据 11.2.3 中（4）所述，可选择半高宽法、抛物线法、重心法、交相关法、函数拟合法确定衍射角 2θ。

4）应力值计算

在平面应力状态下，首先应由 11.2.3 中（4）所述定峰方法确定的 φ 角和各个 Ψ 角的衍射峰位角 $2\theta_{\varphi\Psi}$，依据式（11-2）计算应变：

$$\left.\begin{aligned} \varepsilon_{\varphi\Psi}^{\{hkl\}} &= \frac{\Delta d}{d} = \frac{d_{\varphi\Psi} - d_0}{d_0} \quad \text{或：} \\ \varepsilon_{\varphi\Psi}^{\{hkl\}} &= -(\theta - \theta_0)\frac{1}{\tan\theta_0} = -(\theta_{\varphi\Psi} - \theta_0) \times \frac{\pi}{180} \times \cot\theta_0 \end{aligned}\right\} \tag{11-18}$$

式中，d_0、θ_0 分别为材料无应力状态对应于$\{hkl\}$的晶面间距、布拉格角；$d_{\varphi\Psi}$、$\theta_{\varphi\Psi}$ 分别为材料有应力状态对应于$\{hkl\}$的晶面间距、布拉格角。在式（11-18）的第二个公式中，使用了将角度的单位从度到弧度的换算。

然后采用最小二乘法计算式（11-6）中的斜率 $\dfrac{\partial \varepsilon_{\varphi\Psi}^{\{hkl\}}}{\partial \sin^2\Psi}$ 或式（11-7）中的斜率 $\dfrac{\partial 2\theta_{\varphi\Psi}}{\partial \sin^2\Psi}$，最后计算指定的 φ 角方向上的应力 σ_φ。如果上述应变 $\varepsilon_{\varphi\Psi}$ 对 $\sin^2\Psi$ 的斜率、衍射角 $2\theta_{\varphi\Psi}$ 对 $\sin^2\Psi$ 的斜率分别用 M^ε、$M^{2\theta}$ 表示，则有：

$$\left.\begin{aligned} M^\varepsilon &= \frac{\partial \varepsilon_{\varphi\Psi}^{\{hkl\}}}{\partial \sin^2\Psi} = \frac{\sum_{i=1}^{n}\varepsilon_{\varphi\Psi_i} \times \sum_{i=1}^{n}\sin^2\Psi_i - n\sum_{i=1}^{n}\varepsilon_{\kappa\Psi_i} \times \sin^2\Psi_i}{\left(\sum_{i=1}^{n}\varepsilon_{\varphi\Psi_i} \times \sin^2\Psi_i\right)^2 - n\sum_{i=1}^{n}\sin^4\Psi_i} \\ M^{2\theta} &= \frac{\partial 2\theta_{\varphi\Psi}}{\partial \sin^2\Psi} = \frac{\sum_{i=1}^{n}2\theta_{\varphi\Psi_i} \times \sum_{i=1}^{n}\sin^2\Psi_i - n\sum_{i=1}^{n}2\theta_{\kappa\Psi_i} \times \sin^2\Psi_i}{\left(\sum_{i=1}^{n}2\theta_{\varphi\Psi_i} \times \sin^2\Psi_i\right)^2 - n\sum_{i=1}^{n}\sin^4\Psi_i} \end{aligned}\right\} \tag{11-19}$$

如果材料中存在垂直于试样表面的切应力，即 $\tau_{13} \neq 0$ 或 $\tau_{23} \neq 0$，或者二者均不等于零，应由定峰方法确定的对应于各个 $\pm\Psi$ 角的衍射角 2θ 计算晶格应变 $\varepsilon_{+\Psi}$ 和 $\varepsilon_{-\Psi}$，φ 方向的正应力分量 σ_φ、正应力 σ_φ 作用面上垂直于试样表面方向的切应力分量 τ_φ：

$$\left.\begin{aligned}\sigma_{\varphi}&=\frac{E^{\{hkl\}}}{1+\nu^{\{hkl\}}}\times\frac{\partial(\varepsilon_{+\Psi}+\varepsilon_{-\Psi})/2}{\partial\sin^{2}\Psi}\\ \tau_{\varphi}&=\frac{E^{\{hkl\}}}{1+\nu^{\{hkl\}}}\times\frac{\partial(\varepsilon_{+\Psi}-\varepsilon_{-\Psi})/2}{\partial\sin^{2}\Psi}\end{aligned}\right\}\tag{11-20}$$

在采用双探测器侧倾法（修正 χ 法）的情况下，正应力 σ_{φ} 和它的作用面上平行于试样表面方向上的应力 τ_{φ} 的计算参见式（11-15）和式（11-16）。

进一步地，在平面应力状态下，在试样表面指定相互垂直的 X、Y 方向，分别测定 X、Y 方向和其间 45°方向的应力 σ_x、σ_y、$\sigma_{45°}$，根据弹性力学可以计算出试样表面主应力 σ_1、σ_2 和主应力方向角 α，还可以计算出切应力 τ_{xy}：

$$\left.\begin{aligned}\sigma_1,\sigma_2&=\frac{\sigma_x+\sigma_y}{2}\pm\sqrt{\left(\frac{\sigma_x-\sigma_y}{2}\right)^2+\tau_{xy}^2}\\ \alpha&=\tan^{-1}\frac{\sigma_1-\sigma_x}{\tau_{xy}}\\ \tau_{xy}&=\sigma_{45°}-\frac{\sigma_x+\sigma_y}{2}\end{aligned}\right\}\tag{11-21}$$

11.3.2 检测结果的主要影响因素

X 射线衍射法是公认的目前最可靠、最准确的表面残余应力检测技术，其各个测试环节的稳定性好，累计误差较小。尽管如此，影响 X 射线衍射法检测过程的因素依然存在，掌握不好就会给结果带来偏差。以下将影响 X 射线衍射法测量精度的因素作一归纳，用以引起特别的注意。

① 计算原理　X 射线衍射法的基本计算原理涉及广义胡克定律，其中弹性模量 $E^{\{hkl\}}$ 和泊松比 $\nu^{\{hkl\}}$ 的测量选取对结果有显著影响，而化学成分、相体积分数、材料结构和测试温度都会影响材料的弹性常数。此外，针对相同材料的不同晶面进行 X 射线衍射时，其弹性模 $E^{\{hkl\}}$ 及泊松比 $\nu^{\{hkl\}}$ 也会不同。

② 检测方法　X 射线衍射法根据设备摆动方式，大体上可以分为同倾固定 Ψ_0 法、同倾固定 Ψ 法、侧倾法、双线阵探测器侧倾法、侧倾固定 Ψ 法、摆动法 6 种测量方法，每种方法各有优势侧重，比如同倾固定 Ψ 法可以在一定程度上避免因参加衍射晶粒群的改换和参加衍射晶粒数目的变化而致使衍射峰发生畸变，改善织构所造成的影响。因此，在不同的测量工况中选取合适的检测方法尤为重要。

③ 晶粒尺寸　当材料晶粒粗大时，常会使衍射曲线出现异常的起伏或畸形，2θ-$\sin^2\Psi$ 图（或 ε-$\sin^2\Psi$ 图）上的数据点呈现较大的跳动。晶粒粗大会导致在衍射狭缝尺寸不变情况下，参与衍射的晶粒数量减少，增大测量误差。针对粗晶样品可以采用摆动法测量，以增加材料中参加衍射的晶粒数，这是解决粗晶材料应力测试问题的近似处理办法。

④ 检测设备　Ψ 角摆动精度，靶材、探测器与样品的高度校准精度、测角仪调节精度、探测器检波、滤波精度等设备性能都是不可忽视的因素，应当满足 JJG 629—2014《多晶 X 射线衍射仪检定规程》和/或 ASTM E915—2021《残余应力测量用 X 射线衍射仪校准验证规程》的要求。

⑤ 样品表面状态　X 射线衍射法测量的是样品表面应力，其穿透深度在 10μm 左右，

因此当样品表面的粗糙度较大或清洁度较差时都会对测量结果造成影响。如果表面附着金属锈迹，需要进行电解或化学抛光；如果表面存在油污，需要用酒精等有机溶剂清洗。

⑥ 拟合方法　在传统的残余应力计算中，对于切应力较小的样品，往往忽略切应力的存在（即 $\tau_{13}=\tau_{23}=0$），采用线性拟合的方式求解平面应力。但在实际中，很多工况下的切应力是不可忽略的，此时采用线性拟合就会引入较大误差，而采用椭圆拟合进行三维应力的计算，则可以大大减小拟合过程对真实残余应力结果所造成的影响。

⑦ 测试环境　主要有温度对应变的影响，以及振动对测量过程的影响。

⑧ 人为因素　现阶段的 X 射线衍射法无法实现完全的自动化检测，由于每个人的操作熟练程度不同，对于样品抛光深度不同，测量点的定位精准度不同，所以对最终结果会引入不同的误差。

11.3.3　检测结果的不确定度分析与计算*

（1）检测不确定度分析

X 射线衍射法测试应力的不确定度主要来源于实验数据点（2θ，$\sin^2\Psi$）或（ε，$\sin^2\Psi$）相对于拟合直线的残差，其中包含由试样材料引入的不确定度、由测试系统引入的不确定度和由随机效应引入的不确定度三个分量。一般说来，在具有足够的衍射强度和可以接受的峰背比、对应于不同 Ψ 角的衍射峰积分强度相差不甚明显的条件下，如果$\Delta\sigma$不超过本节（3）的规定，或者 2θ-$\sin^2\Psi$ 图（或 ε-$\sin^2\Psi$ 图）上的实验数据点顺序递增或递减，则不确定度的主要分量可能是由随机效应引入的，一般通过改善测试条件可减小随机效应的影响；如果改善测试条件对降低不确定度无明显效果，2θ-$\sin^2\Psi$ 图上的实验数据点呈现无规则跳动或有规则振荡，则应主要考虑材料本身的因素。

1）由试样材料引入的不确定度

• 如衍射曲线出现异常的起伏或畸形，2θ-$\sin^2\Psi$ 图（或 ε-$\sin^2\Psi$ 图）上的数据点呈现较大的跳动，应首先检查材料的晶粒是否粗大。

• 如 2θ-$\sin^2\Psi$ 图（或 ε-$\sin^2\Psi$ 图）呈现明显的振荡曲线，但是重复测量所得各 Ψ 角的衍射角 2θ 重复性尚好，振荡曲线形态基本一致，则可以确认材料存在明显织构；从各 Ψ 角衍射峰的积分强度可以确定材料的织构度。

• 观察衍射曲线是否孤立、完整，如有衍射峰大面积重叠的情况，测试结果是不可取的；只在接近峰背底的曲线段发生重叠的，可选择 11.2.3 所述方法进行定峰。

• 在材料垂直于表面的方向有较大应力梯度，或材料中存在三维应力的情况下，如仍然按照平面应力状态进行测试和计算也会导致显著的检测不确定度。

2）由测试系统引入的不确定度

• 仪器指示的测量点中心、X 射线光斑中心、测角仪回转中心三者的重合精度是决定测试系统不确定度分量和应力值准确性的最主要因素。

• 2θ 角、Ψ 角的精度也会直接影响测定不确定度和应力值准确性。

• 选用光斑的大小和形状与试样的平面应力梯度、测试点处的曲率半径不相匹配，也会使测定结果产生偏差。

3）由随机效应引入的不确定度

在衍射曲线计数较低、衍射峰宽化、峰背比较差的情况下，由随机效应引入的不确定度分量就会比较大。采用如下措施可以减小随机效应引起的不确定度：①提高入射 X 射线强度；②测试要求和条件允许的前提下适当增大照射面积；③缩小扫描步距，增加参与曲线拟合和定峰的数据点；④延长采集时间，增大计数；⑤采用摆动法。

（2）应力值不确定度计算

设 $X_i=\sin^2\Psi_i$，Y_i 代表 ε_{Ψ_i} 或 $2\theta_{\Psi_i}$，M 代表 M^{ε} 或 $M^{2\theta}$，则应变 ε_{Ψ} 或衍射角 $2\theta_{\Psi}$ 对 $\sin^2\Psi$ 的拟合直线关系可表达为 $Q+MX_i$，Q 为直线在纵坐标的截距，则有

$$Q=\overline{Y}-M\overline{X} \tag{11-22}$$

其中，$\overline{X}$ 是 $\sin^2\Psi_i$ 的平均值，$\overline{Y}$ 是应变 ε_{Ψ_i} 或衍射角 $2\theta_{\Psi_i}$ 的平均值：

$$\left.\begin{aligned}&\overline{X}=\frac{1}{n}\sum_{i=1}^{n}\sin^2\Psi_i\\&\overline{Y}=\frac{1}{n}\sum_{i=1}^{n}\varepsilon_{\Psi_i}\quad \text{或}\quad \overline{Y}=\frac{1}{n}\sum_{i=1}^{n}2\theta_{\Psi_i}\end{aligned}\right\} \tag{11-23}$$

应变 ε_{Ψ} 或衍射角 $2\theta_{\Psi}$ 对 $\sin^2\Psi$ 的拟合直线斜率 M 的不确定度 ΔM 定义为：

$$\Delta M=t(n-2,\alpha)\sqrt{\frac{\sum_{i=1}^{n}[Y_i-(Q+MX_i)]^2}{(n-2)\sum_{i=1}^{n}[X_i-\overline{X}]^2}} \tag{11-24}$$

式（11-24）中，$t(n-2,\alpha)$ 是自由度为 $n-2$、置信度为 $1-\alpha$ 的 t 分布值，n 是测试所设定 Ψ 角的个数，α 是置信水平，$1-\alpha$ 是置信度或置信概率。

例如指定 $1-\alpha=0.75$，设定 4 个 Ψ 角，查表可以得到 $t=0.8165$。进一步计算

$$\Delta\sigma=\frac{E}{1+\nu}\times\Delta M \tag{11-25}$$

或

$$\Delta\sigma=K\times\Delta M \tag{11-26}$$

在这样的条件下，应力测定的不确定度应表述为：在置信概率为 0.75 的条件下，应力值置信区间的半宽度为 $\Delta\sigma$。

（3）检测不确定度定量评估

1）正应力不确定度的评判标准

如果 $|\sigma|\geqslant\frac{1}{400}\times\frac{E^{\{hkl\}}}{1+\nu^{\{hkl\}}}$，则在指定置信概率下的置信区间半宽度宜 $\Delta\sigma\geqslant\frac{1}{1600}\times\frac{E^{\{hkl\}}}{1+\nu^{\{hkl\}}}$。

如果 $|\sigma|<\frac{1}{400}\times\frac{E^{\{hkl\}}}{1+\nu^{\{hkl\}}}$，则在指定置信概率下的置信区间半宽度 $\Delta\sigma\leqslant\frac{1}{1600}\times\frac{E^{\{hkl\}}}{1+\nu^{\{hkl\}}}$ 或者 $\Delta\sigma\leqslant\frac{1}{4}|\Delta\sigma|$ 小于两者中较大者。

2）切应力不确定度判标准

在指定置信概率下的置信区间半宽度 $\Delta\tau<\frac{1}{10000}\times\frac{E^{\{hkl\}}}{1+\nu^{\{hkl\}}}$。

11.4 X射线衍射法的标准与应用

11.4.1 X射线衍射法的检测标准

（1）国内外X射线法检测标准概况

在所有残余应力检测方法中，X射线衍射法是制定标准最多、最齐全的一种。早在1971年，美国汽车工程师学会就颁布了第一个X射线应力检测标准SAE J784a《X射线衍射测量残余应力方法》（*Residential Stress Measurement by X-ray Diffraction*）。1973年，日本材料学会紧随其后发布了JSMS-SD-10-73《X射线应力测量标准方法》（*Standard Method for X-ray Stress Measurement*）。

2008年，欧盟颁布了EN 15305—2008《无损检测 X射线衍射残余应力分析检测方法》（*Nondestructive testing - test method for residual stress analysis by X-ray diffraction*）。EN 15305针对X射线残余应力测试技术的诸多方面进行了更新，较全面、系统地阐述了X射线衍射法的原理、方法、特性、仪器以及常见问题处理等内容，获得了业界的一致认同。除此之外，目前在国际上现行有效的X射线残余应力检测标准还有：美国材料与试验学会标准ASTM E2860—2020《X射线衍射法测量轴承钢残余应力的标准试验方法》（*Standard test method for residual stress measurement by X-ray diffraction for bearing steels*）和ASTM E1426—2019《X射线衍射法测量残余应力的弹性常数标准试验方法》（*Standard test method for determining the X-ray elastic constants for use in the measurement of residual stress using X-ray diffraction techniques*），法国国家标准NF A09-185-2009《无损检测 X射线衍射残余应力分析检测方法》（*Nondestructive testing- Test method for residual stress analysis by X-ray diffraction*）。

在我国，现行有效的检测标准是GB/T 7704—2017《无损检测 X射线应力测定方法》，它是在1987年版、2008年版的基础上，经过两次修订后得到的。此外，与X射线衍射残余应力检测相关的标准还有：国标GB/T 39520—2020《弹簧残余应力的X射线衍射测试方法》、机械工业标准JB/T 9394—2011《无损检测仪器 X射线应力测定仪技术条件》。

（2）GB/T 7704—2017标准概述

国标GB/T 7704适用于具有足够结晶度，在特定波长的X射线照射下能得到连续德拜环的晶粒细小、无织构的各向同性的多晶体材料。GB/T 7704除了对X射线法的检测原理、检测方法、检测程序做出规定外，还对设备、试样材质参数、穿透深度修正、X射线弹性常数测定、报告、测定结果评估等提出要求。

1）设备

① 基本要求 X射线衍射应力测定仪器应满足JB/T 9394—2011《无损检测仪器 X射线应力测定仪技术条件》的规定，并具有如下配置：

• 应配置X射线管和探测器，应具备确定φ角、改变Ψ角和在一定的2θ范围自动获得衍射曲线的功能。

• 应能实现本标准所列测定方法之一，或兼容多种方法，满足相关的角度范围要求和整机测试精度。

- 软件具有按照本标准规定进行数据处理、确定衍射峰位和计算应力值的功能。
- 应配备零应力粉末试样和观察X射线光斑的荧光屏。
- X射线管高压系统，管电压宜不低于30kV，管电流宜不低于10mA。专用装置可采用较小功率。
- 根据其辐射剂量的大小，仪器应具备合适的X射线防护设施。

② X射线管的配备　仪器宜配备各种常用靶材的X射线管以备用户选择。常用靶材包括Cr、Cu、Mn、Co等。

③ 探测器　可选择不同类型的X射线探测器：

- 单点接收的探测器（通过机械扫描获得衍射强度沿反射角的分布曲线）。
- 线阵探测器（可一次获得整条衍射曲线）。
- 面阵探测器（可一次获得整个或部分德拜环）。

选择不同类型的探测器时宜注意到各类探测器的特点和技术要求：

- 单点探测器，通过θ-θ扫描或θ-2θ扫描可实现固定Ψ法，且允许采用稍宽的接收窗口实现卷积扫描，以便获得较高的衍射强度。
- 线阵或面阵探测器，能显著节省采集衍射曲线的时间，提高测试工作效率。线阵探测器应有一定的能量分辨率，以获得适宜的衍射曲线峰背比；应避免因探测器饱和而扭曲衍射峰形。

④ 测角仪　作为应力测试仪器的测量执行机构，测角仪应包括X射线管和探测器，应具备确定φ角、改变Ψ角和在一定的2θ范围自动获得衍射曲线的功能。对测角仪的基本要求如下：

- 2θ回转中心、Ψ回转中心、X射线光斑中心、仪器指示的测试点中心四者应相重合。
- 接收反射线的2θ总范围：一般高角不小于167°，低角宜不大于143°；某些专用测试装置不受此角度范围的限制。
- 线阵探测器本身覆盖的2θ宽度宜不小于衍射峰半高宽的3倍。
- 2θ最小分辨率宜不大于0.05°。
- Ψ_0角或Ψ角的范围一般宜设为0°～45°，需要时可增大范围，可增设负角；针对特定条件的专用装置不受此角度范围的限制。
- Ψ_0角或Ψ角的设置精度应在±0.5°范围之内。
- 应具备用以指示测试点和应力方向的标志。
- 应有明确的标定距离——测角仪回转中心至测角仪上指定位置的径向距离，并应具备调整距离装置和手段。
- 应有Ψ_0角或Ψ角的指示，并应具备校准Ψ_0角或Ψ角的装置和手段。
- X射线管窗口宜装备用以选择光斑形状和尺寸的不同规格的狭缝或准直器。
- 应配备Kβ辐射滤波片。

2）试样及其材料特性

GB/T 7704对测试样品及其材料特性有如下几方面要求。

① 试样材质参数　为测量和计算残余应力，试样材质的如下参数是必要的：

- 材料中主要相的晶体类型和衍射晶面指数。
- X射线弹性常数或应力常数。

- 试样材料的成分和微观组织结构、主要相的晶体学参数。
- 材料或零部件的工艺历程，特别是其表面最后的工艺状态。

② 试样的形状、尺寸和重量　X 射线应力测试仪原则上可对各种形状、尺寸和重量的零部件或试样进行测试，但是依据实际情况有如下规定：

- 所选择的测试位置应具备测试所需的空间和角度范围。
- 截取的试样最小尺寸，应以不导致所测应力的释放为原则。
- 零件的最小尺寸，应以能获得具有一定衍射强度和一定峰背比的衍射曲线为原则。
- 一个测试点的区域宜为平面。如遇曲面，针对测试点处的曲率半径，宜选择适当的 X 射线照射面积，以能将被照射区域近似为平面为原则。
- 在需要将试样夹紧在工作台上的情况下，应保证不因夹持而在测试部位产生附加应力。

③ 材料的均匀性　根据应力检测基本原理，要求在 X 射线照射区域以内的材料是均匀的，故应尽量选取成分和组织结构同质性较高的区域作为测试点，并注意不同的 Ψ 角下 X 射线穿透深度不同，考虑成分和组织结构沿层深的变化。

对于多相材料，在各相的衍射峰互不叠加的前提下，分别测试各相应力 σ_i，则总的残余应力 σ^{overall} 由材料中各相应力 σ_i 的贡献共同确定：

$$\sigma^{\text{overall}}=\sum_{\text{phase}} X_i\sigma_i \tag{11-27}$$

式中，X_i 是 i 相在材料中所占的体积百分比；σ_i 是 i 相的应力，由其 $\{hkl\}$ 晶面的衍射测得。

④ 材料的晶粒和相干散射区大小　根据应力检测基本原理，要求被测材料晶粒细小。在测试点的大小不属于微区的情况下，材料的晶粒尺寸宜在 10～100μm 范围。晶粒和相干散射区大小宜满足如下条件之一：

- 选定测试所需光斑尺寸，在固定 Ψ 或 Ψ_0 的条件下，任意改变几次 X 射线照射位置，所得衍射线形不宜有明显差异，其净峰强度之差不宜超过 20%；
- 选定测试所需光斑尺寸，使用专用相机拍摄的德拜环宜呈均匀连续状。

⑤ 材料的织构度　根据应力检测基本原理，要求被测材料是各向同性的。材料中应无明显织构。判断材料中的织构度可遵循如下规定：如对应于各个 Ψ 角的衍射峰积分强度，其最大者和最小者之比大于 3，可判定材料的织构较强。

⑥ 试样的 X 射线穿透深度　对某些原子序数较低的材料，或者在使用较短波长 X 射线的情况下，宜采用掠射法或利用较大的 Ψ 角进行应力测试，以减弱穿透深度的影响。

⑦ 涂层和薄膜　测试涂层的残余应力，应以涂层材料和基体材料的衍射峰不相互重叠为前提条件。应注意到涂层材料的弹性常数值与块状材料未必相同。

3）穿透深度修正

由穿透引起的衍射峰移位可以计算出来。它首先需要对每次倾斜的信息深度（加权平均穿透深度）进行计算。根据下面的公式修正衍射峰位置：

$$2\theta_{\text{corr}}=2\theta_{\text{means}}+\Delta 2\theta_{\text{tr}} \tag{11-28}$$

① ω 法　厚样品的信息深度 Z 及其衍射峰的偏移度 $\Delta 2\theta_{\text{tr}}$ 为：

$$\left.\begin{aligned} Z&=\frac{\sin^2\theta-\sin^2(\omega-\theta)}{2\mu\sin\theta\cos(\omega-\theta)}\\ \Delta 2\theta_{\text{tr}}&=-\frac{180}{\pi}\times\frac{2Z}{R}\times\frac{\sin\theta\cos\theta}{\sin\omega}\end{aligned}\right\} \tag{11-29}$$

式中，μ 是线性衰减系数，θ 是布拉格角，$\omega-\theta$ 是补偿角，R 是衍射测角仪半径。

② χ 法　厚样品的信息深度 Z 及其衍射峰的偏移度 $\Delta 2\theta_{tr}$ 为：

$$\left.\begin{aligned} Z &= \frac{\sin\theta\cos\chi}{2\mu} \\ \Delta 2\theta_{tr} &= -\frac{180}{\pi}\times\frac{2Z}{R}\times\frac{\cos\theta}{\cos\chi} \end{aligned}\right\} \tag{11-30}$$

穿透深度校正通常是可以忽略不计的。在线性吸收系数 μ 小于 200cm^{-1} 时要考虑此修正，如陶瓷、氧化物、轻金属、聚合物并且用铬、钴、铜辐射时，对于使用钼辐射的金属和重金属也要修正。

4）等强度梁法实验测定 X 射线弹性常数和应力常数 K^*

采用与待测应力工件的材质工艺完全相同的材料制作等强度梁。等强度梁的尺寸和安装方式如图 11-22 所示。如果载荷为 P，则等强度梁上面的载荷应力 σ_p 按下式计算：

$$\sigma_p = \frac{6L}{B_0 H^2}P = GP \tag{11-31}$$

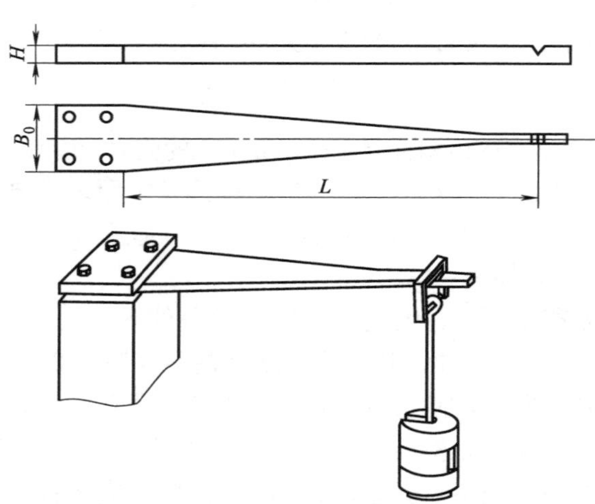

图 11-22　等强度梁的尺寸和加载方式

例如，假定梁体尺寸 $L=300\text{mm}$、$B_0=50\text{mm}$、$H=6\text{mm}$，可计算得到 $G=1/\text{mm}^2$。

测试点应当确定在梁体的中心线上远离边界条件的某一点，应力方向与中心线一致。并事先通过检测确认梁体中心线为主应力方向。

假定测试点的残余应力为 σ_r，则载荷应力与残余应力的代数和 $\sigma_p+\sigma_r$ 与 X 射线应力测定所得的斜率 M 成正比，即

$$\sigma_p+\sigma_r=KM \tag{11-32}$$

式（11-32）是一个直线方程，其中 σ_r 和 K 为未知数，K 为直线的斜率。对式（11-32）求导，可得

$$K=\frac{\partial\sigma_p}{\partial M} \tag{11-33}$$

施加一系列不同的载荷 P_i，按式（11-31）计算出相应的载荷应力 σ_{pi}；采用 X 射线

应力测量仪分别测试衍射曲线斜率$M_i^{2\theta}=\dfrac{\partial 2\theta_{\varphi\Psi}}{\partial \sin^2\Psi}$和$M_i^{\varepsilon}=\dfrac{\partial \varepsilon_{\varphi\Psi}^{\{hkl\}}}{\partial \sin^2\Psi}$，则可计算得到应力常数$K$和X射线弹性常数$\dfrac{1}{2}S_2$：

$$\left.\begin{aligned}K&=\frac{\sum\limits_{i=1}^{n}\sigma_{pi}\sum\limits_{i=1}^{n}M_i^{2\theta}-n\sum\limits_{i=1}^{n}(\sigma_{pi}M_i^{2\theta})}{\left(\sum\limits_{i=1}^{n}M_i^{2\theta}\right)^2-n\sum\limits_{i=1}^{n}(M_i^{2\theta})^2}\\ \frac{1}{2}S_2&=\frac{1+\nu^{\{hkl\}}}{E^{\{hkl\}}}=\frac{\sum\limits_{i=1}^{n}\sigma_{pi}\sum\limits_{i=1}^{n}M_i^{\varepsilon}-n\sum\limits_{i=1}^{n}(\sigma_{pi}M_i^{\varepsilon})}{\left(\sum\limits_{i=1}^{n}M_i^{\varepsilon}\right)^2-n\sum\limits_{i=1}^{n}(M_i^{\varepsilon})^2}\end{aligned}\right\}\tag{11-34}$$

5）实验法测定X射线弹性常数XEC*

材料中{hkl}晶面的X射线弹性常数$S_1^{\{hkl\}}$和$\dfrac{1}{2}S_2^{\{hkl\}}$由材料中{$hkl$}晶面的弹性模量$E$和泊松比$\nu$确定，一般表达为：

$$\left.\begin{aligned}S_1^{\{hkl\}}&=-\frac{\nu^{\{hkl\}}}{E^{\{hkl\}}}\\ \frac{1}{2}S_2^{\{hkl\}}&=\frac{1+\nu^{\{hkl\}}}{E^{\{hkl\}}}\end{aligned}\right\}\tag{11-35}$$

为了得到正确的残余应力计算结果，应该使用X射线弹性常数$S_1^{\{hkl\}}$和$S_2^{\{hkl\}}$。

① 试验方法　试验可以采用单纯的拉力、剪切力和弯曲等方式加载，通常使用四点弯曲，如图11-23所示。在图中，S_1、S_3是样品坐标系，L_3是实验室坐标系，Ψ是样品法向量和衍射晶面法向量的夹角，F是作用力，B是入射光，C是衍射光，D是应变计。在试验过程中，X射线的辐射区域确保为均布载荷。在加载过程中，测量区域应该始终保持在测角仪的中央。

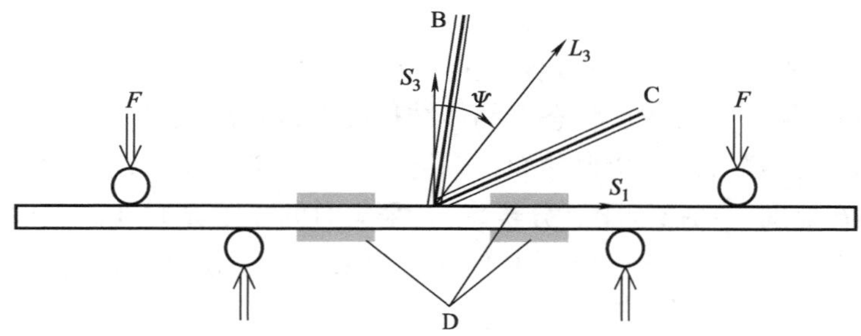

图11-23　使用四点弯曲试验测定X射线弹性常数

② 样品　X射线弹性常数测试中所用的样品必须与残余应力测量实验中所用样品是同一材质。

必须精确控制施加的力。如果使用应变计或者引伸计，必须知道宏观弹性常数E和ν。如果使用应变计，应在样品上安装多个应变计。至少有一个应变计与样品的纵轴平行。

应变计安装越是靠近测量区域越好。

③ 加载设备的校准和样品的调整　用校准过的试验机或者校准过的静负载加载。测量区域的应力通过负载及几何函数确定。校准步骤为：

• 在 0 到 75%屈服载荷加载和卸载至少进行两个循环，以便检查应变计电信号是否在每个循环结束归零。

• 在 5%到 75%屈服载荷下，至少执行三个循环。

④ 衍射仪测量　测试装置应定位在衍射仪中央。每次测量都应该沿着样品的纵向施加不同的载荷。在测试区域施加的应力或者应变应经应变计进行评估。测量应该从高载荷开始，测试中降低载荷以避免由样品非弹性形变带来的影响。在屈服的 70%和 5%之间至少分五步均匀加载。

⑤ XEC 的计算　每一步加载，平均应力都应该计算出来以便确定：

$$\varepsilon_{\varphi\Psi}=\frac{1}{2}S_2^{\{hkl\}}(\sigma_1^R-\sigma_3^R+\sigma_1^F)\sin^2\Psi+\frac{1}{2}S_2^{\{hkl\}}\tau_{13}^R\sin2\Psi+\frac{1}{2}S_2^{\{hkl\}}\sigma_3^R+S_1^{\{hkl\}}[Tr(\sigma^R)+\sigma_1^F] \tag{11-36}$$

应画出每个载荷的椭圆曲线 $\varepsilon_{\varphi\Psi}=a\sin^2\Psi+b\sin2\Psi+c$，斜率“$a$”、法线“$b$”和截距“$c$”由最小二乘法得出：

$$\left.\begin{aligned}a&=\frac{1}{2}S_2^{\{hkl\}}(\sigma_1^R-\sigma_3^R+\sigma_1^F)\\b&=\frac{1}{2}S_2^{\{hkl\}}\tau_{13}^R\\c&=\frac{1}{2}S_2^{\{hkl\}}\sigma_3^R+S_1^{\{hkl\}}[Tr(\sigma^R)+\sigma_1^F]\end{aligned}\right\} \tag{11-37}$$

式中，σ_1^F 是施加的应力，σ_1^R、σ_3^R 是残余正应力，τ_{13}^R 残余切应力，$Tr(\sigma^R)$ 是残余应力轨迹。

斜率“a”值对外加应力画图会给出斜率为 $\frac{1}{2}S_2^{\{hkl\}}$ 的直线；法线“b”值对外加应力画图会给出斜率为 0 的水平线；截距“c”值对外加应力画图会给出斜率为 $S_1^{\{hkl\}}$ 的直线。

6）报告

X 射线衍射法的残余应力检测报告至少应包括如下内容：

• 试样名称、编号、材质、状态、晶体结构类型以及测试点部位、应力方向等。

• 测试方法、定峰方法、衍射晶面、辐射、应力常数（X 射线弹性常数）等。

• Ψ 角、2θ 范围、扫描步距（分辨率）、采集时间（曝光时间）、准直管直径或入射狭缝尺寸（光斑尺寸）、X 射线管电压电流等；如果采用了摆动法，还要注明摆动角度和摆动周次。

• 应力值（带正负符号）。必要时，给出置信概率的不确定度，还应记载半高宽、积分宽（等于积分强度除以最大衍射强度）、衍射角、最大衍射强度、积分强度，及 ε-$\sin^2\Psi$ 图或 2θ-$\sin^2\Psi$。

• 实验操作者、审核者、批准者姓名，来样日期、报告日期等。

7）测定结果评估

对测试结果进行概略性评估时，如果因为所得应力值的正负性和数量级超出预期而令人质疑，则应从以下几方面进行复查：

- 仪器是否经过检定。
- 材料的相、晶面、辐射、应力常数（或 X 射线弹性常数）的匹配是否有误。
- 测试点的表面处理是否正确，应注意到任何不经意的磕碰划伤或砂纸轻磨都会导致应力状态的显著变化。
- 照射面积是否合适。
- 衍射峰是否完整，是否有足够的强度和峰背比，是否孤立无叠加。
- 是否因为材料粗晶或织构致使 2θ-$\sin^2\Psi$ 严重偏离直线关系。

11.4.2 X 射线衍射法的典型应用

（1）不锈钢板对接焊缝的残余应力检测

某企业承接一批 304L 不锈钢板的焊接工程，需要对 5 种不同焊接工艺焊态及焊后热处理态的焊接接头热影响区的残余应力情况进行测试，以了解不同焊接工艺的残余应力及热处理应力消除的效果。钢板的厚度是 5mm，焊接坡口为 V 形。

对 5 种不同工艺焊态及焊后热处理态的钢板各取一块试样，5 块试板的尺寸和焊缝位置相同。5 块试板的测点位置均选在：距试板右端 130mm 的焊缝热影响区，距焊趾 4mm，如图 11-24 所示。测试中，默认测点所处的平行于焊缝的方向为 0°，垂直焊缝方向为 90°。

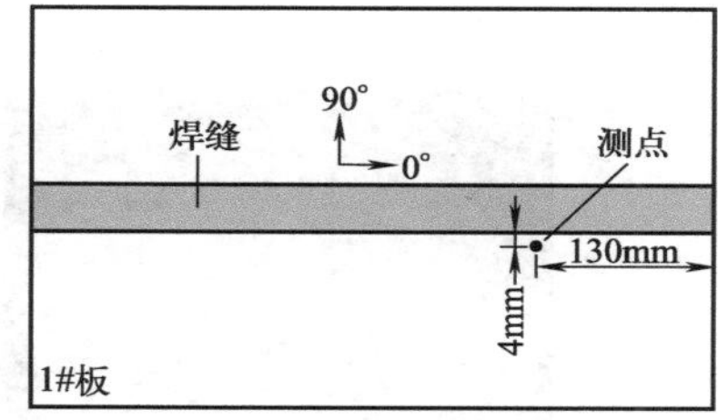

图 11-24 试板测点位置

测试采用 X-RAYBOT 型 X 射线衍射仪，它具有 1280 通道位敏探测器。测试条件为：管电压 20kV，管电流 1mA，Cr 靶 Kα 辐射，准直管直径 1mm。测试方法为：γ-Fe {311} 晶面，Ψ 角±40°，设置 9 栈，侧倾法测量，利用椭圆拟合计算残余应力。

残余应力的测试结果如图 11-25 所示，图（a）为 0°方向其中一个 Ψ 角测试的衍射峰，图（b）是 2θ-$\sin^2\Psi$ 拟合曲线。从图可以看到，测量的衍射峰计数超过 150 个计数，满足残余应力测试的需要，拟合结果良好；测量得到被测点的正应力为 401MPa，切应力为 0MPa。

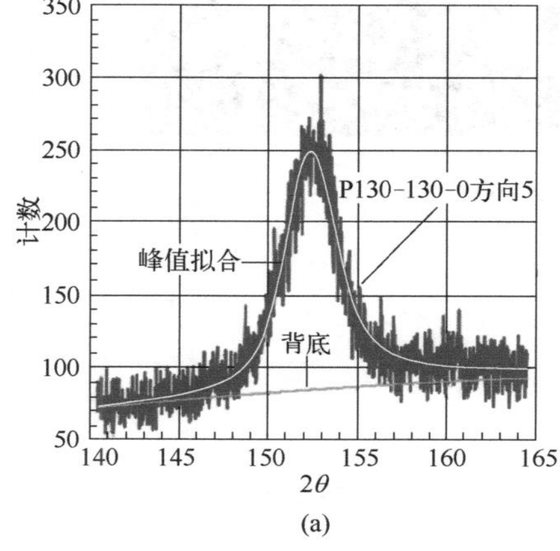

(a)

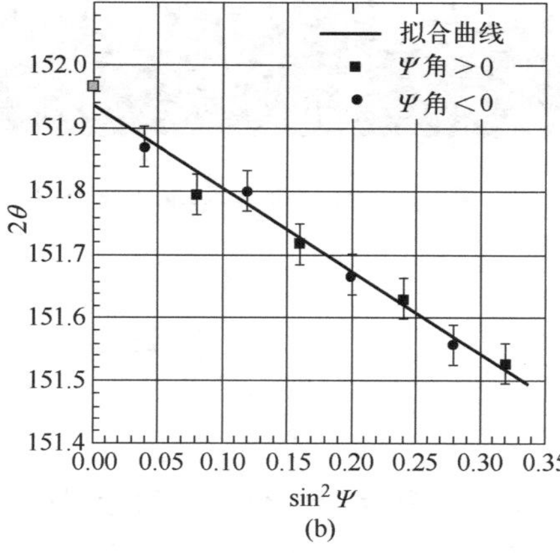

(b)

应力测试结果

衍射峰：γ-Fe {311}

$\frac{1}{2}S_2^{\{hkl\}}$=7.201

$-S_1^{\{hkl\}}$=1.675

PHI 方向：-0.00

正应力：401±64

±51

切应力：0±9

±9

(c)

图 11-25 1＃号试板测试结果

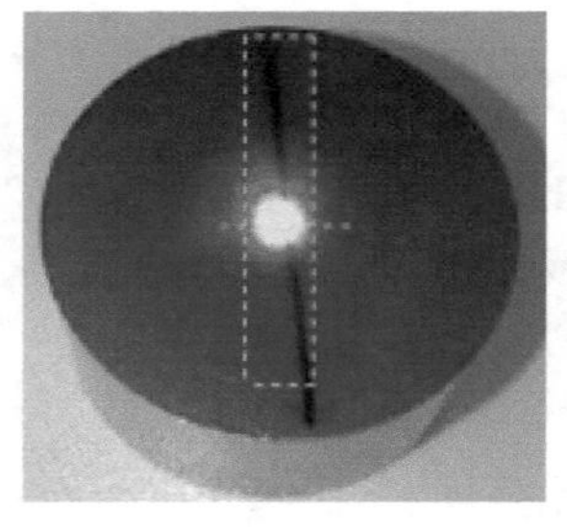

图 11-26 试样测量点位图

（2）喷丸样品的残余应力检测

样品为经过表面喷丸处理的 718 镍基合金圆形试样，如图 11-26 所示。喷丸处理后试样表面会产生较大的残余压应力。为了评估残余应力的大小，采用 X 射线衍射法在样品表面的中心位置进行测量。

测量使用 μ-X360s 型便携式 X 射线残余应力分析仪。该仪器采用二维平面探测器，单角度一次入射可接受 360°衍射信号，获得 500 个数据点，测量速度快。测试条件为：管电压 30kV，管电流 1.5mA，Cr 靶 Kβ 辐射，准直管直径 2mm，测量晶面为 ｛311｝ 晶面，测量时间 90s。

测量得到的衍射德拜环如图 11-27 所示。从德拜环可以看到，各个方向的信号较为均匀，因此测试结果可信度高。

仪器对喷丸镍基合金试样残余应力的测试结果是：正应力为－982MPa，误差±65MPa；切应力为－113MPa，误差为±69MPa。

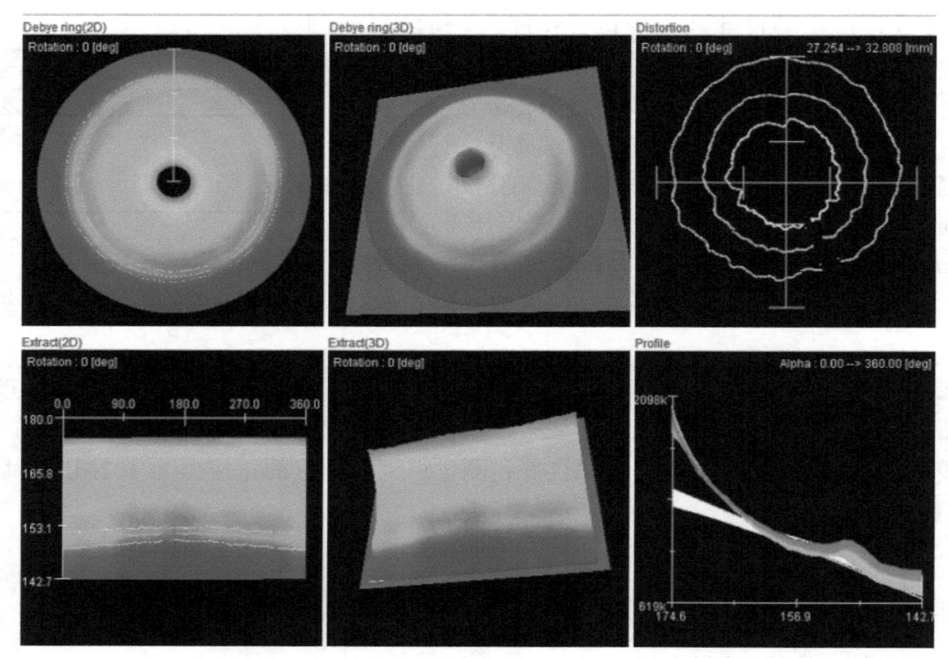

图 11-27 二维面探衍射德拜环

练习题

1. 判断题

（1）X 射线衍射法是一种表面残余应力的无损检测方法，它的空间分辨力强，无须制备样品，且测量精度不易受到干扰和影响。（　　）

（2）对 α-Fe 样品进行测试时，常采用 Cr 靶，衍射角为 156°，衍射晶面为（211）晶面。（　　）

2. 选择题

（1）在对曲面样品的测试中，X 射线光斑大小应如何选择？（　　）

A. 小于 1/5 曲率半径　　B. 大于 1/5 曲率半径

C. 小于 1/6 曲率半径　　D. 大于 1/6 曲率半径

（2）选择残余应力测试的衍射峰时，应尽量选取的衍射角范围？（　　）

A. 140°～180°　　B. 0°～90°

C. 90°～180°　　D. 90°～140°

3. 填空题

（1）测试奥氏体样品时应选用________靶材，________滤波片。

（2）测试铝合金样品时应选用________靶材，________滤波片。

4. 问答题

（1）当样品表面平整度较低（如存在鱼鳞纹或严重的颗粒状凸起）时，应如何对样品表面进行处理？

（2）当在测得的衍射曲线上确定衍射峰位时，如果能够得到完整的钟罩型衍射曲线，可选择哪些定峰方法？

（3）如何判定 X 射线法测试结果是否可靠？

（4）X 射线衍射法的测量不确定度主要由哪些因素引起？

参考文献

[1] Kondoh T，Goto T，Sasaki T. X-ray stress measurement for titanium aluminide intermetallic compound [J]. Advances in X-ray Analysis，2000，43：107-116.

[2] 郑林，何长光，彭正坤. 短波长 X 射线衍射测量装置和方法：CN1588019 A [P].

[3] Lian Y，Ji P，Zhang J，et al. Effect of homogenization annealing on internal residual stress distribution and texture in ME21 magnesium alloy extruded plates [J]. Journal of Magnesium and Alloys，2019，7（1）：186-192.

[4] 钱伟长，叶开沅. 弹性力学 [M]. 北京：科学出版社，1956.

[5] Tanaka K. The cosα method for X-ray residual stress measurement using two-dimensional detector [J]. Mechanical Engineering Reviews，2018.

[6] 中国国家标准化管理委员会. 无损检测 X 射线应力测定方法：GB/T 7704—2017 [S]. 北京：中国标准出版社，2017.

[7] 张定铨，何家文. 材料中残余应力的 X 射线衍射分析和作用 [M]. 西安：西安交通大学出版社，1999.

[8] Liu C R，Yang X. The scatter of residualstresses produced by face—mining and grinding [J]. Journal of Machining Science and Technology，2001，5（1）：1-22.

[9] Yang X，Liu C R. A methodology of predicting the variance of fatigue life incorporating theeffects of manufacturing processes [J]. Journal of Manufacturing Sciences and Engineering，2002，124（3）：745-753.

[10] Grum J. Influence of induction surface heating and quenching Oil residual stress profiles followed bygrinding [J]. International Journal of Materials and Product Technology，2007，29（1-4）：211-227.

[11] Cseh D，Benke M，Mertinger V，et al. Residual Stress Evolution during the Manufacturing Process of Bearing

Rings [J]. Advanced Materials Research, 2014, 996: 664-669.

[12] Gadallah R, Tsutsumi S, Aoki Y, et al. Investigation of residual stress within linear friction welded steel sheets by alternating pressure via X-ray diffraction and contour method approaches [J]. Journal of Manufacturing Processes, 2021, 64: 1223-1234.

Chapter Twelve

第12章

残余应力的中子衍射法检测技术

中子衍射法（简称中子法）是一种测定晶体材料残余应力和外施应力的无损检测方法。中子法可以测量材料深层内部三维残余应力分布，能够评估实际部件整体结构和变形参数。

12.1 中子衍射法基础知识

12.1.1 中子衍射法的发展简史

中子衍射残余应力检测技术起源于 20 世纪 80 年代。最早关注中子应力检测是在 1981 年召开的第 28 届美国军方首脑会。在 1991 年英国牛津召开的中子衍射测量残余应力会议之后，国际上逐渐形成了中子应力检测研究的系列会议。但是由于缺乏专门的应力分析装置，在发展初期的相当一段时间内，中子应力检测技术发展得较为缓慢。随着材料科学和工程应用需求的增加，越来越多的中子散射实验室开始建立专门的中子衍射残余应力分析装置，中子衍射残余应力检测技术逐步进入蓬勃发展时期。进入 21 世纪后，我国也依托于中子源大科学装置平台，开始开展中子衍射残余应力检测的研究与应用，并在不长的时间获得快速的进步。

目前，美国、欧洲、日本等国家和地区均建造了专用的应力场无损探测中子衍射仪，并在工业领域开展了广泛的应用。国际上典型的中子衍射仪分为两类，一类是基于反应堆中子源，包括澳大利亚 ANSTO 的 KOWARI、法国 ILL 的 SALSA、德国 FRMII 的 STRESS SPEC 等；另一类是基于散裂中子源，包括英国散裂中子源的 ENGIN-X 谱仪、美国橡树岭国家实验室中子散射中心的 VULCAN 谱仪、日本质子加速器研究中心的 TAKUMI 谱仪，以及建设中的欧洲散裂中子源的 BEER 工程衍射谱仪等。基于反应堆中子源和基于散裂中子源两种类型的中子衍射仪各有特长，互相补充。

目前在我国国内，中国先进研究堆（CARR）和中国绵阳研究堆（CMRR）都建有中子衍射应力谱仪，可用于常规工程部件和结构的应力检测。中国散裂中子源（CSNS）工程材料衍射谱仪的建成和投入运行，为国内中子衍射残余应力检测技术提供了不可或缺的有益补充。CARR、CMRR 和 CSNS（俗称“两堆一器”）三个主要中子源分别占据我国北、中、南三个方位，形成覆盖全国的研究态势，且反应堆中子源和散裂中子源各具特色互相补充。我国现有中子源布局合理，分工明确，这为我国中子散射技术快速发展、发挥综合优势、提升国际竞争力提供了很好的基础条件。

12.1.2 中子衍射法的基本原理

残余应力的中子衍射检测原理基于布拉格方程。如果一束中子以与晶面成 θ_{hkl} 夹角入射到多晶体材料上，会在晶面发生反射，如图 12-1 所示。假设材料的晶面间距为 d_{hkl}，则相邻平行晶面反射中子的行程差是 $2d_{hkl}\sin\theta_{hkl}$。当行程差等于中子束波长 λ 时，来自相继平面的反射发生相长干涉，出现衍射峰值，这就是描述中子射线衍射现象的布拉格定律。布拉格定律用方程表示为：

$$2d_{hkl}\sin\theta_{hkl}=\lambda \tag{12-1}$$

当材料存在或受到应力而产生弹性形变时，其内部晶格的晶面间距会发生改变，比如拉应力会引起法向沿加载方向的晶面间距增大、垂直加载方向的晶面间距减小。通过测量有应力时的晶面间距和没有应力时的晶面间距，就可以得到晶格的弹性应变：

$$\varepsilon_{hkl}=\frac{d_{hkl}-d_{0,hkl}}{d_{0,hkl}}=\frac{\Delta d_{hkl}}{d_{0,hkl}} \tag{12-2}$$

式中，d_{hkl} 为测量的材料晶面间距，$d_{0,hkl}$ 为参考的无应力材料晶面间距，ε_{hkl} 是晶格的相对应变值。

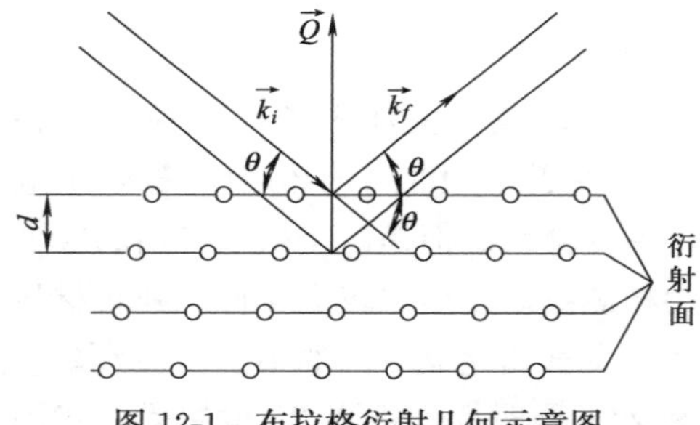

图 12-1 布拉格衍射几何示意图

布拉格衍射过程如图 12-1 所示。散射矢量 $\vec{Q}$ 定义为衍射波矢 $\vec{k}_f$ 与入射波矢 $\vec{k}_i$ 之差，即 $\vec{Q}=\vec{k}_f-\vec{k}_i$。它将入射光束和衍射光束之间的角度平分，并垂直于衍射面。由中子衍射过程可知，应变测量的方向沿着散射矢量方向，与晶面法向一致。

利用中子衍射测量晶格应变的中子衍射仪分为两类，一类是基于反应堆中子源，另一类是基于散裂中子源，这两类仪器的装置构成和检测原理略有不同。反应堆中子衍射仪（也称单色装置）采用单色器从反应堆中子源发射的连续谱中选取单一波长的中子，通过探测器的角度扫描测量衍射峰角度，进而实现晶面间距的测量；散裂源中子衍射仪（也称飞行时间装置）采用斩波器将散裂中子源发射的长脉冲斩断为覆盖一定波长范围的短脉冲（也可保留全谱），通过测量不同波长的中子飞行至固定角度探测器的时间，实现晶面间距的测量。

当使用单色装置时，已知波长的单色中子束入射在样品上，材料的晶面间距 d_{hkl} 可以由观测到的衍射峰角 θ_{hkl} 通过布拉格方程计算得到。如果将式（12-1）代入式（12-2），可以直接获得由衍射角计算晶格弹性应变的公式：

$$\varepsilon_{hkl}=\frac{\sin\theta_{0,hkl}}{\sin\theta_{hkl}}-1 \tag{12-3}$$

当使用飞行时间装置时，具有一定速度（即波长）范围的中子脉冲入射在样品上，所有垂直于散射矢量的晶面都会将中子反射至探测器，且不同的晶粒族产生不同的（hkl）衍射峰。根据德布罗意关系，中子动量 p 与波长 λ 成反比：

$$p=\frac{h}{\lambda} \tag{12-4}$$

其中，h 为普朗克常数。

根据普通物理学，中子动量 p 与中子飞行时间 t_{hkl} 的关系为：

$$p=m_n\upsilon=m_n\frac{L}{t_{hkl}} \tag{12-5}$$

式中，υ 为中子飞行速度；L 为中子飞行距离；m_n 为中子质量。

根据布拉格方程（12-1）式，并结合式（12-4）和式（12-5），可以得到特定波长的中子对于（hkl）晶面和探测角度 2θ 的飞行时间 t_{hkl}：

$$t_{hkl}=2\frac{m_n}{h}L\sin\theta\times d_{hkl} \tag{12-6}$$

将上式求解的 d_{hkl} 和 $d_{0,hkl}$ 代入式（12-2），可以得到根据中子飞行时间变化计算晶格弹性应变的公式：

$$\varepsilon_{hkl}=\frac{t_{hkl}-t_{0,hkl}}{t_{0,hkl}}=\frac{\lambda_{hkl}-\lambda_{0,hkl}}{\lambda_{0,hkl}} \tag{12-7}$$

也可以采用全谱分析方法，利用多个晶面的平均衍射结果获得弹性应变。所谓全谱分析方法，首先通过实验获得多个衍射峰的数据，然后利用理论模型曲线对实验结果进行数据拟合，由此获得所需要的衍射峰峰位和晶格参数等重要参数的数值。

完全确定应变张量需要测量至少 6 个方向的弹性应变。如果主应变方向已知，沿 3 个方向测量就足够了。在平面应力或平面应变情况下，则可能进一步减少为 2 个方向。对于单轴加载的情况，仅需要测量一个方向。在主应变方向已知情况下，当测量完应变后，根据广义胡克定律可以通过下式计算三个方向的应力：

$$\sigma_i=\frac{E_{hkl}}{1+\nu_{hkl}}\varepsilon_i+\frac{\nu_{hkl}E_{hkl}}{(1+\nu_{hkl})(1-2\nu_{hkl})}(\varepsilon_1+\varepsilon_2+\varepsilon_3) \tag{12-8}$$

式中，i=1、2、3；E_{hkl} 是与（hkl）衍射晶面相关的弹性模量；ν_{hkl} 是与（hkl）衍射晶面相关的泊松比。

综合上述介绍，中子衍射法的基本原理是，通过测量无应力和有应力时单色中子束的衍射角变化或多色（或全谱）中子脉冲的中子飞行时间变化，根据布拉格方程计算弹性晶格应变并获知残余应力。

12.1.3 中子衍射法的特点

中子法检测残余应力的原理与 X 射线衍射基本相同。但是，由于中子在晶体材料中的穿透深度比 X 射线大，所以中子法除具有 X 射线法的一些特点（诸如无损检测、测量精度高）外，在检测和分析应力时也表现出自身独特的优势。

① 穿透能力强　对于大多数工程材料来说，中子的穿透能力在厘米量级。对于航空航天、高铁车辆等领域用的铝合金材料，中子法的探测深度可以达到分米量级，能实现原尺寸构件的直接测量。在测量复合材料基体金属的应变时，如果表面材料的组分为纤维状或晶粒有几微米厚甚至更大，X 射线检测将会强烈受到表面效应的影响，而中子衍射则不会存在这样的问题。

② 真正三维应力检测　中子法可探测大块材料内部的三维残余应力分布。常规实验室X射线衍射法虽与中子法同属射线检测技术，但它只能测量材料表面约10μm内的残余应力，若要分析深层应力分布，需要对材料进行剥层处理，这不仅损害了射线法的无损检测本质，还会引起部分应力松弛影响测量精度。其他的材料内部残余应力检测方法，要么将三向空间问题简化为不同深度处的平面问题（如全释放法、逐层剥离法、深孔法），要么选取特定平面上的正应力来描述应力分布（如轮廓法、裂纹柔度法），都不能算作是真正意义上的三维应力检测技术。

③ 空间分辨力可调　通过改变中子波束尺寸（即样品测量体积），能够很容易地调整检测的空间分辨力，适合测量样品或部件内部的应力梯度。

④ 可测量微观应力　中子法除可以测量宏观残余应力外，还能够测量金相组织之间的相应力以及晶粒间的结构应力或晶粒内的亚结构应力。在测试截面范围内的宏观应力值为零时，由衍射峰的展宽就可直接获得微观应变值。

⑤ 能测量动态应力　中子法可以探究应力随时间变化的关系，例如服役设备的应变，再结晶工艺，焊接、铸造、粉末加工等工序过程，以及外加载荷或温度的瞬时响应。

⑥ 能实现大角度衍射晶面的应变测量　中子衍射可以允许测量至 $\sin^2\Psi=1$，而X射线衍射最多可以做到 $\sin^2\Psi=0.9$。当强烈的织构存在时，$0.9<\sin^2\Psi<1$ 区域也是非常重要的。例如，在冷压钢中大部分晶粒在冷压方向的（110）轴与表面平行，只有中子衍射可以测量这些晶粒在冷压方向的晶格应变。

中子法也存在着缺陷与不足，使应用受到限制：

① 检测成本高　中子源的建造和运行费用昂贵，在一定程度上限制了中子衍射残余应力检测的商业应用。

② 测量时间长　中子源的流强较弱，因此需要的测量时间相对比较长。

③ 空间分辨较差　中子衍射测量的是晶体材料一定体积内的平均应力。中子法检测时样品测量体积通常为 10mm^3 或以上，而X射线衍射仅为 10^{-1}mm^3。

④ 测量表面应力较难　由于中子衍射的空间分辨相对较差，所以只有在距表面100μm及以上区域测量时，中子法才会具有优势。

⑤ 不能进行现场检测　中子衍射法受中子源的限制，因此不具有便携性，无法在工业现场进行实时测量。

12.2　中子衍射法的检测方法和检测设备

12.2.1　中子衍射法的检测方法

（1）检测方法概述

中子衍射法测量残余应力的大致步骤是：首先，针对样品设置好感兴趣的扫描路径和测量时间；然后，进行自动扫描测量，收集每个测量点的中子衍射数据以获得晶面间距；最后，从晶面间距的改变导出弹性应变，并根据应变计算应力。

样品或部件的残余应力检测一般需要测量三个主应力方向。通过逐步移动被测样品穿过中子束取样测量参考点，可以测得不同位置的应力。这样就可以获得样品内部残余应力的三维分布。

（2）测量准备

在开始测量应变之前，需要校正装置或验证装置是否已校正。然后选择合适的衍射测量条件，将样品准确地放置在衍射装置上，同时也需要确定获取衍射数据的测量体积的尺寸。

1）装置的校正与标定

衍射装置的校正与标定是十分必要的。使用单色装置时，要确保在整个测量过程中波长保持不变和探测器的角度响应已标定。对于飞行时间装置，中子飞行路径和探测器角度响应都应标定。这两类装置的标定都需采用无应力样品，典型的有硅、二氧化铈或氧化铝粉末，之所以选用这类样品是因为它们能够较好地衍射中子、具有已知且准确的晶格参数，并且内禀衍射峰宽小。对于飞行时间装置，若要得到强度信息，则需确定入射中子注量率及探测器效率与波长之间的函数关系，其中一种办法就是使用非相干散射体，例如钒。

2）衍射条件选择

对于单色装置，需要从可选的波长范围内根据具体实验要求确定所用的中子波长，一般情况下，实验中所选波长和衍射平面应该使衍射角在 90°附近。由于材料的弹性和塑性各向异性，不同的（*hkl*）晶面对宏观应力场的响应可能也不同。在弹性区域内，选择合适的衍射弹性常数（包括弹性模量和泊松比），对于线性响应的（*hkl*）晶面都可以用于应力测定。一般来讲，这里的弹性常数既不是体弹性常数也不是单晶值，而是对应于特定（*hkl*）晶面的多晶值。这些常数可以用实验的方法获得，也可以计算得到。对不同取向的晶粒，塑性变形开始时加载装置记录的应力值也不同，表现在加载时是非线性响应而卸载时是线性的弹性响应。在这个区域卸载至零外力时，对每个（*hkl*）晶面会测量到不同的残余弹性应变，通常称为晶间应变。对于宏观残余应变测量，选择在卸载时基本无第二类（晶间）应变的晶面是非常重要的。表 12-1 列出了几种材料晶间应变影响强或弱的（*hkl*）晶面。

表 12-1　不同对称性材料中对晶间应变敏感性强和弱的晶面举例

材料	对晶间应变敏感性弱的晶面	对晶间应变敏感性强的晶面
fcc（Ni、Fe、Cu） fcc（Al）	（111）、（311）、（422）	（200）
bcc（Fe）	（110），（211）	（200）
hcp（Zr、Ti）	$(10\bar{1}2)$、$(10\bar{1}3)$（锥面）	（0002）（基面），$(10\bar{1}0)$、$(1\bar{2}10)$（柱面）
hcp（Be）	$(20\bar{2}1)$，$(11\bar{2}2)$（次级锥面）	$(10\bar{1}2)$、$(10\bar{1}3)$（基面、柱面和初级锥面）

对于飞行时间装置，既可以像单色装置那样选用一个或多个各自的（*hkl*）晶面计算应变，也可以选用更多的衍射峰利用里特沃尔德精修程序进行全谱分析。全谱分析时根据定义单胞尺寸的晶格参数改变计算得到应变。对于晶格参数为 a_0（无应力时）的立方材料，可得应变 ε 为：

$$\varepsilon = \frac{a - a_0}{a_0} \tag{12-9}$$

式中，晶格参数 a 的数值从全谱分析得到。对于非立方材料，需要选择合适的应变参数，例如对于无织构的六方材料，应变 ε 可表示为：

$$\varepsilon = \frac{2\varepsilon_a - \varepsilon_c}{3} \tag{12-10}$$

式中，ε_a 是由晶格参数 a 决定的应变；ε_c 是由晶格参数 c 决定的应变。

（3）测量定位和测量体积

1）测量定位

初始校正过程需要确定装置测量体积（IGV）质心的位置，这个位置就是所有实验测量的参考点，在理想情况下，它应该是样品台的旋转中心。装置校正可以用光学或机械方法，也可以用穿过表面扫描的方法，这三种方法都能实现样品边缘和中子束之间 0.1mm 不确定度的定位。有的装置配备了模拟样品和仪器的实验计划和控制软件。当此类软件与数据采集一起使用时，定位不确定性是仪器、模型和计算相关的函数。应尽可能精确地确定参考点位置，偏差控制在所使用测量体积最小尺寸的 10%以内。

2）测量体积

名义测量体积（NGV）的定义为平行的入射和衍射中子束穿过限定孔径（例如狭缝、准直器）后相交部分所占的空间体积，名义测量体积的质心是这个体积的几何中心。对使用径向准直器的装置，名义测量体积概念的定义与上相同，但是每个径向准直狭缝都对它有影响。装置测量体积（IGV）是实际中子束通过限束孔后所形成的空间体积，考虑了束流发散和流强度分布，确定 IGV 的方法通常是扫描一个散射元，根据衍射束强度的半高宽确定 IGV 的尺寸。IGV 和 NGV 之间的差异在小体积取样时可能特别明显，因为半影的贡献相对更大。样品测量体积（SGV）是 IGV 和所研究样品之间的交叉部分，是与空间分布相关的、所观测的散射相加权的子体积。SGV 是获得平均应变的实际体积，每次测量应确定 SGV 及其质心。另外，SGV（强度加权散射中心）和 IGV 的质心位置可能不同，影响因素有：所研究的样品相部分填充装置测量体积，中子束在样品内的衰减，中子束的波长和强度分布等。

（4）无应力晶格间距测定

无应力材料晶面间距 d_0 的确定对于精确应力测量十分重要。d_0 值微小的波动即可引起较大的应力测量误差。获取无应力晶格间距的方法有：测量无宏观应力的粉末样品，无应力晶格参数数据库，从力和力矩平衡推算出无应力参数等。常用的方法是测量材料的小块样品：先将样品材料加工成几毫米的立方体、圆棒或梳状的试样（足够小的试样尺寸能使宏观残余应力全部释放），然后对其进行中子衍射测量就可获得样品材料无应力状态下平均晶面间距。影响无应力晶格间距测量的因素有很多，例如试样成分的变化、织构的变化、晶间应力的存在、取样测量体积溢出样品边界、中子束流的发散和粗大晶粒的存在等。在针对小块试样的实验测试时需注意：切割试样的尺寸相对于未切割原始构件应力场的梯度变化范围要足够小；加工试样时不能引入额外应力，如果采用电火花切割，会在表面产生拉应力，内部平衡产生压应力，且试样越小越显著；避免由中子束发散、样品标定误差、大晶粒、裂纹空洞等引起的赝应变误差。

（5）样品定位和测量

1）样品坐标系

应当明确样品内测量位置和方向的坐标系，如果样品形状和（或）主应力方向已知，应当与它们关联。对绝大多数形状规则的样品或部件，适合根据其对称性特点采用直角坐标或极坐标。

2）样品定位

样品定位要根据装置参考点确定。样品坐标系的方向应与定义 $\vec{Q}$ 的坐标系相关联，尽量准确地确定参考点位置。样品定位准确度基本上与参考点类似，可用光学、机械、壁扫描、虚拟模型或组合方法来确定。在样品上标明测量点和测量方向对样品定位是非常有用的，为达到所需的定位精度，标识必须足够精细和明锐。如果定位时使用正交平移装置，它们必须精确地垂直，角度偏差小于±0.1°。扫描陡峭应力梯度、界面、表面或需要大范围平移扫描时，样品校正将尤为重要。

如果无法使用光学或机械方法将试样定位到要求的精度，则应使用表面（壁）扫描确定 IGV 相对于试样表面的位置。当试样表面平移通过测量体积时，这种方法将产生一个峰强分布谱，称为“穿入曲线”，它给出了表面和测量体积位置的实际测量关系。对每个测量取向和沿表面平移的一定位置都需要进行重复的壁扫描。尤其要注意的是测量表面处理后、有织构、大晶粒或高吸收材料的情况，在这些情况下，穿入曲线可能与预期曲线有显著区别。

3）测量方向

为了确定应力-应变张量，通常要沿至少六个独立的方向进行测量。然而，沿任意三个正交坐标轴（如样品坐标系）测量便可得到应力张量的三个法向分量，因此，可以在主应力方向未知和不超过 3 个独立方向测量的情况下获得应力的重要信息。测量点的数目和位置与所要求的应变细节有关，与所研究部位的形状和尺寸有关，与测量体积的尺寸有关。对有些待检测位置，需要中子束在样品内穿越较长的距离，此时为了能够实现测量可能需要切除部分材料。

4）测量点的数量和位置

为了获得明显或特定的应变变化，应当在样品中取足够充分的数据点和测量位置。具体点的数量和位置依赖于所要求的细节、应变谱的变化和测量体积的尺寸。有些情况下仅需要测量指定的某一个位置，这种测量在材料和应变均匀分布的区域是可信的，然而，在分布不均匀时为了确保结果可靠，需要在特定位置进行附加的插补测量。

为了获得有效的应变分布图，往往是先用规则分布点的稀疏阵列获得大致轮廓，然后根据需要在特殊位置附近增加点的密度。当在某个测量方向应变梯度或其变化很大时，为了得到足够的空间分辨，需要在该方向增加应变分布图的点密度。

由于束流衰减或样品与装置不匹配，可能使待测的特定位置难以或无法测量。在这种情况下，可以考虑从样品中切除部分材料，这需要利用实验技术进行仔细检验［例如应变片和（或）数学方法，如有限元分析］以确定切除材料导致应力重新分布的程度。

5）测量体积

① 测量体积由入射束和衍射束上的束流限定光路系统以及束流的方向与发散度确定。

测量体积的选择与待测部位的形状和尺寸有关，同时也与材料参数（如晶粒尺寸和衰减长度）有关。测量体积质心位置需要根据装置的束流发散和衰减确定，扫描表面和界面时需要特别加以注意。选择的测量尺寸应能够实现获得所需要的细节，如果测量尺寸超过了重要特征尺寸或它们之间的距离，细节将无法反映在应变图中。

② 装置测量体积（IGV）测定　由于装置设置产生的束流发散和其他不可避免的不确定度，IGV 必须进行实验测定。可以通过扫描细丝探针穿过测量截面获得完整的 IGV 参数，在每个扫描位置记录被探针散射的积分强度，称为强度分布谱。细丝可以是布拉格散射体（如钢或铜）或非相干散射体（如尼龙）。在单色装置上，最好采用前者，后者适合飞行时间装置上的多色束流。当扫描穿过主束时，次束必须足够宽，不影响主束的强度分布谱。这种扫描可以得到强度分布和 IGV 的尺寸、形状和位置，以及参考点的位置。对于单色装置，测量体积的形状依赖于散射角，因此，测量体积测定的衍射布拉格角必须尽可能地靠近测量反射角。探针的尺寸应当足够小，否则应进行衰减修正。装置测量体积强度分布可以用三个一维强度分布谱或一个三维强度等高线图表示，这种谱图也表示了束流的均匀程度。然而，对大多数实际应用，可以用三维尺寸和衍射角描述 IGV，这里的尺寸应对应入射和衍射束强度分布的 FWHM，为了表示 IGV 边界的锐利程度，强度分布的全宽度也应予以提供。薄金属片可以用于测量散射面内的测量体积。扫描时分两次通过测量体积，其中一次表面法向平行于散射矢量，另一次垂直于散射矢量。扫描方向由表面法向给定。

③ 限束光学系统的调整　校正限束光学系统的目的是使参考点在所需要的位置。上述扫描和其他技术可用于束流限定光学系统定位所需的矫正。另外一种方法是将圆柱形散射体的测量体积放在需要的位置，让每个限束光学部件被相应的束流扫描穿过，同时记录强度分布谱，根据谱分布的质心决定光学部件的正确位置。将散射体替换为狭缝并在其后放置一个探测器，利用前面所述的方法也可以有效地校准主束。入射和衍射限束光学系统相对于参考点的径向距离必须设置得当。对于狭缝系统，距离应当尽量小，以便减小发散度的影响，但同时仍允许试样在扫描时以最小的碰撞风险移动。当采用径向准直器时，应校正使其聚焦点与参考点重合。如果不能保证束流定位的可复现性，测量体积变化后，应重复定位过程。

6）温度

测量时应对样品的温度进行监视和控制，目的是让晶胞尺寸相对应变的测量不确定度变化很小，或在分析时能够予以说明。晶格间距不仅受应力，也受温度影响。热膨胀是材料的特性，温度变化将产生与力学应变无法区分的“热应变”。对许多工程材料，热膨胀线性系数 α 在 $10\sim20\times10^{-6}K^{-1}$ 范围内，在 5～10℃小范围内的温度变化将导致 $50\sim200\times10^{-6}$ 的应变。因此，整个应变测量过程中，监视和控制温度变化使其不引起晶格间距的明显改变是非常重要的。温度变化也可能会影响测量装置的性能。

（6）实验记录要求

1）装置信息

装置相关信息包括：装置负责人；中子源和位置，装置的名称和型号；温度及变化；入射和衍射束的光学部件；对于狭缝，应该指出其高度和宽度，以及到参考点的距离；对于径向准直器，应该提供聚焦长度、隔片的长度和厚度、隔片间的夹角、所有的孔径尺寸和振荡参数。

单色装置参数包括：单色器的类型，使用的晶体和反射面，探测器的类型，单色器到参考点的距离，探测器到参考点的距离；波长及其测定方法；垂直和水平测量强度分布谱（如果对于测量十分重要）；探测器分辨率。

飞行时间装置参数包括：飞行路径总长度 L，探测器到参考点的距离，探测器的类型，探测器的角度范围；波长范围及其测定方法；垂直和水平测量强度分布谱（如果对于测量十分重要）；数据分析中所用的布拉格峰数或 d 间距范围；时间分辨和道宽；随波长变化的入射强度。

2）样品信息

样品相关信息包括：样品材料，化学组分、晶体结构，标有尺寸、基准标记或参考位置以及坐标系的样品图，每个衍射测量所需的细节信息。

3）数据信息

应当记录并得到所有的原始数据和这些数据的处理方法。

对单色装置：峰位 $2\theta_{hkl}$ 及不确定度；无应力时晶面的峰位 $2\theta_{0,hkl}$（或参考峰位 $2\theta_{\mathrm{ref},hkl}$）及不确定度。

对飞行时间装置：飞行时间 t_{hkl} 或全谱分析时的晶胞参数及不确定度；无应力时晶面的飞行时间 $t_{0,hkl}$（或参考飞行时间 $t_{\mathrm{ref},hkl}$）或全谱分析时的晶胞参数及不确定度。

对所有装置：与散射矢量 $\vec{Q}$ 有关的样品取向及不确定度；与参考点有关的样品和测量体积位置及不确定度；应变及不确定度；d 间距测量及不确定度（如果需要绝对值）。

对单峰拟合：角度或时间增量；采用峰形函数和获得的参数，包括 FWHM 及不确定度；峰高 H 或积分强度 I 及不确定度；本底 B 及不确定度。

对多峰拟合或全谱分析（如里特沃尔德精修方法）：峰谱和相关参数包括宽度与波长或衍射角的函数关系；峰形的不对称性；本底拟合方式；关于如何考虑织构和弹塑性各向异性的描述。

12.2.2 中子衍射法的检测设备

实现中子法残余应力检测的主要设备是中子衍射仪。中子衍射仪分为两类，一类是基于反应堆中子源的中子衍射仪，也称单色装置；另一类是基于散裂中子源的中子衍射仪，也称飞行时间装置。

(1) 单色装置

反应堆源上用于测量应变的典型单色装置如图 12-2 所示。单色装置的工作原理是：首先用合适的单色器反射多色中子束得到特定的单色波长，然后利用限束光学系统对这种单色中子束进行空间限定，得到所需尺寸的束流，之后这种束流经样品衍射后被中子探测器捕获，并获得如图 12-3 所示的衍射峰。在单色装置上获得的衍射实验数据一般是单个衍射峰。

(2) 飞行时间装置

飞行时间装置主要用在脉冲散裂中子源上，每个中子脉冲可覆盖一定的晶格间距范围，并生成衍射谱。典型的飞行时间装置如图 12-4 所示，其工作原理是：首先，来自散裂源的中子从慢化器进入到弯导管过滤去除较高能量的中子→通过斩波器选取合适的中子波长范围→经过一段直导管均匀化中子的空间分布→经过一段聚焦导管进行强度聚焦；然后，中子穿过组合狭缝调节束流尺寸和发散度，并入射至被测样品上发生衍射；最后，衍射中子通过径向准直器到达探测器，探测器采集数据获得衍射谱。

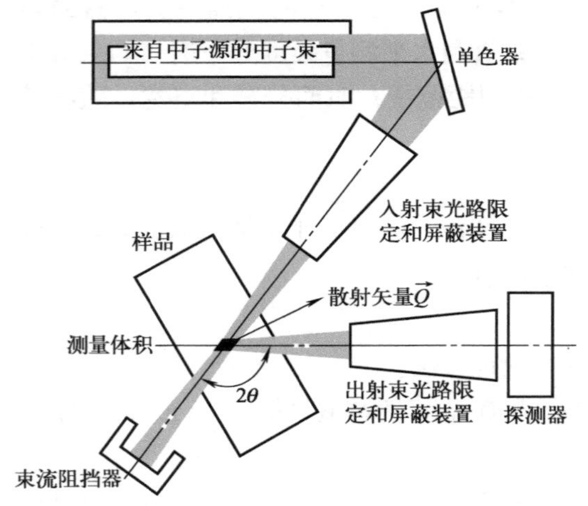

图 12-2　基于反应源的中子衍射仪示意图

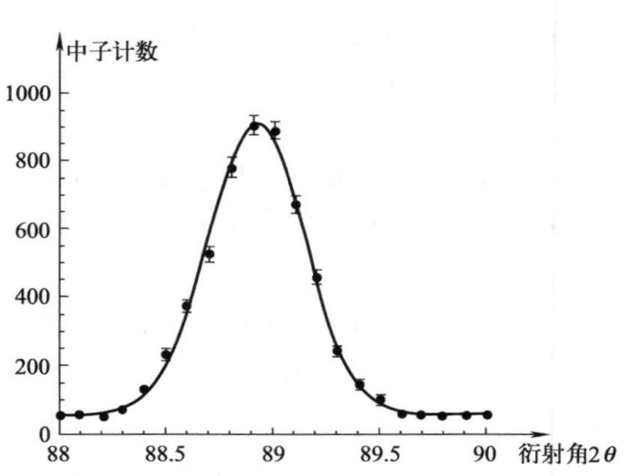

图 12-3　单色装置测量的布拉格峰示例（采用正态分布拟合）

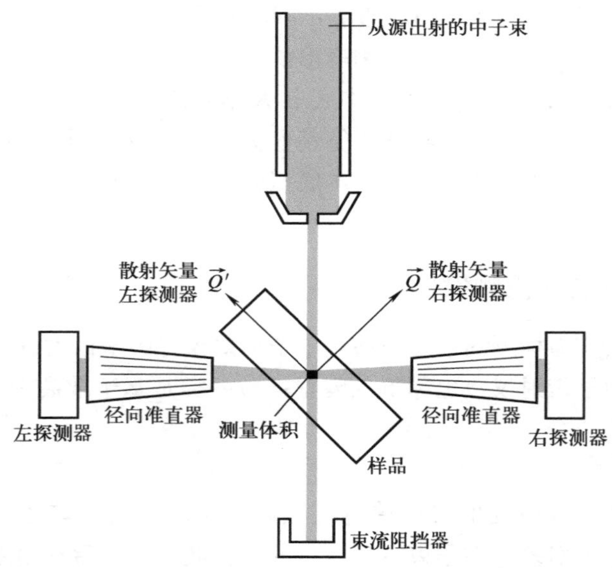

图 12-4　基于脉冲源飞行时间的中子衍射仪示意图

取样测量体积的大小由入射狭缝和径向准直器决定，测试时需要根据样品残余应力分布情况选择合适的取样测量体积。飞行时间装置中，在与入射中子束成 90°方向对称放置了两个探测器，可同时测量两个方向上的残余应变。由于散射角固定，许多飞行时间装置都使用了径向准直器，因为准直器比狭缝系统能够获得更大的立体角，但使用准直器需要保证大多数被探测中子来自确定的测量体积。在这种装置上获得的衍射数据一般是包含多个衍射峰的衍射图谱。

在飞行时间装置上获得的典型衍射谱如图 12-5 所示。图 12-5 显示的是里特沃尔德峰形精修结果，它是利用最小二乘法将晶体学模型结构与衍射数据进行拟合获得的。

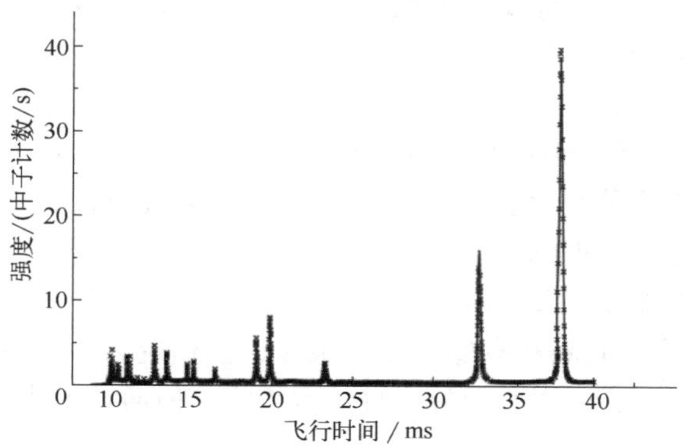

图 12-5 脉冲源衍射谱示例

12.3 中子衍射法的数据处理

12.3.1 衍射数据分析

中子法测量应变最重要的数据分析是通过使用合适的数学函数拟合实验数据来确定布拉格峰的位置。模拟衍射谱峰形（也包括本底）的函数称为峰形拟合函数。衍射峰形的数据分析对应变测量准确度的影响至关重要。

（1）峰形拟合函数

对于反应堆单色装置，峰位通常由高斯函数（即正态分布函数）拟合实验数据获得。对于散裂源飞行时间装置，峰形本身是非对称的，拟合一般采用指数衰减函数和 Voigt 函数的卷积。在获得多峰衍射谱时，可以采用全谱分析法获得应变，如里特沃尔德精修方法。所谓里特沃尔德精修方法，是在假设晶体结构模型和结构参数基础上，充分利用衍射谱图的全部信息，结合峰形函数来计算多晶衍射谱，调整结构参数与峰形参数使计算出的衍射谱与实验谱相符合，从而确定结构参数与峰值参数。

（2）本底函数

本底函数的拟合依赖于装置的设置和中子源的类型，因为本底斜率是随衍射角或飞行时间变化的函数，峰位可能与其相关联，对这种情况要特别注意。除非本底可以单独确定，一般建议采用固定斜率。如果本底不是常数，对拟合函数及其参数应当予以说明。

（3）峰底比

随着峰高 H 与本底 B 比值的下降，特别是当本底不为常数时，区分本底拟合对峰位的影响就更加困难。

（4）畸变峰形

除非采用了适当的修正，否则必须慎重处理由于峰形叠加、样品效应（如材料的不均匀性和层错）或仪器效应引起的衍射峰形畸变。研究多相材料时重叠峰往往不可避免，可采用多峰拟合方法进行分析。

对于单色装置，通常进行单峰研究。在这种情况下，用高斯函数拟合衍射峰轮廓通常非常有效。在某些情况下，只能使用重叠衍射峰。处理重叠衍射峰轮廓的分析时应特别小心。以下是常用的相关分析技术。

（1）两个重叠衍射峰分析

图 12-6 所示是两个衍射峰小部分重叠且峰形参数可以独立确定的例子；图 12-7 所示是两个衍射峰大部分重叠且峰形参数难以独立确定的例子。对两个重叠峰有时可以通过最小二乘法拟合相关部分数据得到精确的 d 间距，实际上，全谱分析方法也可以通过拟合部分实验谱估计得到整个实验谱的情况。一些影响拟合可信度的相关参数有：两个峰的 FWHM、相对强度、质心间隔和本底水平。虽然这些研究表明，在某些情况下，可以使用截断数据，或者可以分析难以与单峰区分的重叠峰，但通常不建议采用此类做法。

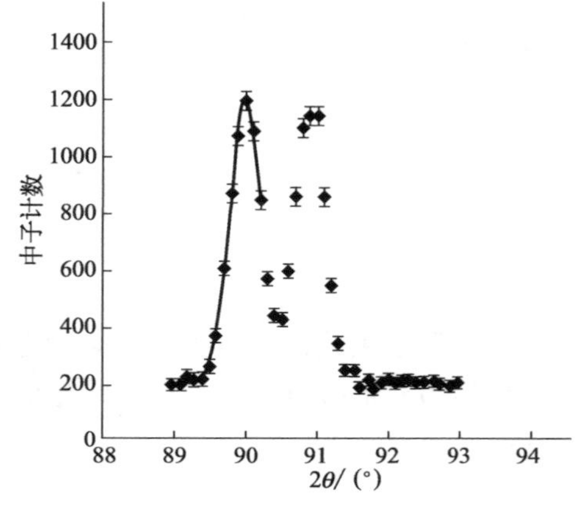

图 12-6　衍射峰小部分重叠的例子

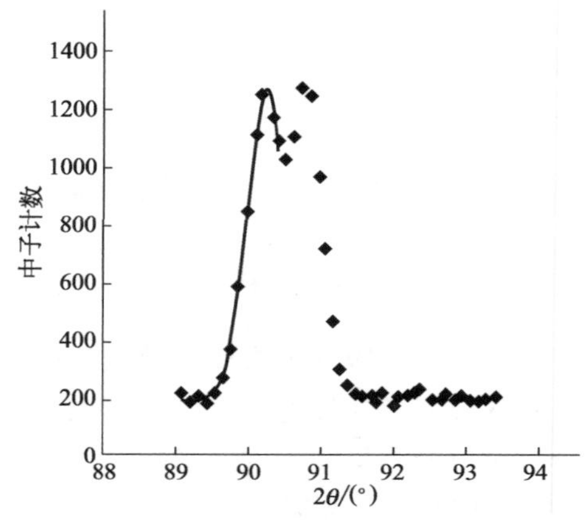

图 12-7　衍射峰大部分重叠的例子

（2）多个重叠衍射峰分析

通过分析衍射谱的多峰重叠部分可以实现多个重叠衍射峰的拟合，通常，拟合过程产生的结果不确定度要增大，可信度要降低。然而，如果可以固定某些参数或它们之间的相互关系，可信度便可以得到提高，例如，如果两相材料中各相的体积分数和相对峰强已知，它们的衍射谱强度比就可以计算得到并固定。

（3）全谱分析

在飞行时间装置上记录到的是多个衍射峰，除了单峰或多峰拟合外，经常需要进行全谱拟合，一种典型的全谱拟合方法最初由里特沃尔德提出。在里特沃尔德精修中，先要假定材料的晶体结构，然后根据假定预测衍射谱。将预测与实际测量谱相比较，利用最小二乘拟合调整晶体结构参数，最终使计算谱与测量谱相符合。已经证明，针对拉伸试样，从塑性区域卸载至几个百分比的塑性应变后，该方法能够给出足够小的残余应力，适合确定工程应用的残余应力。全谱分析的优点是获得参数的不确定度比单峰拟合小；如果存在织构、多相和应变各向异性时，能够获得微结构信息，但要精修程序中含有适当的微结构模型；同时，研究还发现里特沃尔德精修获得的晶格参数不易受到塑性各向异性效应影响。里特沃尔德精修时，转换应变-应力的弹性常数为体弹性模量和泊松比，同时要根据织构情况做相应的调整。

12.3.2 应力计算

中子衍射法是通过测量弹性应变进而推算应力的。同X射线衍射法一样，中子法只是测量正应变，剪应变和应力需要通过计算得到。所有衍射法也都是利用连续材料力学的胡克定律给定的应力-应变关系来计算应力的，唯一不同是应当采用特定的衍射弹性常数而不是所有晶粒的平均弹性常数，也就是说，广义胡克定律中的平均弹性常数（E、ν）应替换为衍射弹性常数（E_{hkl}、ν_{hkl}）。

（1）正应力测定

根据式（11-8），某点的正应力可由沿该点垂直坐标轴 x、y、z 方向测量的应变计算，此时，应力可表示为：

$$\left.\begin{aligned}\sigma_x&=\frac{E_{hkl}}{(1+\nu_{hkl})(1-2\nu_{hkl})}[(1-\nu_{hkl})\varepsilon_x+\nu_{hkl}(\varepsilon_y+\varepsilon_z)]\\\sigma_y&=\frac{E_{hkl}}{(1+\nu_{hkl})(1-2\nu_{hkl})}[(1-\nu_{hkl})\varepsilon_y+\nu_{hkl}(\varepsilon_x+\varepsilon_z)]\\\sigma_z&=\frac{E_{hkl}}{(1+\nu_{hkl})(1-2\nu_{hkl})}[(1-\nu_{hkl})\varepsilon_z+\nu_{hkl}(\varepsilon_x+\varepsilon_y)]\end{aligned}\right\}\tag{12-11}$$

当坐标轴与主变形方向一致时，这些正应力就是主应力。

在处理平面应力情况时，其中一个应力（例如 σ_z）为零，式（12-11）可简化为：

$$\left.\begin{aligned}\sigma_x&=\frac{E_{hkl}}{1-\nu_{hkl}^2}(\varepsilon_x+\nu_{hkl}\varepsilon_y)\\\sigma_y&=\frac{E_{hkl}}{1-\nu_{hkl}^2}(\varepsilon_y+\nu_{hkl}\varepsilon_x)\end{aligned}\right\}\tag{12-12}$$

对 $\varepsilon_z=0$ 的平面应变情况，通过将 $\varepsilon_z=0$ 代入式（12-11）可得到 σ_x、σ_y、σ_z 三者之间的关系为：

$$\sigma_z=\nu_{hkl}(\sigma_x+\sigma_y)\tag{12-13}$$

（2）应力状态的测定

主应力方向未知时，为了确定测量体积内的应变状态，至少需要测量6个独立取向的应变。应力分量可由测量的正应变 $\varepsilon_{\varphi\Psi}$ 计算得到，公式如下：

$$\varepsilon_{\varphi\Psi}=\frac{1+\nu_{hkl}}{E_{hkl}}\begin{bmatrix}(\sigma_x\cos^2\varphi+\sigma_y\sin^2\varphi+\tau_{xy}\sin2\varphi)\sin^2\Psi+\\\tau_{xz}\cos\varphi\sin2\Psi+\tau_{yz}\sin\varphi\sin2\Psi+\sigma_z\cos^2\Psi\end{bmatrix}-\frac{\nu_{hkl}}{E_{hkl}}(\sigma_x+\sigma_y+\sigma_z)\tag{12-14}$$

式（12-14）中，φ 和 Ψ 是方位角（如图12-8所示），$\varepsilon_{\varphi\Psi}$ 是方位角 φ、Ψ 定义方向上的法向应变，τ_{xy}、τ_{xz}、τ_{yz} 是剪应力分量。

此时，需要选择6个测量方向，并使它们之间有尽可能大的角度。

（3）弹性常数选择

式（12-11）～式（12-14）的计算都需要衍射弹性常数 E_{hkl}、ν_{hkl}。只有特定情况下才可能使用通常力学方法所测定的宏观弹性模量和泊松比，因为衍射弹性常数往往依赖于化学成分、其他相的含量和（或）晶胞缺陷（如塑性形变后的位错），因此，此时的弹性常

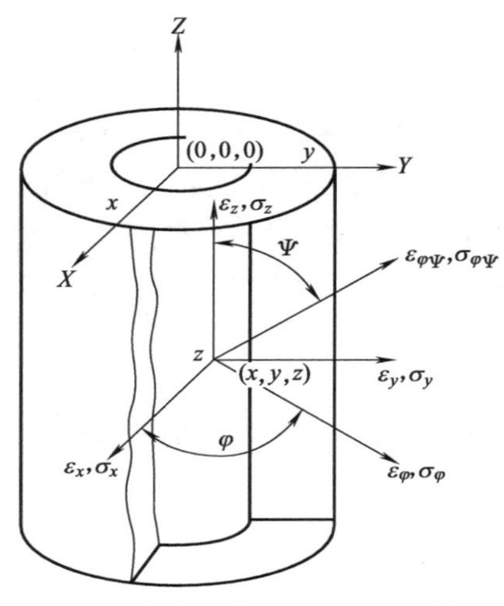

图 12-8 样品坐标系 X-Y-Z 中测量点 x、y、z 的应力和应变分量

数更倾向于使用通过单轴加载衍射实验获得的数值。具有晶体学织构时，衍射弹性常数是依赖于取向的，因此，应该在足够多的方向上开展这种单轴加载衍射实验。如果无法获得实验数据，则应利用合适的模型进行估算。如果没有合适的衍射弹性常数，可以通过单轴加载实验测定，但是由于化学成分、相体积分数、织构、微结构，甚至温度都可能影响弹性性能，因此，必须仔细确保单轴加载和所研究的样品具有相同的材料特性。同样，两次检验也应该具有相同的实验条件，并建议使用相同的数据处理方法（比如单峰拟合）。如果通过全谱拟合计算弹性应变，对无织构的立方和六方相样品可以利用“宏观”的 E 和 ν 值。样品有织构时，必须修正这些计算。织构越强越陡，弹性常数修正也越多。对所有的晶体学系统，织构问题都可以通过测量所谓的取向分布函数（ODF）并将其引入到衍射弹性常数的计算中进行考虑。

12.3.3 检测结果的主要影响因素

影响中子法应力检测结果准确度的因素较多。以下列举一部分影响因素，在测试操作过程中应特别注意。

① 计算原理　中子法需要利用广义胡克定律计算残余应力，而衍射弹性常数（E_{hkl}、ν_{hkl}）的选取对计算结果影响显著。虽然可以通过单轴加载实验测定 E_{hkl}、ν_{hkl}，但是化学成分、相体积分数、微结构和温度等都可能影响材料的弹性性能，尤其当样品具有强织构时，即使通过测量取向分布函数对常数进行修正，仍有可能保留一部分残差。

② 材料切除　由于束流衰减或样品与装置不匹配等原因，可能难以或无法对被测部件的待测位置进行直接测量。在这种情况下，往往需要对部件实施切除取样，以获得合适尺寸（包含待测位置）的测量样品。切割操作或多或少地会引起应变释放，尽管采用应变片监测或限元分析可以辅助判断样品应力分布的变化程度，但切割对于中子法测量原始应力的影响是毋庸置疑的。

③ 晶粒尺寸　当晶粒尺寸相对于样品测量体积 SGV 较大时，统计取样可能变得太小，无法可靠地确定导致散射的体积内晶粒的平均晶格间距。例如，在样品中的一个位置，大晶粒可能对测量的强度产生不成比例的强贡献，如果方向不正确，衍射峰中心将无法提供晶格间距的正确测量，从而使 SGV 平均值偏移。相反，在附近位置 SGV 中的那部分晶粒可能变小，贡献相对较弱。测量体积内非常大的单个晶粒会对衍射峰产生非常强的偏移，导致测量沿线的强度出现较大的点对点变化，并明显大于单个测量强度的计算不确定度。同样，对于给定的测量位置，如果晶粒较大，样品围绕 IGV 中心的旋转也会导致较大的角到角强度波动，而对于足够小的晶粒，即使是具有中等织构情况的样品，波动将与强度不确定度相当，强度变化表现平稳。通常的解决方法是增加有助于进行良好统计抽样的晶粒数量，可以通过样品围绕 IGV 中心的角振荡或空间振荡，以获得更大的 SGV。但其他因素又会影响 IGV 的选择。

④ 中子衰减　中子衰减可能使衍射峰产生位移，若不加以考虑，将出现非应力引起的明显应变。测量体积不同部位散射的中子具有不同的路径长度。中子在样品内强吸收时，在 SGV 总路径越短的部分探测的中子也越多，这样 SGV 的质心可能相对 IGV 质心发生位移。这通常仅在反射几何中加以考虑，除非样品形状本身相对中子路径不对称。对于单色装置，波长相对其平均值有一定的展宽，而且，这种展宽在衍射束平面内的分布是不均匀的。因此，对强吸收材料，衍射中子的平均波长可能与入射中子不同，使测量产生错误的间距 d 和应变。测量中对这些效应需特别重视，包括表面和界面效应。

⑤ 中子计数时间　数据统计质量是中子计数的函数，与计数时间有关。为了减少计数时间和本底噪声的影响，需要尽可能增大测量体积 SGV，然而这会受到空间分辨力要求和中子衰减的束缚。

⑥ 人员操作　中子衍射仪的校正与标定都是由人完成的，每个人的熟练程度和认真程度不同，其结果可能存在差异。

⑦ 装置精度　衍射仪针对特定衍射峰的分辨率以及样品空间的定位精度对检测结果影响最大，其中，模拟软件与装置的匹配性也会影响定位精度。

⑧ 被测样品　应力分布的均匀性、样品的几何形状和尺寸、测点部位的约束等都是引起测量不确定度的因素。由于中子穿透能力较强，样品的表面状态对内部应力测量结果影响不敏感。

⑨ 测试环境　主要体现在温度对应变的影响。

12.3.4 检测结果的不确定度评定*

(1) 应力测定不确定度

应力依赖于应变和弹性常数，因此，评价应力不确定度必须要有应变和弹性常数不确定度。例如，应力分量 σ_x 的方差：

$$u^2(\sigma_x)=\left(\frac{\partial\sigma_x}{\partial\varepsilon_x}\right)^2u^2(\varepsilon_x)+\left(\frac{\partial\sigma_x}{\partial\varepsilon_y}\right)^2u^2(\varepsilon_y)+\left(\frac{\partial\sigma_x}{\partial\varepsilon_z}\right)^2u^2(\varepsilon_z)+\left(\frac{\partial\sigma_x}{\partial E_{hkl}}\right)^2u^2(E_{hkl})+\left(\frac{\partial\sigma_x}{\partial\nu_{hkl}}\right)^2u^2(\nu_{hkl}) \tag{12-15}$$

(2) 应变测定不确定度

影响应变测量不确定度的因素包括：

- d、θ 或 t 以及各自无应力值（d_0、θ_0 或 t_0）或参考值（d_{ref}、θ_{ref} 或 t_{ref}）的测量不确定度；
- 入射束波长的不确定度；
- 样品成分或温度随位置或时间的改变；
- 样品内位置的测量不确定度。

这些不确定度的产生原因包括：光学部件或探测器的移动，入射波长的不均匀，中子束在样品中的衰减，测量体积填充不完整和温度的改变。

应变方差 $u^2(\varepsilon)$ 由下式给出：

$$u^2(\varepsilon)=\sum_{i=1}^{N}\left(\frac{\partial\varepsilon}{\partial x_i}\right)^2u^2(x_i) \tag{12-16}$$

式中，x_i 为影响应变的 N 个参数；u^2 为各自对应的评估方差。

基于公式（12-16），可以得出：

$$u(\varepsilon)^2=\frac{u(d)^2}{d_0^2}+\frac{u(d_0)^2}{d_0^2}\approx\frac{u(d)^2}{d^2}+\frac{u(d_0)^2}{d_0^2} \tag{12-17}$$

如果在一系列应变测量中采用相同的参考值，它们的相对不确定度简化为：

$$u(\varepsilon)^2=\frac{u(d)^2}{d^2} \tag{12-18}$$

也就是说，测定相对不确定度时，计算的应变不确定度不包含参考值的不确定度，但是要将参考值的不确定度看作应变“零点”的不确定度进行单独说明。因此，通过分别说明不确定度，应变的相对变化比其绝对值更容易确定。

（3）晶格间距不确定度

根据布拉格定律公式，由式（9-18）可以得出：

$$u(d)^2=\left(\frac{\partial d}{\partial \lambda}\right)^2u(\lambda)^2+\left(\frac{\partial d}{\partial \theta}\right)^2u(\theta)^2 \tag{12-19}$$

而且，位置 x 和温度 T 的不确定度也影响晶格间距的测量不确定度。因此，测量晶格间距的总不确定度表示为：

$$u(d)^2=\left(\frac{\partial d}{\partial \lambda}\right)^2u(\lambda)^2+\left(\frac{\partial d}{\partial \theta}\right)^2u(\theta)^2+\left(\frac{\partial d}{\partial T}\right)^2u(T)^2+\left(\frac{\partial d}{\partial x}\right)^2u(x)^2 \tag{12-20}$$

对立方材料，可以用晶格参数 a 替换式（12-19）和式（12-20）中晶格间距 d。温度不确定度对 d 不确定度的贡献与材料的热膨胀系数 α 成正比。定位不确定度可能在高应变梯度区域作用更为明显，对其评价有时需要一系列的测量。

（4）举例

根据上述分析，基于假设的铝样品应变测量，下面计算了应变的累积不确定度：

- 测量铝的衍射峰为 $\theta=39.850°\pm0.008°$，不确定度 0.008°通过最小二乘法拟合衍射峰得到；
- 参考峰位为 39.900°±0.005°；
- 波长为（0.30000±0.00001)nm，这里 0.00001nm 的不确定度包含了所有的装置不确定度；
- d 测量期间的温度不确定度为±3℃；
- d_0 测量期间的温度不确定度为±1℃；
- 在 x、y、z 方向，样品位置的不确定度为±0.10mm；
- 应变梯度 g 在 x 方向估计为 $500\times10^{-6}\text{mm}^{-1}$，在 y 和 z 方向可以忽略；
- 热膨胀系数 α 为 24×10^{-6}℃；
- 对于该特定实验，其他的所有影响均认为可以忽略。

在这种情况下，公式（12-20）变为：

$$\frac{u(d)^2}{d^2}\approx\left[\frac{u(\lambda)}{\lambda}\right]^2+[u(\theta)\cot\theta]^2+[u(T)\alpha]^2+[u(x)g]^2 \tag{12-21}$$

对独立测量的 d_0，有 $u(d_0)$：

$$\frac{u(d_0)^2}{d_0^2}\approx\left[\frac{u(\lambda)}{\lambda}\right]^2+[u(\theta_0)\cot\theta_0]^2+[u(T)\alpha]^2 \tag{12-22}$$

在公式（12-22）中没有应变梯度项，因为测量 d_0 的位置不允许有应变或应变梯度。

根据公式（12-2）计算应变并由式（12-17）、式（12-21）和式（12-22）计算不确定度，本例中应变计算结果为 $1045 \pm 222 \times 10^{-6}$。如果在式（12-18）和式（12-21）的计算中不包括参考值测量的不确定度，则应变不确定度为 192×10^{-6}。

12.3.5 报告结果

报告的基本原则是描述实验过程、测量结果以及如何进行数据分析，使得使用者有足够的信息去复现、理解、评估和进一步解释结果。中子衍射法并不严格要求报告的格式，因为对不同的材料、信息和研究对象，格式可能有很大的不同，所以允许用户与实验提供者协商测试报告的具体格式。

（1）应变或应力值

根据测量得到的应变或应力值出具的报告应包括以下内容：

- 应变或应力分量及其数值，包括它们的不确定度；
- 测量位置，如 IGV 或 SGV 的加权质心；
- IGV 或 SGV 的尺寸和形状；
- 不确定度的来源及其影响结果可靠性的方式。

（2）无应力或参考晶格间距

用于获得参考或无应力晶格间距的数值、不确定度和方法，或用于确定相对或绝对应变的单胞参数值，都应予以描述。

（3）应变-应力转换

将应变转换为应力时所用的关系和假设都应出具报告。

（4）弹性常数

若将测量的应变转换为应力，应提供所采用的衍射弹性常数值及其出处。

（5）定位

应报告样品定位的不确定度，并评估其对应变或应力值的影响。

（6）中子源和装置

应提供以下信息：

- 中子源；
- 所使用的装置；
- 波长和单色器描述（单色装置）或波长范围（飞行时间装置）；
- 装置标定过程和标定测量结果。

（7）通常的测量过程

以下方面应进行报告：

- 用于样品平移和取向的方法；
- 定位表面和其他参考点的方法；
- 测量体积确定方式；
- 采用的衍射峰拟合函数和拟合过程；
- 数据处理方法，如平滑、排除不合理点；
- 表明结果可靠性的方法。

(8) 样品/材料性质

所检测材料的以下几个方面也宜予以报告：

- 样品大小和形状；
- 成分；
- 热/力学历程；
- 相和晶体结构；
- 均匀性；
- 晶粒、第二相颗粒或强化相的尺寸和形状；
- 织构。

(9) 原始数据

如果需要，报告应包含原始数据。原始数据经任何平滑处理后导出的数据同样都应加以描述。

(10) 不确定度和误差

应对导致应力和应变不确定性的因素进行量化和报告。此外，应报告已确定的系统性错误来源，以及为减轻其影响而采取的任何措施。

12.4 中子衍射法的标准与应用

12.4.1 中子衍射法的检测标准

(1) 国内外中子法检测标准概况

2001年，国际标准化组织（ISO）组织相关专家学者编制并发布了ISO/TTA 3—2001《多晶体材料　中子衍射测定残余应力》（*Polycrystalline materials-Determination of residual stresses by neutron diffraction*），用于指导中子法的应力测量。ISO/TTA 3—2001于2018年废止。在此之前的2005年，ISO就已颁布了新的中子法残余应力检测标准ISO/TS 21432—2005《无损检测　测量残余应力的中子衍射方法》（*Non-destructive testing - Standard test method for determining residual stresses by neutron diffraction*），更为全面地对检测方法、测量准备、材料表征、报告要求和测量过程、应力计算、结果可靠性等做出规定。2019年ISO/TS 21432进行了修订，目前ISO 21432—2019是现行有效版本。

在我国，2011年颁布了国家标准GB/T 26140—2010《无损检测　测量残余应力的中子衍射方法》，该标准等同翻译采用ISO/TS 21432—2005。由于ISO/TS 21432已修订，所以GB/T 26140也进行了换版，新版标准为GB/T 26140—2023，等同翻译采用ISO 21432—2019。

(2) GB/T 26140—2023标准概述

GB/T 26140—2023标准主要包括方法概要，目的、几何结构和样品，测量准备，记录要求和测量过程，应力计算，结果可靠性，报告和附录等章节。相对于GB/T 26140—2010的主要区别有几点：范围进一步明确和细化；更新替换了布拉格衍射原理图和脉冲中子源的衍射图谱，其他几乎所有图表都有细化，信息更翔实，应用针对性和借鉴性更强；应变测定部分重新编排以突出单色中子衍射仪与飞行时间中子衍射仪的区别；补充并更新了无应力参考值的确定方法细节；更新了误差确定内容；增添了实验报告中的不确定度和误差；编排格式的优化与调整；附件内容的更新完善。以下就具体的几点内容进行详细介绍。

1）装置误差

衍射峰偏移会受装置特点影响，尽管位置灵敏探测器记录比单个计数管快，但由于探测结果更易受 SGV 质心偏移影响，如果不能合理地对测量数据进行解释，将在应变测量中引入误差；相反，高分辨单计数管装置通常对 SGV 质心偏移的敏感程度较低，这一点在穿过表面或界面扫描时应当特别注意。在使用晶体单色器的单色装置上，中子进入测量体积的角度与其波长有关。当穿过表面或界面扫描时，测量体积并不完全沉浸在所研究的相中。入射束的限定狭缝仅允许经单色器后的部分中子进入 SGV，因此，SGV 内的平均波长和分布随测量位置而改变，引起探测峰宽和峰位的变化。这种效应引起的应变误差可能相当可观，甚至超过实际的应变值。在衍射束方面，狭缝会截取峰的形状，导致探测的峰宽和峰位错误。在飞行时间仪器上，如果 SGV 的质心由于衰减效应或 SGV 内衍射晶粒的不均匀分布而远离束轴，则会导致或额外导致非零净入射束角出现的赝峰值偏移。在可能的情况下，通过减少束发散，可尽可能降低这种影响。

2）减小误差的方法

用于限束的狭缝通常必须尽可能地靠近测量体积以减小上述装置误差。另一种减小这种误差的可靠方法是在入射束中使用径向聚焦准直器。这种准直器可确保 IGV 内每一点的波长分布相同，在测量体积完全沉浸时，可得到相同的平均波长，此时测量仅受很小的几何效应影响，而这种效应主要依赖于衍射束的宽度尺寸。在衍射束方面，这种径向准直器可以避免截取衍射峰，将衍射峰准确地传输到位置灵敏探测器，甚至允许对在表面测量的衍射峰进行分析。另外一种矫正误差的方法是利用计算机模型模拟实验。尽管这种模型有待提高，对于尽可能地减小装置误差总是一种很好的尝试。

3）宏观材料各向异性

对于具有各向异性宏观行为的样品，适用的广义胡克定律用下述公式表示：

$$\left.\begin{aligned}\sigma_x&=\frac{E_x}{A'}[(1-\nu_{zy}\nu_{yz})\varepsilon_x+(\nu_{yx}+\nu_{zx}\nu_{yz})\varepsilon_y+(\nu_{zx}+\nu_{yx}\nu_{zy})\varepsilon_z]\\ \sigma_y&=\frac{E_y}{A'}[(\nu_{xy}+\nu_{zy}\nu_{xz})\varepsilon_x+(1-\nu_{xz}\nu_{zx})\varepsilon_y+(\nu_{zy}+\nu_{zx}\nu_{xy})\varepsilon_z]\\ \sigma_z&=\frac{E_z}{A'}[(\nu_{xz}+\nu_{xy}\nu_{yz})\varepsilon_x+(\nu_{yz}+\nu_{yx}\nu_{xz})\varepsilon_y+(1-\nu_{xy}\nu_{yx})\varepsilon_z]\end{aligned}\right\}\tag{12-23}$$

其中 $A'=1-\nu_{zy}\nu_{yx}\nu_{xz}-\nu_{zx}\nu_{xy}\nu_{yz}-\nu_{zx}\nu_{xz}-\nu_{zy}\nu_{yz}-\nu_{yx}\nu_{xy}$ 。

对于相对于 x 轴的横向各向同性，这意味着 $E_z=E_y$，$\nu_{xz}=\nu_{xy}$，$\nu_{zy}=\nu_{yz}$，$\nu_{zx}=\nu_{yx}$，由此公式（12-23）变为：

$$\left.\begin{aligned}\sigma_x&=\frac{E_x}{A}[(1-\nu_{zy})\varepsilon_x+\nu_{zx}(\varepsilon_y+\varepsilon_z)]\\ \sigma_y&=\frac{E_y}{A}\left[\nu_{xz}\varepsilon_x+\frac{1-\nu_{xz}\nu_{zx}}{1+\nu_{zy}}\varepsilon_y+\frac{\nu_{zy}+\nu_{xz}\nu_{zx}}{1+\nu_{zy}}\varepsilon_z\right]\\ \sigma_z&=\frac{E_z}{A}\left[\nu_{xz}\varepsilon_x+\frac{\nu_{zy}+\nu_{xz}\nu_{zx}}{1+\nu_{zy}}\varepsilon_y+\frac{1-\nu_{xz}\nu_{zx}}{1+\nu_{zy}}\varepsilon_z\right]\end{aligned}\right\}\tag{12-24}$$

其中 $A=1-\nu_{zy}-2\nu_{zx}\nu_{xz}$ 。

如果使用衍射弹性常数，上面所有常数需带 hkl 指数。

4）被测物理量不确定度测定

资料性附录中介绍了被测物理量不确定度测定。指出了测量参数不确定度是对参数真实值了解程度的估计，矫正了已知的系统影响后，还有许多不确定度来源。实验人员应对产生测量不确定度的潜在因素进行评价，如果认为它们会产生明显的影响，则应进行说明并给出不确定度评价。

5）测量和分析方法

资料性附录中还介绍了测量和分析方法。提供了经验丰富的从业人员为促进遵守本标准而采用的流程。部分内容在两个国际标准化研究项目（VAMAS TWA 20 和 RESTAND）中已经明确表述，在该标准附录中做了进一步的详述。

12.4.2 中子衍射法的典型应用

（1）双面埋弧焊 UOE 直缝焊管残余应力检测

海底铺设的油气输送管道多采用双面埋弧焊 UOE 直缝焊管，而 UOE 直缝焊管焊缝处残余应力的水平和分布会直接影响所铺设管道的结构完整性和服役寿命。根据 BS 7910 标准对油气管道进行结构完整性评估时，在未知焊缝处残余应力量值的情况下，需将其最大值假设为母材屈服强度的当量水平并且是处于拉伸状态，这极有可能导致管道的安全设计过于保守。因此，有必要对 UOE 直缝焊管的焊接残余应力进行表征，从而了解焊接残余应力的真实水平。

UOE 直缝焊管以钢板为原料，经过弯边、U 成形、O 成形、内外道双面埋弧焊、最后经过机械扩径完成生产。测量管件的外径 457.2mm（18 英寸），壁厚 25.4mm（1 英寸），材质为 X65 钢，O 成形压缩比约 0.3%，机械扩径比约 1.2%。中子衍射实验基于散裂中子源，对 UOE 管件焊缝处的残余应力进行测量。样件长 370mm，中子取样测量体积为 $(4\times4\times4)\text{mm}^3$，每点测量时间根据中子穿过样品的路径不同有所调整，最长为 25min。为了减少中子穿过管壁引起的束流强度衰减，选取合适的位置，在不影响测量区域原始应力状态的前提下进行开窗口。为了精确测量无应力参考 d_0 值，在焊缝区域进行梳状无应力 d_0 试样的准备，d_0 试样位置、取向和测量体积与焊接样件一致，每点测量时间为 2min。从 UOE 焊管机械扩径后焊缝残余应力中子衍射法测量结果（图 12-9）可知，焊缝处最大拉伸残余应力仅为 250MPa，不到母材钢板实际屈服强度（516MPa）的一半，具体位置在焊缝的中心线上，距外表面约 8mm 处。

如前所述，UOE 焊管生产的最后一道工序是机械扩径，其主要目的是对钢管进行归圆和矫直，同时也有对焊接残余应力进行调控的效果。有限元模拟分析表明，通过模具设计的优化和对扩径变形量的合理控制，可以在 UOE 焊管的焊缝处产生残余压应力。为了进一步证明这一有益现象，分别对机械扩径前后的 UOE 焊管进行了残余应力的中子衍射测量。管线轴向与中子入射方向成 45°角。测量管件的标称外径 508mm（20 英寸），壁厚 15.9mm，材质亦为 X65 钢（规定最小屈服强度 SMYS＝450MPa），机械扩径（≤1.4% 扩径比）前后各取一段钢管，钢管来源及中子衍射测量残余应力的地点与方式与本案例前面的工作相同。图 12-10 为焊缝残余应力的中子衍射测量结果，可见机械扩管对焊缝残余应力的调控效果。可以说扩径对UOE焊管焊缝处的环向和径向残余应力影响不大，尤其是在内外近表面处，但是对轴向残余应力的影响效果十分明显，将原来的高量值拉伸残余应力全部转化为压缩残余应力，这对提高UOE焊管的抗疲劳性能十分有利。

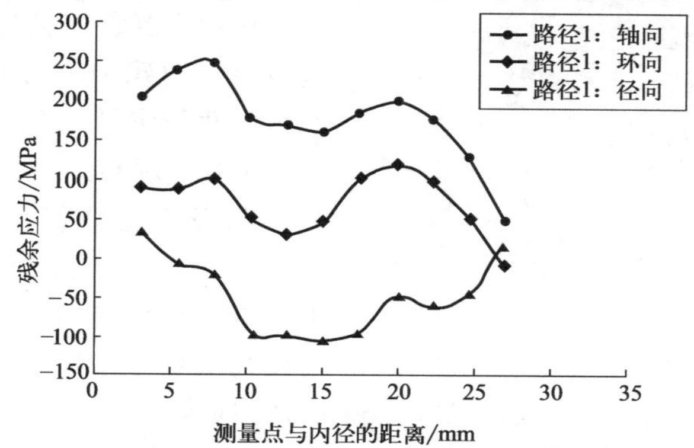

图 12-9　UOE焊管机械扩径后焊缝残余应力测量结果

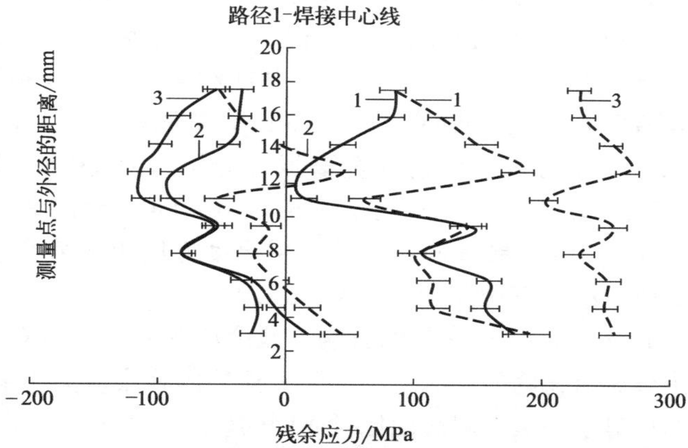

图 12-10　机械扩径对UOE焊管焊缝残余应力的影响

1—环向；2—径向；3—轴向；---扩张前；—扩张后

（2）大尺寸工程部件残余应力检测

镁合金的经济性好，广泛用于航空和汽车工业。但是，在高强镁合金WE43厚板的冷铸过程中容易产生裂纹。所研究的冷铸WE43厚板尺寸为（880×870×315)mm^3，质量约为400kg，中子穿透路径长度最大超过400mm，取样测量体积为（10×10×10)mm^3，斩波器频率设为最高50Hz。中子路径为412mm的情况下测量时间为60min，衍射峰拟合误差约为100$\mu\varepsilon$。对于大体积样品测量的主要问题在于较长的穿透路径造成中子强度大幅度降低，为了提高中子衍射峰质量不得不延长实验测量时间，但同时也引入了较多的实验本底信号。测量完毕后对整体铸件进行分割，切成50mm厚的小块样品做进一步精确测量，取样测量体积为（10×10×10)mm^3，斩波器频率设为25Hz以获取更多衍射峰，中子路径为71mm，测量时间90s，衍射峰拟合误差为46$\mu\varepsilon$。中子衍射实验获得的残余应力大小和分布如图12-11所示，图中纵坐标和横坐标的数值单位为mm，应变单位为$\mu\varepsilon$。实验结果表明，裂纹的产生源于铸造过程中产生的残余应力。利用有限元模型可以模拟生产工艺和预测残余应力的大小和分布。利用经过实验验证的有限元模型对生产工

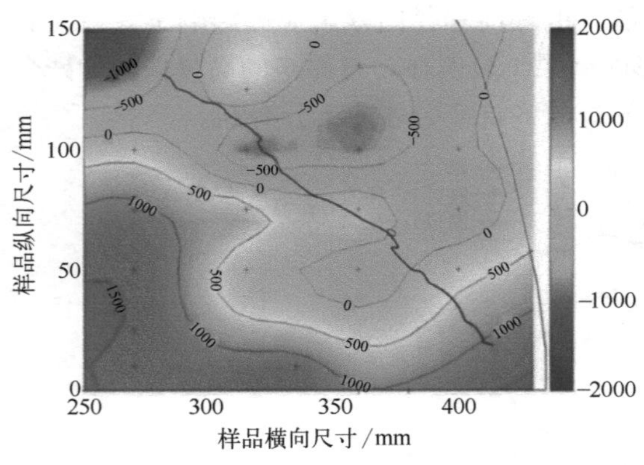

图 12-11　镁合金铸件的残余应变和裂纹

艺进行优化，最终避免了冷铸 WE43 厚板的开裂现象。

(3) 燃料电池阳极涂层残余应变测量

热喷涂沉积工艺影响固体氧化物燃料电池涂层的残余应力分布，进而影响电池的耐用性和使用效率。研究人员以 Hastelloy®X 衬底材料进行等离子体热喷涂处理，三种阳极涂层分别是：Mo-Mo_2C/Al_2O_3、Mo-Mo_2C/ZrO_2 和 Mo-Mo_2C/TiO_2。采用中子衍射垂直扫描模式对涂层厚度方向上的残余应变分布进行测试。中子衍射实验基于散裂中子源，较深厚度的涂层测量过程中取样测量体积完全在样品内部，而近表面涂层的测量过程中取样测量体积则有一部分在样品内部，一部分在样品外部。涂层和界面附近的每个深度位置的测量时间为 3h，离界面较远的基底材料每个深度位置的测量时间为 1h。为了提高中子信号强度，取样测量体积在涂层深度方向限定为 0.2mm，其他两个方向则尽量放大尺寸，设定为 $(0.2\times8\times4)mm^3$，基底和涂层材料分别用不同的特征衍射峰进行拟合。涂层孔隙率为 20%，厚度 200～300μm，基底厚度 4.76mm。测量残余应变结果如图 12-12 所示（基于常规的衍射峰全谱拟合分析），其中 Mo-Mo_2C/Al_2O_3 涂层 250μm 厚，Mo-Mo_2C/ZrO_2 涂层 220μm 厚，Mo-Mo_2C/TiO_2 涂层 300μm 厚，水平轴为对数坐标，单位是 μm。测量结果表明：三种涂层厚度方向上的残余应变基本均为拉应变，靠近衬底侧应变值更小。三种涂层中，Mo-Mo_2C/TiO_2 具有最小的残余拉应变，可能是受金属氧化物（TiO_2）尺寸和形状的影响。残余应变的测量值对应变测量平面不敏感，说明阳极涂层中金属氧化物的影响较小。阳极涂层的残余应力影响着材料微观结构，纳米压痕硬度测试结果显示阳极涂层表面比衬底侧的硬度值更大，可能与衬底的沉积效应有关。针对阳极层的双层多相的复杂结构，中子衍射法实现了沿着厚度方向的涂层残余应

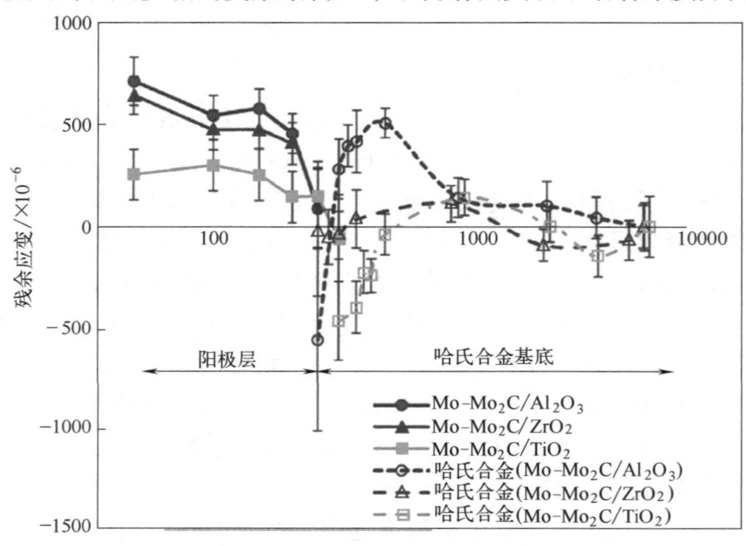

图 12-12　中子衍射残余应变测量结果及比较

力的无损测量，测量过程对应力状态没有扰动。目前尚未建立完善的理论模型，用来描述固体氧化物燃料电池高温下阳极层的退化、失效机理与应力分布的内在关系。考虑到服役过程中加载应力与实验获得的残余应力水平相当，预期残余应力在服役过程会对阳极材料的退化和失效产生显著影响。

（4）异种钢焊接原位热处理残余应力检测

在海底石油、天然气开采行业中，常常会有异种金属焊接需求，如低合金钢锻件和管线钢之间的焊接，由此造成的异种金属焊接接头在焊接及焊后热处理过程中均会产生较大的残余应力。为了消除应力集中、减缓焊接残余应力，常常会在低合金钢锻件上堆焊一层中间材料（通常是625合金），并以此消除热处理对油气管道异种金属焊接接头的不利影响。但是，低合金钢锻件与堆焊层材料在热处理中也会因为应力集中和微观结构变化导致氢脆现象的产生。研究人员以8360M低合金钢和625合金堆焊材料为例进行热处理前、热处理过程中及热处理后的原位中子衍射实验。实验基于散裂中子源，取样测量体积为$(2\times2\times2)\mathrm{mm}^3$，通过对焊接接头处多点进行测量，可以定量地得到接头处两种焊接材料内部的应力再分布情况。实验表明，通过合理的热处理工艺，试样三个方向上的应力集中均有减少，其中最明显是625合金侧，最大残余应力释放位置距连接界面约10mm处，横向残余应力降低了约400MPa，如图12-13所示。相关实验对于热处理工艺和效果给出了定量的数据支持。原位热处理实验体现出中子穿透力强的特点，可以穿透热处理包层材料获得内部样品的衍射信号。同时实验也提示，应尽可能优化中子路径，减少在材料中的穿透长度，以降低中子强度的衰减，节省测量时间。

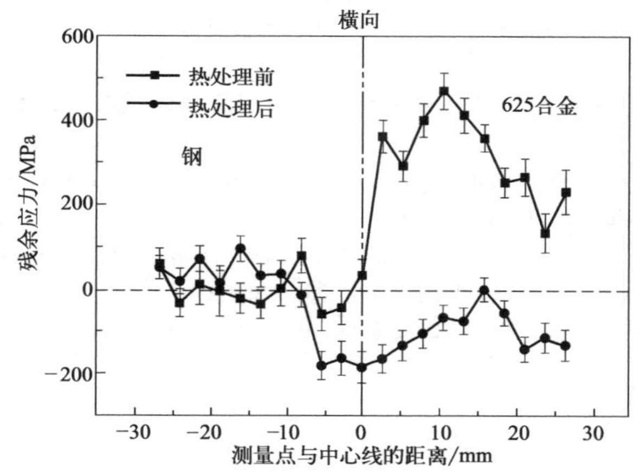

图12-13　异种金属接头热处理应力再分布的中子衍射测量

思考题

1. 简述中子衍射法测量残余应力的基本原理。
2. 简述中子衍射法测量残余应力的主要优势和不足。
3. 概述中子衍射法残余应力检测的主要步骤。
4. 简述中子衍射法两类检测设备的工作原理。
5. 简述影响中子衍射法测量残余应力检测结果的主要因素。

6. 简述中子衍射法获取无应力晶格间距的方法及主要影响因素。

7. 简述单色装置和飞行时间装置常用的数据拟合方法。

8. 根据中子动量与波长的德布罗意关系和布拉格方程，推导出中子飞行时间与飞行距离、衍射角和晶面间距的关系式。

9. 目前我国可以开展中子衍射残余应力测量的谱仪有哪些？

10. 举例说明中子衍射法测量残余应力的典型样品类型，以及对应的取样测量体积和测量时间。

参考文献

[1] Allen A, Andreani C, Hutchings M T, et al. Measurement of internal stress within bulk materials using neutron diffraction [J]. NDT International, 1981, 14: 249-254.

[2] Pintschovius L, Jung V, Macherauch E, et al. Determination of residual stress distributions in the interior of technical parts by means of neutron diffraction [C] //Sagamore Army Materials Research Conference Proceedings. Boston, United States: Springer, 1982, 28: 467-482.

[3] Krawitz A D, Brune J E, Schmank M J. Measurements of stress in the interior of solids with neutrons [C]//Sagamore Army Materials Research Conference Proceedings, Boston, United States: Springer, 1982, 28: 139-155.

[4] Allen A J, Hutchings M T, Windsor C G, et al. Neutron diffraction methods for the study of residual stress fields [J]. Advances in Physics, 1985, 34: 445-473.

[5] Hutchings M T, Withers P J, Holden T M, et al. Introduction to the Characterization of Residual Stress by Neutron Diffraction [M]. Boca Raton: CRC Press, 2006.

[6] 中国国家标准化管理委员会. 无损检测 测量残余应力的中子衍射法: GB/T 26140—2010 [S]. 北京: 中国标准出版社, 2010.

[7] 中国国家标准化管理委员会. 无损检测 测量残余应力的中子衍射方法: GB/T 26140—2023 [S]. 北京: 中国标准出版社, 2023.

[8] Gianni Albertin, et al. Determination of residual stresses in materials and industrial components by neutron diffraction [J], Meas Sci Technol, 1999, 10: R56-R73.

[9] Gao J, Zhang S Y, Zhou L, et al. Novel engineering materials diffractometer fabricated at the China Spallation Neutron Source [J]. Nucl Instrum Meth A, 2022, 1034 (10): 166817.

[10] 张书彦, 高建波, 温树文, 等. 中子衍射在残余应力分析中的应用 [J]. 失效分析与防护, 2021, 16 (1): 60-69.

Chapter Thirteen

第13章 残余应力的超声法检测技术

超声法利用材料的声弹性效应，根据超声波在含有残余应力的材料中传播时的声学性能差异来表征材料内部残余应力大小和分布。不同的超声波型适于检测材料中不同部位的残余应力，测定的是声波传播路径上应力的累计平均结果。

13.1 超声法基础知识

13.1.1 超声法的发展简史

早在1953年，美国田纳西大学的Hughes根据有限变形理论，首次推导出各向同性材料声弹性理论的早期表达形式，建立了超声纵波和横波在材料中传播速度与应力之间的关系，初步奠定了声弹性测量残余应力的理论基础。此后，国内外学者围绕超声纯纵波应力检测、超声纯横波应力检测以及纵横波相结合应力检测的原理和方法开展了大量研究，如韩国汉阳大学利用应力对超声纵波速度的改变评估了高压螺栓加紧力，北京理工大学提出基于形状因子的螺栓紧固力超声纵波检测方法，法国艾克斯-马赛大学采用纵横波结合法来原位控制螺栓的拧紧力。值得注意的是，当超声纯横波垂直入射到单向载荷引起的应力面时，由于应力作用导致的材料声速各向异性或是材料本身存在声速各向异性，入射横波会分解为两个垂直于应力面传播的横波，其中一个的偏振方向平行于单向载荷，另一个的偏振方向垂直于单向载荷，此即声弹性双折射现象，通过联立两个不同偏振方向的横波波速变化，即可得到横波传播方向上的二维应力分布。基于这一原理，美国国家标准和技术研究所建立了一套电磁超声横波系统用来观察火车车轮的声双折射现象，进而测量残余应力。江苏科技大学利用偏振方向平行或垂直于应力方向的超声纯横波对铝合金残余应力进行测试。

在超声纯纵波应力检测技术的基础上，1995年美国得克萨斯州农工大学的Bray博士最先提出基于声弹性技术的超声临界折射纵波纵向应力测量方法，该方法利用第一临界入射角产生平行于被测构件表面传播的纵波（称L_{CR}波），从而测得波传播区域的切向应力。2002年Bray博士进一步采用一发两收结构的L_{CR}波探头对压力容器、管道等的焊接残余应力进行了检测，检测结果与盲孔法得到的数值基本吻合。

除了超声纵波与横波检测法外，利用超声表面波和导波检测的方法也先后出现。1983

年美国宾夕法尼亚州的 Tverdokhlebov 首次给出了超声表面波声弹性表达式；1998 年美国西弗吉尼亚大学的 Chen 等人首次根据声弹性效应和超声导波的频散特性，选取出适合钢拉杆预应力检测的导波模态。超声表面波的特点是沿着介质表面传播，渗透深度约为一个波长，其不受构件外形的影响，适合车轮、扭力轴、叶片和管道等曲面构件或者薄膜等薄壁件的残余应力检测。超声导波则是超声波在波导介质内传播时，与介质边界不断发生反射、折射、干涉以及纵横波转换而产生的一种特殊形式的波，适合截面形状规则且尺寸较长的构件长度方向上平均应力检测，如杆件、板件、钢轨、钢绞线、管道等。

13.1.2 超声法的检测原理

目前已发布和实施的超声法残余应力检测国家标准有 GB/T 32073—2015《无损检测 残余应力超声临界折射纵波检测方法》、GB/T 38952—2020《无损检测 残余应力超声体波检测方法》和 GB/T 43900—2024《钢产品无损检测 轴类构件扭转残余应力分布状态超声检测方法》。这三项标准所使用的检测方法都属于声速法，而声速法检测残余应力的主要依据是声弹性理论。本节将从声弹性理论出发，分别介绍超声临界折射纵波法和超声体波法的检测原理和标定原理。

（1）声弹性理论

声弹性理论基于有限变形连续介质力学，从宏观现象角度建立弹性固体应力状态与弹性波波速之间的关系。弹性波在含残余应力固体材料中的传播速度不仅与材料弹性常数和密度有关，还取决于其所受残余应力大小和方向，表现为弹性固体的声弹性效应。在声弹性效应基础上建立起的声弹性理论，需要满足以下基本假设：①固体是均匀的和声弹性的；②固体是连续性的（弹性波波长远大于固体的晶粒尺寸及微小缺陷的尺寸）；③弹性波的小扰动叠加在固体静态有限变形上；④固体的变形可视为等温或等熵过程。

将固体材料已经变形或在某一载荷作用下的状态称为预变形状态。基于声弹性理论的四个基本假设，可得预变形状态下的弹性波波动方程：

$$\frac{\partial}{\partial x_j}\left[(\delta_{ik}\sigma_{jl}^I + C_{ijkl})\frac{\partial u_k}{\partial x_l}\right] = \rho_I \frac{\partial^2 u_i}{\partial t^2} \tag{13-1}$$

式（13-1）也称声弹性方程，是声弹性理论的基本公式。在声弹性方程中，x_j 是质点位置矢量 $\boldsymbol{x}$ 的坐标分量；u_i 是动态位移；δ_{ik} 是克罗内克函数；σ_{jl}^I 是固体受力状态下的柯西应力（有限变形下产生的应力）；ρ_I 为固体受力状态下的密度；C_{ijkl} 为刚度系数矩阵 $\boldsymbol{C}$ 的常数元，取决于材料弹性常数和初始位移场。

对于均匀预变形固体材料，声弹性方程（13-1）简化为：

$$A_{ijkl} = \frac{\partial^2 u_k}{\partial x_j \partial x_l} = \rho_I \frac{\partial^2 u_i}{\partial t^2} \quad (i,j,k,l = 1,2,3) \tag{13-2}$$

式中，$A_{ijkl} = \sigma_{jl}^I \delta_{ik} + C_{ijkl}$。

当固体材料为各向同性时，由方程（13-2）可以解析求出固体中不同类型超声波的传播速度与应力的关系如下：

① 沿应力方向传播的纵波波速 v_{111} 与应力 σ 关系式［如图 13-1(a)所示］：

$$\rho_0 v_{111}^2 = \lambda + 2\mu + \frac{\sigma}{3\lambda + 2\mu}\left[\frac{\lambda+\mu}{\mu}(4\lambda + 10\mu + 4m) + \lambda + 2l\right] \tag{13-3}$$

② 沿垂直于应力方向传播的纵波波速 v_{113} 与应力 σ 关系式［如图 13-1(b)所示］：

$$\rho_0 v_{113}^2 = \lambda + 2\mu + \frac{\sigma}{3\lambda + 2\mu}\left[2l - \frac{2\lambda}{\mu}(\lambda + 2\mu + m)\right] \tag{13-4}$$

③ 沿应力方向传播、偏振方向垂直于应力方向的横波波速 v_{131} 与应力 σ 的关系式［如图 13-1(c)所示］：

$$\rho_0 v_{131}^2 = \mu + \frac{\sigma}{3\lambda + 2\mu}\left(\frac{\lambda n}{4\mu} + 4\lambda + 4\mu + m\right) \tag{13-5}$$

④ 传播方向和偏振方向都垂直于应力方向的横波波速 v_{132} 与应力 σ 的关系式［如图 13-1(d)所示］：

$$\rho_0 v_{132}^2 = \mu + \frac{\sigma}{3\lambda + 2\mu}\left(m - \frac{\lambda + \mu}{2\mu}n - 2l\right) \tag{13-6}$$

⑤ 沿垂直于应力方向传播、偏振方向平行于应力方向的横波波速 v_{133} 与应力 σ 的关系式［如图 13-1(e)所示］：

$$\rho_0 v_{133}^2 = \mu + \frac{\sigma}{3\lambda + 2\mu}\left(\frac{\lambda n}{4\mu} + \lambda + 2\mu + m\right) \tag{13-7}$$

⑥ 沿应力方向传播的表面波波速与应力 σ 的关系式［如图 13-1(f)所示］：

$$[\lambda + \alpha_{11}\alpha_{21}(\lambda + 2\mu)]\left[1 - \frac{(2\lambda + \mu)\sigma}{(3\lambda + 2\mu)\mu}\right] + \lambda\left(1 + \frac{\sigma}{\mu}\right) = 0 \tag{13-8}$$

式中，$\alpha_{11} = \sqrt{1 - (v_{11}/v_{1L})^2}$，$\alpha_{21} = \sqrt{1 - (v_{11}/v_{1S})^2}$；$v_{1L}$、$v_{1S}$ 分别为无应力状态下固体中纵波和横波波速。

⑦ 沿垂直于应力方向传播的表面波波速与应力 σ 的关系式［如图 13-1(g)所示］：

$$[\lambda + \alpha_{12}\alpha_{22}(\lambda + 2\mu)]\left[1 - \frac{(2\lambda + \mu)\sigma}{(3\lambda + 2\mu)\mu}\right] + \lambda\left(1 + \frac{\sigma}{\mu}\right) = 0 \tag{13-9}$$

式中，$\alpha_{12} = \sqrt{1 - (v_{12}/v_{1L})^2}$，$\alpha_{22} = \sqrt{1 - (v_{12}/v_{1S})^2}$。

式（13-3）～式（13-9）中，λ 和 μ 为固体的二阶弹性常数（也称拉梅常数），l、m 和 n 为三阶弹性常数（也称默纳汉常数）；ρ_0 是固体发生变形前的密度（即零应力状态下的密度）；σ 为施加的单向应力（拉应力为正，压应力为负）。对于纵波和横波，波速 v_{ABC} 用三个下标表示：第 1 个下标表示波的传播方向，第 2 个下标表示质点的偏振方向，第 3 个下标表示单轴应力的作用方向。对于表面波，波速 v_{AB} 用两个下标表示：第 1 个下标表示波的传播方向，第 2 个下标表示单轴应力的作用方向。

（2）临界折射纵波法

由斯奈尔定律可知，当纵波从声速较慢的介质 1 斜入射到声速较快的介质 2 的分界面时，会发生波的折射。对应声波的折射存在着两个入射临界角，即第一临界角 θ_{CR1} 和第二临界角 θ_{CR2}，其计算公式如下：

$$\theta_{CR1} = \sin^{-1}\frac{v_{1L}}{v_{2L}} \tag{13-10}$$

$$\theta_{CR2} = \sin^{-1}\frac{v_{1L}}{v_{2S}} \tag{13-11}$$

式中，v_{1L} 为介质 1 中的入射纵波声速，v_{2L} 为介质 2 中的折射纵波声速，v_{2S} 为介质 2 中的折射横波声速。

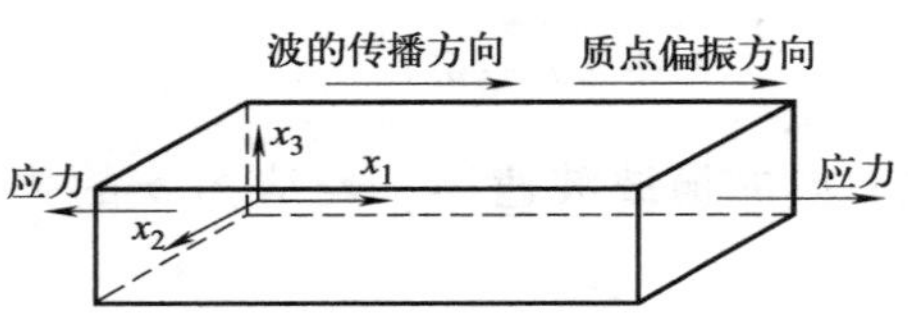

(a) 沿应力方向传播的纵波

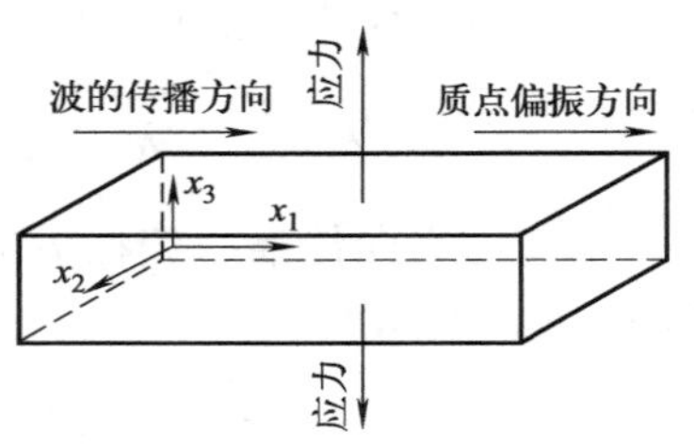

(b) 垂直于应力方向传播的纵波

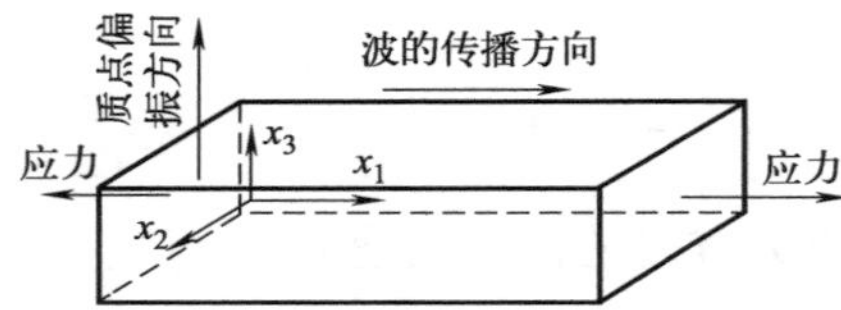

(c) 沿应力方向传播、偏振垂直应力方向的横波

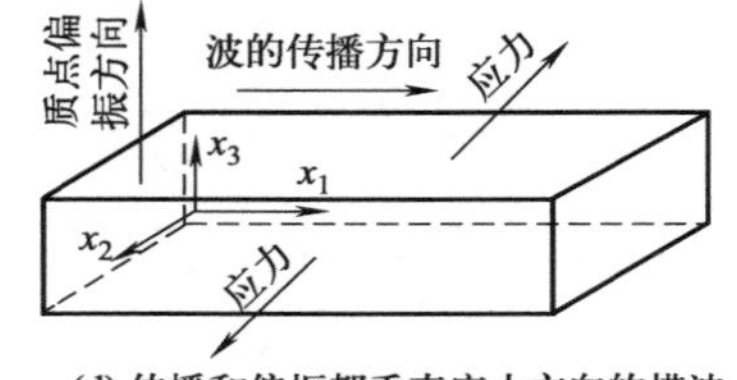

(d) 传播和偏振都垂直应力方向的横波

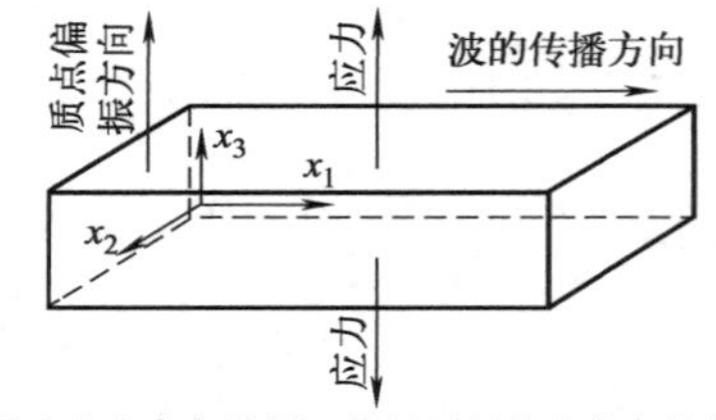

(e) 垂直应力方向传播、偏振平行应力方向的横波

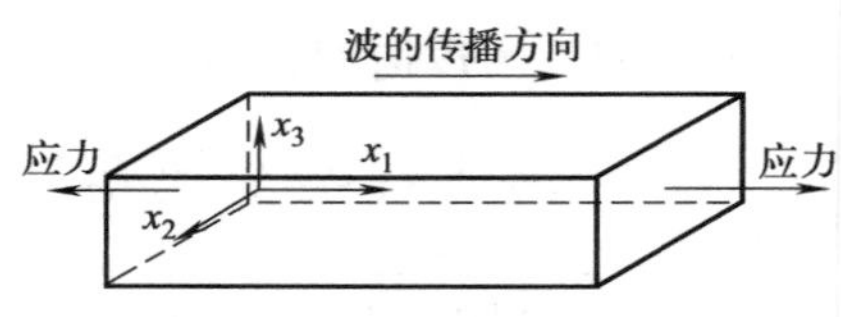

(f) 沿应力方向传播的表面波

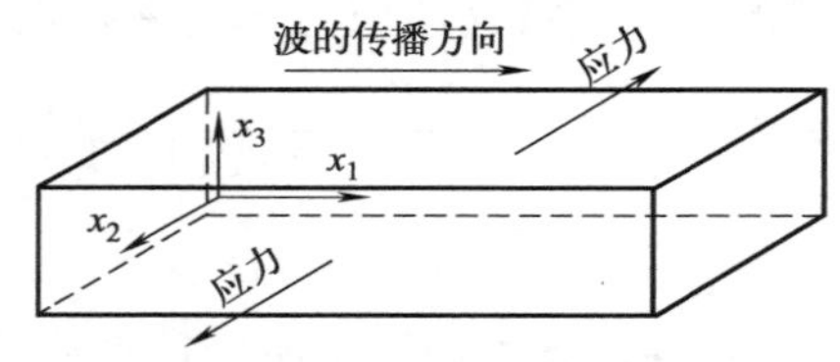

(g) 垂直于应力方向传播的表面波

图 13-1　笛卡尔坐标系中超声波与应力之间的关系

当入射角小于第一临界角时，介质 2 体内既有折射纵波又有折射横波，如图 13-2(a)所示；当入射角等于第一临界角时，介质 2 体内只有折射横波，而在表层存在沿表面传播的折射纵波，称为临界折射纵波（也称 L_{CR} 波），如图 13-2(b)所示；当入射角大于第一临界角时，介质 2 体内只有横波，表层中的临界折射纵波不复存在；当入射角等于第二临界角时，介质 2 体内不再有折射横波，但在表层出现沿表面传播的临界折射横波（也称 S_{CR} 波），如图 13-2(c)所示；当入射角大于第二临界角时，临界折射横波也不再存在，声波完全转化为沿表面传播的表面波，如图 13-2(d)所示。在图 13-2 中，θ 为入射角，L 代表纵波，S 代表横波，L_{CR} 代表临界折射纵波，S_{CR} 代表临界折射横波，SW 为表面波。

当发射换能器（换能器也称探头）激发超声纵波以第一临界角斜入射到被检件表面时，依据斯奈尔定律，在被检件表层产生超声临界折射纵波，并可被接收换能器接收到，如图 13-3 所示，图中 L 为检测区域长度（即探头间距），W 为检测区域宽度，D 为检测区域深度。

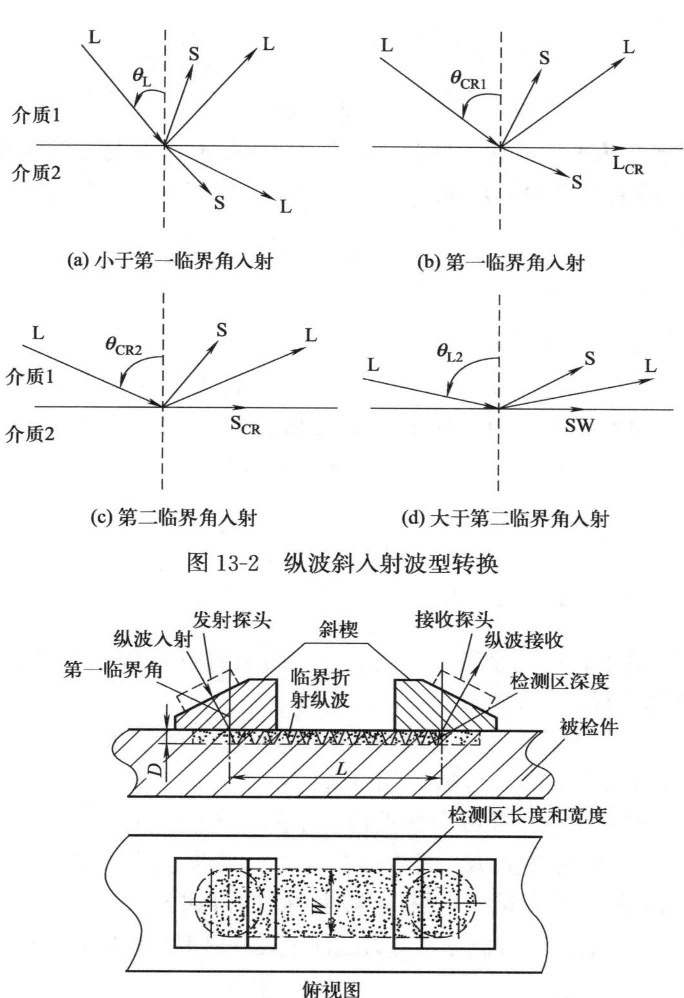

图 13-2 纵波斜入射波型转换

图 13-3 超声临界折射纵波收发原理及残余应力检测区域

根据声弹性理论，材料中的残余应力会影响超声纵波传播速度，当残余应力方向与纵波方向一致时，拉伸应力使超声纵波传播速度变慢或传播时间延长，压缩应力使超声纵波传播速度加快或传播时间缩短，因此在发射和接收探头之间的距离保持不变的条件下，若测得零应力对应的超声传播时间和被检件残余应力对应的超声传播时间，根据时间差则可求出被检件中的残余应力值。这就是临界折射纵波法的残余应力检测原理。

进一步推导残余应力与临界折射纵波传播时间差的关系。已知纵波在零应力各向同性固体材料中的波速为：

$$v_{L0}=\sqrt{\frac{\lambda+2\mu}{\rho_0}} \tag{13-12}$$

由声弹性理论可知，沿应力方向传播的纵波波速与应力的关系为式（13-3）。将式（13-12）代入式（13-3），可得：

$$v_L^2=v_{L0}^2(1+\varepsilon_L\sigma) \tag{13-13}$$

式中

$$\varepsilon_{\mathrm{L}}=\frac{\frac{4\lambda+10\mu+4m}{\mu}+\frac{2l-3\lambda-10\mu-4m}{\lambda+2\mu}}{3\lambda+2\mu} \tag{13-14}$$

称为纵波声弹性系数。从式（13-14）看出，纵波声弹性系数 ε_{L} 只与被检件材料弹性常数有关。

临界折射纵波传播距离为 L，将 $v_{\mathrm{L}}=L/t_{\mathrm{L}}$ 代入式（13-13）并经整理得到：

$$t_{\mathrm{L}}-t_{\mathrm{L0}}=-\frac{\varepsilon_{\mathrm{L}}t_{\mathrm{L0}}}{2}\sigma \tag{13-15}$$

令 $K_{\mathrm{L}}=-\frac{2}{\varepsilon_{\mathrm{L}}t_{\mathrm{L0}}}$，则可得：

$$\sigma=K_{\mathrm{L}}(t_{\mathrm{L}}-t_{\mathrm{L0}})=K_{\mathrm{L}}\Delta t \tag{13-16}$$

式中，t_{L} 为被检件残余应力对应的纵波传播时间；t_{L0} 为零应力对应的纵波传播时间；Δt 为传播时间差，也称声时差；K_{L} 为纵波应力系数，其表达式为：

$$K_{\mathrm{L}}=\frac{-2\sqrt{\frac{\lambda+2\mu}{\rho_0}}(3\lambda+2\mu)}{\left(\frac{4\lambda+10\mu+4m}{\mu}+\frac{2l-3\lambda-10\mu-4m}{\lambda+2\mu}\right)L} \tag{13-17}$$

从式（13-17）看出，应力系数 K_{L} 与被检件材料弹性常数和零应力状态下的密度 ρ_0 有关，还与超声探头间距 L 有关。

式（13-16）是临界折射纵波法计算被检件残余应力的基本公式。从式中可以看出，只要预先知道零应力状态的纵波传播时间（称零应力声时）t_{L0} 和应力系数 K_{L}，通过测量被检件的纵波传播时间 t_{L}，即可得到被检件中的残余应力值。

零应力声时 t_{L0} 和应力系数 K_{L} 是在残余应力检测前通过标定试验得到的：测量与被检件材质、形廓相同的零应力试样中纵波传播时间即得到 t_{L0}；在已知材料弹性常数和密度 ρ_0 时利用式（13-17）计算，或制作零应力试样按式（13-16）进行拉伸试验，即得到 K_{L}。

（3）体波法

超声纵波和横波统称为超声体波。超声体波法是将残余应力纵波检测法和横波检测法结合起来，用于测量具有两个平行界面的被检件（如板材或螺栓）界面之间区域的残余应力，如图 13-4 所示，图中 L 为检测区域长度（即板厚或栓体轴长）。体波法可在板厚或螺栓轴长尺寸未知的情况下，测得声波传播方向上的应力值。

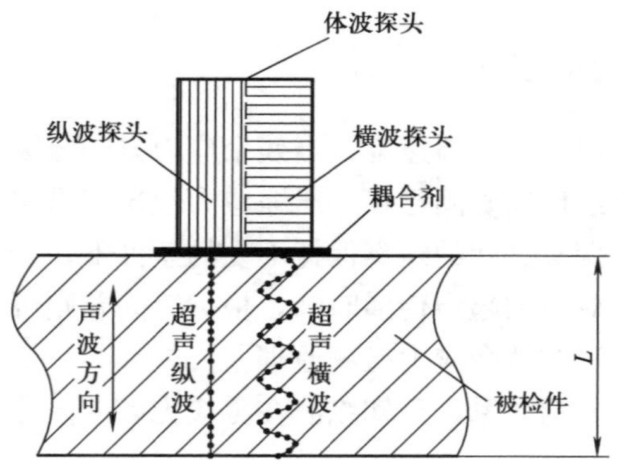

图 13-4　残余应力超声体波检测原理

根据声弹性理论，材料中的残余应力会影响超声纵波和横波传播速度，拉伸应力使传播速度变慢或传播时间延长，压缩应力使传播速度加快或传播时间缩短。以一个与被检件材质和形状相同的零应力试样为基准，通过测量被检件中超声体波传播时间相对于零应力试样传播时间的变化量，则可求出被检件中体波传播方向上的残余应力值。这就是体波法的残余应力检测原理。

进一步推导残余应力与体波传播时间变化量的关系。已知横波在零应力各向同性固体材料中的波速为：

$$v_{S0}=\sqrt{\frac{\mu}{\rho_0}} \tag{13-18}$$

由声弹性理论可得，沿应力方向传播、偏振方向垂直于应力方向的横波波速与应力的关系如式（13-5）所示。将式（13-18）代入式（13-5），可得：

$$v_S^2=v_{S0}^2(1+\varepsilon_S\sigma) \tag{13-19}$$

式中

$$\varepsilon_S=\frac{\frac{\lambda n}{4\mu}+4\lambda+4\mu+m}{\mu(3\lambda+2\mu)} \tag{13-20}$$

称为横波声弹性系数。从式（13-20）看出，横波声弹性系数 ε_S 只与被检件材料弹性常数有关。

将纵波检测法和横波检测法结合起来，即联立式（13-13）和式（13-19），可得：

$$\sigma=\frac{t_L^2t_{S0}^2-t_S^2t_{L0}^2}{\varepsilon_St_S^2t_{L0}^2-\varepsilon_Lt_L^2t_{S0}^2} \tag{13-21}$$

式中，t_S 为被检件残余应力对应的横波传播时间；t_{S0} 为零应力对应的横波传播时间。

式（13-21）是体波法计算被检件残余应力的基本公式。由此式可以看出，体波法不需要知道被检件厚度（即声波传播距离）L，只要预先知道纵波零应力声时 t_{L0}、横波零应力声时 t_{S0}、纵波声弹性系数 ε_L、横波声弹性系数 ε_S，通过测量被检件的纵波声时 t_L 和横波声时 t_S，即可得到被检件中的残余应力值。

纵波和横波零应力声时 t_{L0} 和 t_{S0}、纵波和横波声弹性系数 ε_L 和 ε_S 是在残余应力检测前通过标定得到的：测量与被检件材质、尺寸相同的零应力试样中纵波和横波声时即得到 t_{L0} 和 t_{S0}；在已知材料弹性常数时利用式（13-14）和式（13-20）计算，或制作零应力试样按以下公式进行拉伸试验，即得到 ε_L 和 ε_S。

$$\varepsilon_L=-\frac{2}{K_Lt_{L0}} \tag{13-22}$$

$$\varepsilon_S=-\frac{2}{K_St_{S0}} \tag{13-23}$$

式中，K_S 为横波应力系数。

13.1.3 超声法的种类

超声波在含有残余应力材料中传播时的声学性能差异主要体现在传播速度、频率、振幅、相位和能量等参量的变化。基于测量不同超声参量的变化可衍生出如下几种超声法残余应力检测技术：

① 声速法　基于声弹性效应（即声速与应力的关系），通过测量超声波在被检件中声速的变化来计算应力大小。

② 非线性法　基于超声非线性效应（即超声非线性参数与应力的关系），通过测量由残余应力导致的非线性超声高次谐波参数变化来获取应力值。

③ 角度法　利用产生表面波的纵波入射角与残余应力之间的线性关系来得到残余应力数值。

④ 频谱法　利用超声横波受应力作用分解为快慢两束横波且两横波传播时相互干涉的特性，通过测量两横波合成回波的功率谱来表征残余应力分布。

⑤ 声衰减法　根据超声波在被检件中传播时产生的衰减变化来推算残余应力的高低。

在上述检测技术中，方法③～⑤由于所需机械装置复杂、检测误差较大而逐渐不被采用；方法②是一种新的检测技术，但是材料的力学性能退化（如疲劳和微裂纹等）同样会产生超声非线性效应，因此尚待进一步发展和完善；方法①由于声速与应力存在单值、线性关系，检测装置易于制作，所以成为主要研发和应用对象。

根据质点振动方向与传播方向的相对关系，超声波可分成多种波型。在声速法残余应力检测中，可以采用的波型有纵波、横波、表面波和导波。目前发展最成熟、应用最广且有标准可依的是临界折射纵波和体波的残余应力检测，其中临界折射纵波是一种特殊型的纵波，而体波是纵波和横波两种波型的统称。

近年来随着非接触式超声的兴起，国内外陆续出现了电磁超声、激光超声、空耦超声和液浸超声残余应力检测技术。这些技术的实质依旧是在构件中激发合适的超声波型，通过分析声波传播时声学性能的变化来检测残余应力。与接触式压电超声检测不同的是，非接触超声检测不需要使用耦合剂，对曲面和复杂形状构件都能检测。

13.1.4　超声法的应用特点

超声法的种类较多。相比较而言，临界折射纵波法和体波法对应力的敏感性较高，因此成为国内外研究的重点，代表了超声应力检测的发展方向。临界折射纵波法和体波法都是基于声速变化测量残余应力，且超声收发装置与检测过程接近，因此表现出许多相似的特点，主要包括：

① 适用于检测透声性良好的金属和非金属固体材料。适用的常见金属材料有铝合金、钢（包括不锈钢）和铜等；适用的非金属材料有陶瓷、玻璃、木材、橡胶、岩石、混凝土、玉石等。

② 适合检测的领域宽、对象广。可用于铁路、机械、交通、冶金、石油化工、航空航天、水利水电、热电核电等行业，具体如火车轮轴和转向架，飞机叶盘、叶片和起落架，高压输油、输气管道和压力容器，桥梁钢索和螺栓等大型装备或关键部件的残余应力检测。适合于检测机械加工（如挤压、拉拔、轧制、校正、切削、磨削、表面滚压、喷丸、锤击等）以及焊接和热切割等产生的残余应力。

③ 属于无损检测，且对人体无辐射伤害。

④ 设备易于操作、便于携带，可实现现场检测。

⑤ 检测速度快、效率高；检测消耗小、成本低。

⑥ 检测范围大且易于调整。超声法检测的是声波传播区域内的残余应力，通过改变收发探头的大小、频率和间距，能够很容易地调整声束的宽度和深度。利用这一特点，可以测量材料内部较大范围内的应力梯度分布。

⑦ 需要进行标定试验。两种超声法都需要针对被检件制备零应力试样，用以获得零应力状态下的声时，还要通过对零应力试样的拉伸试验，求得被检件的应力系数或声弹性系数。

⑧ 应力检测与零应力标定的状态应一致。检测时，被检件的材质和表面状态、采用

的探头和间距、使用的耦合剂以及探头与被检表面的密接程度，都应与标定时相同；检测与标定时的环境温差需在±15℃范围内并实时对测试结果进行温度补偿和修正，如果超出这一温差范围，就需重新标定零应力声时。

⑨ 检测易受干扰。应力导致的声速变化属于弱效应，通常声时差值为纳秒级，因此测量的准确性和稳定性容易受材料组织结构以及上面⑧中所述相关测试条件（粗糙度、耦合状态、环境温度）等多重因素的影响。

⑩ 检测分辨力低。临界折射纵波法检测的是被检件表层声波传播区域内残余应力的平均值，这个区域的宽度与探头宽度相当，在 10mm 量级，深度为临界折射纵波的渗透深度，在一个波长（几毫米）量级，长度由探头间距决定，通常为 30～50mm；体波法检测的是探头下被检件内部声束覆盖区中残余应力的平均值，这个区域的横向范围与探头直径相当，在 10mm 量级，纵向范围由被检件厚度决定，在数毫米以上。

13.2 超声法的检测方法和检测设备

13.2.1 超声法的标定试验

临界折射纵波法和体波法的标定试验，都分为零应力声时标定和系数标定两个环节。具体的试验标定方法如下：

（1）零应力声时标定

1）零应力试样制备

① 试样取材 零应力试样应与被检件的材质、形廓、表面粗糙度相同或相近。通常，零应力试样从被检件中选择或截取。

② 消除应力处理 零应力试样可以按照 GB/T 16923《钢件的正火与退火》所述方法进行消应退火热处理，退火后试样的金相组织应与被检件保持相同；还可以按 GB/T 25712《振动时效工艺参数选择及效果评定方法》对试样进行振动时效处理，或者按 GB/T 38811《金属材料 残余应力 声束控制法》对试样进行声束振动处理，使试样中的残余应力近似为零。

2）声时标定

将超声探头稳定耦合在零应力试样的标定区域内；设置和调整超声应力检测仪的参数以获得清晰、稳定的波形。对于临界折射纵波法，记录检测仪测出的探头直通波传播时间；对于体波法，记录检测仪测出的探头底面回波传播时间。此外，还要记录在标定过程中温度传感器测出的试样温度变化。

（2）系数标定

对于临界折射纵波法，需要标定纵波应力系数 K_L；对于体波法，需要标定纵波声弹性系数 ε_L 和横波声弹性系数 ε_S。由于两种标定所涉及的拉伸试样制备和数据处理方法有些许不同，因此将两种标定分开进行介绍。

1）临界折射纵波法

临界折射纵波法的应力系数，可以由理论计算得到，也可以通过拉伸试验得到。

① 理论计算

首先查表获得被检件材料的二阶、三阶弹性常数和零应力状态下的密度值，然后测量

探头间距 L，最后将所有数值代入式（13-17）中计算，即可得到应力系数 K_L 值。常见固体材料的二阶弹性常数（λ、μ）和三阶弹性常数（l、m、n）如表 13-1 所示。

表 13-1　常见固体材料的二阶和三阶弹性常数　　单位：GPa

材料	λ	μ	l	m	n
低碳钢（0.12%C）	115	82	−301±37	−666±6.5	−716±4.5
钢轨钢	112±1%	81±1%	−358±5%	−650±3%	−721±3%
不锈钢	109	82	−327±75	−578±80	−676±60
纯铝（99%）	61±1	25	−47±25	−342±10	−248±10
铝合金（5754）	57±1	27±1	−228±17	−311±2	−359±10
铝合金（7064）	60	27	−324	−397	−403
纯铜（99.9%）	104	46	−542±30	−372±5	−401±5
WC-Co 烧结金属	178	256	−464	−1390	−2108
硼硅酸耐热玻璃	13.5	17.5	14	92	−420
聚苯乙烯	2.9	1.4	−18.9	−13.3	−10

例如，若被检件材料为低碳钢，从表 13-1 取二阶弹性常数 $\lambda=115$GPa、$\mu=82$GPa，三阶弹性常数 $l=-301$GPa、$m=-666$GPa，再从其他文献查到零应力下普通低碳钢的密度 $\rho_0=7.85\text{g/cm}^3$，若探头间距 $L=30$mm，代入式（13-17），即可得到该检测条件下低碳钢的应力系数 $K_L=14.81$MPa/ns。再例如，若被检件材料为 5754 铝合金，从表 13-1 取二阶弹性常数 $\lambda=57$GPa、$\mu=27$GPa，三阶弹性常数 $l=-228$GPa、$m=-311$GPa，再从其他文献查到零应力下 5754 铝合金的密度 $\rho_0=2.80\text{g/cm}^3$，若探头间距 $L=30$mm，代入式（13-17），即可得到该检测条件下 5754 铝合金的应力系数 $K_L=3.85$MPa/ns。

尽管理论计算应力系数非常简便，但在实际中，被检件材料的二阶、三阶弹性常数和零应力密度可能难以查到；此外，受到材料织构、微观组织和温度等的影响，这些参量值通常会在一定范围内波动，据此计算出的应力系数可能与实际工况存在偏差。这是理论计算法的缺陷。

② 拉伸试验

首先制备零应力拉伸试样；然后将超声探头稳定耦合在拉伸试样的标定区域内，对试样进行拉伸试验，记录拉伸试验机输出的加载力值和检测仪测出的声时差；最后通过对数据的线性拟合，即可得到应力系数 K_L 值。具体实施过程如下：

采用与被检件金相组织和表面粗糙度相同的材料制作拉伸试样，试样的形状见图 13-5，尺寸范围见表 13-2，允许误差±0.1mm，标定区域的表面粗糙度 Ra 应小于 10μm。拉伸试样的消应力处理方法与零应力试样相同。

表 13-2　临界折射纵波法拉伸试样的尺寸范围　　单位：mm

厚度 a	小宽度 b	过渡半径 r	平行长度 L_c	总长度 L_t	大宽度 B	h_1	h
3～10	15～40	≥20	60～240	170～350	30～60	≥15	40～60

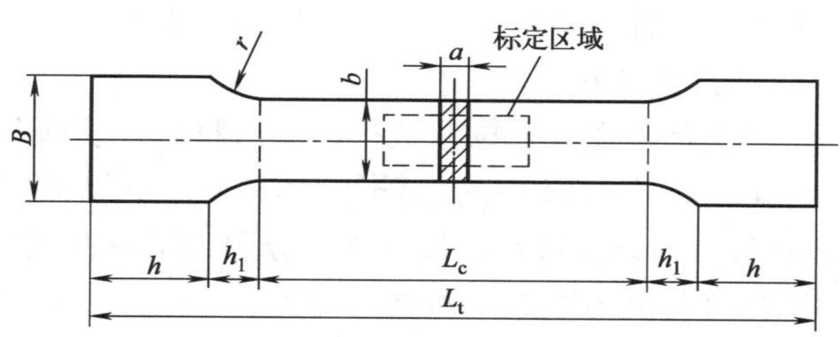

图 13-5 临界折射纵波法拉伸试样

将超声探头稳定耦合在拉伸试样的标定区域内；调整和设置超声应力检测仪的参数以获得清晰、稳定的波形；按 GB/T 228.1《金属材料 拉伸试验 第 1 部分：室温试验方法》规定的方法，在常温（10～35℃）环境下对试样进行拉伸试验。

在试样材料弹性范围内，记录拉伸试验机输出的加载力值 σ 和与之对应的检测仪测量所得的声时差 Δt，加载力值测量点不少于 10 个。重复拉伸试验不少于 5 次，对每个测量点的声时差值取平均，绘制出声时差-拉应力变化关系图，如图 13-6 所示。图中示例数据的试验条件为检测频率 5MHz，探头间距 30mm，试样材料 45 号冷轧钢，环境温度 23℃。对图中各点进行线性拟合，得到的直线斜率的倒数即为应力系数 K_L，其值为 10.29MPa/ns。

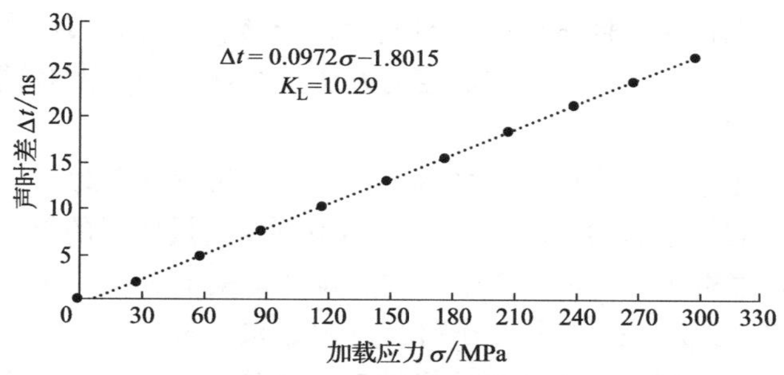

图 13-6 拉伸应力值与声时差的线性关系

2）体波法

体波法的声弹性系数，可以由理论计算得到，也可以通过拉伸试验得到。

① 理论计算

首先查表获得被检件材料的二阶和三阶弹性常数，然后将数据代入式（13-14）和式（13-20）中计算，即可分别得到纵波声弹性系数 ε_L 和横波声弹性系数 ε_S。

例如，若被检件材料为低碳钢，从表 13-1 取二阶弹性常数 $\lambda=115$GPa、$\mu=82$GPa，三阶弹性常数 $l=-301$GPa、$m=-666$GPa、$n=-716$GPa，分别代入式（13-14）和式（13-20），即可得到低碳钢的纵波声弹性系数 $\varepsilon_L=-0.02684\text{GPa}^{-1}$，横波声弹性系数 $\varepsilon_S=-0.003092\text{GPa}^{-1}$。再例如，若被检件材料为 5754 铝合金，从表 13-1 取二阶弹性常数 $\lambda=57$GPa、$\mu=27$GPa，三阶弹性常数 $l=-228$GPa、$m=-311$GPa、$n=-359$GPa，分别代入式（13-14）和式（13-20），即可得到 5754 铝合金的纵波声弹性系数 $\varepsilon_L=-0.1089\text{GPa}^{-1}$，横波声弹性系数 $\varepsilon_S=-0.02707\text{GPa}^{-1}$。

与临界折射纵波法一样，体波法通过理论计算获得声弹性系数时，也会出现弹性常数

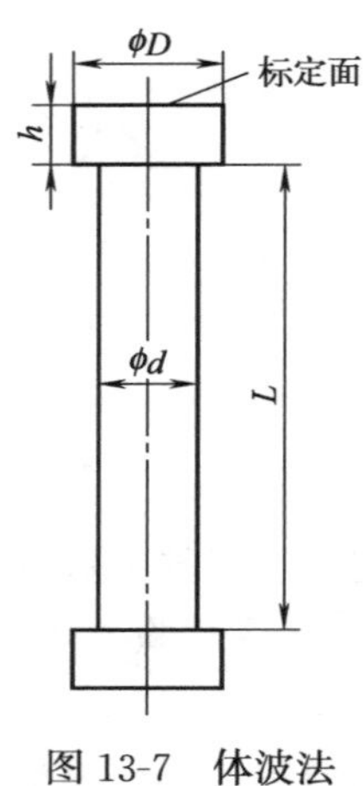

图 13-7　体波法拉伸试样

难以查到、计算结果与实际存在偏差的可能。

② 拉伸试验

首先制备零应力拉伸试样；然后将超声探头稳定耦合在拉伸试样的标定面内，记录检测仪测出的零应力下纵波声时 t_{L0} 和横波声时 t_{S0}；接着对试样进行拉伸试验，分别记录拉伸试验机输出的加载力值和检测仪测出的纵波、横波声时差；再通过对数据的线性拟合，得到纵波应力系数 K_L 和横波应力系数 K_S 的值；最后利用应力系数与声弹性系数的关系，分别计算出纵波声弹性系数 ε_L 和横波声弹性系数 ε_S。具体实施过程如下：

采用与被检件金相组织和表面粗糙度相同的材料制备拉伸试样，试样的形状见图 13-7，尺寸范围见表 13-3，允许误差±0.1mm，标定区域的表面粗糙度 Ra 应小于 12μm。拉伸试样的消应力处理方法与零应力试样相同。

表 13-3　体波法拉伸试样的尺寸范围　　单位：mm

上下端厚度 h	中间部分长度 L	总长度	上下端直径 D	中间部分直径 d
≥5	≥10	≥20	≥12	≥8

将超声探头稳定耦合在拉伸试样的标定面内；调整和设置超声应力检测仪的参数以获得清晰、稳定的波形；按 GB/T 228.1 规定的方法，在常温环境下对试样进行材料弹性范围内的拉伸试验。

拉伸试验前，先测量试样零应力下的纵波声时 t_{L0} 和横波声时 t_{S0}。拉伸试验开始后，记录拉伸试验机输出的加载力值 σ 和与之对应的检测仪测量所得的纵波声时差 Δt_L、横波声时差 Δt_S，加载力值测量点不少于 9 个。重复拉伸试验不少于 5 次，对每个测量点的声时差值取平均。按图 13-6 所示方法，分别绘制出纵波、横波的声时差-拉应力变化关系图。对图中各点进行线性拟合，即可得到纵波应力系数 K_L 和横波应力系数 K_S。

将拉伸前测出的零应力下 t_{L0} 和 t_{S0} 以及拉伸后测出的 K_L 和 K_S 代入式（13-22）和式（13-23），分别计算出纵波声弹性系数 ε_L 和横波声弹性系数 ε_S。

13.2.2　超声法的检测工艺

（1）一般操作流程

首先根据被检件的加工特点，大致判断残余应力的主要位置和方向，以确定检测区域和探头参数；然后选择合适的超声探头，将探头放置于检测位置；待耦合状态稳定后，从超声应力检测仪数据库中调取被检件材料在该探头下的零应力数据，数据包括零应力声时、标定温度、应力系数或声弹性系数、零应力标定时的仪器各项参数；开始残余应力检测，检测仪按零应力标定时的各项参数在被检件内发射和接收超声波；对接收数据进行实时算法解析，并将残余应力测量结果显示在仪器界面上。

若在现场检测时，仪器数据库里没有合适的被检件零应力数据，则可将被检件材料的零应力试样置于检测现场，待零应力试样温度与被检件温度基本相同后，进行现场零应力标定并记录此时仪器各项参数；若在现场检测时，仪器数据库里没有被检件材料的应力系数或声弹性系数，则可以用数据库里已有的与被检材料相似的其他材料代替，以检测出相对残余应力值；若在现场检测时，仪器数据库里没有被检件的零应力数据，且现场没有零应力试样，则可在被检件上远离焊缝或认为残余应力小的区域选取合适位置进行零应力标定，并记录此时仪器各项参数，利用该零应力数据进行残余应力检测，测出的数值均为相对于标定点的残余应力值。此外需要注意的是，若检测现场温度变化较大，在没有温度补偿曲线的情况下，每测完一次后，需重新进行零应力标定。

（2）检测区域的确定

超声法所测到的应力是材料中声束传播区域内应力的平均值，因此对检测区域的认定非常重要。对于临界折射纵波法，检测区域的大小与超声探头的尺寸和频率有关，检测区域长度 L 为临界折射纵波传播距离（即探头间距），检测区域宽度 W 为探头宽度或直径，检测区域深度 D 由频率决定：

$$D=\alpha\times f^{-0.96} \tag{13-24}$$

式中，f 是探头中心频率，MHz；α 是检测深度修正系数，mm/ns，常用金属材料 α 的参考值：钢 5.98，铝 6.40，铜 4.81。

对于体波法，检测区域横向范围的大小由超声探头的直径决定，纵向范围的大小对板类构件是板厚，对轴类构件是轴长。体波法纵向检测范围的最大值取决于声波的衰减，即探头能否有效接收到底面反射回波。

无论是临界折射纵波法还是体波法，被检件的尺寸均应大于探头覆盖检测区的尺寸，以避免由于边界效应与标定试验产生偏差。此外，检测区域的表面粗糙度 R_a 应不大于 12μm，以确保探头与检测表面良好耦合。

（3）超声探头的选择

为了有利于信号的提取和声时差的精确测量，用于残余应力检测的超声探头宜选用宽频窄脉冲探头，并具有较短的回波持续时间，振荡周期通常为 1.5～2 个。

1）临界折射纵波探头

临界折射纵波的发射探头和接收探头应选择同型号探头，探头频带的中心频率一般在 0.5～15MHz 之间。由式（13-24）可知，不同频率探头对应的检测深度不同。当被检件为较薄构件时，宜采用较高中心频率的探头，以防止形成底面反射波和导波，干扰临界折射纵波的显示和提取；当被检件较厚时，既可采用高频率探头也可采用低频探头。

临界折射纵波的声束宽度由发射探头宽度或直径决定，一般为 5～30mm。若被检件较大且需要普检时，可采用较大尺寸的探头以提高检测效率；若被检件表面不太平整或曲率较大时，则宜选用小尺寸的探头以减少耦合损失。

临界折射纵波法至少采用两个探头。对于一发一收式检测，探头间距是指发射探头和接收探头之间的距离；对于一发二收式检测，探头间距是指两接收探头之间的距离。由于临界折射纵波法测定的是探头间距范围内的平均应力，因此采用较小探头间距测得结果的分辨力较高。但是探头间距越小，声波与应力作用的区间也变小，声时变化越不明显，导致残余应力检测值的误差增大。综合考虑，探头间距以 30～50mm 为宜。

2）体波探头

体波探头包括纵波探头和横波探头。纵波探头和横波探头可以是一体式结构，也可以是分体独立式结构。纵波探头和横波探头都采用自发自收工作方式。

对于体波探头，频率越高，半扩散角越小，声束指向性越好。在检测长螺栓的轴向应力时，选择高频探头可避免声束不能全部打在底面而对回波信号产生干扰。然而频率越高，声波衰减越大，尤其当被检件晶粒粗大时，衰减很显著，导致信噪比下降。综合考虑，体波法探头的频率在 2～5MHz 范围。

体波法的声束面积由探头直径决定，探头直径越大，辐射的超声波能量越强，有利于信号的显示。对于螺栓轴向应力检测，为避免侧壁反射回波干扰正常底面回波，探头直径应小于螺栓直径。体波探头直径通常为 10～20mm。

(4) 耦合剂的选择

当探头和被检件之间有空气时，超声波的反射率几乎为 100%，阻止声波传入工件，因此超声法检测时需要使用耦合剂填充探头与检测表面的空气间隙。耦合剂有很多种，选择时需要甄别，以保证在工作温度范围内探头与被检件表面具有稳定可靠的超声耦合。实际检测时使用的耦合剂应与零应力声时标定和系数标定时相同。通常情况，临界折射纵波法采用机油或润滑脂做耦合剂，也可以使用医用耦合剂；体波法由于有横波探头，而横波不能在液体中传播，所以体波探头需要使用黏稠度很大的专用横波耦合剂。

(5) 编制作业指导文件*

对于每种被检构件，根据现场实际情况和使用的仪器设备，可依照检测标准编制超声法残余应力检测作业指导书，其内容至少应包括如下要素：

① 被检件的信息　几何形状与尺寸、材质、表面状态、检测作业时的环境温度。

② 试验标定信息　零应力声时（临界折射纵波法的 t_{L0} 或体波法的 t_{L0} 和 t_{S0}），标定系数（临界折射纵波法的 K_L 或体波法的 ε_L 和 ε_S），标定时仪器的各项参数和环境温度。

③ 检测设备信息　超声探头、超声应力检测仪、温度传感器、耦合剂、残余应力分析软件等。

④ 检测范围和/或位置。

⑤ 探头放置部位、放置方式。

⑥ 检测的次序。

⑦ 检测结果及其评定。

13.2.3　超声法的检测设备

超声法残余应力检测设备主要包括超声探头、固定辅助工装、超声应力检测仪、温度传感器等。

(1) 超声探头

超声探头是用来发射超声波和接收超声波的换能器。目前超声法检测中最常用的是压电探头。

1) 探头的基本结构

压电超声探头一般由压电晶片、阻尼块和吸声材料、保护膜或楔块以及外壳组成。图 13-8 所示为探头的基本结构。

压电晶片：压电晶片的作用是发射和接收超声波，实现电声换能。压电晶片具有压电效应。某些晶体材料（例如石英晶体）在交变拉压应力作用下产生交变电场，称为正压电效应；反之，当晶体材料在交变电场作用下产生伸缩变形，称为逆压电效应。当高频电脉

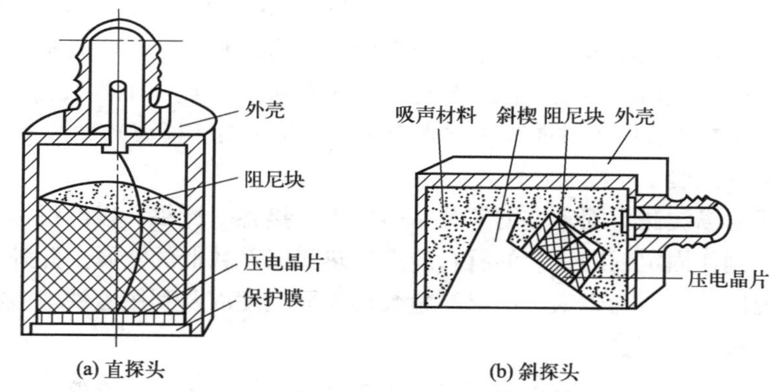

(a) 直探头　　(b) 斜探头

图 13-8　压电超声探头的基本结构

冲激励压电晶片时，发生逆压电效应，将电能转换为晶片的振动，发射超声波；当晶片接收超声波时，发生正压电效应，将声的振动转换为电能。压电晶片发射和接收超声波的谐振频率（简称频率）由晶片的厚度决定，晶片越薄，频率越高。晶片的尺寸和频率决定发射声场的范围和强度。一般的压电晶片只能激发超声纵波，超声检测中使用的其他波型（如临界折射纵波、横波、表面波等）大都是纵波在异质材料界面发生折射时由波型转换得到的。

阻尼块和吸声材料：阻尼块紧贴在压电晶片后面，对压电晶片的振动起阻尼作用，一是使晶片起振后尽快停下来，从而使脉冲宽度减小，分辨力提高；二是吸收晶片向其背面发射的超声波。斜探头中，晶片前面粘贴在斜楔上，斜楔内的多次反射波会形成一系列杂乱信号，故需在斜楔周围加上吸声材料，以减小噪声。

保护膜：保护膜的作用是保护压电晶片不致磨损或损坏。有些压电晶片（如石英晶片）不易磨损，可不加保护膜。

斜楔：斜楔是斜探头中为了使超声波倾斜入射到检测面而装在晶片前面的楔块。斜楔使探头的晶片与工件表面形成一个严格的夹角，以保证晶片发射的超声波按设定的倾斜角斜入射到斜楔与工件的界面，从而能在界面处产生所需要的波型转换，以便在被检件内形成特定波型和角度的声束。斜楔需要采用声强透射率高、热膨胀系数小的材料，一般用有机玻璃制作。

外壳：外壳的作用是将探头各部分组合在一起，并起保护作用。

2）临界折射纵波探头

临界折射纵波探头是斜探头的一种，如图 13-8（b）所示。斜探头根据斜楔角度（即入射角）不同分为纵波斜探头（入射角＜第一临界角）、临界折射纵波探头（入射角＝第一临界角）、横波斜探头（第一临界角＜入射角＜第二临界角）、临界折射横波探头（入射角＝第二临界角）、表面波探头（入射角＞第二临界角）五种。可见，临界折射纵波探头是一种特殊入射角的斜探头，对检测钢来说，由于纵波在有机玻璃斜楔中的声速 $\upsilon_{1L}=2730\text{m/s}$，在钢中的声速 $\upsilon_{2L}=5900\text{m/s}$，按照式（13-10），有机玻璃斜楔的角度 $\theta_{CR1}=27.6°$。

3）体波探头

体波探头是纵波直探头＋横波直探头的组合探头。纵波直探头发射垂直于探头表面传播的纵波，并入射至与之接触的被检件内部，如图 13-8（a）所示。一般的石英晶体不能激发出横波，但某些单晶压电材料通过选择不同的晶体切割方向，可以实现横向振动产生 SH 横波（普通斜探头在工件中产生的横波，振动方向在垂直于工件表面的平面内振动，称 SV 横波；如果横波的振动方向与工件表面平行，称为 SH 横波）。

（2）固定辅助工装

对于临界折射纵波法，固定辅助工装是指用于连接各斜探头，以确保探头间距为固定值的机械结构。制作固定辅助工装的材料应选用热膨胀系数低的金属。此外，固定辅助工装上还装配有温度传感器和磁铁，用以测量被检表面温度以及利用磁铁与被检铁磁材料之间的吸力保证探头稳定耦合。

对于体波法，固定辅助工装是指用于固定直探头的机械结构。体波法固定辅助工装上也安装温度传感器和磁铁，用来测量温度和保证探头稳定耦合。

（3）超声应力检测仪

超声应力检测仪是超声法测定残余应力的主体设备，它的作用是产生高频电脉冲并施加于探头上，激励探头发射超声波，同时接收来自探头的电信号，对其进行处理后以一定方式显示出来，从而得到被检件中有关残余应力的信息。

1）仪器的构成和原理

超声应力检测仪主要由工控计算机（或微处理器）、发射电路、接收电路、模数（A/D）转换电路、残余应力分析软件、显示器和电源等组成，如图 13-9 所示。

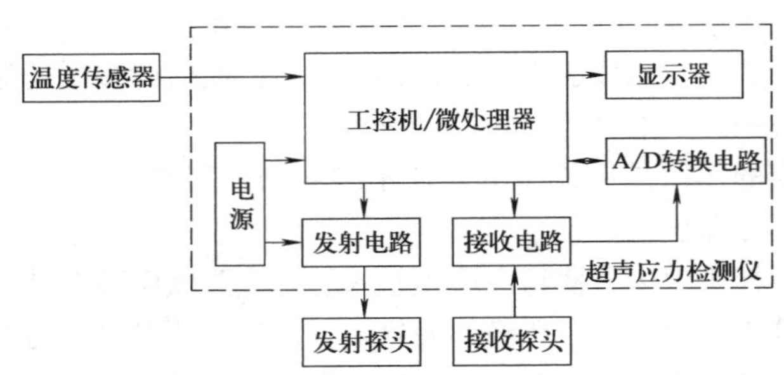

图 13-9 超声应力检测仪的构成

工控机（或微处理器）是超声应力检测仪的控制中心和计算中心，它根据人的指令，通过调用内部存储器中的触发脉冲函数，按一定节拍（称重复频率）触动发射电路进行工作，同时向接收电路、A/D 转换电路发出同步信号，也使它们在时间上协调一致工作。发射电路按工控机指定的重复频率生成 100～400V 宽度可调的脉冲电压施加至探头，激励压电晶片振动产生超声波。由接收探头获得的超声微弱振荡信号经压电晶片转换成电脉冲后，输入至接收电路。接收电路对其进行放大、检波、滤波处理，然后经 A/D 转换电路将模拟信号转化成数字信号，提供给工控机。工控机从数字接收信号辨识出超声波在被检件中的传播声时，再利用存储器中保存的零应力声时、应力系数或纵、横波声弹性系数，通过残余应力分析软件计算出应力值大小。最后，显示器将得到的检测信号波形以及应力测试结果显示出来。在检测过程中，温度传感器将被检件的温度信息实时反馈到工控机，对检测结果进行温度补偿与修正。

2）仪器的校准

超声应力检测仪需要定期进行计量性能的校准，以确认其测量数值的准确性。仪器校准的依据是JJF（机械）1056—2021《残余应力超声检测仪校准规范》，校准时间间隔一般不超过一年。

超声应力检测仪的两个重要校准指标是示值误差≤±30MPa和检测重复度≤±2% R_{eL}（被测材料的下屈服强度）。JJF（机械）1056规定的示值误差是，在仪器测量范围内选取不少于10个应力值进行拉伸试验时，仪器显示应力示值与拉伸机加载应力的最大绝对误差值；JJF（机械）1056规定的检测重复度是，在短时间内对同一个应力测量点进行不少于3次重复测量时，多次测量结果的标准偏差。对超声应力检测仪的校准是采用经过上级计量机构校准的拉伸试验机和零应力拉伸试样进行的，必须满足量值溯源的要求。

在计量校准之前，需要对超声应力检测仪进行性能测试试验。测试中，对于各个加载力值，如果仪器示值误差均在±30MPa以内且检测重复度 $S_K=\sqrt{\frac{1}{n-1}\sum_{i=1}^{n}(\sigma_i-\bar{\sigma})^2}\leqslant\pm2\%R_{eL}$（$\sigma_i$ 为第 i 次测量所得的应力值，$\bar{\sigma}$ 为 n 次测量值的平均值，n 为测量次数），即认为仪器符合要求；否则，应将测量所得值拟合成声时-应力曲线，得到应力系数或声弹性系数后输入给仪器的应力分析软件，然后重新进行试验，直至符合要求为止。超声应力检测仪的性能测试流程如图13-10所示。

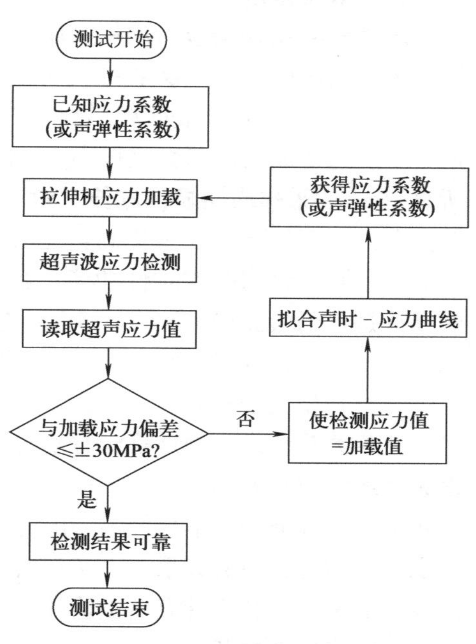

图13-10　超声应力检测仪的性能测试流程

3）仪器的日常维护

超声应力检测仪是一种较为精密的电子仪器。为了减少故障，保持良好的工作状态，应注意对仪器的维护保养，包括以下几点：

① 使用前应仔细阅读仪器使用说明书，了解仪器的性能特点，熟悉仪器各控制开关、操作方法和注意事项，严格按说明书要求进行操作。

② 搬动仪器时应防止强烈震动，现场检测时应采取保护措施，防止仪器的磕碰。

③ 尽量避免在强磁场、电源波动大、有强烈振动及温度过高或过低的场合使用仪器。

④ 仪器工作时应防止雨、雪、水、机油等进入仪器内部，以免损坏线路和元器件。

⑤ 连接外部电源时，应仔细核对仪器额定电源电压，防止错接电源、烧毁元器件；使用电池供电时，应按说明书进行充电操作；放电后的电池应及时充电，存放较久的电池也应定期充电，否则会影响电池容量甚至无法重新充电。

⑥ 按下按键或触摸屏时不宜用力过猛，否则会使按键或触摸屏失灵或损坏。

⑦ 仪器每次用完后，应及时擦去表面灰尘、油污，放置在干燥地方。

⑧ 在气候潮湿地区或潮湿季节，仪器长期不用时，应定期接通电源开机，每次开机时间约半小时，以驱除潮气，防止仪器内部短路或击穿。

⑨ 仪器出现故障时应立刻关闭电源，及时请维修人员检查修理；切忌随意拆卸，以免故障扩大和发生事故。

13.3 超声法的数据处理

13.3.1 残余应力的计算

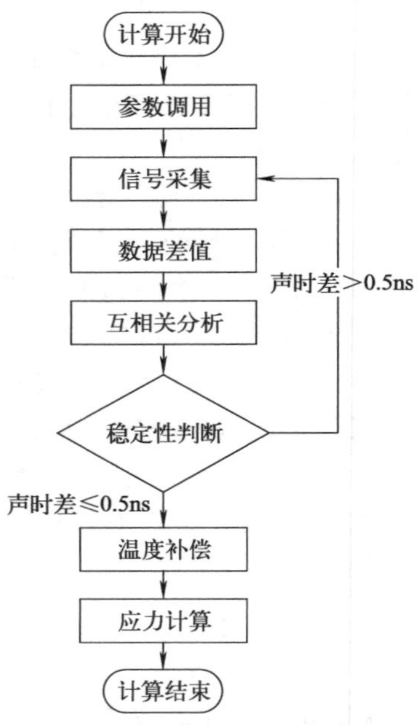

图 13-11 残余应力的计算流程

对采集的超声信号进行算法解析得出残余应力值的过程主要包括：数据差值、互相关分析、稳定性判断、温度补偿和应力计算，其流程如图 13-11 所示。残余应力的计算过程可由人工完成，也可由残余应力分析软件自动完成。

（1）数据差值

超声法测量残余应力的探头频率一般在 1～10MHz 范围，因此超声应力检测仪采用 10 倍于探头频率的 100MHz A/D 转换速率（采样周期为 10ns）的分辨率已足够高。然而，由应力造成的声速变化很小，声时差在个位纳秒量级，所以 10ns 的采样周期显得过长。如果采用更高速度的 A/D 转换器件，不仅硬件成本提高，还会占用更多的计算机运算资源、影响检测的实时性功能。解决这一问题通常采取的办法是，仍然保持 10ns 采样周期（100MHz 转换速率），同时利用拉格朗日分段线性插值算法，在采集数据之间插入 20 个数据点，将声时检测分辨力提高到 0.5ns。

（2）互相关分析

互相关分析是一种计算声时差的算法。根据声弹性理论，不同应力水平下的临界折射纵波（或体波）波形不变，仅存在一定的延时。所谓“相关”是指变量之间的线性关系。互相关分析根据一个信号经过一定延迟后自身的相似性，利用相关系数来描述同一个信号的现在值与过去值的关系，以实现信号的识别与提取等。超声法通过互相关分析，剔除离散数据的影响，精确计算出被检件声时相对于零应力声时的变化量。

（3）稳定性判断

由于耦合剂具有流动性，超声探头与被检表面之间的耦合层需要经过一段时间后才能达到均匀、稳定状态。因此，可以人为地给检测仪设定一个延迟触发时间，当延迟时间达到后，检测仪的 A/D 转换电路开始每隔 1～5s 进行一次超声接收信号采集。将采集的相邻两组波形数据进行声时差计算，若声时差≤0.5ns，则判定耦合层基本稳定；若声时差>0.5ns，则继续采集和判断信号，直到满足要求进入下一步计算。

（4）温度补偿

温度的变化会影响超声波的传播速度，还会引起探头斜楔及固定辅助工装热胀冷缩进而使声波传播距离发生变化。因此，必须消除温度波动对检测的影响。通常采用的办法是绘制温度补偿曲线：将探头和零应力试样置于实验室高低温箱内，以每升高或者降低 1℃为步长，绘制出温度-声时差变化曲线。在现场检测作业时，依据温度补偿曲线对测得的声时和声时差进行修正。

（5）应力计算

将检测获得的数据代入式（13-16）或式（13-21）中，计算出残余应力值。

13.3.2 检测结果的主要影响因素

从超声法残余应力检测原理可以看出，声时和声时差的准确测量对残余应力检测结果起着决定性作用，而影响声时和声时差测量准确性的因素较多，如标定试样和被检工件材质、探头耦合状态、环境温度、探头参数和检测仪性能等。分析各因素影响检测结果的原因，有助于改善和提高残余应力检测精度。

（1）标定试样和被检工件材质

材质的影响包括三个对象　零应力试样材质、拉伸试样材质和被检工件材质。

① 零应力试样材质　零应力试样的材质应与被检工件相同，且确保为无应力状态，若存在偏差就会使标定的零应力声时不准确。减小零应力试样材质影响的办法是，在制备试样时直接从被检工件中取材，并将消应处理后的试样放在恒温干燥环境中保存。但是，通常的消应处理很难做到完全、彻底而得到绝对零应力，因此也可制备定值残余应力试样，在检测完成后将残余应力定值补偿进去。

② 拉伸试样材质　对拉伸试样材质的要求与零应力试样相同，一旦出现偏差就会使标定的应力系数或声弹性系数不准确。减小拉伸试样材质影响的办法与零应力试样基本相同。若消应处理效果不彻底，可在拉伸试验开始前，对试样在弹性范围内进行多次预应力加载，来消除初始残余应力。

③ 被检工件材质　被检工件在机加工、热处理和焊接后，某些区域的晶粒大小和组织结构可能发生变化，导致材料的二阶、三阶弹性常数和密度发生改变。减小被检工件材质影响的办法是，针对材质变化的区域重新制备零应力试样和拉伸试样，以获取准确的零应力声时、应力系数和声弹性系数。此外，若被检工件中存在缺陷，声波在传播路径上遇到缺陷会发生散射和衰减，使接收信号的强度减弱甚至畸变，造成较大的检测误差。避免被检工件缺陷影响的办法是，在进行残余应力检测前，利用探伤设备对可能存在缺陷的区域进行探伤检查。

（2）耦合状态

影响耦合状态的因素包括耦合剂厚度、表面粗糙度和表面曲率三种。

① 耦合剂厚度　标定试验与应力检测时的耦合剂厚度需相同，因为耦合层厚度的变化会带来较大检测误差，如 1.5μm 的耦合层厚度差异能引起大约 1ns 的声时差。减小耦合层厚度影响的办法是，采用磁吸或气吸式探头，使探头以固定的压力值挤压耦合剂而产生厚度一致的耦合层。

② 表面粗糙度　被检工件表面粗糙度较大时，会导致探头与表面不能紧密接触，耦合层厚度出现随机性。此外，粗糙度大的表面还会引起声波散射，使声束的指向性变差，信噪比降低，检测灵敏度和精度下降。减小表面粗糙度影响的办法是，在进行残余应力检测前，用砂纸或其他打磨工具对待检区域表面进行预处理，使表面粗糙度满足检测要求。

③ 表面曲率　若被检工件表面为曲面，声波入射时法线方向会随着曲率半径的不同而改变，声波传播方向也将发生偏转或发散，导致残余应力检测误差增大。减小表面曲率影响的办法是，采用小尺寸探头和小的探头间距。此外对于复杂曲面构件表面残余应力的检测，还可以考虑采用表面波法。

(3) 环境温度

在温度变化较大的环境下进行应力检测时，会使检测结果产生较大波动，这是温度变化引起声速和声传播距离改变的缘故。减小环境温度影响的办法是，通过高低温试验绘制温度补偿曲线，并对检测结果进行修正。

(4) 探头参数和检测仪性能

选择合适的探头参数可提高残余应力的检测精度，探头参数的优选方法参见 13.2.2 (3) 中的相关内容。检测仪性能对检测结果也有一定影响，减小影响的办法是做好检测仪校准与日常维护。

13.3.3 检测结果的不确定度分析*

为了科学地评价超声法残余应力检测的可靠程度，开展测量结果不确定度分析十分必要。超声法残余应力检测结果的不确定度评定主要步骤为：

(1) 归纳影响测量结果不确定度的主要来源

从式 (13-16) 和式 (13-21) 可以看出，影响测量结果的有：测量声时引入的标准不确定度分量 u_1，通过拉伸试验所得应力系数或声弹性系数引入的标准不确定度分量 u_2。此外，还有温度补偿引入的标准不确定度分量 u_3，测量重复性引入的标准不确定度分量 u_4，检测仪稳定性引入的标准不确定度分量 u_5。

(2) 评估输入量的标准不确定度

在诸标准不确定度分量中，u_4、u_5 属于 A 类标准不确定度，可以通过在规定测试条件下对测量值采用统计分析方法得到，其流程如图 13-12 所示；u_1、u_2、u_3 属于 B 类标准不确定度，可以通过对被测变量输入量和输出量之间的数学模型求偏导数（如 u_1、u_2），或根据试验数据或经验（如 u_3），判断被测量的可能值区间 $[\bar{x}-a, \bar{x}+a]$ 并假设被测量的概率分布，从概率分布确定置信概率 k，进而由 $u_B=a/k$ 得到，其中 a 为被测量可能值区间的半宽度。其流程如图 13-13 所示。

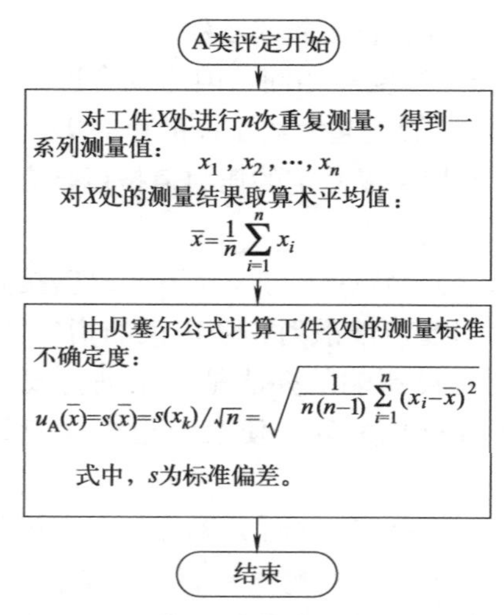

图 13-12 A 类标准不确定度的评定流程

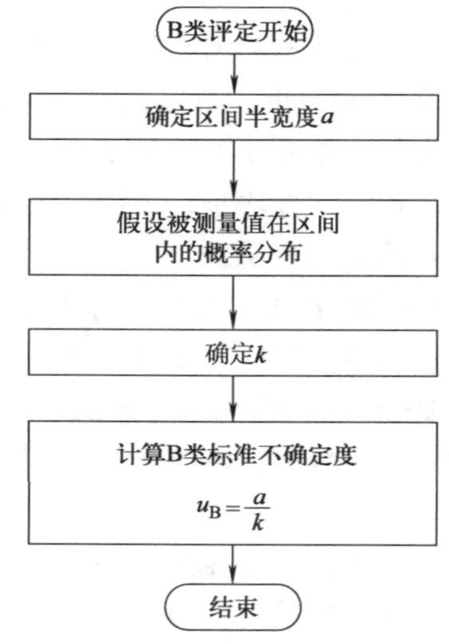

图 13-13 B 类标准不确定度的评定流程

(3) 计算合成标准不确定度 u_c

$$u_c = \sqrt{u_1^2 + u_2^2 + u_3^2 + u_4^2 + u_5^2}$$

(4) 确定扩展不确定度 U

$$U = ku_c; \ k = 2$$

扩展不确定度 U 是评定测量结果质量的一个重要指标，其值越小，测量结果的质量越高，可信程度越大；反之，则测量结果的质量越差，可信程度越小。

13.4 超声法的标准与应用

13.4.1 超声法的检测标准

(1) 国内外超声法检测标准概况

超声检测属于常规无损检测技术之一，应用非常广泛。为了规范超声检测的应用，国际标准化组织先后颁布了国际标准 ISO 16810—2012《无损检测　超声检测　总则》和 ISO 5577—2011《无损检测　超声检测　词汇标准》，我国也制定了相应国家标准 GB/T 39240—2020《无损检测 超声检测 总则》和 GB/T 12604.1—2020《无损检测 术语 超声检测》。然而，超声检测主要用于对被检件内部缺陷位置和大小进行判别，专门针对超声法残余应力检测技术制定的标准较少，英国标准 BS EN 13264—2004《铁路应用-轮对和转向架-车轮主产品要求》附录 D 曾给出利用超声波检测轮辋残余应力的方法，但修订后的 BS EN 13264—2020 删去了这一内容。我国虽然在开展残余应力的超声法检测技术研究和推广应用方面起步较晚，但是在制定标准和规范检测方法上却领先一步，先后颁布了国家标准 GB/T 32073—2015《无损检测 残余应力超声临界折射纵波检测方法》、GB/T 38952—2020《无损检测 残余应力超声体波检测方法》和 GB/T 43900—2024《钢产品无损检测　轴类构件扭转残余应力分布状态超声检测方法》。

(2) 超声法检测标准概述

1) 国标 GB/T 32073—2015 概述

国标 GB/T 32073 对超声临界折射纵波法检测残余应力的范围、人员要求、方法概要、检测系统、检测、温度补偿与修正和检测报告等做出了规定。

国标 GB/T 32073 规定的临界折射纵波法适用范围是检测透声性良好的金属和非金属固体材料或构件内的残余应力和载荷应力。

国标 GB/T 32073 要求按本标准实施检测的人员应通过残余应力超声临界折射纵波无损检测技术的专门培训。

对于临界折射纵波法检测仪器，国标 GB/T 32073 要求应至少具有的功能有：①频率设置；②滤波；③超声激励电压控制；④超声接收增益控制；⑤超声临界折射纵波传播时间和残余应力值的计算。

针对检测前的准备，国标 GB/T 32073 指出应先确定检测区域，设计探头布置方案，明确探头检测位置。检测区域的大小与探头尺寸和检测频率有关，检测区域长度为临界折射纵波传播距离（即探头间距），检测区域宽度为换能器晶片宽度或直径，检测区域深度由频率决定。

关于检测报告，国标 GB/T 32073 要求应至少包括的内容有：①检测单位、人员、日期等；②被检件的材料、厚度、表面粗糙度和曲率等；③探头中心频率和间距、及检测仪器的滤波带宽、增益和采集频率等；④检测时的环境温度；⑤检测区域；⑥残余应力数值。

2）国标 GB/T 38952—2020 概述

国标 GB/T 38952 对超声体波法检测残余应力的范围、术语和定义、人员要求、检测要点、检测系统、纵波和横波声弹性系数标定、检测流程、检测仪器校准、检测报告的编写和附录等做出了规定。

国标 GB/T 38952 规定被检测构件材料应是透声良好的金属或非金属材料，构件表面粗糙度和形廓应不影响超声纵波和横波的有效耦合。

国标 GB/T 38952 指出，凡是能有效产生和传播超声纵波和横波的探头都可以构成体波探头，如压电超声、电磁超声、激光超声等方式。

国标 GB/T 38952 要求采用本标准进行检测的人员，应按照 GB/T 9445 或合同各方同意的体系进行资格鉴定与认证，并由雇主或代理对其进行岗位培训和操作授权。

国标 GB/T 38952 表明，体波法检测仪器可由脉冲收发仪、示波器等通用仪器构成，也可采用具有脉冲收发功能、波形数字化功能的软件和计算机等硬件部分构成。

针对检测流程，国标 GB/T 38952 规定基本流程为：检测前准备→检测位置确定→检测的实施及要求。其中“检测位置确定”依据构件受力分析或用户提出或由合同双方商定。在“检测的实施及要求”里指出对零应力试样和构件检测的过程中，回波峰值应保证在体波检测仪满量程的 60％到 80％。

关于检测报告的编写，国标 GB/T 38952 指出，在残余应力检测过程中，可以手动或自动记录检测结果，检测结果应包括检测环境温度、工件材料、厚度、残余应力检测数值等。同时国标 GB/T 38952 还规定检测报告内容一般包括检测单位、人员、日期、检测环境温度，以及工件材料、厚度、粗糙度、检测区域大小、位置和方向、超声体波探头型号、厂家及中心频率、残余应力检测的具体数值等。

附录 A（规范性附录）写明了拉伸试样的制备方法。附录 B（规范性附录）给出了几种常用机械构件残余应力消除方法的基本原理，以供在残余应力消除和基准零应力试样制备的过程中参考使用。附录 C（规范性附录）规定了残余应力超声体波检测仪的校准方法，主要包括校准方法、校准流程和校准报告三部分。

13.4.2 超声法的典型应用

（1）板类焊接应力的临界折射纵波法检测

将两块平板对焊会产生焊接残余应力，其方向有纵向、横向和厚度方向三种。纵向残余应力平行于焊缝长度方向，用 σ_x 表示；横向残余应力垂直于焊缝长度方向，用 σ_y 表示；沿厚度方向残余应力用 σ_z 表示。通常，当对焊平板厚度小于 20mm 时，残余应力为纵、横双向平面应力状态，沿厚度方向残余应力可不考虑。

被测焊接试样为开坡口对焊 6061 铝合金平板，屈服强度 $\sigma_s=120$MPa，抗拉强度 $\sigma_b=200$MPa，平板厚度为 15mm，焊缝打磨平整。使用的检测设备为国产超声应力检测仪，其采样率为 100MHz，软件系统将声时差检测分辨力提高到 0.5ns，自带有被测材料的零应力数据、应力系数和温度补偿曲线。使用的临界折射纵波探头基本参数为：一发一收式，探头频率 5MHz，晶片直径 10mm，探头间距 30mm。

对于承载构件来说，纵向残余应力的测量意义不大，需主要考虑垂直于焊缝长度方向的横向残余应力，因此探头放置方向为垂直于焊缝。此外还需考虑，焊缝中心两侧附近的熔合区和热影响区的金相组织和力学性能相比于母材发生了改变，导致零应力声时和应力系数的基础数据不准确，应避开该区域检测。由此，在焊接试样的中间位置，将探头垂直于焊缝放置，从距焊缝中心 15mm 开始，以 5mm 为步长直线移动，分别测量焊缝左右两侧 220mm 内的横向残余应力值，得到焊缝附近残余应力分布如图 13-14 所示。

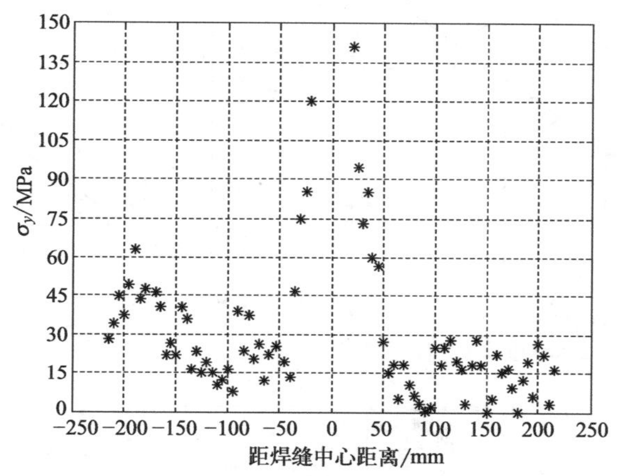

图 13-14 焊缝附近横向残余应力分布图

从分布图可以看出，临界折射纵波法检测的横向残余应力符合焊接应力分布规律，最大应力值出现在距焊缝最近处，焊缝中心左右两侧 40mm 范围内均存在较大的横向残余应力。

（2）螺栓轴向应力的体波法检测

螺栓连接是设备和结构安装中的一种主要连接方式。在螺栓连接中，螺栓承受很大应力。过大的应力会导致螺栓疲劳损伤或断裂。因此，检测或监测螺栓中的应力大小，已成为保证设备和结构安全的一项重要措施。

以常用的三种性能等级的 A2-70 螺栓、4.8 螺栓和 8.8 螺栓为对象，开展超声体波法的检测。其中，A2-70 螺栓为 304 不锈钢螺栓，设计抗拉强度为 700MPa；4.8 螺栓为抗拉强度 400MPa、屈强比 0.8 的普通级螺栓；8.8 螺栓为抗拉强度 800MPa、屈强比为 0.8 的高强度螺栓。三种螺栓的直径规格均为 M20。检测实验的目的在于验证超声法检测螺栓应力的准确性和可靠性。

检测设备采用自主搭建的超声纵横波应力检测装置。首先搭建检测装置硬件部分，将超声激励与数据采集卡通过 PCI 卡槽插入工控计算机，然后接上自研超声纵横波一体式探头，探头频率为 2.25MHz，晶片直径为 10mm，并自带温度传感器。完成硬件搭建后，启动工控计算机，安装并调试自主开发的软件平台，使检测装置达到螺栓应力检测所需性能要求。

按照超声法的标定流程，分别对三种螺栓试样进行零应力声时标定、纵波声弹性系数和横波声弹性系数标定，并将数据存储在软件平台以供检测时调用。完成标定工作后，将被检件螺栓安装到拉伸试验机上进行拉伸实验，对加载不同轴向力值时的纵波和横波声时进行测量，表 13-4 为三种螺栓测得的声时数据表。在测量声时的同时，软件平台自动调用标定数据并按式（13-21）进行应力计算。图 13-15 为螺栓轴向应力（用 σ_z 表示）超声法检测值与理论加载值的对比图，从图中可以看出，螺栓轴向应力超声法检测的相对误差小于 10%。

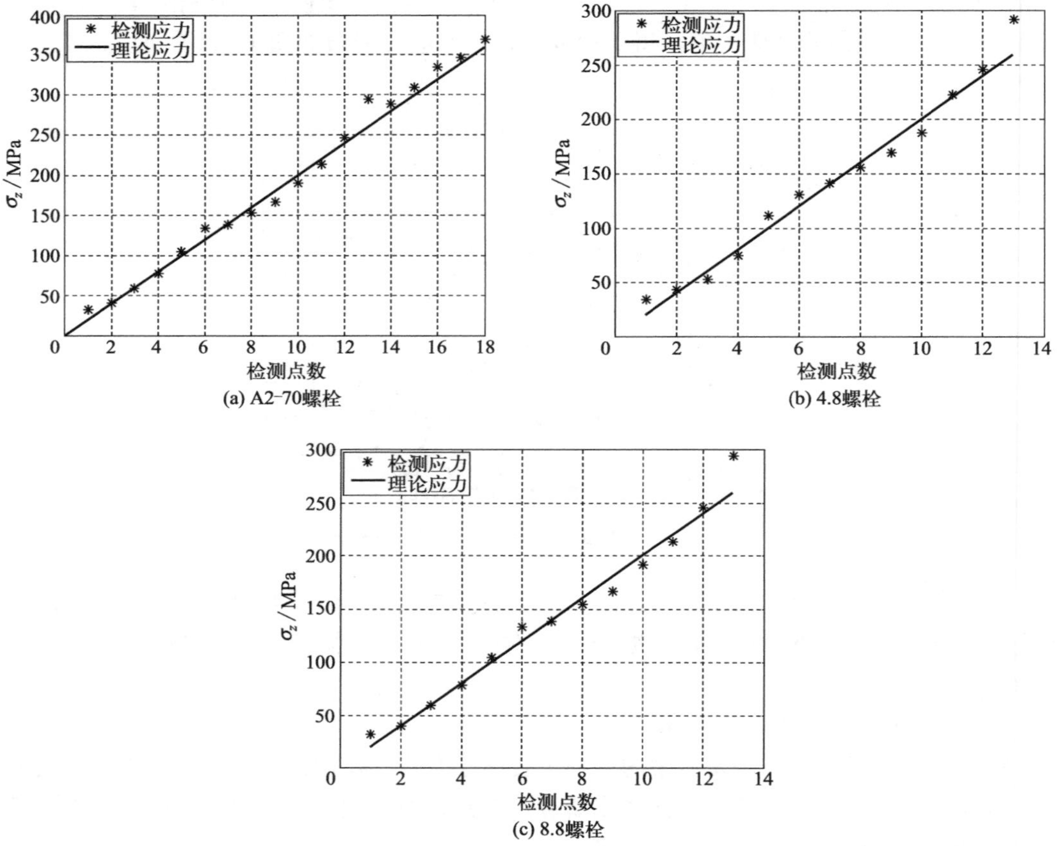

(a) A2-70螺栓

(b) 4.8螺栓

(c) 8.8螺栓

图 13-15　三种螺栓检测实验对比结果

表 13-4　三种螺栓声时测量结果　　单位：μs

加载力值/MPa	A2-70 螺栓		4.8 螺栓		8.8 螺栓	
	纵波声时	横波声时	纵波声时	横波声时	纵波声时	横波声时
0	42.8310	76.1700	46.3535	84.2395	46.4020	84.4840
20	42.8415	76.2040	46.3690	84.2560	46.4120	84.4885
40	42.8605	76.2265	46.3865	84.2740	46.4270	84.4950
60	42.8800	76.2470	46.4050	84.2900	46.4405	84.5050
80	42.8970	76.2660	46.4240	84.3155	46.4560	84.5140
100	42.9155	76.2835	46.4400	84.3375	46.4700	84.5240
120	42.9325	76.3025	46.4580	84.3580	46.4870	84.5330

续表

加载力值/MPa	A2-70 螺栓		4.8 螺栓		8.8 螺栓	
	纵波声时	横波声时	纵波声时	横波声时	纵波声时	横波声时
140	42.9515	76.3180	46.4755	84.3820	46.5025	84.5430
160	42.9685	76.3380	46.4945	84.3985	46.5190	84.5520
180	42.9880	76.3570	46.5130	84.4170	46.5335	84.5620
200	43.0044	76.3775	46.5330	84.4320	46.5490	84.5720
220	43.0245	76.3965	46.5550	84.4560	46.5700	84.5820
240	43.0420	76.4175	46.5750	84.4745	46.5825	84.5900
260	43.0620	76.4390	46.6000	84.5000	46.6000	84.6000

练习题

1. 判断题

(1) 国家标准 GB/T 32073—2015 和 GB/T 38952—2020 所使用的检测方法都属于声速法。(　　)

(2) 应力系数(或声弹性系数)标定时的拉伸试样不需要进行零应力处理。(　　)

(3) 采用临界折射纵波法时,被检件的应力系数与材料弹性常数和零应力状态下的密度有关,与检测探头间距无关。(　　)

(4) 采用体波法时,被检件材料纵波与横波声弹性系数不仅与材料弹性常数有关,还与零应力状态下的密度和声传播方向上的长度有关。(　　)

2. 选择题

(1) 根据超声法的分类,目前残余应力超声检测技术最主要和实用的途径是(　　)。

A. 声速法　　B. 非线性法　　C. 角度法　　D. 声衰减法

(2) 下面哪项不是超声法残余应力检测作业指导文件应包括的内容?(　　)

A. 被检件的信息　　B. 检测设备信息

C. 距离-波幅曲线的绘制　　D. 检测结果及其评定

(3) 下面哪项不属于超声应力检测仪的主要构成?(　　)

A. 工控计算机　　B. 前置放大器

C. 发射与接收电路　　D. 残余应力分析软件

(4) 下面哪项不属于超声法残余应力计算的主要过程?(　　)

A. 数据差值　　B. 互相关分析

C. 稳定性判断　　D. 傅里叶变换

3. 填空题

(1) 当发射探头激发超声纵波以________角斜入射到被检件表面时,可在被检件材料表层产生超声临界折射纵波。

(2) 用于残余应力检测的超声探头宜采用________探头,并具有________的回波持续时间,振荡周期通常在________个。

(3) 采用临界折射纵波法检测残余应力时，当被检件表面不太平整或曲率较大，为了减少耦合损失宜选用________晶片探头。

(4) 影响超声法残余应力检测结果的主要因素有________、________、________、探头参数和检测仪性能。

4. 问答题

(1) 残余应力超声法检测的原理是什么？

(2) 简要概述残余应力超声法检测的应用特点。

(3) 什么是声弹性理论？声弹性效应的表现形式是什么？

(4) 简述临界折射纵波法采用拉伸试验标定应力系数的步骤。

(5) 简述体波法采用拉伸试验标定声弹性系数的步骤。

(6) 目前残余应力的超声法检测国家标准有哪些？

参考文献

[1] Jhang K Y, Quan H H, Ha J, et al. Estimation of clamping force in high-tension bolts through ultrasonic velocity measurement [J]. Ultrasonics, 2006, 44: e1339-e1342.

[2] 潘勤学，邵唱，肖定国，等. 基于形状因子的螺栓紧固力超声检测方法研究 [J]. 兵工学报，2019，40 (4)：880-888.

[3] Chaki S, Corneloup G, Lillamand I, et al. Combination of longitudinal and transverse ultrasonic waves for in situ control of the tightening of bolts [J]. Journal of Pressure Vessel Technology, 2007, 129 (3): 383-390.

[4] 魏勤，董师润，徐秉汉，等. 超声双折射法测试铝合金的内部应力 [J]. 应用声学，2008，27 (5)：401-406.

[5] Bray D E. Ultrasonic stress measurement and material characterization in pressure vessels, piping, and welds [J]. Journal of Pressure Vessel Technology, 2002, 124 (3): 326-335.

[6] 中国国家标准化管理委员会. 无损检测　残余应力超声临界折射纵波检测方法：GB/T 32073—2015 [S]. 北京：中国标准出版社，2015.

[7] 中国国家标准化管理委员会. 无损检测　残余应力超声体波检测方法：GB/T 38952—2020 [S]. 北京：中国标准出版社，2020.

[8] 贺玲凤，刘军. 声弹性技术 [M]. 北京：科学出版社，2002.

[9] 罗斯. 固体中的超声波 [M]. 何存富，吴斌，王秀彦，译. 北京：科学出版社，2004.

[10] 徐春广，李卫彬. 无损检测超声波理论 [M]. 北京：科学出版社，2020.

[11] Viktor H. Structural and residual stress analysis by nondestructive methods [M]. Netherlands: Elsevier Press, 1997.

[12] 郑晖，林树青. 超声检测 [M]. 北京：中国劳动社会保障出版社，2008.

Chapter Fourteen 第14章 残余应力的磁测法检测技术

磁测法是利用铁磁性金属特异性能与应力状态之间映射关系进行残余应力测量的方法的统称。磁测法具有无损、非接触和速度快的检测特点，是一类适合于工程现场的残余应力测试技术。

14.1 磁测法基础知识

14.1.1 磁测法的种类和发展简史

自从 20 世纪 50 年代人们发现应力可以改变铁磁性金属磁化特性的现象而出现磁测法后，这种残余应力检测技术就不断发展出新。目前，磁测法已派生出若干个分支，具有代表性的有：磁记忆法、磁应变法、磁噪声法、应力致磁各向异性法等。

（1）磁记忆法

铁磁性金属受载荷作用时，在应力和变形集中区域会发生具有磁致伸缩性质的磁畴组织定向和不可逆的重新取向，这种磁状态的不可逆变化在载荷消除后会被保留下来，即所谓的磁记忆效应。铁磁性金属处于地磁场的磁化环境中，在被“记忆”的应力集中部位由于磁畴不连续分布，会产生磁极、形成退磁场，使该处金属的磁导率减小，进而在金属表面形成漏磁场。采用高灵敏度的磁强计检测漏磁场，即可判断应力集中的存在和评估其大小。

磁记忆法最早由俄罗斯学者杜波夫（A. Doubove）于 1994 年提出，并在随后美国举行的第 50 届国际焊接学会上进行了报道，在无损检测领域引起反响。目前该方法已被俄罗斯、中国、德国等国家采用，中国还颁布了相关的检测标准。磁记忆法完全利用地磁场进行检测。但是，磁记忆法的检测机理模糊，检测信号微弱极易受到干扰，而且检测结果不能实现定量化。

（2）磁应变法

铁磁性材料的磁化状态变化与应变互为成因的现象称为磁致伸缩效应。铁磁性材料在磁场作用下会发生磁化，并且其磁化率会随残余应力、应力变化。利用传感器监测材料磁阻和磁导率的变化值，就可间接计算出应力的大小和方向。利用逆磁致伸缩效应测量残余应力的过程可以表述为：残余应力 F→应力变化 $\Delta\sigma$→铁磁性材料磁导率的变化 $\Delta\mu$→材料

中磁路磁阻的变化 ΔR_s→传感器感应电压的变化 ΔV。由于这种方法利用了逆磁致伸缩效应与材料应变相关的原理，所以既可以称为逆磁致伸缩效应法，也可以称为磁应变法。磁应变法是目前发展比较完善、使用较多的残余应力测定方法，是本章将要详细介绍的技术。

磁致伸缩效应是焦耳（Joule）在 1942 年发现的，也称焦耳效应。磁致伸缩的逆效应是维拉里（Villari）在 1965 年发现的，又称维拉里效应。日本学者在逆磁致伸缩效应测量应力方面的研究起步较早。柏谷贤治最先设计出二磁极传感器并利用它进行了应力测量；H. Yamada 等人通过试验研制出四磁极传感器，推导出磁测输出与方向磁导率的关系表达式；随后 T. Isono 和 S. Abuku 研制出九磁极传感器，它无须旋转传感器即可实现主应力差及主应力方向的测量。我国科研人员在传感器优化设计、磁测输出与应力关系探索方面也做出卓有成效工作。清华大学和西安交通大学通过两磁极传感器试验发现，主应力差和传感器输出信号呈线性关系；西南石油大学结合两磁极和四磁极传感器，制作出九磁极传感器；上海交通大学研发出磁应变法的残余应力测量仪，并利用回归分析法建立了磁测输出数学模型。

（3）磁噪声法

铁磁性材料在交变磁场的作用下，其磁滞回线并不是完全光滑的，在斜率最大处会出现阶梯式抖动变化，并辐射出电脉冲信号，如果用扩音器将这种信号放大，就会有一连串的“咔嗒”噪声，称为巴克豪森噪声（MBN）。MBN 反映了铁磁性材料内部磁畴变化情况，而磁畴变化会受到应力状态的影响，因此可以通过测量 MBN 判断材料应力的大小。巴克豪森噪声法简称磁噪声法，目前已有较多的应用，故此也将是本章详细介绍的内容。

巴克豪森噪声现象是德国物理学家巴克豪森于 1919 年发现的。但直到 1969 年，R. L. Pasley 才首次运用 MBN 技术实现应力分布的测量，从而验证了 MBN 反映铁磁性材料内部磁畴变化和应力状态的可行性。其后 Gauthier J 等人利用不同的被测材料将 MBN 法与传统的应力检测法进行比较，发现 MBN 法与其他的测试方法在实验结果上具有良好的一致性，证明了其对于铁磁性材料应力检测的实用性。在实用方面，芬兰 Stresstech 公司、英国 AEA 技术中心、德国 Fraunhofer-IZFP 相继开发出商品化的 MBN 残余应力测试仪，用于铁轨、船舶、构件热处理等多种场合。国内虽然对 MBN 测量应力的研究起步较晚，但近些年发展迅速。北京工业大学、南京航空航天大学、西安交通大学等在 MBN 理论研究特别是特征参量选择和回归建模方面取得大量成果，还联合仪器制造商研发出多种检测机型。国内研究者还将磁噪声（MBN）和磁声发射（MAE）技术结合起来，用于检测焊接、热处理以及容器使用过程中的应力变化，对设备的安全运行做出预测。

（4）应力致磁各向异性法

当对磁各向同性材料施加一磁场 H 时，金属内的磁感应强度 B 在无应力时会平行于 H；但应力可使材料变成磁各向异性，使 B 与 H 之间存在一个角度。这便是应力致磁各向异性（SMA）法测量残余应力的理论基础。基于 SMA 法的磁传感器内放置有一 U 形磁铁，且在平行及垂直于磁铁磁极的方向各布置一个线圈。若 H 与 B 平行，则仅在平行磁极的线圈产生感应电压；反之，则二个线圈都有感应电压。这两个电压的比值与该处的主应力差（$\sigma_1-\sigma_2$）有一一对应关系，且当 σ_1 与外加磁场 H 成 45°时会出现最大值，这样从 SMA 读数的变化可以定出主应力的方位。

SMA 法的基本原理与磁应变法相同，属于磁应变法的一个分支，因此发展也与之同步。SMA 法的弊端是测量时需要转圈逐点试验寻找主应力方向，检测效率低。最近，英国研制出了能同时找出测量点上主应力大小和方位的磁力仪 MAPS，该装置能在 1h 内获得 40～50 个不同点上的主应力值及方向，使测量效率得到提高。但 MAPS 仅适用于珠光体碳钢及某几类不锈钢材料，且目前仍处于实验室研究阶段，尚未实现在工业上的应用。

14.1.2　磁测法的检测原理

磁性作为铁磁性材料的基本属性之一，当材料没有应力时，其在宏观上对外显示磁各向同性，当材料存在应力时，将会对外显示磁各向异性。利用磁各向异性与应力相关联的特性来测量应力，是磁测法的共通机理。

（1）磁应变法

铁磁材料磁化状态的变化伴随着材料尺寸变化的现象称为材料的磁致伸缩效应。反过来，铁磁材料在外力作用下发生变形，其磁化状态（磁导率和磁感应强度等）将随之发生变化的现象叫作逆磁致伸缩效应。铁磁材料处于外力状态时产生磁各向异性，应力或应变状态的变化会引起铁磁性材料的磁导率或磁阻的变化。如果利用传感器（或称探头）的励磁线圈以恒定磁场强度磁化被测材料，则由应力导致材料磁导率或磁阻的变化将引起传感器磁回路磁通的变化，通过监测探头检测线圈中感应电压或电流的变化，就可以达到测定应力的目的。由于逆磁致伸缩效应的成因是应力引起的材料变形，所以利用逆磁致伸缩效应测量残余应力的方法也称为磁应变法。

如图 14-1 所示是利用磁应变技术检测残余应力的探头示意图。探头由磁轭、励磁线圈和检测线圈构成。由于这种探头是通过两个磁极磁化被测工件和测量磁回路磁通量的变化，所以称之为二磁极探头。在图 14-1 中探头的励磁线圈中通入正弦交流电流 I_e，产生的磁通经磁轭、被测工件构成闭合回路。假设励磁线圈匝数为 N_e 且磁芯无漏磁，检测线圈匝数为 N_d，磁芯的磁阻为 R_m，被测工件上磁极之间在无残余应力时的磁阻为 R_s，则探头磁回路的磁通：

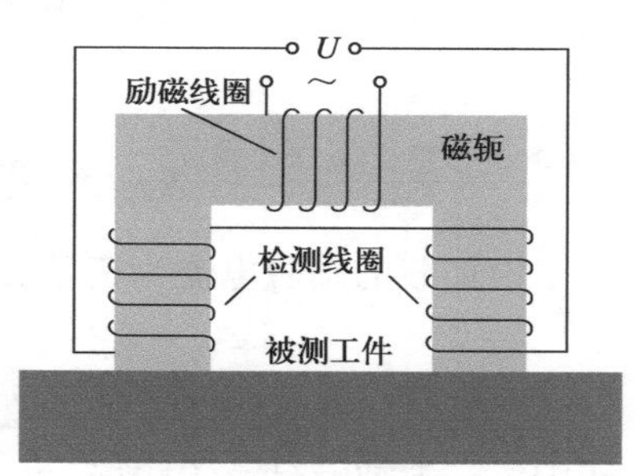

图 14-1　残余应力检测磁路

$$\Phi=\frac{N_e I_e}{R_m+R_s} \tag{14-1}$$

当工件内存在残余应力时，工件磁导率发生改变，进而使工件上磁极之间的磁阻变为 R_s'，探头磁回路的磁通变为：

$$\Phi'=\frac{N_e I_e}{R_m+R'_s} \tag{14-2}$$

这种磁阻变化的结果引起检测磁极间工件表面上磁动势的变化：

$$\Delta f=\Phi R_s-\Phi' R'_s=\frac{N_e I_e R_s}{R_m+R_s}-\frac{N_e I_e R'_s}{R_m+R'_s} \tag{14-3}$$

此磁动势差将在检测磁轭中产生交变磁通，如果假设应力引起材料磁阻的变化 R_s-R_s' 远小于初始磁阻 R_s，则有

$$\Phi=\frac{\Delta f}{R_m}\approx\frac{N_e I_e (R_s-R'_s)}{(R_m+R_s)^2} \tag{14-4}$$

根据磁弹性理论，对于由应力存在时的磁化过程，不论是可逆磁化还是不可逆磁化，也不论该磁化过程是由畴壁移动还是磁畴转动引起的，材料的磁化特性都会发生明显的改变，其磁导率 μ 及磁化率 χ 近似地有：

$$\mu\approx\chi\propto\frac{1}{\lambda_s\sigma} \tag{14-5}$$

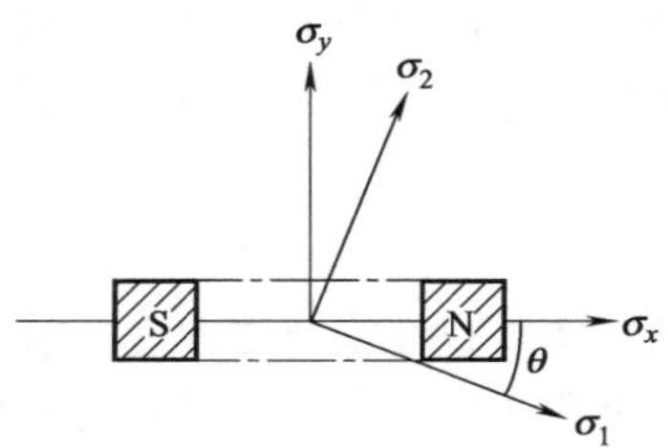

图 14-2　工件在应力作用时的磁化

式中，λ_s 是材料的磁致伸缩系数；σ 是材料所受应力。

对工件进行应力测试时，假定探头磁化方向（沿 x 轴方向）与最大主应力方向之间夹角为 θ，如图 14-2 所示，根据二向应力状态分析可知，在探头方向上的应力为：

$$\sigma_x=\frac{\sigma_1+\sigma_2}{2}+\frac{\sigma_1-\sigma_2}{2}\cos2\theta \tag{14-6}$$

因此，工件上两磁极之间的磁阻可表示为：

$$R'_s=\frac{l}{\mu S}\propto\frac{l}{\frac{1}{\lambda_s\sigma_x}S}=\frac{l\lambda_s}{S}\left(\frac{\sigma_1+\sigma_2}{2}+\frac{\sigma_1-\sigma_2}{2}\cos2\theta\right) \tag{14-7}$$

其中，l 为被测工件的磁路长度；S 为被测工件的磁通截面积。

当被测工件所受的应力不变时，依法拉第电磁感应定律，检测线圈中产生的感应电动势应为：

$$\varepsilon_d=-N_d\frac{\mathrm{d}\Phi}{\mathrm{d}t}=-\frac{N_e N_d (R_s-R'_s)}{(R_m+R_s)^2}\times\frac{\mathrm{d}i_e}{\mathrm{d}t} \tag{14-8}$$

设加载的励磁电流为正弦交流电 $i_e=I_e\sin\omega t$，则：

$$\varepsilon_d=-\frac{\omega N_e N_d I_e (R_s-R'_s)}{(R_m+R_s)^2} \tag{14-9}$$

式中，ω 为励磁电流角频率；I_e 为励磁电流最大值。

如果将式（14-7）代入式（14-9），且令 $\xi=-\omega N_e N_d I_e R_s/(R_m+R_s)^2$、$K=\omega N_e N_d I_e l\lambda_s/S(R_m+R_s)^2$，则

$$\varepsilon_d=\zeta+\frac{K}{2}(\sigma_1+\sigma_2)+\frac{K}{2}(\sigma_1-\sigma_2)\cos2\theta \tag{14-10}$$

式（14-10）是根据磁弹性理论和磁回路定理得到的探头检测线圈感应电压与主应力之间的关系式，是磁应变法测定残余应力的基本公式。其中，K 称为电压灵敏度系数，需要通过标定试验获得。

通常表面残余应力是平面应力状态，两个主应力和主应力方向角共三个未知量，可以采用电流法或电压法进行测量。

1）电流测量法

如果通过测量检测线圈回路的电流达到检测工件残余应力的目的，则需将式（14-10）表述的线圈电压除以线圈阻抗即得到：

$$I_d = \xi' + \frac{a}{2}(\sigma_1 + \sigma_2) + \frac{a}{2}(\sigma_1 - \sigma_2)\cos 2\theta \tag{14-11}$$

在式（14-11）中，a 称为电流灵敏度系数。

如果使探头与 x 轴成 0°、45°、90°进行三次测量，即 $\theta_1=\theta$、$\theta_2=\theta+45°$、$\theta_3=\theta+90°$，就可获得三个感应电流值：

$$\left.\begin{aligned} I_0 &= \xi' + \frac{a}{2}(\sigma_1 + \sigma_2) + \frac{a}{2}(\sigma_1 - \sigma_2)\cos 2\theta \\ I_{45} &= \xi' + \frac{a}{2}(\sigma_1 + \sigma_2) + \frac{a}{2}(\sigma_1 - \sigma_2)\cos 2(\theta + 45°) \\ I_{90} &= \xi' + \frac{a}{2}(\sigma_1 + \sigma_2) + \frac{a}{2}(\sigma_1 - \sigma_2)\cos 2(\theta + 90°) \end{aligned}\right\} \tag{14-12}$$

求解式（14-12）的方程组，不难得到主应力的计算公式：

$$\left.\begin{aligned} \sigma_1 - \sigma_2 &= \frac{I_{90} - I_0}{a\cos 2\theta} \\ \theta &= -\frac{1}{2}\tan^{-1}\frac{2I_{45} - I_0 - I_{90}}{I_{90} - I_0} \end{aligned}\right\} \tag{14-13}$$

由此可见，只要通过标定试验得到电流灵敏度系数 a，并在检测中测量出探头三个方向上的感应电流值 I_0、I_{45}、I_{90}，即可计算出材料的主应力差（$\sigma_1-\sigma_2$）和主应力方向角 θ。

2）电压测量法

如果通过测量检测线圈回路的电压达到检测工件残余应力的目的，则方法有两种，一种是四磁极探头测量法，另一种是九磁极探头测量法。

所谓四磁极探头是将两个完全一样的二极探头呈 90°排布，构成一个具有四个磁极的整体探头，并使两组分立的检测线圈反向串联形成差动绕组，如图 14-3 所示。当在励磁线圈通入交流电时，如果材料中没有残余应力，探头的两对磁极处于等磁位点，差动检测线圈没有输出电压信号；当材料中有残余应力时，残余应力引起磁各向异性，使两对磁极处的磁性发生了变化，磁位不再相同，因此差动检测线圈就会有输出电压信号。根据式（14-10），两个互为垂直二极探头的感应电压分别为：

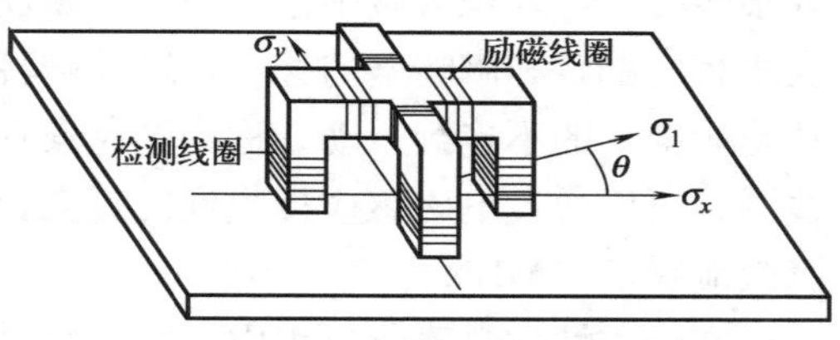

图 14-3 四磁极探头测量磁路

$$\left.\begin{aligned} U_0 &= \xi + \frac{K}{2}(\sigma_1 + \sigma_2) + \frac{K}{2}(\sigma_1 - \sigma_2)\cos 2\theta \\ U_{90} &= \xi + \frac{K}{2}(\sigma_1 + \sigma_2) + \frac{K}{2}(\sigma_1 - \sigma_2)\cos 2(\theta + 90°) \end{aligned}\right\} \tag{14-14}$$

因为是反向串联，所以四极探头总的输出电压为：

$$\Delta U = U_0 - U_{90} = K(\sigma_1 - \sigma_2)\cos 2\theta \tag{14-15}$$

习惯上用符号 V_0 表示整体四极探头在上述位置（与 x 轴成 0°）的差动输出电压：

$$V_0 = K(\sigma_1 - \sigma_2)\cos 2\theta \tag{14-16}$$

如果将探头沿逆时针旋转 45°（即与 x 轴呈 45°方向），则输出电压与应力的关系为：

$$V_{45} = 2K(\sigma_1 - \sigma_2)\cos 2(\theta + 45°) \tag{14-17}$$

由式（14-16）和式（14-17）很容易得到应力差（$\sigma_1-\sigma_2$）及主应力角 θ 与电压信号 V_0、V_{45} 的关系：

$$\left.\begin{aligned}\sigma_1-\sigma_2&=\frac{1}{K}\sqrt{V_0^2+V_{45}^2}\\ \theta&=-\frac{1}{2}\tan^{-1}\frac{V_{45}}{V_0}\end{aligned}\right\}\tag{14-18}$$

由此可见，只要通过标定试验获得电压灵敏度系数 K，并在检测中测量出探头在二个方向上的感应电压 V_0、V_{45}，即可计算出材料的主应力差（$\sigma_1-\sigma_2$）和主应力方向角 θ。

从上述分析可知，采用四磁极探头的电压测量法需要转动一次探头进行两次测量。如果采用九磁极探头，则不需要旋转探头，一次测量就可以实现对残余应力的检测。九磁极探头如图 14-4 所示，其中心极为励磁极，磁极上缠绕励磁线圈；周围的八个磁极为检测极，磁极上缠绕检测线圈。检测线圈两两正向串联，再反向串联（①和⑤、③和⑦正向串联，之后反向串联；同理，②和⑥、④和⑧正向串联，之后反向串联），构成了两个角度相差 45°的四磁极探头。其中，①③⑤⑦磁极构成的一个四极探头，可视为与 x 轴成 0°，输出电压与应力差的关系用式（14-16）表示；②④⑥⑧磁极构成的另一个四极探头，可视为与 x 轴成 45°，输出电压与应力差的关系用式（14-17）表示。这样，主应力差（$\sigma_1-\sigma_2$）及 θ 与输出电压 V_0、V_{45} 的关系即为式（14-18）。

（2）磁噪声法

铁磁性材料内部存在着许多方向各异的微小磁畴。在没有外加磁场作用时，每个磁畴的磁矩方向为其易磁化轴的方向，各磁畴磁化方向相互抵消，因此铁磁性材料在宏观上对外不显磁性，表现为磁中性。当对铁磁性材料施加交变磁场时，磁畴会向外加磁场方向上发生相应翻转和磁畴壁的移动，这种翻转和移动由于受相邻畴壁间相互摩擦阻尼作用，往往是阶梯式的不连续运动，称为巴克豪森跳跃或巴克豪森效应。如果在磁化材料表面放置线圈，可以通过电磁感应接收到巴克豪森效应释放出的阶跃脉冲电压信号，称为磁巴克豪森效应噪声（MBN）。

在铁磁性材料磁化过程中，并非每时每刻都能检测到 MBN 信号。巴克豪森跳跃多发生在剧烈磁化阶段，一般在磁化曲线和磁滞回线的斜率最大处，材料内部会有大量的磁畴翻转和磁畴壁移动，此时才能接收到足够强的 MBN 信号并观测到曲线锯齿状的起伏抖动，如图 14-5 所示。

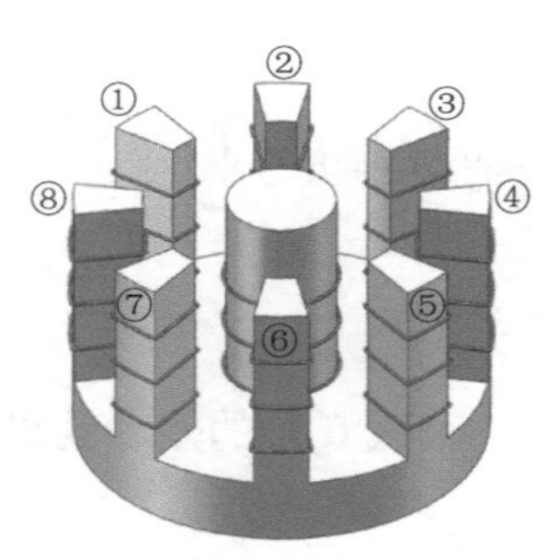

图 14-4　九磁极探头示意图

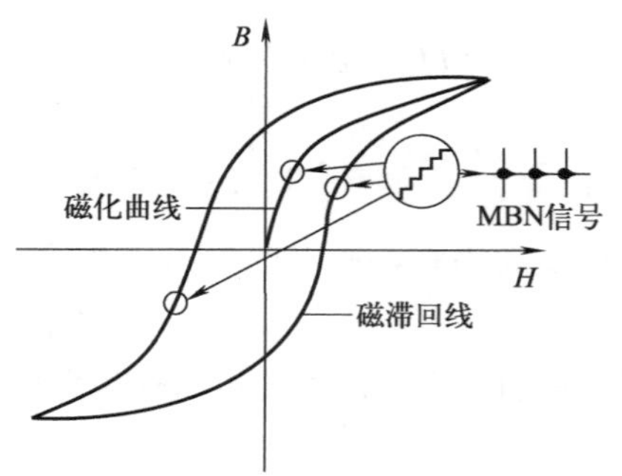

图 14-5　磁巴克豪森噪声

铁磁性材料的磁畴在产生巴克豪森跳跃时，由于磁致伸缩作用还会导致材料内部激起应力波，称为磁力声发射，简称为磁声发射（MAE)。磁声发射辐射的是声波信号，需要使用对声信号敏感的器件（如压电晶片）才能接收到。综上所述，MBN 属于电磁信号，MAE 属于声波信号，但是它们的起因都是巴克豪森效应。

MBN 信号中包含着丰富的信息，这些信息与材料的微观组织密切相关。当材料内存在残余应力时，残余应力会影响材料晶粒的排列、组织结构等，进而影响 MBN 信号的特征。如果能够通过标定试验发现并获得某种铁磁性材料 MBN 信号的特征参量与残余应力的对应关系，那么反过来，通过测量 MBN 特征参量即可达到评价同种材料残余应力的目的。这就是利用 MBN 检测残余应力的原理，称为磁巴克豪森噪声法，简称为磁噪声法。

在利用磁噪声法测量残余应力时，首先应能获得 MBN 信号并提取出 MBN 信号的特征值。激发和测量 MBN 的传感器（或称探头）如图 14-6 所示，它由 U 形磁轭、励磁线圈、磁芯和检测线圈组成。当在励磁线圈中通入正弦交流电流后，就会在被测工件中激发出交变磁场；在剧烈磁化阶段，材料磁畴和畴壁磁化矢量的跃迁使磁通量产生不连续的变化（即 MBN 跳跃），此时检测线圈感应到的正弦交变信号上就会附着有 MBN 信号，如图 14-7(a)所示；对接收信号进行滤波处理，可以将 MBN 从低频交变信号中分离出来，如图 14-7(b)所示。MBN 是杂乱无章的噪声信号，其中包括各种频率成分，从几百赫兹到几兆赫兹不等。在对 MBN 信号进行特征值与应力关系分析时，有时需要对其进行取包络线的处理。所谓包络线是各时刻 MBN 信号幅值的连线。

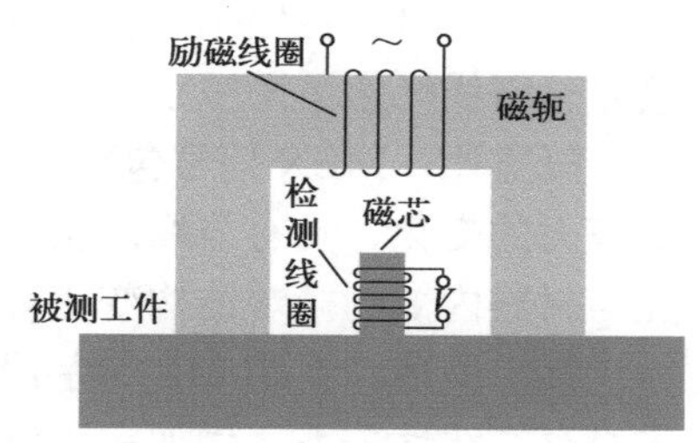

图 14-6　MBN 检测探头

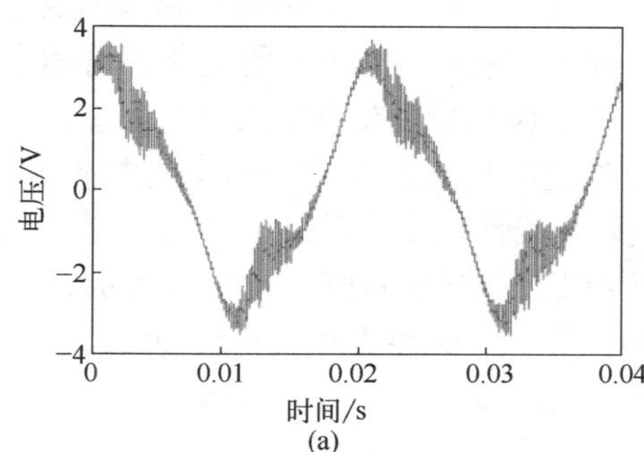

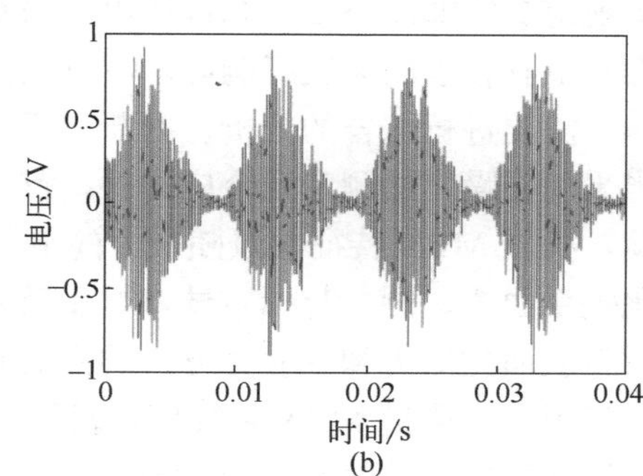

图 14-7　探头的接收信号与 MBN 信号

可能与残余应力有关的 MBN 特征参量主要包括：均方根值、振铃数以及包络线参数，如信号峰值、峰宽比等。

均方根值：是基于 MBN 检测残余应力使用最多、最主要的特征值和评价指标。对于采集到一定时间的 MBN 信号，均方根值的计算公式是：

$$RMS=\sqrt{\frac{1}{n}\sum_{i=1}^{n}x_i^2} \tag{14-19}$$

式中，n 为采集信号的点数；x_i 为所采集第 i 点的 MBN 信号幅值。由于 RMS 在数值上具有平均效果，所以统计点数越多 RMS 的重复性越好。RMS 表征的是统计周期内 MBN

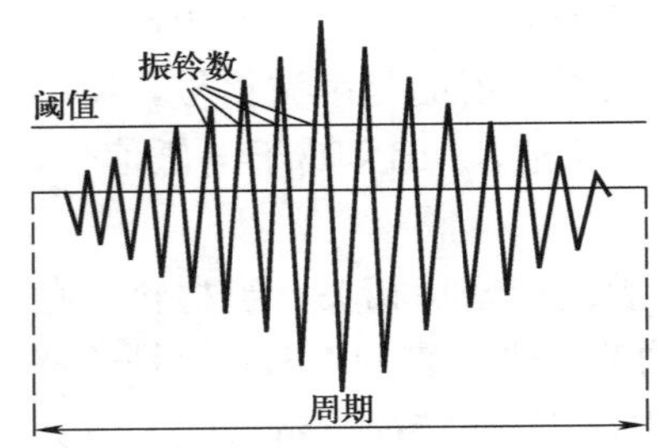

图 14-8 MBN 信号的振铃数

的能量均值，与应力具有较好的线性度，因此被最多用于材料表面残余应力的检测。

振铃数：是指在一个磁化周期内，MBN 信号幅值超过某个阈值的次数，如图 14-8 所示。MBN 信号是由磁畴壁不可逆运动产生的，振铃数可以体现出不可逆磁畴壁移动的次数，因此也能反映出 MBN 信号的强度。但这一特征值的随机性较大，在重复多次测量中具有较大的波动性。在相同激励条件下对同一试件进行反复测量，其结果可能存在较明显的差异。

峰值：材料在磁化过程中 MBN 信号包络线的最大值。一般在压应力作用下，MBN 信号包络线峰值单调减小。

峰宽比：MBN 信号包络线峰值与包络线半高位置宽度的比值。MBN 峰宽比随着加载应力的变化，具有与峰值相同的变化趋势，但比峰值具有更高的检测灵敏度。峰宽比往往与材料内部的微观结构变化有关。

综上所述，在诸 MBN 特征参量中，除 *RMS* 与应力具有较好线性关系外，其余参量未必存在线性关系，例如在压应力作用下，MBN 信号包络线特征值（峰值、峰宽比）的非线性就非常明显。某些材料的 MBN 特征参量与应力甚至不存在单调关系。与应力不存在单调关系的特征参量，不能用来测量残余应力。存在单调关系的参量，需要通过标定试验详细获知随应力的变化规律（有可能是复杂的函数关系）。由此可见，磁噪声法的标定试验是十分的重要。

这里还需要特别补充说明，MBN 信号除了对于材料残余应力的变化敏感外，对于材料的微观组织（如晶格结构和位错等）以及其他宏观力学性能（如硬度、屈服强度、塑性变形等）也有较强的灵敏度响应，所以在许多情况下不能仅凭 MBN 的变化评价残余应力的大小，需要进行综合的分析、判断，否则会给残余应力检测带来较大测量误差。

当采用磁噪声法测定残余应力时，首先需要通过标定试件受单向应力的拉伸和/或压缩试验，找出 MBN 特征参量随应力的单调（最好是线性）变化关系，然后才能利用得到的变化关系曲线，测量与标定试件材质及其他所有状态完全一样的待测工件的残余应力。测量材料表面主应力和主应力方向的方法有两种：其一，使探头在材料表面转动一周，逐点（越密越好）测量 MBN 特征值，换算得到的最大和最小应力值即为两个主应力。用这种方法测定主应力的效率很低，因为有些 MBN 特征值不能直接读取，需要通过计算（如 *RMS*）或统计（如振铃数）才能知道结果，所以可能耗费较长的时间。其二，测量探头三个方向的 MBN 特征值，通过计算求解出主应力和主应力方向角。根据二向应力状态分布的式（14-6）可知，如果使探头分别测量 0°、45°、90°方向的残余应力，即令 $\theta_1=\theta$、$\theta_2=\theta+45°$、$\theta_3=\theta+90°$，则由式（14-6）有：

$$\left.\begin{aligned}\sigma_0&=\frac{1}{2}(\sigma_1+\sigma_2)+\frac{1}{2}(\sigma_1-\sigma_2)\cos2\theta\\\sigma_{45}&=\frac{1}{2}(\sigma_1+\sigma_2)+\frac{1}{2}(\sigma_1-\sigma_2)\cos2(\theta+45°)\\\sigma_{90}&=\frac{1}{2}(\sigma_1+\sigma_2)+\frac{1}{2}(\sigma_1-\sigma_2)\cos2(\theta+90°)\end{aligned}\right\}\tag{14-20}$$

式中，σ_1、σ_2 为主应力；θ 为主应力 σ_1 与 x 轴（即 σ_x）方向的夹角。

求解式（14-20）可以得到：

$$\left.\begin{aligned}\sigma_1,\sigma_2&=\frac{1}{2}(\sigma_0+\sigma_{90})\pm\frac{1}{2}\sqrt{(\sigma_0-\sigma_{90})^2+(2\sigma_{45}-\sigma_0-\sigma_{90})^2}\\\theta&=\frac{1}{2}\tan^{-1}\frac{2\sigma_{45}-\sigma_0-\sigma_{90}}{\sigma_0-\sigma_{90}}\end{aligned}\right\}\tag{14-21}$$

由上可见，只要测量出三个方向的应力 σ_0、σ_{45}、σ_{90}，就可计算出主应力 σ_1、σ_2 和主应力方向角 θ。

14.1.3 磁测法的应用特点

磁测法涉及的检测方法种类较多，特点各不相同。这里总结、归纳的特点主要针对磁应变法和磁噪声法。由于磁应变法和磁噪声法都采用电磁轭对被测材料进行磁化，磁化电流均为正弦交流电，电流的频率都在低频范围，所以它们具有许多相似的特点，主要包括：

① 仅适用于铁磁性材料　磁应变法的原理基于逆磁致伸缩效应，磁噪声法的原理基于磁巴克豪森效应，这些效应均与铁磁性材料的磁畴及畴壁运动直接相关。而磁畴是铁磁性材料独有的材料结构特征。

② 适用于表面应力检测　磁应变法和磁噪声法均采用交变磁场对材料进行磁化。交变磁场具有趋肤效应，且频率越高透入深度越浅。磁应变法的励磁频率为几十赫兹到几千赫兹，磁场的透入深度最多是几个毫米；虽然磁噪声法的励磁频率更低（从几赫兹至几十赫兹），但由于 MBN 的频率很高（以几百千赫兹为主），所以探头接收到的有效信息的材料深度在毫米级以下（0.01mm～）。磁测法测量的是透入深度范围内的平均残余应力。

③ 属于无损检测　由于励磁场的建立和检测信号的拾取都是通过电磁感应实现的，所以不破坏被测工件。

④ 简单易实施　与其他有损和无损测量方法相比，磁测法所用设备体积小，操作步骤简单，比较适合于现场测试。

⑤ 可以实现非接触检测　由于磁测法是通过电磁感应产生磁场和拾取信号，所以探头的磁极既可以与被测材料表面接触也可以不接触。在实施非接触检测时，探头与被测表面的距离必须保持恒定，且必须与试验标定时的距离相一致。任何的距离波动和不一致都会带来极大的测量误差。

⑥ 可以实现自动检测　由于具有无损检测和非接触检测的特点，所以磁测法既可进行手动检测也可进行自动检测。

⑦ 需要进行标定试验　与其他有损和无损的残余应力检测方法比较，磁测法的原理相对模糊，铁磁性材料的磁畴运动机制与残余应力之间的关系，没有完善的理论模型可以描述。尽管在 14.1.2 介绍磁应变法时曾认为材料的磁化率与应力存在函数关系［参见式(14-5)］，但那是采用了许多简化假设的结果；而在磁噪声法中，大多数 MBN 特征值与应力并不存在单调或线性关系，即使说 *RMS* 存在线性关系，也是针对某些材料通过大量实验得到的统计结果，并没有严谨的理论依据。本质上，磁测法是一种机器学习的方法。因此，通过标定试验寻找特定待测对象的磁特征参量与应力关系，是实施磁测法最为关键的一步。此外，由于铁磁性材料的磁学性能与多重因素有关，加之金属材料即使在完全相

同加工制造条件下的组织性能和力学性能也具有一定波动性，所以标定试样与待测材料性能的一致性就显得极为重要。

⑧ 检测精度较低　无论磁应变法还是磁噪声法，都是通过测量某个磁参量间接地测定残余应力，而这些磁参量（磁应变法为逆磁致伸缩引起的磁导率变化，磁噪声法为MBN的均方根值、振铃数、峰值或峰宽比等）除了受应力影响外，还受材料的结构组织和力学性能（如硬度、屈服强度、塑性变形等）多重因素影响，这些影响有些是已知、可控的，有些是未知、不可控的。除此之外，在试验标定和实际测量中，探头与被测表面的距离、探头垂直表面的姿态、外部环境（包括磁场、温度等）干扰等都会影响检测的稳定性和可靠性。总体而言，目前磁测法的检测精度不高，测量结果具有一定的随机性。

⑨ 对材料有磁污染　磁应变法和磁噪声法都需要对被测工件进行磁化，而采用的磁化频率越低，材料对外显示的剩磁越明显。

最后需要说明，磁应变法和磁噪声法测定残余应力的适用范围大约是材料屈服强度 σ_s 的 50%，当高于 $0.5\sigma_s$ 时，由于材料的磁弹性能变差可能造成测量结果不准确。这一适用范围与大多数残余应力检测方法是基本一致的。

14.2　磁测法的检测方法和检测设备

14.2.1　磁测法的标定试验

要实现磁应变法的残余应力测量，首先应知道灵敏度系数 α 值或 K 值；要实现磁噪声法的残余应力测量，首先应知道哪个 MBN 特征参量与应力存在线性或单调关系，以及具体的关系型式。这些都是通过标定试验获得的。

（1）磁应变法的试验标定原理

利用标定试验获得灵敏度系数（电流灵敏度系数 α 或电压灵敏度系数 K）的原理是在标定试样上施加一个已知的单向应力，且让探头平行和/或垂直于应力方向，即 $\sigma_1=\sigma$、$\sigma_2=0$，$\theta=0°$，这样由式（14-13）和式（14-16）可以得到：

$$\left.\begin{aligned}\alpha&=\frac{I_{90}-I_0}{\sigma}\quad\text{（电流测量法）}\\K&=\frac{V_0}{\sigma}\quad\text{（电压测量法）}\end{aligned}\right\}\tag{14-22}$$

只要测量平行和垂直应力方向的电流差（$I_{90}-I_0$）或平行于应力方向的电压差 V_0，即可获得 α 值或 K 值的大小。

虽然从理论上，在单向加载条件下，加载应力 σ 与（$I_{90}-I_0$）或 V_0 呈线性关系，灵敏度系数 α、K 为通过原点直线的斜率，原本一点加载应力就可计算出 α、K 的大小，但在实际的多点加载测量中，往往由于实验误差会得到多个不相等的 α、K 值。为了减小实验带来的误差，通常要求采用多点加载求平均的方法获得灵敏度系数：

$$\left.\begin{aligned}\alpha&=\frac{1}{n}\sum_{i=1}^{n}\left(\frac{I_{90}-I_0}{\sigma}\right)_i\quad\text{（电流测量法）}\\K&=\frac{1}{n}\sum_{i=1}^{n}\left(\frac{V_0}{\sigma}\right)_i\quad\text{（电压测量法）}\end{aligned}\right\}\tag{14-23}$$

式中，n 为加载点数，i 为第 i 点的加载。

（2）磁噪声法的试验标定原理

利用标定试验获得 MBN 特征参量与应力对应关系的方法主要包括两项内容：第一，获取 MBN 特征参量值，第二，建立特征参量值与应力的关系模型。

首先，与磁应变法相类似，在标定试样上由小到大逐级施加一个已知的单向应力，并用探头在各个加载应力点测量 MBN 的特征参量值。应选取可能与应力有良好线性关系的特征参量作为测量目标。在没有明确目标的情况下，可以对所有特征参量（均方根值、振铃数、峰值、峰宽比等）进行测量供后续遴选。对于获得的测量数据，可以采用作图法初步判断是否与应力具有单调关系。如果不具单调关系，则说明这种特征参量不能用于残余应力的测定。

之后，对于试验得到的、已初步证实与应力具有单调相关性的多组 MBN 特征值数据，采用数学分析的方法建立线性关系模型，并评价这一模型的可用性。最常用的建模方法是线性回归法。线性回归方法用于分析自变量（应力）与因变量（MBN 特征值）之间的线性关系。如果某一 MBN 特征参量与应力之间呈近似线性变化关系，就可以用一元线性回归方程表述，进而实现由 MBN 特征值来预测残余应力。在一般情况下，如果因变量 y 与自变量 x 之间呈近似线性关系，则因变量 y 除受自变量 x 影响外，还受随机变量 e 的影响，此时 y 与 x 之间的依存关系可表示为：

$$y=b_0+b_1x+e \tag{14-24}$$

为了进行回归分析，通常假定随机变量 e 服从正态分布且是零均值的。由于式（14-24）中的 b_0 和 b_1 不能从计算直接得到，故以 c_0、c_1 分别作为 b_0、b_1 的估计值替代式（14-24）中的 b_0、b_1，得到估计的一元线性回归方程：

$$\hat{y}=c_0+c_1x \tag{14-25}$$

式中，c_0 称为回归常数；c_1 称为回归系数。利用试验数据估计出 c_0 值和 c_1 值，则式（14-25）即为一元线性回归预测模型，如图 14-9 所示。

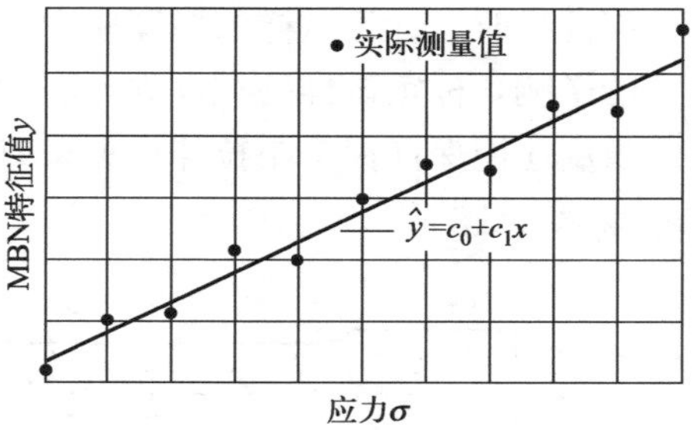

图 14-9　一元线性回归模型

一元线性回归方程中的回归常数 c_0 和回归系数 c_1 可以采用最小二乘法求得。按照最小二乘法原理，实际值 y 与回归预测值 $\hat{y}$ 的残差平方和为最小，即：

$$\sum(y-\hat{y})^2=\text{最小} \tag{14-26}$$

欲使式（14-26）成立，应有：

$$\left.\begin{aligned}\sum(y-\hat{y})&=0\\ \sum(y-\hat{y})x&=0\end{aligned}\right\} \tag{14-27}$$

通过对上述方程组的求解可以得到 c_0 值和 c_1 值。在实际中，可以利用 MATLAB 里面的 regress 程序，输入相应的因变量（应力）和自变量（MBN 特征参量）数值，就能得到 c_0 和 c_1 的计算结果。

衡量所获得的一元线性方程对因变量（MBN 特征参量）的拟合程度，可以使用判定

系数 R^2 来量度，R^2 的定义为：

$$R^2 = 1 - \frac{\sum (y - \hat{y})^2}{\sum (y - \bar{y})^2} \tag{14-28}$$

式中，$\bar{y}$ 是 y 的平均值。

由式（14-28）可知，判定系数 R^2 的最大值为 1，且 $0 \leqslant R^2 \leqslant 1$。$R^2$ 值越接近 1，表示回归方程对 MBN 特征值的拟合程度越好；反之，表示对特征值的拟合程度越差。一般来说，如果 $R^2 \leqslant 0.8$，说明线性方程的拟合度过低，则该特征参量不能用于残余应力的测量。

（3）磁应变法和磁噪声法的试验标定方法

磁应变法和磁噪声法的试验标定方法大体相同，第一步是制备标定试样，第二步是实施标定试验。

1）标定试样的制备

实验室条件下，通过拉伸机或压缩机对标定试样进行不同应力加载，能够准确获取不同加载应力，建立起不同应力与 MBN 特征值的关系曲线。

试样的选材：制作标定试样的材料应与待测工件具有完全相同的材质、热处理工艺、表面状态和电磁特性。通常最简单、可靠的办法是从待测对象中取材制作标定试样。

试样的切取和加工：在切割取样时，不应影响切口处金属原有力学性能；在对试样表面进行机加工（如车、磨、抛等）时，不应影响金属表面原有力学性能。除非这些影响可以在后续加工或处理时被去除。

试样的形状和尺寸：标定试样应符合力学标准对拉伸或压缩试样形状和尺寸的要求。除此之外还应注意：为了避免试样厚度对磁化场分布产生影响，当待测工件较薄（小于磁场透入深度）时，标定试样的厚度应与待测工件完全一致；当待测工件较厚（大于磁场透入深度）时，标定试样的厚度应大于磁场透入深度的 3 倍。为了避免磁化时边缘效应对测量的影响，标定试样的宽度 b_0 应不小于探头宽度 b 的 1.5 倍（即 $b_0 \geqslant 1.5b$）；标定试样的长度应能保证探头距拉伸机夹口或压缩机压板的距离 l_0 不小于试件的宽度 b_0（即 $l_0 \geqslant b_0$）。参见图 14-10。

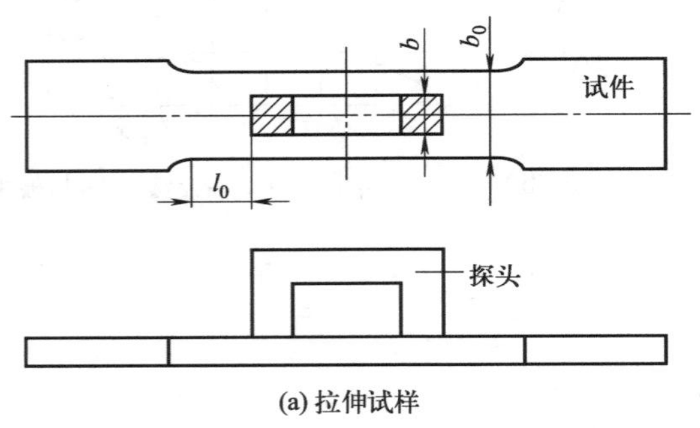

(a) 拉伸试样

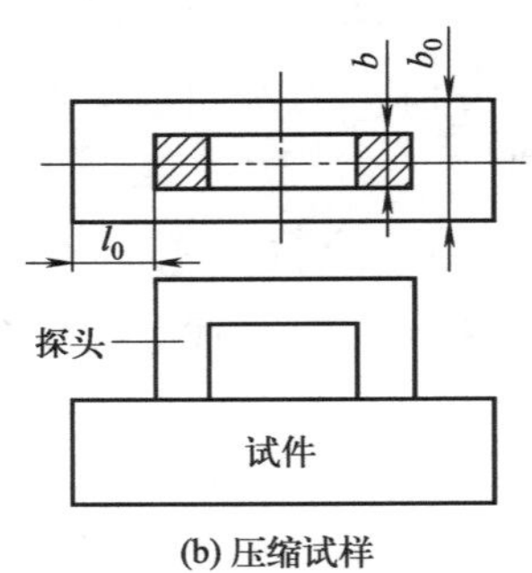

(b) 压缩试样

图 14-10　标定试样

试样应力的消除：制作的试样内部可能有残余应力，在进行标定试验前应进行消除应力的处理，否则在试验中残留的应力会叠加在外加载荷应力上使标定结果产生误差。若使用热处理方法消除残余应力，可能导致试件内部微观结构改变及表面氧化，使标定试样的磁性能和表面状态发生改变而导致与待测工件不一致。较为理想的办法是，让标定试件在材料的弹性力区间反复（≥10 次）加载-卸载，直至残余应力归零。

2）标定试验的实施

将试样装卡在试验机上。之后，采用阶梯加载方式（如图 14-11 所示）循环“加载→保载→再加载→再保载”的过程，并在每次保载时测量探头检测线圈的电流或电压（磁应变法）、MBN 特征参量值（磁噪声法）。

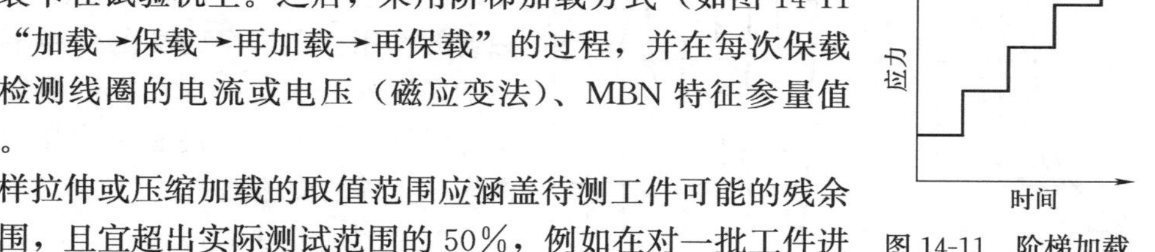

图 14-11　阶梯加载示意图

标定试样拉伸或压缩加载的取值范围应涵盖待测工件可能的残余应力数值范围，且宜超出实际测试范围的 50%，例如在对一批工件进行应力测试时，估计它们的应力在 50～100MPa 之间，则标定试验的加载力范围应为 25～125MPa。但是须注意：标定试验的最大加载力不能超出材料的弹性范围，一般应小于材料屈服强度的 0.8 倍（即$<0.8\sigma_s$）。

在加载取值范围内，一般在拉伸或压缩应力每增加 10MPa 时进行保载，作为特征参量的测量点。如果取值范围较宽，可适当加大取点间隔。理论上，试样的保载测量点的数量 n 应满足：

$$n \geqslant \frac{y_{\max} - y_{\min}}{y_{\mathrm{T}}} \tag{14-29}$$

其中，$y_{\max}$ 和 $y_{\min}$ 分别为被测特征参量 y_i（$i=1$，2，3…n）的最大值和最小值，y_{T} 为针对特定待测工件残余应力检测所允许的测量误差。

在对特征参量进行测量时，先将探头以平行方向（$\theta=0°$）固定在标定试件表面，然后将仪器“调零”，使测量电流或电压（磁应变法）处于零位，之后再开始标定测量。在标定试验的每个保载点处，应详细记录相应的荷载力和测量输出值；当需要转动探头（磁应变法测量 I_{90}）时，需记录仪器的初始读数。为了减小实验误差，在每个保载点可以进行多次测量，然后取平均值。如果有可能，应在测量中绘制输出值 ΔI_i、V_{0i} 或特征参量值 y_i 与应力的对应关系曲线，以初步验证它们之间的线性度。

14.2.2　磁测法的检测工艺

在完成试验标定后，即可对待测工件进行残余应力的检测。在检测开始前和检测过程中，应注意如下相关事宜。

（1）检测条件的确定和准备

首先应确认被测工件的检测区域的厚度是否与标定试样相同，或者大于磁化渗透深度的 3 倍以避免工件背面对检测的影响；然后确认检测区域的表面形状和曲率是否与标定试样完全相同，防止磁路差异引起检测误差；此外还要检查被测表面是否平整，是否有异物如氧化皮、污垢、油膜和涂层等，必要时应进行打磨或清洁处理，以确保探头与被测工件表面良好耦合。

若工件在检测前曾经被磁化过，则由于磁滞效应会处于剩磁状态，再次磁化时的磁化曲线与初次磁化时不同且变得复杂，而磁化率的改变可能会影响测量精度。为了使工件恢复原有的真正磁特性，测量前须对工件进行退磁处理。目前比较常用的退磁方法是交流退磁，它是让带有剩磁的工件从通有 50Hz 正弦交流电的线圈中通过，并沿轴向逐渐远离线

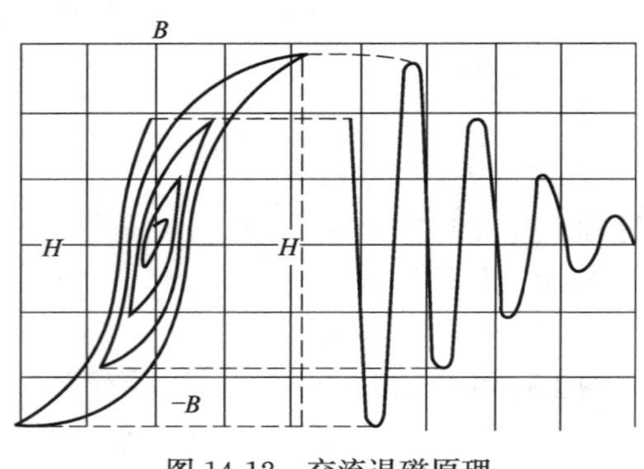

图 14-12　交流退磁原理

圈。我们知道，当铁磁性金属置于交变磁场中，其磁特性按磁滞回线描述的规律变化。当工件由近及远离开线圈时，工件上各部位都受到一个幅度逐渐减小、方向在正负之间反复变化的磁场的作用。在这个磁场的作用下，材料的磁化状态沿着一次比一次小的磁滞回线，逐渐回到磁滞回线的原点，使磁感应强度为零、磁性消失。工件的交流退磁过程如图 14-12 所示。

如果测量工件的残余应力，选择检测位置时应注意距工件的边界≥探头宽度 b_0；如果测量现场结构件的残余应力，选择检测地点时，除了与工件检测一样须避免边界效应影响外，还应注意与周边其他铁磁性结构物足够远，以防止探头磁路发生畸变。

在检测位置或地点确定后，应使用记号笔在被测点区域划线，标出探头的测量方向。如需解析主应力方向，应间隔 45°画三条测量方向线。

(2) 检测的实施

将仪器调整到工作状态。设定仪器的励磁参数并与标定试验采用的励磁频率、电压幅度或电流完全相同；对仪器进行“零点”调整。

如果采用手动检测，探头应与被测表面完全接触，且探头的按压力度始终保持一致。当励磁频率较低时，可以利用励磁电流产生的磁性吸附作用维持探头与被检表面的接触，以减小人为因素对测量的影响。若进行非接触测量，最好在被测表面贴一层绝缘薄膜，用以保证探头与表面的恒定间隙，但需注意标定试验也应采用相同条件。在每个测量位置测量时，须按照事先划线方向，重复测量 5 次，剔除偏差大于 10%的测量值，将剩余的测量值取平均作为测量结果，并做好记录。

如果采用自动检测，搭载探头的机械扫查系统应能使探头与被测表面保持恒定间隙以及垂直探测的姿态不变。如果探头与被测表面接触，则应具有探头的力柔控制功能，确保磁化场的良好耦合。系统在扫查过程中的移动速度波动不应超过±10%；探测步长应尽量保持恒定。自动检测系统应有自动记录、自动存储和自动计算的功能。

14.2.3　磁测法的检测设备

(1) 检测探头

磁测探头由励磁部分和检测部分组成。磁应变法探头（如图 14-1 所示）的励磁部分与磁噪声法探头（如图 14-6 所示）的励磁部分完全一样，都由 U 形磁轭和励磁线圈构成；而磁应变法探头的检测部分由 U 形磁轭和检测线圈构成，磁噪声法探头的检测部分由磁芯和检测线圈构成。

磁应变法和磁噪声法使用的励磁频率较低，因此 U 形磁轭采用硅钢片制作。硅钢在低频区的磁导率很高；磁轭使用多层硅钢片由绝缘胶粘接而成，是为了避免在磁轭中感生涡流造成损耗。U 形磁轭的大小十分重要，尺寸越小残余应力检测的位置分辨力越高，但短小尺寸的磁轭不易缠绕线圈。励磁线圈采用漆包线绕制。励磁线圈的匝数不能太多，匝数越多感抗越大而阻碍线圈中的电流，降低磁化场强度；匝数也不能太少，因为磁化场强度与匝数的平方成正比。

无论是磁应变法探头还是磁噪声法探头，检测线圈的匝数都是越多越好，匝数越多接收到的信号越强，检测灵敏度越高。

磁噪声法探头检测线圈的磁芯用铁氧体材料制作。铁氧体不导电，所以不存在涡流损耗；铁氧体在高频区的导磁性能好（$\mu_r > 10^4$），恰好适用于高频的 MBN 信号。

(2) 检测仪器

磁应变检测仪和磁噪声检测仪的组成大体相同，都由模拟电路系统和计算机系统组成，如图 14-13 所示。模拟电路的功能有两个，一个是为探头产生正弦交流电，给被测工件提供交变磁场，另一个是对探头获得的检测信号进行预处理，之后提供后续的计算机系统；计算机系统的功能是对经过模拟电路处理的检测信号进行数据计算、波形显示以及记录存储等。

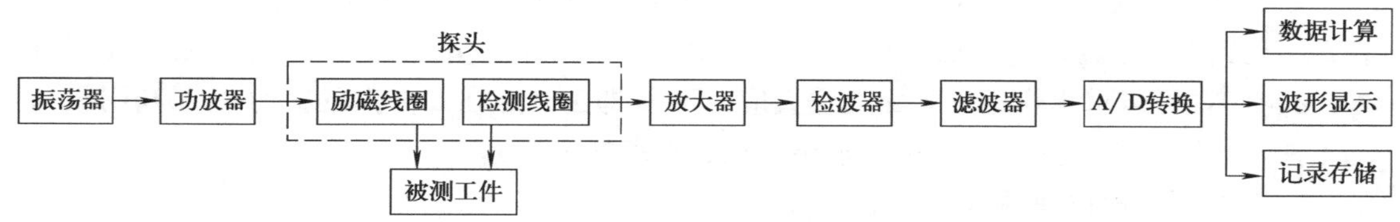

图 14-13 检测仪器组成框图

模拟电路主要由振荡器、功率放大器、前置放大器、检波器、滤波器、A/D 采集器等单元电路组成。振荡器的任务是产生一定频率的正弦交流电信号供给后续的功率放大器，进而作为探头的激励源。由振荡器给出的是能量很小的电压信号，功率放大器的作用是对电压信号进行能量放大，以驱动励磁线圈对被测工件局部进行磁化；由磁应变探头得到的差动信号以及由磁噪声探头得到的特征参量信号幅度很小（在 mV 级范围），需经过放大器的放大方能供信号处理使用。磁应变信号放大器与磁噪声放大器也有不同，前者的频率较低，对放大器的要求不高，而后者的频率高且丰富，为了防止信号的失真和受干扰，应采用低噪声、宽频带放大器。检波器也称解调器，作用是分离出检测信号所携带的有用信息，比如磁应变法中的电流或电压幅度、磁噪声法中的 MBN 包络等；滤波器具有选频功能，主要用于消除检测中的噪声和随机干扰；A/D 转换器是将模拟电路处理后的信号转换为数字信号，送给计算机系统。

通常，上位计算机的主要工作是：①对模拟电路提供的检测特征值数据进行筛选，剔除离散性大的数据；②根据从标定试验获得的灵敏度系数、回归方程，计算残余应力和/或方向角等；③显示检测波形、存储检测数据和给出检测结果。

14.3 磁测法的数据处理

14.3.1 残余应力的计算

从 14.1.2 的介绍可知，采用磁应变法和磁噪声法都只能确定平面的主应力差（$\sigma_1 - \sigma_2$）和主应力方向 θ。如何进一步求出平面上各点的主应力 σ_1、σ_2，这是本节需要讨论的内容。

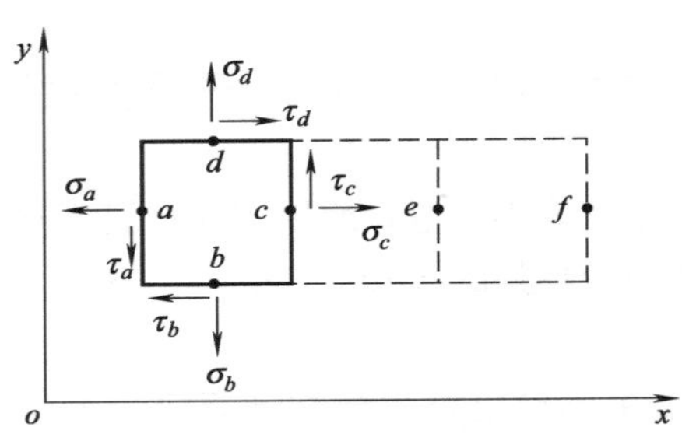

图 14-14 单元体受力情况

假设被测工件的材料是连续介质。在连续介质中取一个小单元体，各面的应力如图 14-14 所示。利用连续介质中的应力分解方法，将作用于单元体各面的应力分解为垂直于面的正应力 σ 和平行于面的切应力 τ。根据弹性力学二维应力平衡条件，可得 x 轴方向的合力为：

$$\sigma_c=\sigma_a+(\tau_b-\tau_d) \tag{14-30}$$

作用于 b 面的剪切应力 $\tau_b=\tau_{xy}$，它与主应力差的关系为：

$$\tau_{xy}=-\frac{1}{2}(\sigma_1-\sigma_2)\sin 2\theta \tag{14-31}$$

若已知主应力差（$\sigma_1-\sigma_2$）和主应力方向角 θ，利用式（14-31）可求出 τ_{xy}，而 τ_{xy} 在 b、d 点分别为 τ_b、τ_d。然后将 τ_b、τ_d 代入式（14-30），并结合边界条件，在端面点 a 处，$\sigma_a=0$，可以求出作用于 c 面的垂直应力 σ_c，即为 c 点在 x 方向的应力 σ_x。利用相同的方法，不断地重复迭代，即可以求出 e 点、f 点的 σ_e、σ_f。

另一方面，根据弹性解析理论可知：

$$\sigma_y=\sigma_x-(\sigma_1-\sigma_2)\cos 2\theta \tag{14-32}$$

利用上式可求出图 14-14 中各点的应力 σ_y。到此为止，我们在已知主应力差（$\sigma_1-\sigma_2$）和角度 θ 的条件下，能够求出工件上各点的应力在 x、y 方向上的分量 σ_x、σ_y。

根据弹性解析理论，最大主应力 σ_1、最小主应力 σ_2 与 σ_x、σ_y、τ_{xy} 的关系为：

$$\sigma_1,\sigma_2=\frac{\sigma_x+\sigma_y}{2}\pm\sqrt{\left(\frac{\sigma_x-\sigma_y}{2}\right)^2+\tau_{xy}^2} \tag{14-33}$$

如果设

$$\left.\begin{aligned}\sigma_1+\sigma_2&=\sigma_x+\sigma_y=p\\ \sigma_1-\sigma_2&=q\end{aligned}\right\} \tag{14-34}$$

则主应力也可表示为：

$$\left.\begin{aligned}\sigma_1&=\frac{1}{2}(p+q)\\ \sigma_2&=\frac{1}{2}(p-q)\end{aligned}\right\} \tag{14-35}$$

利用上式就可以求出图 14-14 所示各点的主应力 σ_1、σ_2。

用上述方法进行主应力分解时，由于采用了多次迭代的方法从工件边缘逐点递推获得工件中部的应力，所以各点的测量误差会被累积起来，如果不设法加以修正，有可能严重影响主应力 σ_1、σ_2 的精度。可见，不能通过测量直接得到两个主应力值是磁应变法和磁噪声法的重大缺欠，用逐点递推进行分离时，既繁复又不易做到准确。

14.3.2 检测结果的主要影响因素

影响磁测法检测结果的因素较多，其中有些与检测原理、检测方法有关，有些与被测对象、检测设备有关，还有些与检测操作、环境条件有关。在这些因素中，有相当一部分不易被量化，因此给检测误差评估和测量不确定度分析带来困难。将磁测法检测中影响检测结果的主要因素归纳如下。

① 检测原理　磁应变法的理论基础是当材料内存在残余应力时，会因磁畴转动和畴壁移动受阻而使磁化率减小，并用式（14-5）描述这一影响过程。但这是采用了众多假设、简化的表达方式，实际远比这复杂。类似地，磁噪声法采用标定试验拟合出的线性方程作为判据来评估材料的残余应力，但 MBN 参量与应力的线性相关关系缺少理论支撑，而且材料的微观结构组织和宏观力学性能都会影响 MBN 信号。

② 检测方法　磁测法测量材料表面的残余应力，并假设应力沿材料厚度方向的分布是均匀的。这可能与实际存在较大偏差。当采用的测量频率较低时，磁场的透入深度较大，此时的测量结果是透入深度范围的累计平均值。同样地，在材料表面上两个磁极之间，应力和磁场的分布都不均匀，测量的也是各点残余应力的累计平均值。

③ 被测对象　材料的材质成分、微观结构和力学性能，工件的形状、尺寸和表面状态，金属的电磁特性和初始磁化状态，都会影响检测结果。对于检测对象，所有这些做到完全一致几乎是不可能的。

④ 检测设备　检测设备本身的精度包括：探头几何中心的对称性，探头各磁极尺寸的一致性，差动检测线圈的零电势（无应力时的电压输出），仪器放大、检波、滤波处理的线性度，自动检测设备扫查系统的探头随动、姿态保持、力柔控制、探测步长。

⑤ 标定试验　标定试验的影响源自两个方面，一是标定试样与被测对象不可能完全一致（参见上面③中所述）；二是获得的灵敏度系数或回归方程是取平均或线性拟合的结果，与实际的加载试验并非完全相同。

⑥ 检测操作　在手动检测时，由于每个人的熟练程度和认真程度不同，所以其结果可能差异很大。特别是探头按压力度的稳定、一致性，探头姿态及间隙的控制，探头的旋转角度的精度（准确性）都可能带来较大测试误差。

⑦ 检测环境　包括温度对探头零电势和仪器零点（漂移）的影响、空间电磁场辐射、电源电流冲击干扰等。

14.4　磁测法的标准与应用

14.4.1　磁测法的检测标准

（1）国内外磁测法检测标准概况

目前在诸磁测法中，磁记忆检测的标准最多且成系列，2007 年国际标准化组织颁布了 ISO 24497.1—2007《无损检测　金属磁性记忆　第 1 部分：词汇》、ISO 24497.2—2007《无损检测　金属磁性记忆　第 2 部分：一般要求》、ISO 24497.3—2007《无损检测　金属磁性记忆　第 3 部分：焊接接头的检查》，并于 2020 年对上述标准进行了修订，将 3 个标准缩编为 2 个，变为 ISO 24497.1—2020《无损检验　金属磁性记忆　第 1 部分：词汇和通用要求》、ISO 24497.2—2020《无损检验　金属磁性记忆　第 2 部分：焊接接头检测》。俄罗斯也颁布了联邦国家标准 ГОСТ Р 52081—2003《无损检测　金属磁记忆方法术语与定义》、ГОСТ Р ИСО 24497.1—2009《无损检测　金属磁记忆　第 1 部分：词汇》、ГОСТ Р ИСО 24497.2—2009《无损检测　金属磁记忆　第2部分：一般要求》、ГОСТ Р ИСО 24497.3—2009《无损检测　金属磁记忆　第3部分：焊接接头的检查》。我国虽然不是磁记忆技术的原创国，但因为采用磁记忆开展应力集中测量应用较多，所以也制定了国家标准 GB/T 12604.10—2011《无损检测　术语　磁记忆检测》、GB/T 26641—2011《无损检测　磁记忆检测　总则》、GB/T 34370.10—2020《游乐设施无损检测　第10部分：磁记忆检测》，其后还对 GB/T 26641 和 GB/T 12604.10 进行了修订，并于2021年和2023年颁布了修订后的新版标准 GB/T 26641—2021《无损检测　磁记忆检测　总体要求》和 GB/T 12604.10—2023《无损检测　术语　第10部分：磁记忆检测》。

对于本章重点介绍的磁应变法和磁噪声法的残余应力检测，目前尚未发现国外颁布相关标准的报道。我国虽然在开展研究和推广应用方面起步较晚，但在制定标准和规范检测方法上却先行一步，先后制定了规范磁应变法的国家标准 GB/T 33210—2016《无损检测　残余应力的电磁检测方法》以及规范磁噪声法的 CSTM 团体标准 T/CSTM 00676—2022《无损检测　磁巴克豪森噪声　应力检测》。此外，还制定了一般性的 MBN 检测 CSTM 团体标准 T/CSTM 00210—2020《无损检测　磁巴克豪森噪声检测》。

对于应力致磁各向异性法的残余应力检测，国内外均未制定相关标准。

（2）磁测法检测标准概述

1）国标 GB/T 33210—2016 概述

国标 GB/T 33210 对磁应变法测量残余应力的范围、人员要求、检测前的准备、检测系统和检测程序等做出规定。

GB/T 33210 规定的磁应变法适用范围是铁磁性材料结构件，包括结构件的焊缝、热影响区和母材。

GB/T 33210 要求从事磁应变法检测的人员须经过专业技术培训。

对于检测前的准备，GB/T 33210 要求通过资料审查和现场实地考察获取基本信息，尤其是被测对象的材料、加工工艺以及结构特征等。

GB/T 33210 对检测设备提出了具体要求，规定仪器对应力的灵敏度应大于或等于 10μA/MPa 或 10μV/MPa，直接测量最大切应力和主方向角的重复误差分别小于 20MPa 和 7°。

针对检测程序，GB/T 33210 对试样制备、标定、确定频率和最佳励磁电流、制定标定曲线、校准、表面准备、检测等做出了具体规定。在进行加载试验时，需在试样两侧粘贴双向应变片，以便准确测量施加应力的大小；标定试验的最大加载范围可以是 $0 \sim 0.9\sigma_s$；在加载试验结束后应比较磁应变法与应变片法测得的应力值，如果两种方法的测量误差小于5%，则认为标定试验是成功的，否则需重新进行试验和求取灵敏度系数。最后，GB/T 33210 在“检测注意事项”中特别规定：① 焊接试件的残余应力测试须重复进行，次数不少于5次，且重复测量主应力差（$\sigma_1 - \sigma_2$）的平均波动应不超过 25MPa；对已知应力试件重复多次测量的波动应小于 20MPa。② 对于一般情况，要求电流灵敏度系数 $a \geqslant 10\mu A/MPa$、电压灵敏度系数 $K \geqslant 10\mu V/MPa$。

2）团标 T/CSTM 00676—2022 概述

T/CSTM 00676 是目前唯一一部对磁噪声法测量残余应力做出规定的检测标准。T/CSTM 00676 的内容包括实施磁噪声检测的范围、检测原理、一般要求、检测、平面应力张量的解析、检测评价和检测报告等。T/CSTM 00676 标准中的大部分内容，在本章前面的介绍中已经涉及，此处不再赘述，以下仅将尚未涉及的有关内容做一介绍。

磁测法适用范围：适用于铁磁性材料和构件表面的残余应力检测，但不包括焊缝及其热影响区。当构件包含焊缝时，探头应远离焊缝（至少离开热影响区），因为焊缝区域的材料微观组织复杂，影响 MBN 特征参量信号。

检测应用分类：磁噪声法的残余应力检测，按被测对象不同分为平面类、柱面类、大曲面类、特殊曲面类 4 种。对于不同类别的被测对象应选用不同型式的探头。探头也分 4 种，有平面接触型、线接触型、点接触型、专用型。检测方式分为自动检测和手动检测，有些被测对象适合于自动检测，有些适合于手动检测。被测对象类别与检测探头和检测方式的选择参见表 14-1。不同型式探头的典型应用如表 14-2 所示。

表 14-1　被测对象类别与检测探头和检测方式的选择

被测对象类别	可选探头型式	推荐检测方式	说　明
平面类	面接触型	自动/手动	
	线接触型	自动/手动	
	点接触型	自动/手动	
圆柱类	线接触型	自动	手动检测易导致耦合不良或操作不一致
	点接触型	自动/手动	
大曲面类	点接触型	自动/手动	曲面曲率远大于探头尺寸
特殊曲面类	专用型	自动	普通探头难以实现良好耦合或操作一致性

表 14-2　不同探头型式的典型应用

探头类型	典型应用
面接触型	轧制钢板在线检测
线接触型	曲轴自动检测
点接触型	输油管道检测
专用型	齿轮、轴承滚道检测

检测设备要求：磁噪声检测仪应符合 T/CSTM 00210—2020《无损检测 磁巴克豪森噪声检测》中 8.2 的工作原理要求，且仪器的参数及指标须满足表 14-3 的规定。

表 14-3　仪器的参数和指标

参　数	指　标
磁化波形	正弦波、三角波
磁化频率	1～300Hz
最大磁化电压	10V
最大功率	50W
接收信号放大倍数	＞40dB
带通滤波范围	5～100Hz 可调、衰减＜35dB

被测表面要求：为了减小材料表面硬度不同带来的检测误差，被测部位表面硬度与标定试样偏差应≤5%。此外，被测部位表面的粗糙度 Ra 应≤12.6μm，以确保励磁信号和接收信号的良好耦合，如不满足粗糙度要求，应使用 200 目及以上砂纸手工打磨，禁止使用角磨机等电动设备打磨。打磨时应采取圈式方式，不能只沿一个方向重复打磨，如图 14-15 所示。还有，被测部位的曲率半径应≥20 倍探头磁极间距，以避免材料曲率对检测的影响。

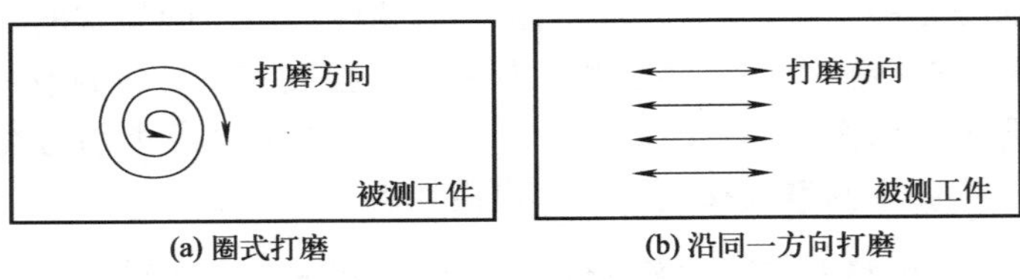

(a) 圈式打磨　　(b) 沿同一方向打磨

图 14-15　打磨方式

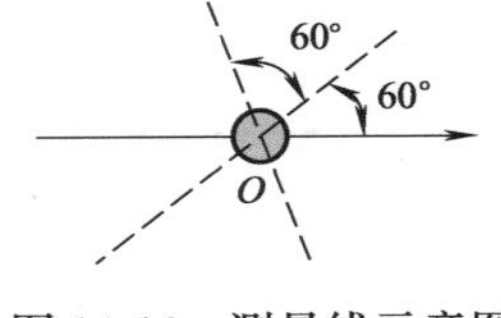

图 14-16　测量线示意图

检测步骤要求：如果被测部位的剩磁情况不明，必须进行退磁处理。若需解析主应力方向，应间隔 60°画 3 条测量线，如图 14-16 所示。对每个测试点重复测量 5 次，剔除其中偏差大于 10%的测量值，余者进行数学平均。

14.4.2　磁测法的典型应用

（1）压力容器焊接残余应力的检测

压力容器在焊接过程中，由于冷却不均匀、材料相变等因素作用，使材料产生非均匀变形而引起焊缝的残余应力。残余应力会导致局部区域产生应力集中、引发应力腐蚀，降低容器抗载荷强度、抗疲劳能力，进而影响容器的使用寿命和安全性能。因此，及时有效地检测焊缝部位的应力状态，对保证特种设备安全运行具有重要意义。

九磁极探头磁应变法的优点是，检测时不需要旋转探头而一次完成，简便、快捷。当被测材料中不存在应力时，八个检测线圈的总输出电压为零；当被测材料中存在应力时，由于材料磁各向异性引起各个检测线圈的磁通量不同，从而导致总输出电压不再为零，且测量点的主应力差（$\sigma_1-\sigma_2$）和主应力方向 θ 与输出电压之间满足式（14-18）的关系。只要通过标定试验获得灵敏度系数 K，不仅可以快速测量主应力差和方向角，还能根据弹性解析法，利用边界条件求出测量点的 σ_1、σ_2 或 σ_x、σ_y。

选择压力容器机组上的一条焊缝及其热影响区以及附近母材作为残余应力分布的检测对象。容器钢板的材质为 16MnDR，表面硬度 185HB，屈服强度 $\sigma_s=345\text{MPa}$，抗拉强度 $R_m=540\text{MPa}$。沿焊缝两侧共布置 3×12 个测量点，测量点彼此的行列间隔为 20mm。实验采用国产 AITTest MMRS（YL-09C）型残余应力测量仪和九磁极探头，励磁频率使用 50Hz。

设 x 轴垂直焊缝方向，y 轴平行焊缝方向。由实验获得各测量点的主应力差和方向角见表 14-4。从表 14-4 可以看出，焊缝两侧对称测量点上的主应力差近似相等，呈均匀分布，只有个别点的主应力差值波动较大；所有主应力的方向基本一致，说明纵向应力、横向应力的方向近似为主应力的方向。

表 14-4 各测量点的主应力差和方向角 单位：MPa

测量点	A1-1	A1-2	A1-3	A1-4	A1-5	A1-6	B1-1	B1-2	B1-3	B1-4	B1-5	B1-6
应力差	28	16	9	24	61	118	110	59	11	27	19	18
方向角	4.3	4.5	4.2	4.6	4.1	4.1	4.0	4.1	4.3	4.2	4.0	4.3
测量点	A2-1	A2-2	A2-3	A2-4	A2-5	A2-6	B2-1	B2-2	B2-3	B2-4	B2-5	B2-6
应力差	40	67	35	32	26	103	101	76	23	13	30	12
方向角	4.2	4.1	4.2	4.2	4.1	4.1	4.2	4.4	4.3	4.5	4.0	4.3
测量点	A3-1	A3-2	A3-3	A3-4	A3-5	A3-6	B3-1	B3-2	B3-3	B3-4	B3-5	B3-6
应力差	53	86	8	22	24	54	11	19	58	35	102	97
方向角	4.0	4.5	4.2	4.5	4.2	4.0	4.3	4.1	4.3	4.1	4.1	4.1

注：A 表示焊缝左侧，第一位数字表示排数，第二位数字表示列数（按距焊缝由近到远排序），例如 A2-4 表示焊缝左侧第 2 排第 4 列的测量点；

B 表示焊缝右侧，第一位数字表示排数，第二位数字表示列数（按距焊缝由近到远排序），例如 A3-2 表示焊缝右侧第 3 排第 2 列的测量点。

表 14-5 为根据主应力差和角度计算出的垂直焊缝方向应力 σ_y 和平行焊缝方向应力 σ_x 的大小。从表 14-5 看出，焊缝及附近区域的残余应力均为压应力。我们知道，拉应力会对焊缝的疲劳性能产生非常不利的影响，而残余压应力对焊缝没有不利影响。

表 14-5 各测量点的应力 σ_y 和 σ_x 大小 单位：MPa

测量点	A1-6	A1-5	A1-4	A1-3	A1-2	A1-1	B1-1	B1-2	B1-3	B1-4	B1-5	B1-6
σ_y	−53	−44	−36	−50	−102	−158	−155	−99	−42	−58	−44	−42
σ_x	−25	−29	−37	−33	−41	−44	−45	−40	−35	−31	−26	−24
测量点	A2-6	A2-5	A2-4	A2-3	A2-2	A2-1	B2-1	B2-2	B2-3	B2-4	B2-5	B2-6
σ_y	−60	−92	−68	−64	−56	−143	−147	−116	−58	−45	−58	−35
σ_x	−20	−25	−34	−32	−39	−44	−46	−41	−35	−33	−28	−22
测量点	A3-6	A3-5	A3-4	A3-3	A3-2	A3-1	B3-1	B3-2	B3-3	B3-4	B3-5	B3-6
σ_y	−72	−118	−48	−58	−50	−85	−37	−41	−86	−67	−141	−109
σ_x	−20	−32	−42	−36	−27	−31	−26	−23	−28	−32	−39	−22

将垂直焊缝应力 σ_y 相对焊缝的分布绘制成曲线，如图 14-17 所示。图中 0 代表焊缝位置，6 段数据线分别代表同一排测量点组成的测量线。从图 14-17 中的 1#、2#测量线可以看出，σ_y 相对于焊缝对称分布，且越靠近焊缝应力值越大。而 3#测量线虽然 σ_y 也呈现对称焊缝分布，但焊缝中心却不是应力的最大值，究其原因可能是容器在长期服役中，残余应力与容器内介质压力结合在一起，引起焊缝疲劳，

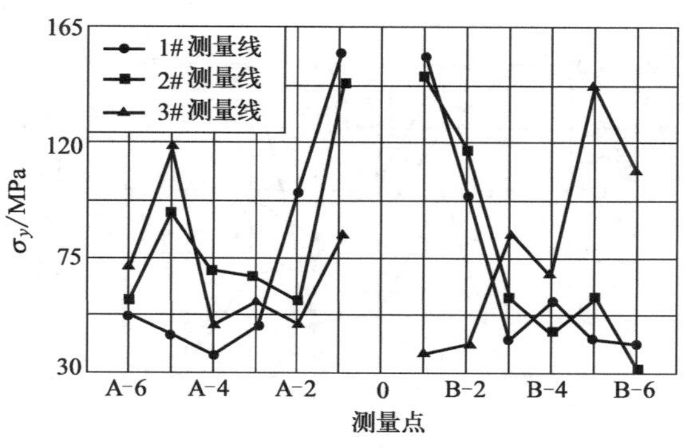

图 14-17 垂直焊缝应力 σ_y 分布图

使应力重新分布，从而在容器卸载后焊缝上残余应力分布的变化。

通过对压容器焊缝区域的残余应力测量和分析，可以看出残余应力的分布均匀，方向近似，且相对焊缝对称；但容器经过长时间服役后，导致个别区域的残余应力重新分布。由此可见，利用磁应变法可以快捷有效地测量压力容器的残余应力分布情况，对维护设备安全发挥了作用。

(2) 火车车轮残余应力的检测

车轮是铁路机车和车辆的关键部件。残余应力是车轮的重要性能指标。每个新制车轮在完成全部制造后，根据产品标准的规定，轮辋中应保有 80～150MPa 的周向残余压应力。残余应力起着阻碍疲劳裂纹形成、保证车轮安全运行的作用。

目前车轮采用对轮辋解体切割释放应变的方法检测残余应力，由于属于破坏、抽样检查，所以不能反映所有车轮的应力状态，而且检测速度慢效率低。

以三家企业 MG、TZ 和 DG（用汉语拼音字头代替企业名称）生产的 D2 型动车组车轮为对象，采用磁噪声法测量残余应力。按照 D2 车轮的产品标准，表面硬度为 260～310HBW，屈服强度 σ_s = 380MPa，抗拉强度 R_m =900～1050MPa。国产 MG 车轮与进口 DG 车轮从材质到热处理工艺均比较相近，另一国产 TZ 车轮与其他两个存在些许差异。

残余应力检测设备采用德国 3MA-II 型多功能力学性能磁性检测仪，励磁频率为 20Hz。

首先，从三家车轮轮辋上分别切取材料制备标定试样。根据试样尺寸既符合力学试验标准规定、又为探头留有足够测试空间的制备原则，压应力试样的尺寸为 85mm×25mm×25mm。之后，采用超声冲击法对试样进行消除应力处理。

在完成试样制备后，即进行标定试验。为了使标定既覆盖车轮应力合格值范围，又为检测超标值留有余量，因此确定应力标定区间为 30～210MPa。按照应力值在标定区间内均分的原则，选择 30MPa 为试验的间隔值，这样，标定试验的加载压力值为 30MPa、60MPa、90MPa、120MPa、150MPa、180MPa 和 210MPa，共 7 个保载测量点。使用万能试验机进行加压试验，在每个测量点对每种 MBN 参量测试 5 次，剔除明显波动值后取平均值。

在标定试验中选择的 MBN 参量是 M_{max}（峰值）、M_{mean}（一个磁化周期内的平均值）和 DH_{50M}（半峰宽）。针对在不同加载压力下采集的 3 种 MBN 参量，分别考察它们与应力之间的对应关系，并将结果绘于图 14-18 中（为方便比较，图中数据进行了归一化处理）。从图可以看出，随着压力增大，M_{max}、M_{mean} 呈单调下降趋势，因此可以采用线性回归方法获取预测模型；而 DH_{50M} 不具有单调性，因此不应再进行回归建模。

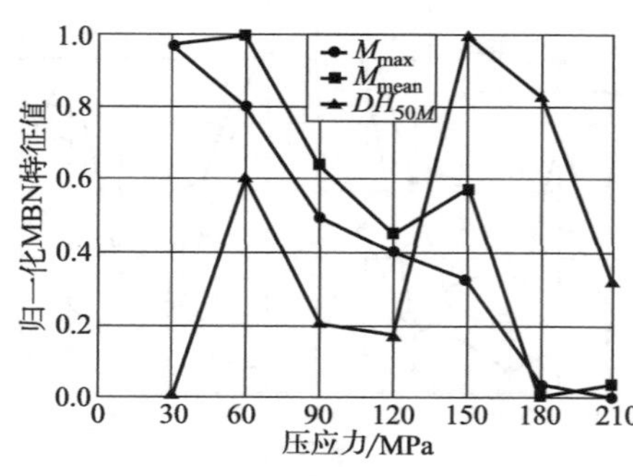

图 14-18　MBN 特征值与压应力的关系

对于具有单调性的 M_{max}、M_{mean} 采用最小二乘法得到一元线性回归方程，如表 14-6 所示。因为 M_{max} 回归方程的判定系数 R^2 接近 1，所以更适合作为测量车轮残余应力的特征参量。

表 14-6 MBN 特征参量的回归方程及判定系数

MBN 特征参量	一元回归方程	判定系数 R^2
M_{max}	$y=2351-6240x$	0.95
M_{mean}	$y=3688-30338x$	0.73

在通过标定试验获得预测模型后，便可以对待测车轮进行残余应力的测量。依据铁道技术文件 TJ/CL275A—2016 规定，将车轮残余应力的测量位置选定在轮辋外侧面的踏面下 20mm 圆周线上，并沿圆周选择 5 个测量点。在每个点上对 M_{max} 测试 5 次，剔除明显波动值后取平均值，代入一元方程计算残余应力值。这里需要说明，以往的经验表明，车轮轮辋中的径向残余应力非常弱，可以被忽略，因此探头沿轮辋圆周向测量的应力即为轮辋的主应力。将 MG 车轮、TZ 车轮和 DG 车轮的测量结果分别列于表 14-7 中。

表 14-7 车轮残余压应力测量结果 单位：MPa

被测对象	残余应力预测值					平均值	标准差	波动值
	位置 1	位置 2	位置 3	位置 4	位置 5			
MG 车轮	136	138	148	142	148	142	4.96	12
TZ 车轮	111	114	137	139	145	129	13.92	33
DG 车轮	144	137	126	120	118	129	10.00	26

从上述检测结果看，三个车轮的残余应力值都在标准规定的合格范围之内。从“平均值”看，三个车轮的残余应力值比较接近。从“标准差”看，MG 车轮 5 个测量点的残余应力值的离散性最小，分布最均匀，DG 车轮和 TZ 车轮分别次之。从“波动性”看，MG 车轮 5 个测量点的相对变化最小，达到了最理想的≤±15MPa 的工艺要求；而 DG 车轮和 TZ 车轮相对变化较大。

磁噪声法具有快速、无损、普检的优点，虽然尚未被车轮生产企业所采用，但在车轮残余应力检测方面显示出发展潜力。

练习题

1. 判断题

(1) 应力致磁各向异性（SMA）法的检测速度快、效率高。(　　)

(2) 在使用 4 磁极探头进行电压测量法的残余应力检测时，需要测量出探头在二个方向上的感应电压，才能计算出材料的主应力差和主应力方向角。(　　)

(3) 根据磁弹性理论，当存在应力时材料的磁导率与应力满足 $\mu=1/\lambda_s\sigma$ 的关系。(　　)

(4) 在制备磁测法的标定试样时，需要对试样进行消除应力的处理。(　　)

2. 选择题

(1) 以下哪些应用特点不属于磁记忆法的残余应力检测技术。(　　)

A. 非接触检测　　　　B. 检测速度快

C. 非破坏检测　　　　　　　　　D. 给出量化检测结果

（2）在采用磁应变法测定残余应力时，如果通过标定试验得到电流灵敏度系数 a，则在检测中需要测量出探头（　　）方向上的感应电流值，方可计算出材料的主应力差和主应力方向角。

A. 1 个　　　　B. 2 个　　　　C. 3 个　　　　D. 以上均可

（3）巴克豪森噪声的频率范围和透入深度分别是（　　）。

A. 几十赫兹至几千赫兹、几十微米至几百微米

B. 几千赫兹至几兆赫兹、几十微米至几百微米

C. 几十赫兹至几千赫兹、几百微米至几十毫米

D. 几千赫兹至几兆赫兹、几百微米至几十毫米

（4）在进行磁噪声法的标定试验时，以下哪些拉伸或压缩加载的取值方法是不符合要求的（　　）。

A. 加载力可以超出材料的弹性范围

B. 最大加载力不超过材料屈服强度的 0.8 倍

C. 试样的保载测量点数量满足 $n \geqslant (y_{max} - y_{min})/y_T$

D. 加载范围超出实际测试范围的 50%

3. 填空题

（1）测量残余应力的磁应变法的另外一个名称是________。

（2）利用磁应变技术检测残余应力的探头主要由________、________和________组成。

（3）磁应变法的励磁频率为________ Hz 到________ Hz，磁场的透入深度最多是________ mm。

（4）在使用判定系数 R^2 衡量所获得的一元线性方程对 MBN 特征参量的拟合程度时，一般要求________。

4. 问答题

（1）简述磁应变法和磁噪声法的应用特点。

（2）请简要阐述磁测法检测精度较低的主要原因。

（3）影响磁测法检测结果的主要因素有哪些？

（4）GB/T 33210 在“检测注意事项”中，对焊接试件的残余应力测试作了哪些规定？

参考文献

[1] 郝晨，丁红胜. 磁测法检测残余应力的特点与适应性 [J]. 物理测试，2017，35（6）：25-29.

[2] 姜保军. 磁测应力技术的现状及发展 [J]. 无损检测，2006，28（7）：362-365.

[3] 王威. 几种磁测残余应力方法及特点对比 [J]. 四川建筑科学研究，2008，34（6）：74-76.

[4] 辛伟，梁琳，丁克勤，等. 基于磁各向异性的铁磁构件残余应力磁测理论与方法研究 [J]. 仪器仪表学报，2020，41（11）：137-145.

[5] 文西芹，刘成文. 基于逆磁致伸缩效应的残余应力检测方法 [J]. 传感器技术，2002，21（3）：42-44.

[6] 戴道生. 物质磁性基础［M］. 北京：北京大学出版社，2007.
[7] 何存富，等. 铁磁性材料结构力学性能的微磁检测标定方法：CN 105891321［P］. 2019-02-15.
[8] 中国国家标准化管理委员会. 无损检测　残余应力的电磁检测方法：GB/T 33210—2016［S］. 北京：中国标准出版社，2016.
[9] 中关村材料试验联盟. 无损检测　磁巴克豪森噪声　应力检测：T/CSTM 00676—2022［S］. 北京，2022.
[10] 刘海顺. 基于磁各向异性特性应力测试的理论与方法研究［D］. 北京：中国矿业大学，2008.
[11] 夏鹏. 火车车轮硬度和残余应力的电磁检测方法研究［D］. 北京：钢铁研究总院，2021.

思考题和练习题参考答案

第 1 章思考题答案

1. 面心立方结构的单位晶胞的八个角上各有一个原子，在各个面的中心还有一个原子；体心立方结构的单位晶胞的八个角上各有一个原子，在中心还有一个原子；密排六方结构的单位晶胞的十二个角上以及上下底面的中心各有一个原子，单位晶胞内部还有三个原子。

2. 第一步：以单位晶胞的某一阵点为原点，过原点的晶轴为坐标轴，以单位晶胞的边长作为坐标轴的长度单位。第二步：求出待定晶面在坐标轴上的截距，如果该晶面与某坐标轴平行，则截距为∞。第三步：取三个截距的倒数。第四步：将这三个倒数化为最小整数 h、k、l，加上圆括号，(hkl) 即为待定晶面的晶面指数。

3. 第一步：以单位晶胞的某一阵点为原点，过原点的晶轴为坐标轴，以单位晶胞的边长作为坐标轴的长度单位。第二步：过原点 O 作一直线 OP，使其平行于待定晶向 AB。第三步：在直线 OP 上选取距原点 O 最近的一个阵点 P，确定 P 点的三个坐标值。第四步：将这三个坐标值化为最小整数 u、v、w，加上方括号，[uvw] 即为待定晶向的晶向指数。

4. ①点缺陷：包括空位、间隙原子和置换原子三种形式；②线缺陷：主要表现形式是位错，是晶体某处有一列或若干列原子发生有规律的错排现象；③面缺陷：主要表现形式是晶界和亚晶界。

5. 由于在同一晶格的不同晶面和晶向上原子排列的疏密程度不同，因此原子结合力也就不同，从而在不同的晶面和晶向上显示出不同的性能，这就是单个晶体具有各向异性的原因。

6. 以低碳钢为例的主要变形三阶段为：①弹性变形阶段——指拉伸变形的初始阶段，应变与应力呈正比关系，即应变随应力增加，当应力去除时应变消失，如图中 Oa 段所示。②屈服变形阶段——指外部拉力大于低碳钢的线弹性极限，卸载后变形不能全部恢复，如图中 ac 段所示；随后增加微小应力，可引起较大的应变，如图中 cd 段所示。ad 段为低碳钢的屈服变形阶段。③塑性强化变形阶段——指外力增加到大于低碳钢的屈服强度后，随着应力的增加，应变和强度同时增加，如图中 de 段所示。

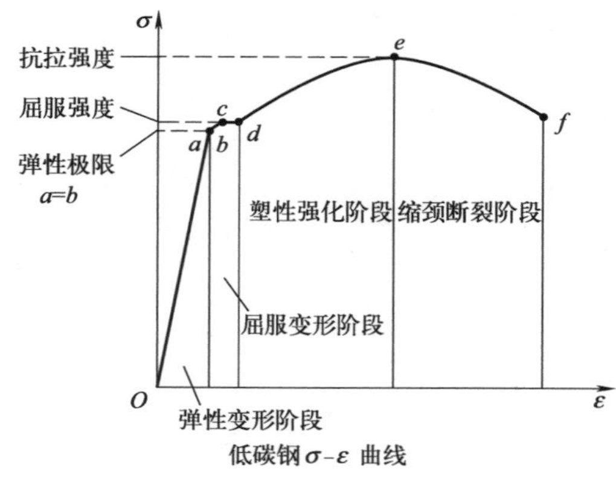

低碳钢 σ-ε 曲线

7. ①弹性模量：材料在弹性变形阶段单位应变所需的应力增量。②弹性极限：材料能承受且释放后不产生任何残余变形的最大应力。

8. ①材料连续性；②材料完全弹性；③材料均匀性；④材料各向同性；⑤位移和应变微小性。

9. ①力平衡方程：描述力之间的平衡关系。②物理本构方程：描述应变与应力之间关系。③几何方程：描述应变与位移之间关系。

10. 逆时针旋转后 BD 面：$\sigma_x=-82.8$MPa，$\tau_{xy}=47.5$MPa；顺时针旋转后 BD 面：$\sigma_x=62.8$MPa，$\tau_{xy}=-28.3$MPa。(注：此题的答案中，仅将下角标 x、y 换成了所求应力面的名称 BD 和 DC)。

11. ① $\theta_p=-4.6°$；② $\varepsilon_1=183\times10^{-6}$，$\varepsilon_2=-253\times10^{-6}$。

12. ① $\varepsilon_x=145\times10^{-6}$，$\varepsilon_y=20\times10^{-6}$；② $\theta_1=-24.6°$；③ $\varepsilon_1=178\times10^{-6}$，$\varepsilon_2=-12.97\times10^{-6}$。

13. 宏观内应力，介观内应力，微观内应力。

14. 当没有外力作用时，物体维持内部平衡存在的宏观内应力。

15. ① 不均匀的机械变形，不均匀的温度变化，不均匀的物理/化学性能。② 不均匀塑性变形。

16. 残余应力有利有弊，一般来说，压应力有利，拉应力有害，拉伸残余应力会加速材料的疲劳、断裂、应力腐蚀和磨损破坏。但在有些场合，压应力过大也非有益，例如对于尺寸的稳定性、单晶材料的再结晶等。残余应力与疲劳、断裂、应力腐蚀、尺寸稳定性和屈曲、磨损等各种宏观失效直接相关，是影响质量的不可忽视的重要因素。残余应力引发材料的疲劳、断裂、应力腐蚀和屈曲属于对安全性的影响，而造成构件的尺寸不稳定和磨损等提前失效形式则属于对精密性的影响。

17. 可以表 1-3 为例回答，也可以教材所述其他工艺形成的残余应力为例回答。

第 2 章思考题答案

1. 微观，宏观。

2. 应力释放法，应力叠加法，物理性能法。

3. 钻孔应变法、全释放应变法、轮廓法、压痕应变法、X 射线衍射法、中子衍射法、超声法、磁测法。

4. 表面检测，表层检测，内部检测。

5. 既不唯一，也不可比。

6. B，D，A。

7. 不正确。正确的说法是磁测法适用于铁磁性钢铁材料。

8. ①尺寸小、重量轻；②测量范围广，弹性、塑性应变，静态、动态应变都可测量；③灵敏度高，通常误差$\pm1\mu\varepsilon$；④精度高，通常 1%；⑤用途广；⑥适合各种环境应用；⑦信号处理容易。

9. 在应力梯度很大或者测量区域很小的场合，测量不够精确或难以测量。

10. 电路简图如图 2-9 所示。平衡条件：$R_1R_3=R_2R_4$。

11. DIC 应变测量是一种借助图像分析技术测量物体表面应变和变形的方法。该方法跟踪物体表面散斑图案的变形过程，根据散斑域的灰度值的变化，得到被测物表面的变形和应变数据。

12. 能为用户提供有关实验结果的完整、详尽信息，包括测量结果的预期范围、影响测量结果准确性的主要因素、测量结果的可信程度等，同时也为控制和改进测量实验提供依据。

13. 例如 300MPa，$U=\pm 15$MPa，$k=2$。其中，$U=\pm 15$MPa 为不确定度范围 ±15MPa，$k=2$ 为可信度概率 95%。该结果表示：残余应力的预测结果是 300MPa，在 315～285MPa 范围内的可信度是 95%。

14. ①辨认测量结果不确定度的参数；②识别影响测量结果不确定度的所有来源；③判断测量结果不确定度的类型；④评估测量结果标准不确定度；⑤计算测量结果合成不确定度；⑥计算测量结果扩展不确定度；⑦给出测量结果不确定度的报告。

第 3 章思考题答案

1. 在制造或使用工程材料或部件时，通过利用或引入有益的残余应力，减小或消除不利残余应力的方法或技术。

2. 使工程材料或部件能够充分地发挥其固有的力学性能，提高部件或设备的承载能力、疲劳性能和服役寿命。

3. 在压力容器内膛施加挤压压力并使之超过材料的屈服强度后，容器壁中将形成内层塑性区和外层弹性区。当挤压压力使塑性区达到适当厚度时，释放掉内膛挤压压力，容器壁的外层弹性区就会给内层塑性区施加压应力，使容器内表面附近区域产生环向残余压应力。这种环向残余压应力能够抵消或部分抵消掉容器在工作时灌充高压介质后容器壁所承受的环向拉应力。

4. 以机械振动方式对构件施加拉-压交替的附加应力，当附加应力与残余应力叠加的总应力达到或超过材料的屈服强度时，构件的应力集中区域发生宏观和微观的塑性变形，即包辛格效应，从而降低了残余应力的峰值并且使残余应力均匀化。

5. 振动时效后，只要幅频曲线 a-n 出现了低幅振峰增值现象、或发生了单项特征或组合特征的变化，都说明振动时效工艺是有效的。

6. 利用许许多多不同材料、不同形状、不同尺寸的弹丸，经喷嘴加速射出冲击工件表面，工件表面每受到一次弹丸的撞击，便经历了一次塑性变形加载与卸载，从而使工件表层在脉动载荷作用下发生循环塑性变形，按照圣维南原理和材料内部的自平衡作用，在抛喷丸结束后，工件表面便形成一层压缩残余应力层，它能抵消工件服役中的表面拉应力载荷，抑制裂纹的产生和提高材料的疲劳性能。

7. ①抛丸法：弹丸尺寸大、抛出力强，能在表面产生更大的压应力；自动化程度高，适用于大批量工件的处理；灵活性差，会有抛射死角，适合于形面单一的工件批量处理。②喷丸法：喷枪一般由人工操作，所以灵活性大，可以处理复杂结构件的各个部位，且不受场地的限制；弹丸尺寸较小且精细，容易控制精度，更适合于形状复杂的小型工件。

8. ①将工件加热到 A_{c1} 以下 100～200℃，对碳钢和低合金钢大致在 500～650℃，保温然后缓慢冷却。②适用于消除焊接、冷变形加工、铸造、锻造等加工方法所产生的残余应力。

9. 借助爆炸冲击波的能量使金属结构发生塑性变形，从而达到消除和均化残余应力的目的。

10. ①成本低；②速度快，效率高；③效果显著；④不受结构件尺寸的限制；⑤不受结构件材质的限制；⑥可用于复合板和异种钢接头；⑦兼有改善力学性能的功效。

11. 基于对工程部件在加工制造过程中，由于残余应力导致变形量的准确预判，事先从加工工具（例如模具）或加工工艺（例如拉深、焊接等）上采取抵消变形的措施。

第4章思考题答案

1. 如果工件内部存在残余应力场，当在应力场内任意处钻孔后，该处金属中的残余应力即被释放，钻孔的周围将产生一定量的释放应变，释放应变的大小与被释放的应力是相对应的，测出释放应变，利用基于线弹性理论的柯西公式即可计算出钻孔位置处的原始残余应力。

2. 钻孔法常见的成孔方式有四种：高速钻孔、低速钻孔、喷砂打孔和电化学成孔。其优缺点对比见下表。

成孔方式	优点	缺点
高速钻孔	加工应变小，测量精度高；可以测量浅表层深度的平面应力分布	设备投入大，测量成本较高
低速钻孔	设备投入小，测量成本低	加工应变较大，需要单独扣除；不能测量浅表层深度的平面应力分布
喷砂打孔	加工应变小，不受材料软硬的限制	潮湿环境易堵，成孔质量（孔壁的垂直度和孔底平行度）不高
电化学成孔	加工应变为零	方法不成熟，没有检测标准

3. 计算原理、钻孔中心和钻孔深度、孔边塑性变形、人员操作、设备精度、被测工件和测试环境等。

4. 工件准备（打磨清理、划线等）→应变花选择与检验→应变花粘贴及粘贴质量检查→连接应变花与应变仪→检查应变花与应变仪的连接质量→初步固定钻孔装置支架→钻点对中（利用光镜做钻孔对中检查）→固定钻孔设备支架→应变仪开机预热→应变仪调零→钻孔→停刀并记录应变读数ε_1、ε_2、ε_3→测量钻孔直径以确认在规定范围内→核查钻孔同心度以确认在允差范围内→计算残余应力。

5. 中国国家标准GB/T 31310—2014《金属材料 残余应力测定 钻孔应变法》，测量方法分为高速钻孔和低速钻孔，即方法A和方法B。美国材料试验学会标准ASTM E837—2020《钻孔应变法测定残余应力的标准试验方法》，测量方法只有高速钻孔，等同GB/T 31310—2014的方法A。中国船舶行业标准CB/T 3395—2013《残余应力测试方法 钻孔应变释放法》和中国水利行业标准SL 499—2010《钻孔应变法测量残余应力的标准测试方法》，测量方法只有低速钻孔，等同GB/T 31310—2014的方法B。

6. 常用的应变花有A型、B型和C型。常规情况下的残余应力测试推荐使用A型应变花，B型应变花适用于测点附近有障碍物的情况，C型应变花主要适用于对温度稳定性要求较高的场合。

7. 方法A采用高速钻孔，加工应变小，测量精度高；可以测量浅表层深度的平面应力分布。方法B采用低速钻孔，加工应变较大，需要单独扣除；不能测量浅表层深度的平面应力分布，但设备投入小，方便现场测试。

8. ① 标定试验　标定试验是在标定试样上进行。对已粘贴应变花的标定试样，施加一个已知的单向应力场，使其中一个电阻应变计平行于外力方向，即最大主应力σ等于外加载荷引起的应力σ。钻盲孔，测量钻孔前后的释放应变，按标准中相应公式计算A、B值。

② 标定试样　标定试样所用的材料应与待测材料相同。应先进行机械加工再进行消除应力退火处理，避免退火表面产生新的应力。为避免退火试样表面氧化严重，可以采用真空退火或气氛保护退火工艺。标定试样尺寸应符合标准的规定。

③ 标定用应变花　标定试验所用的应变花与测定残余力时所用的应变花相同，互相垂直的两电阻应变计的方向应与标定试样的长度和宽度方向相一致。标定试样受力后，横截面上的应力分布必须均匀，即横截面上不得有弯曲应力。试验时，应在试样两侧粘贴如标准要求的监视电阻应变计，使其应变读数差小于5%。

④ 标定试验程序　将粘贴好应变花的标定试样安装在材料试验机上，并将测量导线接至应变仪上调零，接上电源，加载至材料屈服强度的0.5倍，然后卸载，如此反复1次，观察应变输出的稳定性。如果数据稳定，卸载后的应变基本恢复到初值（最大误差应小于10$\mu\varepsilon$），则进行后续步骤，否则重新贴片。将试样拉伸至0.3σ_s，记录加载时的应变读数。然后进行钻孔，孔的直径和深度应与实测时相同，即深度等于1.2倍孔径。记录钻孔后的应变读数。重复上述拉伸过程，但应将加载应力分别改为0.7σ_s和0.9σ_s。

⑤ 数据处理　常数A、B的测量次数应不少于2次，如果2次比较误差超过10%，应重新标定。2次标定得到A、B常数取平均值使用。

9.钻孔法涉及的常用钻头一般有普通麻花钻、平面立铣刀和倒锥形钻头三种。麻花钻头的头部为锥形无法打平底盲孔，而且打孔时极易产生加工应变，所以普通钻头只能用于低速钻孔（方法B）。平面立铣刀可以钻平底盲孔，但普通立铣刀的柄身是等直径的，容易与孔壁摩擦而引起加工应力。倒锥型钻头是一种特殊型平面立铣刀，它的端头直径最大、柄身逐渐变细，可以避免柄身与孔壁摩擦，加工应变小，用于高速钻孔（方法A）。

第5章思考题答案

1.①完全破坏性检测；②检测约束性小，通用性好；③既可测量一维应力，也可测量二维和三维应力；④测量结果是解剖区域的平均应力值；⑤检测耗时长；⑥不需要使用专门设备。

2.电阻应变计和应变仪。

3.①均匀应力场：“能用大的就不用小的”；梯度应力场：尽量选用较小的应变计。②根据测试应力方向选择应变计型号，未知主应力方向必须采用三向应变计。

4.①测量位置确定和表面处理；②应变计的选择、粘贴及防护；③应变计初始数值记录；④切块分割操作；⑤释放应变的读取；⑥残余应力计算。

5.

$$\sigma_{\max},\sigma_{\min}=-\frac{E}{2}\left[\frac{\Delta\varepsilon_1+\Delta\varepsilon_2}{1-\nu}\pm\frac{\sqrt{(\Delta\varepsilon_1-\Delta\varepsilon_3)^2+(\Delta\varepsilon_1+\Delta\varepsilon_3-2\Delta\varepsilon_2)^2}}{1+\nu}\right]$$

$$\beta=\frac{1}{2}\tan^{-1}\frac{\Delta\varepsilon_1+\Delta\varepsilon_3-2\Delta\varepsilon_2}{\Delta\varepsilon_3-\Delta\varepsilon_1}$$

$$\sigma_1,\sigma_3=-\frac{E}{2}\left[\frac{\Delta\varepsilon_1+\Delta\varepsilon_2}{1-\nu}\pm\frac{\sqrt{(\Delta\varepsilon_1-\Delta\varepsilon_3)^2+(\Delta\varepsilon_1+\Delta\varepsilon_3-2\Delta\varepsilon_2)^2}}{1+\nu}\cos2\beta\right]$$

6.①尽量使应力完全释放；②尽量减少切割时引入额外应力。

7. ①测试位置存在较大的应力梯度；②过度解剖引入解剖应力。

8. 检查应变计粘贴情况；确认应变计引线连接是否正确；检测环境是否有强磁干扰；是否有明显的温度波动。对于明确原因的，要及时纠正直至读数稳定；对于不能明确原因的，需要重新粘贴应变计，并再次检查确认应变计读数是否稳定。

9. ①对应变计做好防护，并在解剖切割前画好切割线，防止离应变计过近导致应变计损坏。②在测试过程中及时记录应变计读数，如果解剖过程不连续，也需及时进行记录。

10. 否。在较大应力梯度情况下，宜选用小应变计；否则应选择较大应变计，因为敏感栅越小，对应变变化的灵敏度越高，但对引起测试误差的干扰因素的灵敏度也高。

第 6 章思考题答案

1. 通过切块、分割、逐层剥离诱使材料逐步释放残余应变，通过由释放应变计算出的线性和非线性应力的叠加，获得某一深度处的原始二维残余应力分布。

2. 针对逐层剥离法在对材料切块、分割、剥离过程中释放出来的残余应力分量，分别计算：①切块释放的内部残余应力线性分量（即薄膜应力＋平面内弯曲应力）$S_1(z)$；②分割上下两个半块时释放的内部残余应力线性分量 $S_2(z)$；③逐层剥离上下两个半块时释放的内部残余应力非线性分量 $S_3(z)$。最后，结合泊松相互作用，利用式（6-1）计算总的原始应力场。

3. ①计算原理；②逐步剥层的额外应力；③人员操作；④设备的精度；⑤被测工件。

4. ①确定切块位置和应变片粘贴位置；②表面处理；③粘贴应变片；④切块及其测量；⑤分割及其测量；⑥逐层剥离及其测量；⑦数据处理与计算。

5. ①切割设备（如电化学线切割机、慢走丝电火花线切割机或带锯车床）；②剥离设备（如电解腐蚀、化学腐蚀、电化学腐蚀或数控铣床）；③应变片；④应变测量仪。

6. ①设备的使用；②人员操作；③应变片数据的记录和归零；④试块剩余厚度的准确测量。

7. 金属材料和非金属材料。

8. 适用于几何形状比较规则的构件，最好是平面的构件。对于具有较大曲率的弧形或圆形构件也可适用。但是，不适用于几何形状不规则且复杂的构件或曲率较小的弧形或圆形构件。

9. ①应用范围广、对材料的组织不敏感；②测量厚度范围大；③检测成本较低；④计算原理相对简单。

10. ①是有损测试方法，无法对在役构件进行现场测量；②不能测量表面残余应力；③测量精度不够高；④操作较为复杂。

第 7 章练习题答案

1. 判断题

（1）否；（2）是；（3）否；（4）是。

2. 选择题

（1）A；（2）B、C、D；（3）A、B、C、D；（4）A、B、D。

3. 填空题

（1）夹具、移动、刚性固定；（2）两个切面、对齐处理、公共网格、平均值；（3）粗糙度、轮廓测量、过小、过大；（4）弹性应力释放、弹性变形。

4. 问答题

（1）①材料线弹性属性及弹性应力释放：在切割过程中由于残余应力释放导致的轮廓变形是弹性变形。②无应力切割：切割过程不会引入额外的应力。③通过平均消除非对称切割误差：对于对称切割的样品，通过平均两个切面的轮廓，可以把非对称切割的效应消除。④切割异常修正：对于断丝等不规则切割导致的切割异常，可以通过数据清洗及数据平滑将异常去除。

（2）轮廓数据平滑的目的是进一步去除由于切面粗糙度带来的噪声。平滑一般使用曲面方程拟合固定大小的区域数据，最后把所有区域拟合后的数据拼接得到最终整个切面的平滑后的轮廓。这里如何选择合适大小的拟合区域显得关键，如果拟合区域过小，粗糙度等噪声没有去除干净；如果拟合区域过大，则造成过度平滑，影响最后残余应力计算的准确度，同时也会在应力梯度大的区域损失空间分辨率。

（3）①样品的应力水平；②样品的弹性模量及泊松比；③样品的装夹；④试样切割过程；⑤切面轮廓的测量；⑥轮廓数据的平滑去噪声。

（4）优势：①空间分辨率高；②测量精度高；③对微观组织结构不敏感；④测量的尺寸范围大；⑤对样品的几何形状要求低。不足：①是破坏性的测量方法，无法对同一构件进行第二次测量；②使用的硬件设备（如慢走丝线切割机床、三坐标测量仪）较为昂贵；③对于测量过程中的技术细节控制以及数据处理要求较高；④对测试人员的理论知识及操作技能有较高要求。

第 8 章练习题答案

1. 判断题

（1）否；（2）是；（3）否；（4）否；（5）是。

2. 填空题

（1）厚板残余应力检测优势、灵敏度高、检测条件宽松、抗干扰能力强、测试费用低、操作简单；（2）进给次数、进给量；（3）应变测量不确定度、模型不确定度；（4）有限元仿真；（5）勒让德多项式。

3. 问答题

（1）裂纹柔度法的检测原理是，在被测试样的表面引入一条深度逐渐增加的裂纹来释放残余应力，通过测量试样表面应变随裂纹深度的变化来计算试件内部的残余应力分布。

（2）①在待测横截面内，残余应力仅沿材料厚度方向变化，且表示为空间坐标的一元连续函数形式；②被测材料为线弹性材料，并在测量过程中保持线弹性性质；③测点的应变仅由垂直于裂纹面的残余正应力的释放而产生，不考虑或忽略其他方向上的正应力和切应力；④切割裂纹过程中不产生附加应力，或附加应力很小从而不予考虑。

（3）①试样的制备；②应变片的粘贴；③试样的装夹；④试样的切割；⑤尺寸测量。

（4）①计算误差；②应变测量误差；③几何测量误差；④设备精度；⑤人员操作；⑥测试环境。

（5）①应变片粘贴位置的选定；②应变片的检查；③试样表面处理；④粘贴应变片；⑤应变片粘贴质量检查；⑥应变片连线。

第 9 章思考题答案

1. ①参考孔释放应力为零；②套孔后应力完全弹性释放。

2. 1.5mm-5mm、3mm-10mm、5mm-15mm。

3. 所有弹性各向同性材料。

4. ①加工参考孔；②测量参考孔初始直径；③套孔；④测量参考孔最终直径；⑤根据套孔前后的参考孔孔径变化计算应变和应力。

5. ①参考孔加工和孔径测量值（或孔壁粗糙度）；②测量角度偏差；③厚度方向应力的影响。

6. 20MPa。

7. 不需要。高应力区域只有 10mm 左右，分步套孔和直接套孔区别不大。

8. 穿孔机，线切割机，钻铣床，内径测量仪。

9. 参考孔：穿孔＋线切割＋铰孔或钻孔＋铰孔；套孔：穿孔＋线切割。

10. 参考孔：孔边不能有坡口和毛边，孔壁粗糙度应满足测量需求。套孔：应与参考孔同轴；套孔时不应使参考孔孔边发生塑性变形。

第 10 章思考题答案

1. 硬度不大于 50HRC 的各类金属材料、结构件和焊缝。

2. 利用球形压痕诱导材料产生应变增量，通过标定实验得到应变增量与弹性应变之间关系，进而求解出残余应力。

3. ①获得符合标定要求的标定试板；②确定需要标定的应力水平；③加载制造压痕，获得不同应力状态下的应变增量；④建立不同应力水平（不同的外加弹性应变）与应变增量的关系；⑤将各点进行数据拟合（三次方），获得应力计算函数。

4. 平面区域一般在 5mm×5mm 以内，深度区域在 0.2mm 以内。

5. 已知主应力方向，宜选用二向应变花；未知主应力方向，应选用三向应变花；测试用应变花型号应与标定用应变花型号相同。

6. ①确定测点位置；②进行表面处理；③粘贴应变花；④制造压痕获得应变增量；⑤依据应力计算函数计算残余应力。

7. 材料的弹性模量、屈服强度、抗拉强度和硬度。

8. ①通用性好；②对构件损伤小；③适于现场检测；④测试稳定性好；⑤测量精度高；⑥操作简单、对人员要求低。

9. ①对中偏差；②敏感栅方向与主应力方向的角度偏差；③压痕制造时的压痕大小；④应变花的粘贴质量。

10. 由于焊缝强度一般高于母材强度，因此可以用母材的应力计算函数来测量焊缝残余应力，但需要利用（10-28）式对测量结果进行修正。

11. 定义：描述不同残余应力场中产生的应变增量 $\Delta\varepsilon$ 与弹性应变 ε 之间关系的函数。作用：应力计算函数确定之后，即可通过测量压痕外弹性区的应变增量来求解原始残余应力。

12. 不需要。研究表明，应变花敏感栅方向与主应力方向偏差角度为 15°时，误差才会大于 5%，所以 5°偏差引起的误差很小，可以不用修正。

13. 不正确。一般未经过处理（比如喷丸）的焊缝会具有残余拉应力，所以－213MPa 的压应力是不可能的。

第 11 章练习题答案

1. 判断题

(1) 否；(2) 是。

2. 选择题

(1) C；(2) A.

3. 填空题

(1) Mn；Cr。(2) Mn；Cr。

4. 问答题

(1) 先用机械法打磨，再用电解或化学法抛光。

(2) 交相关法、半高宽法、重心法、抛物线法。

(3) ①衍射曲线是否无异常的起伏或畸形；②观察 2θ-$\sin^2\Psi$ 图（或 ε-$\sin^2\Psi$ 图）无明显的振荡曲线；③衍射曲线是否孤立、完整；④测量结果是否具备可重复性。

(4) 试样材料、测试系统、随机效应。

第 12 章思考题答案

1. 通过测量无应力和有应力时单色中子束的衍射角变化或多色（或全谱）中子脉冲的中子飞行时间变化，根据布拉格方程计算弹性晶格应变并获知残余应力。

2. 主要优势：①穿透能力强；②真正三维应力检测；③空间分辨力可调；④可测量微观应力；⑤能测量动态应力；⑥能实现大角度衍射晶面的应变测量。主要不足：①检测成本高；②测量时间长；③空间分辨较差；④测量表面应力较难；⑤不能进行现场检测。

3. 主要步骤：①测量准备（包括装置的校正与标定和衍射条件的选择）；②测量定位和测量体积（确定装置测量体积质心的位置和测量体积）；③无应变晶格间距测定；④样品定位和测量；⑤实验记录（记录装置、样品、数据信息）。

4. ①基于反应堆中子源的单色装置：首先用合适的单色器反射多色中子束得到特定的单色波长，然后利用限束光学系统对这种单色中子束进行空间限定，得到所需尺寸的束流，之后这种束流经样品衍射后被中子探测器捕获，并获得衍射峰。在单色装置上获得的衍射实验数据一般是单个衍射峰。②基于散裂中子源的飞行时间装置：首先，来自散裂源的中子从慢化器进入到弯导管过滤去除较高能量的中子→通过斩波器选取合适的中子波长范围→经过一段直导管均匀化中子的空间分布→经过一段聚焦导管进行强度聚焦；然后，中子穿过组合狭缝调节束流尺寸和发散度，并入射至被测样品上发生衍射；最后，衍射中子通过径向准直器到达探测器，探测器采集数据获得衍射图谱。飞行时间装置中，在与入射中子束成 90°方向对称放置了两个探测器，可同时测量两个方向上的残余应变。在这种装置上获得的衍射数据一般是包含多个衍射峰的衍射图谱。

5.①计算原理；②材料切除；③晶粒尺寸；④中子衰减；⑤中子计数时间；⑥人员操作；⑦装置精度；⑧被测样品；⑨测试环境。

6.①获取无应力晶格间距 d_0 的方法有测量无宏观应力的粉末样品、无应力晶格参数数据库、从力和力矩平衡推算出无应力参数等。常用的方法是测量材料的小块样品：先将样品材料加工成几毫米的立方体、圆棒或梳状的试样（足够小的试样尺寸能使宏观残余应力全部释放），然后对其进行中子衍射测量就可获得样品材料无应力状态下平均晶面间距。②影响无应力晶格间距测量的因素有很多，例如试样成分的变化、织构的变化、晶间应力的存在、取样测量体积溢出样品边界、中子束流的发散和粗大晶粒的存在等。

7.对于单色装置，通常进行单峰研究。在这种情况下，用高斯函数拟合衍射峰轮廓通常非常有效。在飞行时间装置上记录到的是多个衍射峰，除了单峰或多峰拟合外，经常需要进行全谱拟合，一种典型的全谱拟合方法最初由里特沃尔德提出。在里特沃尔德精修中，先要假定材料的晶体结构，然后根据假定预测衍射谱。将预测与实际测量谱相比较，利用最小二乘拟合调整晶体结构参数，最终使计算谱与测量谱相符合。

8.根据普通物理学，中子动量 p 与中子质量 m_n、中子飞行时间 t_{hkl}、中子飞行距离 L 的关系为：$p=m_n\upsilon=m_n\dfrac{L}{t_{hkl}}$。由德布罗意关系 $p=\dfrac{h}{\lambda}$，综合两式可得 $\dfrac{h}{\lambda}=m_n\dfrac{L}{t_{hkl}}$。再由布拉格方程 $2d\sin\theta=\lambda$，以 λ 代入前述公式，即可得到中子飞行时间公式：$t_{hkl}=2\dfrac{m_n}{h}L\sin\theta\times d_{hkl}$。

9.中国先进研究堆（CARR）、中国绵阳研究堆（CMRR）和中国散裂中子源（CSNS）三大中子源都建有专用于残余应力检测的中子衍射谱仪。

10.答：①直缝焊接钢管：取样测量体积为（4×4×4)mm^3，测量时间最长为25min。②冷铸镁合金：取样测量体积为（10×10×10)mm^3，中子路径为412mm时测量时间为60min，中子路径为71mm时测量时间90s。③异种钢焊接接头（带有625合金堆焊层的低合金锻件与管材)：取样测量体积为（2×2×2)mm^3。

第13章练习题答案

1.判断题

（1）是；（2）否；（3）否；（4）否。

2.选择题

（1）A；（2）C；（3）B；（4）D。

3.填空题

（1）第一临界；（2）宽频窄脉冲，较短，1.5～2；（3）较小尺寸；（4）标定试样和被检工件材质，耦合状态，环境温度。

4.问答题

（1）利用超声波在含有残余应力的材料中传播时的声学性能差异来表征材料内部残余应力大小及其分布。

（2）①适用于检测透声性良好的金属和非金属固体材料；②适合检测的领域宽、对象广；③属于无损检测，且对人体无辐射伤害；④设备易于操作、便于携带，可实现现场检测；⑤检测速度快、效率高；检测消耗小、成本低；⑥检测范围大且易于调整；⑦需要进行标定试验；⑧应力检测与零应力标定的状态应一致；⑨检测易受干扰；⑩检测分辨力低。

（3）①基于有限变形连续介质力学，从宏观现象角度建立弹性固体应力状态与弹性波波速之间的关系。②弹性波在含残余应力固体材料中的传播速度不仅与材料弹性常数和密度有关，还取决于其所受残余应力大小和方向。

（4）首先制备零应力拉伸试样；然后将超声探头稳定耦合在拉伸试样的标定区域内，对试样进行拉伸试验，记录检测仪测出的声时差和拉伸试验机输出的拉应力变化值；最后通过对数据的线性拟合，即可得到应力系数 K_L 值。

（5）首先制备零应力拉伸试样；然后将超声探头稳定耦合在拉伸试样的标定面内，记录检测仪测出的零应力下纵波传播时间 t_{L0} 和横波传播时间 t_{S0}；接着对试样进行拉伸试验，分别记录检测仪测出的纵波、横波声时差和拉伸试验机输出的拉应力变化值；再通过对数据的线性拟合，得到纵波应力系数 K_L 和横波应力系数 K_S 的值；最后利用应力系数与声弹性系数的关系，分别计算出纵波声弹性系数和横波声弹性系数。

（6）GB/T 32073—2015《无损检测 残余应力超声临界折射纵波检测方法》、GB/T 38952—2020《无损检测 残余应力超声体波检测方法》和 GB/T 43900—2024《钢产品无损检测　轴类构件扭转残余应力分布状态超声检测方法》。

第 14 章练习题答案

1. 判断题

（1）否；（2）是；（3）否；（4）是。

2. 选择题

（1）D；（2）C；（3）B；（4）A。

3. 填空题

（1）逆磁致伸缩效应法；（2）磁轭，励磁线圈，检测线圈；（3）几十，几千，几个；（4）$R^2 \leqslant 0.8$。

4. 问答题

（1）①仅适用于铁磁性材料；②适用于表面应力检测；③属于无损检测；④简单易实施；⑤可以实现非接触检测；⑥可以实现自动检测；⑦需要进行标定试验；⑧检测精度较低；⑨对材料有磁污染。

（2）①所测量的磁参量除了受应力影响外，还受材料的结构组织和力学性能多重因素影响，这些影响有些是未知、不可控的；②在标定试验和实际测量中，探头与被测表面的距离、探头垂直表面的姿态、外部环境干扰等都会影响检测的稳定性和可靠性。

（3）①检测原理；②检测方法；③被测对象；④检测设备；⑤标定试验；⑥检测操作；⑦检测环境。

（4）①残余应力测试须重复进行，次数不少于 5 次，且重复测量主应力差（$\sigma_1-\sigma_2$）的平均波动应不超过 25MPa；对已知应力试件重复多次测量的波动应小于 20MPa。②电流灵敏度系数 $a \geqslant 10\mu A/MPa$、电压灵敏度系数 $K \geqslant 10\mu V/MPa$。